中国通信学会普及与教育工作委员会推荐教材

移动通信技术

(第3版)

魏红 编著

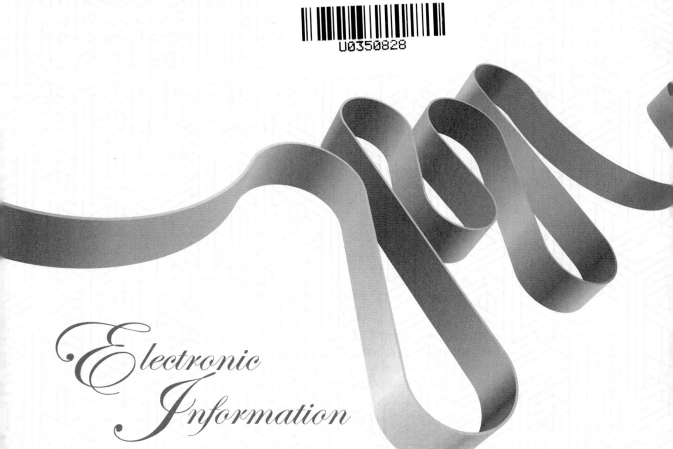

Electronic Information

人 民 邮 电 出 版 社

北 京

图书在版编目（CIP）数据

移动通信技术 / 魏红编著. -- 3版. -- 北京 : 人民邮电出版社, 2015.2（2020.12重印）
21世纪高职高专电子信息类规划教材
ISBN 978-7-115-38332-7

Ⅰ. ①移… Ⅱ. ①魏… Ⅲ. ①移动通信－通信技术－高等职业教育－教材 Ⅳ. ①TN929.5

中国版本图书馆CIP数据核字(2015)第027030号

内 容 提 要

本书作为通信类专业“移动通信技术”课程配套教材，全面、系统地阐述了现代移动通信的基本原理、基本技术和当今商用的各类移动通信系统的发展及技术应用，较充分地反映了当代移动通信的新技术及应用。

全书分 4 个部分，共 9 章。第一部分为移动通信概述，包括移动通信概念，移动通信中的主要技术；第二部分为移动通信系统的发展及技术应用，包括 2G 移动通信系统的发展及技术应用，3G 移动通信系统的发展及技术应用，B3G/4G 移动通信系统的发展及技术应用，其他移动通信系统；第三部分为无线电波的传播，包括电波的传播特性，移动通信中的噪声和干扰；第四部分为实训，包括移动核心机房的认识，移动基站机房的认识，基站主设备的认识、GSM 手机的认识。

本书不同于一般的技术类教材，而是以移动通信系统为单元，介绍各类移动通信系统的发展及技术应用，突出系统间的差别。

本书适合作为高职院校通信及相关专业的教材，也可作为相关技术人员的参考书。

◆ 编　　著　魏　红
责任编辑　滑　玉
责任印制　沈　蓉　彭志环

◆ 人民邮电出版社出版发行　北京市丰台区成寿寺路 11 号
邮编　100164　电子邮件　315@ptpress.com.cn
网址　http://www.ptpress.com.cn
固安县铭成印刷有限公司印刷

◆ 开本：787×1092　1/16
印张：22.5　2015 年 2 月第 3 版
字数：565 千字　2020 年 12 月河北第 13 次印刷

定价：58.00 元

读者服务热线：(010)81055256　印装质量热线：(010)81055316
反盗版热线：(010)81055315

前 言

随着移动通信技术的发展，第四代移动通信系统在我国商用建设的进行，2G、3G、4G会在较长的时间内共存，社会对通信专业的技术人才的需求也迅速增加，对通信技术人才的要求也越来越高。作为新一代的通信技术人才，必须对移动通信系统的发展及技术应用有充分的了解，还必须具有全程全网的概念。因此，本书在 2009 年第 2 版的基础上做了修订，充分反应了移动通信系统的发展进程及技术应用，以帮助学生建立全面、系统的移动通信网络及技术应用发展的概念。

开设移动通信技术课程的目的是提高学生对移动通信技术的了解程度，为后续专业技能课程的学习、技能鉴定和日后的求职做好铺垫。因此，课程教学内容应覆盖目前广泛商用的移动通信系统，并体现系统的发展进程及技术应用。目前，我国的移动通信网络正处在 4G 商用建设阶段，3G 和 4G 均采用了后向兼容技术，而且在很长时间内 2G、3G、4G 将共存。移动通信系统的区别主要在于其采用的无线接口不同，因此采用的相关技术在各系统中也会有所区别。基于这一考虑，本书编写以各运营商开通的系统为单元，充分体现系统的发展、演进过程，以及各类技术在系统中应用的区别，主要介绍 2G、3G、4G 各移动通信系统发展中无线接口技术的发展和演进，以及其他为保证高质量的各类通信业务的提供而采取的一系列关键技术基本知识。

书中还根据学生的就业岗位群及移动通信现网状态，安排了适量的实训项目，如：移动核心机房、基站机房的认识，主要帮助学生建立全程全网的概念；基站主设备的认识帮助学生认识 BBU+RRU 设备；GSM 手机的认识可帮助学生了解信号处理过程。各院校可根据实训设备的配置情况开设，使学生对所学理论知识有一定的感性认识，并可增强学生的学习兴趣和动手能力。

本书在编写过程中力求简单、全面地阐述各类移动通信系统的基本概念和主要技术，突出系统的发展及技术应用的不同，以方便学生掌握各系统的主要技术和特点。

学习本课程需要有一定的通信网基础知识，了解网络构成。书中各章节具有一定的独立性，不同院校可视具体情况节选，不会影响教学的完整性。

在本书的编写过程中，得到了很多老师的帮助，在此一并表示感谢。

由于编者水平有限，时间仓促，书中难免存在不足之处，恳请读者批评指正。

编　者

2014 年 10 月于绍兴

目 录

第一部分 移动通信概述

第二部分 移动通信系统的发展及技术应用

第三部分 无线电波的传播

第四部分 实 训

第一部分　移动通信概述

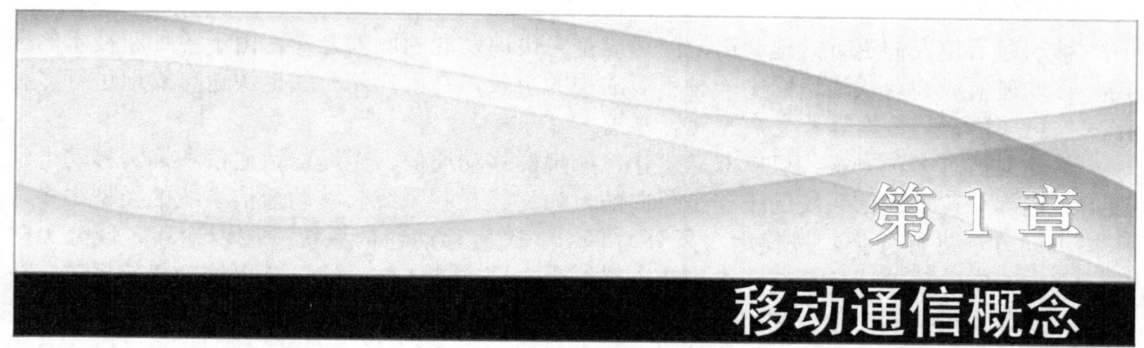

本章内容

- 移动通信的基本概念、特点、工作方式、编号计划
- 移动通信系统中的信号基本处理过程
- 移动通信系统提供的业务

本章重点

- 移动通信的概念、特点
- 移动通信系统中的信号基本处理过程

本章难点

- 移动通信系统中的信号基本处理过程

本章学时数　　6 学时

学习本章的目的和要求

- 掌握移动通信概念、特点
- 理解移动通信系统中的信号基本处理过程

1.1　移动通信的基本概念

随着商品经济的发展，人们物质文化水平的提高，社会活动日益频繁，全社会已进入了信息时代，人们迫切要求采用现代化的科学技术实现信息的快速及时传递。人们（whoever）越来越希望能在任何时候（whenever）、任何地点（wherever）都能方便地与任何人（whomever）交换任何信息（whatever），这 5 个任何简称为“5W”，即个人通信。移动通信的发展为它的实现提供了条件和可能。本节主要介绍移动通信的概念、特点、发展、工作方式。

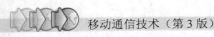

1.1.1 移动通信概念

所谓移动通信，是指通信双方或至少有一方在移动中进行信息交换的通信方式。例如移动体（车辆、船舶、飞机）与固定点之间的通信、活动的人与固定点、人与人及人与移动体之间的通信等。

移动通信使人们更有效地利用时间，这是它快速发展的原因之一。由于各种新技术的应用，移动通信成为现代通信网中一种不可缺少的手段，是用户随时随地快速可靠地进行多种形式信息（语音、数据等）交换的理想方式。

移动通信有多种方式，可以双向工作，如集群移动通信、无绳电话通信和蜂窝移动电话通信，但部分移动通信系统的工作是单向的，如无线寻呼系统。移动通信系统的类型很多，可按不同方法进行分类。按使用对象分为军用、民用移动通信系统；按用途和区域分为陆上、海上、空中移动通信系统；按经营方式分为专用移动通信系统、公用移动通信系统；按信号性质分为模拟制、数字制移动通信系统；按无线频段工作方式分为单工、半双工、双工制移动通信系统；按网络形式分为单区制、多区制、蜂窝制移动通信系统；按多址方式分为 FDMA、TDMA、CDMA 移动通信系统。

1.1.2 移动通信的特点

移动通信把无线通信技术、有线传输技术、计算机通信技术等有机结合在一起，为用户提供一个较为理想、完善的现代通信网。无线通信主要在基站与移动台间采用；在基站与交换控制中心间可以用有线或无线方式实现信息传输。移动台由用户直接操作，因此，移动台必须体积要小、重量要轻、操作使用要简便安全，另外其成本要低。

移动通信可应用于任何条件下，与传统的固定有线通信相比较有以下几个特点。

1．电波传播条件恶劣，存在严重的多径衰落

陆地上，移动体往来于建筑群或障碍物之中，其接收信号的强度主要由直射波和反射波叠加而成的，多径传播如图 1-1 所示。

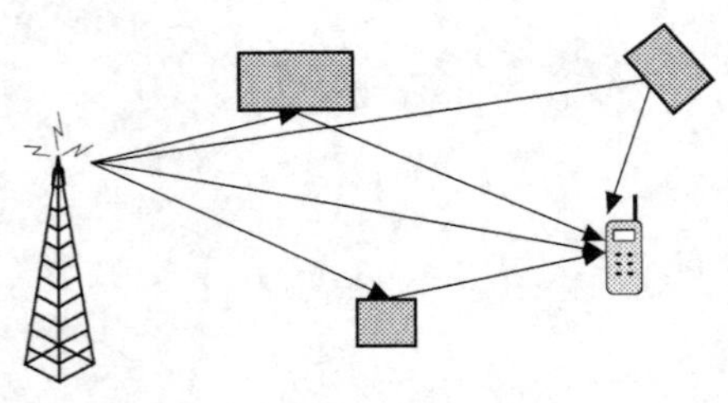

图 1-1　电波的多径传播

这些电波虽然都是从一个天线辐射出来的，但由于传播的途径不同，到达接收点时的幅度和相位都不一样，而移动台又在移动，因此，移动台在不同位置时，其接收到的信号合成后的强度是不同的。这将造成移动台在行进途中接收信号的电平起伏不定，最大的可相差 30dB 以上。这种由多径传播产生的现象通常称为多径衰落，它严重地影响着通信质量。因为移动通信的一方或双方在运动中，位置经常变动，要保证一定等级的通信质量，要求在进行移动通信系统的设计时，必须具有一定的抗衰落的能力和储备。

2．强干扰条件下工作

通信质量的好坏不仅取决于设备性能，还与外部的噪声及干扰有关。发射功率再高，当噪声和干扰很大时，信号也会被淹没而使系统无法正常工作。

对于移动通信系统来说，其主要噪声来源是人为噪声（如汽车的点火噪声等）。为保证通信质量，除选择抗干扰性强的调制方式（调频或调相）外，移动通信设备还必须有足够的

抗人为噪声的能力及储备。

移动通信系统的主要干扰有互调干扰、邻道干扰和同频干扰。

互调干扰主要是由多个信号进入设备中的非线性器件产生大量的组合频率（互调产物）引起的。如接收机的混频部分，当输入回路的选择性不好时，就会使不少干扰信号随有用信号一起进入混频级，当叠加后的干扰信号达到一定幅度时即产生对有用信号的干扰。因此，要求移动通信设备必须具有良好的选择性。

邻道干扰是指相邻或邻近的信道（或频道）之间的干扰。如图 1-2 所示，用户 A 占用了 K 信道，用户 B 使用（$K\pm1$）信道，本来它们之间不应存在干扰问题，但当一个距基站很远（如用户 A），而另一个却很近时（如用户 B），由于信道间隔有限，就会出现基站接收信号中（$K\pm1$）信道的强信号干扰 K 信道弱信号的现象，这就是由远近效应引起的邻道干扰。为解决这个问题，在移动通信设备中，使用了自动功率控制电路。当移动台靠近基站时，发射机根据所接收到的基站发来的功率控制信号自动降低功率，而远离基站时功率升高。

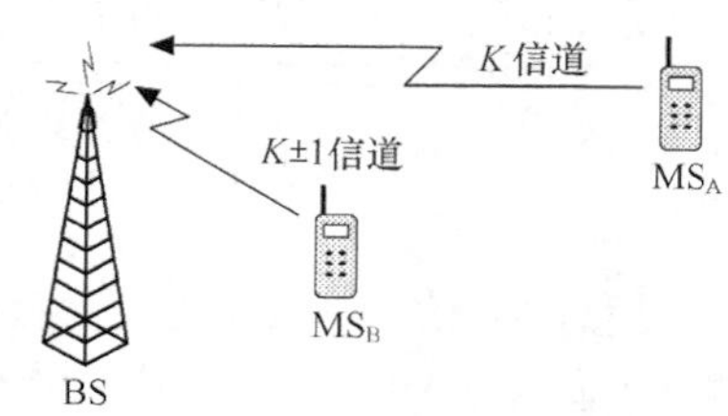

图 1-2　邻道干扰

同频干扰是指相同载频电台之间的干扰。它是蜂窝状移动通信所特有的，因为蜂窝移动通信系统为了提高频率的利用率，采用同频复用技术，间隔一定距离的不同小区可使用相同的频率，若使用相同频率的小区间隔距离不满足要求即会引起同频干扰。为解决同频干扰问题，要求移动通信系统在组网时，必须予以充分的重视。

有关噪声和干扰的问题，还将在第 8 章中作进一步介绍。

3．具有多普勒效应

当运动的物体达到一定速度时，固定点接收到的载波频率将随相对运动速度 v 的不同产生不同的频率偏移，通常把这种现象称为多普勒效应。其频移值为 $f_d=(v/\lambda)\cos\theta$。其中$\lambda$为接收信号载波的波长；$\theta$为电波到达接收点时的入射角。

比如，人造卫星在发射前，其星上发射机的载频 f_1 是预知的。发射后，地面接收站收到的载波信号频率已不是 f_1 了，而是 $f_1\pm f_d$。由于卫星运动的速度（径向速度）在变化，所以 f_d 也在变化，使到达接收机的电波载频也在变化，因而使用一般的接收机是无法接收卫星信息的，必须使用采用了“锁相技术”的接收机才行。实际上，卫星地面站就是一部大型锁相接收机。它所以能稳定的接收卫星信息，主要是由于“锁相技术”具有频率跟踪和低门限性能，即接收机在捕捉到卫星发来的载频信号之后，当发来的载频信号随速度 v 变化时，地面接收机本振信号频率跟着变，这样就可不使信号丢失。另外，还可以利用其窄带性能，把淹没在噪声中的微弱信号提取出来。所以移动通信设备都毫无例外的采用了锁相技术。

4．存在阴影区（盲区）

当移动台进入某些特定区域时，会因电波被吸收或被反射而接收不到信息，这一区域称为盲区。在网络规划、设置基站时必须予以充分的考虑。

5．用户经常移动，与基站无固定联系

由于移动台在通信区域内是随机运动的，而其发射机在不通话时，又处于关闭状态，因此，它与基站间无固定联系，为实现可靠有效的通信，要求移动通信设备必须具有位置登记、越区切换及漫游访问等跟踪交换技术。

1.1.3 移动通信的发展概述

1. 移动电话系统的发展

蜂窝移动通信系统从 1981 年到 2015 年的演进路线如图 1-3 所示。

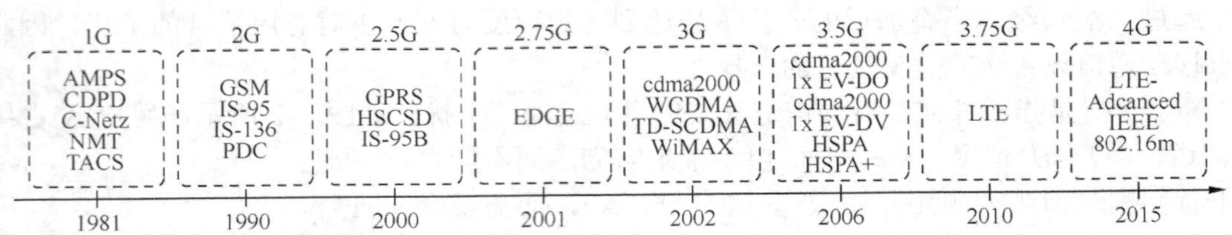

图 1-3 蜂窝移动通信系统的演进

移动通信的历史可以追溯到 20 世纪初。在 1895 年无线电发明之后，莫尔斯电报就用于船舶通信。1921 年美国底特律和密执安警察厅开始使用车载无线电台，其工作频段为 2MHz，于 1940 年，又增加了 30～40MHz 之间频段，由调幅方式改成调频方式，增加了通信信道。由于专用移动用户的增加，美国联邦通信委员会又分配了 300～500MHz 之间的 40MHz 带宽，供陆上无线通信使用。

移动通信的发展，在 20 世纪 80 年代以前是指公用汽车电话系统。自美国贝尔实验室于 1946 年在圣路易斯建立了世界上第一个公用汽车电话系统以来，移动通信经历了从单工方式的人工选择空闲信道，到大区制、双工方式自动选择空闲信道，再到蜂窝状大容量小区制的移动电话系统等几个阶段。移动电话通信系统历经 1G、2G、3G。目前正处于 4G 的商用建设阶段，且会在很长时间内与 2G、3G 共存。

第一代蜂窝移动通信系统（1G）为模拟系统，以美国的 AMPS 和英国的 TACS 为代表，到 20 世纪 80 年代，移动通信已达到成熟阶段。当时，第一代移动通信系统解决了当时系统要求容量大与频率资源有限的矛盾，成为公用移动通信网的主体，但该系统设备制式不统一，设备复杂，成本高且各厂家生产的设备不能兼容；体制过于混杂，不易于国际漫游；业务种类单一，只提供语音业务；保密性差，通话易被窃听；安全性差，易被盗号；频率利用率低，容量小，不能满足日益增长的需要。20 世纪 80 年代末，人们便着手研究数字蜂窝移动通信系统。

第二代数字蜂窝移动通信系统（2G）采用与模拟系统不同的多址方式、调制技术、语音编码、信道编码、分集接收等数字无线传输技术。系统频谱利用率提高，容量大，还能提供语音、数据等多种业务，并能与 ISDN 等其他网络进行互连。第二代数字蜂窝移动通信系统的主要制式有泛欧标准的 GSM，美国的 DAMPS 和 CDMA，日本的 PDC 等。

第三代为宽带移动通信系统（3G），主要针对 2G 不能提供的中高速数据业务提出的。最受关注的 3G 标准有：基于 GSM 的 WCDMA；基于 IS-95CDMA 的 cdma2000；中国自主知识产权的 TD-SCDMA。另外，为能使第二代向第三代平滑过渡，在第二代的基础上采用了一些新的技术，我们称之为二代半（2.5G）技术，如在 GSM 基础上开通的通用分组无线业务（GPRS）。

第四代移动通信系统（4G）之前主要指 TD-LTE 和 LTE-FDD，是具有宽带移动和无缝业务的移动通信系统，是多功能集成的宽带移动通信系统，是宽带接入 IP 系统。4G 采用宽带接入和分布网络，具有非对称的超过 2Mbit/s 的数据传输能力，包括宽带无线固定接入、

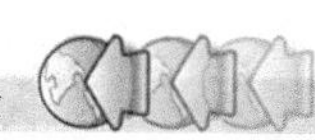

宽带无线局域网、移动宽带系统和互操作的广播网络。4G 在不同的固定和无线平台及跨越不同频带的网络运行中提供无线服务。4G 技术具备的基本特征为：多种业务的完整融合，移动中的高速切换，高度智能化的网络。

移动通信正在向前迈的一步是 LTE-Advanced（LTE-A，4G），相比之前的 LTE，LTE-A 可以补充下行链路，采用了载波聚合、上下行多天线增强、多点协作传输、中继、异构网干扰协调增强等关键技术，能大大提高无线通信系统的峰值数据速率、峰值谱效率、小区平均谱效率以及小区边界用户性能，同时也能提高整个网络的组网效率，这使得 LTE 和 LTE-A 系统成为未来几年内无线通信发展的主流。LTE-A 可以利用所有频谱资源，聚合数据通道，统用于小范围热点、室内和家庭基站（Home NodeB）等场景，基于低频段的系统为高频段系统提供“底衬”，填补高频段系统的覆盖空洞和高速移动用户，进而提升用户体验，实现更快的数据传输速率。

除此之外 LTE 还有发展前景，比如即将到来的 LTE Broadcast（LTE 广播）和更为先进的 LTE Direct。总之，未来移动通信网络在业务上将走向数据化和分组化，网络将是全 IP 网络。

2．我国移动电话通信系统的发展

我国蜂窝移动电话网始建于 1986 年，1989 年原邮电部由美国 Motorola、瑞典 Erisson 引进 900MHz 的 TACS 体制的设备，1995 年我国公用 900MHz 模拟蜂窝移动电话全国联网投入运行。1994 年 9 月，广州在全国率先建成特区及珠江三角洲数字移动电话网，同年 10 月试运营，随后各地相继引进设备建立 GSM 数字蜂窝移动电话网。1998 年，模拟用户数量开始下降，2001 年底模拟网关闭。同期，中国联通启用 CDMA 网络（简称“C 网”），中国移动开通 GPRS。

2001 年 6 月 22 日原信息产业部成立 3G 技术试验专家组（3GTEG），负责实施 3G 技术试验。截止 2003 年年底，已对 WCDMA，TD-SCDMA，2GHz cdma20001x 完成了第一阶段试验工作，结论是系统基本成熟，终端尚存在一定问题需要改进。2004 年进行第二阶段试验。

2008 年 5 月电信企业重组后，中国电信拥有了 C 网，中国移动和中国联通拥有 GSM/GPRS 网络（简称“G 网”）。2009 年 1 月，工业和信息化部颁发 3G 牌照，中国移动启用 TD-SCDMA，中国联通发展应用 WCDMA，而中国电信在原 C 网的基础上发展启用 cdma2000 标准。

2013 年 12 月，工业和信息化部颁发 4G 牌照，中国移动、中国电信、中国联通均获得 4G 的 TD-LTE 运营权。2014 年 6 月，中国电信和中国联通分别获批开展 TD-LTE、LTE FDD 混合组网试验。

到 2001 年 3 月，我国移动用户已跨越 1 亿户大关，同年 7 月达 1.206 亿户，超过美国，成为世界上移动用户最多的国家，我国移动发展 1 000 万用户用了 10 年，而从 1 000 万户到 1 亿户仅用了 4 年时间。到 2008 年年底，移动用户已达 6.41 亿户；截至 2013 年 9 月，移动用户达到 12.07 亿户。显然，中国通信市场的用户饱和度已经很高，运营商拓展新市场的难度越来越大。由此，运营商之间的竞争焦点也已从过去的增量市场转向存量用户的争夺，维稳用户成为了运营商策略选择重要的考量，网络的运营质量显得尤为重要。

1.1.4　移动通信的工作方式

移动通信与固定通信一样，按照通话的状态、频率和使用方法可分为 3 种工作方式：单工、半双工和（全）双工。

1．单工制

单工方式又可分为同频单工和异频单工，适用于用户少、专业性强的移动通信系统。

同频单工指通信的双方使用相同的频率工作，图 1-4 中当 A 侧与 B 侧的发射机、接收机均使用 f_1 频率时，即为同频单工方式。同频单工操作采用“按—讲”方式，在某一时刻一方在发话时，另一方只能收听，平时双方的接收机均处于守听状态。如果 A 方需要发话，可按下“按—讲”开关，关掉接收机将开关 K 拨至发射机，使其发射机工作，这时由于 B 方仍处于守听状态，即可实现由 A 到 B 的通话。在这种方式中，同一电台的发射和接收是交替工作的，故收发信机可使用同一副天线，而不需要使用天线共用器。这种方式设备简单、功耗小，但操作不便，如果配合不恰当，会出现通话断续。此外，若在同一地区有多个电台使用相同的频率，相距较近的电台之间将会产生严重的干扰。

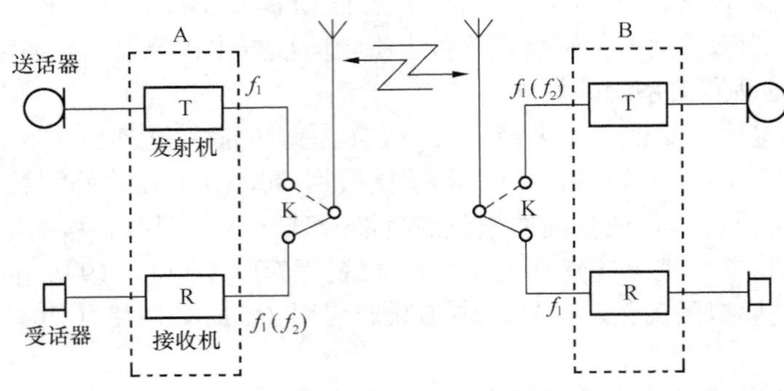

图 1-4　单工通信方式

异频单工指通信双方使用两个频率工作，图 1-4 中，当 A 侧发射机与 B 侧接收机使用频率 f_1，而 B 侧发射机与 A 侧接收机使用频率 f_2 时，即为异频单工。异频单工操作仍为“按—讲”方式。同一电台的发射机和接收机也是交替工作的，只是收发各用一个频率，其优缺点与同频单工类似。

2．双工制

双工制指通信双方的收发信机均同时工作，即任一方在发话的同时，也能收听到对方的语音，无需“按—讲”，与普通市内电话的使用情况类似，操作方便。双工通信方式如图 1-5 所示。

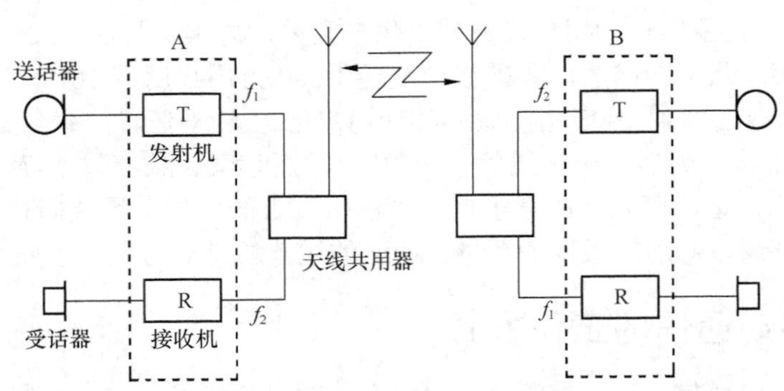

图 1-5　双工通信方式

在移动通信系统中采用的准双工方式实际是一种特殊的双工方式。在采用双工方式通信时，不管是否发话，发射机总是工作的，故电能消耗大，这一点对以电池为能源的移动台是不利的。为此，在蜂窝移动通信系统中，移动台的发射机仅在发话时才工作，而移动台接收机总是工作的，通常称这种系统为准双工系统，它可以和双工系统兼容。

3．半双工制

半双工通信指通信双方中有一方（如 A 方）使用双工方式，即收发信机同时工作，而且使用两个不同的频率；而另一方（如 B 方）则采用异频单工方式，即收发信机交替工作。如图 1-6 所示。平时 B 方处于守听状态，仅在发话时才按下“按—讲”开关，切断收信机使发信机工作。它的优点是设备简单、功耗小，克服通话断续的现象，但操作仍不便。所以半双工制主要用于专用移动通信系统，例如汽车调度等。

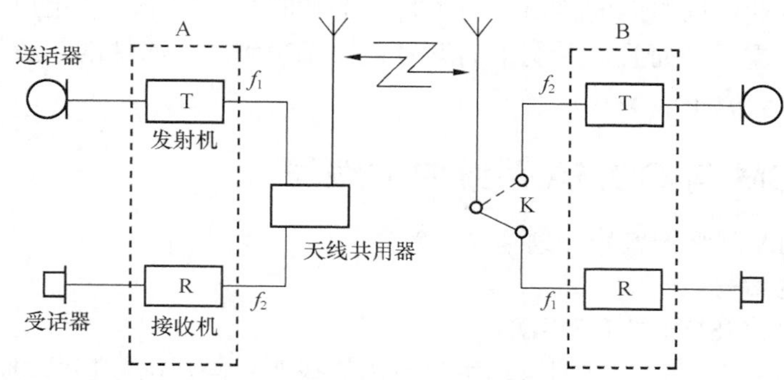

图 1-6　半双工通信方式

1.2　移动通信系统的组成

移动通信系统一般由移动台（MS）、基站（BS）、移动业务交换中心（MSC）及与市话网（PSTN）相连接的中继线等组成，图 1-7 给出了组成一个移动通信系统的最基本的结构。

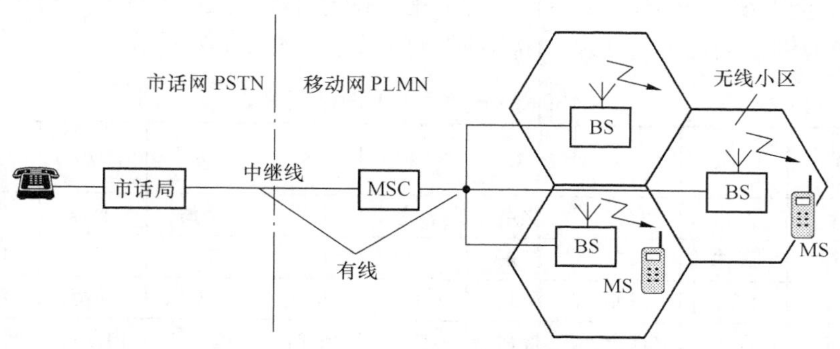

图 1-7　移动通信系统的组成

基站与移动台都设有收、发信机和天馈线等设备。每个基站都有一个可靠通信的服务范围，称为无线小区。无线小区的大小，主要由发射功率和基站天线的高度决定，基站天线越高，发射功率越大，则无线覆盖区也越大。移动业务交换中心主要用来处理信息的交换和整个系统的集中控制管理。

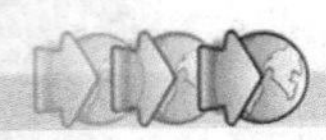

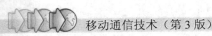

大容量移动电话系统可以由多个基站构成一个移动通信网，如图 1-7 所示。由图可以看出，通过 BS、MSC 就可以实现在整个服务区内任意两个移动用户之间的通信；也可以经过中继线与市话局连接，实现移动用户和市话用户之间的通信，从而构成一个有线、无线相结合的移动通信系统。但是，移动用户间不能直接进行通信，必须通过 BS、MSC 转接。

随着网络的发展，各组成部分都以子系统的形式存在，这将在后面各系统中具体介绍。

1.3 移动通信中的编号计划

移动通信系统网路很复杂，它包括交换网络、无线接入网络、传输网络等，还包括各子网功能实体间及各业务网络间的接口。为了将一个呼叫接至某个移动用户，需要正确寻址，因此编号计划非常重要，而且，系统中的编号直接影响到网络的性能、容量。本节主要介绍在各移动通信系统中应用的编号。

1.3.1 GSM 与 CDMA 系统中的编号

GSM 与 CDMA 网络的编号计划基本一致。

1. GSM 中的编号

（1）移动用户的 ISDN 号 MSISDN

MSISDN 是指主叫用户为呼叫移动用户所需的拨叫号码，国际移动用户 ISDN 号基本组成为：国家码（CC）+国内目的地码（NDC）+用户号码（SN），而“NDC+SN”构成国内有效 ISDN 号。其中，国家码（CC），我国为 86；国内有效 ISDN 号码为一个 11 位数字的等长号码（$N_1N_2N_3H_0H_1H_2H_3ABCD$），由 3 部分组成：①移动业务接入号：（$N_1N_2N_3$），如 13S、15S、17S 和 18S 等，不同的 S 分属不同的运营商。如 13S 中，S=4～9 属于中国移动；S=0～2 属于中国联通；S=3 属于中国电信。②HLR 识别号：$H_0H_1H_2H_3$。③移动用户号：ABCD。其中①和②构成国内目的地码（NDC）。

$H_0H_1H_2$ 由全国统一分配，H_3 各省自行分配。网号不同或 H_0 不同时，分配也不同。以中国移动的编号为例，当网号为 139、H_0=0 时，分配方式如表 1-1 所示。

表 1-1　139 网（H_0=0）的 H_1H_2 分配表

H_1 \ H_2	0	1	2	3	4	5	6	7	8	9
1	北京	北京	北京	北京	江苏	江苏	上海	上海	上海	上海
2	天津	天津	广东	广东	广东	广东	广东	广东	广东	广东
3	广东	河北	河北	河北	山西	山西	黑龙江	河南	河南	河南
4	辽宁	辽宁	辽宁	吉林	吉林	黑龙江	黑龙江	内蒙古	黑龙江	辽宁
5	福建	江苏	江苏	山东	山东	安徽	安徽	浙江	浙江	福建
6	福建	江苏	江苏	山东	山东	浙江	浙江	浙江	浙江	福建
7	江西	湖北	湖北	湖南	湖南	海南	海南	广西	广西	广西
8	四川	四川	四川	四川	湖南	贵州	湖北	云南	云南	西藏
9	四川	陕西	广东	甘肃	甘肃	宁夏	安徽	青海	辽宁	新疆

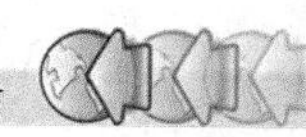

（2）国际移动用户识别码 IMSI

IMSI 为 15 位号码，在国际上用于唯一识别移动用户，结构为：移动国家码（MCC）+移动网号（MNC）+移动用户识别码（MSIN）。其中“MNC+MSIN”构成国内移动用户识别码。

MCC 由国际电联（ITU）统一分配和管理，唯一识别移动用户所属的国家，我国 MCC 为 460。MNC 的值中国移动为 00 和 02、中国联通为 01、中国电信为 03。

当一个移动用户的 MSISDN 号码为 13S$H_0H_1H_2H_3$ABCD 时，对应的 IMSI 号码结构定义如下（以中国移动编号为例）：

当 H_0 等于 0 时，IMSI 为“460 00 $H_1H_2H_3$ S XXXXXX”。其中，S 为 9、8、7、6 或 5，与 MSISDN 号码中的 S 位相同；$H_1H_2H_3$ 与 MSISDN 号码中的 $H_1H_2H_3$ 相同；XXXXXX 是 MSISDN 号码中的 ABCD 经扰码得到，扰码方法由各省自行定义。

当 H_0 不等于 0 时，IMSI 为“460 00 $H_1H_2H_3$ R H_0XXXXX”。其中，R 为 4、3、2、1 或 0，R 与 MSISDN 号码中的 S 位有对应关系（当 R 为 4 时对应于 S 为 5；当 R 为 3 时对应 S 为 6；当 R 为 2 时对应 S 为 7；当 R 为 1 时对应 S 为 8；当 R 为 0 时对应 S 为 9）；H_0 与 MSISDN 号码中的 H_0 相同；$H_1H_2H_3$ 与 MSISDN 号码中的 $H_1H_2H_3$ 相同；XXXXXX 是 MSISDN 号码中的 ABCD 经扰码得到，扰码方法由各省自行定义。

（3）临时移动用户识别码 TMSI

为了对 IMSI 保密，IMSI 仅在空中传送一次，便由 VLR 给来访移动用户分配一个唯一的 TMSI 号码替代。TMSI 的分配在每次鉴权后进行，它仅在本地有效，可在呼叫建立和位置更新时使用，当用户离开此 VLR 服务区后释放，VLR 可随时更新。TMSI 为一个 4 字节的 BCD 编码，由各 MSC 自行分配。

（4）移动用户漫游号码 MSRN

当呼叫一个移动用户时，为使网络再次进行路由选择，根据 HLR 的要求，由 VLR 临时分配给移动用户一个 MSRN，该号码在接续完成后即可释放给其他用户使用，它的结构与 MSISDN 相同。对于在某一特定区域漫游的移动用户，MSRN 号码在被访 VLR 区域内是唯一有效的。

（5）国际移动设备识别码 IMEI

IMEI 用于在国际上唯一地识别一个移动设备，为一个 15 位的十进制数字，其构成为：TAC（6 位）+FAC（2 位）+SNR（6 位）+SP（1 位）。

其中，TAC 为型号批准码，由欧洲型号中心分配；FAC 为工厂装配码，由厂家编码，表示生产厂家及装配地；SNR 为序号码，由厂家分配；SP 为备用。IMEI 可在待机状态下按“*#06#”读取，在手机后盖板上也有标注。

购买手机时若读取的 IMEI 码与手机后盖板上的条码标签、外包装上的条码标签一致的话，应为原包装机。

（6）区域和设备识别

① 位置区识别码 LAI

位置区识别码由 3 部分组成，组成结构为：MCC（460）＋MNC（00）＋LAC（X1X2X3X4）。其中，LAC 为位置区号码，用于识别移动网中的一个位置区。LAC 为一个字节 16 进制的 BCD 编码，用 X1、X2、X3、X4 表示。其中 X1、X2 全国统一分配；X3、X4 由各省自行分配（范围为 0000～FFFF），全部为零的编码不用。

② 全球小区识别码 GCI

GCI 用于在全球范围内识别小区，结构为：MCC+MNC+LAC+CI。其中 LAC 为 16 bit；CI 为小区识别，是一个 2 字节（16 bit）的 BCD 编码，由各 MSC 确定。

③ 基站识别码 BSIC

BSIC 用于识别相邻国家、地区或不同运营商的相邻基站收发信设备 BTS，结构为：NCC（3bit）+BCC(3bit)。其中，NCC 为网络色码，用于识别不同国家（国内区别不同的省、地区）及不同运营商，结构为 XY_1Y_2；BCC 为基站色码，由运营部门设定。

④ MSC/VLR 号码

这是在 No.7 信令消息中使用的、代表 MSC 的号码，结构与没有用户号码（ABCD）的 MSISDN 相同，即 $13SH_0H_1H_2H_3$。

⑤ HLR 号码

这是在 No.7 信令消息中使用的、代表 HLR 的号码，是用户号为全零的 MSISDN 号码，即 $13SH_0H_1H_2H_3$0000。

⑥ HON 号码

切换号码（HON）是在局间切换时，为选择路由，由目标 MSC/VLR 临时分配给移动用户使用的，该号码为 MSRN 的一部分。

2．CDMA 中的编号

CDMA 系统中的编号与 GSM 中基本一致，主要的编号有：MDN、MIN/IMSI、ESN/MEID、TLDN、SID/NID、MSCID、LAI、LAC、GCI、CI、SIN 等。

（1）移动用户号码薄号码 MDN

MDN 即 CDMA 用户的呼叫号码，由“CC+MAC+$H_0H_1H_2H_3$+ABCD”组成，其中“MAC+$H_0H_1H_2H_3$+ABCD”称为国内有效移动号码。

（2）移动用户识别号 MIN/IMSI

IMSI 由“MCC+MNC+MIN”组成，其中“MNC+MIN”称为国内移动台标识码。

（3）设备电子序列号 ESN/MEID

ESN 用于唯一标识一个移动台，一个 ESN 包含 32bit，高 8 位 bit 表示制造商代码；MEID 为全球唯一的移动设备识别号，是 3GPP2 为解决 32bitESN 号码资源不足提出的概念，56bit 用来取代 32bit 的 ESN 号段，由 16 进制表示的 14 个数字组成。

（4）临时本地用户号 TLDN

TLDN 相当于 GSM 中的 TMSI，由“CC+MAC+44+$H_0H_1H_2$+ABC”组成。由 VLR 分配用于 IMSI 的保密。

（5）系统标识 SID/NID

SID 系统标识 15bit，每个移动本地网分配一个 SID；NID 网络标识 16bit，仅用于 BSS 一侧。在 CDMA 网络中，MS 根据 SID 和 NID 判断是否发生了漫游。

（6）MSC 标识 MSCID

MSCID 用于表示网络中的一套 MSC 设备，由“系统标识（SID）+交换机号码（SWNO）”组成，相当于 GSM 中的“MSC/VLR 号”。

（7）发送者识别码 SIN

SIN 由“MCC+MNC+$H_0H_1H_2H_3$+XXXX”组成，如 MSC SIN、HLR SIN、SMC SIN、SCP SIN 等。

1.3.2　GPRS 中的编号

GPRS 是基于 GSM 的 2.5 代移动通信系统，由于其采用了与 GSM 不同的分组交换和 IP 传输技术，GPRS 除了与 GSM 相同的一部分编号（如 MSISDN、IMSI、IMEI、TMSI、LAI、CGI 等）外，还有一些特有的编号。在此，仅对 GPRS 中特有的一些编号做简单介绍。

（1）路由寻址区标识 RAI

RAI 由运营商定义，在 BCCH 中广播，一个路由寻址区可包括若干个小区，移动终端离开一个 RAI 范围，就会进行一个 RAI 更新过程。RAI 和 LAI 的功能相似，但比 LAI 更精确，若把 RAI 和 LAI 看成是某些小区的集合，则 RAI 的覆盖范围是 LAI 的一个子集。RAI 的结构为：RAI=LAI+RAC，RAC 为路由寻址区代码。

（2）分组临时移动用户标识符 P-TMSI

P-TMSI 分配给每个连接在 GPRS 网络上的移动台，作用类似于 TMSI，结构也相似，都是由 4 个字节组成。P-TMSI 的结构和编码方式可以由运营商或设备制造商根据实际需要来决定。TMSI 和 P-TMSI 依靠它们前两个比特的值来区分："11"代表 P-TMSI；"00、01、10"代表 TMSI。

（3）PDP 地址

在高层，一个 GPRS 用户可以用 IMSI 来唯一标识，但在网络层，是通过一个或多个网络层地址来标识用户的，PDP 地址即用户网络层地址。PDP 地址可临时或永久性地分配给一个用户，可以是 IPv4、IPv6 地址或 X.121 地址。

一个 GPRS 用户能同时打开几个网络对话，因此系统定义了 PDP 分组数据协议，它通过移动终端中存储的一组信息及 SGSN 和 GGSN 来实现，这组信息使得数据可在分组交换数据网中传输。相应的 PDP 报文具有以下特征：PDP 网络类型（如 IP、X.25）；终端 PDP 地址（如 IP 地址），可在对话期间进行动态分配；当前 SGSN 的 IP 地址；网络服务接入点标识符；服务质量。

PDP 报文的激活、修改和清除是移动管理的一部分，也即 PDP 地址激活和失效的过程。

（4）网络层服务接入点标识 NSAPI 和临时逻辑链路标识 TLLI

在一个路由区 RA 内，可用 NSAPI/TLLI 标识 MS 和 SGSN 之间的逻辑链路，NSAPI 主要用于标识链路的两个端点，而 TLLI 主要用于标识链路本身。

NSAPI 用于标识子网依赖汇聚协议 SNDCP 和上层协议之间进行通信的服务接入点。例如：如果必须从 MS 传送一个 IP 数据包到 SGSN，该 IP 数据包被封装好之后，通过 NSAPI 传送给 SNDCP 层。在 SGSN 和 GGSN 中，NSAPI 被用于标识和 MS 相关的 PDP 上下文。

TLLI 用于定义一个路由区 RA 内，MS 和 SGSN 之间的一一对应关系。TLLI 只对该 MS 和 SGSN 有效，对其他网络单元或用户无意义。

（5）隧道标识符 TID

隧道技术用于将不同地点的两个相同类型的网络相连，在节点间快速传输数据包，在传输过程中，节点对信息内容不做任何处理。

隧道协议用 TID 来标识一个 PDP 上下文，TID 是 IMSI 和 NSAPI 的组合，可唯一标识一个 PDP 上下文，也可以理解为 TID 用于标识 SGSN 与 GGSM 间的隧道链路。

一旦 PDP 上下文被激活，即把 TID 转移给 GGSN，并用于 GGSN 和 SGSN 间的用户数据隧道传输，识别出 SGSN 和 GGSN 内 MS 的 PDP 上下文，在 SGSN 间 RA 内更新时或更新后，也用来将N-PDU从旧的SGSN转移给新的SGSN。

匿名接入时为AA-TID，由TLLI和NSAPI两部分组成，结构和TID相同，只是用TLLI替代了IMSI，但由于TLLI比IMSI位数少，需用无效数字作填充，但不能与TID发生冲突。

（6）GSN地址与GSN号码

每个GSN（含SGSN和GGSN）都有各自的IP地址，该地址为IPv4或IPv6类型（当地址类型为IPv4时，类型为0，长为4字节；当地址类型为IPv6时，类型为1，长为16字节），用于GPRS骨干网相互间的通信，结构为：地址类型（2bit）+地址长度（6bit）+地址（4～6字节）。

GSN和所有PLMN的GPRS骨干节点的IP地址建立专门的地址空间，形成一个专用内网，从公众互联网是不能直接接入的。对GGSN和SGSN，该IP地址也可以对应一个或多个DNS类型的逻辑GSN名称。

每个要和HLR、EIR等GSM设备通信的GSN，都需要一个支持NO.7信令系统的号码，因此，在GPRS中为每个GSN又分配了一个GSN号码，用于与HLR等设备的通信。

3G中的各系统由2G平滑演进，编号计划变化不大，在此不再一一介绍。

1.3.3 SAE/LTE中的编号

SAE/LTE相对于2G/3G演进，主要体现在IP化、融合化和扁平化方面，编号计划仍包括MSISDN、IMSI、MSRN、HOT（HON）等号码，由于HSS/HLR与3G网络、2G网络的NO.7互通时使用外，其他场景均使用IP协议，因此与NO.7有关的信令点逐渐消失。由于在HSS中个别场景仍会有需求（如HSS作为3G网络HLR时），因此编号计划中仍有提及。其他的标识编号如下：

（1）EPC承载标识EBI

EBI用于唯一标识UE接入E-UTRAN的一个EPC承载，由MME负责分配。如果EPC承载和PDP上下文之间进行映射，EPC承载标识符和NSAPI/RAB ID要用相同的值。

（2）隧道端点标识符TEID

在基于GTP通信的两个节点使用GTP隧道时，每个GTP隧道在一个节点的标识同时使用IP地址、UDP端口和TEID。

（3）全球唯一MME标识GUMMEI

GUMMEI由“MCC+MNC+MMEI”组成，共64bit。其中MCC 8bit为460；MNC 16bit与IMSI中的MNC相同；MMEI共24bit，由“MME群组ID（MMEGI）+MME代码（MMEC）”组成。

MMEGI 16bit与LAC共享16bit空间的划分原则，启用L1＝0，预留L2＝F，由集团公司分配到各省；MMEC 8bit，保证在MMEGI内唯一，由各省自行分配。

（4）全球唯一临时标识GUTI

GUTI用于在网络中对用户作唯一标识，提供UE标识符的保密性，由MME分配给UE，减少IMSI、IMEI等用户私有参数暴露在网络中传输。GUTI共96bit，由“GUMMEI+M-TMSI”组成。在MME中，不同的UE通过M-TMSI标识。

（5）SAE临时移动用户标识S-TMSI

EPC寻呼时使用S-TMSI对IMSI保密，S-TMSI由“MMEC+M-TMSI”组成。

（6）接入点编号 APN

APN 用于选择 P-GW/GGSN，由 APN 网络标识（APN-NI）和 APN 运营商标识（APN-OI）组成，其中 APN 网络标识为必选，APN 运营商标识为可选。

APN 网络标识包括通用 APN 和区域 APN（专用 APN），通用 APN 是为支持全网接入的外部数据网分配的，不包含用户的归属地区域信息；专用 APN 是为非全网接入的外部数据网分配的，包含用户的归属地区域信息。APN-OI 包括 3 个标签，以中国联通为例，GPRS 网的 APN 标准格式为：网络标识 NI.mnc001.mcc460.gprs。

（7）跟踪区标识符 TAI

TAI 用于标识跟踪区域，表示用户的位置信息，进行移动性管理，与 2G/3G 中的 LAI/RAI 基本一致。TAI 由“MCC+MNC+TAC”组成。

跟踪区列表 TA List 由一组 TA 组成，UE 在一个 TA List 中移动不会触发跟踪区更新过程，一个 TA List 最多包含 16 个 TAI。网络对用户的寻呼会在 TA List 中的所有 TA 进行，对于 UE 所注册的跟踪区，若处于同一个 TA List，则由同一个 MME 为其提供服务，以减少位置更新信令，因此合理的 TA List 分配方式和设计方法可有效地减少 TAU 的发生概率，提高资源利用率，TA List 可以在附着、TAU 或 GUTI 重分配过程中，由 MME 分配给 UE。

1.4　移动通信中信号的基本处理过程

在数字移动通信系统中，如何把模拟语音信号转换成适合在无线信道中传输的数字信号形式，直接关系到语音的质量、系统的性能，这是一个很关键的过程。本节主要介绍移动通信系统中数字语音信号的处理过程。

1.4.1　GSM 系统中的信号处理过程

在 GSM 系统中，发送部分电路由信源编码（话音编码）、信道编码、交织、加密、信号格式（突发串）形成等功能模块完成基带数字信号的处理过程。数字信号经过调制及上变频、功率放大，由天线将信号发射出去。接收部分电路由高频电路、数字解调等电路组成。数字解调后，进行均衡、去交织、解密、语音解码，最后将信号还原为模拟形式，完成信号的传输过程。图 1-8 是 GSM 移动台工作原理框图。

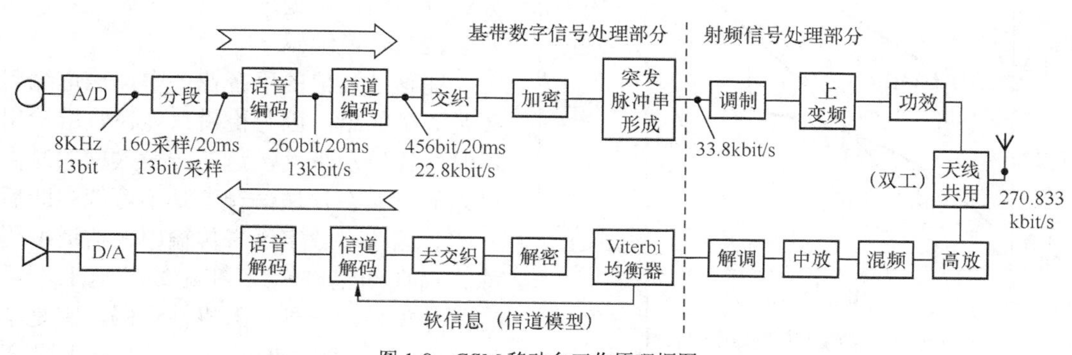

图 1-8　GSM 移动台工作原理框图

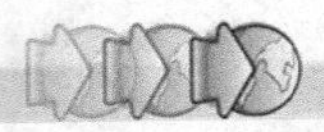

1．发射信号处理

基站和 MS 中的信号处理过程一样，只是信号来源不同，基站交换机和市话网互联的信号为 8bit A 率量化的 PCM 信号（抽样速率为 8kHz），转换为 13bit 的均匀量化信号；一种是移动台由话筒输入的模拟语音，进行 13bit 均匀量化后的信号。以 MS 为例：话筒接收下来的信号，需先进行模/数转换，根据抽样定理转换成速率为 8kHz 的 13bit 的均匀量化数字信号，再按 20ms 分段，每 20ms 段 160 个采样。分段后按有声段和无声段对信号进行分开处理。

（1）语音编码

信源编码将模拟语音信号变成数字信号，并由语音编码对数字化语音进行码型及码速变换，以便在信道中传输。不同的数字移动通信系统采用不同的语音编码方式，如 GSM 采用规则脉冲激励长期线性预测（RPE-LTP）编码方式，而 IS-95CDMA 采用 Qualcomm 码激励线性预测 QCELP 编码方式。语音编码器有三种编码类型：波形编码、参量编码和混合编码。

波形编码的基本原理是在时间轴上对模拟信号按一定的速率抽样，然后将幅度样本分层量化，用代码表示。解码过程是将收到的数字序列经过解码和滤波恢复成模拟信号。波形编码对比特速率较高的编码信号，能够提供相当好的语音质量。对于低速率语音编码信号（比特速率低于 16kbit/s），语音质量明显下降。目前使用较多的脉冲编码调制（PCM）和增量调制（ΔM），及他们的各种改进型都属于波形编码技术。

参量编码又称为声源编码，它是将信号在频域提取的特征参量变换成数字代码进行传输。解码为其反过程，将接收到的数字序列经变换恢复特征参量，再根据特征参量重建语音信号。也就是说，声源编码是以发音机制模型为基础，用一套模拟声带频谱特性的滤波器参数和若干声源参数来描述发音机制模型。在发端对模拟信号中提取的各个特征参量进行量化编码，在接收端根据接收到的滤波器参数和声源参数来恢复语音，它是根据特征参数重建语音信号的，所以称它为参量编码。这种编码技术可实现低速率语音编码，比特速率可压缩到 2～4.8kbit/s，甚至更低，但是语音质量只能达到中等。

混合编码是波形编码和参量编码结合起来。混合编码的数字语音信号中既包含若干语音特征参量，又包括部分波形编码信息。例如 GSM 中使用的 RPE-LTP 就是一种混合编码。图 1-9 所示为波形编码、参量编码（声码器）和混合编码语音质量与语音编码速率的关系。

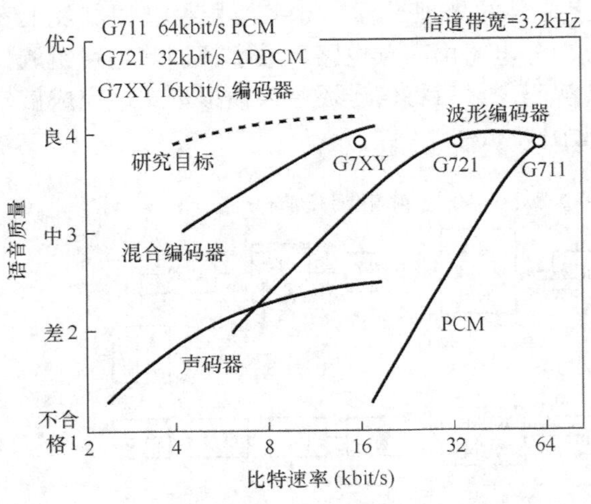

图 1-9　语音质量与比特速率的关系

经过语音编码后的信号送入信道编码部分进行前向纠错处理。

（2）信道编码

在移动通信的语音业务中，信道编码主要是为了纠错。因为检错只能在收端检出错误时才让发端重发，这在传输数据的时候是可以的，而在传送语音中是不可能中断后重发的。因此在数字语音传输中，信道编码也称为前向纠错 FEC。在无线信道上，误码有两种类型，一种是随机性误码，它是单个码元错误，并且随机发生，主要由噪声引起；另一种是突发性误码，连续数个码元发生差错，亦称群误码，主要是由于衰落或阴影造

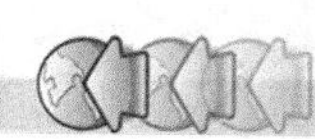

成的。信道编码主要用于纠正传输过程中产生的随机差错。

信道编码是在数据发送前，在信息码元中增加一些冗余码元（也称为监督码元或检验码元），供接收端纠正或检出信息在信道中传输时由于干扰、噪声或衰落所造成的误码。增加监督码元的过程称为信道编码。增加监督码元，也就是说除了传送信息码外，还要传送监督码元，所以为提高传输的可靠性而付出的代价是提高传输速率，增加频带占用带宽。信道编码主要有两种，即分组码和卷积码。码元分组是信道编码的基本格式。

卷积码是一种特殊的分组码，它的监督码元不仅与本组的信息有关，而且还与若干组的信息码元有关。这种码的纠错能力强，不仅可以纠正随机差错，而且可以纠正一定的突发差错。例如 GSM 系统采用一种（2，1）卷积码，其码率为 1/2，监督位只有一位，比较简单。约束长度为 2（分组）的编解码器，可在 4bit 范围内纠正一个差错，电路如图 1-10 所示。

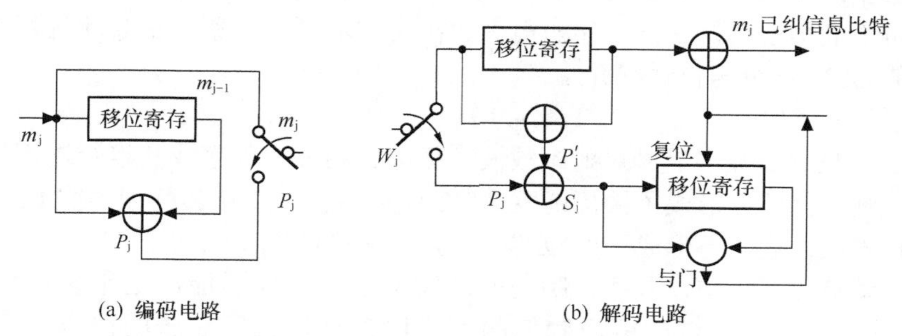

图 1-10　GSM 中的信道编码与解码电路

（3）交织编码

交织编码的目的是在解码比特流中降低传输突发差错，信道编码纠正无线信道中的随机差错较好，但多数情况下无法纠正其中的突发差错。为此用交织编码的方法把信道编码输出的编码信息编成交错码，使突发差错比特分散，再利用信道编码使差错得到纠正。

假定有一些 4bit 组成的消息分组，交织时把 4 个连续分组中的第一个比特取出来，并让这 4 个第 1 比特组成一个新的 4bit 分组，称作一帧。4 个消息分组中的 2～4bit，也做相同处理。然后依次传送第 1 比特组成的帧，第 2 比特组成的帧……如图 1-11 所示。

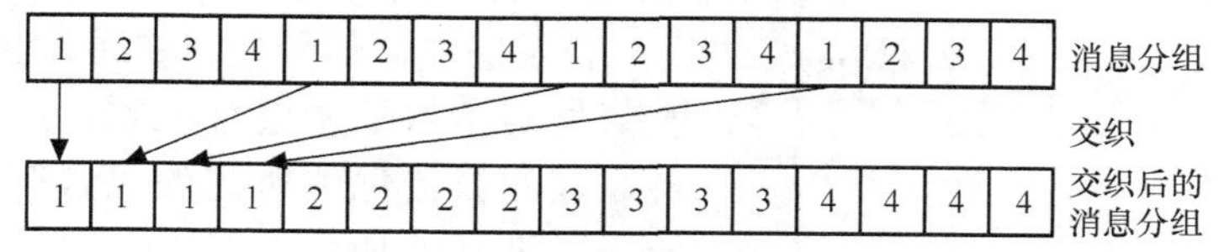

图 1-11　交织编码示意图

语音编码后，比特流传输前进行交织，到接收端再去交织恢复到原先的次序，这样序列中的差错，就趋向于随机地分散到比特流中。

交织的方法：把编码器输出的信息比特横向写入交织矩阵，然后纵向读出，即可获取比特次序改变的数据流，因而交织有延时，如图 1-12 所示。每帧的比特数 m 称为交织度，b 为突发差错长度，若 $m>b$，就可将 b 个突发差错分散到每一分组码中。

信道编码后的信息经交织编码形成分段比特流，经加密等后续处理，按系统规定形成相应的突发脉冲串信息格式。随后送入射频信号处理部分进行射频信号发射前的处理。

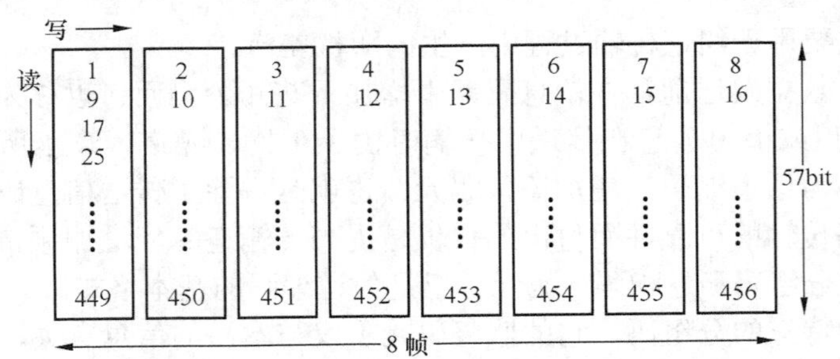

图 1-12　GSM 中 20ms 编码语音交织

如果交织后的信息出现在同一个数据块中，那么由于衰落造成突发脉冲串的损失就较严重，若同一数据块中填入不同语音帧的信息，可降低收端出现连续差错比特的可能性，即通过二次交织可降低由于突发干扰引起的损失。在 GSM 系统中语音信息就进行了二次交织，这在第 3 章的 GSM 部分再作详细介绍。

（4）数字信号调制

数字调制就是利用数字信号对射频载波的振幅、相位、频率或其组合进行调制。但是由于信号不是连续的，所以形成了振幅键控 ASK、移相键控 PSK 和移频键控 FSK 等基本调制方式。随着技术的发展，还形成了如 QPSK、QAM 等调制方式。

在数字移动通信系统中，数字调制是关键技术之一。为了能满足带宽内传送较高的速率，适应信道传输，在解调时能用较低的信噪比条件达到所要求的误码率，对数字调制有以下几点要求：调制的频谱效率高，每带宽能传送的比特率高，即 bit/s/Hz 比率要大；调制的频谱应有小的旁瓣，以避免对邻道产生干扰；能适应瑞利衰落信道，抗衰落的性能好，即在瑞利衰落的传输环境中，解调所需的信噪比较低；调制解调电路易于实现。

不同的移动通信系统采用不同的调制技术，如 GSM 系统采用 GMSK 调制，而 IS-95 CDMA 中采用了 QPSK 方式。

（5）变频

调制后的信号即进入射频电路进行信号处理，首先上变频到发射频率。而在接收端，接收下来的高频信号也必须下变频（混频）到中频才能实现解调。

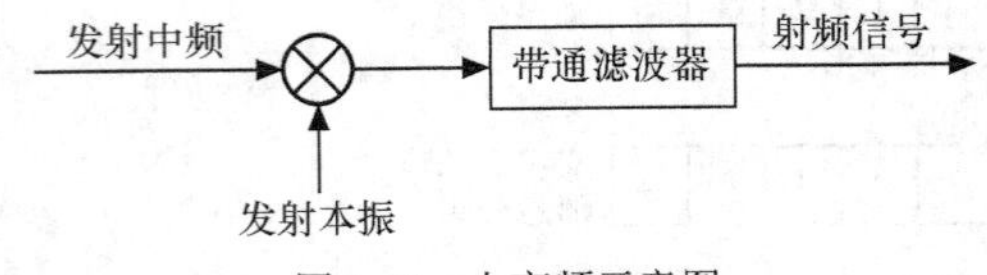

图 1-13　上变频示意图

在发射端，信号处理中通过混频器将有用的发射信号与本振信号进行混频，产生差频和和频，再通过滤波器保留所需的包含有用信号的差频信号，如图 1-13 所示。

上变频后的信号由功放将信号放大到所需功率，并由天线将信号向空中发射出去。在基站中，功率放大后的信号会经合路器合路，再通过双工器将信号送至天线。

2．接收信号处理

（1）接收射频信号处理

自天线接收下来的微弱信号先经高频放大后，在混频电路中下变频为中频信号，中频放大后用与发送端调制方式相同的方法解调，将模拟信号恢复成数字基带信号，再送入数字信号处理部分进行与发送端相反的接收数字信号处理，包括均衡、解密、去交织、信道解码、

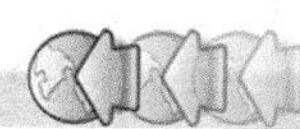

语音解码和数/模转换等。

（2）均衡

移动通信的电波传播特点是存在严重的多径衰落。来自不同路径的电波，各自振幅随机分布，各相位也是在 0～2π内随机均匀分布的，它们总和的包络也是一个随机量，对于数字移动通信，可造成传输信号中的码间干扰，码间干扰如图 1-14 所示。

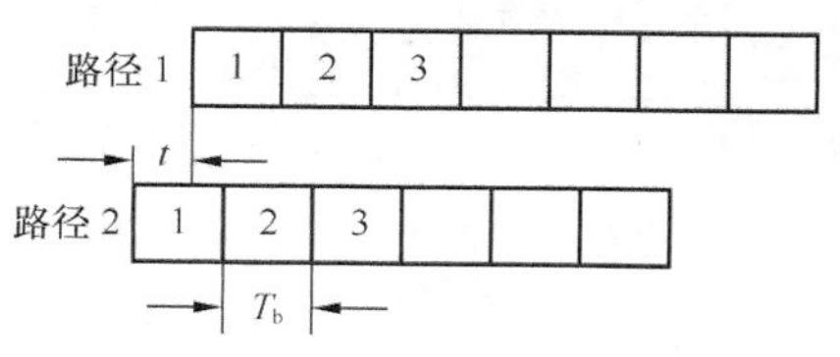

图 1-14 码间干扰示意图

两条路径的信号，若相对时延为τ，则当$\tau \geq T_b/2$时，会在最后码元周期中发生重叠，假设两个信号的强度相差不多，则接收端将会发生误判而出错，这就是码间干扰。也就是说，信号在时间上有了扩散，因而相邻码元间会产生相互干扰。由于多径延时τ并不是一个常数，它是一个随地点变化的随机量，大体服从指数分布规律，它和码速率有关，因$\tau \geq T_b/2$ 就会产生误码，如果能求出$\tau \geq T_b/2$ 的概率，就可得到误码率。由图 1-15 可看出当传输速率增加时，误码率迅速增加。当τ/T_b=0.3 时（τ为平均时延），即产生严重误码，误码率已达到 10^{-1}。当多径延时平均值τ=3μs，则 f_b<100kbit/s，说明码速率应小于 100kbit/s。利用均衡器产生的信道模型可以解决在传输中可能出现的差错，GSM 系统中采用了 Viterbi 均衡。

均衡器工作原理可用图 1-16 表示。由图可知，当输入为 001 时，经过信道传输，输出为 010；当输入为 111，经过信道传输后，输出为 001，…反之，若得到的输出信号为 010，对应于建立的信道模型，可知正确的输入编码应为 001……

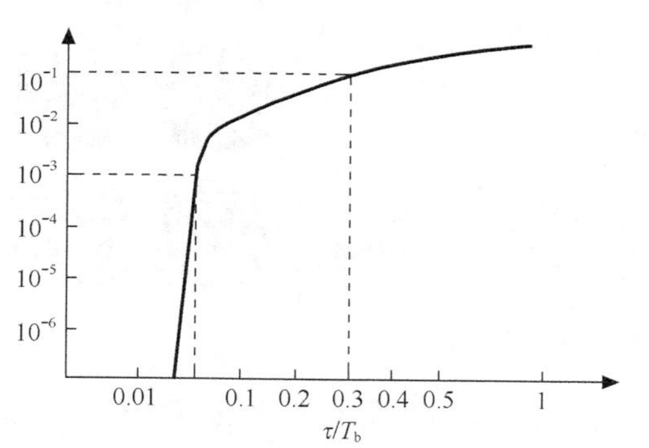

图 1-15 多径时延引起的误码率

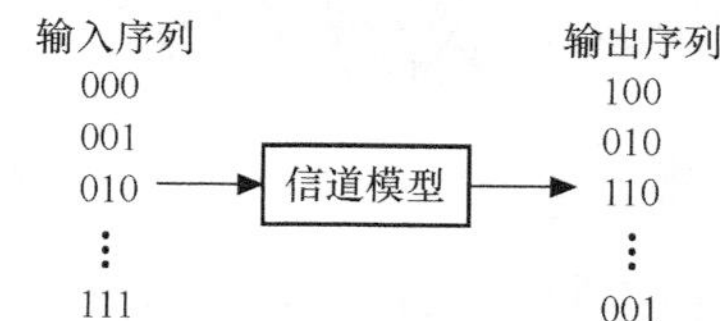

图 1-16 均衡器工作原理

1.4.2 CDMA 系统中信号处理过程

由于与 GSM 采用不同的多址技术、不同的空中接口，CDMA 系统在信号处理过程中有些不同的需求。IS-95 CDMA 系统中，前向业务信道在完成与 GSM 系统相同的模数变换、分段后，按图 1-17 所示完成语音信号处理，再通过合路器、双工器送往天线发射。

由图 1-17 可知，IS-95 CDMA 在数字基带信号处理过程中为了提高系统的抗干扰能力，相比 GSM 系统增加了如“帧质量指示、加尾比特、码元重复”等处理过程。为了提供码分多址技术的用户、信道、基站识别，增加了用户地址调制（扰码）、信道地址调制和基站地址调制（扩频），在地址调制时均采用相应的地址码与信息相乘的方法实现。另外，为适应系统的功率控制技术的应用，还增加了功率控制比特复用过程。

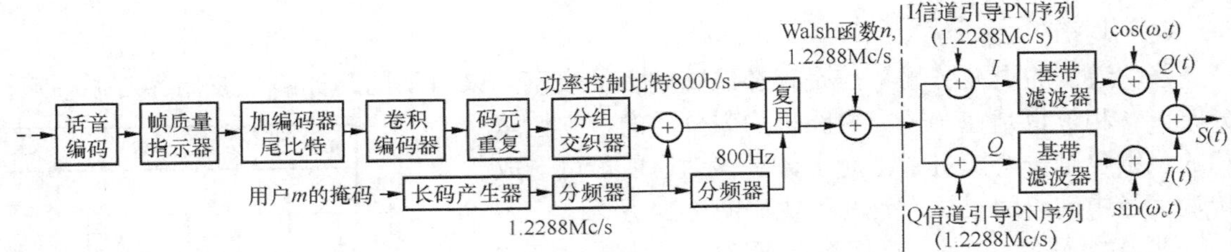

图 1-17　IS-95 CDMA 前向业务信道信号处理过程

1.4.3　各移动通信系统模型比较

移动通信制式繁多，采用的新技术也是层出不穷；但是，不管它怎么变，基本的通信模型是基本不变的，各移动制式通信模型对比如图 1-18 所示。

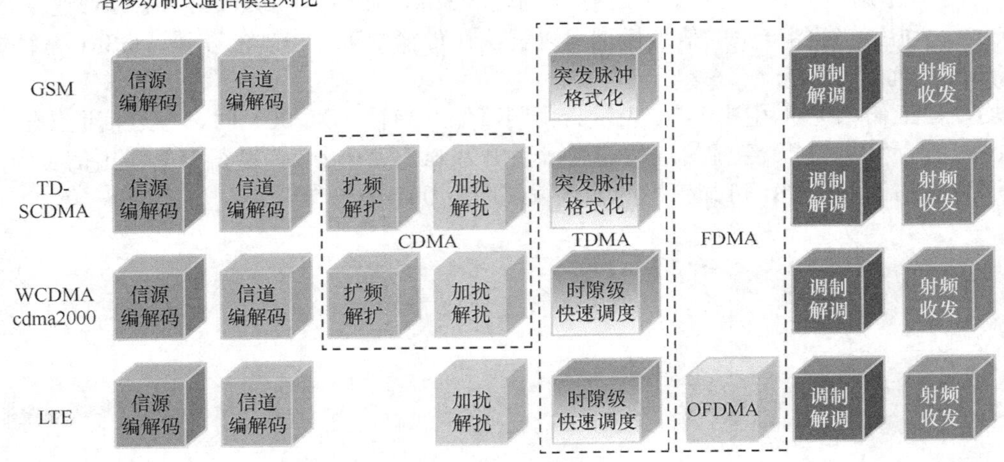

图 1-18　各移动制式通信模型对比

通信模型中的各部分基本功能简单总结如下：（1）信源编码：把要传递的信息（语音、图象）变成数字信号，该功能在终端和业务提供商（ISP）处实现；（2）信道编码：提高信号的抗干扰能力，通过一些算法在信源数据里增加一些冗余码、校验码；（3）加扰：在同频组网的情况下，需要采用扰码来区分小区；（4）调制：把基频（基带）信号送到射频信道的技术，是无线接口宽带化的首选技术；（5）发射和接收：在天线上收发射频信号。

1.5　移动通信系统的业务

移动通信系统可提供的业务，从信息类型分包括语音业务和数据业务，从业务的提供方式可分为基本业务、补充业务和增值业务，不同的运营商所提供的业务分类会有所区别。

1.5.1　基本业务

移动通信的基本业务包括：电话业务、短消息业务、传真和数据通信业务等。

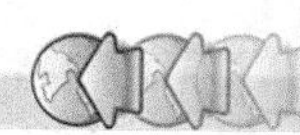

1．电话业务

电话业务是移动通信系统提供的最基本的业务，可提供移动用户与固定网用户或移动用户间的实时双向通话。

2．紧急呼叫业务

在紧急情况下，移动用户可拨打紧急服务中心的号码获得服务。紧急呼叫业务优先于其他业务，在移动用户没有插入 SIM 卡时也可使用。

3．短消息业务

短消息业务就是用户可以在移动电话上直接发送和接收文字或数字消息，因其传送的文字信息短而称为短消息业务。短消息业务包括移动台间点对点的短消息业务，以及小区广播式短消息业务。

点对点的短消息业务由短消息中心完成存储和前转功能。点对点短消息业务的收发在呼叫状态或待机状态下进行，系统中由控制信道传送短消息业务，其消息量有限制。短消息中心是与移动通信系统相分离的独立实体，可服务于移动用户，也可服务于具备接收短消息业务的固定网用户。

小区广播式短消息业务是移动通信网络以有规则的间隔向移动台广播具有通用意义的短消息，如天气预报等。移动台只有在待机状态下才可接收显示广播消息。

4．语音信箱业务

语音信箱业务是有线电话服务中派生出来的一项业务。语音信箱是存储声音信息的设备，按声音信息归属于某用户来存储声音信息的，用户可根据自己的需要随时提取。在其他用户呼叫移动用户而不能接通时，可将声音信息存入此用户的语音信箱，或直接拨打该用户的语音信箱留言。语音信箱业务有 3 种操作，分别是用户留言、用户以自己的移动电话提取留言、用户以其他电话提取留言。

5．传真和数据通信业务

移动传真与数据通信服务可使用户在户外或外出途中收发传真、阅读电子邮件、访问 INTERNET、登录远程服务器等。用户可以在移动电话上连接一个计算机的 PCM-CIA 插卡，然后将此插卡插入个人计算机，这样就可以发送和接收传真、数据了。

1.5.2　补充业务

补充业务是对基本业务的改进和补充，它不能单独向用户提供，而必须与基本业务一起提供，同一补充业务可应用到若干个基本业务中。用户在使用补充业务前，应在归属局申请使用手续，在获得某项补充业务的使用权后才能使用。系统按用户的选择提供补充业务，用户可随时通过移动电话通知系统为自己提供或删除某项具体的补充业务。用户在移动电话上对补充业务的操作有：激活（从现在开始本移动电话使用某项补充业务）、删除（从现在开始本移动电话暂不使用原已激活的某项补充业务）、查询。

1．号码识别类补充业务

（1）主叫号码识别显示：向被叫方提供主叫方的 ISDN 号码。

（2）主叫号码识别限制：限制将主叫方的 ISDN 号码提供给被叫。

（3）被连号码识别显示：将被连方的 ISDN 号码提供给主叫方。

（4）被连号码识别限制：限制将被连方的 ISDN 号码提供给主叫方。

2．呼叫提供类补充业务

（1）无条件呼叫转移：被服务的用户可使网络将呼叫他的所有入局呼叫连接到另一号码。

（2）遇忙呼叫转移：当遇到被叫移动用户忙时，将入局呼叫接到另一个号码。

（3）无应答呼叫转移：当遇到被叫移动用户无应答时将入局呼叫接到另一号码。

（4）不可及呼叫转移：当移动用户未登记、没有SIM卡、无线链路阻塞或移动用户离开无线覆盖区域无法找到时，网络可将入局呼叫接到另一号码。

3．呼叫限制类补充业务

（1）闭锁所有出呼叫：不允许有呼出。

（2）闭锁所有国际出呼叫：阻止移动用户进行所有出局国际呼叫，仅可与当地的PLMN或PSTN建立出局呼叫，不管此PLMN是否为归属的PLMN。

（3）闭锁除归属PLMN国家外所有国际出呼叫：仅可与当地的PLMN或PSTN用户，及归属PLMN国家的PLMN或PSTN用户建立出局呼叫。

（4）闭锁所有入呼叫：该用户无法接收任何入局呼叫。

（5）当漫游出归属PLMN国家后，闭锁入呼叫：当用户漫游出归属PLMN国家后，闭锁所有入局呼叫。

4．呼叫完成类补充业务

（1）呼叫等待：可以通知处于忙状态的被叫移动用户有来话时呼叫等待，然后由被叫选择接受还是拒绝这一等待中的呼叫。

（2）呼叫保持：允许移动用户在现有呼叫连接上暂时中断通话，让对方听录音通知，而在随后需要时重新恢复通话。

（3）至忙用户的呼叫完成：主叫移动用户遇被叫用户忙时，可在被叫空闲时获得通知，如主叫用户接受回叫，网络可自动向被叫发起呼叫。

5．多方通信类补充业务

多方通话：允许一个用户和多个用户同时通话，并且这些用户间也能相互通话，也可以根据需要，暂时将与其他方的通话置于保持状态而只与某一方单独通话，任何一方可以独立退出多方通话。

6．集团类补充业务

移动虚拟网VPN：一些用户构成用户群，群内用户相互通信可采用短号码，用另一种方式计费；与群外用户通信，则按常规方式拨号和计费。

7．计费类补充业务

计费通知：该业务可以将呼叫的计费信息实时地通知应付费的移动用户。

1.5.3 增值业务

增值业务就是建立在移动通信网络基础上的，除了基本语音以外的业务。常见的移动增值业务有：手机银行、手机证券、手机邮箱、彩信、随e行、WAP、娱音在线等。

手机银行：是货币电子化与移动通信业务的的结合，客户可以随时随地通过操作手机实现客户账户情况的查询、同银行内帐户间的转账。

手机证券：利用手机发送和接收短信息功能来完成股票交易，股市行情查询，证券资讯点播，到价提示等服务。

手机邮箱：手机邮箱除提供普通电子邮箱的主要功能外，还支持多种终端尤其是移动终端的访问，并可支持多种移动数据业务，如发送短信、彩信等。

彩信：通过移动数据网络传送包括文字、图像、声音、数据等各种多媒体格式的信息。

随 e 行：基于笔记本电脑和 PDA 终端，通过 GPRS，WLAN 方式无线接入互联网/集团客户网，获取信息、娱乐或移动办公业务的业务产品总称。

WAP：通过手机随时随地访问互联网络资源的业务。

娱音在线：是利用移动电话的随身性，为客户提供虚拟性的语音聊天方式，用以满足客户之间的沟通，交流，需要。

随着移动通信系统的发展演进，增值业务的类型愈来愈多，用户将会继续快速增长。

小　　结

1．移动通信系统中，由于用户能在移动中进行通信，具有与有线通信不同的特点，需要有一定的措施以解决所存在的问题。

2．移动通信系统中的编号计划直接影响到系统的性能和容量，因此非常重要。GSM 和 CDMA 系统中使用的编号基本相同。GPRS 中由于采用分组交换和 IP 传输技术而采用了新的编号，SAE/LTE 也做了适应 IP 协议的编号的调整。

3．移动通信系统中数字语音信号处理时，发射端要经过 A/D 转换、语音编码、信道编码、交织编码、加密、信号格式形成、调制、上变频、功率放大；在接收端，天线接收到的信号，必须经过低噪声放大、混频、解调、均衡、解密、去交织、信道解码、语音解码、D/A 转换才能恢复出原始的语音信号。而在 CDMA 系统发射端还需实现用户地址调制（扰码）、信道地址调制、基站地址调制（扩频）等处理过程。

4．移动通信系统可提供的业务包括基本业务、补充业务和增值业务三大类。

思考与练习

1-1　什么是移动通信？能否说移动通信就是“无线电通信”？为什么？

1-2　移动通信有哪些特点？存在的问题分别用哪些方法解决？

1-3　移动通信常用的工作方式有哪些？公用蜂窝移动电话系统中使用哪种？

1-4　GSM 系统中常用的编号有哪些？SAE/LTE 中的编号又有哪些？

1-5　移动通信系统在语音信号传输中需要对信号做哪些过程的处理？

第 2 章 移动通信主要技术

本章内容

- 移动通信的组网技术、跟踪交换技术
- 移动通信系统中的路由选择与接续过程
- 移动通信系统中的安全技术、抗衰落抗干扰技术

本章重点

- 移动通信中的跟踪交换技术、路由选择与接续过程、抗衰落抗干扰技术

本章难点

- 移动通信中的组网技术、安全技术、抗衰落抗干扰技术

本章学时数　　8 学时

学习本章的目的和要求

- 了解移动通信系统的组网制式、无线区群结构、信道选择方法
- 理解多信道共用、频率复用概念
- 掌握移动通信中的跟踪交换技术
- 理解移动通信中的路由选择与接续过程
- 了解移动通信中的安全技术
- 掌握移动通信系统中常用的抗衰落抗干扰技术

2.1　无线区域覆盖结构

移动通信网络的通信质量与其无线覆盖密切相关。本节主要介绍移动通信系统的组网制式、无线区群结构、网路结构和信道含义。

网络无线覆盖根据其接续、覆盖方式，分成多重结构，如图 2-1 所示。

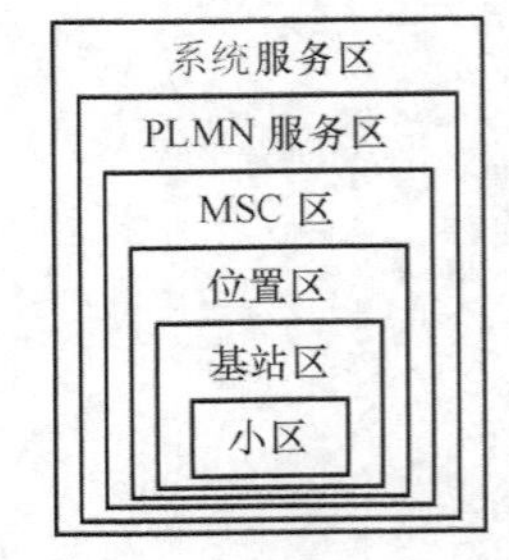

图 2-1　无线覆盖区域结构

小区指一个基站或基站的一部分（扇形天线）所覆盖的区域；基站区指一个基站的所有小区所覆盖的区域；位置区指 MS 可任意移动不需要进行位置更新的区域，位置区可由一个或若干个小区组

成；MSC 区指一个 MSC 所管辖的所有小区共同覆盖的区域，一个 MSC 可由一个或若干个位置区组成；PLMN 服务区由若干个 MSC 区组成；系统服务区是 MS 可获得服务的区域，无须知道 MS 实际位置而可马上通信的区域，可由若干个同标准公用移动电话网组成。

2.1.1　组网制式

移动电话网的结构可根据服务覆盖区范围的划分分成大区制和小区制两种。

1．大区制

大区制是指在一个服务区内只有一个基站负责移动通信的联络和控制，如图 2-2 所示。为了增大基站的服务区域，天线架设要高，发射功率要大，但这只能保证 MS 可以接收到基站的发射信号，但 MS 发射的功率较小，离基站较远时，无法保证基站的正常接收。为解决上行信号弱的问题，可以在区内设若干个分集接收台与基站相连，图 2-2 中用“R”表示。大区制设备简单，技术也容易实现，但频谱利用率低，用户容量小，只适用于小城市与业务量不大的城市。

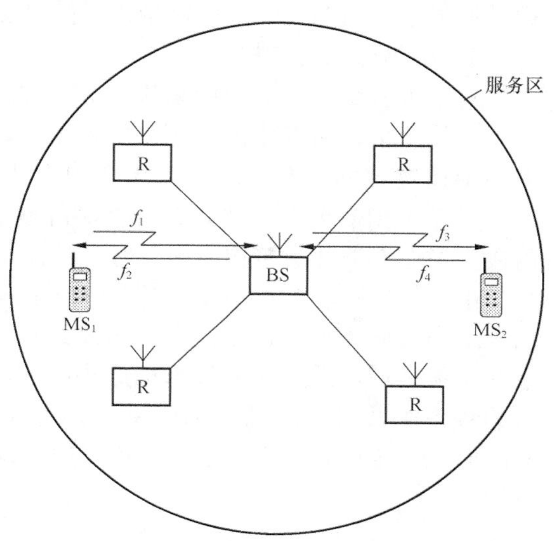

图 2-2　大区制示意图

2．小区制

小区制是将整个服务区划分为若干个小无线区，每个小无线区分别设置一个基站负责本区的移动通信的联络和控制，同时又可在 MSC 的统一控制下，实现小区间移动通信的转接及与公众电话网的联系，如图 2-3 所示。

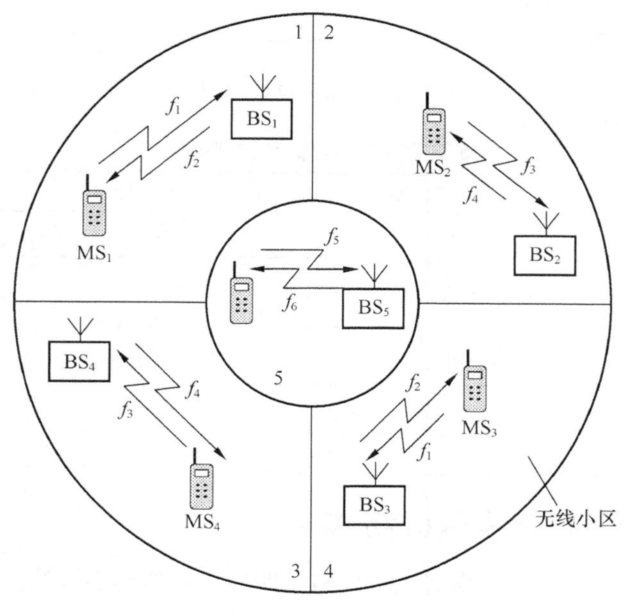

图 2-3　小区制示意图

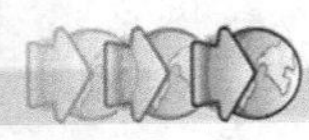

频分多址的小区制结构中，每个小区使用一组频道，邻近小区使用不同的频道。由于小区内基站服务区域缩小，同频复用距离减小，所以在整个服务区中，同一组频道可以多次重复使用，因而大大提高了频率利用率。另外，在区域内可根据用户的多少确定小区的大小。随着用户数目的增加，小区还可以继续划小，即实现“小区分裂”，以适应用户数的增加。因此，小区制解决了大区制中存在的频道数有限而用户数不断增加的矛盾，可使用户容量大大增加。由于基站服务区域缩小，移动台和基站的发射功率减小，同时也减小了电台之间的相互干扰，普遍应用于用户量较大的公共移动通信网。但是，在这种结构中，移动用户在通信过程中，从一个小区转入另一个小区的概率增加，移动台需要经常更换工作频道。而且，由于增加了基站的数目，所以带来了控制交换复杂等问题，建网的成本也增高了。

3．小区形状的选择

对于大容量移动通信网来说，需要覆盖的是一个宽广的平面服务区。由于电波的传播和地形地物有关，所以小区的划分应根据环境和地形条件而定。为了研究方便，假定整个服务的地形地物相同，并且基站采用全向天线，覆盖面积大体上是一个圆，即无线小区是圆形的。又考虑到多个小区彼此邻接来覆盖整个区域，用圆内接正多边形代替圆。不难看出由圆内接正多边形彼此邻接构成平面时，只能是正三角形、正方形和正六边形。

由图 2-4 和表 2-1 可知，正六边形小区的中心间隔最大，各基站间的干扰最小；交叠区面积最小，同频干扰最小；交叠距离最小，便于实现跟踪交换；覆盖面积最大，对于同样大小的服务区域，采用正六边形构成小区制所需的小区数最少，即所需基站数少，最经济；所需的频率个数最少，频率利用率高。由此可得，面状区域组成方式最好是正六边形小区结构，而正三角形和正方形小区结构一般不采用。

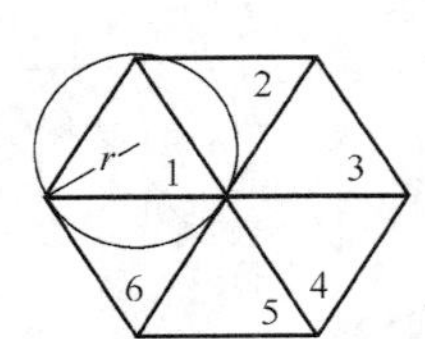

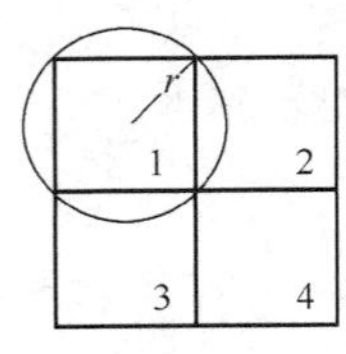

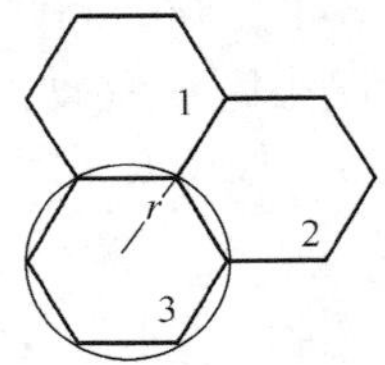

图 2-4　种面状区域的组成

表 2-1　3 种正多边形覆盖方式的特性表

小 区 形 状	正 三 角 形	正 方 形	正 六 边 形
相邻小区的中心距离	r	$\sqrt{2}r$	$\sqrt{3}r$
单位小区面积	$\frac{3}{4}\sqrt{3}r^2$	$2r^2$	$3\sqrt{3}r^2 / 2$
交叠区域距离	r	$(2-\sqrt{2})r$	$(2-\sqrt{3})r$
交叠区域面积	$(\pi-1.3)r^2$	$(\pi-2)r^2$	$(\pi-2.6)r^2$
最少频率个数	6	4	3

2.1.2　正六边形无线区群结构

现代陆上移动通信广泛应用蜂窝状区域网，即用正六边形小区构成服务区，因该服务区状似蜂窝，故名蜂窝移动通信网。

1．无线区群的构成

现将无线区群的构成方法讨论如下：

首先，由若干个正六边形小区构成单位无线区群，再由单位无线区群彼此邻接形成大服务区域。若同频无线小区之间的中心间隔距离大于同频复用距离，则各个单位无线区群可以使用相同的频道组，以提高频率的利用率。

单位无线区群的构成应满足以下两个条件：①若干单位无线区群能彼此邻接；②相邻单位无线区群中的同频小区中心间隔距离相等。满足以上条件的关系式可表示为：$N=a^2+ab+b^2$。式中，N 为构成单位无线区群的正六边形数目，a、b 均为正整数，包括 0，但不能同时为 0 或一个为 0，一个为 1。不同的数值代入可确定 N=3，4，7，9，12，13，16，19，21…。由不同的 N 值得到各样的单位无线区群的构成图形，如图 2-5 所示。

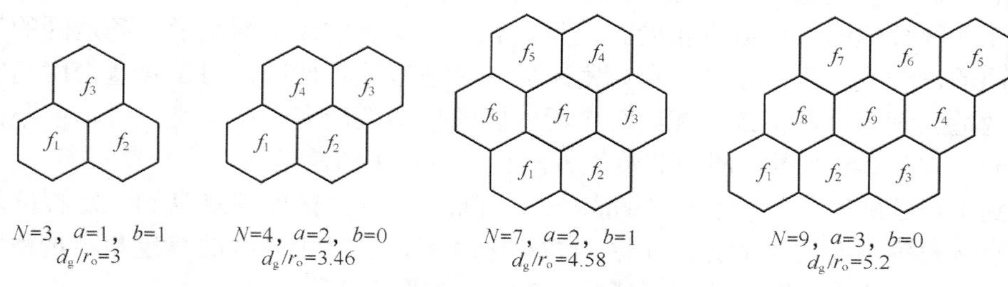

图 2-5　各种单位无线区群的图形

按图所示的单位无线区群彼此邻接排布都可扩大服务区，但如何选择单位无线区群呢？这要根据系统所要求的同频道复用距离而定。在进行频分多址的蜂窝状网络的频率分配时，每个无线小区分给一个频道组，每个单位无线区群分给一组频道组，如图 2-5 所示，图中的号码分别表示互不相同的频道组。当服务区扩大后，为了实现同频复用，不同的单位无线区群可以使用相同的频道组，其条件是：相同号码的无线区中心之间的距离 d_g 大于或等于同频道复用保护距离 D。d_g 取决于单位无线区群中无线小区数 N 和无线小区半径 r，三者间的关系为：$d_g/r=\sqrt{3N}$ 或 $d_g=r\sqrt{3N}$。在满足所要求的同频复用距离的前提下，N 应取最小值。这是因为，N 越小，频率利用率越高。

2．激励方式

在划分区域时，若基站位于无线区的中心，则采用全向天线实现无线区的覆盖，称为“中心激励”方式。若在每个蜂窝相间的 3 个顶点上设置基站，并采用 3 个互成 120°扇形覆盖的定向天线（每个基站 3 个无线小区），同样能实现小区覆盖，这称为“顶点激励”方式，如图 2-6 所示。

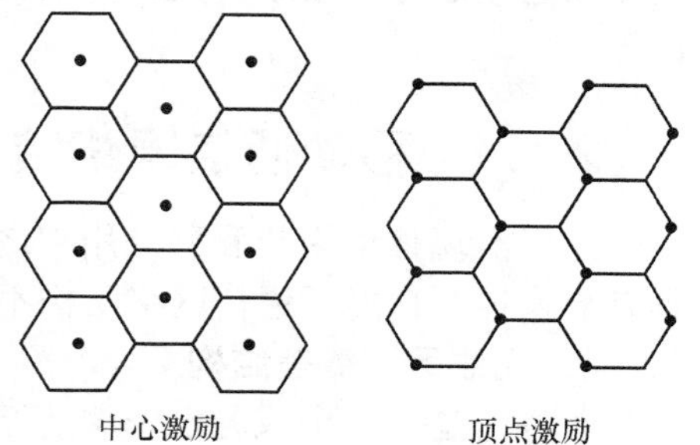

图 2-6　无线区的激励方式

“顶点激励”主要有“三叶草形”和“120°扇面”两种，如图 2-7 所示。顶点激励方式中，三个 60°扇面（天线的半功率点夹角为 60°）的正六边形无线小区可构成一个“三叶草形”的基站小区，而“120°扇面”则由 3 个菱形无线小区构成一个正六边形的基站小区。另外，采用六个 60°扇面的三角形小区也可以构成一个正六边形的基站小区。

(a) 三叶草形

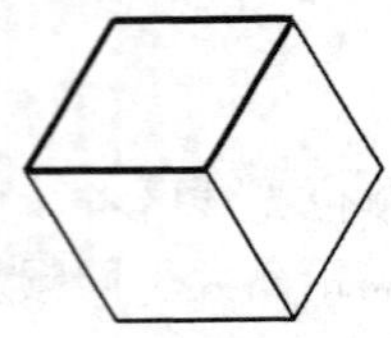
(b) 120° 扇面

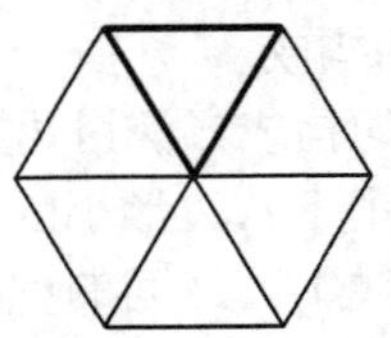
(c) 60° 扇面

图 2-7　顶点激励方式

由于“顶点激励”方式采用定向天线，对来自 120° 主瓣之外的同频干扰信号来说，天线方向性能提供了一定的隔离度，降低了干扰，因而允许以较小的同频复用比 D/r 工作，构成单位无线区群的无线区数 N 可以降低。

以上的分析是假定整个服务区的容量密度（用户密度）是均匀的，所以无线区的大小相同，每个无线区分配的信道数也相同。但是，就一个实际的通信网来说，各地区的容量密度通常是不同的，一般市区密度高，市郊密度低。为适应这种情况，对于容量密度高的地区，应将无线区适当划小一些，或分配给每个无线区的信道数应多一些。当容量密度不同时，无线区域划分可如图 2-8 所示，图中的数值表示小区中使用的信道数。

考虑到用户数随时间的增长而不断增长，当原有无线小区的容量高到一定程度时，可将原有无线小区再细分为更小的无线小区，即小区分裂，以增大系统的容量和容量密度。其划分方法是：将原来的无线区一分为三或一分为四，如图 2-9 所示。

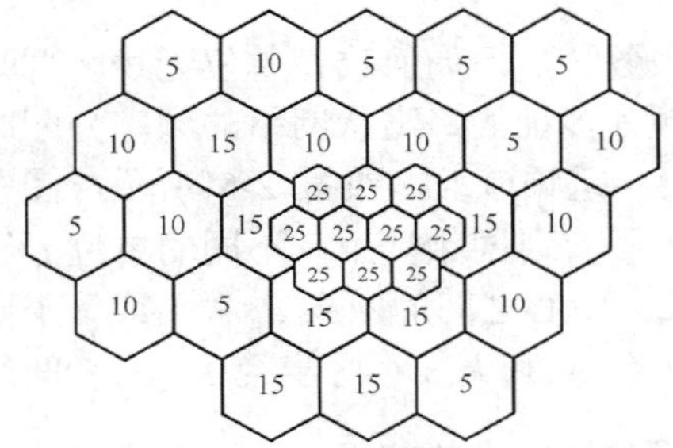

图 2-8　容量密度不等时区域划分

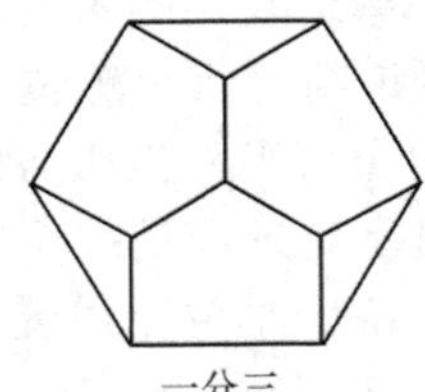
一分三

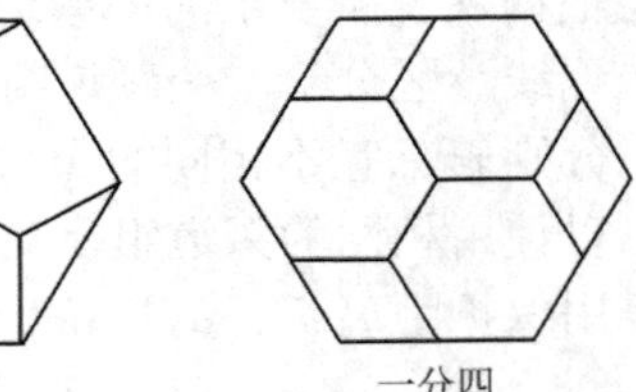
一分四

图 2-9　无线区分解的图示

总之，无线区域的划分和组成，应根据地形地物情况、容量密度、通信容量、频谱利用率等因素综合考虑。根据现场调查和勘测，从技术、经济、使用、维护等几方面，确定一个最佳的区域划分和组成方案。最后，根据无线区的范围和通信质量要求进行电波传播电路的计算。

2.1.3　移动通信网路结构和信道

为了实现移动用户和移动用户之间或移动用户和市话用户之间的通信，移动通信网必须具有交换控制功能。通信网络结构不同，所需的交换控制功能及交换控制区域组成亦不同。

1．无线区域覆盖结构

业务区是由一个或若干个移动通信网 PLMN 组成，一个业务区可以是一个国家，或一个国家的一部分，也可以是若干个国家。无线覆盖区域多重结构如图 2-1 所示。

根据移动通信网的区域结构，移动通信网需要多层次控制，有两级网路、三级网路和四级网路等三种控制结构。使用较多的是三级集中交换式网路结构，由移动交换局、基站和移

动台构成，基站先集中于一个移动业务交换中心进行交换接续，再进入市话网或市话汇接局。集中交换便于集中维护，提高交换接续质量，在大容量的小区制结构中，常采用该结构。

2．网络结构

（1）移动本地网的网络结构

全国划分为若干个移动业务本地网，原则上长途编号为二位、三位的地区可建立移动业务本地网，每个移动业务本地网中应设立一个 HLR，必要时可增设 HLR，用于存储归属该移动业务本地网的所有用户有关的数据。每个移动业务本地网中可设一个或若干个 MSC。

① 中等规模的移动本地网

对于有中等规模的移动本地网的地区，应考虑设置一对独立的接口局 GWm 并兼作 GMSC。MSC 间为网状网连接，局间话务量很小的端局间可暂不设直达路由，每个 MSC 与其所属的 TMSC 相连，如图 2-10 所示。

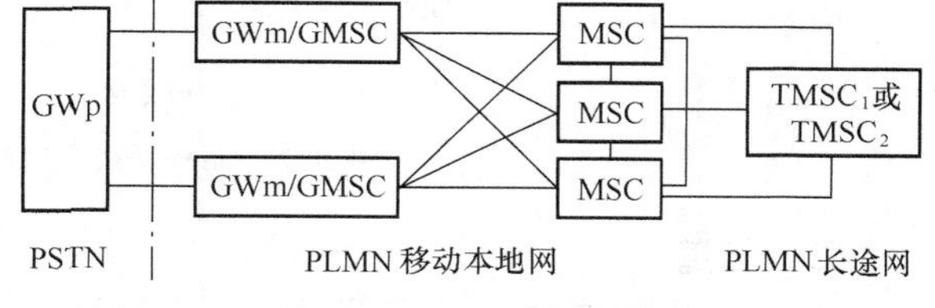

图 2-10　中规模移动本地网组网方式

② 大规模的移动本地网

对于大规模的移动本地网，应考虑一对或多对独立的接口局 GWm，可采用移动来、去话分别通过不同的接口局汇接，其中来话汇接接口局具有 GMSC 功能。部分 GWm 兼作移动本地汇接局 TMm，以全覆盖的方式汇接本地 MSC。原则上 MSC 间应开设直达电路，局间业务量很小的移动端局间可不设直达电路。

TMm 应与 TMSC1（或 TMSC2）相连，若 TMSC1（或 TMSC2）在本地，MSC 就与 TMSC1（或 TMSC2）建立直达路由，TMm 至 TMSC1 可用迂回路由；若 TMSC1（或 TMSC2）不在本地，当话务量足够大时，也应建立与 TMSC1（或 TMSC2）的直达路由，TMm 至 TMSC1 可用迂回路由。当话务量不足时，可通过 TMm 汇接长途话务，如图 2-11 所示。

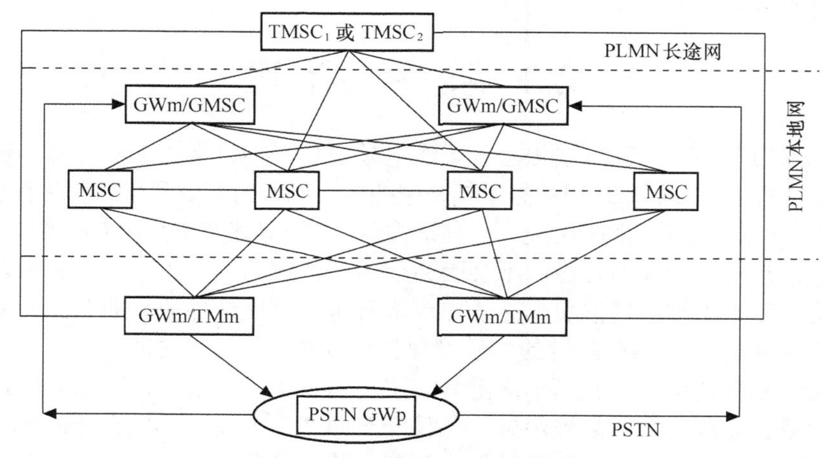

图 2-11　大规模移动本地网组网方式

（2）移动通信网络和其他网络互联的原则

移动网与其他网络之间应设置接口局，接口局的数量应尽量少，接口局可独立设置，也可兼设。为了澄清网络结构，移动局与其他网络之间应逐步采用来去话汇接方式。互联双方

的接口局作为网间结算的计费点对来去话进行计费。

（3）移动通信话路网与No.7信令网的关系

信令网与话路网相对独立，但存在着密切的关系。话路网和信令网大都为三级与两级混合网络。通常TMSC1连到HSTP（高级信令转接点），TMSC2和MSC连到LSTP（低级信令转接点），MSC设信令点SP。图2-12所示为GSM系统与NO.7信令网的连接示意图。

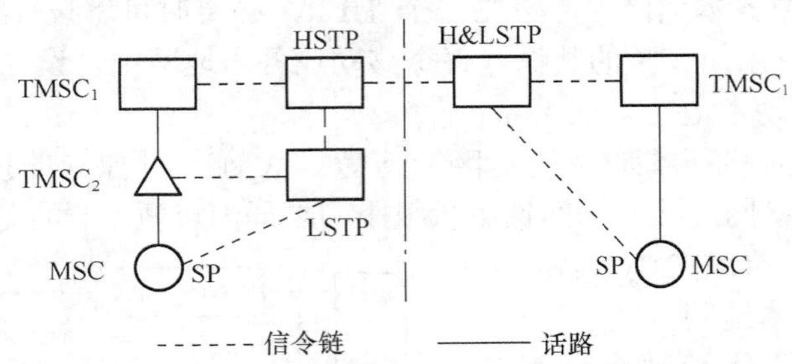

图2-12 GSM话路网与NO.7信令网连接示意图

3．信道

信道是网络中传递信息的通道。作为移动通信网，为了传送语音和其他控制信号，需要使用很多信道，包括无线信道和移动通信网与市话网间的有线信道。

无线信道是移动台与基站之间的一条双向传输通道，FDD方式中使用两个分开的无线载波频率。一个由移动台发射，基站接收，称为上行信道（又称反向信道）；一个由基站发射，移动台接收，称为下行信道（又称前向信道）。收、发两个频率间的间隔称为双工间隔，例如GSM900和CDMA800均采用FDD双工方式，双工间隔为45MHz。

在模拟移动通信系统中，一个无线信道对应于一个频道（上、下行一对载频）；在GSM系统中，一个无线信道对应于一个频道上的一个时隙；在CDMA系统中，一个无线信道对应于一个正交的地址编码。

2.2 频率利用

无线电技术的发展离不开电波传播，无线电频谱是人类共享的宝贵资源，随着无线业务种类和电台数量的不断增加，使用的频率越来越拥挤。频谱的有效利用和科学管理成为移动通信的当务之急。本节主要介绍同频复用、多信道共用、多址技术等提高频率利用率的方法。

无线电频谱是一种特殊的资源，不会因为使用而消耗殆尽，也不能存起来以后再用，不使用就是浪费，使用不当也是浪费。无线电频谱资源具有三维性质，即空间、时间、频率3个参数，应从这3方面来考虑频谱的科学管理和有效利用。同一时间，同一地点，频率是有限的，不能无限制地使用，尤其是不能重复使用，但不用却是浪费；不同时间，不同地点，频率可重复利用。无线电频谱易被污染，各种噪声源产生的噪声，电台之间的干扰等都是造成频谱污染的因素。无线电频谱资源是国家和国际的一种公共资源，还必须考虑国际、国内及各地区之间的频率协调问题。

频谱的有效利用和科学管理涉及很多因素，既有技术问题，又有行政管理问题，应在掌握和分析大量技术资料和管理资料（如设备资料，电波传播资料、环境资料等）的基础上，采用频率复用、频率协调、频率规划等措施，以便解决频率拥挤问题。

2.2.1　频谱管理

国际上，由国际电信联盟 ITU 通过召开无线电行政大会，制定无线电规则。无线电规则包括各种无线电通信系统的定义，国际频率分配表和使用频率的原则，频率的指配和登记，抗干扰措施，移动业务的工作条件及无线电业务的种类等，并由 ITU 下属的频率登记委员会登记、公布、协调各会员国使用的频率；提出合理使用频率的意见，执行行政大会规定的频率分配和频率使用的原则等。

1．频谱管理

国内按当地当时的业务需要进行频率分配，并制定相应的技术标准和操作准则，技术标准应包括设备和系统的性能标准，抑制有害干扰的标准等。用户必须在满足合理的技术标准、操作标准和适当的频道负荷标准的条件下，才能申请使用频率。

日常的频谱管理工作应包括：审核频率使用的合法性；检查有害干扰；检查设备与系统的技术条件；考核操作人员的技术条件，登记业务种类，电台使用日期等。频谱管理的任务还包括：频率使用的授权；建立频率使用登记表；无线电监测业务；控制人为噪声等。

合理分配频谱可有效地利用频率资源，提高频率利用率，频谱的分配应遵循：频道间隔要求；公共边界的频率协调原则；多频道共用、频率复用原则；共同遵守一些主要规则，包括双工间隔、频率分配、辐射功率、有效天线高度等方面的要求。

影响频率利用率的因素很多，如网路结构、频道带宽、用户密度、每个用户的话务量、呼损率及共用频道数等，都对频谱利用率有影响。采用频率复用技术的小区制结构的网路，其频率利用率将高于大区制结构的网路；采用多频道天线共用技术的网路，其频率利用率将高于无共用的网路。当需要对一个移动通信系统的频率利用率进行定量评价时，应确定在相同传输质量和相同呼损（阻塞）率前提下的频率利用率，用爱尔兰/（单位带宽 3kHz・km^2）或 Erl/Hz・m^2 来表示。

在移动通信的组网过程中，用户所使用的频率一般都由主管部门分配，或根据能购到的设备来确定，用户本身无选择余地，这种情况对网路的进一步扩充会带来不利影响，也可能会造成本来可以避免的相互干扰。实际上，影响频率选择的因素很多，主要有：传播环境、组网需求、多频道共用、互调等因素。

2．我国移动通信频谱的使用

我国移动通信系统的频谱使用如表 2-2 所示。表中所示部分频段已分配但未使用，如 1725～1745MHz、1820～1840MHz 给 FDD 但未分配给运营商使用；部分频段 2G、3G 共用，如 825～840MHz、870～885MHz 由 IS-95CDMA 和 cdma2000 共用；也有部分频段已分配但被占用，如 1900～1920MHz 已分配给 3G 的 TDD 系统使用，但被 PAS 占用（PAS 系统实际也为 TDD 模式）。

表 2-2　我国移动通信系统的频谱使用表

频率（MHz）	用　途	频率（MHz）	用　途
825～840（上行） 870～885（下行）	CDMA（2G、3G） FDD	1920～1935（上行） 2110～2125（下行）	cdma2000（3G） FDD
885～915（上行） 930～960（下行）	EGSM900（2G） FDD	1940～1955（上行） 2130～2145（下行）	WCDMA（3G） FDD
1710～1785（上行） 1805～1880（下行）	GSM（DCS1800）（2G） FDD	1880～1920 2010～2025	TD-SCDMA（3G） TDD

我国4G的TD-LTE主要使用2300～2400MHz、2500～2690MHz频段，各运营商具体使用频段如下：中国移动使用1880～1900MHz（原TD-SCDMA频段）、2320～2370MHz、2575～2635MHz；中国联通使用2300～2320MHz、2555～2575MHz；中国电信使用2370～2390MHz、2635～2655MHz。

一般，对小型专用网可采用分区分组的无三阶互调频道组的分配方法，对大型公用网采取等频距的频道分配方法。频道分配方法将在第8章中详细介绍。

3. 载波干扰保护比

在系统组网时，会产生很多干扰，基站的覆盖范围将受这些干扰的限制。因此，在设计系统时，必须把这些干扰控制在可容忍的范围内。

载波干扰保护比又称载干比，是指接收到的希望信号电平与非希望电平的比值。此比值与MS的瞬时位置有关，这是由于地形地物、天线参数、站址、干扰源等不同所造成的。

同频干扰保护比（C/I）是指当不同小区使用相同频率时，服务小区载频功率与另外的同频小区对服务小区产生的干扰功率的比值。例如GSM规范中一般要求C/I>9dB；工程中一般加3dB的余量，即要求大于12dB。

邻道干扰保护比（C/A）是指在同频复用时，服务小区载频功率与相邻频率对服务小区产生的干扰功率的比值。例如GSM规范中一般要求C/A>−9dB；工程中一般加3dB的余量，即要求大于−6dB。

除了同频、邻频干扰以外，当与载波偏离400kHz的频率电平远高于载波电平时，也会产生干扰，但此种情况出现极少，而且干扰程度不太严重。例如GSM规范中载波偏离400kHz时的干扰保护比C/I>−41dB；工程中一般加3dB的余量，即要求大于−38dB。采用空间分集接收将会改善系统的C/I性能。

采用保护频带的原则是移动通信系统能满足干扰保护比要求。例如GSM900系统中，移动和联通两系统间应留有保护带宽；GSM1800系统与其他无线系统的频率相邻时，应考虑相互干扰情况，留出足够的保护带宽。

2.2.2 同频复用

随着移动通信的发展，频道数目有限和移动用户数急剧增加的矛盾越来越大。要解决移动通信的频率拥挤问题，一是开发新频段，二是采用各种有效利用频率的措施。移动通信发展的过程，就是有效利用频率的过程，而且，仍是今后移动通信发展中的关键问题之一。提高频率利用率的有效措施主要有两种：同频复用和多信道共用。

同频复用即频率复用，是指同一载波的无线信道用于覆盖相隔一定距离的不同区域，相当于频率资源获得再生。在蜂窝结构的移动网中，无线区群是以N个正六边形小区组成，各区群可以按一定的规律使用相同的频率组。假设每个群有N个小区，则需用N组频率。频率复用的结果是系统内部必然会产生同频干扰，因此必须采取抗干扰措施，使频率干扰控制在系统允许范围内。比较典型的频率复用方式除4×3外，还有3×3、2×6、1×3方式等，如图2-13所示，还可采用分层复用方式。

同频复用需根据移动通信系统体制的要求进行应用，如GSM系统的无线网络规划基本采用4×3频率复用方式，即每4个基站为一群，每个基站小区分成3个三叶草形60°扇区或3个120°扇区，共需12组频率，因此，4×3方式也常表示为4/12方式。因为这种方式同频干扰保护比C/I能够比较可靠地满足系统标准。

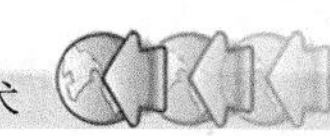

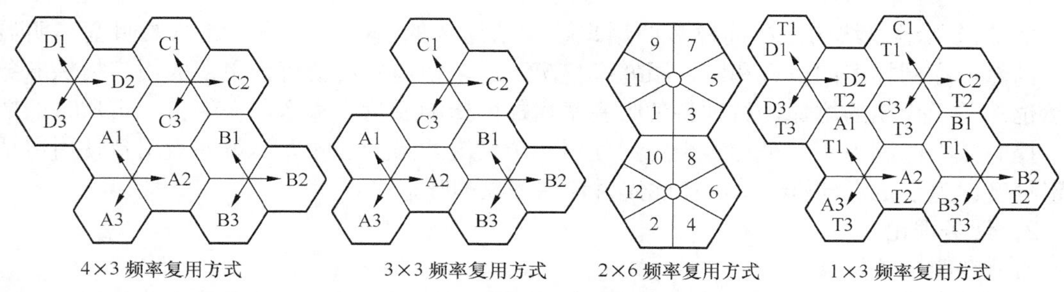

图 2-13　典型的频率复用方式

移动通信系统本身采用了许多抗干扰技术，如跳频、自动功率控制、基于语音激活的非连续发射、天线分集等，这些技术合理利用，将有效提高载干比（C/I），因此可以采用更紧密的频率复用方式，增加频率复用系数，提高频率利用率。

采用 3×3 频率复用方式，一般不需要改变现有网络结构，但容量增加有限，同时需要采用跳频技术降低干扰。采用 2×6 频率复用方式，虽然可较大地提升系统容量（约是 4×3 复用的 1.6 倍），但需要对天线系统及频率规划作较大的调整，要求系统具备自动功率控制、不连续发射、跳频（一般为基带跳频）等功能，另外对天线系统要求较高，需配置高性能的窄带天线。采用 1×3 频率复用方式必须注意 3 点：一是必须采用射频跳频、自动功率控制、不连续发射、天线分集等技术有效降低干扰；二是要保证一定的跳频频点数；第三是频率加载率必须控制在 50%以下，同时需加强网络优化，才能获得比较好的效果。

2.2.3　多信道共用

1．多信道共用的概念

多信道共用是指在网内的大量用户共同享有若干无线信道，这与市话用户共同享有中继线相类似。这种占用信道的方式相对于独立信道方式来说，可以显著提高信道利用率。

例如一个无线小区有 n 个信道，把用户也分成 n 组，每组用户分别被指定一个信道，不同的信道内的用户不能互换信道，如图 2-14（a）所示，这就是独立信道方式。当某一信道被某一用户占用时，在它通话结束前，属于该信道的其他用户都处于阻塞状态，无法通话。但是，与此同时一些其他的信道可能正处于空闲状态，而又得不到利用。显然，信道利用率很低。

多信道共用方式如图 2-14（b）所示。如果采用多信道共用方式，即在一个无线区内的 n 个信道，为该区内所有用户共用，则当 k（$k<n$）个信道被占用时，其他需要通话的用户可以选择剩余的（$n-k$）中的任一个空闲信道通信。因为任何一个移动用户选取空闲信道和占用空闲信道的时间都是随机的，所以所有 n 个信道同时被占用的概率远小于一个信道被占用的概率。因此，多信道共用可明显提高信道利用率。

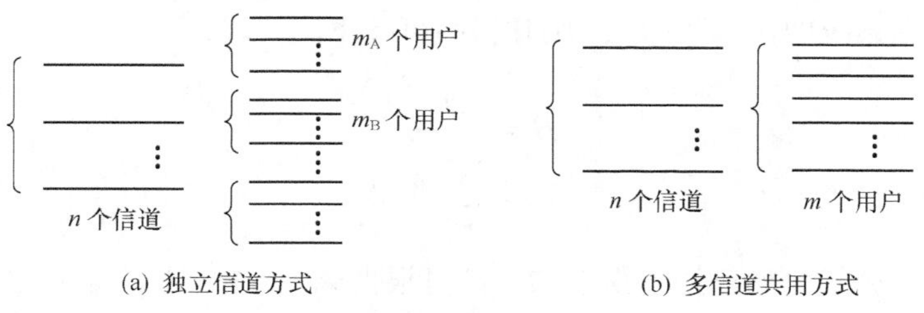

(a) 独立信道方式　　(b) 多信道共用方式

图 2-14　信道使用方式

多信道共用的结构，在同样多的用户数和信道数的情况下，用户通信的阻塞率明显下降。当然，在同样多的信道和同样阻塞率情况下，多信道共用就可为更多的用户提供服务，当然也不是无止境的增加，否则将使阻塞率增加而影响质量。那么，在保持一定质量的情况下，提高频率的利用率，平均多少用户使用一个信道才最合理呢？这就要看用户使用电话的频繁程度。为了定量分析计算，在此先讨论话务量和呼损率。

2．话务理论

（1）呼叫话务量 A

话务量是度量通信系统通话业务量或繁忙程度的指标。呼叫话务量是指单位时间（1 小时）内呼叫次数与每次呼叫的平均占用信道时间之积。即 $A=C\times t$。式中，C 是平均每小时的平均呼叫次数；t 是每次呼叫占用信道的时间（包括接续时间和通话时间）；当 t 以小时为单位时，则 A 的单位是爱尔兰（Erlang）。

如果在一个小时之内不断占用信道，则其呼叫话务量为 1Erl，这是一个信道具有的最大的话务量。例如，某信道每小时发生 20 次呼叫，平均每次呼叫占时 3 分钟，则该信道的呼叫话务量为 $A=20\times 3/60=1$Erl。若全网有 100 个信道，每小时共有 2 100 次呼叫，每次呼叫平均占时 2 分钟，则全网话务量为 $A=2\,100\times 2/60=70$Erl。

话务量可分为完成话务量和损失话务量两种。完成话务量 A_0 是指呼叫成功接通的话务量，用单位时间内呼叫成功的次数与平均占用信道时间的乘积计算，即 $A_0=C_0\times t$。损失话务量 A_L 是指呼叫失败的话务量，其值为 $A_L=A-A_0$。

（2）呼损率

当多信道共用时，通常总是用户数大于信道数，当多个用户同时要求服务而信道数不够时，只能让一部分用户先通话，另一部分用户等信道空闲时再通话。后一部分用户因无空闲信道而不能通话，即为呼叫失败，简称呼损。在一个通信系统中，造成呼叫失败的概率称为呼叫损失概率，简称呼损率 B。

呼损率 B 的物理意义是损失话务量与呼叫话务量之比的百分数，也可用呼叫次数表示。$B=(A_L/A)\times 100\%=(C_L/C)\times 100\%$。式中 C_L 为呼叫失败的次数，C 为总呼叫次数。

显然，呼损率 B 越小，成功呼叫的概率越大，用户就越满意。因此，呼损率也称为系统的服务等级。例如，某系统的呼损率为 10%，即该通信系统内的用户每呼叫 100 次，其中有 10 次因无空闲信道而打不通电话，其余 90 次则能找到空闲信道而实现通话。但是，对于一个通信网来说，要使呼损减小，只有让呼叫（流入）的话务量小一些，即容纳的用户数少些，这是每个运营商都不希望的。由此可知，呼损率与话务量是一对矛盾，服务等级与信道利用率也是矛盾的，必须选择一个合适的值。

如果呼叫满足如下条件：①每次呼叫相互独立，互不相关，即呼叫具有随机性，也就是说，一个用户要求通话的概率与正在通话的用户数无关；②每次呼叫在时间上都有相同的概率。假定移动电话系统的信道数为 n，则呼损率可按下式计算：

$$B=\frac{A^n/n!}{\sum_{i=0}^{n}A^i/i!} \tag{2-1}$$

这就是爱尔兰公式。如已知呼损率 B，则可根据式（2-1）计算出 A 和 n 对应的数量关系。将用爱尔兰公式计算出的呼损率数据列表，即得到爱尔兰呼损表（见附录 1）。一般工程

上计算话务量时用查表方法进行。表中，A 为呼叫话务量，单位为 Erl；n 为小区中的共用信道数，B 为呼损率。例如，某小区中共有 10 个信道，若要求呼损率为 7%，则查表得呼叫话务量 A=6.776Erl。

（3）繁忙小时集中率 K

日常生活中，一天 24 小时中总有一些时间打电话的人多，另外一些时间只有少数人使用电话，因此对于一套通信系统来说，可以区分出“忙时”和“非忙时”。例如在我国早晨 8～9 点属于电话的忙时，在考虑通信系统的用户数和信道数时，应采用“忙时平均话务量”。因为只要在“忙时”信道够用，“非忙时”肯定不成问题。忙时话务量与全日（24 小时）话务量的比值称为繁忙小时集中率，即 K=忙时话务量/全日话务量。K 一般为 8%～14%，图 2-15（a）画出了国内一天内的话务量分布，从中可看出话务量最繁忙小时出现的时间；图 2-15（b）画出了一小时内统计平均的话务量。

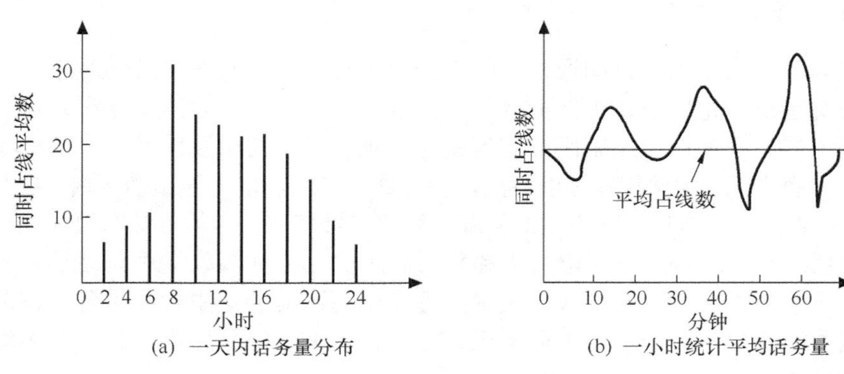

图 2-15　忙时话务量

（4）每个用户忙时话务量 $A_{用户}$

假设每一用户每天平均呼叫的次数为 C，每次呼叫平均占用信道时间为 T（单位为 s），忙时集中率为 K，则每个用户忙时话务量为 $A_{用户}=CTK/3600$。$A_{用户}$是一个统计平均值，单位为 Erl/用户。

根据统计数据表明，对专用移动通信系统，用户忙时的话务量可按 0.06Erl/用户计算；对于公用移动通信系统，用户忙时的话务量可按 0.01Erl/用户来计算。

3．每频道容纳的用户数的估算

每个无线信道所能容纳的用户数与在一定呼损率条件下系统所能负载的话务量成正比，而与每个用户的话务量成反比，即每个信道所能容纳的用户数 m 可表示为：

$$m=\frac{A/n}{A_{用户}}=\frac{A/n}{CTK/3600} \tag{2-2}$$

式中 A/n 表示在一定呼损率条件下每个信道的平均话务量，A 可由爱尔兰呼损表查得。

【例 2-1】 某移动通信系统，每天每个用户平均呼叫 10 次，每次平均占用信道时间为 80s，呼损率要求为 10%，忙时集中率 K=0.125，问给定 8 个信道能容纳多少用户？

解： 根据呼损率要求及信道数，查表得总话务量 A=5.579Erl

每个用户忙时话务量 $A_{用户}=CTK/3\,600=0.027$（Erl/用户）

每个信道容纳的用户数 $m=(A/n)/A_{用户}=25.7$（用户/信道）

系统所容纳的用户数 $m \times n$=25.7 × 8≈205（用户）

由上可知，当无线区共用信道数一定时，呼损率 B 越大，话务量 A 越大，信道利用率 η越高，服务质量越低。因此呼损率应选择一个适当值，一般为 10%～20%。多信道共用时，随着信道数增加，信道利用率提高，但信道数增加，接续速率下降，设备复杂，互调产物增多，因此信道数不能太多。另外，用户数不仅与话务量有关，而且与通话占用信道时间有关。

在系统设计时，既要保持一定的服务质量，又要尽量提高信道的利用率，而且要求在经济技术上合理。为此，就必须选择合理的呼损率，正确地确定每个用户忙时的话务量，采用多信道共用方式工作，然后，根据用户数计算信道数，或给定信道数计算能容纳多少用户数。

2.2.4 多址技术

为了提高频率利用率，移动通信系统常采用多址技术，有些系统同时采用两种以上的多址技术。蜂窝系统中是以信道来区分通信对象的，一个信道只容纳一个用户进行通话，许多同时通话的用户，互相以信道来区分，这就是多址。移动通信系统是一个多信道同时工作的系统，具有广播信道和大面积覆盖的特点，在无线通信环境的电波覆盖区内，如何建立用户间的无线信道的连接，是多址接入方式的问题。解决多址接入问题的方法叫做多址接入技术。

多路复用须在发送端用复用器将多路信号合在一起，在接收端用分路器将各路信号分开的多用户共用信道方式。而多址接入技术中各路信息不需要集中，而是各自调制送入无线信道传输，接收端各自从无线信道上取下已调信号，解调后得到所需信息，即多址技术中的合路是在空中自然形成的。

多址技术是指射频信道的复用技术，对于不同的移动台和基站发出的信号赋予不同的特征，使基站能从众多的移动台发出的信号中区分出是哪个移动台的信号，移动台也能识别基站发出的信号中哪一个是发给自己的。信号特征的差异可表现在某些特征上，如工作频率、出现时间、编码序列等，多址技术直接关系到蜂窝移动系统的容量。蜂窝系统中常用的多址方式有频分多址（FDMA）、时分多址（TDMA）、码分多址（CDMA）等，如图 2-16 所示。

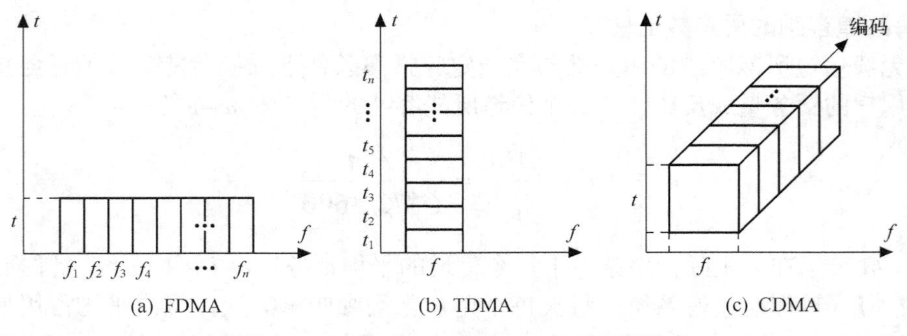

图 2-16 FDMA、TDMA、CDMA 的示意图

1. FDMA 方式

FDMA 为每一个用户指定了特定频率的信道，这些信道按要求分配给请求服务的用户，

在呼叫的整个过程中，其他用户不能共享这一频道，如图 2-17 所示。

在频分双工 FDD 系统中，分配给用户一个信道，即一对频率。一个频率作前向信道，即 BS 向 MS 方向的信道；另一个则用作反向信道，即 MS 向 BS 方向的信道。这种通信系统的基站必须同时发射和接收多个不同频率的信号，任意两个移动用户之间进行通信都必须经过基站的转接，因而必须同时占用 2 个信道（2 对频率）才能实现双工通信，它们的频谱分割如图 2-18 所示。在频率轴上，前向信道占有较高的频带，反向信道占有较低的频带，中间为保护频带，前向信道和反向信道的频带分割是实现频分双工通信的要求。在用户频道间，设有频道间隔 F_g，以免因系统的频率漂移造成频道间的重叠。

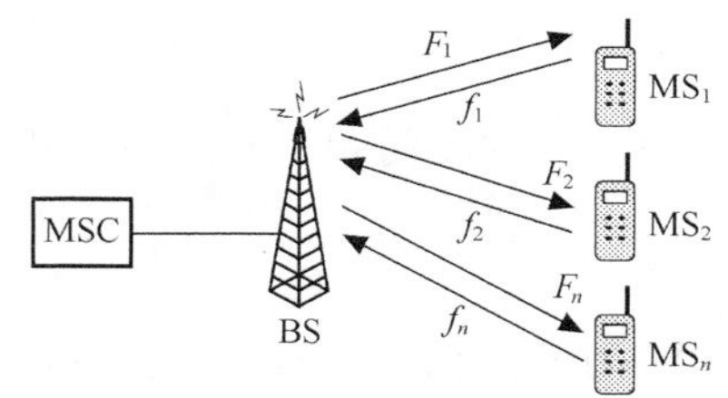

图 2-17　FDMA 系统的工作示意图

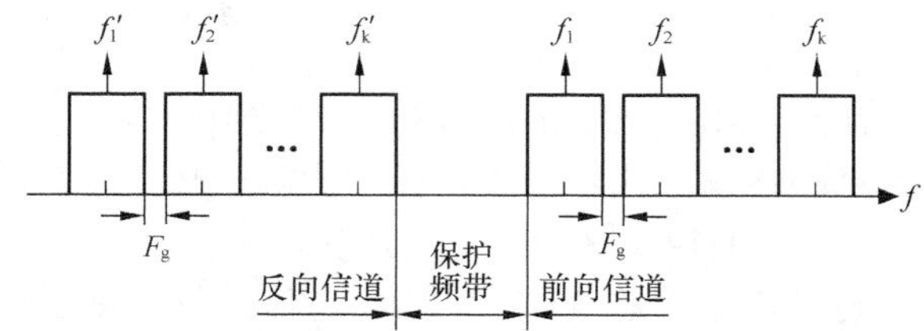

图 2-18　FDMA 系统频谱分割示意图

FDMA 系统的特点如下：① 每个频道一对频率，只可送一路语音，频率利用率低，系统容量有限。② 信息连续传输。当系统分配给 MS 和 BS 一个 FDMA 信道，则 MS 和 BS 间连续传输信号，直到通话结束，信道收回。③ FDMA 不需要复杂的成帧、同步和突发脉冲序列的传输，MS 设备相对简单，技术成熟，易实现，但系统中有多个频率信号，易相互干扰，且保密性差。④ BS 的共用设备成本高且数量大，每个信道就需要一套收发信机。⑤ 越区切换时，只能在语音信道中传输数字指令，要抹掉一部分语音而传输突发脉冲序列。

在模拟蜂窝系统中，采用 FDMA 方式是唯一的选择，而在数字移动通信系统中，不用单一的 FDMA 方式。

2．TDMA 方式

（1）TDMA 系统原理

TDMA 是在一个宽带的无线载波上，把时间分成周期性的帧，每一帧再分割成若干时隙（无论帧或时隙都是互不重叠的），每个时隙就是一个信道，分配给一个用户使用。如图 2-19 所示。

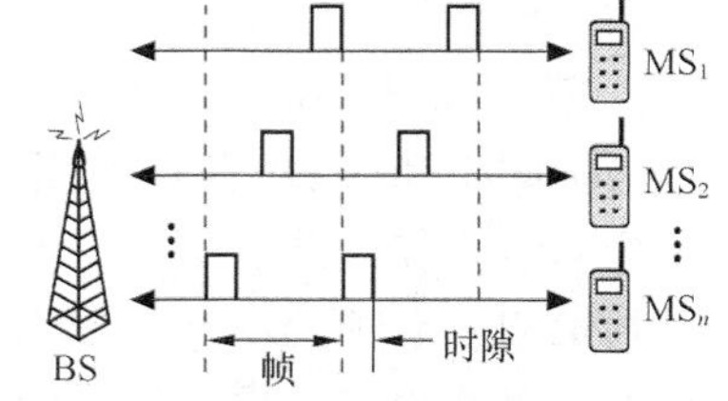

图 2-19　TDMA 系统工作示意图

系统根据一定的时隙分配原则，使各个移动台在每帧内只能按指定的时隙向基站发射信号（突发信号），在满足定时和同步的条件下，基站可以在各时隙中接收到各移动台的信号而互不干扰。同时，基站发向各移动台的信号都按顺序在预定的时隙中传输，各移动台只要在指定的时隙内接收，就能在空中合路的时分复用 TDM 信号中把发给它的信号区分出来，所以 TDMA 系统发射数据是用缓存——突发法，因此对任何一个用户而言发射都是不连续的。

（2）TDMA 的帧结构

TDMA 帧是 TDMA 系统的基本单元，它由时隙组成，在时隙内传送的信号叫做突发（burst），各个用户的发射时隙相互连成 1 个 TDMA 帧，为保证相邻时隙中的突发不发生重

叠，时隙间设有保护时间间隔 T_g，帧结构示意图如图 2-20 所示。从图中可以看出，1 个 TDMA 帧是由若干时隙组成的，不同通信系统的帧长度和帧结构是不一样的。例如：GSM 系统的帧长为 4.62ms，每帧 8 个时隙。

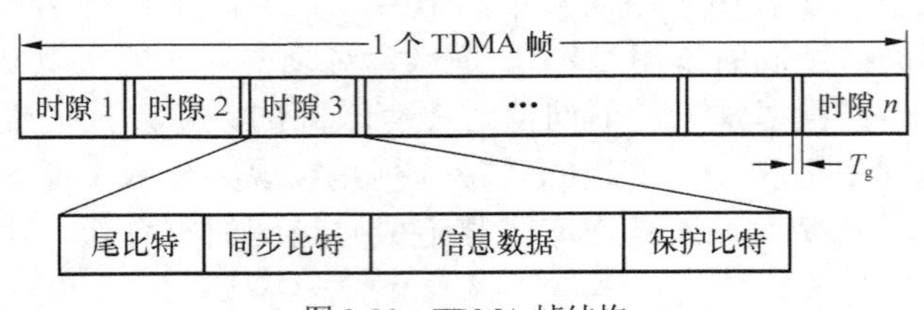

图 2-20　TDMA 帧结构

在 TDMA 系统中，每帧中的时隙结构的设计通常要考虑三个主要问题：一是控制和信令信息的传输；二是信道多径的影响；三是系统的同步。

（3）TDMA 系统的同步与定时

同步和定时是 TDMA 移动通信系统正常工作的前提。TDMA 通信双方只允许在规定的时隙中发送信号和接收信号，而移动台的移动使其与基站的距离时刻发生着变化，距离的随机变化，会给突发的定时带来偏差，因而必须在严格的帧同步、时隙同步和比特（位）同步的条件下进行工作。如果通信设备采用相干检测，则接收机还必须获得载波同步。TDMA 的帧同步和位同步是由帧结构的细节来保证的。

① 位同步

位同步是接收机正确解调的基础。在移动通信系统中，用于传输位同步信息的方法有两种：一种是用专门的信道传输；另一种是插入业务信道中传输，比如在每一时隙的前面发送一段“0”、“1”交替的信号作为位同步信息。此外，在有些通信系统中，位同步信息是从其数字信号中提取的，可以不再发送专门的同步信息，但考虑到 TDMA 通信系统是按时隙以突发方式传输信号的，为了迅速、准确而可靠地获得位同步信息，不宜采用这种方法。

由于信号在移动环境中传输时，经常受到干扰、噪声和多径衰落的影响，因而，接收机在提取同步信息时，必须采取措施以减少由于干扰、噪声、衰落或误码引起的相位抖动，同时还要通过保护电路进行保护，防止因为偶然的原因使接收机失步，引起通信中断。

② 帧同步与时隙同步

帧同步和时隙同步所采用的方法一样，如果需要，可以在每帧和每时隙的前面分别设置一个同步码作为同步信息。同步码的选择是在帧长度确定后，根据信道条件和对同步的要求而确定的。对帧同步和时隙同步的要求是：建立时间短、错误捕获概率小、同步保持时间长和失步概率小。从提高传输效率出发，希望同步码短一些；从同步的可靠性和抗干扰能力考虑，希望同步码长一些。对同步码的码型选择，应使之具有良好的相关特性，不易被信息流中的随机比特所混淆而出现假同步。

③ 系统定时

系统定时也称网同步，是 TDMA 移动通信系统中的关键问题。只有全网中有统一的时间基准，才能保证整个系统有条不紊地进行信息的传输、处理和交换，协调一致地对全网设备进行管理、控制和操作。就同步而言，可以保证各基站和移动台迅速进入同步状态，也不

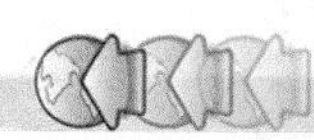

会因为定时误差随时间积累引起失步。

系统定时可以采用不同的方法。在移动通信系统中常用的是主从同步法，即系统所有设备的时钟均直接或间接地从属于某一个主时钟的信息。主时钟通常有很高的精度，其信息以广播的方式送给全网的设备，或者以分层的方式逐层送给全网的设备。各设备从收到的时钟信号中提取定时信息，或者说锁定到主时钟频率上。在移动通信系统中也用到独立时钟同步法，其办法是在网中各设备内均设置高精度的时钟，在通信开始或进行过程中，只要根据某一标准时钟进行一次时差校正后，在很长的时间内，时钟不发生明显的漂移，从而得到准确的定时。这种办法通常要求各设备采用稳定度很高的石英振荡器来产生定时信号。这对于移动台，尤其是小型手机，无论从价格方面或从体积质量方面考虑都不一定适合。至于通信网中的基站和其他大型设备，采用这种办法还是可以的。

④ 定时保护时间

定时保护时间是根据基站覆盖小区半径和电波传播时延来确定的。若小区半径为 R，电波传播速率为 c，则传播时延为 $\tau=R/c$。

例如，R=10km，则 τ=33.3μs，当系统提供定时提前量信息时，可令保护时间 $T_g=\tau$，甚至略小一些，如在 GSM 系统中，常规突发的保护间隔为 30.46μs。若 R=35km，则 τ=166.66μs，应当令保护时间 T_g>166.66μs，而在 GSM 系统中，接入突发的保护间隔为 252μs，这是因为系统对接入突发不能提供定时提前量信息。

定时提前量是根据移动台与基站间不断变化的距离而确定，该信息在移动台与基站间不断传送。

（4）TDMA 系统的特点

TDMA 系统有以下特点：① TDMA 系统的基站只用少量发射机，可避免多部不同频率的发射机（FDMA）同时工作而产生互调干扰，抗干扰能力强，保密性好。② TDMA 系统不存在频率分配问题，对时隙的管理和分配通常要比对频率的管理和分配简单而经济。对时隙动态分配，有利于提高容量，系统容量较 FDMA 大。③ 在一帧中的空闲时隙，可用来检测信号强度或控制信息，有利于加强网络的控制功能和保证 MS 的越区切换。④ TDMA 系统需要严格的定时与同步，以免信号重叠或混淆，因为信道时延不固定。⑤ TDMA 方式可提高频谱利用率，减少 BS 工作频道数，从而降低 BS 造价，还可方便非话业务的传输。

GSM 系统综合采用 FDMA 和 TDMA 技术，首先把 890～915MHz（25MHz）的总频段划分成 124 个频道，每个频道再划分为 8 个时隙，共可提供 992 个信道，用户使用的信道是在某一个频道上的一个时隙。

3．CDMA 方式

（1）CDMA 系统原理

CDMA 系统为每个用户分配了各自特定的地址码，利用公共信道来传输信息。CDMA 系统的地址码相互（准）正交，以区分地址，而在频率、时间和空间上都可能重叠。系统的接收端必须有与发端完全一致的本地地址码，用来对接收的信号进行相关检测。其他使用不同码型的信号因为地址码不同而不能被解调，它们的存在类似于在信道中引入了噪声和干扰，通常称为多址干扰，因此我们称 CDMA 系统为自干扰系统。

在 CDMA 蜂窝通信系统中，用户间的信息传输也是由基站进行转发和控制的。为实现双工通信，正向传输和反向传输各使用一个频率，即频分双工。无论正向传输还是反向传

输，除了传输业务信息外，还必须传送相应的控制信息。为了传送不同的信息，需要设置相应的信道，但 CDMA 通信系统既不分频道又不分时隙，无论传送何种信息，信道都靠采用不同的码型来区分，类似的信道属于同一逻辑信道，均占有相同的频段和时间。CDMA 通信系统的工作示意图如图 2-21 所示。

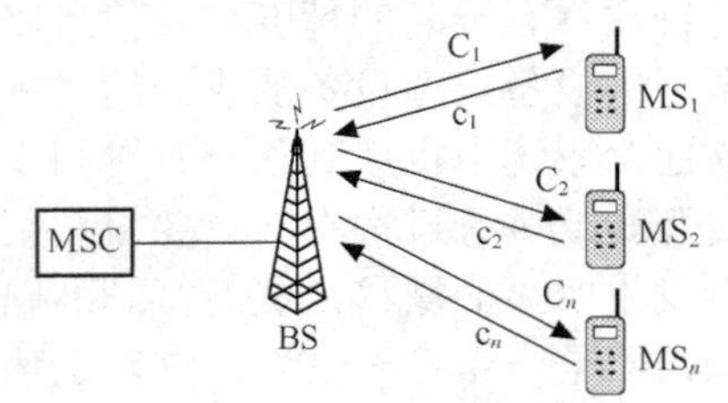

图 2-21　CDMA 系统的工作示意图

（2）CDMA 特点

① CDMA 系统中许多用户使用同一频率、占用相同带宽，各用户可同时收发信号。CDMA 系统中各用户发射的信号共同使用整个频带，发射时间是任意的，所以各用户的发射信号，在时间上、频率上都可能互相重叠，信号的区分只是所用地址码不同。因此，采用传统的滤波器或选通门是不能分离信号的，对某用户发送的信号，只有与其相匹配的接收机通过相关检测才能正确接收。

② CDMA 通信容量大。CDMA 系统的容量的大小主要取决于使用的编码的数量和系统中干扰的大小，采用语音激活技术也可增大系统容量。CDMA 系统的容量约是 TDMA 系统的 4～6 倍，FDMA 系统的 20 倍左右。

③ CDMA 具有软容量特性。CDMA 是干扰受限系统，任何干扰的减少都直接转化为系统容量的提高。CDMA 系统具有软容量特性，多增加一个用户只会使通信质量略有下降，不会出现阻塞现象，而 TDMA 中同时可接入的用户数是固定的，无法再多接入任何一个用户。也就是说，CDMA 系统容量与用户数间存在一种“软”关系，在业务高峰期，系统可在一定程度上降低系统的误码性能，以适当增多可用信道数；当某小区的用户数增加到一定程度时，可适当降低该小区的导频信号的强度，使小区边缘用户切换到周边业务量较小的区域。

④ CDMA 系统可采用“软切换”技术。CDMA 系统的软容量特性可支持过载切换的用户，直到切换成功，当然在切换过程中其他用户的通信质量可能受些影响。在 CDMA 系统中切换时只需改变码型，不用改变频率与时间，其管理与控制相对比较简单。

⑤ CDMA 系统中上下行链路均可采用功率控制技术。

⑥ CDMA 系统具有良好的抗干扰、抗衰落性能和保密性能。由于信号被扩展在一较宽的频谱上，频谱宽度比信号的相关带宽大，则固有的频率分集具有减小多径衰落的作用。同时，由于地址码的正交性和在发送端将频谱进行了扩展，在接收端进行逆处理时可很好地抑制干扰信号。非法用户在未知某用户地址码的情况下不能解调接收该用户的信息，信息的保密性较好。

（3）码同步

码同步是 CDMA 系统中所特有的。在收端进行地址解码时必须采用与发端相同的地址码，而且相位也必须相同。在 CDMA 系统中，同步系统的主要作用是实现本地地址码与接收信号中的地址码的同步，即频率上相同，相位上一致。同步过程主要包括两个阶段，第一阶段是捕获阶段，接收机在 PN（伪随机码，简称伪码）精确同步（跟踪）前，首先搜索对方的发送信号，把对方发来的 PN 与本地 PN 在相位上纳入可保持同步的范围内，即在一个 PN 码元内。这一阶段完成后，同步系统即进入跟踪阶段，在这一阶段，无论何种因素引起的收发两端 PN 的频率和相位发生较小的偏移，同步系统都能自动加以调整，使收、发双方的 PN 保持精确同步。PN 同步原理如图 2-22 所示。

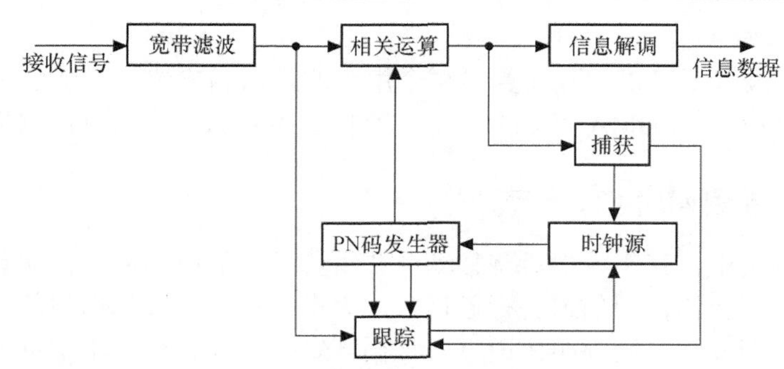

图 2-22　PN 同步系统原理框图

图 2-22 中，同步系统接收到的信号经宽带滤波电路后，在相关电路中与本地 PN 进行相关运算，捕获电路通过控制时钟源的输出时钟脉冲，调整本地 PN 的频率和相位，以搜捕所需信号。当本地 PN 与对方发来的 PN 相位差在一个 PN 码元内时，启动跟踪电路，由其调整时钟源的频率和相位，使本地 PN 与发端保持精确同步。捕获过程相当于对稳压电源输出电压的粗调，跟踪过程相当于微调。如果由于某种原因使本地 PN 与发端 PN 码间不能用跟踪电路微调获得同步，即引起失步时，需进行新的捕获和跟踪过程，重新实现同步。

地址码的捕获须以载频捕获为前提，若载频频率偏差较大，则接收信号经解扩后的输出幅度很小，无法正确判断本地 PN 与信号中 PN 间的偏差。载频的跟踪又建立在伪码跟踪的基础上，若地址码不同步，解扩器输出的载噪比太低，则载频跟踪的锁相环路无法锁定。因此，系统一般按照“载频捕获→伪码捕获→伪码跟踪→载频跟踪”的顺序来建立同步的。

4．SDMA 方式

在时域/频域方面，很多新技术都被利用来增加蜂窝系统的容量，但人们还希望可以利用其他资源来增加容量，挖掘容量潜力，如利用一组天线的空间资源。虽然以前利用多个天线来增加容量的方式已很多（如分扇区等），但还不能充分地提高容量。为充分利用空间资源，就逐步产生了空分多址（SDMA）。

空分多址（SDMA）方式是通过空间的分割来区别不同用户的。在移动通信中，能实现空间分割基本技术的就是自适应阵列天线，在不同用户方向上形成不同的波束，如图 2-23 所示。SDMA 使用定向波束天线来服务于不同的用户，相同的频率或不同的频率都可用来服务于被天线波束覆盖的这些不同区域，扇形天线可被看作是 SDMA 的一个基本方式。在极限情况下，自适应阵列天线具有极小的波束和无限快的跟踪速率，它可以实现最佳的 SDMA，使用自适应天线，迅速地引导能量沿用户方向发送。

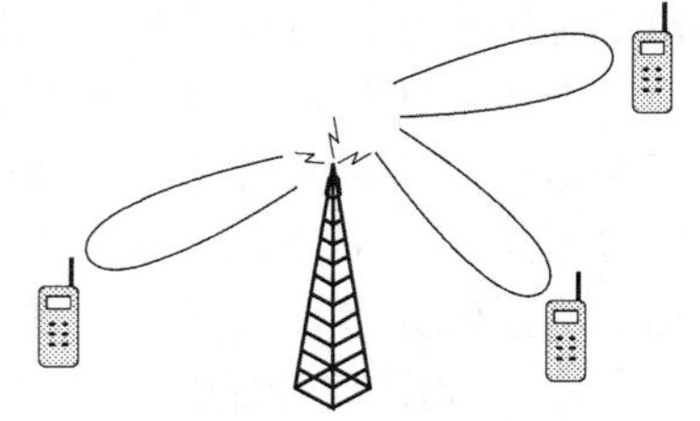

图 2-23　SDMA 系统的工作示意图

SDMA 基站由多个天线和多个收发信机组成，利用与多个收发信机相连的 DSP 来处理接收到的多路信号，从而精确计算出每个移动台相应无线链路的空间传播特性，根据此传播特性就可得出上下行的波束赋形矩阵，然后利用该矩阵通过多个天线对发往移动台的下行链路的信号进行空间合成，从而使移动台所处的位置接收信号最强。

对 FDD 来说，由于上下行链路的空间特性差异很大，所以很难采用 SDMA 方法通过计算上行链路的空间传播特性来合成下行链路信号；而 TDD 的上下行空间传播特性接近，所

以比较适合采用SDMA技术。

使用 SDMA 技术还可以大致估算出每个用户的距离和方位，以辅助用于移动用户的定位并切换提供参考信息。SDMA与CDMA、TDMA、FDMA一起在TD-SCDMA中应用。

2.2.5 信道自动选择方式

在移动通信系统中，某小区中所有移动台共用若干个信道，每个移动台都应有选择空闲信道的能力。当移动台需占用信道进行通话时，大多采用自动选择空闲信道方式，常见的信道选择方式有以下四种：专用呼叫信道方式、循环定位方式、循环不定位方式、循环分散定位方式。在此主要介绍大容量移动通信系统采用的专用呼叫信道方式。

在给定的多个信道中，选择一个信道专门用作呼叫，其作用有二：一是处理呼叫（包括MS主叫或被叫）；二是指定语音信道，如图2-24所示。

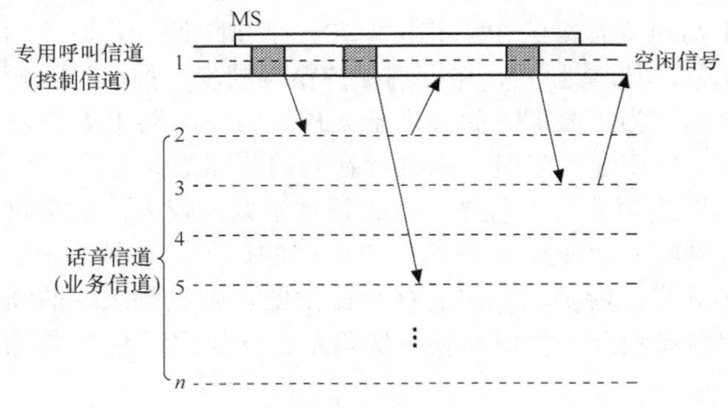

图2-24　专用呼叫信道方式

平时，移动业务交换中心通过基站在专用呼叫信道上发空闲信号，而移动台根据该信号都集中守候在呼叫信道上，无论是基站呼叫移动台，还是移动台呼叫基站，都在该信道上进行。一旦呼叫通过专用呼叫信道发出，移动业务交换中心就通过专用呼叫信道给主呼或被呼移动台指定可用的空闲信道，移动台根据指令转入指定的业务信道进行通信。而这时呼叫信道又空闲出来，可以处理另一个用户的呼叫了。

专用呼叫信道处理一次呼叫过程所需的时间很短，一般约几百毫秒，所以设立一个专用呼叫信道就可以处理成百上千个用户的呼叫。因此，它适用于共用信道数较多的系统，即大容量系统中。例如，80个共用信道甚至更多，而用户数可以上万。目前，大容量公用蜂窝移动通信系统大多采用这种方式。

由于专用呼叫信道方式专门抽出一个信道做呼叫信道，相对而言，减少了通话信道的数目，因此对于小容量系统来说，是不合算的，小容量系统一般采用循环定位、循环不定位、环分散定位三种方式。

2.3 移动通信中的控制与交换

交换控制功能及交换控制区域的构成与通信网络结构相对应。不同的通信系统要求的交换控制功能是不同的。大容量公用移动电话网不仅要具有市话网的控制交换功能，还要有移动通信特有的交换技术，如移动台位置登记技术、一齐呼叫功能、通话中的越区切换技术、

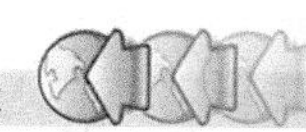

无线通路的控制技术等。本节主要介绍移动交换系统特有的功能及控制技术。

2.3.1　移动交换系统的特殊要求

移动通信中，无线用户之间，无线用户与市话用户之间建立通话时需要进行接续和交换，完成这种接续和交换的设备称为移动交换设备，移动交换设备多为程控电话交换机。移动通信中的交换方式随着系统的发展从程控交换到软交换，由最初 2G 中电路交换方式提供话音和数据业务，到 3G 中电路交换提供话音业务，而分组交换提供数据业务，再到 4G 中话音和数据业务均由分组承载。移动通信的用户在一定地理区域内任意移动，因此完成移动用户之间或移动用户与固定用户之间的一个接续，须经固定的地面网和不固定的按需分配的无线信道的链接。同时，移动台位置的变动使整个服务区内话务分布状态随时发生剧烈的变化，这就产生了对移动交换机的一些特殊要求，其中主要有：①用户数据的存储；②用户位置的登记；③寻呼用户的信令系统识别及处理；④越区频道转换的处理；⑤过荷控制；⑥远距离档案存取；⑦路由的控制等。

1．设置用户数据寄存器

设置用户寄存器的目的在于存储本移动交换局所辖区内的移动用户的识别码等用户管理数据，及其他呼叫接续相关数据，漫游有权用户的数据等。当移动用户发出呼叫时，移动交换局根据呼叫信号中包含的用户识别码来检索用户寄存器所存的用户名单，以确定该呼叫是否被允许进入系统，经核实无误才可接入系统，并提供相应的呼叫接续。

2．越区切换

通话过程中，当移动用户从一个小区进入另一个小区时，为保持通话不中断，需将信道从原小区的工作频道转换到新小区的空闲频道，移动交换局应能实现对用户的透明的切换。

3．位置登记

移动用户被呼叫时，需要知道移动用户所处的地理位置，即在哪一个位置区域内，这样才能有效地发出寻呼信号。为此，须进行移动用户的位置登记。通常，以同时寻呼的区域作为位置区。当移动用户进入新的位置区，或漫游用户进入本局辖区时，用户需作位置登记，移动交换机应更新用户的位置登记信息。

4．远距离档案存取

移动用户进行入网注册登记，并存储信息的局称为本局（归属局），其他服务区域称为目的局（非归属局）。移动用户在归属局服务区域内称为本局用户，而在非归属局服务区域时称为漫游用户。当漫游用户进入非归属局并发生呼叫（主叫或被叫）时，该局必须首先查明这个用户是归属哪个局的，是否有权进行漫游，才能处理这个呼叫。这时目的局要通过局间专用数据链路向归属局查询和调用该漫游用户的信息档案，即远距离档案存取。目的局一方面对该有权的漫游用户进行位置登记和呼叫处理，另一方面通知归属局更新该用户档案。当该漫游用户移动回到归属局，或移动至另一个目的局时，重复以上进程。

5．过荷控制

当大量移动台涌向某一特定地区时，将使该基站区话务量突然增大，造成无线频道负荷过高，引起阻塞。为了避免这种情况发生，并保证重要用户在这种状态下的可通信率，移动交换机应对用户进行过荷控制。过荷控制的方法很多，最常用的方法是给予不同用户一定的级别，发生过荷时，可以通过指令暂时禁止某些低级别的用户入网，等话务量下降后再解除限制。另外，还可以采用动态频道分配技术，即按话务量来增减各基站的无线频道；如果有重叠区，且质量合格的话，也可以临时调用邻近基站的无线频道作为支撑。

6. 路由控制

移动台可随意移动，在基站覆盖的交叠区，常常会有多个基站为其提供服务，这时移动交换机应根据各基站的话务分布情况，合理地控制由哪一个基站对该用户提供无线频道。另外，当要求发生越区切换时，也要根据情况确定切换门限，以控制接续路由。

此外，为了掌握网路动态，移动交换机要具有很强的统计分析功能。例如对每条无线频道和每个移动用户进行分析等。

2.3.2 位置登记

移动台在开机或进入新的位置区时都会执行位置登记，位置登记是指移动台向基站发送报文，表明自己所处的位置的过程。在大范围的服务区域中，一个移动通信系统的移动用户达到一定数目时，要寻呼某个移动台，如果不事先知道它所处的位置，就得在所有区域依次寻呼，或者在所有区域同时发起寻呼，这样就可能使呼叫接续时间比通话时间还长，时间和线路的利用率都不够高。为此需要划分位置区，通常一个 MSC 服务区为一个位置区，也可以分为若干个位置区，如图 2-25 所示。

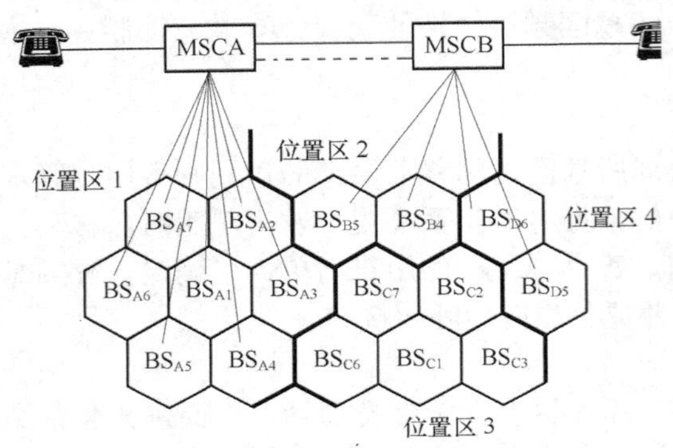

图 2-25　位置区划分示意图

尽管移动用户没有固定的位置，但它入网注册的位置区域称为这个移动台的“家区”，家区将每个移动台的位置信息及用户识别码等存入 MSC 的归属位置寄存器 HLR 中。每当移动台离开家区进入其他位置区时，移动台自动向新的位置区域进行登记，即向被访位置寄存器 VLR 进行位置登记，报告原籍位置区号及自己的识别码等，并由被访 MSC 将这一新的位置信息通知家区，使 HLR 中的位置信息得以更新，以便在移动用户被呼时能根据被呼移动用户的位置登记信息，决定应该呼叫的被访 MSC 区域。也就是说在移动台进行位置登记的同时，系统必须对该移动台进行位置信息的更新。

若位置信息表明被呼移动用户在某个位置区，但不知其所处的具体小区，因此位置区内所有基站一齐发出被呼移动用户识别码，被叫移动用户应答后，即由应答小区提供接续服务，系统的这种功能称为“一齐呼叫”。

2.3.3 越区切换

为了保证通信的连续性，正在通话的移动台从一个小区进入相邻的另一小区时，工作频道从一个无线频道上转换到另一个无线频道上，而通话不中断，这就是越区切换。越区切换根据切换小区的控制区域可分为三种：在同一基站控制器 BSC 下的小区间的越区切换；在同一 MSC，不同的 BSC 下的小区间进行的越区切换；在不同 MSC 下的小区间的越区切换（也称为越局切换）。若进行越区切换的两小区分属不同的位置区域，在切换完成通话后还必须进行位置登记。

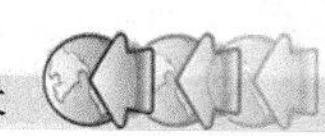

不论是主叫还是被叫移动台，当它在通信中越区过界时就需切换信道。在 GSM 系统中，越区切换是频道的切换，为硬切换。在切换时，移动台要先中断与原通信基站的联系，再建立与目标基站间的通信，但由于切换时间很短，用户基本没有感觉，而认为通话没有中断。在 CDMA 数字移动通信系统中既支持硬切换，也支持软切换。所谓软切换，就是移动台在切换时，先不中断与原通信基站的联系，而与目标基站先建立通信，两个基站可同时为一个用户提供服务，当与目标基站取得可靠通信且原基站信号变差到一定程度后，再切断与原基站间的通信。这种切换没有中断通话，切换过程中不易产生“乒乓效应”，不易掉话，但是只能在使用相同频率的小区间进行。硬切换和软切换时上下行信道同时执行切换，而在 TD-SCDMA 中把上下行信道分开执行切换形成接力切换技术。利用开环上行预同步和功率控制，在切换过程中首先将上行链路转移到目标小区，而下行链路仍与原小区保持通信，经短暂时间的分别收发过程后，再将下行链路转移到目标小区，完成接力切换。图 2-26 是硬切换、软切换和接力切换的示意图。越区切换中的切换定位和切换时间，是根据基站接收到移动台的信号强度测试报告或误码率报告确定的。

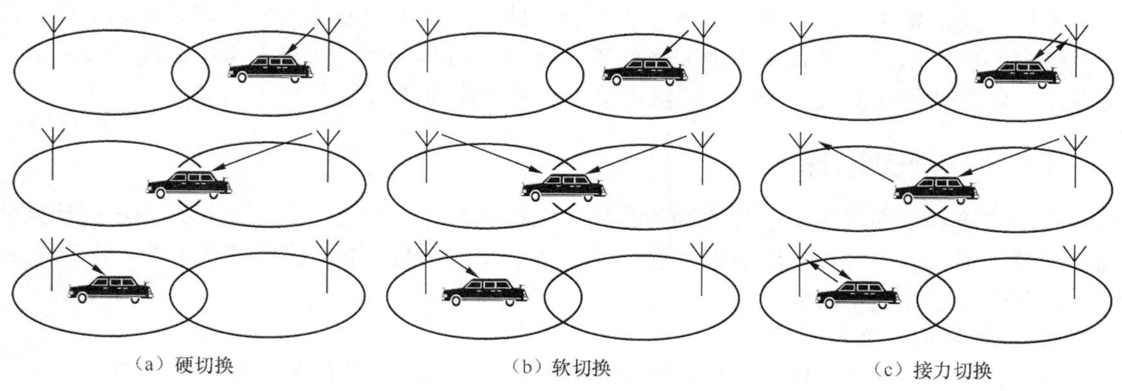

图 2-26　硬切换、软切换、接力切换示意图

2.3.4　漫游

在蜂窝移动通信系统中，某地区的移动电话用户可能持本地登记注册的移动话机到另一地区的移动电话网中使用。在联网的移动通信系统中，移动台从一个 MSC 区到另一个 MSC 区后，仍能入网使用的通信服务功能称为漫游。漫游的实现包括三个过程：位置登记、转移呼叫和呼叫建立。

移动用户进行登记注册和结算的 MSC 称为归属局，在其中活动时称为本局用户，当活动到另一个 MSC 区时，称为漫游用户。如果在一个地区有两个重叠的移动网，一个网的用户对另一个网也是漫游用户。

2.4　路由及接续

根据移动通信的特点，需要利用跟踪交换技术为移动用户提供可靠的业务功能。因此，移动通信系统有着特殊的选路和接续方法。本节主要介绍国内与国际呼叫的接续选路、位置更新与越区切换的接续处理过程。

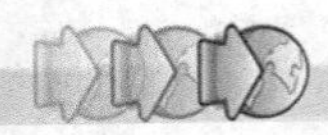

2.4.1　电路群的设置

各级移动汇接中心间及与移动端局间，在设置语音专线时，分低呼损电路群和高效直达电路群两种。

采用二级网络结构的长途网，在一级汇接中心（$TMSC_1$）间设置低呼损电路群，形成网状网。移动端局或本地汇接局至本省一对 $TMSC_1$ 间设置低呼损电路群。

采用三级网络结构的长途网，在 $TMSC_1$ 间设置低呼损电路群，形成网状网。二级汇接中心（$TMSC_2$）应与其相对应的 $TMSC_1$ 间设置低呼损电路。$TMSC_2$ 间设置低呼损电路。各移动端局与本地汇接局至本省一对 $TMSC_2$ 间设置低呼损电路群。

本地网内无本地汇接时，端局间网状网相连，所有端局间设置低呼损路由。各移动本地网内的移动端局应与上一级的汇接中心（$TMSC_1$ 或 $TMSC_2$）间设置低呼损电路群。

当移动本地网中有汇接局时，移动本地网内移动端局间话务量足够大时应尽量设置高效直达路由，通过 TMm 的转接，可作为移动端局间的第二路由。

设有一级汇接中心、二级汇接中心的移动本地网，或端局业务量较大需要连到一级、二级汇接中心的本地网，各移动本地网内的移动端局应与其一级、二级汇接中心间设置高效直达路由，经本地移动汇接与一级、二级汇接中心的链路为迂回路由。

2.4.2　路由选择

为加快接续速率，路由选择原则为尽快进入被叫所在的网络，先选直达路由再选迂回路由，即移动用户被叫时尽可能快进入移动网选路接续；PSTN 用户被叫时立即进入 PSTN 网络，由 PSTN 进行选路接续。

1. 国内呼叫选路与接续

（1）移动用户（包括漫游用户）呼叫 PSTN 用户。始呼 MSC 分析被叫号码为 PSTN 用户，则立即从始发地通过接口局 GWm 接至 GWp，进入 PSTN 网，如图 2-27 所示。

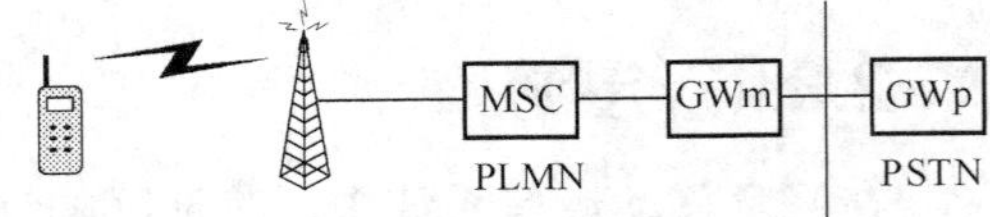

图 2-27　移动用户呼叫 PSTN 用户

（2）PSTN 用户呼叫移动用户。PSTN 端局根据移动业务接入号（如 13S），通过接口局 GWp 就近接入 GMSC，GMSC 分析 $H_0H_1H_2H_3$，导出被叫移动用户的 HLR 地址信息。通过 No.7 信令网，从 HLR 得到 MSRN，GMSC 分析 MSRN 得知该用户目前的位置信息即将呼叫接续至用户所在 MSC，如图 2-28 所示。

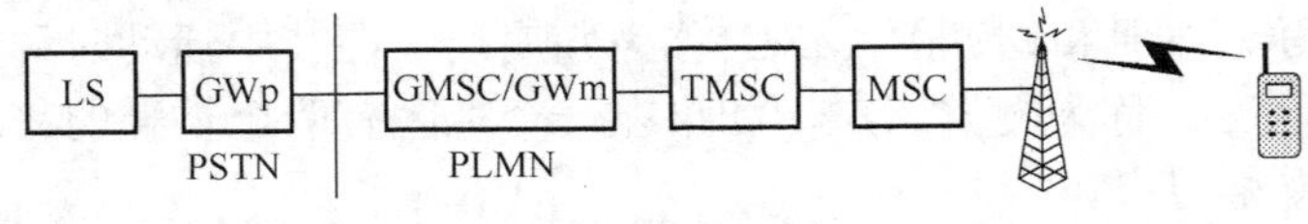

图 2-28　PSTN 用户呼叫移动用户

（3）移动用户呼叫移动用户。始发 MSC 通过 TMSC 查询到被叫用户的路由信息 MSRN，由主叫所处的 MSC 接续至被叫所处的被访 MSC（VMSC），如图 2-29 所示。

2. 国际呼叫选路与接续

（1）移动用户作为国际呼叫的主叫。始发 MSC 分析为国际接入码 00 后，则立即从始发地通过接口局进入 PSTN 网。

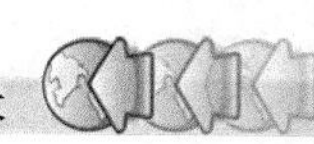

（2）移动用户作为国际呼叫的被叫。由国外接续到北京、上海、广州 PSTN 的国际局，就近接入移动本地的接口局，在当地 GMSC 进行路由查询，并建立接续，如图 2-30 所示。

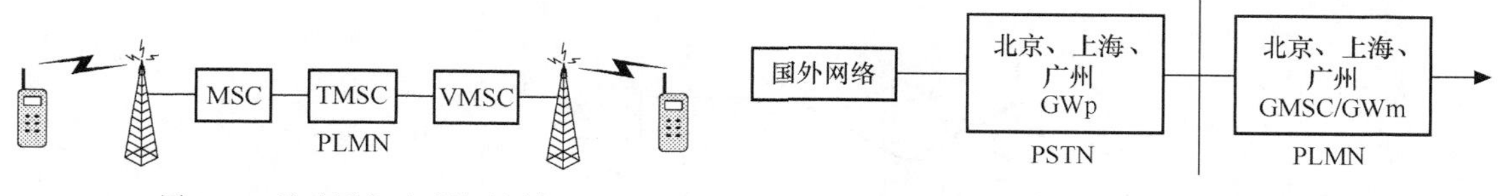

图 2-29　移动用户呼叫移动用户　　　图 2-30　移动用户作国际呼叫的被叫

3．位置更新

如图 2-31 所示，在某一小区（设为小区 1）内移动的用户处于待机状态时，它被锁定在该小区。当移动用户向离开基站方向移动时，信号强度会减弱。当移动到两个小区理论边界附近时，移动台会因信号强度太弱而决定转到邻近小区的无线频率上，为了正确选择无线小区，移动台要对每一邻近小区的信号强度进行测量，即进行小区重选。当发现新的基站 2 信号强度优于原小区时，移动台将锁定在这个新载频上，并继续接收系统的控制信息及可能发给它的寻呼信息。小区 1 和 2 原属于同一位置区，由系统通过空中接口连续发送位置区识别码（LAI）告知移动用户所在的实际位置信息。

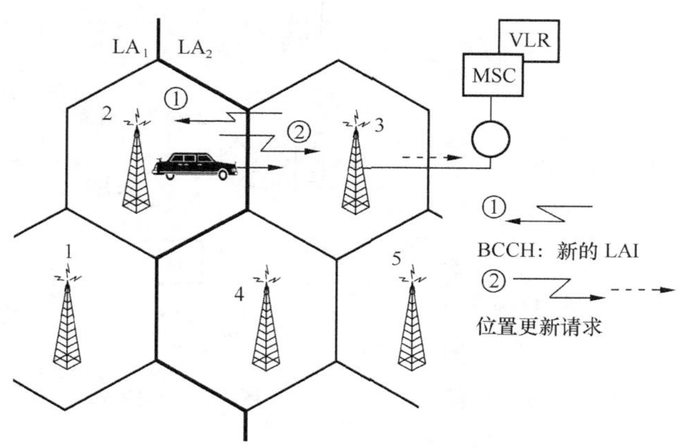

图 2-31　MS 从一个位置区移动到另一个位置区

图 2-31 中，当移动用户由小区 2 进入小区 3 后，移动台通过接收 LAI 码可知已进入新位置区，由于位置信息非常重要，因此位置区的变化一定要通知网络，这个过程称为“强制登记”。在接入移动通信网的移动业务交换中心的 VLR 内进行位置信息的更新，同时在 HLR 中进行位置更新。

位置更新有两种情况，如图 2-32 所示，其中①表示移动用户由小区 3 向小区 4 移动时，基站 BTS4 通过新的基站控制器把位置消息传给原来的 MSC/VLR，MSC/VLR 更新用户位置信息后，回送位置更新证实信息给移动用户，同一 MSC/VLR 中位置更新过程如图 2-33 所示。②表示移动用户由小区 3 向小区 5 移动时，基站 BTS5 通过新的 BSC 把位置更新请求传给新的 MSC/VLR，即移动用户已到达了一个新的 MSC/VLR 业务区；新 MSC 把位置更新请求转发给该移动用户的归属局；HLR 进行位置更新后，向 MS 所处的新 MSC 发出请求位置更新接受信息；新 MSC 收到 HLR 发来的位置接受信息后存储该用户位置信息，经 BSC、

BTS 发位置更新证实信息给 MS；同时，HLR 向 MS 原来访问的 VLR 发位置删除信息；原 VLR 删除该 MS 的位置信息后发位置删除接受信息给 HLR。不同 MSC 区间漫游时位置更新过程如图 2-34 所示。

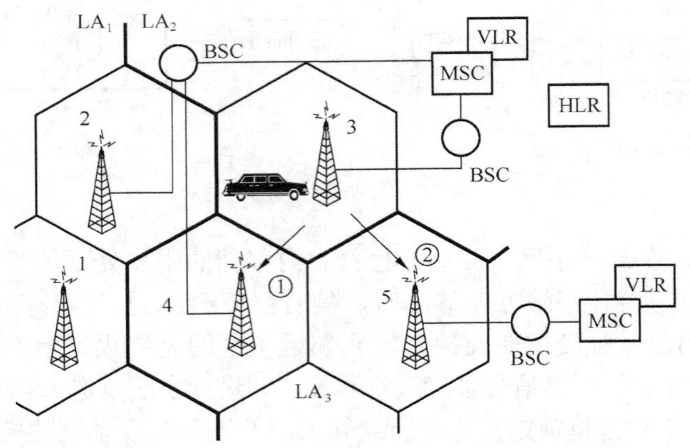

图 2-32　两种情况下的位置更新

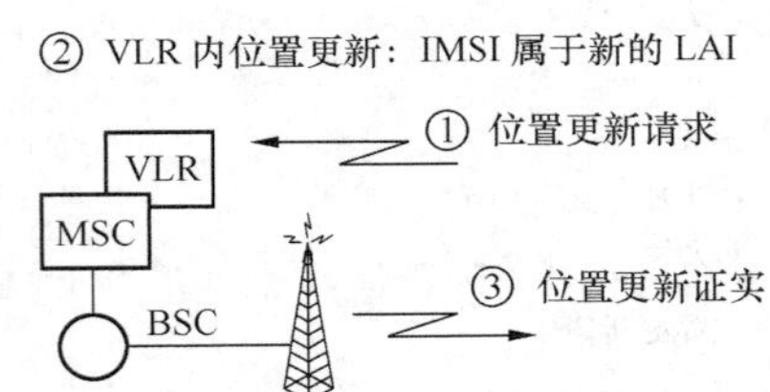

图 2-33　同一 MSC 业务区内漫游时位置更新

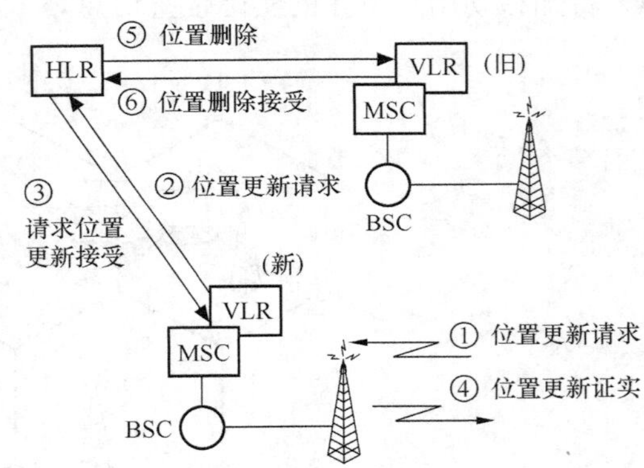

图 2-34　不同 MSC 区间漫游时位置更新

4．越区切换

在通话过程中，当移动用户离开基站时，无线传输质量逐渐下降。这时，为保证通话不中断，系统就需要将移动用户转换到另一个基站的信道上。这种在通话过程中由原基站的业务信道转换到新基站的业务信道的过程就是切换。切换的过程由系统控制，移动用户只向基站子系统发送有关信号强度的信息，BSC 根据这些信息对周围小区进行比较，确定移动用户的行进方向，这就是定位。

在通话过程中，移动用户必须能够进行信令信息的传送，否则就无法进行切换。在专用业务信道上进行通话期间，话务和信令信息只能在一个信道上传送，即为随路信令。为了区别两种不同的信息，它们将按一定规则发送。切换“定位”时，基站应知道移动用户所在的位置及其周围基站的有关信息，通过接收这些信息，移动用户才能对周围的基站小区进行信号强度的测量，同时移动台测量它所用的 TCH 的信号强度和传输质量，所有这些测量结果都送给网络进行分析。同时，基站对移动用户所占用的业务信道 TCH 也进行测量，并报告给基站控制器 BSC，最后由 BSC 决定是否需要切换，并判断什么时候进行切换，切换到哪

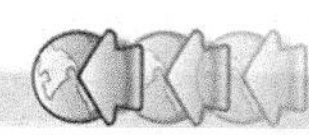

个基站上，通过计算决定启动切换程序时，基站控制器还要与新基站的链路连接。移动用户测试信号强度的过程如图 2-35 所示。

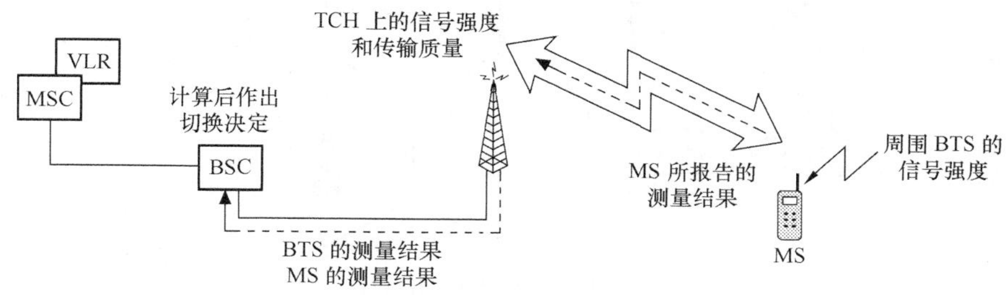

图 2-35　移动用户将测量结果送到 BSC

按控制区域硬切换分三种情况：

（1）在 BSC 控制范围内小区间的切换

在这种情况下，BSC 需要建立与新的基站间的链路，并在新基站小区给用户分配一个业务信道 TCH。网络系统对这种切换不做介入，BSC 只在切换完成后向 MSC 发一个切换执行报告，切换流程如图 2-36 所示。

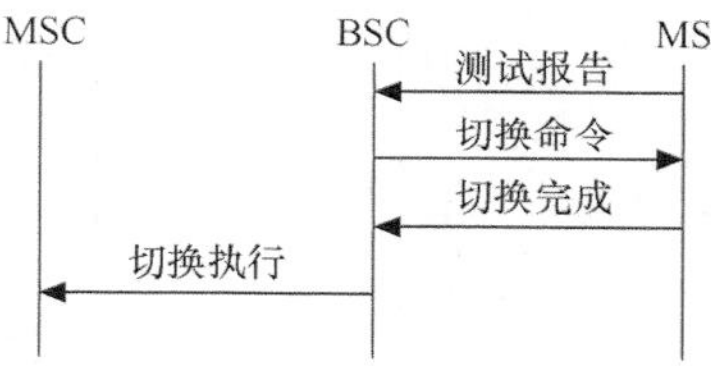

图 2-36　同一 BSC 的 BTS 间切换流程

（2）在同一 MSC/VLR 业务区，不同 BSC 下小区间的切换

如图 2-37 所示，在这种情况下，系统需参与切换过程。BSC 先向 MSC/VLR 请求切换，再建立 MSC/VLR 与新 BSC 间的链路，保留新小区内空闲 TCH 供给移动用户切换后使用，然后通过原信道命令移动台切换到新业务信道上。切换成功后，移动用户需要了解周围小区信息，若位置区发生变化，呼叫完成后必须进行位置更新，切换流程如图 2-38 所示。

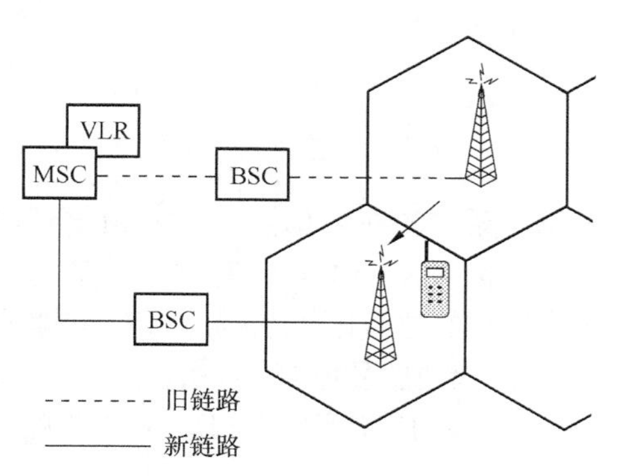

图 2-37　同一 MSC 业务区不同 BSC 间的切换

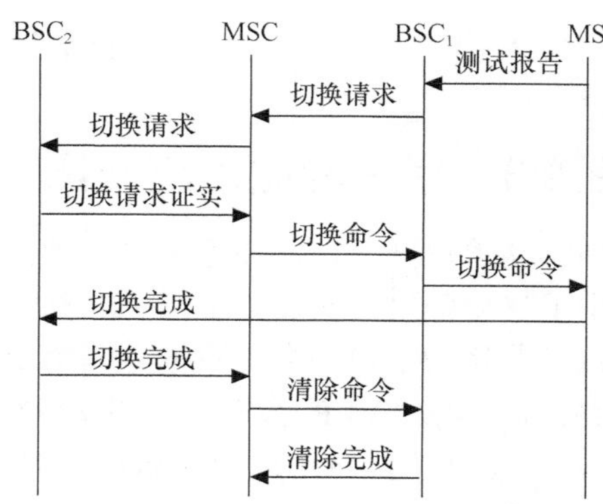

图 2-38　同一 MSC 的 BSC 间的切换流程

（3）不同 MSC/VLR 业务区下小区间的切换

图 2-39 中，切换前移动用户所在的 MSC/VLR 为服务交换机，移动用户所到的新的 MSC/VLR 为目标交换机。服务交换机必须向目标交换机发送一个切换请求，由目标交换机负责建立与新 BTS 的链路连接。在两个交换机间的链路接好后，由服务交换机向移动用户发送切换命令。MS 切换完成后，与新的服务交换机（原目标交换机）建立连接，并通过信令链路，拆除原服务交换机提供的链路，切换流程如图 2-40 所示。

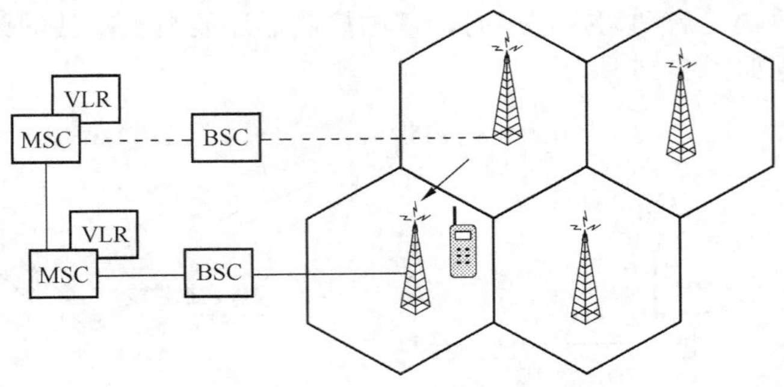

图 2-39　不同 MSC 间的切换

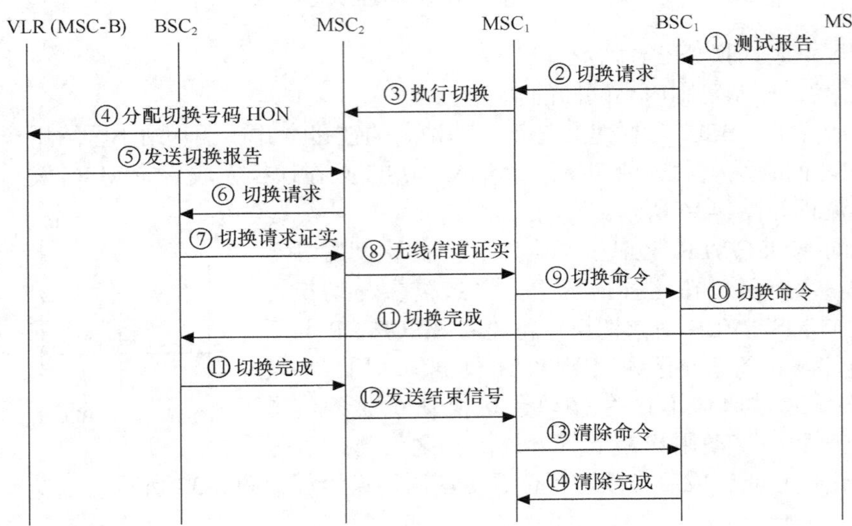

图 2-40　不同 MSC 间的切换流程

2.4.3　用户的激活与分离

当移动用户开机后，在空中接口搜索，当接收到本系统的频率信息后，就锁定到该频率上。由于移动台第一次被使用，所以对它进行业务处理的 MSC/VLR 没有这个移动用户的任何信息。若移动用户在它的数据存储器中找不到新接收到的位置区识别码 LAI，立即要求接入网络，向 MSC/VLR 发出位置更新消息，通知系统在本位置区内的新用户信息。这时，MSC/VLR 就认为此移动用户被激活，对移动用户的国际移动用户识别码 IMSI 做“附着”标记，这也是一种“强制登记”。

移动用户关机时，移动用户向网络发送最后一次消息，其中包括“分离”处理请求。MSC/VLR 接收到“分离”消息后，就在该用户对应的 IMSI 上作“分离”标记。

当移动用户向网络发送 IMSI“分离”的消息时，若无线链路质量很差，系统不能接收到该消息或系统不可能正确译码，则系统会误以为移动用户仍处在“附着”状态，若有呼叫该用户的信息，系统会对该用户作盲目寻呼，浪费无线资源。为了解决这个问题，系统采取了新的强制登记措施，要求移动用户每隔一定时间登记一次，这就是周期性登记。若系统在一定时间内没有收到某移动用户的周期性登记信息，该用户所处的 VLR 就对该移动用户的

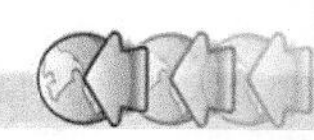

IMSI 作“分离”标记。周期性登记过程有证实消息，移动用户只有接收到证实消息才停止向系统发周期性登记报文，系统通过 BCCH 通知移动用户进行周期性登记的时间周期。

2.4.4　呼叫接续

1．移动用户主呼

当移动用户处于激活并在空闲状态（即待机状态）时，该移动用户要建立一个呼叫，只需拨被呼用户的号码，再按“发送”键，移动台就开始起动程序，该过程就是移动通信系统中为减少移动用户占用无线信道的时间，提高信道利用率而采用的“延迟拨发”功能。

首先，移动用户通过接入信道向系统发送接入请求信息，MSC/VLR 便分配给它一专用信道，查看主呼用户的类别并标记此主叫用户示忙，若系统允许该主呼用户接入网络，则 MSC/VLR 发证实接入请求消息，主呼用户发起呼叫。如果被呼用户是移动用户，则系统直接将被呼用户号码送入传输网络，转接至被呼用户的交换机，一旦接通被呼用户的链路准备好，网络便向主呼用户发出呼叫建立证实，并给它分配专用业务信道 TCH，主呼用户等候被呼用户响应的证实信号，这时便完成了移动用户的主呼过程。

2．移动用户被呼

被呼的移动用户的路由到达该移动用户所登记的 MSC/VLR 后，由该 MSC/VLR 向移动用户发寻呼消息，根据位置信息表明被呼移动用户在某个位置区，但不知其所处的具体小区，因此位置区内所有基站一齐发出被呼移动用户识别码，这就是移动通信系统的“一齐呼叫”功能，在位置区内守听的被叫用户收到寻呼消息并立即响应，即完成移动用户的被呼过程。

GSM 移动用户被呼过程如图 2-41 所示：市话网固定用户呼叫移动用户，拨移动用户号码，连接链路由本地交换机与移动网络 GMSC 入口局间建立。①在 GMSC 入口局分析被叫用户号码，用查询功能向 HLR 发 MSISDN，询问移动用户漫游号码 MSRN；②HLR 将被叫移动用户号码转换为 GSM 用户识别码 IMSI，HLR 查到被叫用户所处的业务区后，向该区 VLR 发出被叫的 IMSI，请求分配 MSRN；③VLR 临时分配给被叫用户一个漫游号码 MSRN，并告知 HLR；④HLR 把该被叫移动用户的 MSRN 通知 GMSC；⑤GMSC 分析 MSRN 后把入局呼叫接到被叫用户所在的 MSC/VLR 业务区（GMSC 与 MSC/VLR 的连接可以是直接的，也可以是经过转接的）；⑥被呼叫用户所在的 VLR 根据 IMSI 查出被叫用户的 LAI 后，在位置区内发起一齐呼叫。

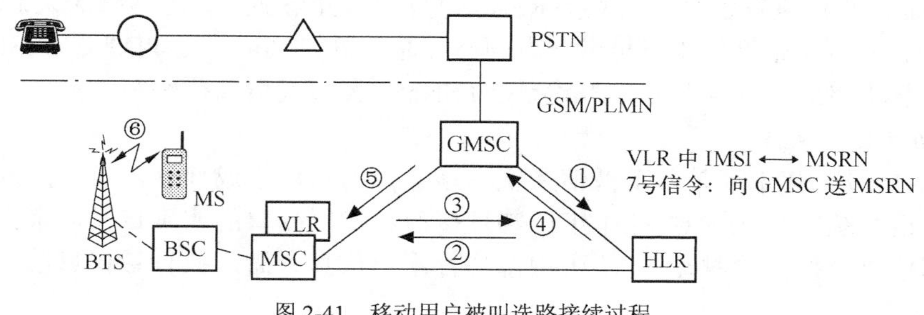

图 2-41　移动用户被叫选路接续过程

基站通过寻呼信道发送寻呼消息，在位置区内某小区寻呼信道上的空闲移动用户接到寻呼后，发送响应信息。呼叫建立完成，系统分配业务信道，通过无线通路接通移动用户。

2.5 移动通信系统中的安全措施

移动通信系统是一个开放的系统，为了保护用户和网络运营者的合法性，保证系统数据和用户信息的安全性，采取了很多安全措施。本节主要介绍 SIM 卡和移动通信系统中采用的鉴权、加密等安全措施。

2.5.1 SIM 与 UIM

随着移动通信技术的快速发展，为了拓展手机渠道、便于用户入网，手机从以往的 NAM 编程方式“烧号”发展为机卡分离机，经历近二十年的发展，在标准 SIM 卡基础上形成了 PIM 卡、UIM 卡、Micro SIM 卡，并可实现 OTA、RFID、远程写卡和空中写卡等多种技术。目前 SIM 卡既可以作为终端鉴权用，也可以担任银行卡、门禁卡、公交 IC 卡等各种角色，它已经不再只是为了解决用户入网鉴权和加密问题，而成为各大运营商丰富终端应用、拓展营销渠道的利器，同时也成为各手机厂商展示自己实力的舞台。

1. SIM 卡简介

SIM 卡属于 IC 卡的一种，是镶嵌集成电路芯片的塑料卡片，其外形和尺寸都遵循国际标准。IC 卡分为：非加密存储器卡、逻辑加密存储器卡、智能卡等。目前，智能卡应用最多的是 GSM 中的 SIM 卡、CDMA 中的 UIM 卡，3G 中的 USIM 卡。在实际使用中最常见嵌入式 SIM 卡，半永久性地装入到移动台设备中。

UIM 卡提供移动通信终端用户识别及加密技术，它支持专用的鉴权加密算法和 OTA 技术（Over The Air），可以通过无线空中接口方式对卡上的数据进行更新和管理。在 CDMA 系统的原始设计中，用户识别信息是直接存储在移动终端中的，并没有一个可以与移动终端分离的存储用户信息的功能实体。直到 2008 年，中国电信收购联通 CDMA 网络，声明希望在 CDMA 手机上实现 SIM 卡的功能，这才极大地加快了在 CDMA 系统中实施 UIM 卡的进程。UIM 卡采用与 SIM 卡系统相同的物理结构、电气性能和逻辑接口，并在 SIM 卡的基础上，根据 CDMA 系统的要求，增加相关的参数和命令，以实现 CDMA 系统的功能。UIM 卡可以理解为 SIM 卡针对 CDMA 系统的功能扩展。

Micro SIM 卡其实就是 3G 移动通信中的 USIM 卡。USIM 卡不但能实现单纯的鉴权认证功能，而且能够支持多应用（如在手机上实现电子钱包、电子信用卡、电子票据等）；它还在安全性方面对算法进行了升级（支持 RSA 等算法），并增加了卡对网络的认证功能。

2005 年，中国电信开始推广机卡分离的小灵通手机和 PIM 卡。PIM 卡和 SIM 卡的物理结构一样，不过 PIM 卡内存储的个人数据是 PSNM、K_i、运营商代码等参数。

2. SIM 卡的功能

用户识别模块 SIM 卡是移动通信系统中移动台的重要组成部分，是用户入网登记的凭证。移动通信系统中，通过对 SIM 卡的物理接口、逻辑接口的明确定义，来完成与移动终端的连接和信息交换，同时在 SIM 卡内部进行用户信息存储，执行鉴权算法和加密密钥等工作。

SIM 卡是移动用户入网获取服务的钥匙，管理着许多提供给用户业务的信息，还可用于存储短信息，特别是用户不在时接收短信息。SIM 卡具有如下功能。

（1）存储数据。SIM 卡中存有用户身份认证所需的信息，如 IMSI、TMSI、用户鉴权键

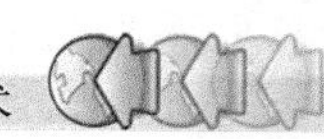

K_i 等；存储安全保密有关的信息，如加密密钥 K_c、密钥序号 n、加密算法 A3、A8、个人识别码 PIN、PIN 码出错计数、SIM 卡状态、个人解锁码 PUK 等；存储与网络和用户有关的管理数据，如 PLMN 代码、LAI、用户登记的通信业务等；还可存储用户的个人信息。

A3、A8 算法是在生产 SIM 卡时写入的，一般人无法读出，PIN 码可由用户在手机上自己设定，PUK 码由运营商持有，K_c 是在加密过程中由 K_i 导出的。部分信息一经写入不再改变，如 IMSI、PLMN 代码等，部分信息可随时改变，如 PIN 码、TMSI、用户个人信息等。

（2）执行安全操作。SIM 卡可进行用户入网的鉴权、用户信息的加密、TMSI 的更新，用户 PIN 码的操作和管理。SIM 卡本身是通过 PIN 码来保护的，PIN 码是一串 4～8 位的个人身份号。在用户选用开机输入 PIN 码的功能时，只有当用户正确输入 PIN 码时，SIM 卡才能被启用，移动台才能对 SIM 卡进行存取，也只有 PIN 码认证通过后，用户才能接入网络。用户身份鉴权，用于确认用户是否合法，确认是网络和 SIM 卡一起进行的，而确认时间一般是在移动终端登记入网和呼叫时。

3．SIM 卡的结构

SIM 卡是带微处理芯片的 IC 卡，它由 CPU、工作存储器 RAM，程序存储器 ROM、数据存储器 EEPROM 和串行通信单元 5 个模块组成。SIM 卡的时钟信号、复位信号、电源均由移动终端提供，SIM 卡共有 8 个触点，这些触点的作用如图 2-42 所示。

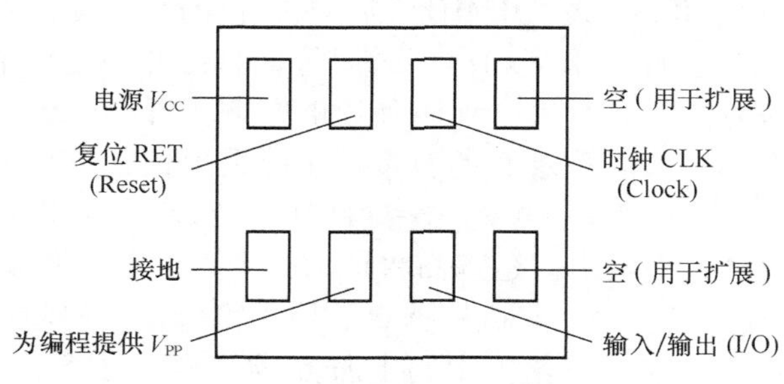

图 2-42　SIM 卡触点功能图

SIM 卡在激活方式时完成与移动终端间的信息传输。在休闲方式时，SIM 卡将保留所有相关数据，并支持内部全休眠、指令休眠和时钟休眠 3 种休眠方式。由于 SIM 卡带有智能功能，有以下软件特性：植入了芯片操作系统（Card Operating System，COS）；以文件模型进行信息管理；文件标志符作为唯一标志信息；存储着一系列的网络参数及鉴权信息。SIM 卡的逻辑结构如图 2-43 所示。

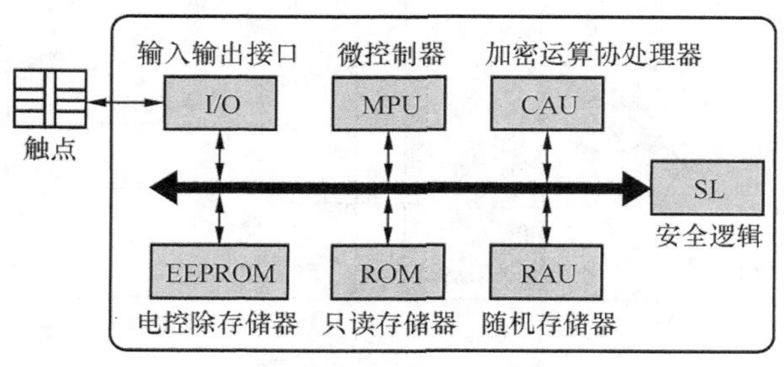

图 2-43　SIM 卡逻辑结构

4．SIM卡的使用

（1）写卡

远程写卡业务是一种通过营业厅或代理渠道使用写卡设备或专用终端，通过有线或无线网络方式远程申请写卡数据，完成写卡并实时开通的业务。该方式可以减少代理商和营业厅的备卡成本，提高IMSI等号码资源利用率，便于移动客户异地补卡。SIM卡商在制作远程写卡空白卡时，只写入部分个人信息（如空卡序列号、Akey、基本STK菜单等）并分配到运营商营业厅，运营商将这部分个人信息先在核心网HLR和运营支撑系统CRM上做预开通，当用户在营业厅完成选号后，营业员使用写卡设备在空白卡内写入完整的个人信息（如ICCID、IMSI等），然后将ICCID、IMSI与空卡序列号进行关联，并通过运营支撑系统CRM在核心网HLR上做正式开通，这样就可以实时地完成用户号码与SIM卡的绑定及开户工作。远程写卡业务主要在运营商的营业厅开展。

空中写卡是指通过无线接入方式完成远程写卡业务，即通过短信或BIP等无线方式实时申请个人数据，并完成数据下载、写入及实时开通。它主要应用于营业条件受限的代理渠道，使用支持STK功能的普通GSM/CDMA移动终端（手机），通过短信方式实时申请SIM卡的个人化数据，并完成数据在SIM卡中的下载、写入及实时开通等操作。空中写卡业务可以有效降低代理商的进入门槛，减少代理商备卡成本，避免出现代理商“囤号”现象，并加强对代理渠道的管控和支撑力度。

空中写卡采用未预置IMSI及UIMID等个人数据的空白卡，在空白卡中建立特定文件，用以标识该空卡的供应商、卡类和出厂时间等信息；并在空白卡中写入空卡序列号，作为空白卡的唯一管理标志。远程写卡业务使用的是非预置Akey方案，卡内未预置个人参数。而空中写卡业务为减少短信参数的数量，因此采用预置Akey方案，卡内需要预置部分个人参数。SIM卡商在制作空中写卡空白卡时，只写入部分个人信息并分配到运营商，运营商再分配到社会代理渠道。运营商将这部分个人信息先在核心网HLR和运营支撑系统CRM上做预开通。写卡时，开机根据提示输入密码，密码验证通过后发起写卡请求数据短信，经过短信网关通道转发给空中写卡服务器，然后由空中写卡服务器从数据库中获取合适的写卡数据发送到卡端进行写卡，写卡成功后通过CRM进行实时开通，用户即可正常使用卡片。空中写卡业务主要在代理渠道的网点开展。空中写卡应用框架如图2-44所示。

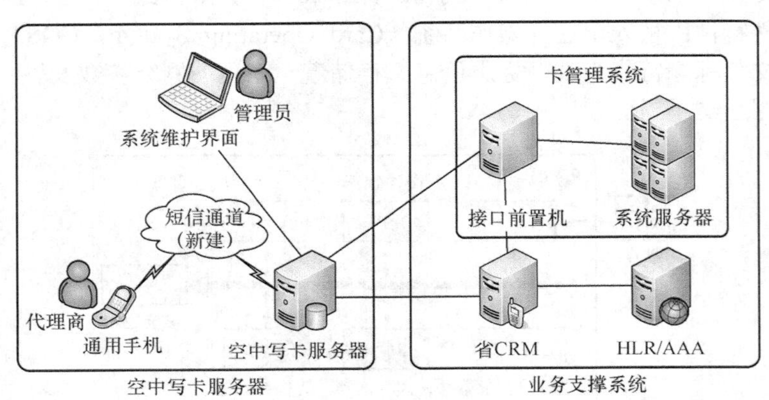

图2-44　空中写卡应用框架

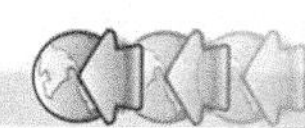

（2）SIM 的使用

① 业务提供

空中下载 OTA 业务是基于 SIM 卡 STK 技术实现的增值业务之一，用于为终端用户和运营商提供通过无线网络传输方式对 SIM 卡上的内容（包括菜单、文件等）进行管理的途径。用户可进行卡片业务菜单的个性化定制；运营商也可进行业务下载、删除、更新用户卡业务菜单，或进行业务的启用/禁用、文件内容更新等操作。OTA 卡是指支持通过 OTA 方式进行动态业务应用和菜单下载、更新的 STK 卡。OTA 卡上预置有独特的卡片引擎，用户或者运营商可通过 STK 功能和无线承载将数据下载到 SIM 卡上完成菜单或者文件的管理与更新。OTA 业务实现借助于 STK 应用中的短消息 SMS PP Download 功能提供可行的人机接口界面供用户发起下载申请。OTA 应用下载服务器根据用户请求，以数据短消息（SMS PP Download 模式）将相应的服务下载内容透明传递给用户 OTA 卡，OTA 卡对下载内容进行组织存贮，实现相应的 OTA 卡应用管理。SIM OTA 卡总体架构如图 2-45 所示。

射频识别 RFID 是利用射频信号通过空间耦合（交变磁场或电磁场）实现无接触信息传递并通过所传递的信息达到识别目的的技术，具有非接触操作、长距离识别、无机械磨损、可识别高速运动物体和安全性高等优点。RFID-SIM 卡是集成了 RFID 功能的 SIM 卡。双界面 RFID-SIM 卡，是一种多功能的 SIM 卡，具有接触式和非接触式两个工作界面：其接触界面可实现 CDMA（或者 GSM）通信功能；非接触界面实现非通信应用，如 MIFARE 应用（如城市公交、地铁等的 IC 卡应用）、电子钱包/存折应用、ID 识别等。RFID-SIM 卡主要由 SIM 卡和 RF 天线两部分组成。RFID-SIM 卡按照应用场景分为金融应用（主要包括借贷记、电子钱包/存折、电子现金等应用）和非金融应用（主要包括公共交通、门禁卡等应用）。RFID-SIM 卡应用框架如图 2-46 所示。

② 用户使用注意事项

移动终端出厂后不能直接使用，用户必须在网络经营部门注册得到一张 SIM 卡，它是持卡用户在运营商的代表。用户无需拆开手机即可装卸 SIM 卡。当用户将 SIM 卡插入手机终端后，终端会提示输入长度为 4～8 位数的 PIN 码，用户正确输入 PIN 码后，移动终端就可对 SIM 卡进行存取，而且可接入网络。若用户启用 PIN 码，则每次呼叫结束或移动终端正常关闭时，所有的临时数据都会从移动终端传送到 SIM 卡中，以后开、关移动终端又都要进行 PIN 校验。通信过程中，从移动终端中取出 SIM 卡会终止当时的通信，而且还可能破坏用户数据。

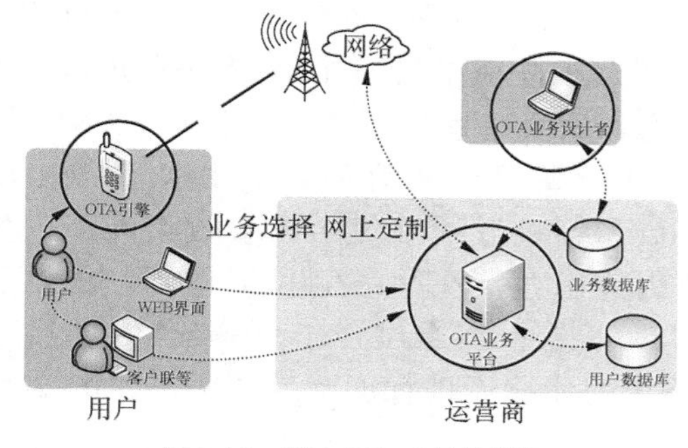

图 2-45　SIM OTA 卡总体架构

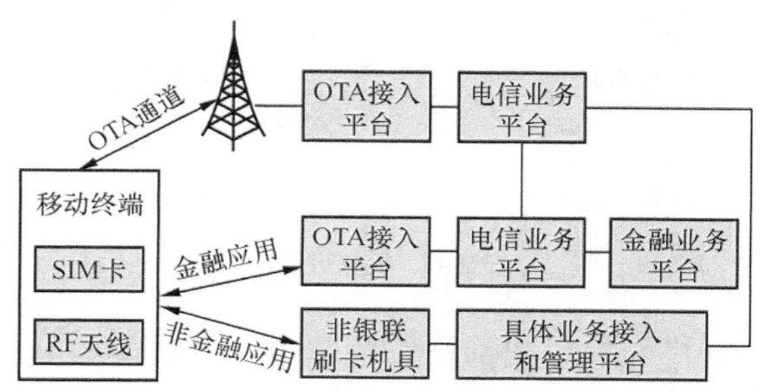

图 2-46　RFID-SIM 卡应用框架

用户 PIN 码可以任意修改，但输入新的 PIN 码前，要先输入原来的 PIN 码，如果输入 PIN 不正确，用户还可以再输入两次。输入出错时会显示出错信息，PIN 码输错 3 次后 SIM 卡将闭锁。消除 SIM 卡闭锁，可使用正确的八位解锁 PUK 码，如果输入的 PUK 码出错超过 10 次，SIM 将报废。用户能否知道 PUK 是由网络经营者的 SIM 卡管理规程确定的，如果 SIM 闭锁，普通用户通常需到移动营业厅进行解锁，而预付费用户的 PUK 码是与 SIM 卡一起提供给用户的，用户可自行解锁。

SIM 卡的使用有一定年限，物理寿命取决于用户的插拔次数，约在 1 万次左右；而集成芯片的寿命取决于数据存储器的写入次数，约在 5 万次左右，不同厂家指标不同，SIM 卡的寿命也略有不同。SIM 卡都有防水、耐磨、抗静电、接触可靠等特点，但用户在使用中仍需注意：不要人为浸水、用硬物括擦 SIM 卡；不要弯折 SIM 卡；不要经常插拔 SIM 卡；拆卸 SIM 前先要关手机电源；SIM 卡表面氧化或弄脏后，不要用硬物刮擦，可用酒精清洗，也可用橡皮擦拭；正确输入 PIN 码，当 SIM 卡闭锁后，不要随意输入 PUK 码。

2.5.2 安全措施

移动通信系统是一个开放的系统，为了保护用户和网络运营者的合法性，保证系统数据和用户信息的安全性，采取了很多安全措施，如：接入网络要求对用户进行鉴权；无线传输要对信息进行加密；通信过程中对 IMSI 保密；SIM 卡的 PIN 操作；对移动设备进行设备识别，以保证系统中使用的设备不是盗用的或非法的设备。

1. GSM 中的安全措施

由运营者分配的用户鉴权键 K_i，和 IMSI 一起存在 SIM 卡中，同样 K_i 存储在鉴权中心，并用 K_i 在鉴权中心产生三参数组：RAND（RANDOM）128bit 不可预测的随机数；对 RAND 和 K_i 用加密算法 A3 计算出符号响应 SRES；用加密算法 A8 计算出加密密钥 K_c。这个三参数组一起送给 HLR 存储。由于 RAND 是随机数，不断更新这些随机数，可以保证所有公用移动用户都有一组 3 个参数。

（1）鉴权。鉴权时，AUC 产生随机数 RAND，并进行 A3 运算；RAND 同时通过公共控制信道送给移动终端，在 SIM 卡中进行 A3 运算，运算结果在 VLR 中进行比较，VLR 的数据是由 HLR 传送过来的，这个过程一般是在移动设备登记入网和呼叫时进行的，如图 2-47 所示。

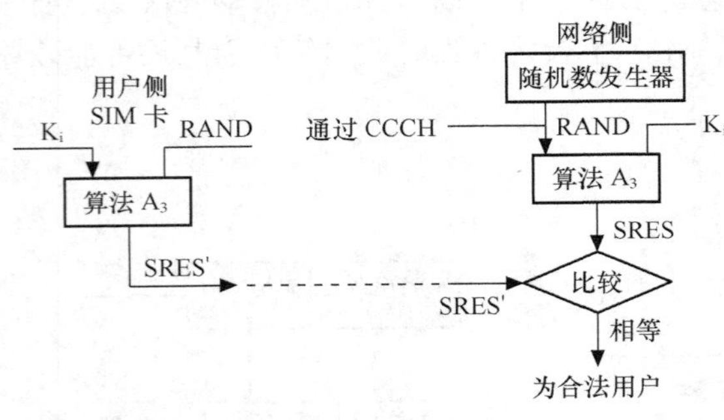

图 2-47 鉴权过程

（2）加密过程。有权用户通信信息的加密是为了在空中接口中对用户数据和信令保密。加密过程是通过对 K_i 和 RAND 进行 A8 运算产生密钥 K_c，其中 K_i 和 RAND 参数和鉴权过程中使用的参数相同，产生密钥分别存储在网络侧和用户侧。根据加密启动指令，通过 A5 算法产生加密序列，移动用户和基站便开始用 K_c 对无线路径上传送的比特流进行加密或解密，如图 2-48 所示。

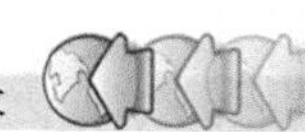

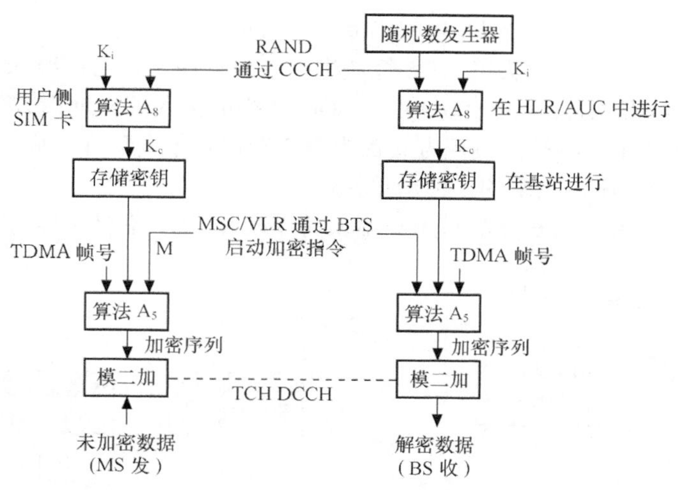

图 2-48　加密过程

（3）IMSI 的保密。为了对 IMSI 保密，VLR 分配 TMSI 代替 IMSI 在空中传送，并不断进行更新，更新周期由网络运营者决定。TMSI 的更新可防止非法人员通过监听无线链路上的信令交换而窃取移动用户的真实 IMSI 或跟踪移动用户的位置。更新时，MSC/ VLR 给 IMSI 分配一个新的 TMSI，并通过给 IMSI 分配 TMSI 的指令将其传送到移动台。此后，MSC/VLR 和 MS 间的信令交换就仅用 TMSI 识别，用户的识别码 IMSI 不再在无线路径上传送。TMSI 更新过程如图 2-49 所示。

MSC/VLR
MS SIM 卡
更新
原来的 TMSI
位置更新申请
产生新的 TMSI
VLR 存储新的 TMSI
加密
解密
SIM 卡
消去原来的 TMSI
存储新的 TMSI

图 2-49　TMSI 的更新

（4）SIM 卡的安全

SIM 卡的安全用 PIN 码和 PUK 码保证。另外，用户的入网信息全部存在 SIM 卡中，而 SIM 卡很难仿造，可确保用户侧的信息安全。

（5）移动设备的识别

移动台的识别是为了确保系统中使用的移动设备都是合法的设备。在移动台申请接入时，需向系统发送 IMEI，MSC/VLR 将 IMEI 发送给 EIR，EIR 将收到的 IMEI 在三个清单（白名单、黑名单、灰名单）中比对，并将结果送给 MSC/VLR，以决定是否允许入网。

2．CDMA 中的安全措施

国内 cdma2000 1X/EV-DO 网络采用机卡分离的 UIM 卡技术保障网络安全。UIM 卡在以话音业务为主的 2G 网络中，主要使用 CAVE 鉴权对用户进行身份验证，然而对以数据业务为主、支持多业务与多应用融合的 3G 网络来说，2G 通信系统所用的鉴权机制就显得无法满足发展需求。随着 EV-DO 技术的发展，MD5 鉴权被使用于支持 EV-DO 功能的 UIM 卡当中，从而为 CDMA 网络 3G 业务的应用与发展提供了安全保障。3GPP 制定了适合 3G 网络的 USIM（通用用户识别模块）卡规范，在 cdma2000 1X/EV-DO 网络中应用的基于 UICC 架构平台的用户卡称为 CSIM（CDMA 用户识别模块）卡。基于 ICC 架构平台的 UIM 卡的鉴权机制主要体现在鉴权算法、密钥和鉴权指令三个方面。

UIM卡主要采用CAVE算法和MD5算法进行鉴权认证，正常情况cdma2000 1X网络的接入使用CAVE鉴权算法，cdma2000 1X EV-DO网络的接入鉴权使用MD5鉴权算法；无论是CAVE鉴权还是MD5鉴权，鉴权方式都为网络对用户单向认证，而用户并不对网络进行鉴权；鉴权是基于密钥机制实现的，使用单钥制。

图2-50所示是使用CAVE算法对用户鉴权的过程。MD5鉴权流程如图2-51所示。

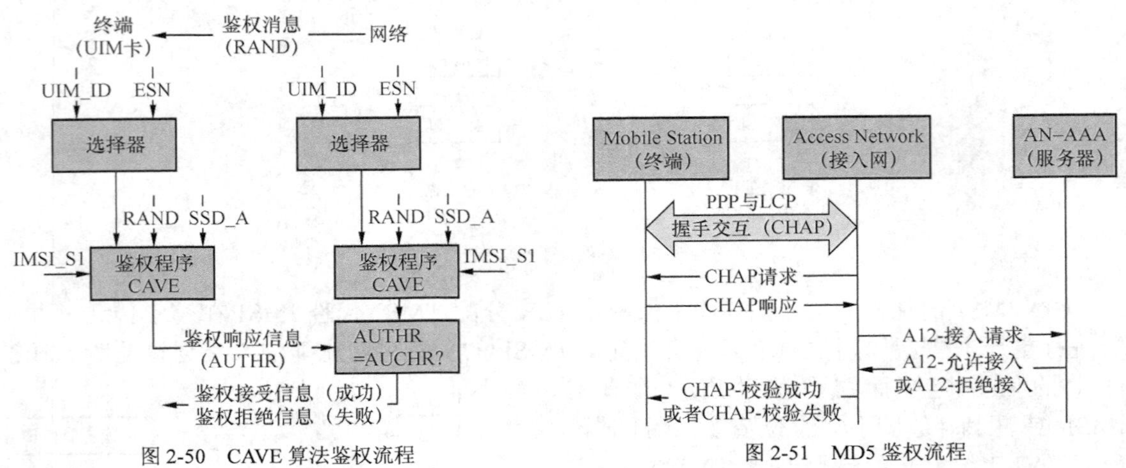

图2-50　CAVE算法鉴权流程

图2-51　MD5鉴权流程

3．3G中的安全措施

3G在2G的基础上进行了改进，继承了2G系统安全的优点，同时针对3G系统的新特性，定义了更加完善的安全特征与安全服务。R99侧重接入网安全，定义了UMTS的安全架构，采用基于Milenage算法的AKA鉴权，实现了终端和网络间的双向认证，定义了强制的完整性保护和可选的加密保护，提供了更好的安全性保护；R4增加了基于IP的信令的保护；R5增加了IMS的安全机制；R6增加了通用鉴权架构GAA和MBMS安全机制。

AKA鉴权适用于具有ISIM卡的移动和固定终端。AKA机制是由IETF制定、并被3GPP采用，广泛用于3G无线网络的鉴权机制。IMS的鉴权机制沿用了这种机制的原理和核心算法，故称之为IMS-AKA机制。IMS AKA机制是对HTTP摘要认证机制的扩展，主要用于用户认证和会话密钥的分发，它的实现基于一个长期共享密钥（KEY）和一个序列号（SQN），它们仅在HSS与UE中可见，由于HSS不与UE直接通信，而是由S-CSCF执行认证这程，因此它们不会将真实的KEY暴露给外界。

AKA鉴权是一个把合法的用户连接到网络中的双向鉴权过程。以cdma2000 1X EV-DO为例，鉴权过程如图2-52所示。

4．LTE/SAE中的安全措施

LTE网络中更多的是沿用3G的安全策略，在鉴权上使用AKA双向鉴权机制。AKA鉴权采用Milenage算法，继承了UMTS中五元组鉴权机制的优点，实现了终端和网络侧的双向鉴权，在提供高速率服务的同时为用户提供更有效的安全保障。

LTE/SAE网络的安全架构和UMTS的安全架构基本相同，如图2-53所示，分为5个域：网络接入安全（Ⅰ）、网络域安全（Ⅱ）、用户域安全（Ⅲ）、应用域安全（Ⅳ）、安全服务的可视性和可配置性（Ⅴ）。LTE/SAE的安全架构和UMTS的网络安全架构相比，有如下

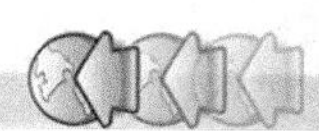

区别：在 ME 和 SN 之间增加了双向箭头表明 ME 和 SN 之间也存在非接入层安全；在 AN 和 SN 之间增加双向箭头表明 AN 和 SN 之间的通信需要进行安全保护；增加了服务网认证的概念，因此 HE 和 SN 之间的箭头由单向箭头改为双向箭头。

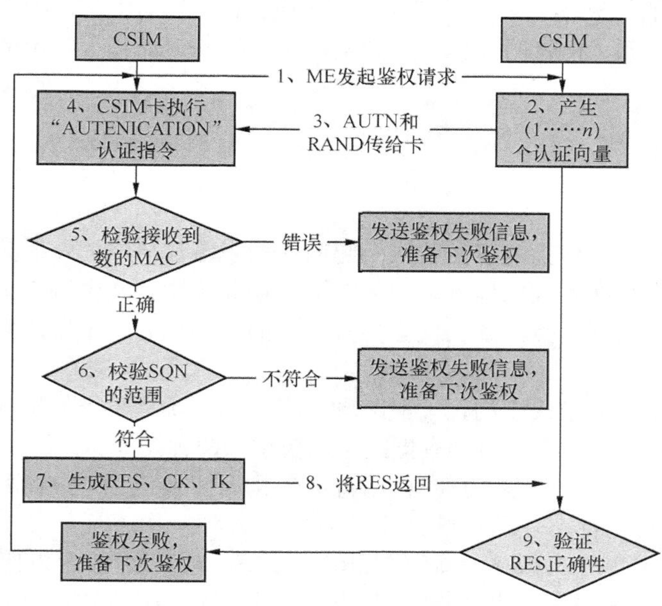

图 2-52　AKA 鉴权流程

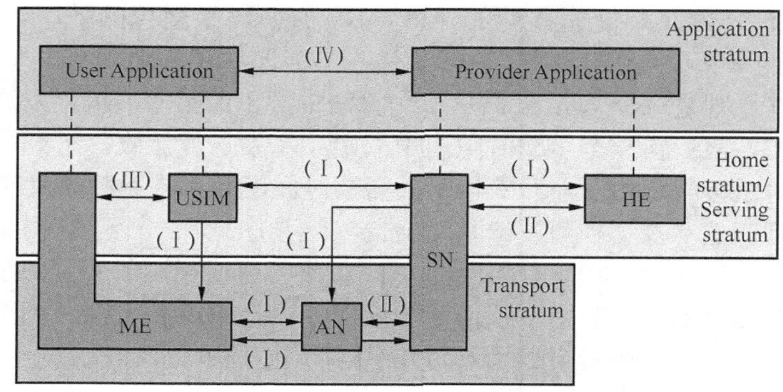

图 2-53　LTE/SAE 安全架构

LTE/SAE 的 AKA 鉴权过程和 UMTS 中的 AKA 鉴权过程基本相同，采用 Milenage 算法，继承了 UMTS 中五元组鉴权机制的优点，实现了 UE 和网络侧的双向鉴权。

与 UMTS 相比，SAE 的 AV（Authentication Vector）与 UMTS 的 AV 不同，UMTS AV 包含 CK/IK，而 SAE AV 仅包含 Kasme（HSS 和 UE 根据 CK/IK 推演得到的密钥）。LTE/SAE 使用 AV 中的 AMF 来标识此 AV 是 SAE AV 还是 UMTS AV，UE 利用该标识来判断认证挑战是否符合其接入网络类型，网络侧也可以利用该标识隔离 SAE AV 和 UMTS AV，防止获得 UMTS AV 的攻击者假冒 SAE 网络。

LTE/SAE 中还定义了 UE 在 eNB 和 MME 之间切换的安全机制、EUTRAN 与 UTRAN、GERAN、non-3GPP 间的切换等安全机制。

2.6 移动网络的抗衰落、抗干扰技术

为了提高系统的抗衰落、抗干扰性能，移动通信系统采用了很多的抗衰落、抗干扰技术。本节主要介绍跳频、语音间断传输、分集、功率控制、扩频等技术的基本概念、类型、作用及基本原理。

2.6.1 跳频

1．跳频的概念

由于移动通信中电波传播的多径效应引起的瑞利衰落与传输的发射频率有关。衰落谷点将因频率的不同而发生在不同的地点。如果在通话期间载频在几个频点上变化，则可认为在一个频率上只有一个衰落谷点，那么仅会损失信息的一小部分。采用跳频技术可以改善由多径衰落造成的误码特性。

跳频速率是由使用要求决定的，一般跳频速率越高，跳频系统的抗干扰性就越好，但相应的设备复杂性和成本也越高。跳频有慢跳频和快跳频两种。

快跳频中跳频速率高于或等于信息比特率，即每个信息比特跳频一次以上。慢跳频中跳频速率低于信息比特率，即连续几个信息比特跳频一次。例如 GSM 系统中的跳频属于慢跳频，每一帧改变一次频率，跳频的速率大约为 217 次/秒。为使相邻信息比特不在同一频道中传送，在跳频前应进行比特交织，以便用信道编码纠正由衰落等原因造成的突发性差错。跳频可由网络运营者在全国或网的一部分选择使用，主要优点是在一个传输链路上提供频率分集，对慢速移动的 MS 可增加编码和交织的效率，也可通过分集达到均衡通信质量的效果。

慢跳频的基本原则是每个 MS 依据从一个算法中导出的频率序列上发送它的时隙。跳频在两个时隙间发生，MS 在一个工作时隙内用固定频率发送或接收，下一个工作时隙又跳到另一个频率上发射或接收。由于监测其他基站需要时间，故允许跳频的时间约为 1ms。跳频算法的参数是在呼叫建立及切换时发给移动台的。跳频序列在一个小区内是正交的，即同一小区内的通信不会发生冲突。在具有相同的 RF 载频信道或相同的配置的小区，即同族小区间跳频序列是相互独立的。MS 由广播信道分配参数中导出跳频序列（跳频所用的一系列频率）和小区的跳频序列号（在同族小区上允许不同的序列号）。

GSM 慢跳频原理如图 2-54 所示。

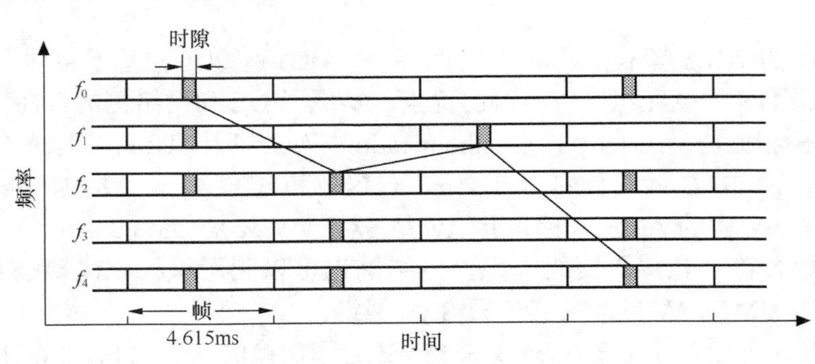

图 2-54 GSM 慢跳频示意图

2．跳频的实现方法

实现跳频的方法有两种：基带跳频和频率合成器跳频。

（1）基带跳频

基带信号按照规定的路由传送到相应的发射机上即形成基带跳频，基带信号由一部发射机转到另一部分发射机来实现跳频。基带跳频适合收发信机数量较多的高业务小区。

这种模式，每个收发信机停留在一个频率上，而是将基带数据通过交换矩阵切换到相应的收发信机上，从而实现跳频，如图 2-55 所示。跳频的频率数受限于收发信机的数目，即所需要的无线电控制单元 RCU 的数目等于指定的载波频率数目。

基带跳频的天线合路器可采用谐振腔、单向器星型网络组合成的合路器。频率合成器和天线共用器结构将在第 8 章中介绍。

（2）频率合成器跳频

频率合成器跳频又称射频跳频，是采用改变频率合成器的输出频率，而使无线收发信机的工作频率由一个频率调到另一个频率的，如图 2-56 所示。这种方法不必增加收发信机数量，但需要采用空腔谐振器的组合，以实现跳频在天线合路器的滤波组合。

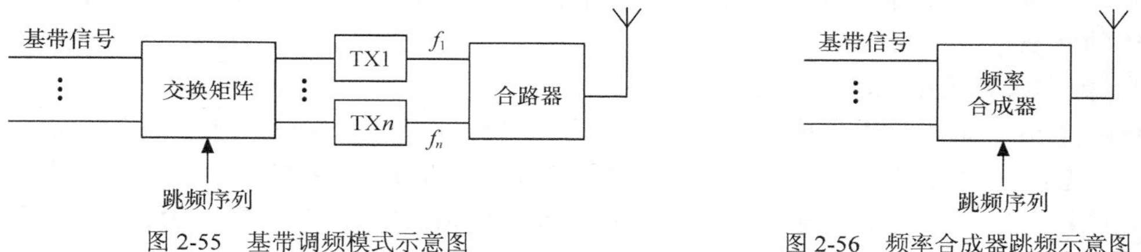

图 2-55　基带调频模式示意图　　图 2-56　频率合成器跳频示意图

这种模式，给定的收发信机在每个时隙能在不同频率上发射，即收发信机要在时隙间复位，也就是说，它是不断改变收发信机的频率合成器合成的频率而实现跳频的。这种模式需要无线电控制单元 RCU 的数目等于需要改变频率的时隙数，因此，它适合只有少量收发信机的基站。

在实际 GSM 跳频系统中，基站主设备可能两种跳频模式都支持，但每个基站只能使用一种跳频模式，而移动台由于只有一套收发信机，只能采用射频跳频模式。

2.6.2　间断传输

在双工通信方式中，通话时一方在听话期间，发送链路基本空闲，即使是在讲话期间，也有停顿或空闲。根据统计，实际链路上传输语音的时间仅占整个通话时间的 30%～40%，我们称之为激活系数，约 0.3～0.4。为了节省移动台电源，延长电池使用时间，减少空中平均干扰电平，提高频谱利用率，移动通信系统采用语音间断传输技术。语音信号间断传输是指仅在包含有用信息帧时才打开发射机，而在语音间隙的大部分时间关闭发射机的一种操作模式。GSM 系统中采用 DTX 方式，IS-95 CDMA 中采用 DSI 方式，两者的区别在于 DSI 方式可以将收回的信道重新分配给其他用户使用，而 DTX 的信道不能重新分配。

1．语音不连续发射 DTX

GSM 系统中采用 DTX 方式，并不是在语音间隙简单地关闭发射机，而是要求在发信机关闭之前，必须把发端背景噪声的参数传送给收端，收端利用这些参数合成与发端相类似的

噪声（通常称为“舒适噪声”）。为了完成语音信号间断传输，应使发送侧有语音活动检测器，有背景噪声的评价，以便向接收侧传送特性参数，在发射机关机时接收侧产生类似噪声。DTX基本原理如图2-57所示。

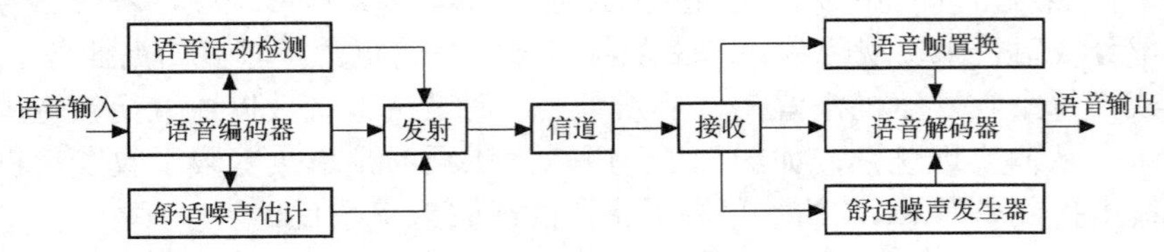

图2-57　DTX原理图

发送端的语音活动检测由语音活动检测器完成，其功能是检测分段后的20ms段是有声段，还是无声段，即是否有语音或仅仅是噪音。舒适噪声估计用于产生SID，发送给接收端以产生舒适的背景噪声。接收端的语音帧置换的作用是当语音编码数据的某些重要码位受到干扰而解码器又无法纠正时，用前面未受到干扰影响的语音帧取代受干扰的语音帧，从而保证通话质量。舒适噪声发生器用于在接收端根据所收到的SID产生与发端一致的背景噪声。

2．数字语音插空DSI

利用DSI，即发端语音识别器检测是否有语音，决定是否分配信道。理论上讲，有语音时分配信道，无语音时，系统收回信道。在FDMA或TDMA系统中，需要做到有语音时，系统给它分配频道或时隙，这种情况实现起来既不经济又较复杂。在CDMA中更便于利用语音插空技术，即将DSI与可变速率语音编码结合起来以获得通信容量的增加。

也就是说，与GSM系统中采用的DTX技术相比，DTX只是在无声期间关闭发射机，由接收机根据所收到的SID自行产生背景噪声，信道不能分配给其他用户使用。由于CDMA系统是一种自干扰系统，其容量与用户产生的干扰密切相关。当用户在无声期间关闭发射机时，对其他用户就不造成干扰，背景噪声（干扰）将降低，接收端的信干比提高，表明系统还可以允许新的用户接入，增加系统容量。为了充分发挥这种软容量特性，在CDMA系统中，采用可变速率语音编码器，提供8kbit/s、4kbit/s、2kbit/s和1kbit/s的4种可选速率，以适应不同的传输要求。例如，在语音间歇期间采用低速语音编码，降低传输速率、降低发射功率，从而能进一步减小对其他用户的干扰。

2.6.3　分集

移动通信中衰落问题尤为突出，它是影响通信质量的主要因素之一，衰落深度可达30～40dB。如果想加大发射功率（1 000～10 000倍）来克服这种深衰落是不现实的，而且会造成对其他用户的干扰。因此，蜂窝移动通信系统广泛采用分集技术增强抗衰落性能。

1．分集的概念

所谓分集接收是指接收端对它收到的多个衰落特性互相独立（携带同一个信息数据流）的信号进行特定的处理，以降低信号电平起伏的办法。分集的含义有两点：一是发端分散传输，使接收端能获得多个统计独立的、携带同一信息数据流的衰落信号；二是收端集中合并处理，接收机把收到的多个独立的衰落信号进行合并，以降低衰落的影响。在2G中应用时关注于在接收侧的合并技术，称为接收分集；而在3G中则加强了发射侧的分散传输，称为

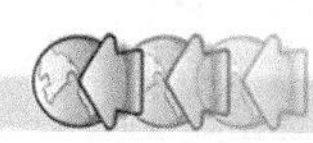

发射分集。在移动通信系统中可能用到宏分集和微分集。

“宏分集”主要用于蜂窝通信系统中，也称为“多基站”分集，这是一种减小慢衰落影响的分集技术，其做法是把多个基站设置在不同的地理位置上（如蜂窝小区的对角上）和不同方向上，同时和小区的一个移动台进行通信，移动台可以选用其中信号最好的一个基站进行通信。显然，只要在各个方向上的信号传播不是同时受到阴影效应或地形的影响而出现严重的慢衰落（基站天线的架设可以防止这种情况发生），这种办法就能保证通信不会中断。

“微分集”是一种减小快衰落影响的分集技术，在各种无线通信系统中都经常使用。在空间、频率、极化、场分量、角度及时间等方面分离的无线信号，都呈现互相独立的衰落特性。微分集又有空间分集、极化分集、频率分集、时间分集、角度分集和场分量分集等类型。

2．分集技术

（1）空间分集。空间分集的依据在于快衰落的空间独立性，即在任意两个不同的位置上接收同一个信号，只要两个位置的距离大到一定程度，则两处所收信号的衰落是不相关的。为此，空间分集的接收机至少需要两副相隔距离为 d 的天线，间隔距离 d 与工作波长、地物及天线高度有关，在移动信道中，通常取：市区：d=0.5λ；郊区：0.8λ。

（2）极化分集。由于两个不同极化的电磁波具有独立的衰落特性，所以发送端和接收端可以用两个位置很近但极化方式不同的天线分别发送和接收信号，以获得分集效果。极化分集可以看成空间分集的一种特殊情况，二重分集情况下也要用两副天线，但仅仅是利用不同极化的电磁波所具有的不相关衰落特性，因而缩短了天线间的距离。在极化分集中，由于射频功率分给两个不同的极化天线，因此发射功率要损失一半（3dB）。

（3）频率分集。由于频率间隔大于相关带宽的两个信号所遭受的衰落可以认为是不相关的，因此可以用两个以上不同的频率传输同一信息，以实现频率分集。这样频率分集需要用两部发射机同时发送同一信号，并用两部独立接收机来接收信号。频率分集技术设备复杂，而且在频谱利用方面也很不经济。

（4）时间分集。快衰落除了具有空间和频率独立性之外，还具有时间独立性，即同一信号在不同的时间、区间多次重发，只要各次发送的时间间隔足够大，那么各次发送信号所出现的衰落将是彼此独立的，接收机将重复收到的同一信号进行合并，就能减小衰落的影响。时间分集主要用于在衰落信道中传输数字信号。此外，时间分集也利于克服移动信道中由多普勒效应引起的信号衰落现象。若移动台处于静止状态，即 v=0，要求 ΔT 为无穷大，表明此时时间分集的优点将丧失。换句话说，时间分集对静止状态的移动台无助于减小多普勒效应引起的衰落。

移动通信系统中使用的微分集主要为空间分集、极化分集、时间分集、频率分集。空间分集和极化分集在基站接收系统中均能获得约 5dB 的增益，使用哪一种分集技术主要由天线安装空间决定。而时间分集和频率分集则隐含在其他技术中实现，如交织可实现时间分集。

3．合并技术

接收端收到 M（$M\geqslant 2$）个分集信号后，如何利用这些信号以减小衰落的影响，这就是合并问题。一般使用线性合并器，把输入的 M 个独立的衰落信号相加后合并输出。假设 M 个输入信号电压为 $r_1(t)$，$r_2(t)$，…，$r_M(t)$，a_k 为第 k 个信号的加权系数，则合并器输出电压

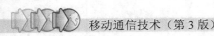

$r(t)=a_1r_1(t)+a_2r_2(t)+K+a_Mr_M(t)=\sum_{k=1}^{M}a_kr_k(t)$。

选择不同的加权系数，就可构成不同的合并方式，常用的有以下3种方式：

（1）选择式合并 SD。选择式合并是检测所有分集支路的信号作为合并器的输出。在选择式合并器中，加权系数只有一项为1，其余均为0。图2-58（a）为二重分集选择式合并的示意图。两个支路的中频信号分别经过解调，然后作信噪比比较，选择其中有较高信噪比的支路接到接收机的共用部分。

选择式合并又称开关式相加。这各方式方法简单，实现容易。但由于未被选择的支路信号弃之不用，因此抗衰落不如下述两种方式。需要指出的是，如果在中频或高频实现合并，就必须保证各支路的信号同相，这常常会导致电路的复杂度增加。

（2）最大比值合并 MRC。最大比值合并是一种最佳合并方式，其方框图如图2-58（b）所示，每一支路信号为 r_k，每一支路的加权系数 a_k 与包络 r_k 成正比而与噪声功率 N_k 成反比，即 $a_k=r_k/N_k$。由此可得，最大比值合并器输出的信号包络为 $r_R=\sum_{k=1}^{M}a_kr_k=\sum_{k=1}^{M}\frac{r_k^2}{N_k}$。式中，下标R表征最大比值合并方式。

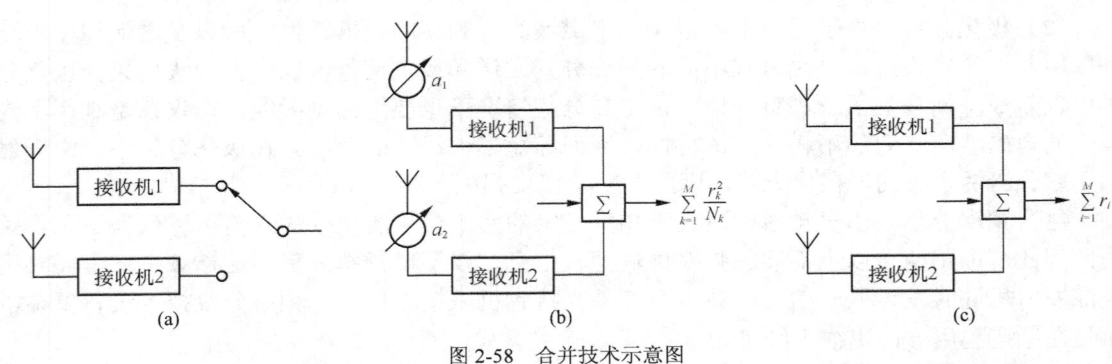

图2-58　合并技术示意图

（3）等增益合并 EGC。等增益合并方式实现比较简单，其性能接近于最大比值合并，这是由于等增益合并无需对信号加权，各支路的信号是等增益相加，其框图如图2-58（c）所示。等增益合并器输出的信号包络为 $r_E=\sum_{i=1}^{M}r_i$。式中，下标E表征等增益合并。

4．分集技术的比较

众所周知，在通信系统中信噪比是一项很重要的性能指标。在模拟通信系统中信噪比决定了语音质量；在数字通信系统中信噪比（或载噪比）决定了误码率。分集合并的性能指合并前后信噪比改善程度，或者说有分集（M=2，3，…）与无分集（M=1）时信噪比改善的程度。为便于比较3种合并方式性能，假设它们都满足下列3个条件：①每一路径支路均为白噪声，与信号无关；②信号包络（幅度）的衰落速率远低于信号的最低调制频率；③各支路信号的衰落互不相关，彼此独立。

通过数学分析，得 M 重分集平均信噪比均得到了大小不等的改善。所谓平均信噪比的改善是指分集接收机合并器输出的平均信噪比与无分集接收机的平均信噪比相比较，其改善的分贝数。在相同分集重数（即 M 相同）的情况下，以最大比值合并方式改善信

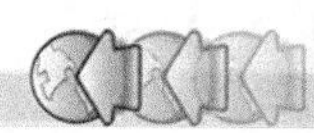

噪比最多，其次是等增益合并方式，选择式合并所得到的信噪比改善量最少。在分集重数较少情况下，如 M=2 或 3，等增益合并的信噪比改善接近最大比值合并。而且因等增益合并比最大比值合并的电路简单得多，因此在 CDMA 的 Rake 接收机中使用了等增益合并方式。

在数字化移动通信系统中，衡量分集的效果是误码率。分析表明，从误码率角度比较 3 种合并方式：最佳比值合并为最好，其次是等增益合并，改善最少的是选择式合并。

2.6.4　功率控制

功率控制是蜂窝移动通信系统提高通信质量、增大系统容量的关键技术。移动通信系统都是自干扰系统，它的通信质量和容量主要受限于收到干扰功率的大小。若基站接收到移动台的信号功率太低，则误比特率太大而无法保证高质量通信；反之，若基站接收到某一移动台功率太高，虽然保证了该移动台与基站间的通信质量，却对其他移动台增加了干扰，导致整个系统的通信质量恶化、容量减小。只有当每个移动台的发射功率控制到基站所需信噪比的最小值时，通信系统的容量才达到最大值。

在移动通信系统中，为了解决远近效应问题，同时避免对其他用户过大的干扰，必须采用严格的功率控制。功率控制除了反向链路的开环功率控制和闭环功率控制外，还有前向链路功率控制。反向链路的功率控制是对移动台发射机的可变功放执行的，而前向链路的功率控制是对基站发射机的可变功放执行的。

移动台开环功率控制是由 MS 假设上下行链路传输衰耗相同，根据从基站接收到的信号强度估算上行发射功率，完全由 MS 自主执行。移动台在发射试探序列后若收不到基站响应，则主动上调一级功率再次发射，直到序列结束或收到基站的响应为止。由于在 FDD 方式中实际上下行链路传输损耗差别很大，为了精确控制功率，移动台在收到基站的响应后即进入闭环功率控制，也就是说基站的响应信息是提供给移动台的功率控制指令，移动台在收到功率控制指令后根据指令调整自己的发射功率而实现闭环功率控制。

GSM 中采用反向闭环功率控制，手机以最大功率发射，在收到基站的功率控制信息后作出相应调整；而 CDMA 中采用反向开环、反向闭环，以及前向功率控制，如图 2-59 所示。各类功率控制的实现将在第 3 章中详细介绍。

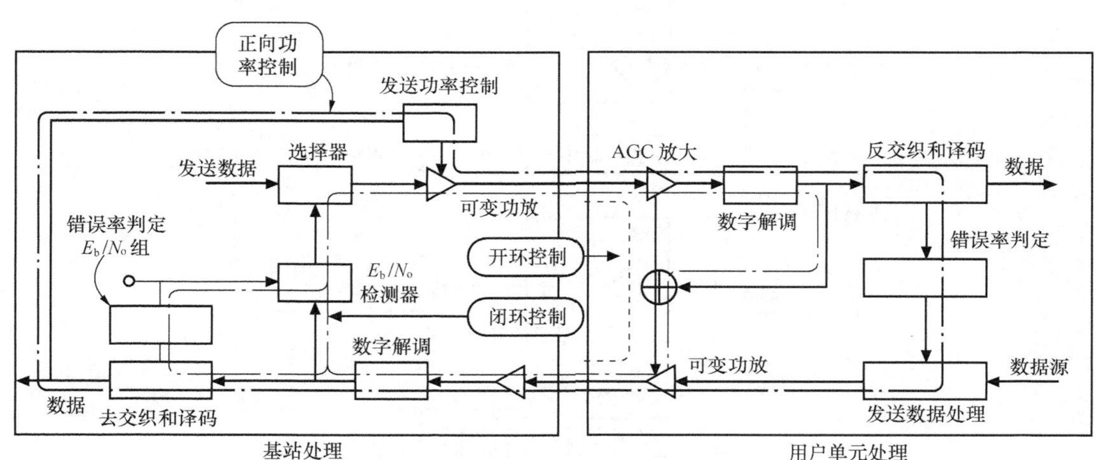

图 2-59　CDMA 系统功率控制方框图

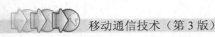

2.6.5　扩频

信息论中香农（Shannon）定理表示为 $C=W\log_2(1+S/N)$。对于给定信道容量 C 可以用不同的带宽 W 和信噪比 S/N 的组合来传输，若减小带宽则必须发送较大的信号功率；若有较大的传输带宽，则同样的信道容量能够由较小的信号功率来传送，这表明宽带系统表现出较好的抗干扰性能。因此扩频可提高通信系统的抗干扰能力，改善通信质量，使之在强干扰情况下仍可以保持可靠的通信。

扩频通信技术是一种信息传输方式，其系统占用的频带宽度远大于要传输的原始信号的带宽（或信息比特率），且与原始信号带宽无关。在发送端，频带的展宽是通过编码及调制（即扩频）来实现的；在接收端用与发送端完全相同的扩频码进行相关解调（即解扩）来恢复信息。系统占用带宽 W 与所传送信息的带宽 B 的比值我们称为系统处理增益（G_p），只有当系统处理增益值在 100 以上时才是扩频通信。当处理增益 50 以上为宽带通信，1～2 时为窄带通信。

扩频通信包括：直接序列扩频、跳频扩频、脉冲线性调频（Chirp）扩频、跳时扩频，及以上四种系统组合的混合扩频系统。实际扩频通信系统以前面三种为主流，民用系统一般只用前两种，而 CDMA 系统中主要使用直接序列扩频通信系统。直接序列（DS）扩频系统用一高速伪随机序列与信息数据相乘，由于伪随机序列的带宽远大于信息带宽，从而扩展了发射信号的频谱。而跳频（FH）扩频系统在一伪随机序列的控制下，发射频率在一组预先指定的频率上按所规定的顺序离散地跳变，扩展发射信号的频谱。

1．扩频通信基本原理

直接序列扩频通信系统的扩频部分就是用一个带宽比信息带宽宽得多的伪随机码（PN 码）对信息数据进行调制，解扩则是将接收到的扩展频谱信号与一个和发端 PN 完全相同的本地码相关检测来实现，当收到的信号与本地 PN 相匹配时，所要的信号就会恢复到其扩展前的原始带宽，而不匹配的输入信号则被扩展到本地码的带宽或更宽的频带上。解扩后的信号经过一个窄带滤波器后，有用信号被保留，干扰信号被抑制，从而改善了信噪比，提高了抗干扰能力。扩频通信系统的基本原理框图如图 2-60 所示。

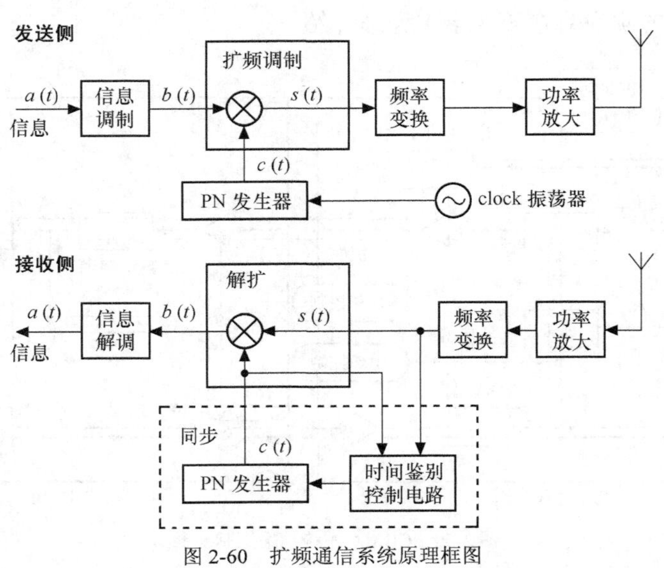

图 2-60　扩频通信系统原理框图

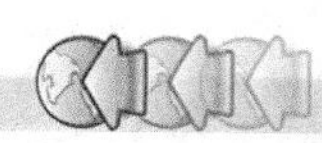

信息数据经过信息调制器后输出的是窄带信号（图 2-61（a）），经过扩频调制后频谱展宽（如图 2-61（b），其中 $R_c >> R_i$），在接收机的输入信号中加有干扰信号，（图 2-61（c）），经过解扩后有用信号频谱变窄恢复出原始带宽，而干扰信号频谱变宽（图 2-61（d）），再经过窄带滤波，有用信号带外干扰信号被滤除（图 2-61（e）），从而降低了干扰信号的强度，改善了信噪比。

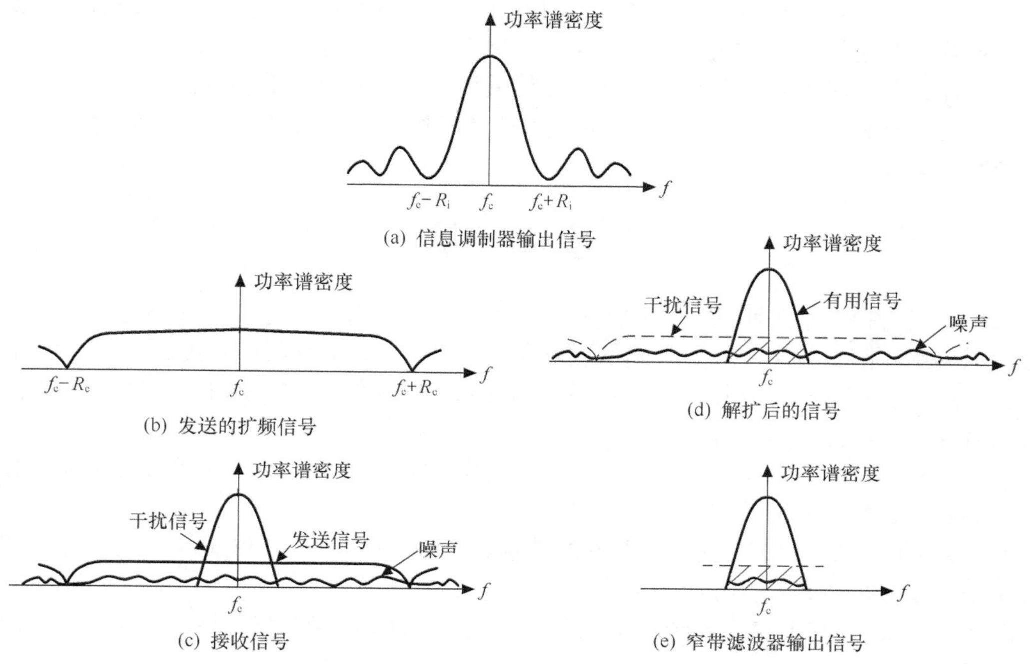

图 2-61　扩频通信系统频谱变换图

在扩频通信系统中，经过对信息的信号带宽的扩展和解扩处理，获得处理增益 G_p。G_p 表示了扩频通信系统信噪比改善程度，是扩频通信系统一个重要的性能指标。例如：某系统 W=20MHz，B=10kHz，则 G_p=2 000（33dB），说明这个系统在接收机的射频输入端和基带滤波器输出端间有 33dB 的信噪比改善。扩频通信系统的抗干扰性能和处理增益成正比。处理增益增大，系统接收端解扩后，在单位带宽内干扰信号的功率与有用信号的功率值差值增大，抗干扰能力就增强。

干扰容限是在保证系统正常工作的条件下（即保证输出端有一定的信噪比），接收机输入端能承受的干扰信号比有用信号高出的分贝数，直接反映了扩频系统接收机允许的极限干扰强度，往往能比处理增益更确切地表征系统的抗干扰能力。干扰容限 $M_j=G_p-(L_s+(S/N)_0)$。例如：某扩频通信系统的处理增益 G_p=33dB，系统损耗 L_s=3dB，接收机的输出信噪比$(S/N)_0 \geqslant$10dB，则该系统的干扰容限 M_j=20dB。这表明该系统最大能承受 20dB（100 倍）的干扰，即当干扰信号功率超过有用信号功率 20dB 时，该系统不能正常工作，而二者之差不大于 20dB 时，系统仍能正常工作。

2．扩频通信系统的特点

（1）抗干扰能力强。扩频通信系统扩展频谱越宽，处理增益越高，抗干扰能力越强，这是扩频通信的最突出的优点。

（2）保密性好。由于扩频后的有用信号被扩展在很宽的频带上，单位频带内的功率很

小，即信号的功率谱密度很低，信号被淹没在噪声里，非法用户很难检测出信号。

（3）可以实现码分多址。扩频通信提高了抗干扰能力，但付出了占用频带宽度的代价，多用户共用这一宽频带，可提高频谱利用率。在扩频通信中可利用扩频码的优良的自相关和互相关特性实现码分多址，提高频率利用。

（4）抗多径干扰。利用扩频码序列的相关性，在接收端用相关技术从多径信号中提取和分离出最强的有用信号，或把多径信号合成，变害为利，提高接收信噪比。

（5）能精确定时和测距。利用电磁波的传播特性和伪随机码的相关性，可以比较正确地测出两个物体间的距离，GPS 全球定位系统就是应用之一。另外，还可以应用到导航、雷达、定时等系统中。

小　结

1．为了提高频谱的利用率，大容量移动通信系统采用正六边形无线小区制结构，并进行多频道共用和同频复用，专用呼叫信道方式可用于提高呼叫接续的速度。

2．移动通信系统中常用的多址技术有 FDMA、TDMA、CDMA 和 SDMA 等，不同的系统可组合应用，以提高系统容量。

3．由于用户的可移动性，移动交换机必须具有特定的功能，移动通信网必须具有如位置登记、越区切换、漫游等跟踪交换技术。

4．移动通信系统的选路接续与其网络特性、网络结构相关。MS 开关机时，在系统中会对其做附着或分离标记，以标明 MS 状态。

5．为了保证用户的信息安全和系统的运行安全，2G/3G/4G 移动通信系统各自采用了不同的安全措施。

6．为了改善移动通信系统的性能，系统采用很多抗衰落、抗干扰技术，主要技术包括跳频、语音间断传输、分集、功率控制、扩频等，不同的系统在应用时会有所区别。

思考与练习

2-1　什么是小区制？为什么小区制既能解决频道数有限和用户数增大的矛盾，又能不断适应用户数增大的需要？

2-2　什么是同频复用？什么是多信道共用？为什么要采用这些技术？

2-3　话务量是怎样定义的？什么是呼损率？若已知 $A_{用户}$=0.02Erl/用户，如果要求呼损率为 10%，现有 70 个用户，需共用的频道数为多少？如果 920 个用户共用 18 个频道，那么呼损率是多少？

2-4　系统对移动交换机有哪些特殊要求？

2-6　什么叫位置登记？位置登记有哪几种？不同 MSC 下用户如何进行位置更新？

2-7　什么是切换？根据切换的实现过程，切换分成哪几类？

2-8　移动通信系统中常用的安全措施有哪些？

2-9　移动通信系统中常用的抗干扰、抗衰落技术有哪些？

2-10　功率控制技术有哪几类？分集的含义是什么？常用的分集技术和合并技术有哪几种？什么是扩频？扩频系统是如何提高抗干扰能力的？

第二部分　移动通信系统的发展及技术应用

第3章　2G移动通信系统及技术应用

本章内容

- GSM、GPRS 和 IS-95 CDMA 系统的网络结构、关键技术及无线接口

本章重点

- GSM、GPRS 和 IS-95 CDMA 系统网络结构、关键技术
- GSM、GPRS 系统的帧结构、用户数据的传输
- 扩频通信基本原理

本章难点

- GSM、GPRS 和 IS-95 CDMA 系统的无线接口、关键技术
- 码分多址技术基本原理

本章学时数　　15 学时

学习本章的目的和要求

- 掌握 GSM、GPRS、IS-95 CDMA 系统的网络结构、关键技术和帧结构
- 了解 GSM、GPRS、IS-95 CDMA 系统无线接口中的信道配置
- 理解码分多址技术与扩频通信基本原理

蜂窝状移动通信系统之所以能迅速发展，其基本原因有两个：一是采用多信道共用和频率复用技术，频率利用率高；二是系统功能完善，具有越区切换、漫游等功能，与市话网互联，可以直拨市话、长话、国际长途，计费功能齐全，用户使用方便。

第一代蜂窝移动通信网也称模拟蜂窝网，尽管用户迅速增长，但有很多不足之处：模拟蜂窝系统制式混杂，不能实现国际漫游；模拟蜂窝网不能提供综合业务数字网 ISDN 业务；模拟系统设备价格高，手机体积大，电池充电后有效工作时间短；模拟蜂窝网用户容量受到限制，系统扩容困难；模拟系统保密性差、安全性差等。

为了解决模拟网中的上述问题，很多国家、部门都开始对数字移动通信系统的研究，应用最多的是GSM和IS-95 CDMA系统。

3.1 GSM

GSM是泛欧的第二代数字移动通信系统，我国具有世界上最大的GSM网络，两大移动业务的提供商——中国移动和中国联通都拥有GSM网络。本节主要介绍GSM系统无线接口、信号处理过程、主要技术。

为了解决全欧移动电话自动漫游，采用统一制式得到了欧洲邮电主管部门会议成员国的一致赞成。为了推动这项工作的进行，于1982年成立了移动通信特别小组GSM（Group Special Mobile）着手进行泛欧蜂窝状移动通信系统的标准制定工作。1985年提出了移动通信的全数字化，并对泛欧数字蜂窝状移动通信提出了具体要求。根据目标提出了两项主要设计原则：语音和信令都采用数字信号传输，数字语音的传输速率降低到16kbit/s或更低；不再采用模拟系统使用的12.5～25kHz标准带宽，采用时分多址接入方式。

在GSM协调下，1986年欧洲国家的有关厂家向GSM提出了八个系统的建议，并在法国巴黎进行移动实验的基础上对系统进行了论证比较。1987年，就泛欧数字蜂窝状移动通信采用时分多址TDMA、规则脉冲激励——长期线性预测编码（RPE-LTP）、高斯滤波最小移频键控调制方式GMSK等技术，取得一致意见，并提出了如下主要参数：

频段：935～960MHz（基站发，移动台收）；890～915MHz（移动台发，基站收）；

频带宽度：25MHz；

通信方式：全双工；

载频间隔：200kHz；

信道分配：每载频8时隙；全速信道8个，半速信道16个（TDMA）；

信道总速率：270.8kbit/s；

调制方式：GMSK，BT=0.3；

语音编码：RPE-LTP，输出速率为13kbit/s；

数据速率：9.6kbit/s；

跳频速率：217跳/秒；

每时隙信道速率：33.8kbit/s

还采用分集接收、交织信道编码、自适应均衡等技术。

1988年18个国家签署了一份理解备忘录。在这份文件中，这些国家致力于将规范付诸实现。由于GSM提供了一种公共标准，因此用户也将能在整个服务区域，在GSM系统覆盖的所有国家之间实现全自动的漫游。除了国际漫游，GSM标准还提供了一些新的用户业务，如数据通信、传真和短消息业务等。1990年起该标准在德国、英国和北欧许多国家投入试运行，GSM系统在更多的国家得到采用，欧洲的专家重新命名GSM系统为“全球移动通信系统”（Global System for Mobile Communication）。

GSM数字蜂窝移动通信系统（简称GSM系统）是完全依据欧洲通信标准化委员会（ETSI）制定的GSM技术规范研制而成的，任何一家厂商提供的GSM数字蜂窝移动通信系统都必须符合GSM技术规范，符合规范的设备可实现兼容。

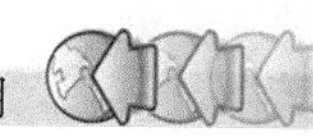

3.1.1　GSM 系统组成及网络结构

1．GSM 系统组成

GSM 系统结构符合典型陆地数字移动通信系统结构，可分为 4 个组成部分：网络子系统 NSS（或交换子系统 SSS）、基站子系统（BSS）、移动台子系统（MS）和操作维护子系统（OSS），其基本结构如图 3-1 所示。

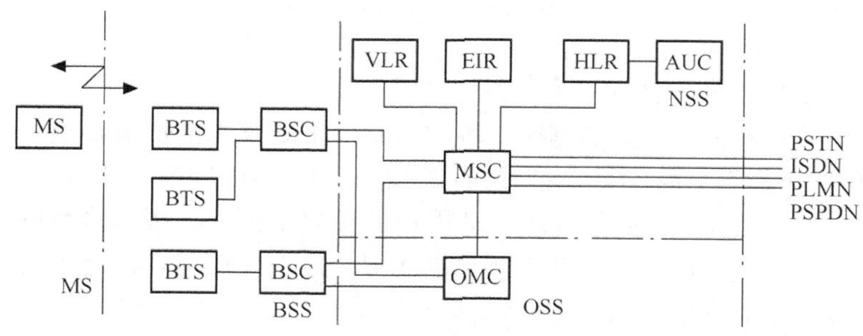

图 3-1　陆地公用数字蜂窝移动通信系统结构

图中 MS 为移动台；BTS 为基站收发信机；BSC 为基站控制器；MSC 为移动业务交换中心；EIR 为设备识别寄存器；VLR 为访问用户位置寄存器；HLR 为归属用户位置寄存器；AUC 为鉴权中心；OMC 为操作维护中心；ISDN 为综合业务数字网；PLMN 为公用陆地移动网；PSTN 为公用电话网；PSPDN 为公用分组交换数据网。一般情况下，VLR 与 MSC 常集成在一起，表示为 MSC/VLR；HLR 与 AUC 集成在一起表示为 HLR/AUC。

（1）网络子系统 NSS

NSS 主要包含有 GSM 系统的交换功能和用于用户数据管理、移动性管理、安全性管理所需的数据库功能，对移动用户间通信和移动用户与其他通信网用户间通信起着管理作用。NSS 由一系列功能实体构成：

① 移动业务交换中心 MSC

MSC 是网路的核心，完成系统的电话交换功能。MSC 负责建立呼叫，路由选择，控制和终止呼叫；负责管理交换区内部的切换和补充业务，并且负责收集计费和账单信息；用于协调与固定公共交换电话网间的业务，完成公共信道信令及网络的接口，能够提供与其他非话业务间能正确地互联工作所需的功能。

具体地说，MSC 提供交换功能及面向系统其他功能实体（如 BSS、HLR、AUC、EIR、OMC）和面向固定网（如 PSTN、ISDN、PSPDN）的接口功能，把移动用户与移动用户、移动用户与固定用户互相连接起来。MSC 可从三种数据库，即 HLR、VLR 和 AUC 获取处理用户位置登记和呼叫请求所需的全部数据。反之，MSC 也根据其最新获取的信息请求更新数据库的部分数据。MSC 可为移动用户提供一系列业务，还支持位置登记、越区切换和自动漫游等移动性能和其他网路功能。

对于容量比较大的移动通信网，一个 NSS 可包括若干个 MSC、VLR 和 HLR。

MSC 有 3 类，分别为普通 MSC、GMSC、TMSC。前面所介绍的是一个普通的 MSC 所必须具备的功能。

要建立固定网用户与移动用户间的呼叫，无需知道移动用户所处的位置，此呼叫首先被接入到入口移动业务交换中心 GMSC（或称网关 MSC），入口交换机负责获取位置信息，且把呼叫转移到可向该移动用户提供即时服务的 MSC。因此，GMSC 具有与固定网和其他 NSS 实体互通的接口，即其主要用于和其他电信运营商设备的互联互通。目前，MSC 功能也可在 GMSC 中实现，即 GMSC 可既作网关局，也可完成用户的呼叫接续及 MSC 相关的管理控制工作。

TMSC 为汇接 MSC，专门用于移动业务的长途转接。在网络中，TMSC 也可兼有普通 MSC 的交换与控制功能。

② 归属用户位置寄存器 HLR

HLR 是移动通信系统的中央数据库，存储着该 HLR 管理的所有移动用户的相关数据。一个 HLR 能够管理若干个移动交换区域及整个移动通信网的用户，所有移动用户重要的静态数据都存储在 HLR 中。HLR 是管理移动用户的主要数据库，根据网络的规模系统可有一个或多个 HLR，存贮的数据有：用户信息（包括用户的入网信息，注册的有关业务和补充业务等方面的数据）；位置信息（用于正确选择路由）。

网络系统对用户的管理数据都存在 HLR 中，对每一个注册的移动用户分配两个号码并存储在 HLR 中：国际移动用户识别号 IMSI；移动用户 MSISDN 号。

③ 访问用户位置寄存器 VLR

VLR 是服务于其控制区域内移动用户的，存储着进入其控制区域内已登记的移动用户的相关信息，为已登记的移动用户提供建立呼叫接续的必要条件。VLR 从该移动用户的归属位置寄存器处获取并存储必要的数据。一旦移动用户离开该 VLR 的控制区域，则重新在另一个 VLR 登记，原来访问的 VLR 将取消临时记录的该移动用户数据。因此，VLR 为一个动态用户数据库。

④ 鉴权中心 AUC

移动通信系统采取了特别的安全措施，例如用户鉴权，对无线接口上的语音、数据和信号信息进行保密等，这些工作都在 AUC 中进行。因此，AUC 存储着鉴权信息和加密密钥，用来防止无权用户接入系统，并保证通过无线接口的移动用户信息的安全。AUC 属于 HLR 的一个功能单元，专用于移动通信系统的安全性管理。

⑤ 移动设备识别寄存器 EIR

EIR 存储着移动设备的国际移动设备识别码（IMEI），通过检查白名单、灰名单和黑名单判别准许使用、出现故障需监视的、失窃不准使用的移动设备的 IMEI，以防止非法使用偷窃的、有故障的或未经许可的移动设备。

目前，我国大部分的移动通信系统尚未安装 EIR 设备，因此网络中仍有大量的非法手机在使用。

（2）基站子系统 BSS

基站子系统是移动通信系统中与无线蜂窝方面关系最直接的基本组成部分，它通过无线接口直接与移动台相接，负责无线收发和无线资源管理。另一方面，基站子系统与网络子系统中的移动业务交换中心相连，实现移动用户间或移动用户与固定网用户间的通信连接，传送系统信号和用户信息等。当然，要对 BSS 部分进行操作维护管理，还需建立 BSS 与 OSS 间的通信连接。

通常，NSS 中的一个 MSC 监控一个或多个 BSC，每个 BSC 控制多个 BTS。

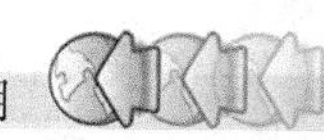

基站控制器 BSC 是 BSS 的控制部分，起着 BSS 的交换设备的作用，即各种接口的管理、无线资源和无线参数的管理。每次通话过程中，基站接收机能够监测到各基站的信号强度并送给基站控制器，使控制器决定什么时刻切换，切换到哪一个小区；BSC 也具有对移动台的功率控制功能，调整移动台的发射功率电平，除了移动台本身的传输性能提高外，还可延长移动台的工作时间、减少对其他用户的邻道干扰。

BTS 属于基站子系统的无线部分，是由 BSC 控制并服务于某个小区的无线收发信设备，完成 BSC 与无线信道间的转接，实现 BTS 与移动台间的无线传输及相关的控制功能。

（3）移动台 MS

移动台是公用移动通信网中用户使用的设备，也是用户能够直接接触的整个移动通信系统中的唯一设备。移动台的类型不仅包括手机，还包括车载台和便携台等。

除了通过无线接口接入移动通信系统的通常的无线处理功能外，移动台必须提供与使用者间的接口。比如完成通话呼叫所需要的话筒、扬声器、显示屏和按键，或者提供与其它一些终端设备之间的接口，如与个人计算机或传真机间的接口，或同时提供这两种接口。因此，根据应用和服务情况，移动台可以是单独的移动终端 MT、手机、车载台或者是由 MT 直接与终端设备 TE（如传真机等）相连接而构成，或者是由 MT 通过相关终端适配器 TA 与 TE 相连接而构成，这些都归类为移动设备（ME）。

移动台另外一个重要的组成部分是用户识别模块 SIM（系统通过 SIM 卡识别移动用户），包含所有与用户有关的信息和某些无线接口的信息，其中也包括鉴权和加密信息。用户正常使用移动台时都需要插入 SIM 卡，只有当处理异常的紧急呼叫时（如 119、110、120、122 等），可以在不插入 SIM 卡的情况下进行。SIM 卡的应用使移动台并非固定地缚于一个用户，用户可根据自己的需要更换手机，而不用重新入网注册。

（4）操作维护子系统 OSS

OSS 需完成许多任务，包括移动用户管理、移动设备管理及网路操作和维护等。

在此所介绍的 OSS 功能主要是指完成对移动通信系统的 BSS 和 NSS 进行操作和维护的管理任务。完成网路操作与维护管理的设施称为操作与维护中心 OMC，具体功能包括：网络的监视、操作（告警、处理等）；无线规划（增加载频、小区等）；交换系统的管理（软件、数据的修改等）；性能管理（产生统计报告等）。移动通信网络中每个部件都有机内状态监视和报告功能，OMC 对其反馈结果进行分析，诊断并自动解决问题，如将业务切换至备份设备，针对故障情况采取适当维护措施。

移动用户管理包括用户数据管理和呼叫计费。用户数据管理一般由 HLR 来完成，SIM 卡的管理也是其中之一，但相对独立的 SIM 卡管理必须根据运营部门对 SIM 的管理要求和模式，采用专门的 SIM 个人化设备来完成。呼叫计费可由移动用户所访问的各个 MSC 和 GMSC 分别处理，也可采用通过 HLR 或独立的计费设备来集中处理计费数据的方式。

移动设备管理是由 EIR 完成的。

2．GSM 系统网络结构

在我国 GSM 话路网的网络结构一般采用二、三级混合结构，如图 3-2 所示。

对有条件的省份应采用二级网络结构。在各省中心建立一对独立的 TMSC1，TMSC1 间为网状连接，TMSC1 与移动端局或本地汇接局直接相连接，如图 3-3 所示。

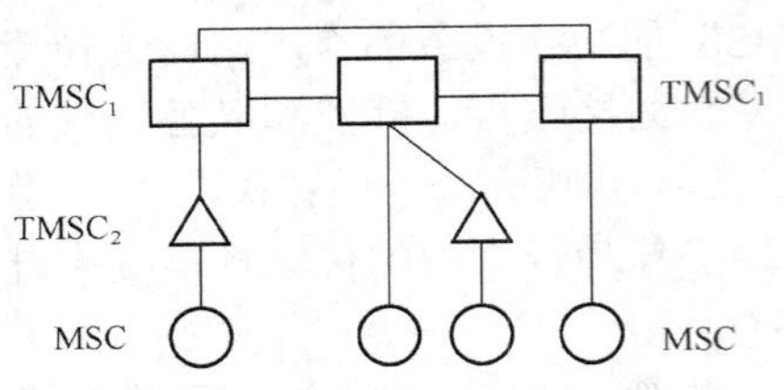

图 3-2　GSM 话路网的二、三级混合结构

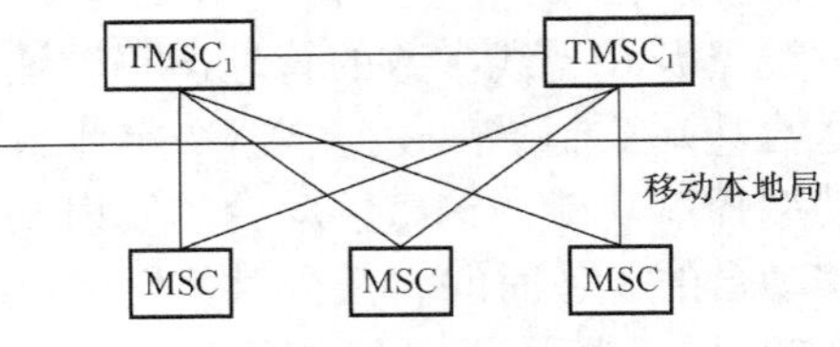

图 3-3　二级网络结构示意图

对于个别业务量较大的省，可在省内增设二级汇接中心（TMSC2）。TMSC2 负责汇接 MSC 间的省内业务，并同时转接至 TMSC1 的省际业务。TMSC2 可以是单独设置的汇接中心，也可以同时兼作移动端局。各省的 TMSC2 应与其对应的 TMSC1 相连接。各省可根据其业务量和流向采用省内分区汇接的方式，如图 3-4 所示。

对于业务量很小的省，省内不独立设置 TMSC1，应共用所属大区其他省的 TMSC1，TMSC2 可以独立设置也可以与端局合设，如图 3-5 所示。

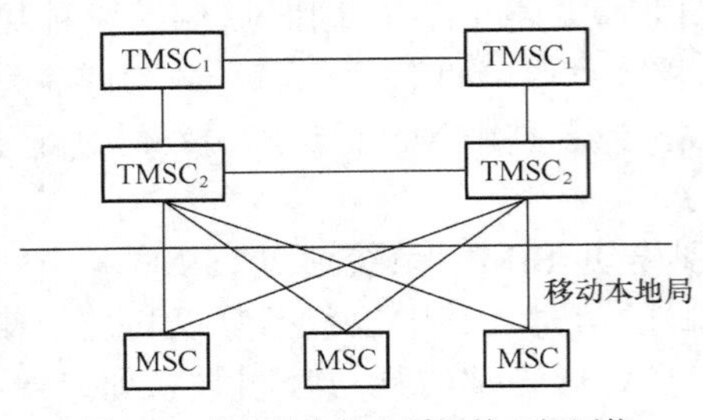

图 3-4　业务量大的省采用的三级网络

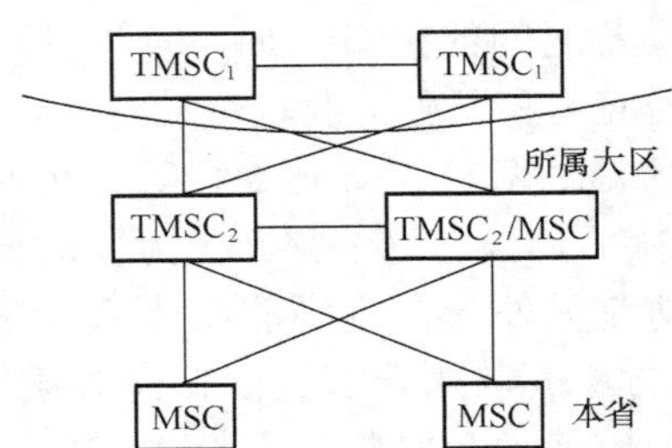

图 3-5　业务量小的省采用的三级网络结构

3.1.2　GSM 数字信号的处理

GSM 的语音通信中，如何把模拟语音信号转换成适合在无线信道中传输的数字信号形式，直接关系到语音的质量、系统的性能，这是一个很关键的过程。

GSM 系统终端（BTS）信号的处理过程可参阅 GSM 移动台的方框图（见图 1-8）。发送部分电路由信源编码、信道编码、交织、加密、突发脉冲串形成等功能模块完成基带数字信号的处理过程，数字信号经过调制及上变频、功率放大，由天线将信号发射出去；接收部分电路由高频电路、数字解调等电路组成，数字解调后，进行 Viterbi 均衡、去交织、解密、语音解码，最后将信号还原为模拟形式，完成信号的传输过程。

MS 中，话筒接收下来的信号，需先进行模/数转换，根据抽样定理转换成速率为 8kHz 的 13bit 的均匀量化数字信号，再按 20ms 分段，每 20ms 段 160 个采样。分段后按有声段和无声段对信号进行分开处理。无声段，按语音间断传输 DTX 的要求处理，如 2.6 节所示；有声段进行语音编码等后续处理。

1. 语音编码

系统中语音信号处理是比较复杂的，发端要进行语音检测，将语音分成有声段和无声段。在有声段，进行语音编码产生编码语音帧；在无声段，分析背景噪声，产生静寂描述帧 SID，SID 帧是在语音结束时发射的。接收端根据接收到的 SID 帧中的信息在无声期间内插入“舒适噪音”。也就是说，MS 发射机仅在包含语音帧的时间段内才开发射机。这就是

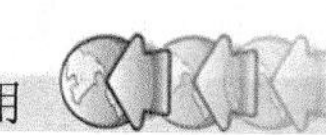

GSM 系统采用的语音间断传输方式 DTX。

GSM 采用 RPE-LTP 语音编码器，其工作原理如图 3-6 所示。

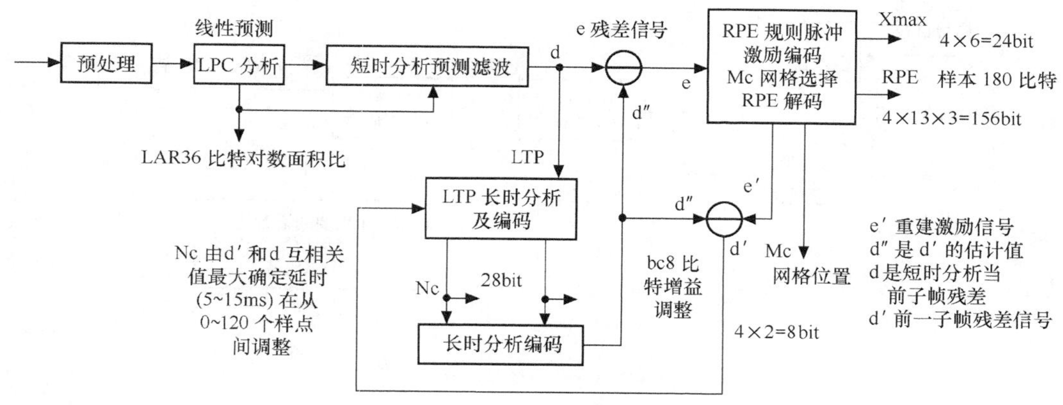

图 3-6　RPE-LTP 方框图

（1）数模变换部分。

（2）预处理。语音信号在预处理部分除去输入信号中的直流分量，并进行高频分量的预加重，以便更好地进行 LPC 分析。

（3）线性预测编码分析。目的是从语音信号中提取 LPC 参数，供短时分析滤波器使用。

（4）短时分析滤波。目的是计算出每一采样周期的残差值，进行后续处理。

（5）长期预测 LTP。经过短时预测的残差信号未必是最佳的，需再进行一次长期预测，用残差信号的相关性来进行预测，去掉冗余并进行优化。

（6）规则脉冲激励编码 RPE（一种波形编码）。规则脉冲激励编码是用一组在位置上和幅度上都优化的脉冲序列来代替残差信号。

具体做法是：把残差信号的样点按照 3:1 的比例来抽取其序列，在 20ms 中再划分为 4 个子帧，每个子帧 5ms，含 40 个样点，在 40 个样点中，按 3:1 等间隔抽取 13 个样点，其它样点均为零值，在抽取位置上可能有 3 种不同的非零序列，称为网格位置，如图 3-7 所示。比较几种可能的样点序列选择一种对语音信号波形影响最大的一种，将它再编码传送出去。

首先找到最大的非零样点，将它用 6bit 编码，再将 13 个非零点做归一化处理（即以最大值为 1，其他取值小于 1），这样的点各用 3 比特编码。每个子帧中共有 6+3 × 13=45bit，20ms 共有 4 × 45bit=180bit。

语音编码包括以下几种参数编码的组合：LPC 参数 LAR（36bit）、网格位置（8bit）、长期预测系数（8bit）、长期预测时延（28bit）、规则脉冲激励编码（180bit）。因此，每 20ms 中 160 个样本编码后共 260bit，语音编码器以 13kbit/s 的速率把信号送给信道编码部分。

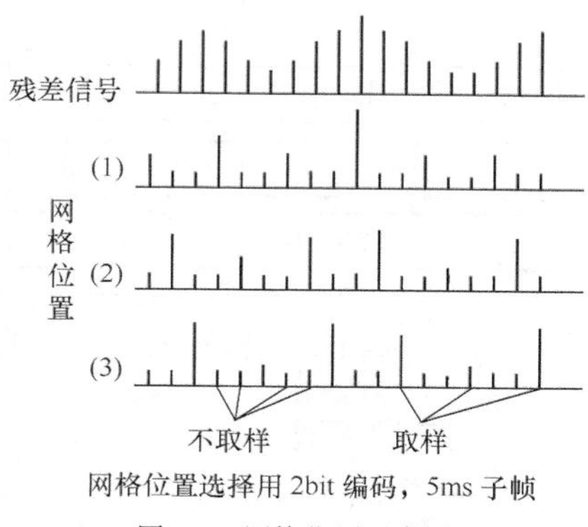

图 3-7　网格位置示意图

GSM 语音编码部分原理如图 3-8 所示。经过语音编码后的信号送入信道编码部分进行前向纠错处理。

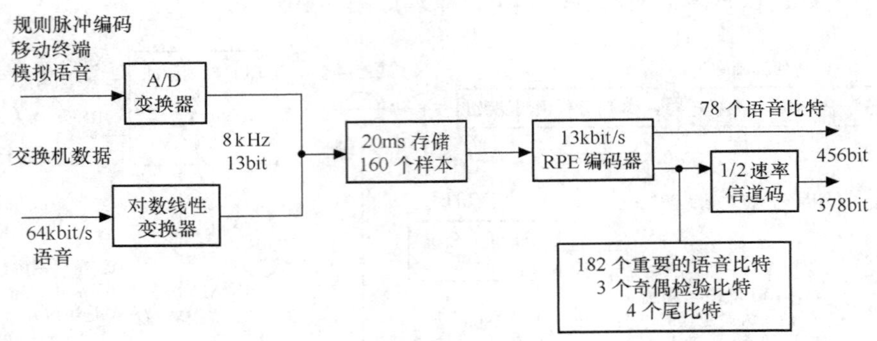

图 3-8 GSM 信号源和语音编码

2．信道编码

信道编码在发端增加的冗余码元，用于在收端对传输中出现的差错进行纠错。GSM 系统的信道编码采用一种（2,1）卷积码，其码率为 1/2，它的监督位只有一位，比较简单。约束长度为 2（分组）的编解码器，可在 4bit 范围内纠正一个差错，电路如图 3-9 所示。

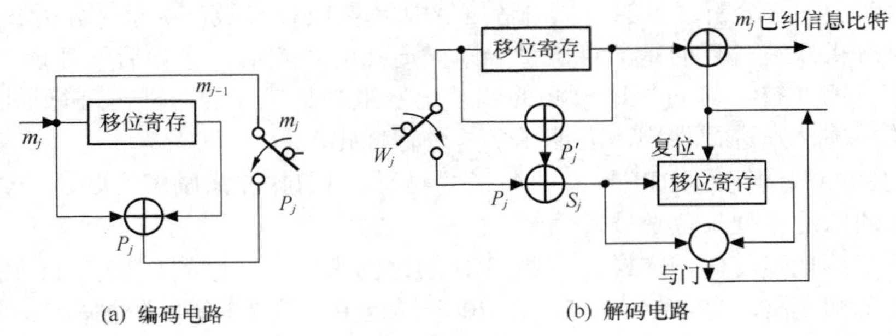

(a) 编码电路 (b) 解码电路

图 3-9 GSM 中的信道编码与解码电路

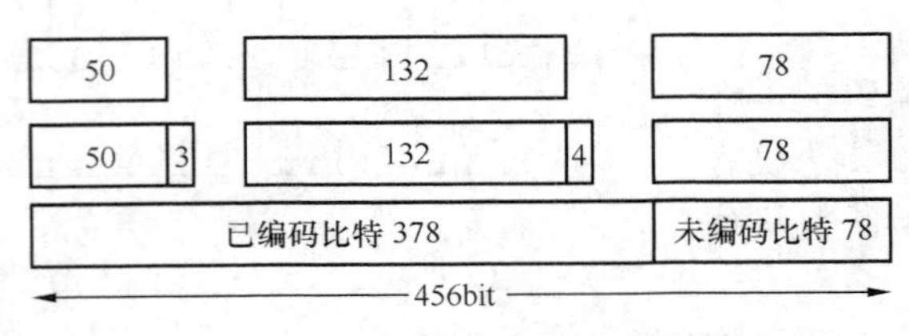

图 3-10 GSM 数字语音的信道编码

GSM 系统信道编码器对每 20ms 的语音段的 260bit 进行信道编码：50 个最重要比特，加上 3 个奇偶检验比特，132 个重要比特，加上 4 个尾比特，一起按 1/2 速率进行卷积编码，得到 378bit，另外还有 78bit 不予保护，总计 456bit，如图 3-10 所示。信道编码的总比特率为 456bit/20ms=22.8kbit/s。

3．交织编码

（1）交织

交织的目的是在解码比特流中降低传输突发差错。GSM 中，语音编码后，每 20ms 有 260bit，经信道编码得到 456bit，对 40ms 语音信息的 912bit 进行交织，以改变串行比特流的次序。比特流传输前进行交织，到接收端再恢复到原先的次序，这样的 912bit 序列中的差错，就趋向于随机地分散到比特流中。

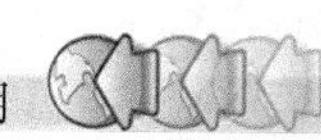

GSM中把编码器40ms的输出共2×456=912bit组成8×114的矩阵，横向写入交织矩阵，然后纵向读出，即可取出8帧每帧为114比特的数据流。再将114bit分成两段，填入普通突发脉冲序列，再构成帧、复帧、超帧、超高帧的分级帧结构，如图3-11所示。

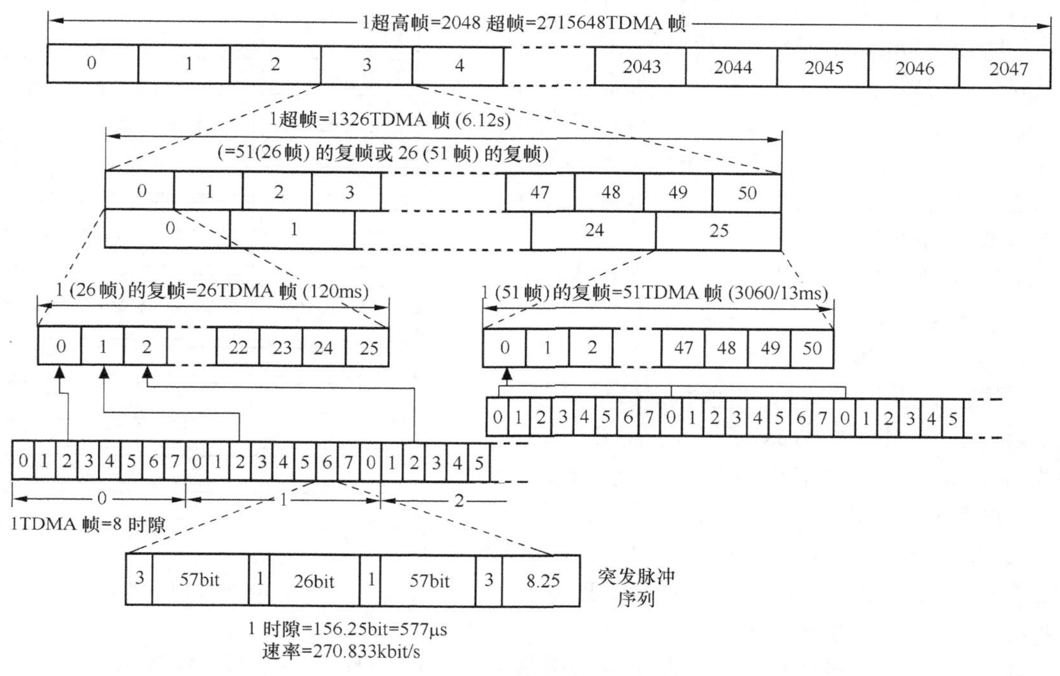

图3-11 GSM系统中的分级帧结构

（2）二次交织

在普通突发脉冲串中，2×57bit间留有间隙，两段语音进行一次交织。如果2×57bit取自同一语音帧，并插入同一个突发脉冲序列，那么由于衰落造成突发脉冲串的损失就较严重。若同一普通突发脉冲序列中填入不同语音帧的信息，可降低收端出现连续差错比特的可能性，即通过二次交织可降低由于突发干扰引起的损失。重排和交织过程如图3-12所示。GSM系统中经加密后的信息比特即进行二次交织填入突发脉冲序列。二次交织后普通突发脉冲序列中信息填充方法如图3-13所示。

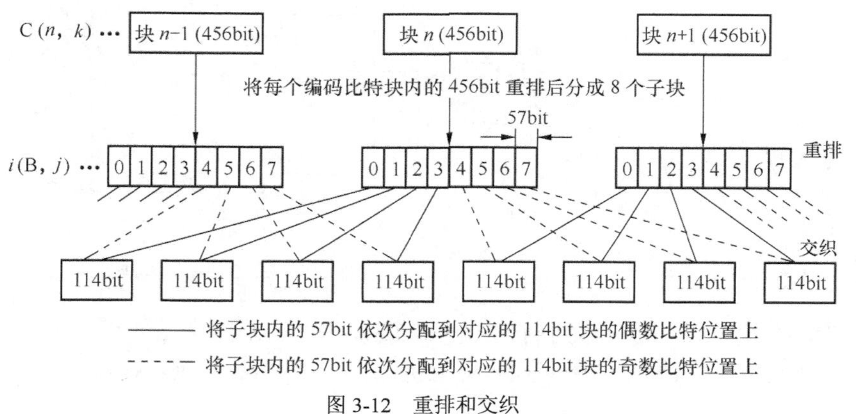

图3-12 重排和交织

（3）分级帧结构

基站以时隙为单位将信息插入信道，每一时隙 577μs，8 个时隙组成一个 4.62ms 的 TDMA 帧，同时 26 个语音 TDMA 帧组成一个持续时间为 120ms 的复帧（在控制信道中 51 个帧组成一个复帧）；51 个 26 帧的复帧（或 26 个 51 帧的复帧）构成一个超帧；每 2 048 个超帧组成一个超高帧，总计 2 715 648 个 TDMA 帧，占时 3 小时 28 分 53.7 秒。GSM 系统中的分级帧结构如图 3-11 所示。

不同的逻辑信道，其信息在帧结构中的填充方式也不尽相同，在此不再多述。

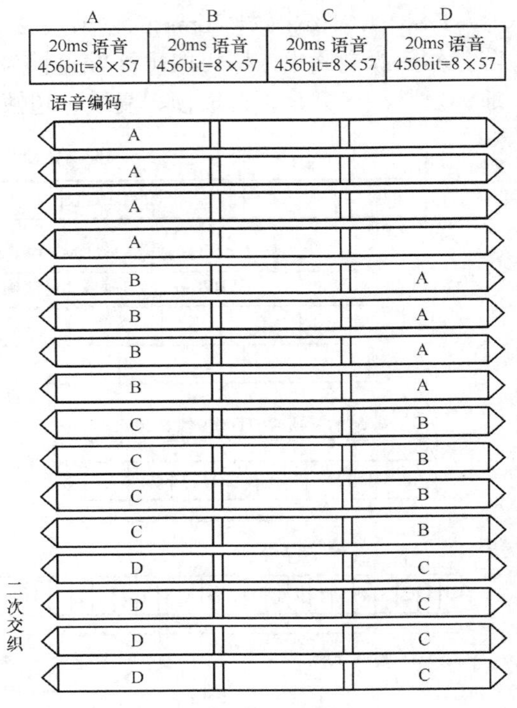

图 3-13　GSM 中的二次交织

4．数字信号调制

无线信道是模拟信道，为使数字信号能有效地在无线信道中传输，GSM 系统采用 GMSK 数字调制技术，这是一种特殊的 FSK 调制方式。

二进制移频键控是一种恒幅的相位连续调频波，在传送“1”时，输出信号频率为$\omega_0+\omega_d$，在传送“0”时，输出信号频率为$\omega_0-\omega_d$，其中ω_0为载波角频率，ω_d为调制的角频偏。

MSK 是恒定包络连续相位调制，调制指数为 0.5 的 FSK 为最小移频键控 MSK，意味着 MSK 在一个码元周期内，能用最小的信号频差 f_d 产生最大的相位差，在一个码元内相位变化是直线。当信号“1”时载波相位增加，当信号“0”时，载波相位减小，在码元交替时刻保持相位连续，没有突跳。实际上 MSK 中，“1”仅比“0”多半个波形，如图 3-14 所示。

MSK 调制过程如下：对输入数据序列进行差分编码；将差分编码输出进行串/并变换分成两路，并相互交错一个码元宽度 T_b；用加权函数 cos 和 sin 分别对两路数据进行加权；用加权的数据分别对正交载波 $\cos\omega_0 t$ 和 $\sin\omega_0 t$ 进行调制；两路输出信号进行叠加。MSK 调制器方框图如图 3-15 所示。

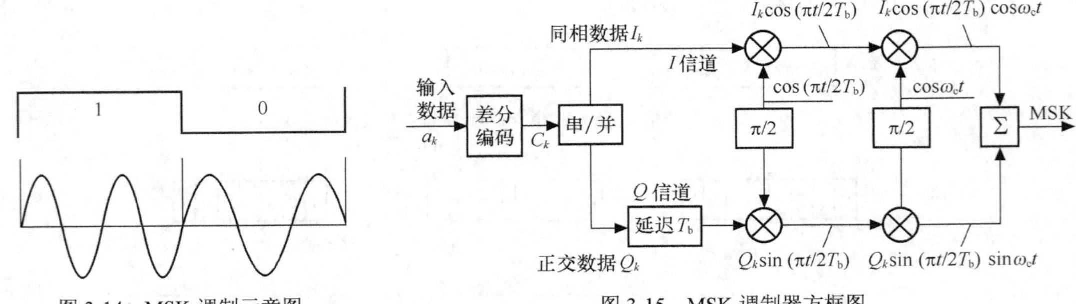

图 3-14　MSK 调制示意图　　图 3-15　MSK 调制器方框图

因为 GSM 系统要求邻道干扰小于−60～−70dB，MSK 不能满足要求，所以在 MSK 前加一个高斯低通滤波器，以抑制旁瓣突出，这便形成了 GMSK 调制。GMSK 就是加高斯低通

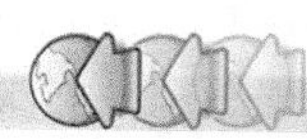

滤波器的最小移频键控，滤波的作用是抑制了陡峭的边沿，经调制后，它的相位路径在 MSK 基础上得到平滑，结果使相位路径的尖角被平滑了，所以它的频谱特性得到很大改善。

设滤波器的 3dB 带宽为 B_b，我们把 B_b 和码速率 f_b 的比值作为参数：$B_b/f_b=B_bT_b$。B_bT_b 值可以大于 1，也可以小于 1。当 $B_bT_b=\infty$ 时，相当于不加滤波器，那么它的特性就是 MSK；当 BT 值在 0.3 以下时，旁瓣急剧下降，通常选用 B_bT_b=0.2～0.25，这样 GMSK 的旁瓣很小，对邻道的干扰≤−60dB。但若旁瓣过低，脉冲波形变差，易产生误码，所以其误码的性能要比 MSK 的差，这也是为了削弱旁瓣所付出的代价。

5．Viterbi 均衡器

自适应均衡器有快速初始收敛特性，跟踪信道时变特性好，运算量低，自适应均衡器一般还按最小均方误差准则来构成。最小均方算法采用维特比（Viterbi）算法，因此也称其为维特比均衡。它的算法是在输入与输出进行比较时，不必比较全部可能的序列，而是将不可能选用的输入组合去掉，减少了大量计算。

GSM 规范要求均衡器能处理时延高达 15μs（约 4bit 时间）左右的反射信号。因系统中比特速率为 270kbit/s，则每一比特时间为 3.7μs，因此 1bit 对应 1.1km（电波传播速率为 3×10^8m/s），反射信号的传输路径将比直射信号长 2km，这样就会在有用信号中混有比它迟到 2bit 时间的另一信号，而出现码间干扰。

Viterbi 均衡器就是利用接收端已知的训练序列来建立信道模型，由接收到的信号来推出正确的发端信息，原理框图见图 3-16。

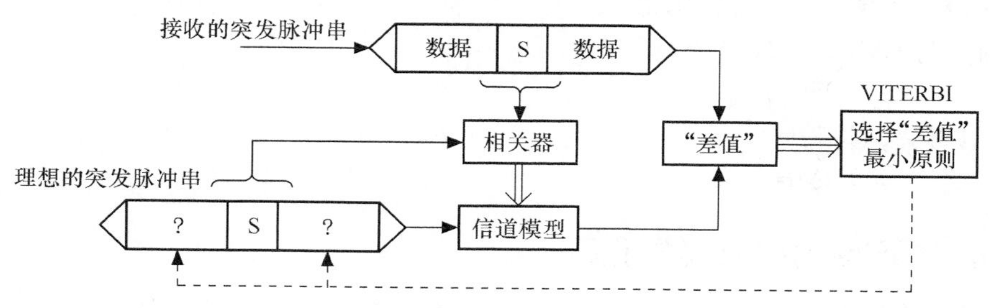

图 3-16　Viterbi 均衡器原理

Viterbi 均衡时，把接收到的训练序列与已知的训练序列一起送入相关器比较，从而产生信道模型，再按信道模型对接收到的突发脉冲序列的加密数据作纠正，选择差值最小的编码作为与发送端一致的正确编码输出。

3.1.3　GSM 中的频率利用

频率是无线通信的重要资源，如何合理使用频率、提高频率利用率是每一个无线通信系统的运营商和其主管部门应该慎重考虑的问题。

GSM 可采用双频覆盖，包括 900MHz 和 1800MHz 频段，在 2.2.1 中已作介绍。

1．频率复用方式

根据 GSM 体制的推荐，GSM 无线网络规划基本上采用 4×3 频率复用方式，即每 4 个基站为一群，每个基站小区分成 3 个三叶草形 60°扇区或 3 个 120°扇区，共需 12 组频率。因为这种方式同频干扰保护比 *C/I* 能够比较可靠地满足 GSM 标准。另外，还可采用 3×3、2×6、1×3 等方式。

2．GSM 系统中频道序号对应工作频率的计算

GSM900MHz 中采用等间隔频道配置的方法：在 900MHz 频段，共 25MHz 带宽，载频间隔 200kHz，频道序号为 1～124。其中，中国移动占用 1～94 频道（890～909MHz/935～954MHz）；中国联通占用 95～124 频道（909～915MHz/954～960MHz）。频道序号和频道标称中心频率关系为：

$$\begin{cases} f_{\mathrm{l}}(n) = 890.2 + (n-1)\times 0.2\mathrm{MHz} \\ f_{\mathrm{h}}(n) = 935.2 + (n-1)\times 0.2\mathrm{MHz} \end{cases} \tag{3-1}$$

因双工间隔为 45MHz，所以其下行频率可用上行频率加双工间隔获得：

$$f_{\mathrm{h}}(n)=f_{\mathrm{l}}(n)+45\mathrm{MHz} \tag{3-2}$$

需要注意的是在实际工程及维护中，“信道”往往指的是频道，需要根据场合注意区别。

GSM1800MHz 中采用等间隔频道配置的方法：在 1800MHz 频段，共 75MHz 带宽，载频间隔 200kHz，频道序号为 512～885。其中，中国移动占用前 10MHz，512～559 频道；中国联通占用后 10MHz，687～736 频道。频道序号和频道标称中心频率关系为：

$$\begin{cases} f_{\mathrm{l}}(n) = 1710.2 + (n-512)\times 0.2\mathrm{MHz} \\ f_{\mathrm{h}}(n) = 1805.2 + (n-512)\times 0.2\mathrm{MHz} \end{cases} \tag{3-3}$$

与 GSM900 一样，根据上下行双工间隔，下行频率也可用式（3-4）计算。

$$f_{\mathrm{h}}(n)=f_{\mathrm{l}}(n)+95\mathrm{MHz} \tag{3-4}$$

【例 3-1】 计算第 121 号频道的上下行工作频率。

解： $f_{\mathrm{l}}(121)=890.2+(121-1)\times 0.2$

$=914.2\mathrm{MHz}$

$f_{\mathrm{h}}(121)=f_{\mathrm{l}}(121)+45$

$=959.2\mathrm{MHz}$

3.1.4 GSM 中的无线接口

为了保证网络运营部门能在充满竞争的市场条件下灵活选择不同供应商提供的数字蜂窝移动通信设备，GSM 系统在制定技术规范时就对其子系统间及各功能实体间的接口和协议作了比较具体的定义，使不同供应商提供的 GSM 系统设备能够符合统一的 GSM 规范，而达到互通、组网的目的。

1．GSM 中的接口类型及位置

为使 GSM 系统实现国际漫游功能和在业务上迈入面向 ISDN 的数据通信业务，必须建立规范和统一的信令网络以传递与移动业务有关的数据和各种信令信息，因此，GSM 系统引入 7 号信令系统和信令网络，即 GSM 系统的信令系统是以 7 号信令网络为基础的。

GSM 系统各功能实体间的接口定义明确，同样 GSM 规范对各接口所使用的分层协议也作了详细的定义。协议是各功能实体间共同的“语言”，通过各个接口互相传递有关的消息，为完成 GSM 系统的全部通信和管理功能建立起有效的信息传递通道。不同的接口可能采用不同形式的物理链路，完成各自特定的功能，传递各自特定的消息，这些都有相应的信令协议来实现。GSM 系统各接口采用的分层协议结构是符合开放系统互连（OSI）参考模型的，分层的目的是允许隔离各组信令协议功能，按连续的独立层描述协议，每层协议在明确的服务接入点对上层协议提供它自己特定的通信服务。

GSM 系统的主要接口有 A 接口、Abis 接口、U_m、S_m 和网络子系统内部接口，如图 3-17 所示。这五种接口的定义和标准化能保证不同供应商生产的移动台、基站子系统和网络子系统设备能融入同一个 GSM 数字移动通信网运行和使用。

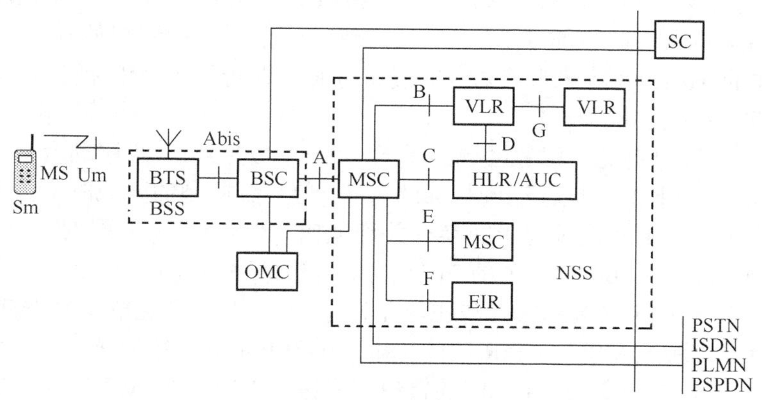

图 3-17　GSM 系统中的接口

（1）A 接口

A 接口定义为网络子系统 NSS 与基站子系统 BSS 间的通信接口，从系统的功能实体来说，就是 MSC 与 BSC 间的互连接口，其物理链接通过采用标准的 2.048Mbit/s 的 PCM 数字传输链路来实现。此接口传递的信息包括移动台管理、基站管理、移动性管理、接续管理等。

（2）Abis 接口

Abis 接口定义为基站子系统的两个功能实体基站控制器 BSC 和基站收发信台 BTS 间的通信接口，用于 BTS（不与 BSC 并置）与 BSC 间的远端互连，物理链接通过采用标准的 2.048Mbit/s 或 64kbit/sPCM 数字传输链路来实现。作为 Abis 接口的一种特例，也可用于与 BSC 并置的 BTS 与 BSC 间的直接互连，此时 BSC 与 BTS 间的距离小于 10m。此接口支持所有向用户提供的服务，并支持对 BTS 无线设备的控制和无线频率的分配。Abis 接口不是标准接口，由厂家自定义，不同厂家生产的 BSC 与 BTS 设备不能兼容。

（3）用户与网络间的接口（Sm 接口）

Sm 接口指用户与网络间的接口，主要包括用户对移动终端进行操作，移动终端向用户提供显示、信号音等，此接口还包括用户识别卡 SIM 与移动终端 ME 间接口。

（4）网络子系统内部接口

网络子系统由 MSC、VLR、HLR/AUC、EIR 等功能实体组成，因此 GSM 技术规范定义了不同的接口以保证各功能实体间接口的标准化。

在网络子系统 NSS 内部各功能实体间已定义了 B、C、D、E、F 和 G 接口，这些接口的通信（包括 MSC 与 BSS 间的通信）全部由 7 号信令系统支持。

① D 接口。D 接口定义为 HLR 与 VLR 间的接口，用于交换有关移动台位置和用户管理的信息，保证移动台在整个服务区内建立和接收呼叫。GSM 系统中一般把 VLR 综合于 MSC 中，而把 HLR 与 AUC 综合在同一物理实体内。因此 D 接口的物理链接是通过 MSC 与 HLR 间的标准 2.048Mbit/s 的 PCM 数字传输链路实现的。

② B 接口。B 接口定义为 VLR 与 MSC 间的内部接口，用于 MSC 向 VLR 询问有关移动台当前的位置信息或者通知 VLR 有关移动台的位置更新信息等。

③ C 接口。C 接口定义为 HLR 与 MSC 间的接口，用于传递路由选择和管理信息。如果选择 HLR 作为计费中心，呼叫结束后建立或接收此呼叫的移动台所在的 MSC 应把计费信息传送给该移动用户当前归属的 HLR。一旦要建立一个至移动用户的呼叫时，GMSC 应向被叫用户所归属的 HLR 询问被叫移动台的漫游号码，即查询该 MS 的位置信息。C 接口的物理链接方式与 D 接口相同。

④ E 接口。E 接口定义为相邻区域的不同 MSC 间的接口，当移动台在一个呼叫进行过程中，从一个 MSC 控制的区域移动到相邻的另一个 MSC 控制的区域时，为不中断通信需完成越区切换，此接口用于切换过程中交换有关切换信息以启动和完成切换。E 接口的物理链接方式是通过 MSC 间的 2.048Mbit/s 的 PCM 数字传输链路实现的。

⑤ F 接口。F 接口定义为 MSC 与 EIR 间的接口，用于交换相关的 IMEI 管理信息。F 接口的物理链接方式通过 MSC 与 EIR 间的标准 2.048Mbit/s 的 PCM 数字传输链路实现的。

⑥ G 接口。G 接口定义为 VLR 间的接口。当采用 TMSI 的 MS 进入新的 MSC/VLR 服务区域时，此接口用于向分配 TMSI 的 VLR 询问此移动用户的 IMSI 信息。G 接口的物理链接方式与 E 接口相同。

（5）无线接口

无线接口是移动台与基站收发信机间接口的统称，是移动通信实现的关键，是不同系统的区别所在。GSM 系统使用了 TDMA 时分多址的概念，每帧包括 8 个时隙 TS，从 BTS 到 MS 为下行信道，相反的方向为上行信道。

2．Um 接口（空中接口）

Um 接口定义为移动台与基站收发信机 BTS 间的通信接口，用于移动台与 GSM 系统设备间的互通，其物理链接通过无线链路实现。此接口传递的信息包括无线资源管理、移动性管理和接续管理等。

（1）信道的定义

GSM 系统中，一个载频上的 TDMA 帧的一个时隙为一个物理信道，它相当于 FDMA 系统中的一个频道。因此，GSM 中每个载频分为 8 个时隙，有 8 个物理信道，即信道 0～7（对应时隙 TS_0～TS_7），每个用户占用一个时隙用于传递信息，在一个 TS 中发送的信息称为一个突发脉冲序列。

大量的信息传递于 BTS 与 MS 间，GSM 中根据传递信息的种类定义了不同的逻辑信道。逻辑信道是一种人为的定义，在传输过程中要被映射到某个物理信道上才能实现信息的传输。逻辑信道可分为两类，业务信道（TCH）和控制信道（CCH）。

（2）逻辑信道的分类

业务信道用于传送编码后的语音或用户数据。

为了建立呼叫，GSM 设置了多种控制信道，除了与模拟蜂窝系统相对应的广播控制信道、寻呼信道和随机接入信道外，数字蜂窝系统为了加强网络控制能力，增加了慢速随路控制信道和快速随路控制信道等。控制信道用于传递信令或同步数据，可分为 3 类：广播信道、公共控制信道及专用控制信道。

① 广播信道（BCH）可分为：频率校正信道（FCCH）、同步信道（SCH）和广播控制信道（BCCH）3 种，全为下行信道。

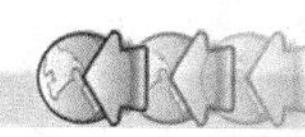

- FCCH：此信道用于传送校正 MS 频率的信息。
- SCH：此信道用于传送给 MS 的帧同步（TDMA 帧号）和 BTS 的识别码（BSIC）的信息。
- BCCH：此信道广播每个 BTS 小区特定的通用信息。

② 公共控制信道（CCCH）是基站与移动台间的点到多点的双向信道，可分为：寻呼信道（PCH）、随机接入信道（RACH）和允许接入信道（AGCH）3 种。

- PCH：此信道用于寻呼（搜索）MS，是下行信道。
- RACH：用于 MS 在寻呼响应或主叫接入时向系统申请分配 SDCCH，是上行信道。
- AGCH：此信道用于为 MS 分配一个 SDCCH，是下行信道。

③ 专用控制信道（DCCH）可分为：独立专用控制信道（SDCCH）、慢速随路控制信道（SACCH）和快速随路控制信道（FACCH）。

- SDCCH：用于在分配 TCH 前的呼叫建立过程中传送系统信令。例如登记和鉴权就在此信道上进行。
- SACCH：与一个业务信道 TCH 或一个独立专用控制信道 SDCCH 相关，是一个传送连接信息的连续数据信道，如传送移动台接收到的关于服务及邻近小区的信号强度测试报告、MS 的功率管理和时间的调整等。SACCH 是上、下行双向，点对点（移动对移动）信道。
- FACCH：与一个业务信道 TCH 相关，在语音传输期间，如果突然需要以比 SACCH 所能处理的高得多的速率传送信令信息，则借用 20ms 的语音（数据）突发脉冲序列来传信令，这种情况通常在切换时使用。由于语音解码器会重复最后 20ms 的语音，所以这种中断不易被用户察觉。

GSM 系统空中接口逻辑信道配置如图 3-18 所示。

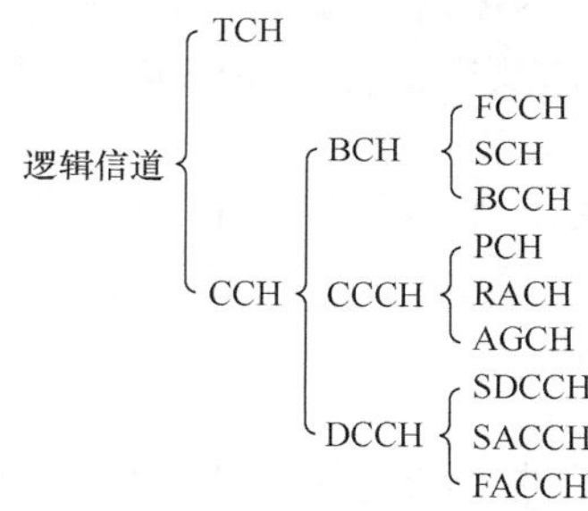

图 3-18　GSM 空中接口逻辑信道配置图

（3）突发脉冲序列

GSM 系统中有不同的逻辑信道，这些逻辑信道以某种方式映射到物理信道，为了了解上面提到的映射关系，首先介绍突发脉冲序列的概念。

TDMA 信道上一个时隙中的信息格式称为突发脉冲序列，也就是说信道以固定的时间间隔（TDMA 信道上每 8 个时隙中的一个）发送某种信息的突发脉冲序列，每个突发脉冲序列共 156.25bit，占时 0.577ms。突发脉冲序列共有 5 种类型。

① 普通突发脉冲序列 NB

NB 用于携带业务信道及除 RACH、SCH 和 FCCH 以外的控制信道上的信息。结构如图 3-19 所示。

TB 3	加密比特 57	1	训练序列 26	1	加密比特 57	TB 3	GP 8.25

←0.577ms (156.25bit)→

图 3-19　普通突发脉冲序列 NB

加密比特是 57bit 的加密数据或编码后语音。

1bit 为“借用标志”，表示这个突发脉冲序列是否被 FACCH 信令借用。

训练比特共 26bit，是一串已知比特，供均衡器用于产生信道模型以消除时间色散（在

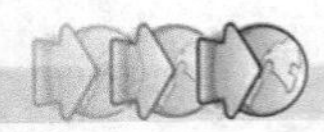

3.1.2 均衡器部分已作介绍）。训练比特可以用不同的序列，分配给小区中使用相同频率的前向信道，以克服它们间的干扰。

尾比特 TB 总是 000，帮助均衡器知道起始位和停止位，因均衡器中使用的方法需要一个固定的起始和停止点。

8.25bit 为保护间隔 GP，是一个空白间隔，不发送任何信息。由于每个频道最多有 8 个用户，因此必须保证他们使用各自时隙发射时不互相重叠。由于移动台在呼叫时不断移动，在实践中很难使每个突发脉冲序列精确同步，来自不同移动台的突发脉冲序列彼此间仍会有小的“滑动”，或在送到基站时由于移动台到基站的距离不同而具有不同的时延。为了保证他们间各自使用的时隙不至造成重叠，故而采用 8.25bit 的保护间隔，8.25bit 相当于大约 30μs 的时间。GP 可使发射机在 GSM 建议的技术要求许可范围内上下波动。

② 频率校正突发脉冲序列 FB

FB 用于构成 FCCH，使 MS 获得频率上的同步。FB 结构见图 3-20。

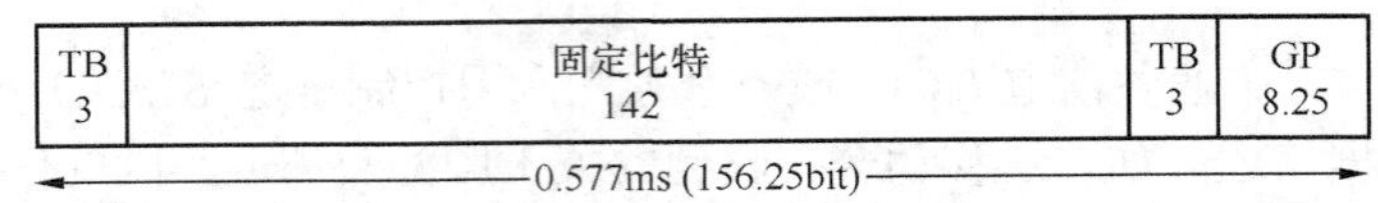

图 3-20 频率校正突发脉冲序列 FB

图 3-20 中 142bit 为固定比特，使调制器发送一个频偏为 67.5kHz 的全“0”比特。

③ 同步突发脉冲序列 SB

SB 用于构成 SCH，使移动台获得与系统的时间同步。SB 包括一个易被检测的长同步序列，及携带有 TDMA 帧号和基站识别码 BSIC 信息的加密信息，其结构如图 3-21 所示。

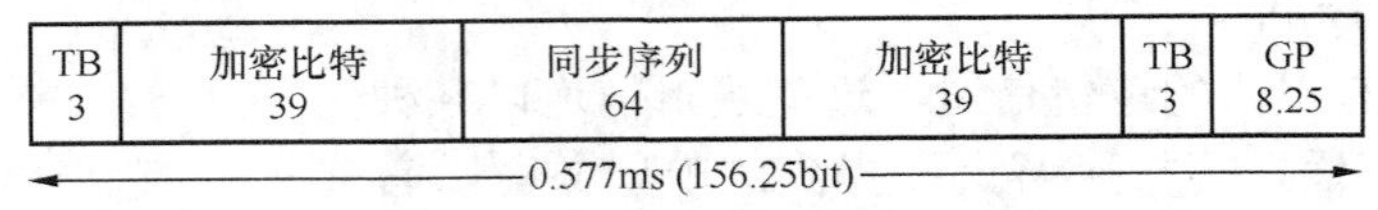

图 3-21 同步突发脉冲序列 SB

图 3-21 中，39bit 的加密比特包含 25bit 信息位、10bit 奇偶校验、4bit 尾比特，再经 1:2 卷积编码，得到总比特数 78bit，分成两个 39bit 的编码段填入。其中 25bit 信息位由两部分组成：6bit 基站识别码信息 BSIC、19bitTDMA 帧号。

TDMA 帧号：GSM 的特性之一是用户信息的保密性，这是通过在发送信息前对信息进行加密实现的。加密序列的算法中，TDMA 帧号为一个输入参数，因此每一帧都必须有一帧号。帧号以 2 715 648 个 TDMA 帧为周期循环的，有了 TDMA 帧号，移动台就可根据这个帧号判断控制信道 TS_0 上传送的是哪一类逻辑信道。

当移动台进行信号强度测量时，用 BSIC 检测进行基站识别，以防止在同频小区上测量。

④ 接入突发脉冲序列 AB

接入突发脉冲序列用于 MS 主呼或寻呼响应时随机接入，它有一个较长的保护时间间隔（68.25bit），这是因为移动台的首次接入或切换到一个新的基站后不知道时间提前量，移动台可能远离基站，这意味着初始突发脉冲序列会迟一些到达，由于第一个突发脉冲序列没有时间提前，为了不与正常到达的下一个时隙中的突发脉冲序列重叠，此突发脉冲序列必须要

短一些，保护间隔长一些。AB 结构如图 3-22 所示。

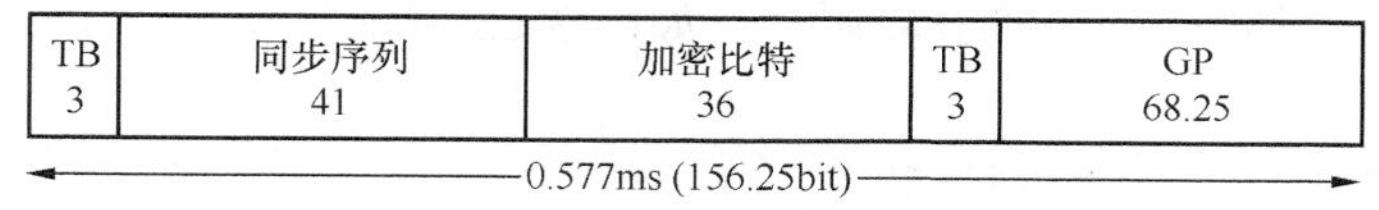

图 3-22　接入突发脉冲序列 AB

图 3-22 中 36bit 为加密比特，包含 8bit 信息、6bit 的奇偶校验和 4bit 的尾比特，共 18bit 经 1：2 的卷积编码得到 36bit 填入。8bit 的信息位中，其中 3bit 为接入原因，用于表明紧急呼叫等；5bit 为随机鉴别器，用于检查确定碰撞后的重发时间。

⑤ 空闲突发脉冲序列 DB

当用户无信息传输时，用 DB 代替 NB 在 TDMA 时隙中传送。DB 不携带任何信息，不发送给任何移动台，格式与普通突发脉冲序列相同，只是其中加密比特改为具有一定的比特模型的混合比特。

（4）逻辑信道到物理信道的映射

传递各种信息的信道，在传输过程中要放在不同载频的某个时隙上，才能实现信息的传送。一个基站有 n 个载频，由 C_0，C_1，C_2，…C_n 表示，每个载频有 8 个时隙。一个系统的不同小区使用的 C_0 不一定是同一载波，C_n 表示小区内的不同载波。一般控制信道映射到 C_0 载频上，下面介绍 C_0 载频上的映射关系。

① TS_0 上的映射

图 3-23 给出了 BCH 和 CCCH 在一个小区内的下行 TS_0 上的复用。广播信道和公共控制信道以 51 个时隙的帧重复，但是从所占的时隙来看只用了 TDMA 帧的 TS_0，在空闲帧之后从 F、S 开始。图中 F 表示 FCCH，用于移动台的频率同步；S 表示 SCH，移动台据此读取 TDMA 帧号和 BSIC，获得时间上的同步；B 表示 BCCH，移动台由此读取有关小区的通用信息；I 表示 IDLE，为空闲帧，不发送任何信息。

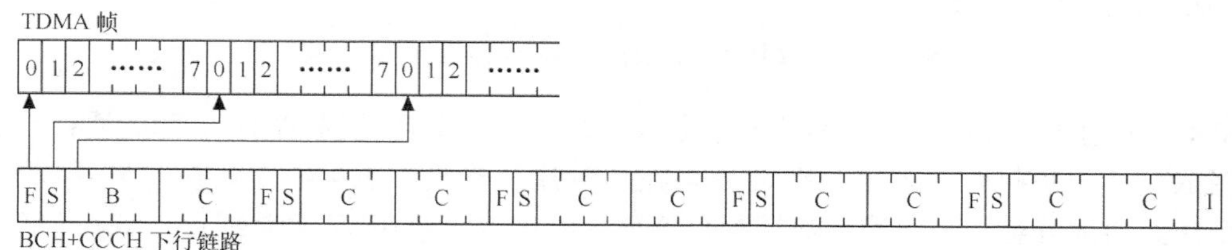

图 3-23　BCH 与 CCCH 在 TS_0 上的复用

当没有呼叫时，基站也总在发射，使移动台能够测试基站的信号强度以确定使用哪个小区更合适，即当移动台开机、越区切换时，FCCH、SCH 及 BCCH 总在发射。C_0 的 TS_1～TS_7 时隙也一样常发，如果没有信息传送，则用空闲突发脉冲序列代替。

对上行链路，C_0 上的 TS_0 不包含上述信道，TS_0 用作移动台的接入，如图 3-24 所示，这里只给出了 51 个连续 TDMA 帧的 TS_0，图中 R 表示 RACH。BCCH、FCCH、SCH、PCH、AGCH 和 RACH 均映射到 TS_0，RACH 映射到上行链路，其余信道映射到下行链路。

② TS1 上的映射

下行链路 C_0 上的 TS_1 的映射如图 3-25 所示，TS_1 用来将专用控制信道映射到物理信道，共 102 个时隙重复一次。由于呼叫建立和登记时的比特率相当低，可在一个 TS（TS_1）

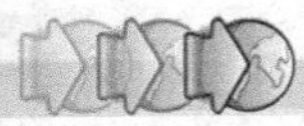

上放 8 个专用控制信道，使时隙的利用率提高。上行链路 SDCCH 和 SACCH 的复用与下行链路类似，102 个时隙构成一个时分复用帧，如图 3-26 所示。

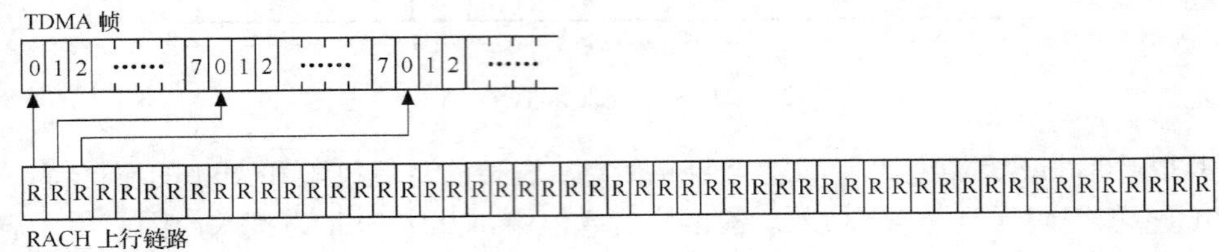

图 3-24　TS_0 上 RACH 的复用

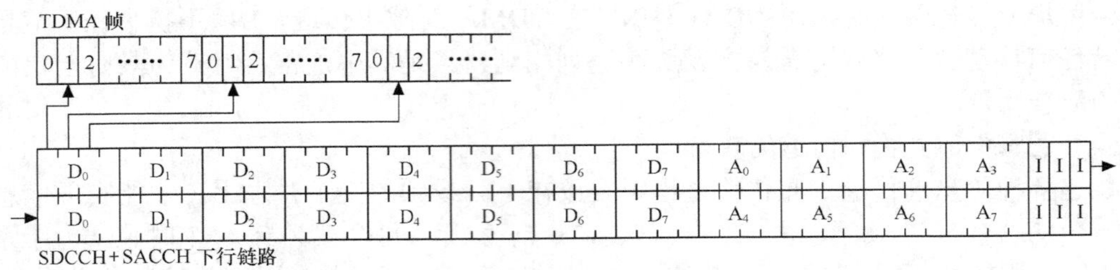

图 3-25　SDCCH 和 SACCH 在 TS_1 上的复用（下行链路）

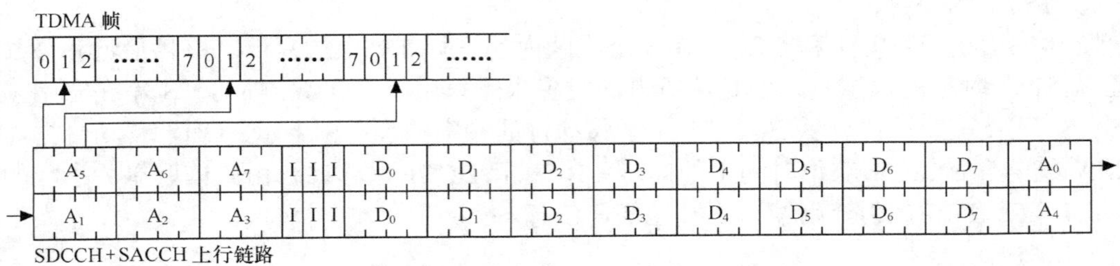

图 3-26　SDCCH 和 SACCH 在 TS_1 上的复用（上行链路）

SDCCH 用 D_X 表示，只在移动台建立呼叫时用，移动台转到 TCH 上开始通话或登记结束后释放，即可提供给其他移动台使用。在传输建立阶段（也可能是切换时），必须交换控制信令，如功率调整、无线测量数据等，移动台的这些信令在 SACCH 上由 A_X 传送。在载频 C_0 上的 TS_1 时隙的上行链路的结构与下行链路的结构相同，只是时间上有一个偏移，偏移 3TS，使 MS 可进行双向接续。

③ TCH 的映射

C_0 上的上、下行信道的 TS_0、TS_1 由控制信道使用，TS_2～TS_7 则分给业务信道使用。

业务信道 TCH 的物理信道的映射如图 3-27 所示，在 TS_2 上的信息构成了一个业务信道。业务信道 TCH 上、下行链路共 26 个 TS，包含 24 个信息帧、一个控制帧和一个空闲帧。在空闲帧后序列从头开始，图中 T 表示 TCH，包括编码语音或数据，用于通话和低速数据传送；A 表示随路信道（SACCH 或 FACCH），用于传送控制信息，如命令调整输出功率。若某 MS 分配到 TS_2，每个 TDMA 帧的每个 TS_2 包含了此移动台的信息，直到该 MS 通信结束。只有空闲帧是个例外，它不含任何信息，移动台以一定方式使用它，空闲帧后序列从头开始。

上行链路 TCH 的结构与下行 TCH 一样，但也有 3TS 的偏移，即时间偏移 3 个 TS，也

就是说上下行的 TS_2 不同时出现，这意味着移动台不必收发同时进行，如图 3-28 所示。

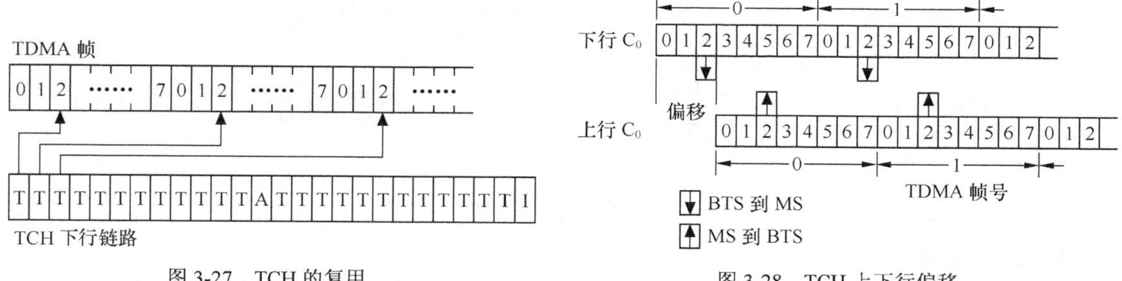

图 3-27　TCH 的复用

图 3-28　TCH 上下行偏移

下面我们看一下 C_0 上的全部时隙：TS_0 映射逻辑控制信道，重复周期 51 个 TS；TS_1 映射逻辑控制信道，重复周期 102 个 TS；TS_2～TS_7 映射逻辑业务信道，重复周期 26 个 TS。

同一小区的其他载频，即 C_1～C_n 个频点，只用于业务信道，TS_0～TS_7 全部是业务信道。即每个小区 C_0 载频有 6 个时隙 TS_2～TS_7 是业务信道，每增加一个载频就增加 8 个业务信道。

映射到 TDMA 帧中的信号，按分级帧结构逐级形成超高帧。

（5）MS 测试原理

① 空闲状态

移动台开机时需进行小区选择。移动台扫描 GSM 系统中所有 RF 信道，调谐到最强的一个载频，并判断该载频是否含有广播信道。如果是，判断是否可以锁定在此小区（如果是自己系统的移动通信网，则可以锁定在该小区，或者该系统是否允许该用户使用该小区）；如果不是，则移动台调谐到次强载频上再重复以上判断。

移动台可选择一个广播信道的载频存储器，这样它只要搜索这些载频，如果不成功，再按上述步骤搜索。

移动台在空闲状态下由一个小区进入另一个小区，需进行小区重选。在广播信道上，移动台被通知应监视哪个 BCH 载波，移动台不断更新由 6 个最强载波组成的表。

② 呼叫接续状态

在呼叫过程中，移动台不断地向系统报告所监测到的周围基站的 BCH 信号强度。当需要切换时，基站可根据这些测试报告很快选出目标小区。

移动台在呼叫过程中，是在无任何操作时进行测试的，也就是说在分配的发送或接收时隙间隔外进行测试。为了切换，系统从 SACCH 上通知移动台应该监视哪些 BCH，这些 BCH 的信号强度是一个接一个地进行测试的，最后确定出每个载频测量值的平均值报告给基站。为保证测试的数值对应一个特定的基站，因而必须确定对基站的识别。基站用 BSIC 来识别，识别码在 C_0 载频的 TS_0 的 SCH 上发送。因此在 TCH 上的空闲帧期间（TCH 上的第 26 个 TDMA 帧）检查邻近基站的 BSIC。呼叫接续状态下，移动台进行测试的过程如图 3-29 所示。图中，以 MS 占用 TS_2 为例：①表示移动台接收信号并测试服务小区的工作时隙 TS_2 的信号强度；②表示移动台在工作时隙 TS_2 上发射信号；③表示移动台测试所在小区周围的基站的信号强度；④表示移动台读取所在小区周围的 TS_0 上 SCH 中的 BSIC。

移动台通过 SACCH 将附近 6 个具有最强平均信号强度和有效的 BSIC 的小区报告给基站。移动台可能与它要确认的邻近小区不同步，也不知道在邻近广播信道载频上的 TS_0 何时出现，因此必须至少在 8 个 TS 时隙的时间间隔内测试，以确保会出现 TS_0，这是在空闲帧实现的。

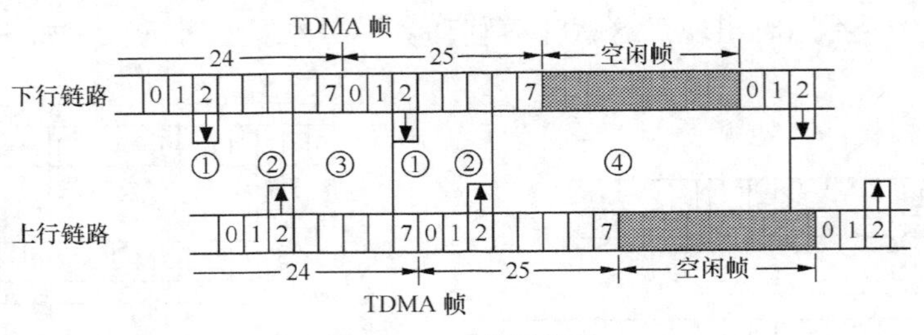

图 3-29　MS 测试原理

③ 滑动复帧

在测试过程中，读取 SCH 上的 BSIC 只凭 TS_0 是不够的，因为每发 10 个 TS_0 才能支持一个 SCH，如图 3-30 所示，由图可知移动台监测机会最多的是 BCCH 和 CCCH。为了解决这个问题，将携带业务信道的 TCH 复帧与携带控制信道的复帧加一个滑动。前者每 26 个时隙重复一次，后者每 51 个时隙重复一次，也就是使空闲帧在 51 复帧所有不同的控制信道帧上均有一个滑动。图中箭头标线对应的是 26 复帧中的空闲帧和 51 复帧的 SCH 同时出现的地方，一个超帧的时间，移动台有 5 次读取 SDH 的机会。

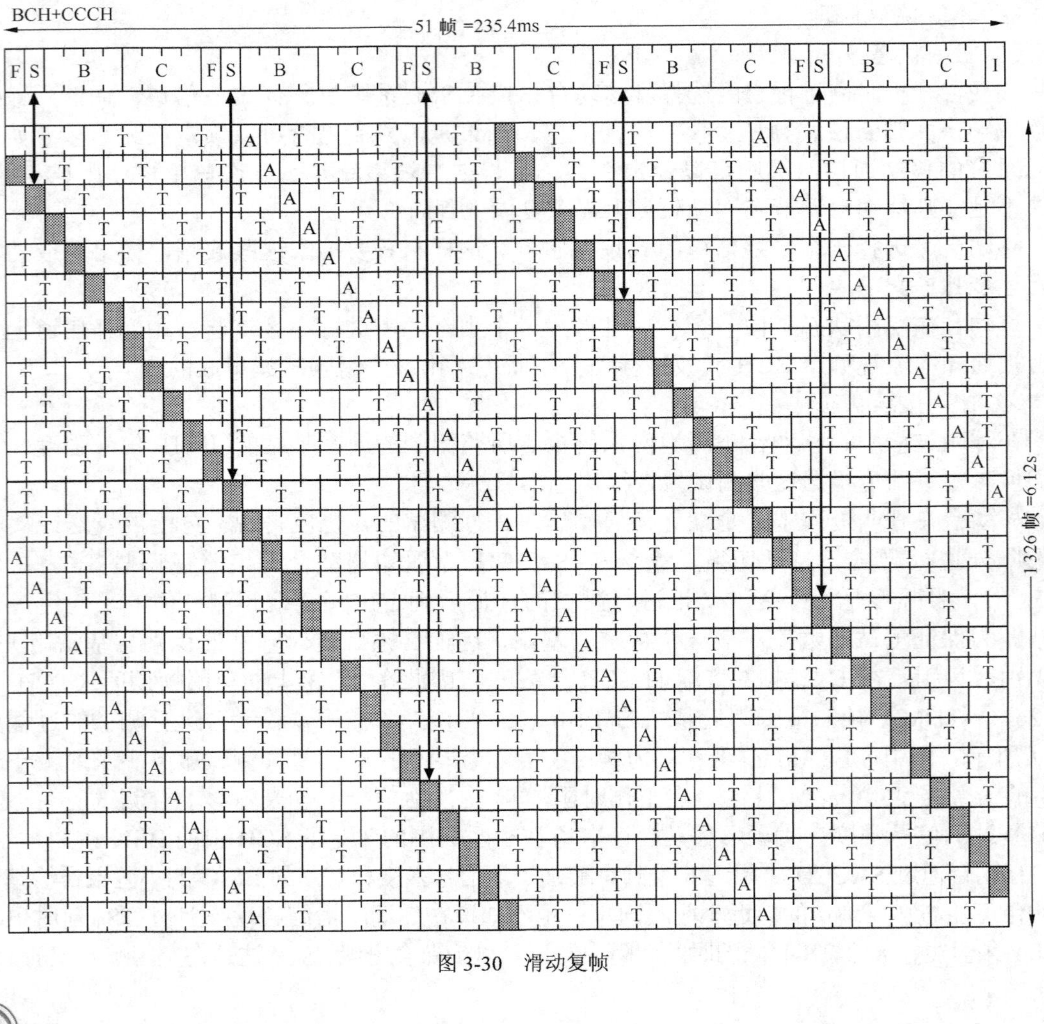

BCH+CCCH

51 帧 =235.4ms

F S B C F S B C F S B C F S B C F S B C I

1326 帧 =6.12s

图 3-30　滑动复帧

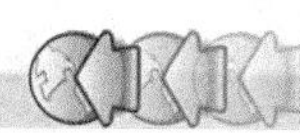

（6）移动用户的接续过程中逻辑信道的应用

① 移动用户开电源

移动用户开机过程，就是移动台初始化过程，如图 3-31 所示：开机后移动台搜索 BCH，搜索到最强的广播信道对应的载频后，读取 FCCH 的信息，使移动台的频率与之同步；随后移动台读取 SCH 信息，读取 BSIC，并同步到超高帧 TDMA 帧号上；接着移动台在 BCCH 上读取系统的信息，如邻近小区的情况，现在所处小区的使用频率，小区是否可以使用，移动系统的国家号码和网络号码等。

② 移动用户进行登记

移动台先在 RACH 上发出接入请求，申请分配一个 SDCCH；系统收到后通过 AGCH 分配给移动用户一个 SDCCH；随后移动台在 SDCCH 上完成登记，在 SACCH 上发控制指令。结束信息交换后移动台进入待机状态并监听 BCCH 和 CCCH。登记过程如图 3-32 所示。

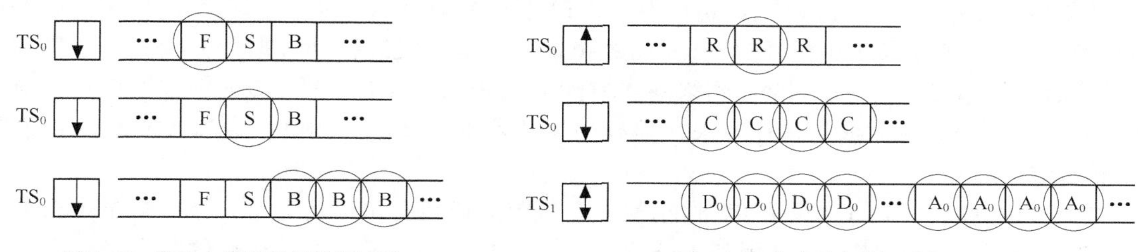

图 3-31　移动台开机后初始化过程　　　图 3-32　移动用户登记过程

③ 移动用户被呼

系统通过 PCH 呼叫移动用户；移动用户收到后在 RACH 上发寻呼响应，申请分配一个 SDCCH；系统收到后通过 AGCH 为移动台分配一个 SDCCH；随后在 SDCCH 上，系统与移动台交换必要的信息（如鉴权、加密模式等，以便识别移动台的身份），在 SACCH 上发送测试报告和功率控制；最后在 SDCCH 上给移动台分配一个 TCH，移动台转入 TCH，开始通话。移动台被呼过程如图 3-33 所示，移动台占用的业务信道为 TS_2～TS_7 中的一个。

④ 移动用户主呼

移动台先在 RACH 上发送呼叫请求信息，申请分配一个 SDCCH；系统收到后通过 AGCH 为移动台分配一个 SDCCH；随后系统与移动台在 SDCCH 上交换必要信息（同被呼过程），在 SACCH 上交换控制信息；最后在 SDCCH 上给移动台分配一个 TCH，移动台转入所分配的 TCH 上开始通话。移动台主呼过程如图 3-34 所示，移动台占用的业务信道为 TS2～TS7 中的一个。

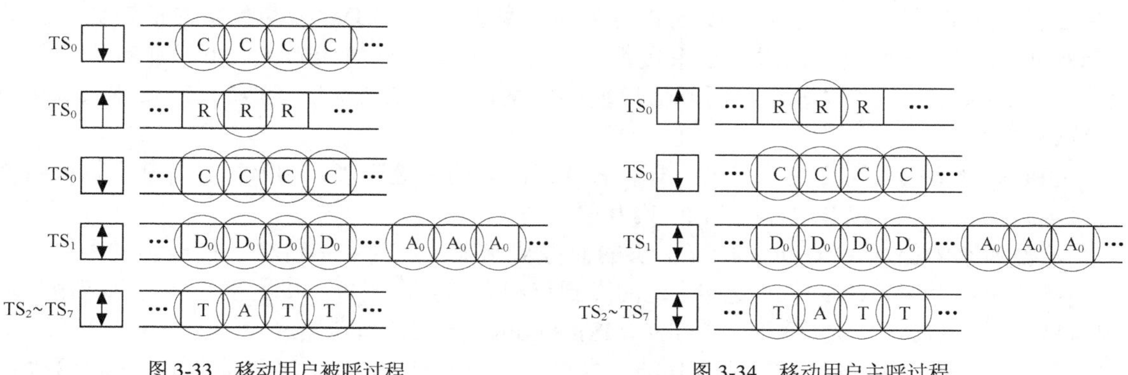

图 3-33　移动用户被呼过程　　　图 3-34　移动用户主呼过程

3.2 GPRS

随着移动通信的发展，越来越多的新技术被广泛使用，越来越多的业务能被提供，为了提供中高速的数据业务，并使 GSM 能向 3G 平滑过渡，人们在 GSM 的基础上提出了 GPRS 通用分组无线业务。GPRS 在 GSM 网络中引入分组交换能力，并将数据传输速率提高到 100kbit/s 以上。GPRS 作为 2G 向 3G 过渡的技术，被称为 2.5 代技术，这是一种基于 GSM 的移动分组数据业务，面向用户提供移动分组的 IP 或者 X.25 连接。本节主要介绍 GPRS 的概念、系统结构、无线接口、主要功能与实现。

3.2.1 GPRS 概述

伴随着 Internet 在全球范围内迅速发展，IP 技术已成为发展方向。随着用户量和业务量的急增，单一话音业务的收益增长空间已经越来越有限，发展移动数据业务就成了各移动通信运营商的战略发展方向。GSM 网络向 WCDMA 演变时存在平滑过渡的问题，电路交换方式不能满足大业务量数据的传输要求，需要中间技术进行承接，GPRS 成为 GSM 演进的最主要的方案。

基于以上原因，在 GSM 的基础上提出了 GPRS 通用分组无线业务。GPRS 是 GSM 在 Phase2+阶段引入的，核心网采用基于分组交换的 IP 技术，传送不同速率的数据及信令，是对 GSM 的升级，应用于 GSM，不会替代 GSM。

1．GPRS 主要特点

GPRS 采用分组交换技术，高效传输高速或低速数据和信令，优化了对网络资源和无线资源的利用。

定义了新的 GPRS 无线信道，且分配方式十分灵活。在一个小区内，多个用户可以共享一条无线信道同时进行通信，大大提高了信道的利用率；当某一用户所需传输的数据量很大，而信道尚有空闲时，可同时占用同一载波的多个时隙（即多个信道）进行通信，满足了数据业务的突发性要求，支持四种不同的 QoS 级别。

支持中、高速率数据传输，最高速率理论值可达 21.4 × 8=171.2kbit/s。但 171.2kbit/s 只是 GPRS 的理论速率，需要一个载频的 8 个时隙同时提供给同一用户使用，且不能采用任何形式的纠错措施，并要对现有的 GSM 网络作较大的改动。在对 GSM 网络不作太多改动的情况下，只有 14.4kbit/s × 8=115.2kbit/s 的最高理论速率。因为，GPRS 仅使用 GSM 的空闲信道来提供服务，GPRS 的传输速率取决于 GSM 为其预留的信道数，因此 GPRS 的实际速率典型值比理论速率慢得多，介于 14.4～43.2kbit/s（上下行非对称速率）左右。GPRS 采用了与 GSM 不同的信道编码方案，定义了 CS-1、CS-2、CS-3 和 CS-4 四种编码方案。

GPRS 网络接入速度快，提供了与现有数据网间的无缝连接。GPRS 支持基于标准数据通信协议的应用，可以和 IP 网、X.25 网互联互通。

数据速率的提高使 GPRS 所能提供的业务从原来单一的文本传输，扩展到了多媒体业务，还能无线上网。GPRS 可支持特定的点到点和点到多点服务，以实现一些特殊应用如远程信息处理。GPRS 也允许短消息业务(SMS)经 GPRS 无线信道传输。

GPRS 具有与 GSM 一样的安全功能。身份认证和加密功能由 SGSN 来执行，GPRS 使用

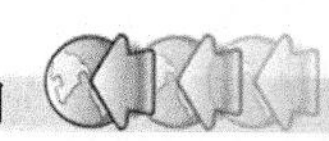

的密码算法是专为分组数据传输所优化过的。GPRS 移动设备(ME)可通过 SIM 访问 GPRS 业务，不管这个 SIM 是否具备 GPRS 功能。

GPRS 可以实现基于数据流量、业务类型及服务质量等级(QoS)的计费功能。GPRS 手机的计费很灵活，可以按时间计费，也可以按传输的数据量计费。GPRS 中，一般数据业务是根据用户传输的数据量计费的，只要不下载、传输数据，一直“在线”也不需另外付费，因而费用更合理，也适合突发性数据业务的特点。

GPRS 的核心网络层采用 IP 技术，底层可使用多种传输技术，很方便地实现与高速发展的 IP 网无缝连接。GPRS 手机可以浏览普通的 Internet 网页，不仅方便了用户，也方便了业务提供者，不需做任何改动就可以为移动用户提供服务。

GPRS 有“永远在线”的特点，即用户可随时与网络保持联系。没有数据需要传送时手机就进入“准休眠”状态，释放所用的无线信道，网络与用户间仅保持一种逻辑上的连接，当用户再作点击时，手机立即向网络请求无线信道用来传送数据，不需重新接入。

将现有 GSM 网络升级至分组交换的 GPRS 网络，需要在网络中作些改动。同时，用户若要使用 GPRS 业务，必须使用 GPRS 移动台或 GPRS/GSM 双模移动台，以适应分组数据处理的需要，也就是说，用户必须更换现有 GSM 手机，但不必更换 SIM 卡。

2．GPRS 的局限性

GPRS 是对目前 GSM 网络的补充，是 GSM 向 3G 系统演进的重要一环，与其他的非语音移动数据业务相比，在频谱效率、容量和功能等方面有较大的改善。然而，GPRS 尚有不少局限性。

可靠性较差。由于分组交换连接比电路交换连接的可靠性要差一些，使用 GPRS 会发生一些包丢失现象。

小区总容量有限。GPRS 并不能增加网络现存小区的总容量，即不能创造资源，只能更有效地使用现有资源。因此无线频率资源仍然有限，相同的无线资源分配给不同的业务使用，用于一种就不能用于另一种用途，GPRS 的容量取决于 GSM 系统预留给 GPRS 使用的时隙数。

实际传输速率和理论值间存在较大差距。要获得 171.2kbit/s 的最大传输速率，必须要单一用户同时占用某个载频的所有 8 个时隙，且不采取任何纠错措施。显然，这是不可能的。

支持 GPRS MT 的终端得不到保证。终端不支持无线终止功能，可能会允许任意信息到达终端，移动用户将为所接收到的所有信息付费，包括垃圾信息甚至恶意信息。

GPRS 使用的调制方式还有待改进。GMSK 并不是最好的调制方式。EDGE 采用 8PSK 调制方式，可允许更高的比特速率通过空中接口。

传输时延。采用分组交换方式传数据，传输时延是不可避免的。使用 HSCSD 实现数据呼叫，传输时延要小得多。

3．GPRS 的发展——EGPRS

GPRS 的发展的第二个阶段是 EGPRS（增强型 GPRS），采用 EDGE 技术。EDGE（改进数据率 GSM 服务）是一种有效提高 GPRS 信道编码效率的高速移动数据标准，允许高达 384kbit/s 的数据传输速率，可充分满足未来无线多媒体应用的带宽需求。

EGPRS 引入了对无线网络能力的提升，支持 GMSK、8PSK 两种调制技术，支持每时隙 3 倍于 GPRS 速率，最高可达 473kbit/s。EGPRS 引入后，从 FTP 平均下载速率、FTP 平均连接时长，从全网测试数据均优于 CDMA1X。

一些运营商视 EDGE 为 GPRS 发展到 3G/UMTS 的过渡技术。GPRS 在 GSM 向 3G 演进中起着重要作用，GPRS 仅仅是一种过渡技术，但又是必不可少的。

3.2.2 GPRS 系统的结构

1. 基于 GSM 的 GPRS 网络结构

现有的 GSM 网络主要是针对话音业务设计的，而 GPRS 则主要是用来提供非话数据业务的。GPRS 提供了移动网到 TCP/IP 网络或 X.25 网络的接口，因此，GPRS 网络看作是一个 IP 子网。GPRS 网络是基于现有的 GSM 网络实现的，为了升级至 GPRS，GSM 网络侧需要增加新节点、接口和对部分设备软件升级，升级结构模型如图 3-35 所示。

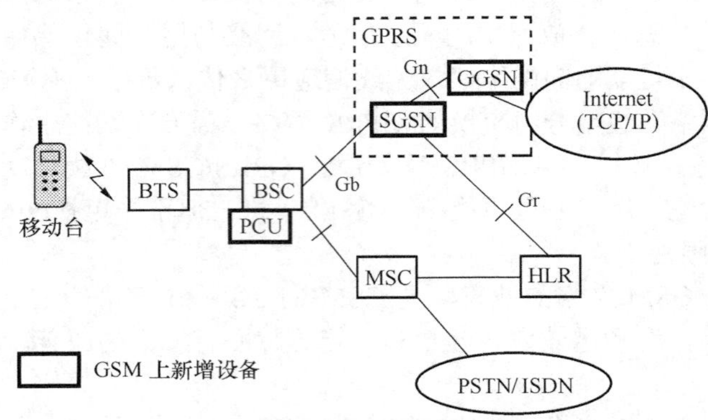

图 3-35 GPRS 参考模型

GSN 是 GPRS 网络中最重要的网络节点，包括 SGSN（服务 GSN）和 GGSN（网关 GSN）。

（1）与 GSM 相比，GPRS 新增的主要设备

① SGSN（GPRS 业务支持节点）：主要功能是对移动终端进行鉴权和移动性管理，记录移动台当前位置信息，建立移动终端到 GGSN 的传输通道，接收从 BSS 送来的移动台的分组数据，通过 GPRS 骨干网传送给 GGSN，或将分组发送到同一服务区内的移动台。SGSN 还可集成计费网关、边缘网关（负责实现不同 GPRS 网络间的互连）和防火墙功能。

② GGSN（GPRS 网关支持节点）：是连接 GPRS 网络与外部数据网络的节点，主要起网关作用，可以和多种不同的数据网络连接，如 ISDN、PSPDN 和 LAN 等。对于外部数据网络来说，它就是一个路由器，负责存储已经激活的 GPRS 用户的路由信息。GGSN 接收移动台发送来的数据，进行协议转换，转发至相应的外部网络，或接收来自外部数据网络的数据，通过隧道技术，传送给相应 SGSN。另外 GGSN 还可具有地址分配、计费、防火墙功能。

GPRS 网络中，GGSN 承担了类似于路由器的工作，使 GPRS 网络成为一个内部专网，其特性对外部数据网来说是不可见的，而移动终端就是 GPRS 子网中的普通主机，可通过 IP 地址来识别。

SGSN 和 GGSN 可分可合，即它们的功能既可以由一个物理节点全部实现，也可以由不同的物理节点来实现。它们都应有 IP 路由功能，并能与 IP 路由器互连。

③ PCU（分组控制单元）：用于分组数据的信道管理和信道接入控制。

（2）为了升级至 GPRS，GSM 中需要进行改造的设备

① BTS：对于 CS-1 和 CS-2，只需软件升级支持新的逻辑信道和编码方式即可。

② BSC：需要增加新的分组数据处理单元 PCU 模块。（PCU 可作为 BSC 的一个单元，也可以是一台单独的设备）。

③ HLR：需要软件升级支持 GPRS 的用户数据和路由信息以及与 SGSN 的 G_r 接口。

④ MSC/VLR：如果需要实现 MSC 与 SGSN 的 G_s 接口，则需要对 MSC 做软件升级，否则无需对 MSC 进行改造。另外 MSC 可以与 SGSN/GGSN 安装在一起，并逐步用 GPRS 核心网取代 MSC 的功能。

⑤ OMC：需要增加对新的网络单元进行网络管理的功能。

⑥ 计费系统：由于 GPRS 采用了与电路交换业务完全不同的计费信息，采用按数据流量而不是按时长计费，因此需升级计费系统。

⑦ 终端：因为 GPRS 和 GSM 采用不同的数据类型，所以需要采用支持 GPRS 的终端。

2. GPRS 骨干网络

GPRS 骨干网络是基于 IP 的网络，提供 GPRS 内部和 GPRS 间的通信，如图 3-36 所示。

在 GPRS 网络内部，同一运营商的 SGSN 和 GGSN 之间可以相互通信，接口标准为 Gn；不同运营商间的 SGSN 和 GGSN 也可以相互通信，接口标准为 Gp。GPRS 骨干网采用内部专用 IP 网络，以确保网络安全和 GPRS 网络的性能。专用 IP 网络使用内部 IP 地址，外部网络无法对其进行访问，所有的 GPRS 骨干网络互联，组成一个大的专用网络。

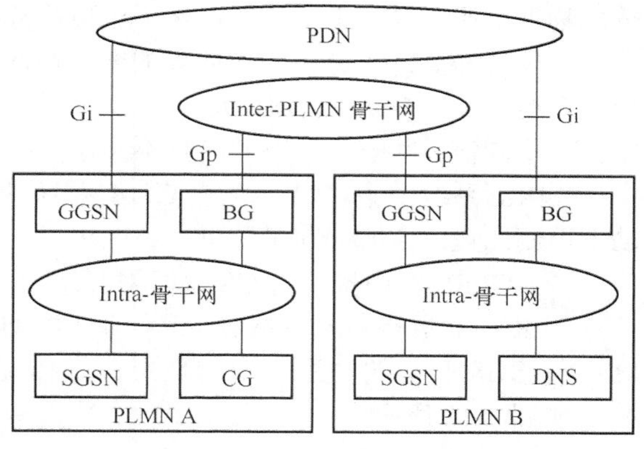

图 3-36　GPRS 骨干网络结构

GPRS 骨干网中，几个比较重要的元素为：

（1）边界网关 BG：主要作用是确保不同运营商之间的 GPRS 网络的通信安全。BG 在 GPRS 标准中没有定义，而是由移动运营商达成的有关协议。包括防火墙、路由器（用于选择网络类型），以及保证运营商之间互连互通所需的一些特殊功能。

（2）域名系统 DNS：主要用于 IP 网络，提供逻辑域名和 IP 地址之间的映射。在 GPRS 网络中，DNS 用于提供逻辑接入点名和 GGSN IP 地址之间的映射。

（3）计费网关 CG：收集来自 SGSN 和 GGSN 的计费信息，并将计费信息送往运营商的计费系统。

3.2.3　GPRS 中的无线接口

1. GPRS 中的接口

GPRS 系统中，接口可分为两大类：一类既可传信令，也可传数据；另一类只能传信令。GPRS 相关接口都用 G 标识，如图 3-37 所示。图中，A、D、C、E 等接口与 GSM 中相同。

对于 GPRS 网络来说，这些接口都是开放的，其中 Gb、Gr 决定着多数厂家设备间能否互通，从而影响 GPRS 业务的实现，而 Gn 则影响着业务实现方式和组网方式。

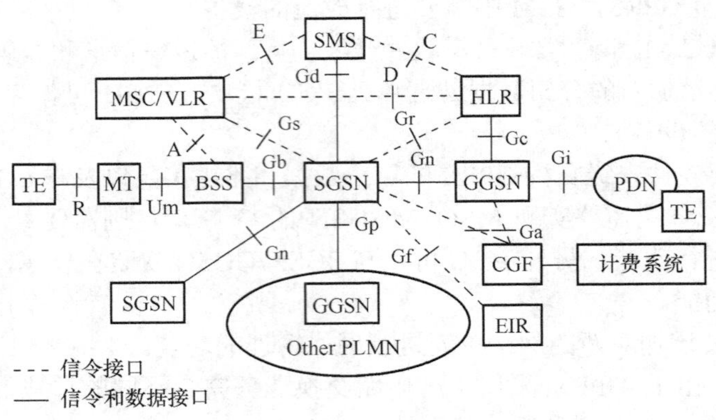

图3-37　GPRS中的接口

2. GPRS空中接口

作为GPRS系统主要组成部分的空中接口有以下主要特征：GPRS可以为分组业务动态分配物理资源；提供上下无线链路不对称业务；可以在一个物理信道PDCH上复用多个用户数据，体现和满足了分组交换业务的突发特性；一个用户可以占用多个PDCH，通过合并使用最多至8个GSM物理信道，可以显著提高分组业务的数据传输速率；采用多种编码方案，在不同信道状态下更有效传输不同速率的用户数据。

GPRS系统空中接口在改进GSM系统的同时，仍然需要完成传统的信令功能，比如：功率控制测量；定时提前量测量；小区选择；信道编码等。

（1）GPRS空中接口与GSM相关部分

GPRS空中接口与GSM相关部分由物理层和数据链路层的低层组成。如果不考虑MS和SGSN间的关系，由物理层、媒体接入控制层MAC和无线链路控制层RLC组成，如图3-38所示。

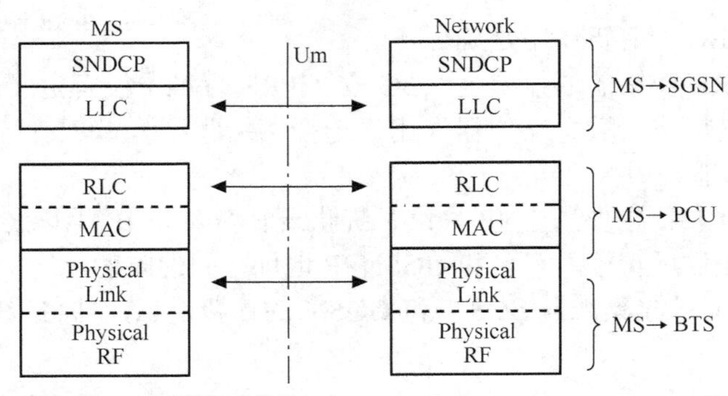

图3-38　空中接口Um的组成

（2）分组数据逻辑信道

GPRS系统中逻辑信道完成类似GSM系统逻辑信道的功能，GPRS逻辑信道映射到物理信道之后称为分组数据信道PDCH。GPRS系统传递如鉴权、同步等信令，可使用GSM系统的逻辑信道，对于分组数据及相关信令的传递，GPRS依据GSM逻辑信道划分方法定义分组

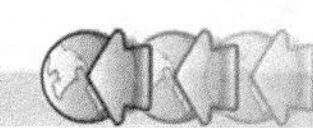

信道，如图 3-39 所示。

① 分组业务信道（PTCH）

PTCH 包括全速率 PDTCH-F 和半速率 PDTCH-H 分组业务信道。GPRS 分组业务信道用于传输分组数据，当提供点到多点业务时可分配给小区内一个 MS 或一组 MS。为实现传输更高数据速率，系统支持一个用户使用多个 PDTCH。

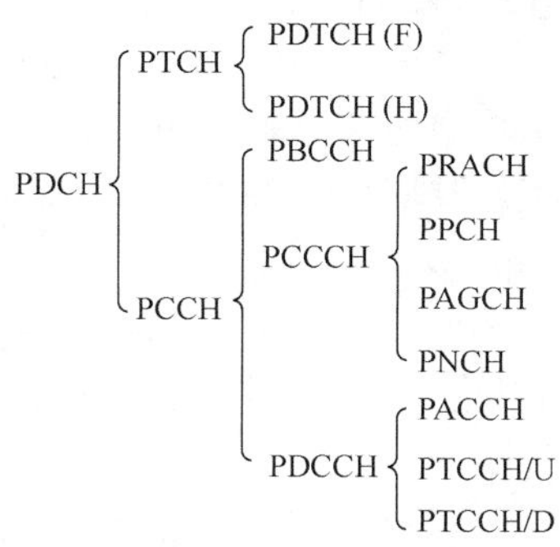

图 3-39　GPRS 逻辑信道结构

② 分组控制信道（PCCH）

PCCH 包括 PBCCH、PCCCH、PDCCH 三大类。

- 分组广播控制信道 PBCCH：用于下行链路广播分组数据传输。该逻辑信道是可选的，用 BCCH 来指示存在与否，如果不存在，用 BCCH 为分组数据传输发送广播信息。
- 公共控制信道 PCCCH：包括 PPCH，PRACH，PAGCH 和 PNCH 四种信道。

分组寻呼信道 PPCH：仅用于下行链路被叫用户寻呼，可用于指示分组数据业务，也可用于电路交换业务。因为 A、B 类的 MS 可以同时处理 GSM 和 GPRS 信令，即使已经在传输分组数据，对 A、B 类 MS 仍然可以使用该信道为电路交换业务完成寻呼功能。

分组随机接入信道 PRACH：仅用于上行链路，用来请求分配一条或多条 PDTCH，与 RACH 信道以相同方式工作。

分组允许接入信道 PAGCH：仅用于下行链路，用于在用户分组数据传输前给 MS 分配 PDTCH。如已有分组在传输，需改变下行链路的资源分配，也可以通过 PAGCH 完成。

分组通知信道 PNCH：仅用于下行链路，在 GPRS 阶段Ⅱ，用于在点到多点分组业务呼叫 PTM-M 初始化前通知相关的一组 MS。

如果没有分配 PCCCH，分组交换信息通过 CCCH 传输，一旦分配了 PCCCH，它也可为电路交换业务传递信息。

- 专用控制信道 PDCCH：包括 PACCH，PTCCH/U 和 PTCCH/D 三种信道。

分组随路控制信道 PACCH：为单向信道，PACCH/U 用于上行链路，PACCH/D 用于下行链路。PACCH 用于在 MS 和基站之间交换专用信令信息。信令包括功率控制和定时提前信息、资源分配和再分配消息等。即使一个 MS 分配了多个 PDCCH，仅需一个 PACCH 来传递所需信息。

上行链路分组定时提前控制信道 PTCCH/U：用于发送随机接入突发序列，使传递分组数据的 MS 可估计定时提前量。

下行链路分组定时提前控制信道 PTCCH/D：用于向多个 MS 发送定时提前量更新。一个 PTCCH/D 与多个 PTCCH/U 成对使用。

（3）GPRS 物理信道

① 突发脉冲序列

GPRS 突发脉冲序列与 GSM 一样，由普通突发序列 NB、频率校正突发序列 FB、同步突发序列 SB、接入突发序列 AB 和空闲突发序列 DB 组成，每一突发序列中都安排了与 GSM 中相同的保护间隔。

② 无线块结构

考虑到面向分组应用业务的突发性特征，当定义 GPRS 物理信道时，必须保证不同用户的逻辑信道可以复用和映射到同一物理信道，该物理信道才可得到有效使用，即实现物理信

道共享。GPRS 共享物理信道是通过无线块实现的。

GPRS 在 GSM 时隙基础上构造了无线块结构，无线块是在空中接口传输用户数据和信令的物理信道基本单位。多个用户逻辑信道数据可以复用在一个物理信道即 PDCH 中，所以无线块内必须存在信息用来指示块内包含的逻辑信道类型，同时用来判断传输用户数据的所有者。如图 3-40 所示，无线块由以下 3 部分组成：

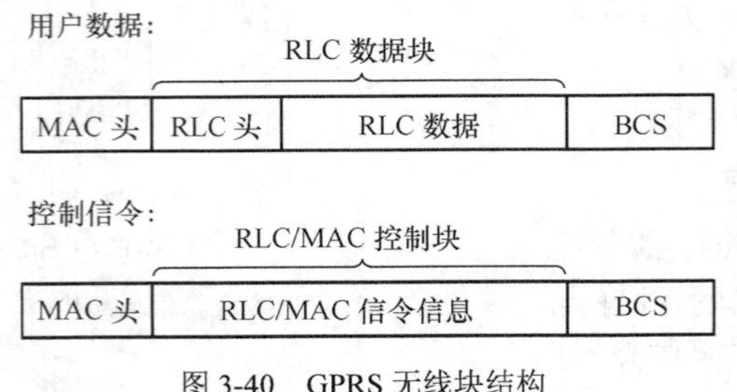

图 3-40 GPRS 无线块结构

MAC 头：包含信息有上行链路状态标志 USF（仅用在下行链路 DL 中），用来指出下个上行链路 UL 无线块的所有者、内容类型（数据或信令）；用来标识无线块的所有者的临时块标识 TFI。

信息单元：包含用户数据或信令信息。RLC 数据由 RLC 头和 RLC 数据组成，RLC 头用于向接收端标识发送的 MS，RLC 数据来自于 1 个或几个逻辑链路控制层的协议数据单元（LLC PDU）；信令信息内容是 RLC/MAC 层信令信息，称为 RLC/MAC 控制块。

块校验序列（BCS）：当 MAC 头和内容在物理层与高层间切换时，需要计算块校验序列 BCS，用于错误检测。

③ 复帧结构

物理信道所承载分组逻辑信道可动态地映射到 52 帧的复帧上，对应于 GSM 系统中 TCH 的 2 个 26 帧的复帧。GPRS 中，每个复帧包含 12 个无线块和 4 个空闲帧，一个无线块由 4 个连续 TDMA 帧中的 4 个突发序列组成。复帧结构如图 3-41 所示。

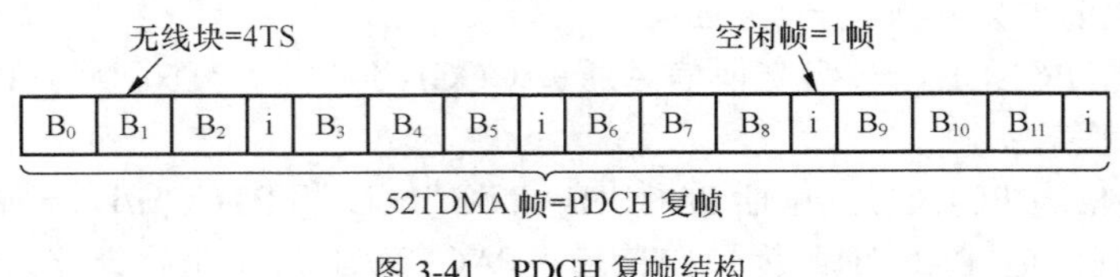

图 3-41 PDCH 复帧结构

在复帧结构中，逻辑信道使用无线块结构传输信息，除了 PRACH 信道使用接入突发序列外，其他信道均使用普通突发序列。在复帧中，消息类型利用无线块头判断，以区别不同的逻辑信道。GPRS 无线块在 MAC 头部分包含 TFI，TFI 允许判断相应的 PDTCH 和 PACCH 分别归属相应的 MS。

无线块在上行复用时通常是 PDTCH 和 PACCH 或者是 PDTCH、PACCH 和 PRACH 的复用；在下行复用时通常是 PDTCH 和 PACCH，或 PDTCH、PACCH 和 PCCCH、PBCCH（由 BCCH 指示），或 PDTCH、PACCH 和 PCCCH（由 PBCCH 指示）的复用。

（4）信道编码

信道编码通过在发送比特流中增加的冗余码元实现对信号的检测和纠错，GPRS 中对携带 RLC 数据块的无线块有 4 种编码方案，CS-1～CS-4，差别主要在于附加给无线块的冗余数目不同而具有不同的"净"数据传输速率及错误检测纠错能力。编码方案如图 3-42 所示。

CS-1：适用于 SDCCH，也适用于待编码的逻辑信道，如 PACCH、PBCCH、PPCH、PAGCH 和 PNCH 的无线块。无线块在 4 个 TDMA 帧周期内总共携带 181 个 RLC 数据比特，去除其中的类型指示比特和功率控制比特后，可达 9.05kbit/s 的净数据传输速率。

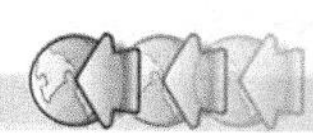

CS-2：在进行卷积编码之后，打孔移去一些比特。也就是说，CS-2 是在 CS-1 的基础上用比特打孔的方法实现的。该过程降低了接收机对错误传输比特的检错和纠错能力，但是可以得到 13.4kbit/s 的数据传输速率。

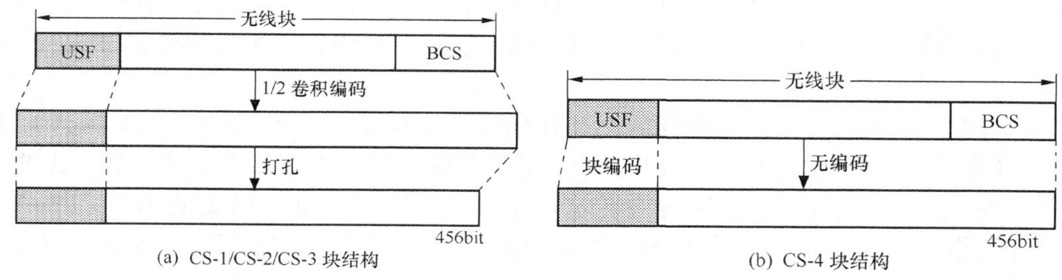

图 3-42　GPRS 的信道编码

CS-3：与 CS-2 相比，用打孔的方法去掉更多比特，达到 15.6kbit/s 的数据传输速率。

CS-4：该方案没有前向纠错 FEC，除 MAC 头部分被编码外，无线块剩余的其他部分保持不变，可以达到 21.4kbit/s 的传输速率。

信道编码后得到 456bit 的一个无线块，再通过无线块交织将比特分配到 4 个突发序列的 8 × 57 个比特中。

通过捆绑使用 8 个物理信道，最高可达到 171.2kbit/s 的净数据传输速率。因为 CS-1 的 MAC 头是和整个无线块一起卷积编码的，所以需要作为数据的一部分完成解码，对于 CS-4，MAC 头是分组码编码，可以单独解码。为了简化解码，无线块中的开销比特可以指示采用了何种类型的编码方案。不同的信道可采用不同编码方案：PDTCH 可采用 CS-1 到 CS-4 方案进行编码；PRACH、PBCCH、PAGCH、PPCH 和 PTCCH：可采用 CS-1 方案进行编码。

（5）用户数据在空中接口的传输

① 用户传输数据时，临时资源的分配过程

如果 MS 使用 RACH，仅指出需要 GPRS 业务，网络侧只能在一或两个 PDCH 上分配上行链路资源，这是不够的。为了满足用户传输不同数据量的需要，MS 发起的分组传输分为两个阶段：通过分组信道请求和分组直接分配，完成阶段一的少量资源分配，上行链路分组传输开始于分组信道请求；阶段二通过分组资源请求和分组资源分配完成，是可选的，发起在用户侧，因为 MS 对分给它的上行链路资源不满意。

分组信道请求：可在 RACH/PRACH 上完成分组信道请求，网络侧必须给用户分配资源，预约考虑资源和分组信道请求的需要。

分组直接分配：AGCH/PAGCH 用于分组直接分配，通过使用 PRACH，移动台可以提交关于请求资源的更充分的信息，可以分配给用户一个或更多的 PDCH。功率控制 PC 和定时提前 TA 信息也包含在该信息中。

分组资源请求：该消息用于携带上行链路传输资源请求的完整描述，通过 PACCH 完成。

分组资源分配：系统通过 PACCH 完成分组资源分配，这是网络侧对用户分组资源请求的反应，是为上行链路传输保留的资源，PC 和 TA 信息也包含在相关信息中。

分组资源请求和分组资源分配是在 PACCH 上实现的。

② 上行链路物理信道的资源分配方法

GPRS 中多个 MS 可共享一个物理信道，同时也允许一个用户并行使用多个物理信道。

当多个 MS 试图同时向 BTS 传输数据时，系统需管理无线资源以避免冲突和碰撞，由 MAC 功能提供裁决和碰撞避免、检测与恢复过程。上行和下行链路无线资源可以分为固定分配方式或动态分配方式。

固定分配：MS 请求需向 BSS 传输的无线块数目。系统使用分组固定直接分配或者分组固定资源分配消息，给 MS 分配固定的上行资源，包括 MS 何时开始传输与使用哪一个时隙来传输。

动态分配：分组直接确认消息包括 PDCH 信道列表和每一个 PDCH 的 USF 值，而 RLC 数据和与临时块流相关的控制块头中包含唯一分配的临时流标识 TFI 值。因为每一无线块包含一个识别标识，所有接收到的无线块可以正确与特定的 LLC 帧和特定的 MS 相关联，使协议高度可靠。通过改变 USF 的状态，不同 PDCH 信道对于某 MS 可以是动态开放和关闭的，实现了灵活的预留机制。

自动重发请求 ARQ 用于在确认模式下传递 RLC 数据块，因此发送端在发送窗口内发送 RLC 块，接收侧周期使用“临时分组确认/非确认”消息来确认接收数据块。该消息可通知所有的块已经正确接收，或者请求重发接收错误的 RLC 块。当从 MS 接收上行数据时，网络侧将维持对从 MS 端接收错误块的计数，并自动动态分配额外资源。

③ 用户数据的传输

移动管理上下文建立后，就可在 MS 与外部数据网络间传送数据了，如图 3-43 所示。

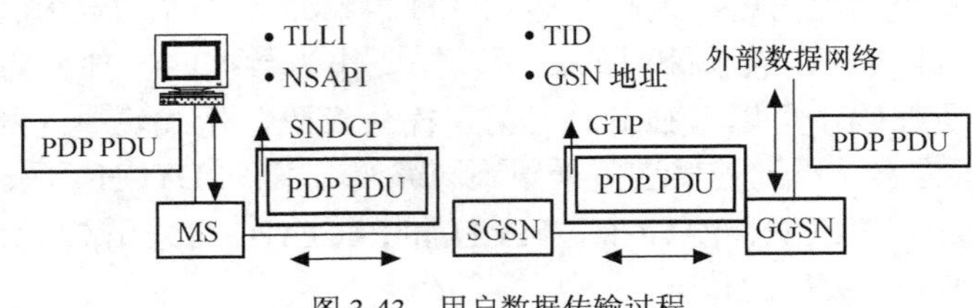

图 3-43　用户数据传输过程

MS 和外部数据网络间传输的数据为 PDP 协议数据单元 PDU，PDP PDU 最大为 1 500 字节。如果 PDP PDU 字节数多于 1 500，必须先进行分割才能进行传输，否则只能丢弃。

GGSN 和 SGSN 间，PDP PDU 经封装后，利用隧道协议传输，GTP PDU 头中有 GSN 地址便于寻址。GTP PDU 的头部还包括隧道标识，用于唯一地标识一个 PDP 上下文。

MS 与 SGSN 间，PDP PDU 利用 SNDCP 协议传输，PDP 上下文通过临时逻辑链路标识 TLLI 和网络层接入点标识 NSAPI 来唯一标识。

3.2.4　GPRS 中的功能及实现

GPRS 网络中必须能够实现多种独立的功能，这些功能可分为六大类：网络接入控制功能；分组路由选择和传输功能；移动管理功能；逻辑链路管理功能；无线资源管理功能；网络管理功能。

1．网络接入控制功能

网络接入就是用户连接到电信网中以使用由这个网络所提供的服务或者设施的途径。访问协议是一组已定义了的过程，它能让用户使用到电信网络提供的服务或设施。GPRS 规范中定义的网络接入控制功能可细分为六个基本功能：注册功能；身份鉴别和授权功能；允许接入控制功能；消息过滤功能；分组终端适配功能；计费数据采集功能。

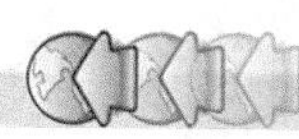

2. 分组路由选择和传输功能

路由是一个有序的节点列表，用于在 PLMN 内或 PLMN 之间传递信息。每一个路由均由源节点、几个中继节点和目的节点所组成。数据包经过路由寻址，从源节点发送到目的节点，不同的数据包可能通过不同的路径到达同一目的地。

路由选择是指分组数据通信网中的网络节点转发数据包的过程，包括以下几个步骤：确定目前哪些路径可达；根据不同要求（如路径最短，或时延最短），选择一条最佳路径；将数据包的格式适配为适合底层传输协议传输的格式；通过选定的路径将数据包传送到其他系统或网络。

路由器是网络中基于 IP 地址进行路由寻址的设备，每个路由器中都有一张路由表，用于存放它所知道的网络节点的信息。收到一个 IP 数据包后，路由器根据路由表中的数据，决定下一步应将该 IP 数据包送给哪一个网络节点，即决定该 IP 数据包“下一跳”的地址。

（1）GPRS 的路由管理

GPRS 的路由管理是指 GPRS 网络如何进行寻址和建立数据传送路由。GPRS 的路由管理表现在以下 3 个方面：移动台发送数据的路由建立、移动台接收数据的路由建立、以及移动台处于漫游时数据路由的建立。

（2）分组路由选择和传输功能的子功能

① 转发功能：将收到的数据包传送给传输路径中的下一跳节点。

② 路由选择功能：路由器分析 IP 数据包头部的目的地址之后，决定该数据包下一跳节点的 IP 地址。IP 数据包的头部有一个字段为计数器，每经过一个路由器，计数器数值减 1，当计数器值为 0 时，就将该数据包丢弃，这是为防止由于路由表故障使数据转发在网络中出现死循环或超长路由，造成对网络资源不必要的浪费。

③ 地址翻译和映射功能：当需要在不同类型的网络之间进行数据传输时，通过地址翻译可以将一个外部网络协议地址转换成一个内部网络地址，以便在 PLMN 之间选择路由来发送分组，地址翻译通常在网关（用于互连两种不同类型的网络）中进行。地址映射用于将一个网络地址映射成同类型的另一个网络地址以进行路由选择，并在 PLMN 之间或之内中继转发消息，地址映射则是指在相同类型的网络之间进行数据传输时，进行的地址转换。

④ 封装功能：当协议数据包传送给下一层协议时将原来的 PDU 当作用户数据，路由信息（地址）或控制信息（如校验和）作为信息头，封装成新的 PDU 后向下层协议传输。收端解包后可将分组中地址和控制信息删除，还原出原始数据单元。

⑤ 隧道功能：隧道传送是指在节点之间，透明传送已封好的数据包。透明传送是指除了转发，不对该数据包进行任何处理。GPRS 系统中，该功能用于在 GSN 之间，以及 MS 和 SGSN 之间透明传输用户数据。

⑥ 压缩功能：因为 GPRS 系统中无线资源非常有限，在保证不损害信息完整性的前提下对其进行压缩，将大大提高传输效率以及对无线资源的利用率。

⑦ 加密功能：用于加密 SGSN 和 GPRS 移动台间传送的用户数据和信令，保护用户数据的安全性、PLMN 不受入侵。

⑧ 域名服务器功能：域名服务器用于将逻辑主机名翻译成 GSN IP 地址。GPRS 系统中的每个 GSN 都有一个逻辑主机名，对应一个内部的 GSN IP 地址。

3. 移动性管理功能

移动性管理功能 MM 用于跟踪本地 PLMN 或其他 PLMN 中 MS 的当前位置。在 GPRS

网络中的移动性管理涉及新增的网络节点和接口及参考点，这与GSM网中有很大不同。

（1）移动性管理状态的定义

与 GPRS 用户相关的移动性管理定义了空闲（Idle）、等待（Standby）、就绪（Ready）三种不同的状态，每一种状态都规定了一定的功能级别和信息。

当移动台还未开机或没有进行 GPRS 连接（Attach）时，处于空闲状态；当移动台正在进行数据传输时，处于就绪状态；移动台已完成 GPRS 连接，但没有传输数据时，处于等待状态。

（2）状态转移

移动管理功能用于跟踪移动终端的位置，对 GPRS 用户的移动性管理体现为 MS 在三种状态之间的相互转换。一个状态向另一个状态的转移，主要依据的是当前状态和当前所发生的事件（例如接入 GPRS 业务），如图 3-44 所示。

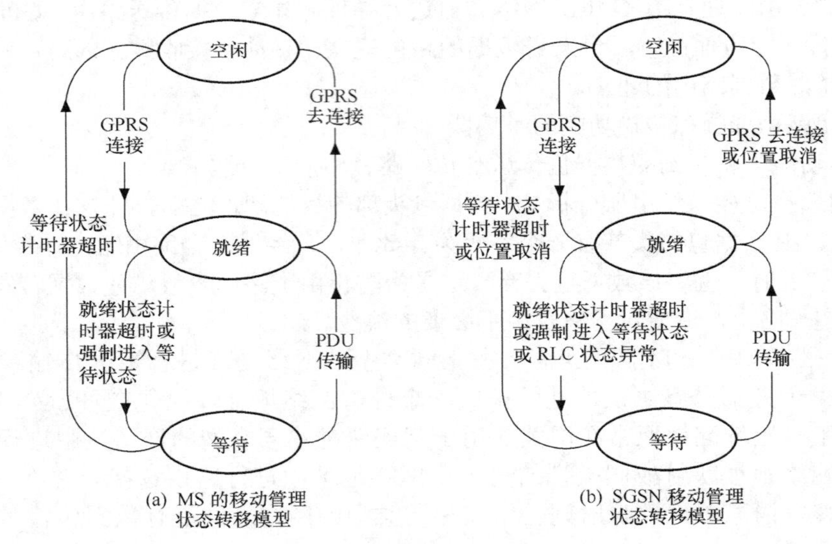

图 3-44　移动管理状态转移模型

GPRS 状态转移包括五种情况：①从空闲状态转移到就绪状态；②从等待状态转移到空闲状态；③从等待状态转移到就绪状态；④从就绪状态转移到等待状态；⑤从就绪状态转移到空闲状态。

（3）移动性管理流程

GPRS 的移动性管理 MM 流程将使用 LLC 和 RLC/MAC 协议，经 Um 接口来传输信息。MM 流程将为底层提供信息，使得 MM 消息在 Um 接口可靠传输。移动管理流程包括：业务接入功能、业务断开功能、清除功能、安全功能、位置管理功能。

① GPRS 连接和去连接

为了访问 GPRS 业务，MS 会首先执行 GPRS 接入过程，以将它的存在告知网络。在 MS 和 SGSN 之间建立一个逻辑链路，使得 MS 可进行接收 SMS 服务、经由 SGSN 的寻呼、GPRS 数据到来通知。

通过 GPRS“连接”和“去连接”过程，GPRS MS 可以建立和结束与 GPRS 网络的连接，这两个过程都是由 MS 发起的，SGSN 对 MS 发起的“连接”和“去连接”请求进行处

理。GPRS“连接”成功执行的结果是 MS 进入 READY 状态，MS 管理上下文在 SGSN 中建立。“连接”建立过程如图 3-45 所示。

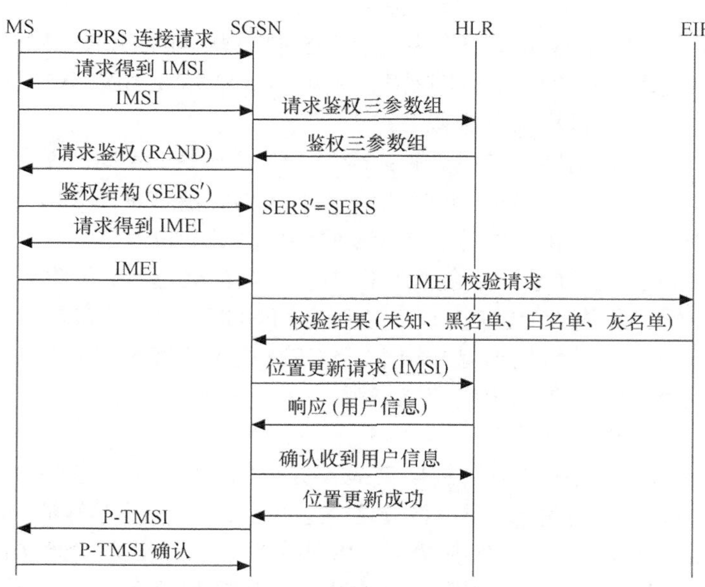

图 3-45　GPRS“连接”建立过程

GPRS“连接”完成之后，移动管理上下文就建立了。SGSN 可以开始跟踪 MS 在 PLMN 中的位置了。此时，MS 可以收发短消息，但还不能收发其他数据。开始收发其他数据之前必须先激活 PDP 上下文。

如果用户希望结束 GPRS 网络中的一个连接，需启动“去连接”过程，将移动管理状态置为空闲，同时删除 SGSN 和 MS 中的移动管理上下文。当等待状态定时器超时，也会隐式执行 GPRS“去连接”操作。“去连接”过程一般由 MS 发起，但也可以由网络发起。

② 位置管理

位置管理其实就是当用户从一个小区进入另一个小区，或者从一个路由区域进入另一个路由区域时，执行的一系列移动管理过程。此外，位置管理还包括周期性的路由区域更新，检查在一段时间内未发起路由区域更新的用户是否可达（处于就绪状态或等待状态），即执行周期性路由区域更新过程，每隔一段时间就向网络汇报一次自己此时所在的位置。

当 MS 处于就绪状态时，如果从一个小区进入同一路由区域内的另一个小区，会触发一个“小区更新（或小区重选）”过程，类似于 GSM 中的“切换”。小区更新过程中，所有数据传输都将暂停。如果此时 MS 或 SGSN 正在传送数据，那么小区更新期间传送的数据被缓存在 SGSN 的缓冲区中或丢失重发。

若 MS 从一个路由区域的小区进入另一个路由区域的小区，则执行路由区域更新。一个 SGSN 可能会同时管理多个路由区域；当 MS 进入的路由区域与其刚离开的路由区域归不同的 SGSN 管理时，执行 Inter-SGSN 路由区域更新过程；当 MS 进入的路由区域与其刚离开的路由区域由相同的 SGSN 管理时，执行 Intra-SGSN 路由区域更新过程。

③ SGSN 和 MSC/VLR 的交互

GPRS 系统是对 GSM 数据传输的补充，电路交换网和分组交换网共存在同一个网络

中，若两个系统都独立进行移动管理，可能导致网络中数据流量的增加。若为既支持电路交换又支持分组交换的 A、B 类终端，通过在 SGSN 和 MSC/VLR 间引入 Gs 接口，就可更有效地使用网络资源，减少网络中数据传输流量。

- 联合的 GPRS/IMSI 连接和去连接：当 MS 执行联合的 GPRS/IMSI 连接过程时，MS 向 SGSN 发送连接请求，SGSN 负责将该消息通知 MSC/VLR，MSC/VLR 记录 SGSN 地址。联合的 GPRS/IMSI 去连接过程与之类似。
- 联合位置区 LA/路由区域 RA 更新：若当 MS 从一个 RA 进入另一个 RA 的同时，也从一个 LA 换到了另一个 LA，而且此时 MS 没有和网络建立电路连接，那么可通过 SGSN 执行联合位置区/路由区域更新，同时更新 MS 的路由区域和位置区。
- 通过 GPRS 网络进行电路交换服务的寻呼：当 MSC/VLR 接收到对 MS 的呼叫或发送给 MS 的短消息时，如果 VLR 中有该 MS 所在的 SGSN 地址（说明 MS 已完成 GPRS 连接），MSC/VLR 就可向 SGSN 发送寻呼请求，SGSN 通过 GPRS 寻呼信道发送电路交换寻呼信息，MS 使用 GSM 电路交换信道响应该寻呼。

4．逻辑链路管理功能

MS 通过无线接口参与维护某个 MS 与 PLMN 之间的通信通道。逻辑链路管理功能包括协调 MS 与 PLMN 之间的链路状态信息，同时监管这个逻辑链路上的数据传输活动，其子功能包括：

（1）逻辑链路建立功能：当 MS 接入 GPRS 服务时，逻辑链路就建立起来了。

（2）逻辑链路维护功能：监控逻辑链路的状态，并控制链路状态的改变。

（3）逻辑链路释放功能：用于释放逻辑链路建立时所占用的资源。

5．无线资源管理功能

无线资源管理功能参与无线通信路径的分配和维护。GSM 无线资源可由电路交换业务和分组交换业务共享。

（1）Um 管理功能：用来管理在每一小区中所用的物理信道组，并决定分配给 GPRS 所使用的无线资源的数量。

（2）小区选择功能：使用户选择最佳的小区建立通信连接，还可用于检测和避免候选小区内的呼叫阻塞。

（3）Um-tranx 功能：提供通过在 MS 和 BSS 之间的无线接口，进行分组数据传输的功能，主要包括以下几个方面：无线信道上的媒体接入控制；物理无线信道的分组多路传送；MS 内的分组识别；检错、纠错和流量控制。

（4）路径管理功能：用于管理 BSS 与 SGSN 节点间的分组数据通信路径。可根据数据流量动态建立和释放这些路径，又可根据每一小区中最大负荷静态地建立和释放这些路径。

6．网络管理功能

网络管理功能用于实现 GPRS 网络中的各种运营和维护功能，与 GSM 中相同。

7．会话管理

GPRS 会话管理是指 GPRS 移动台和外部数据网间的连接控制管理。PDP 上下文有两种状态：激活 ACTIVE 和去激活 INACTIVE。其状态转换关系如图 3-46 所示。

（1）PDP 上下文激活

如果 MS 需和外部数据网络进行数据交换，必须先进行 GPRS 连接，连接成功后，还需获得一个 IP 地址并和外部网络建立连接，也就是执行 PDP 上下文激活过程。PDP 上下文激活后，MS 就可上网浏览了。此时，GGSN 知道通过哪个 SGSN 可访问到该 MS。MS 的 IP

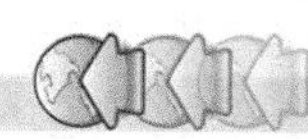

地址可是静态的，即该 IP 地址固定分配给一个用户，用户每次上网都使用同一个 IP 地址；也可以是动态的，即每次开始一个新的会话时，网络都随机为用户重新分配一次 IP 地址。MS 采用何种地址在用户的用户描述中定义。

PDP 上下文激活的流程可分为 4 步：MS 向 SGSN 发送激活 PDP 上下文请求；SGSN 进行 MS 身份鉴别（IMSI）和设备检查（IMEI）；若身份鉴别和设备检查都通过了，SGSN 向 GGSN 发“建立 PDP 上下文请求”，GGSN 返回“建立 PDP 上下文响应”；SGSN 向 MS 返回“PDP 上下文激活完成”消息，该消息中携带 MS 在 PDP 上下文中使用的 IP 地址，如图 3-47 所示。

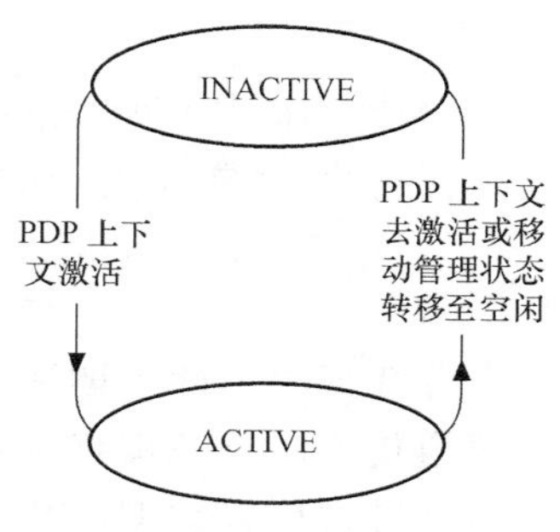

图 3-46　PDP 上下文状态转移图

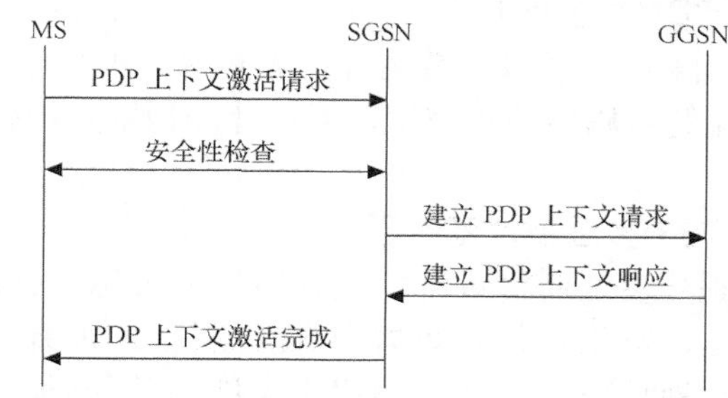

图 3-47　PDP 上下文状态转移图

（2）透明接入和非透明接入

用户通过 GPRS 网络接入到互联网、企业内部网或服务提供者 ISP 时，需要对用户的身份、服务质量进行鉴权和数据加密等过程，用户 MS 的动态 IP 地址的分配可以分别由运营商、企业网或 ISP 等实现，因此 GPRS 用户的接入方式有透明接入和非透明接入两种方式。

如果用户的 IP 地址是运营商分配的公有地址（动态或静态），则 GGSN 不参与用户的论证和鉴权过程，用户可以通过 GGSN 透明地接入到 GPRS 内部网络或互联网络，这种方式称为透明方式。

非透明方式主要是用户通过 GPRS 网络接入到企业网络或 ISP 的情形。用户 MS 的 IP 地址是由企业网络或 ISP 分配的私有地址（动态或静态），用户访问该企业网络或 ISP 时，GGSN 需要企业网络或 ISP 中的专用服务器对该用户进行鉴权或论证。此时，移动运营商的 GGSN 与公司路由器或虚拟专用网 VPN 通过专线连接，对用户来说，他认为自己拥有公司 Intranet 的 IP 地址，是直接和公司的 Intranet 相连接的。

3.3　IS-95 CDMA(CMS)

IS-95 CDMA 属于第二代数字移动通信系统，我国在 2001 年由中国联通开通的 CDMA 系统使用的就是该标准，在 2008 年电信重组后发展中的 C 网由中国电信运营。本节主要介绍码分多址原理、扩频通信原理、IS-95 CDMA 上下行链路通信原理、呼叫处理及移动功能结构。

IS-95 CDMA 系统和 GSM 网络一样，其结构符合典型的数字蜂窝移动通信的网络结构，如图 3-1 所示。

IS-95 CDMA 使用下行 870～880MHz/上行 825～835MHz，双工间隔为 45MHz 的工作频段，工作带宽为 1.23MHz。包含的载频序号为 1～333，用“870+0.03n”可计算得对应序号的下行工作频率。考虑保护，IS-95 CDMA 采用频点间隔序号为 41，实际规划用频点为：37、78、119、160、201、242、283 等。实际应用时由于使用 CDMA 技术，一个载波就能满足目前的用户容量需求，称为“一载波系统”。

3.3.1 码分多址技术基本原理

码分多址是一种多址技术，在 CDMA 移动通信系统中用相互正交的编码来区分不同的用户、基站、信道。

1. CDMA 多址方式

CDMA 是指各发送端用各不相同的、相互正交或准正交的地址码调制其所发送的信号，在接收端利用码型的正交性，通过地址识别（相关检测）从混合信号中选出相应信号的多址技术。

2. 码分多址技术基本原理

在码分多址通信系统中，利用自相关性很强而互相关值为 0 或很小的周期性码序列作为地址码，与用户信息数据相乘（或模 2 加），经过相应信道传输后，在接收端以本地产生的已知地址码为参考，根据相关性的差异对收到的所有信号进行相关检测，从中将地址码与本地地址码一致的信号选出，把不一致的信号除掉。CDMA 的基本工作原理举例说明如下：

图 3-48 是 CDMA 收发系统示意图，图中 d_1～d_n 分别是 n 个用户的信息数据，其对应的地址码分别是 W_1～W_n。

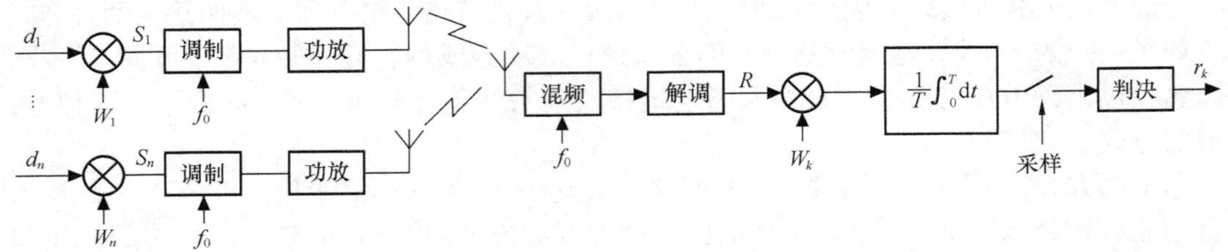

图 3-48 码分多址收发系统示意图

假定系统有 4 个用户，各用户的地址码分别为 $W1$={1，1，1，1}、$W2$={1，−1，1，−1}、$W3$={1，1，−1，−1}、$W4$={1，−1，−1，1}；在某一时刻用户信息数据分别为 $d1$={1}、$d2$={−1}、$d3$={1}、$d4$={−1}。经过地址调制后输出信号为 $S1$～$S4$，波形如图 3-49 所示。

图 3-49 中，（a）为各用户的地址码；（b）为各用户待发送的信息数据；（c）为地址调制输出信号；（d）为在 W_2 上积分采样后，各用户信息在 W_2 上的输出。由图可知，经过判决后输出的信息 J_2 与 d_2 一致，即只有 W_2 用户对应的信息才能在 W_2 上正确输出。

在接收端，当系统处于同步状态并忽略噪声影响时，接收机解调输出波形 R 是 S_1～S_4 的叠加，例如用户 2 需要接收自己的信息，则用本地地址码 W_k（W_k=W_2）与解调输出的信号 R 相乘，相当于用 W_2 解调所有用户的信息，解调结果如图 3-49 所示。解调后的信息送入积分电路，经采样判决电路得到相应的信息数据。

如果其他用户要接收信息，本地地址码应与其对应的发端地址码一致，信号的处理与例中所述相同。

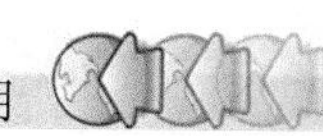

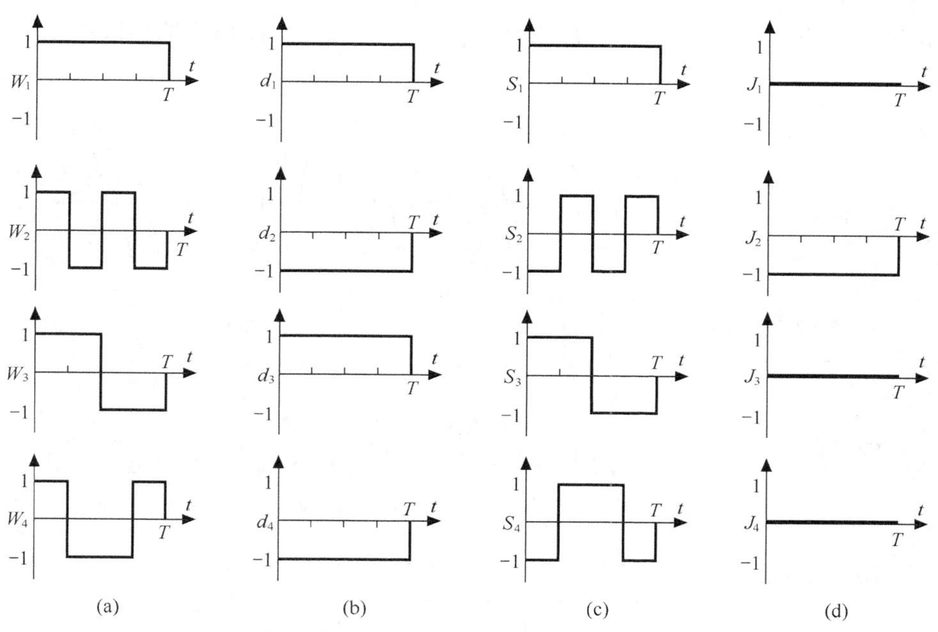

图 3-49　码分多址原理波形示意图

以上只是码分多址通信系统的基本原理，实际码分多址通信系统要复杂得多。实现码分多址必须具备三个必备条件：（1）要达到多路多用户的目的，就要有足够多的地址码，而这些地址码又要有良好的自相关特性和互相关特性。（2）在码分多址通信系统中的各接收端，必须产生与发送端一致的本地地址码，而且在相位上也要完全同步。（3）网内所有用户使用同一载波、相同带宽，同时收发信号，使系统成为一个自干扰系统，为把各用户间的相互干扰降到最低，码分系统必须和扩频技术相结合。

3．CDMA 和扩频通信系统的结合

CDMA 系统中主要使用直接序列扩频。直接序列扩频简称直扩（DS）系统，又称伪噪声（PN）扩频系统，可理解为信息直接与伪码相乘实现扩频，系统工作原理如图 2-60 所示。

当接收侧 PN 序列与发送侧完全相同时，解扩可恢复到原来的窄带信号（图 3-50（e））。这里的“完全相同”是指收端的 PN 不但在码型结构上与发端相同，而且相位上也要相同（即频率相同、相位一致）。若码型结构相同但不同步，也不能恢复成窄带信号，得不到所发的信息（图 3-50（g））。当接收端有干扰时，其频谱经解扩电路后也要被展宽，再经过与原始信息带宽相同的窄带滤波器后，干扰被抑制，达到抗干扰目的。图 2-60 中各点对应的波形和频谱如图 3-50 所示。

为了把干扰降到最低限度，码分多址必须与扩频技术相结合。码分多址与直接序列扩频技术相结合构成码分多址直接扩频通信系统，主要有两种形式：

第一种码分直扩系统构成如图 3-51 所示，在该系统中，发端的用户信息数据 d_i 首先与对应的地址码 W_i 相乘，进行地址调制，再与 PN 码相乘，进行扩频调制。在收端，扩频信号经本地产生的与发端 PN 完全相同的 PN 解扩后，再由相应的本地地址码（W_k=W_i）进行相关检测，得到所需的用户信息（r_k=d_i）。系统中地址码采用一组正交码（如 Walsh 码），各用户分配其中的一个；而 PN 在系统中只有一个，用于扩频和解扩，以增强系统的抗干扰能力。

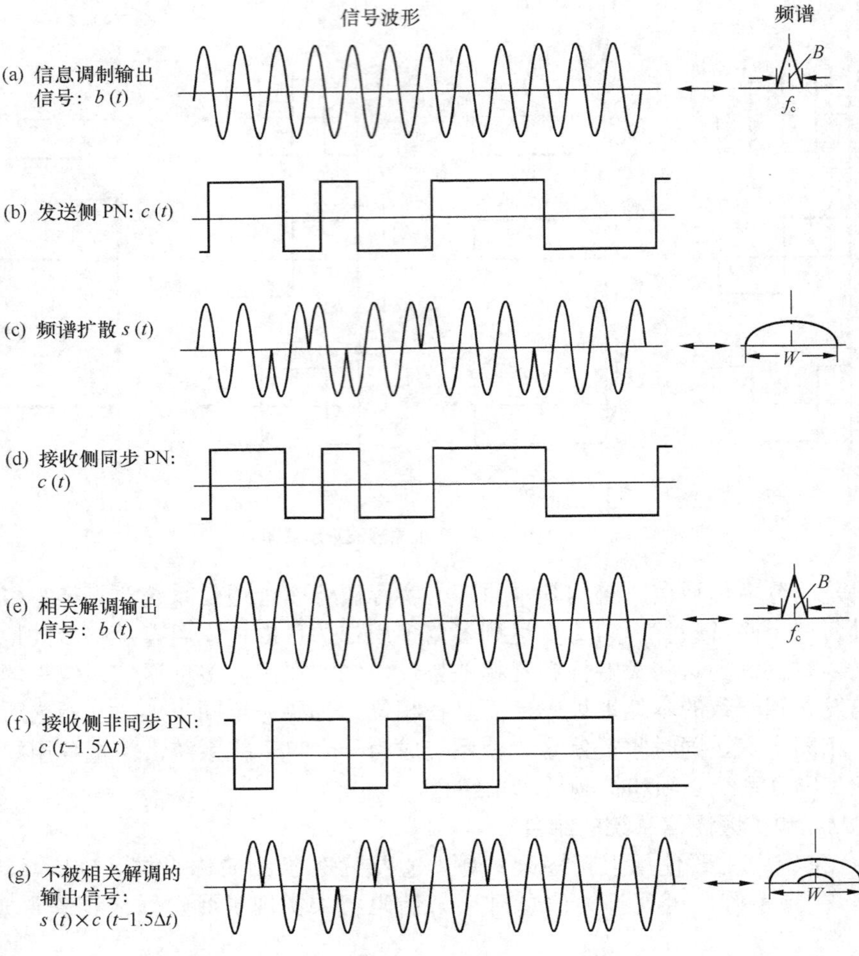

图 3-50　直扩系统各点波形和频谱

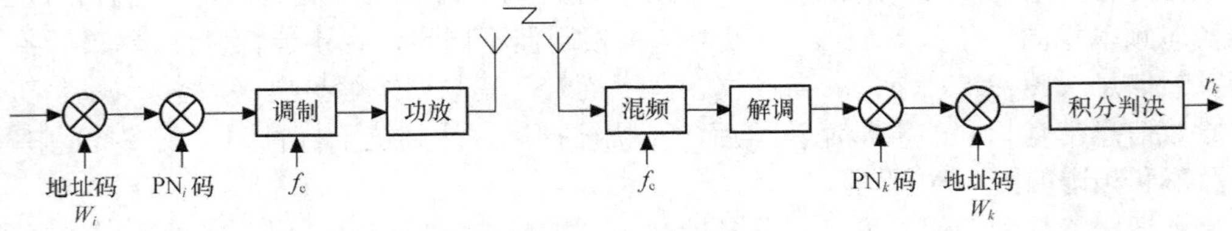

图 3-51　码分直扩系统（一）

第二种码分直扩系统构成如图 3-52 所示，在该系统中，发端的用户信息数据 d_i 直接与对应的 PN_i 相乘，进行地址调制的同时又进行扩频调制。在收端，扩频信号经过与发端完全相同的本地 PN（$PN_k=PN_i$）解扩，相关检测得到所需的用户信息（$r_k=d_i$）。系统中采用一组正交性良好的 PN 码，既作用户地址码，又用于扩频和解扩。

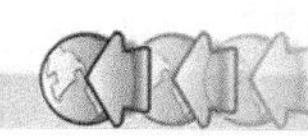

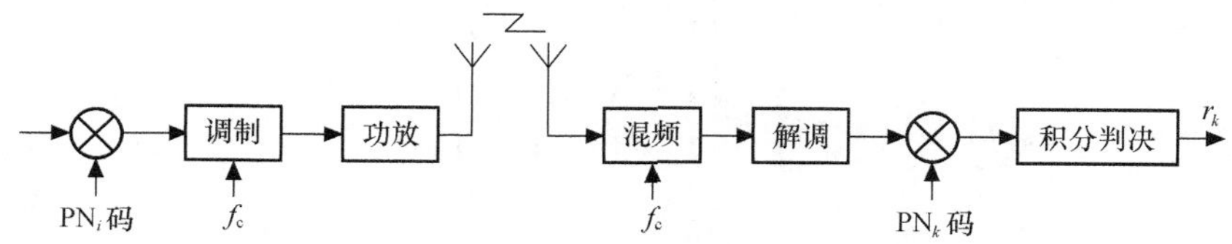

图 3-52　码分直扩系统（二）

比较两种系统，第二种由于去掉单独的地址码组，用不同的 PN 序列代替，整个系统相对简单，但由于 PN 不完全正交，而是准正交，各用户间的相互影响不能完全消除，整个系统的性能将受一定的影响。而第一种系统由于采用了完全正交的地址码组，各用户间的相互影响可以完全消除，提高了系统的性能，但整个系统很复杂，尤其是同步系统。

跳频扩频系统与直接序列扩频系统一样具有较强的抗干扰能力。但是，跳频系统是靠中频滤波器抑制带外的频谱分量，减少单频干扰和窄带干扰进入接收机的概率，从而提高系统的抗干扰性能。而直接序列扩频系统是通过展宽单频干扰和窄带干扰的频谱，降低干扰信号在单位频带的功率来实现抗干扰性能的提高。

4．CDMA 中地址码和扩频码的选择

地址码和扩频码的设计是码分多址系统的关键之一，具有良好的相关特性和随机性的地址码和扩频码对码分多址通信系统是非常重要的，对系统的性能具有决定性的作用：直接关系到系统的多址能力；关系到抗干扰、抗噪声、抗截获能力及多径保护和抗衰落能力；关系到信息数据的保密；关系到捕获与同步的实现。

理想的地址码和扩频码应具有如下特性：有足够多的地址码；有尖锐的自相关性；有处处为零的互相关性；不同码元数平衡相等；尽可能大的复杂度。然而，同时满足这些特性是目前任何一种编码所无法达到的。目前采用的地址码——Walsh 码是正交码，具有良好的自相关性和处处为零的互相关性，但由于码组内各码所占频谱带宽不同等原因，不能作为扩频码使用。常作为扩频码的是伪随机序列，因为真正的随机信号和噪声是不能重复再现和产生的，只能用一种周期性的脉冲信号近似随机噪声的性能，即因 PN 具有类似白噪声的特性被用作扩频码，但若同时作为地址码时，因 PN 准正交而使系统性能受到一定的影响。PN 有很多码组，经常使用的有 m 序列和 Gold 序列两种。

（1）Walsh 码

Walsh 码是正交码，常被用作信道地址码。函数的正交性可用自相关函数 $\int_{-\infty}^{\infty} X(t)X(t+\tau)\mathrm{d}t$ 和互相关函数 $\int_{-\infty}^{\infty} X(t)Y(t+\tau)\mathrm{d}t$ 表示。自相关函数值等于 1 表示该编码具有良好的自相关性；互相关函数值等于 0 表示该编码与其他编码具有处处为零的互相关性。

Walsh 码可用哈德码矩阵表示为：$W_{2n}=\begin{bmatrix} W_n & W_n \\ W_n & \overline{W_n} \end{bmatrix}$，其中 $\overline{W_n}$ 是 W_n 取反（元素 1 变成 −1，−1 变成 1）。这是一个 $2n \times 2n$ 的方阵，每一行对应一个 Walsh 码。通过该矩阵的递推关系，可获得任意数量的地址码，理论上可以证明由此产生的地址码是完全正交的（证明略）。例如：$W_1=[1]$，则有：

$$W_2=\begin{bmatrix} 1 & 1 \\ 1 & -1 \end{bmatrix}$$

$$W_4 = \begin{bmatrix} 1 & 1 & 1 & 1 \\ 1 & -1 & 1 & -1 \\ 1 & 1 & -1 & -1 \\ 1 & -1 & -1 & 1 \end{bmatrix}$$

…

W_4中的 4 行分别对应于图 3-50 中的四个正交的地址码。

（2）m 序列伪随机码

① m 序列的生成

m 序列是最长线性移位寄存器序列的简称，它的周期是 $P=2^n-1$，n 是移位寄存器级数。m 序列是一个伪随机序列，按一定规律周期性变化，但具有随机噪声类似的特性。由于 m 序列容易产生、规律性强，有许多优良的特性，在码分多址扩频系统中最早获得广泛应用。

图 3-53 是一个最简单的三级移位寄存器构成的 m 序列发生器，图中（1）、（2）、（3）为三级移位寄存器，⊕为模 2 加法器。在此所用的移位寄存器是 D 触发器，在时钟脉冲上升沿时，输出 Q 等于输入 D。图中第二、三级的输出经模 2 加后反馈到第一级输入，即有 $D_1=Q_2 \oplus Q_3$，当初始状态 $Q_1Q_2Q_3$ 为 111 时，在时钟脉冲的控制下，输出数据如图 3-53 所示，得到周期是 7 的 m 序列 1110010。

如果改变反馈电路，可得到新的 m 序列，必须注意的是最后一级必须参加反馈。如由第一、三级进行模 2 加，即 $D_1=Q_1 \oplus Q_3$，可得到另一个周期为 7 的 m 序列 1110100。

② m 序列的特性

m 序列有许多优良的特性，最主要的是它的随机性和相关性。

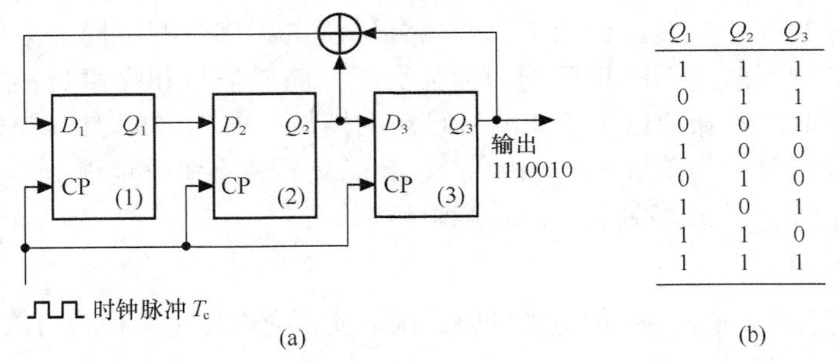

Q_1	Q_2	Q_3
1	1	1
0	1	1
0	0	1
1	0	0
0	1	0
1	0	1
1	1	0
1	1	1

(b)

图 3-53　m 序列的产生

- m 序列的随机性

m 序列一个周期内“1”和“0”的码元数大致相等（“1”比“0”只多一个），平衡度较好。m 序列中连续的“1”或“0”称为游程。长度为 $k(1 \leqslant k \leqslant n-2)$的游程占总游程的 $1/2^k$，游程越长，个数越少。以上两个性质表征了 m 序列的随机性。

m 序列和其移位后的序列逐位模 2 加，所得的序列仍是 m 序列，只是相位不同。例如 m 序列 1110100 与向后移两位的 1010011 逐位模 2 加，得到 0100111 仍是 m 序列，相当于原 m 序列向后移三位。

m 序列发生器中的移位寄存器的各种状态，除全“0”外，其他状态在一个周期内只出现一次，如图 3-53（b）所示。

- m 序列的相关性

对于一个周期为 $P=2^n-1$ 的 m 序列，其自相关性可用图 3-54 表示，当 $\tau=0$ 时，自相关函数 $R(\tau)$ 出现峰值 1；当 τ 偏离 0 时，相关函数曲线很快下降；当 $1\leqslant\tau\leqslant P-1$ 时，相关函数值为 $-1/P$；当 $\tau=P$ 时，又出现峰值 1……当周期 P 很大时，m 序列的自相关函数与白噪声类似，利用这一特性，可以用“有”或“无”信号自相关函数值来识别信号，并检测自相关函数值为 1 的码序列。

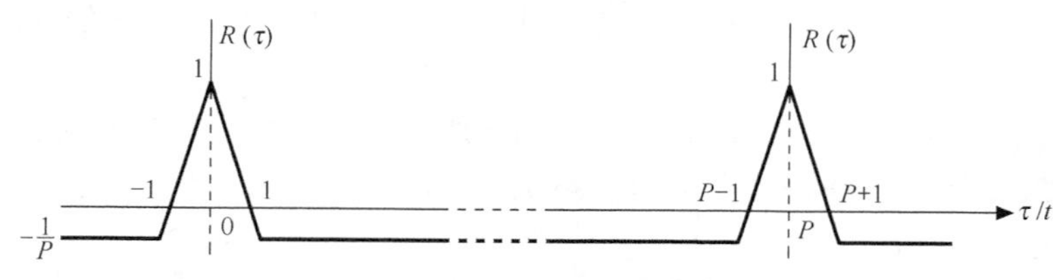

图 3-54　m 序列自相关函数

m 序列的互相关性是指相同周期 $P=2^n-1$ 的两个不同 m 序列 $\{a_i\}$、$\{b_i\}$ 的一致程度，其相关值越接近 0，说明这两个 m 序列差别越大，即互相关性越弱；反之，说明这两个 m 序列差别较小，互相关性较强。同一周期的 m 序列组，两两 m 序列对的互相关特性差别很大，一般来说，随着周期 P 的增加，其互相关值的最大值会递减。

在码分系统中，若用 m 序列作地址码，必须选择自相关性好、互相关性弱的 m 序列组，以正确接收信息、避免用户之间的相互干扰。在实际工程中常使用 m 序列优选对，其互相关函数值只取三个：$\left[t(n)-2\right]/P; -1/P; -t(n)/P$ 。

对于不同周期 $P=2^n-1$ 的 m 序列，其中具有优选对特性的序列数目不尽相同。例如：$n=7$ 时，6 个 m 序列中的任意两个都是优选对；$n=9$ 时，只能找出 2 个 m 序列成为优选对……；对于 n 为 4 的倍数时，找不到一对 m 序列优选对。

（3）Gold 序列

① Gold 序列的产生

m 序列，尤其是 m 序列优选对，特性很好，但数目很少。为了解决地址码的数量问题，提出了一种基于 m 序列优选对的码序列，即 Gold 序列。Gold 序列是 m 序列的组合码，由优选对的 m 序列逐位模 2 加得到，当改变其中一个 m 序列的相位，可得到一个新的 Gold 序列。Gold 序列具有与 m 序列优选对类似的相关性，而且构造简单，数量大，在码分多址系统中获得广泛应用。

一对周期 $P=2^n-1$ 的 m 序列优选对 $\{a_i\}$ 和 $\{b_i\}$，$\{a_i\}$ 与后移 τ 位的序列 $\{b_{i+\tau}\}$（τ=0，1，…，$P-1$）逐位模 2 加所得的序列 $\{a_i+b_{i+\tau}\}$ 都是不同的 Gold 序列。Gold 序列的生成原理如图 3-55 所示。

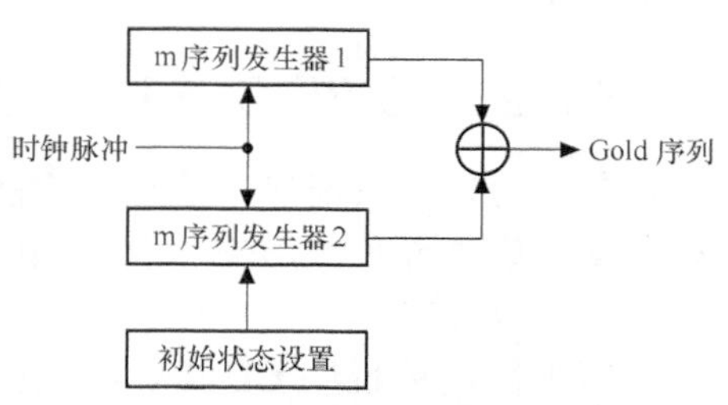

图 3-55　Gold 序列生成原理示意图

m 序列发生器 1、2 产生一对 m 序列优选对。m 序列发生器 1 的初始状态固定不变，调整 m 序列发生器 2 的初始状态，在同一时钟脉冲的控制下，经过模 2 加后得到 Gold 序列。改变 m 序列发生器 2 的初始状态，可得到不同的 Gold 序列。

周期 $P=2^n-1$ 的 m 序列优选对产生的 Gold 序列，由于其中一个 m 序列的不同移位都产生新的

Gold 序列，有 $P=2^n-1$ 个不同的相对移位，加上原来两个 m 序列本身，共有 2^n+1 个 Gold 序列。随着 n 的增加，Gold 序列以 2 的 n 次幂增长，因此 Gold 序列数比 m 序列数多得多，并且具有优良的相关性。

当 Gold 序列的一个周期内“1”的码元数比“0”仅多一个，我们称该 Gold 序列为平衡的 Gold 序列，在实际工程中作平衡调制时载波抑制度较高。对于周期 $P=2^n-1$ 的 m 序列优选对生成的 Gold 序列，当 n 是奇数时，2^n+1 个 Gold 序列中有 $2^{n-1}+1$ 个平衡的 Gold 序列，约占 50%；当 n 是偶数（不是 4 个倍数）时，有 $2^{n-1}+2^{n-2}+1$ 个平衡的 Gold 序列，约占 75%。

也就是说，数量庞大的 Gold 序列，只有约 50%（n 是奇数）或 75%（n 是不等于 4 的偶数）的平衡的 Gold 序列可在码分多址通信系统中应用。

② Gold 序列的特性

周期 $P=2^n-1$ 的 m 序列优选对产生的 Gold 序列具有与 m 序列优选对类同的相关性。

自相关函数在 $\tau=0$ 时与 m 序列相同，具有尖锐的自相关峰；当 $1\leqslant\tau\leqslant P-1$ 时，相关函数值与 m 序列有所差别，为互相关函数三个取值中的一个，即最大旁瓣值不超过 $t(n)/P$。

同一对 m 序列优选对产生的 Gold 序列连同这两个 m 序列中，任意两个序列的互相关特性都和 m 序列优选对一样，其互相关值只取三个中的一个。

（4）IS-95 CDMA 中地址码的应用

IS-95 CDMA 中，用户地址码使用长 m 序列的截段码，码长 42 位，数量为 $2^{42}-1$，根据码的不同相位区分不同的用户；基站地址码用中长 m 序列的截段码或 Gold 码，码长 15 位，数量为 $2^{15}-1$，也是根据相位不同来区分的。

信道地址码用的是 64 阶 walsh 函数，前向信道和反向信道各 64 个，在前向信道中包含 1 个导频信道 W_0（全“0”）、7 个寻呼信道 W_1～W_7、1 个同步信道 W_{32}、55 个业务信道。前向信道中，导频信道只给出一个频率基准，W_0 只有强度，没有信息，是固定不变的；同步信道一旦同步后可作业务信道用；无寻呼、业务忙时，寻呼信道也可作业务信道用。反向信道中，接入信道最多有 32 个，最少为 0；业务信道最多为 64 个，最少为 32 个，信令随路传送。

在移动通信系统中存在着很多的不确定因素，如收发信机间的距离引起的传播延迟产生的相位差、收发信机时钟频率的相对不稳定引起的频差、收发信机相对运动引起的多普勒频率偏移、多径效应引起的频率和相位的变化等，这些不确定因素都带有随机性，不能预先补偿，只能通过同步系统来消除。扩频通信系统除了一般的数字通信系统的载波同步、位同步、帧同步外，还必须伪码同步。伪码同步是扩频通信系统中特有的，这在 2.2.4 中已作介绍。

3.3.2 IS-95 CDMA 中上、下行链路工作原理

在移动通信系统中，基站发往移动台的信号链路，称为下行链路（或前向链路）；由移动台发往基站的无线链路，称为上行链路（或反向链路）。

1．下行链路

为了简明地说明 CDMA 通信原理，仅以 3 个移动用户为例。图 3-56 示出了下行链路组成方框图。基站待发送的二进制数据分别为 $b_1(t)$、$b_2(t)$和 $b_3(t)$，假设是由公网进入移

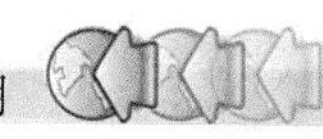

动电话交换局，再转发至基站。其中 b_1 发往移动台 A、b_2 发往移动台 B、b_3 发往移动台 C。各路信息数据分别经过 PN 扩频，$c_1(t)$、$c_2(t)$和 $c_3(t)$是准正交的伪随机码，扩频后信号分别记作 $y_1(t)$、$y_2(t)$和 $y_3(t)$。将 $y_1(t)$、$y_2(t)$和 $y_3(t)$合路求和为 $y(t)$，然后通过射频调制送往天线，由天线发射出去。移动台接收时经射频解调、解扩及积分器比特检测恢复出数据。

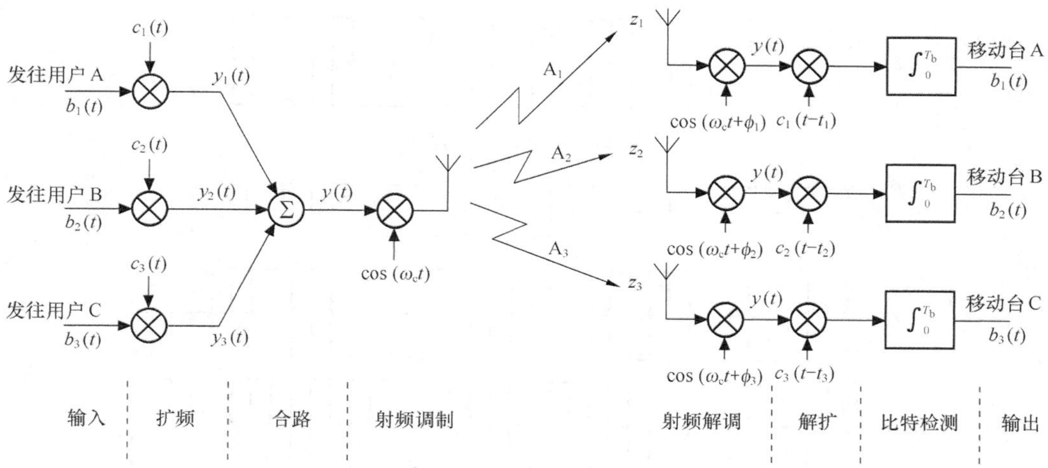

图 3-56　简化的 CDMA 系统下行链路组成方框图

假定伪码是 15 位的 m 序列，码片宽度为 T_c，$b_1(t)$为“10011”，信息码元宽度为 T_b，则由图 3-56 可知，$b_1(t)$经扩频码 $c_1(t)$扩频调制，可得 $y_1(t)=b_1(t)\times c_1(t)$，同理有 $y_2(t)=b_2(t)\times c_2(t)$和 $y_3(t)=b_3(t)\times c_3(t)$。其中 $c_1(t)$、$c_2(t)$和 $c_3(t)$为不同相位的同一 m 序列。$y_1(t)$、$y_2(t)$、$y_3(t)$的产生如图 3-57 所示，合路后是一个多电平的信号，图中假设 $T_b/T_c=6$。

在图 3-56 中“Σ”为合路器，即将 $y_1(t)$～$y_3(t)$进行相加，注意这里是普通加法，不是模 2 加。合路器输出为 $y(t)$，即有：

$$\begin{aligned}y(t)&=\sum_{j=1}^{3}y_j(t)\\&=y_1(t)+y_2(t)+y_3(t)\\&=b_1(t)c_1(t)+b_2(t)c_2(t)+b_3(t)c_3(t)\\&=\sum_{j=1}^{3}b_j(t)c_j(t)\end{aligned}$$

由于移动台 A、B 和 C 处于不同地方，因此基站发送的合路信号到达不同移动台的传输损耗（A_i）和传输时间(t_i)都是不同的。对于某一个移动台而言，其接收机输入信号 $z_i(t)=A_i[\sum_{j=1}^{3}c_j(t-t_i)b_j(t-t_i)]\cos(\omega_c t+\varphi_i)$，式中包含了有用信号和其他用户的信号。

接收机核心部件是相干解调、解扩部件。移动用户 A 的接收过程如下：$z_i(t)$通过解调器，与 $\cos(\omega_c t+\phi_i)$相乘，得发端的合路信号 $y(t)$，然后与本地伪码 $c_1(t-t_1)$相乘，因为 $c_1(t-t_1)\times c_1(t-t_1)=1$，所以 $y(t)$与本地伪码相乘（即解扩）可恢复出 $b_1(t)$。为了形象地说明解扩过程，用 $y(t)$的波形与 $c_1(t)$波形相乘再积分（即求和），如图 3-58 所示。

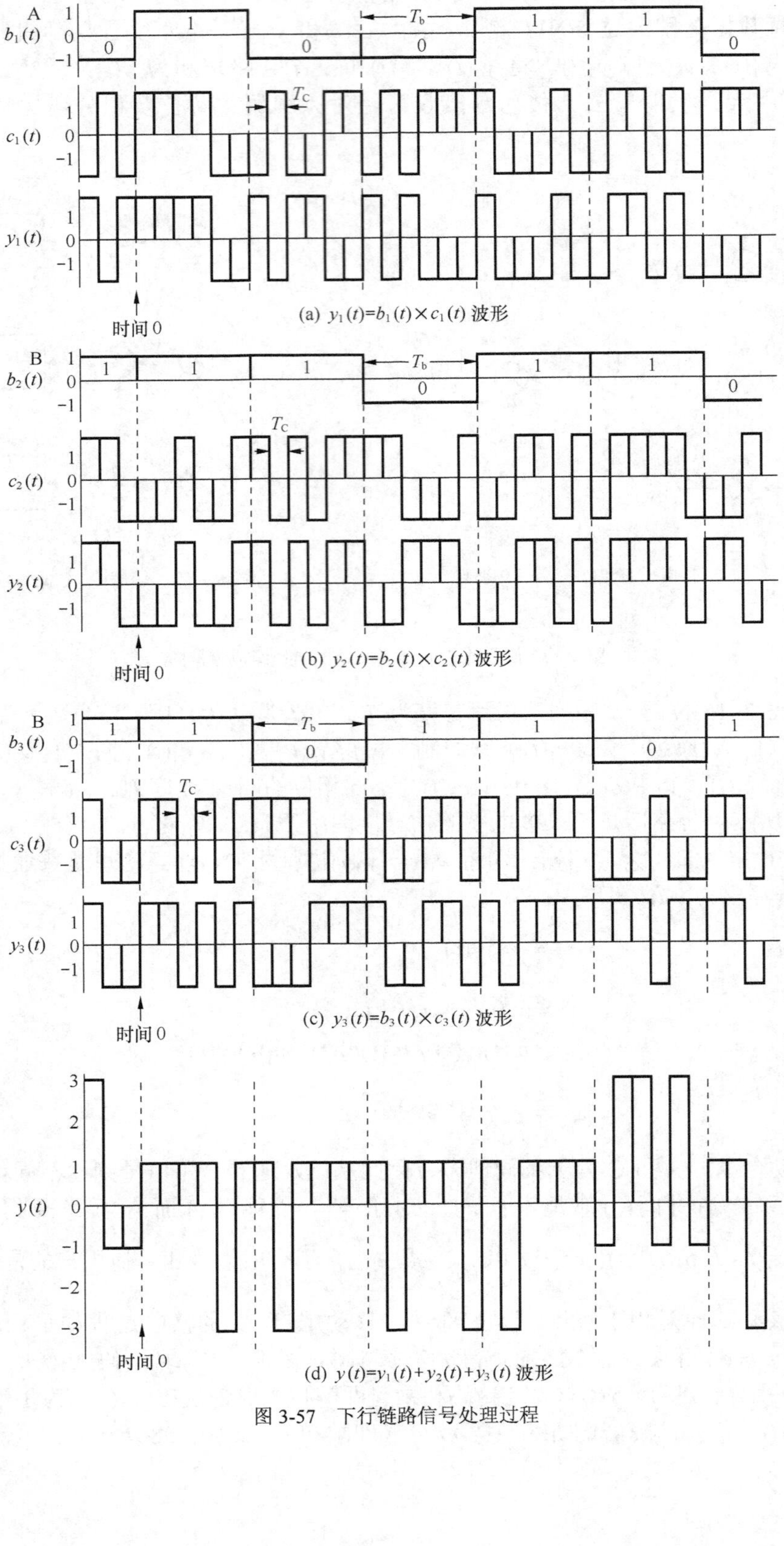

(a) $y_1(t)=b_1(t)\times c_1(t)$ 波形

(b) $y_2(t)=b_2(t)\times c_2(t)$ 波形

(c) $y_3(t)=b_3(t)\times c_3(t)$ 波形

(d) $y(t)=y_1(t)+y_2(t)+y_3(t)$ 波形

图 3-57　下行链路信号处理过程

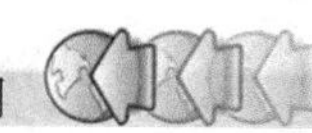

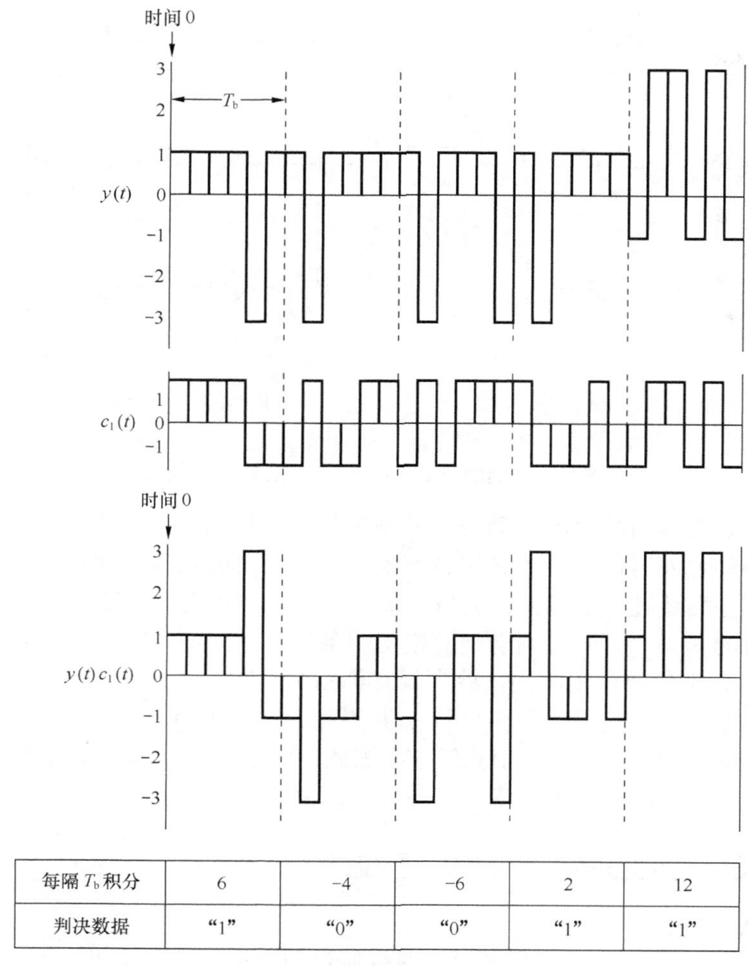

每隔 T_b 积分	6	−4	−6	2	12
判决数据	"1"	"0"	"0"	"1"	"1"

图 3-58　移动用户 A 接收过程

比特检测器将 $y(t)c_1(t)$的波形每隔 T_b 积分一次（即求和），对所得的数值进行判决。判决规则是正数判为数据“1”，负数判为数据“0”。故得数据流为“10011”，与图 3-57 中 $b_1(t)$完全相同，即收端收到的数据与发端发送的数据是相同的。

上述积分器，积分时间均为信息码元宽度，每隔 T_b 积分一次，并进行清零工作，然后是下一个 T_b 的积分。

图 3-56 中未列出载频及时间（或相位）同步电路，但它们是必须的，这样才能正确解调和解扩。传播延时及载频偏移通过同步电路（包括伪码同步）可消除影响，因此解扩波形仍用 $y(t)c_1(t)$来分析。

同样，移动用户 B 和 C 接收信号过程是相类似的，只不过本地伪码是 $c_2(t)$和 $c_3(t)$。将 $y(t)c_2(t)$与 $y(t)c_3(t)$的积分判决即可，在此不再多述。

2．上行链路

在码分多址通信系统中，由移动台发往基站的无线链路，称为上行链路或反向链路。图 3-59 示出了 3 个移动台同时用相同载频 f_c 发射数据 $b_1(t)$、$b_2(t)$和 $b_3(t)$，基站接收 3 个信号的组成方框图，更多移动台时的工作原理是相同的。

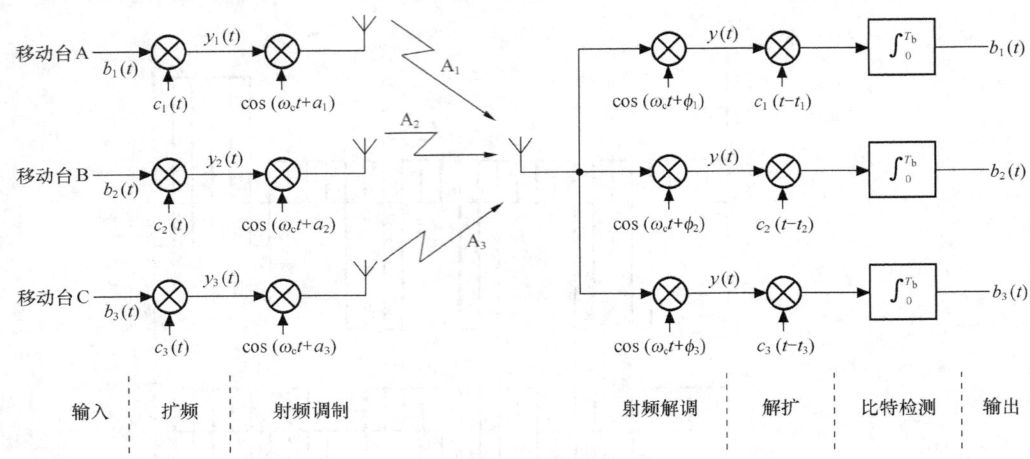

图 3-59　简化的 CDMA 系统上行链路组成方框图

上行链路发方是各自独立的移动台，基站接收各个移动台的信号。与下行链路相类似，所不同的是各移动台发射的信号不必用合路器合路，而是各自发往空中，在空中实现合路；基站接收空中信号后通过地址码的相关检测，对信号分路并进行后续解调处理。

各个移动台的伪码序列，必须满足准正交的条件，例如图中的 $c_1(t)$、$c_2(t)$和 $c_3(t)$可采用长周期的 m 序列，但起始位置不同，或者说它们相位不同。

由于来自其他移动台的干扰和噪声与 $c_i(t)$ 不相关，解扩中，它们的谱密度大大下降，输出干扰和噪声已降到很小。降低的程度与系统处理增益有关，即 T_b/T_c 越大，干扰降低越多，因此实际系统中伪码速率远远高于基带码元速率。

3.3.3　IS-95 CDMA 中的关键技术

1．功率控制技术

CDMA 系统是一个自干扰系统，它的通信质量和容量主要受限于收到干扰功率的大小。若基站接收到移动台的信号功率太低，则误比特率太大而无法保证高质量通信；反之，若基站接收到某一移动台功率太高，虽然保证了该移动台与基站间的通信质量，却对其它移动台增加了干扰，导致整个系统的通信质量恶化、容量减小。只有当每个移动台的发射功率控制到基站所需信噪比的最小值时，通信系统的容量才达到最大值。

在 CDMA 蜂窝系统中，为了解决远近效应问题，同时避免对其它用户过大的干扰，必须采用严格的功率控制。功率控制除了反向链路的开环功率控制和闭环功率控制外，还有前向链路功率控制，框图如 2-59 所示。

（1）反向链路的功率控制

反向链路功率控制就是控制各移动台的发射功率的大小，根据控制方式可分为开环功率控制和闭环功率控制。

① 开环功率控制

采用反向链路的开环功率控制的前提条件是假设上、下行传输损耗相同。移动台接收并测量基站发来的信号强度，估计下行传输损耗，然后根据这种估计，移动台自行调整其发射功率，试图使所有移动台发出的信号在到达基站时都有相同的标称功率，这完全是一种移动台自主进行的功率控制。

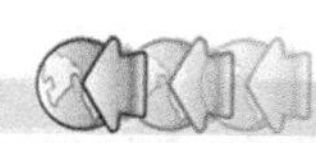

开环功率控制只是对发送电平的粗略估计，因此反应时间不应太快，也不应太慢。如反应太慢，在开机或遇到阴影、拐弯效应时，起不到应有的作用；而如果太快，将会由于前向链路中的快衰落而浪费功率，因为前、反向衰落是两个相对独立的过程，移动台接收的尖峰式功率很可能是由于干扰形成的。根据许多测试结果，响应时间常数选择为 20～30ms。

开环功率控制是为了补偿平均路径衰落的变化和阴影、拐弯等效应，它必须要有一个很大的动态范围。根据 CDMA 空中接口标准，至少应达到 ± 32dB 的动态范围。在实现时，移动台只通过测量接收功率来估计发送功率，而不需要进行任何前向链路的解调。

移动台开环功率控制过程如下：刚进入接入信道时（闭环校正尚未激活），移动台计算平均输出功率，以发射其第一个试探序列，其后的试探序列按步长 PWR_STEP 不断增加发射功率，直到收到基站发回的一个响应或序列结束。

在反向业务信道开始发送后，一旦收到一个功率控制比特，表示系统进入闭环功率控制。

开环功率控制的优点是简单易行，不需要在移动台和基站间交换控制信息，因而不仅控制速度快而且节省开销。

② 反向闭环功率控制

实际上，上、下行链路的衰落特性是相互独立的，即开环功率控制的前提条件并不成立，开环只能是一种粗略的功率控制。反向闭环功率控制是由基站检测移动台的信号强度或信噪比，根据测得结果与预定值比较，产生功率调整指令，并通知移动台调整其发射功率。

在反向闭环功率控制中，基站起着很重要的作用。闭环控制的设计目标是使基站对移动台的开环功率估计迅速作出纠正，以使移动台保持最理想的发射功率。这种对开环的迅速纠正，解决了前向链路和反向链路间增益容许度和传输损耗不一样的问题。

IS-95CDMA 中，在对反向业务信道进行闭环功率控制时，移动台将根据在前向业务信道上收到的有效功率控制比特来调整其平均输出功率。功率控制比特（“0”或“1”）是连续发送的，其速率为每比特 1.25ms（即 800bit/s）。“0”指示移动台增加平均输出功率，“1”指示移动台减少平均输出功率，每个功率控制比特使移动台增加或减小功率的大小为 1dB。

一个功率控制比特的长度正好等于前向业务信道两个调制符号的长度（即 104.166μs）。每个功率控制比特将替代两个连续的前向业务信道调制符号，这个技术就是通常所说的符号抽取技术。在这种情况下，功率控制比特将按 E_b 的能量发送，E_b 为 9 600bit/s 速度时前向业务信道每个信息比特的能量，如图 3-60 所示。功率控制比特在前向业务信道中进行数据扰码后插到数据流中，在功率控制子信道上传送。

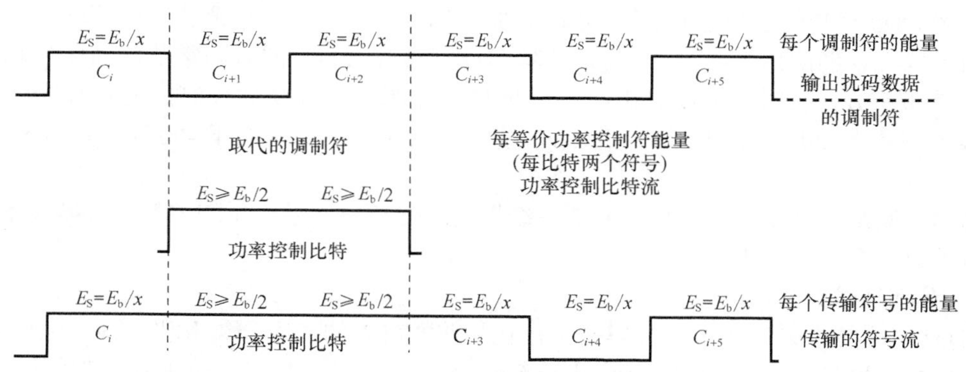

图 3-60　功率控制子信道的结构和取代

图 3-60 中 X 取值与传输速率有关，当速率为 9.6kbit/s 时，X=2；当速率为 4.8kbit/s 时，X=4；当速率为 2.4kbit/s 时，X=8；当速率为 1.2kbit/s 时，X=16。所有未替代的调制符以相同的功率发送，相邻帧的功率电平可能不同。

基站接收机应测量所有移动台的信号强度，测量周期为 1.25ms。基站接收机利用测量结果，分别确定对各个移动台的功率控制比特值（“0”或“1”），然后基站在相应的前向业务信道上将功率控制比特发送出去，因此基站发送功率控制比特比反向业务信道延迟 2 × 1.25ms。因此，反向闭环功率控制中，只有在紧随移动台发射时隙后的第二个 1.25ms 时隙内收到的功率控制比特才被认为是有效的。另外，在非连续发射过程中，当发射机关掉时移动台将忽略收到的功率控制比特。而在软切换时，移动台可获得两个或两个以上基站提供的服务，因此移动台可能同时收到两个或两个以上的功率控制命令，如果既有上调又有下降的功控指令，则执行功率下降的指令。

在开环功率控制的基础上，移动台将提供 ± 24dB 的闭环调整范围。

（2）前向链路的功率控制

在前向链路控制中，基站根据移动台提供的测量结果，调整对每个移动台的发射功率，其目的是对路径衰落小的移动台分配较小的前向链路功率，而对那些远离基站和误码率高的移动台分配较大的前向链路功率，使任一移动台无论处于蜂窝小区的任何位置上，收到基站发来的信号电平都恰好到达信干比所要求的门限值。前向功率控制可避免基站向距离近的移动台辐射过大的信号功率，也可防止或减小由于移动台进入传播条件恶劣或背景干扰过大的地区而产生较大的误码率，引起通信质量的下降。

基站通过移动台发送的前向误帧率 FER 的报告决定增加或减小发射功率。移动台的报告分为定期报告和门限报告。定期报告就是隔一定时间汇报一次，门限报告就是当 FER 达到一定门限值时才报告。这个门限值是由运营者根据对话音质量的不同要求设置的。这两种报告方式可同时使用，也可只用一种，或者两种都不用，这可根据运营者的具体要求来设定。

基站收到调整功率的报告后，调整其发射功率，前向功率控制的最大调整范围为 ± 6dB。

上述前向功率控制属于闭环方式，也可采用开环方式，即可由基站检测来自移动台的信号强度，以估计反向传输的损耗并相应调整发给该移动台的功率。

（3）功率控制的应用

下面举例说明开环与闭环功控的使用。图 3-61 中，当时间 t=0 时，传输损耗突然增加 10dB，移动台收到的功率也就随之突然减少 10dB（这种情况一般发生在移动台迅速进入一个高大建筑物的阴影区时）。假定开环功率控制具有 20ms 的时间常数，而闭环功率控制的步长是 0.5dB。从图中可以看出，在开环功率控制和闭环功率控制的密切配合下，移动台的输出功率在 20ms 后达到稳定状态，基站接收到的该移动台的功率也在 20ms 后恢复正常。

功率控制是 CDMA 蜂窝移动通信系统提高通信质量、增大系统容量的关键技术，也是实现这种通信系统的主要技术难题之一。

2．分集技术

CDMA 系统中采用了多种分集技术，包括前面讲到的“宏分集”和多种“微分集”。下面着重就减小快衰落的微分集做一说明，着重是利用路径分集技术，即 Rake 接收机。CDMA 系统综合利用多种分集技术来减弱快衰落对信号的影响，从而获得高质量的通信性能。

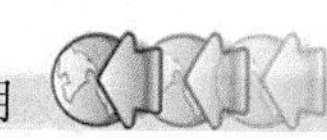

减弱慢衰落采用宏分集，即用几付独立的天线或不同的基站分别发射信号，保证各信号之间的衰落独立。由于这些信号传输路径的地理环境不同，因而各信号的慢衰落互不相关。通常，采用选择式合并方式，选择信号较强的一个作为接收机输出，从而减弱了慢衰落的影响。CDMA 软切换就是一个例证，关于软切换实现方法在后面介绍。

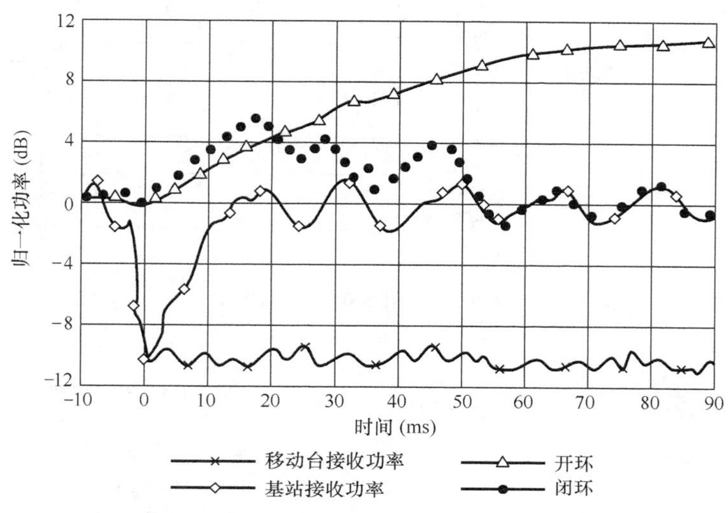

图 3-61　信道突然遇到衰落时的功率控制响应

CDMA 系统中减弱快衰落采用了多种分集技术，包括频率分集、时间分集和路径分集（或空间分集）、极化分集等。

码分多址采用扩频技术，属于宽带传输，例如 CDMA 蜂窝系统的带宽约 1.25MHz，它远大于信号的相干带宽（约几十 kHz），因此频率选择性衰落对宽带信号的影响是很小的，也就是说，码分多址的宽带传输起到了频率分集的作用。

CDMA 系统中采用的交织编码技术，用于克服突发性差错，从分集技术而言是属于时间分集。通常将连续出现的误码分散开来，变成随机差错，而获得纠正。

CDMA 系统中还采用了空间分集技术，亦即进行路径分集。对于传输带宽为 1.25MHz 的 CDMA 系统，容易采用路径分集技术。因为当来自两个不同路径的信号的时延差大于 1μs 时，这两个衰落信号可看作互不相关。CDMA 系统采用 Rake 接收机进行路径分集，能有效地克服快衰落的问题，因此倍受关注，它也是 CDMA 系统能成功的关键之一。下面对 Rake 接收机作简单介绍。

Rake 接收机就是利用多个并行相关器检测多径信号，按照一定的准则合成一路信号供接收机解调。需特别指出的是，一般的分集技术把多径信号作为干扰来处理，而 Rake 接收机采取变害为利，即利用多径现象来增强信号。图 3-62 示出了简化的 Rake 接收机组成。

第 1 支路在 T_b 末尾进入电平保持电路，保持直到 $T_b+\Delta_N$ 时刻，即到最后一个相关器于 $T_b+\Delta_N$ 时刻产生输出。这样 N 个相关器于 $T_b+\Delta_N$ 时刻，通过相加求和电路（图中为Σ），再经判决电路产生数据输出。

由于各条路径加权系数为 1，因此为等增益合并方式。利用多个并行相关器，获得了各多径信号能量，即 Rake 接收机利用多径信号，提高通信质量。利用多个相关器进行 Rake

接收，效果会更好，考虑到性能价格比，Q-CDMA系统采用3～4个相关器进行接收。

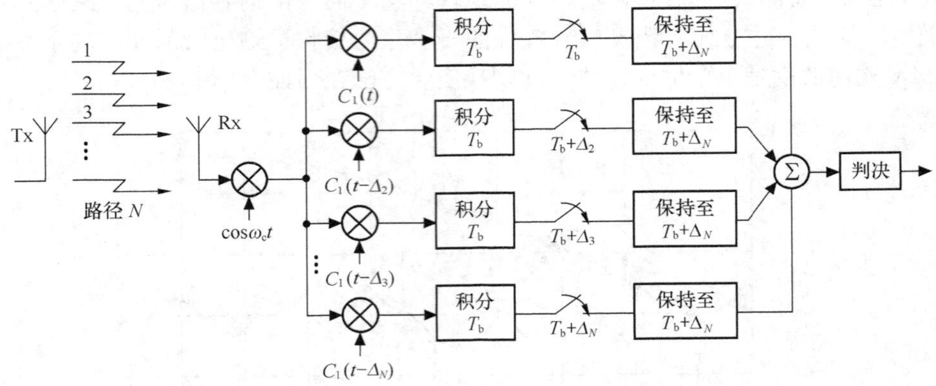

图3-62 简化Rake接收机组成

3．调制与扩频

在实际CDMA系统中，输入信息需先正交扩频，然后再进行正交调制，如图3-63所示。

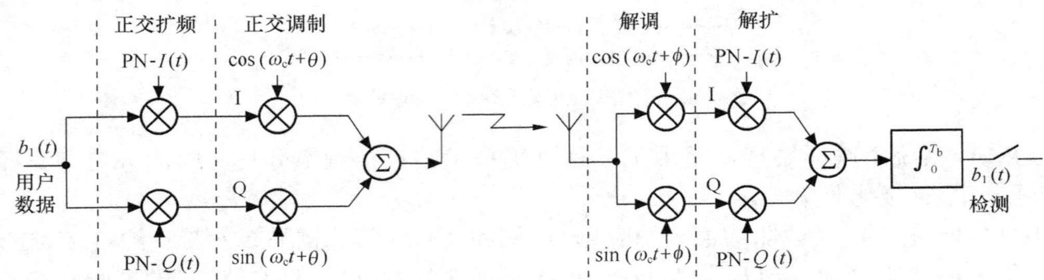

图3-63 正交扩频和正交调制系统的组成

发端，用户数据进行正交扩频，用于正交扩频的序列称为引导PN序列。引导PN序列的作用是给不同的基站发出的信号赋予不同的特征，便于移动台识别所需的基站。引导PN序列有两个：I支路PN序列和Q支路PN序列，它们的长度都为2^{15}（32 768），都是由15级移位寄存器构成的m序列，在序列中出现14个连“0”时，从中再插入一个“0”，使序列中14个“0”的游程变成15个“0”的游程，从而使m序列的周期为32 768。

在CDMA系统中，不同基站使用同一个PN序列，各自采用不同的相位进行区分。由于m序列的尖锐的自相关特性，当偏移大于一个码元宽度时，其自相关值接近于“0”，因而移动台用相关检测法很容易把不同基站的信号区分开来。移动台先进行正交解调，然后进行解扩，将同相支路和正交支路信号求和、积分恢复信息数据。

采用PN序列进行正交扩频，使信号特性接近白噪声特性，从而改善系统信噪比。正交调制提高了频率利用率。当然，前提条件是要求收、发双方建立良好的频率和时间同步。由于基站和移动台条件不同，上、下行链路的正交扩频调制实现方法略有不同，在此不再多述。

由于CDMA系统采用了扩频技术，信道的传输速率达1.228 8Mchip/s，因此必须采用高效的调制方法，以提高频谱使用效率。CDMA系统采用QPSK调制，即正交移相键控调制方式。QPSK调制中，使用两个相互正交的载波：$\sin(\omega_c t+\phi)=\sin\theta$，$\cos(\omega_c t+\phi)=\cos\theta$，可各

自进行信息调制而互不干扰，比 PSK 提高一倍的频谱利用率。正交调制与解调如图 3-64 所示。

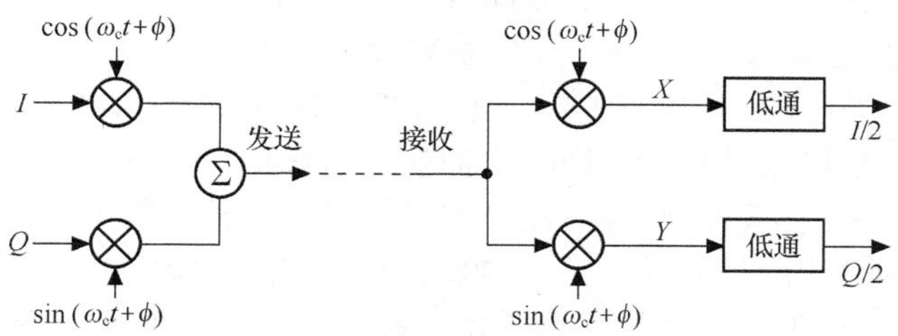

图 3-64　正交调制与解调示意图

接收端采用相干解调，通过载频同步电路，产生同频同相的本地载波。不考虑传输损耗时，同相支路解调器输出为 $X=(I\cos\theta+Q\sin\theta)\cos\theta=I\cos^2\theta+Q\sin\theta\cos\theta$。式中第一项含有传输信息 I，波形如图 3-65 所示。由于 $I\cos^2\theta=I/2+(I/2)\cos2\theta$，式中 $I/2$ 是平均值；$(I/2)\cos2\theta$是二次谐波分量。通过低通滤波器 LPF 后，谐波分量被滤除，输出为 $I/2$，即同相支路恢复了原始信息 I，这是因为 $Q\sin\theta\cos\theta$也被 LPF 滤除（利用三角函数倍角公式 $Q\sin\theta\cos\theta=(Q/2)\sin2\theta$)，亦即可经过低通滤波器予以滤除。

同样方法，可以分析正交支路输出是 $Q/2$，即含有原始信息 Q。

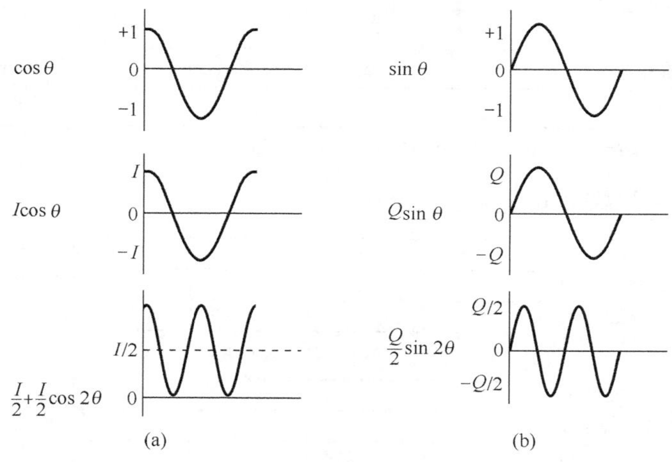

图 3-65　正交解调波形（同相支路）

综上所述，由于正弦和余弦的正交性，因此在采用同一载频的情况下，可分别进行信息调制。这样输入信息数据流中，奇数位送往同相支路，偶数位送往正交支路，两个比特分别调制后，进行发送与接收。

4．语音编码

在 CDMA 系统中采用 QCELP 方式，最高速率为 8kbit/s，采用话音插空 DSI 技术，可进行变速率话音编码，以提高系统的容量。

QCELP 与 RPE-LTP 编码具有相同的原理，只是将脉冲的位置和幅度用一个矢量码表来替代。每一个子帧选择并量化码表中的一个矢量，用作激励音调和 LPC 滤波器。

（1）QCELP 编/解码过程

QCELP 主要使用码表矢量量化差值信号，然后基于语音的激活程度产生一个可变的输出数据速率。对于典型的双方通话，平均输出数据速率比最高数据速率差不多可以下降 2 倍甚至更多。语音编码需提取语音参数，并将参数量化。

首先，对输入的语音按 8kHz 抽样，紧接着将其分成 20ms 长的帧，每一帧含 160 个抽样（该抽样并没有被量化）。根据这 160 个抽样的语音帧，生成包含三种参数子帧（线性预测编码滤波器参数、音调参数、码表参数）的参数帧，三种参数不断被更新，更新后的参数被按照一定的帧结构传送到接收端。线性预测编码滤波器参数在任何数据速率下以每 20ms（即一帧）更新一次， 参数编码的比特数随所选择数据速率的变化而变化，如表 3-1 所示；而音调参数和码表参数更新的次数是不等的，次数随所选数据速率的变化而变化。

表 3-1　QCELP 中不同速率时的参数变化表

参　数	速率 1	速率 1/2	速率 1/4	速率 1/8
每帧更新的 LPC 子帧次数	1	1	1	1
每次 LPC 子帧更新所需抽样	160（20ms）	160（20ms）	160（20ms）	160（20ms）
每个 LPC 子帧所占比特	40	20	10	10
每帧更新的音调合成子帧次数	4	2	1	0
每次音调合成子帧更新所需抽样	40（5ms）	80（5ms）	160（5ms）	–
每个音调合成子帧所占比特	10	10	10	–
每帧更新的码表子帧次数	8	4	2	1
每次码表子帧更新所需抽样	20（2.5ms）	40（5ms）	80（10ms）	160（20ms）
每个码表子帧所占比特	10	10	10	6*

注意：对于速率 1/8，每个码表子帧所用的 6bit 不是从码表中取出的，而是采用伪随机激励。

在各种速率下，参数帧结构如图 3-66 所示。

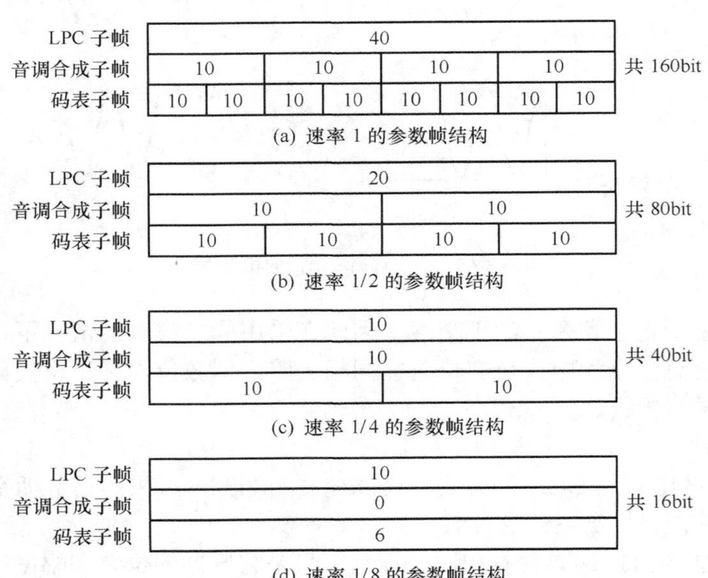

图 3-66　不同速率的参数帧结构

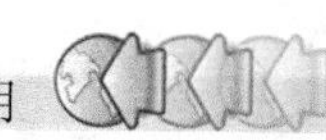

图中，每一个参数帧者对应一个 160 抽样的语音帧。LPC 子帧里的数字表示在该速率下对 LPC 系数编码所用的比特数。音调合成子帧中的每一块都代表在这一帧里的一次音调参数更新，而数值则表示对更新的音调声源编码所用的比特数。例如，对速率 1（对应最高速率），音调参数在每一帧里被更新 4 次，每次使用 10bit 对新的音调声源编码。请注意在速率 1/8（对应最高速率的 1/8）时没有进行音调参数更新，这是因为在这种情况下通常没有语音，所以也就不需要音调参数。同样，码表子帧中的每一块都代表在这一帧里的一次码表参数更新，而里面的数字则表示对更新的码表声源编码所用的比特数。例如，对速率 1，码表参数在每一帧里被更新 8 次，每次使用 10bit 对新的码表声源编码。从图 3-66 中可以看出，更新次数是随着数据速率的下降而降低。

语音解码过程是从数据流中解包，得到接收的参数，并且根据这些参数重组语音信号的过程。QCELP 的语音合成模型如图 3-67 所示。首先对不同的速率，采用两种不同的方法选出矢量。当速率为最高速率的 1/8 时，任选一个伪随机矢量；对于其他速率，通过索引 I'从码表里指定相应的矢量，该矢量增加增益常数 G'后又被音调合成滤波器滤波，该滤波器的特性是由音调参数 L'和 b'控制的。这一输出又被线性预测编码滤波器滤波，该滤波器的特性是由滤波系数 a_1'、…、a_{10}' 决定的。这样就输出了一个语音信号，该语音信号又被最后一级自适应滤波器滤波。

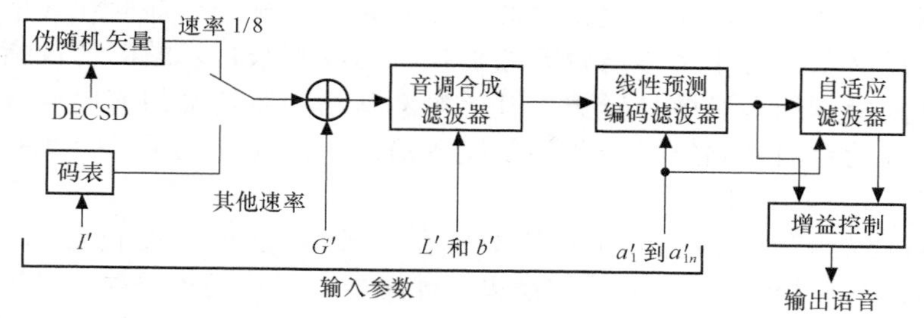

图 3-67　QCELP 的语音合成模型

（2）QCELP 中数据速率的选择

QCELP 为可变速率的 Q 码激励线性预测编码方式，其数据速率的选择是基于每一帧的能量与三个门限的比较，而三个门限的选择则是基于对背景噪声电平的估计。每一帧的能量是由自相关函数 $R(0)$决定的，$R(0)$与三个门限值 $T_1(B_i)$、$T_2(B_i)$和 $T_3(B_i)$比较，其中 B_i 表示背景噪声电平。如果 $R(0)$大于所有三个门限，就选择速率 1；如果 $R(0)$仅大于两个门限，就选择速率 1/2；如果 $R(0)$只大于一个门限，就选择速率 1/4；如果 $R(0)$小于所有三个门限，选择速率 1/8。

除此之外，速率的选择还应符合以下规则：①数据速率每帧只允许下降一个级别。比如，如果前一帧的速率是 1，而当前帧根据上面的选择是 1/4 或 1/8，那么只能选择速率 1/2。②当 CDMA 使用半速率技术时，即使当前帧根据门限选择是速率 1，而实际只能选择速率 1/2。

在每一帧的速率被决定前，三个门限也分别被更新一次。首先，背景噪声的电平是由前一帧的背景噪声电平和前一帧的自相关函数 $R(0)$决定的。

5．越区切换

在 CDMA 系统，移动台在通信时，可能发生以下几种切换：同一 MSC 下使用相同载频

的基站间的软切换；同一载频同一基站扇区间更软切换；不同载频或不同 MSC 下基站间的硬切换。在此主要介绍软切换的实现过程。

为了说明软切换的实现过程，先介绍两个术语，“导频”和“导频集合”。“导频”是指导频信道；“导频集合”是指所有具有相同的频率但不同 PN 码相位的导频集。“导频集合”分以下几类：①有效导频集：与正在联系的基站相对应的导频集合。②候选导频集：当前不在有效导频集里，但是已有足够的强度表明与该导频相对应基站的前向业务信道可以被成功解调的导频集合。③相邻导频集：当前不在有效导频集或候选导频集里，但又根据某种算法被认为很快可以进入候选导频集的导频集合。④剩余导频集：不被包括在相邻导频集、候选导频集和有效导频集里的所有其他导频的导频集合。

基站针对上面各种导频集分别规定了相应的搜索窗口（PN 码相位偏移范围），在各个窗口里移动台搜索对应导频集中所有导频的多径分量（可用于解调的多径）。

在进行软切换时，移动台首先搜索所有导频并测量其强度。移动台合并计算导频的所有多径分量的 E_C/I_0（一个码片的能量 E_C 与接收总频谱密度（干扰加信号）I_0 的比值）来作为该导频的强度。当该导频强度 E_C/I_0 大于一个特定值 T_ADD 时，移动台认为此导频的强度已经足够大，能够对其进行正确解调，但尚未与该导频对应的基站相联系，于是就向原基站发送一条导频强度测量消息，以通知原基站这种情况，原基站再将移动台的报告送往移动交换中心，移动交换中心则让新基站安排一个前向业务信道给移动台，并且原基站发送一条消息指示移动台开始切换。当收到来自基站的切换指示消息后，移动台将新基站的导频纳入有效导频集，开始对新基站和原基站的前向业务信道同时进行解调，同时，移动台向基站发送一条切换完成消息。这就完成了一个新基站的“切入”过程。

随着移动台的移动，可能两个基站中某一个的导频强度已经低于某一特定值 T_DROP，移动台启动该导频对应的切换去掉计时器。当该切换去掉计时器 T 期满时，其导频强度始终低于 T_DROP，移动台就发送导频强度测量消息给基站。两个基站接收到导频强度测量消息后，将此信息送至移动交换中心 MSC，MSC 再返回相应切换指示消息，基站转发切换指示消息给移动台，移动台将切换去掉计时器到期的导频从有效导频集中去掉，此时移动台只与目前有效导频集内的导频所代表的基站保持通信，同时发送切换完成消息告诉基站，表示切换已经完成。这就完成了一个弱信号基站的“切出”过程。如果在切换去掉计时器尚未期满时，该导频的强度又超过特定值 T_DROP，移动台要对计时器进行复位操作并关掉该计时器。切换去掉计时器的期满值根据基站发给的 T 值改变。如果切换去掉计时器值 T 改变，移动台会在 100ms 内开始使用新的值。软切换过程如图 3-68 所示。

图中的序号表示下述过程：① 当基站 B 的导频强度达到 T_ADD，移动台在反向业务信道上向基站 A 发送一个导频强度测量消息，并将该导频转到候选导频集。② 基站 A 在前向业务信道上发送一个切换指示消息。③ 移动台将基站 B 的导频转到有效导频集并发送一个切换完成消息（随后基站 A 与 B 同时为移动台提供通信服务）。④ 当基站 A 的导频强度掉到 T_DROP 以下，移动台启动切换去掉计时器。⑤ 切换去掉计时器到期，信号强度没有恢复，则移动台发送一个导频强度测量消息给基站 A、B。⑥ 基站 A、B 发送一个切换指示消息。⑦ 移动台把基站 A 的导频从有效导频集移动到相邻导频集并发送切换完成消息（随后仅由基站 B 为移动台提供通信服务）。

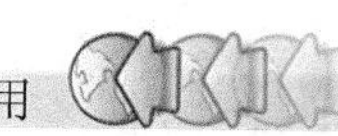

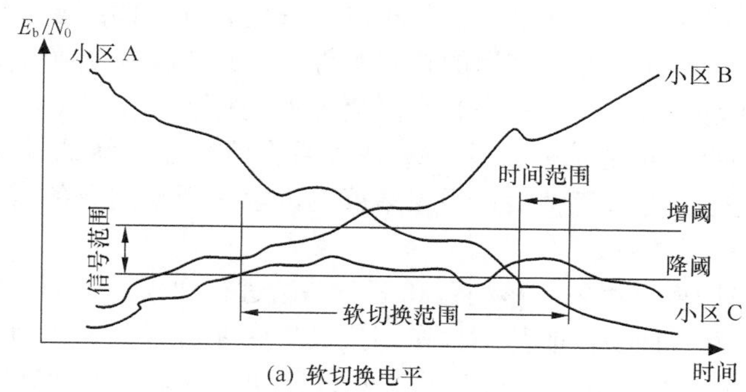

(a) 软切换电平

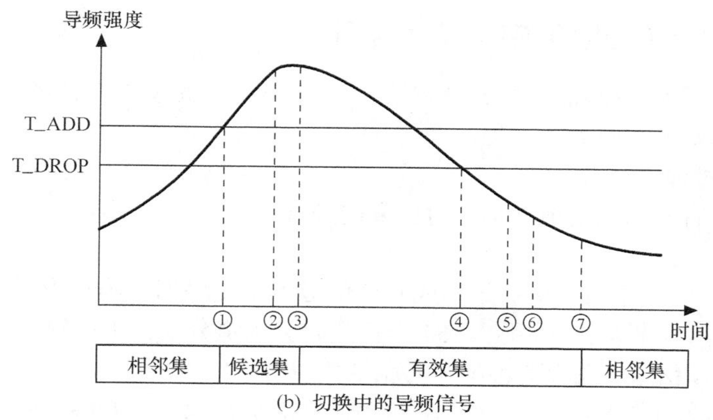

(b) 切换中的导频信号

图 3-68　软切换过程

更软切换是由基站完成，并不通知 MSC。对于同一移动台，不同扇区天线的接收信号对基站来说就相当于不同的多径分量，并被合成一个话音帧作为此基站的语音帧。而软切换是由 MSC 完成的，将来自不同基站的信号都送至选择器，选择最好的一路进行话音编码。

在实际系统运行时，这些切换可能组合出现，即同时既有软切换，又有更软切换。比如，一个移动台处于一个基站的两个扇区和另一个基站交界的区域内，这时将发生软切换和更软切换。若处于三个基站交界处，又会发生三方软切换。上面两种切换都是基于具有相同载频的各方容量有余的条件下，若其中某一相邻基站的相同载频已经达到满负荷，MSC 就会让基站指示移动台切换到相邻基站的另一载频上，这就是硬切换。在三方切换时，只要另两方中有一方的容量有余，都优先进行软切换。也就是说，只有在无法进行软切换时才考虑使用硬切换。若相邻基站恰巧处于不同 MSC 范围，则只能是进行硬切换。

优先进行软切换，是因为软切换有很突出的优越性，首先是提高了切换的可靠性。在硬切换中，如果找不到空闲信道或切换指令的传输发生错误，则切换失败，通信中断；此外，当移动台在两个小区的交界处切换时，两个小区的基站信号的电平可能都较弱而且有起伏变化，导致移动台在两个基站之间反复要求切换（即“乒乓效应”），使系统控制的负荷加重，或引起过载，并增加了中断通信的可能性。其次，软切换为实现分集接收提供了条件，当移动台处于两个（或三个）小区的交界处进行软切换时，会有两个（或三个）基站在同时向它发送相同的信息，移动台采用 Rake 接收机进行分集合并，即起到了多基站宏分集（路径分集）的作用，从而提高前向业务信道的抗衰落性能，也提高了话音质量。同样，在反向业务信道中，当移动台处于两个（或三个）小区交界处进行软切换时，会有两个（或三个）基站同时收到一个移动台发出的信号，这些基站对所收信号进行解调并作质量评估，然后送往 MSC，采用选择式合并方式逐帧挑选质量最好的，以实现反向业务信道的分集接收，提高了反向业务信道的抗衰落性能。

CDMA 系统在切换过程中，移动台和多个基站进行通信，说明了软切换为分集接收提供了条件，但并不是说，移动台或基站只在切换过程中才进行分集。为了提高通信系统的抗衰落能力和可靠性，在正常情况下，无论是基站或移动台都采用了分集技术。

3.3.4 IS-95 CDMA 中的无线接口

IS-95 CDMA 系统中的信道结构在前面已作介绍，在此主要介绍各信道的信号处理过程，及移动台和基站的呼叫处理过程。

1．信号处理过程

不同的信道具有不同的信道结构，对信号的处理过程也各不相同。

（1）前向信道

CDMA 系统前向链路用正交扩频形成码分信道。正交序列是码长为 64 的 Walsh 序列，速率 1.228 8Mchip/s 与扩频序列相同。64 个正交码分信道分配如下：W_0 导频信道；W_1～W_7 寻呼信道；W_{32} 同步信道；其余为前向业务信道。

同步信道工作在 1.2kbit/s；寻呼信道工作在 9.6kbit/s 或 4.8kbit/s；前向业务信道可工作在四个速率：9.6kbit/s、4.8kbit/s、2.4kbit/s、1.2kbit/s。因为前向业务的数据在每帧（20ms）后含有 8bit 的尾比特，用来将卷积编码器置于规定状态，而在 9.6kbit/s、4.8kbit/s 数据中含有帧质量指示比特（即 CRC 校验比特），因此，前向业务信道上的实际信息速率为：8.6kbit/s、4.0kbit/s、2.0kbit/s、0.8kbit/s。

前向信道中数据在传输前都要经过卷积编码。同步信道和数据速率低于 9.6kbit/s 的寻呼信道、前向业务信道中，卷积编码后的各码元都要重复一次后再进行交织。交织后的寻呼信道和前向业务信道需要进行数据扰码，扰码器把交织输出码元和用户 PN 进行模 2 加，从而实现对信息的保密。另外，在前向业务信道中还包含了功率控制子信道，用于发送对移动台的功率控制比特。经过上述信号处理的前向信道上的所有信息都需用对应信道的 Walsh 码调制后，进入正交扩频和正交调制电路进行扩频和射频调制，然后由天线发射出去。

当然，不同的前向信道，各信号处理部分的参数、指标及调制用的编码是各不相同。前向信道结构和对信号的处理过程如图 3-69 所示。

（2）反向信道

反向 CDMA 信道结构如图 3-70 所示。反向信道由接入信道和反向业务信道组成。基站和用户使用不同长码掩码（PN）区分基站和用户的接入信道和反向业务信道，码长为 $2^{42}-1$。

接入信道用 4.8kbit/s 的数据速率；反向业务信道用 9.6kbit/s、4.8kbit/s、2.4kbit/s、1.2kbit/s 的可变速率。两种信道均要加入尾比特，反向业务信道数据率为 9.6kbit/s、4.8kbit/s 时，还要加帧质量指示比特（CRC 校验比特）。

接入信道和反向业务信道所传数据都要进行卷积编码、码元重复（与前向信道一样），然后进行交织、Walsh 码的正交调制。

在反向业务信道中，为了减小移动台的功耗，并减少对其他移动台的干扰，对交织后输出的码元用一个时间滤波器进行选通，只允许所需码元输出而删除其他重复码元。在选通过程中，把 20ms 分成 16 个等长的功率控制段，并按 0～15 进行编号，每段 1.25ms，选通突发位置由前一帧内倒数第 2 个功率控制段（1.25ms）中最后 14 个 PN 码比特进行控制。根据一定规律，某些功率段通过，某些功率段被截去，保证进入交织的重复码元中只发送其中一个。但是，在接入信道中，两个重复码元都要传送。

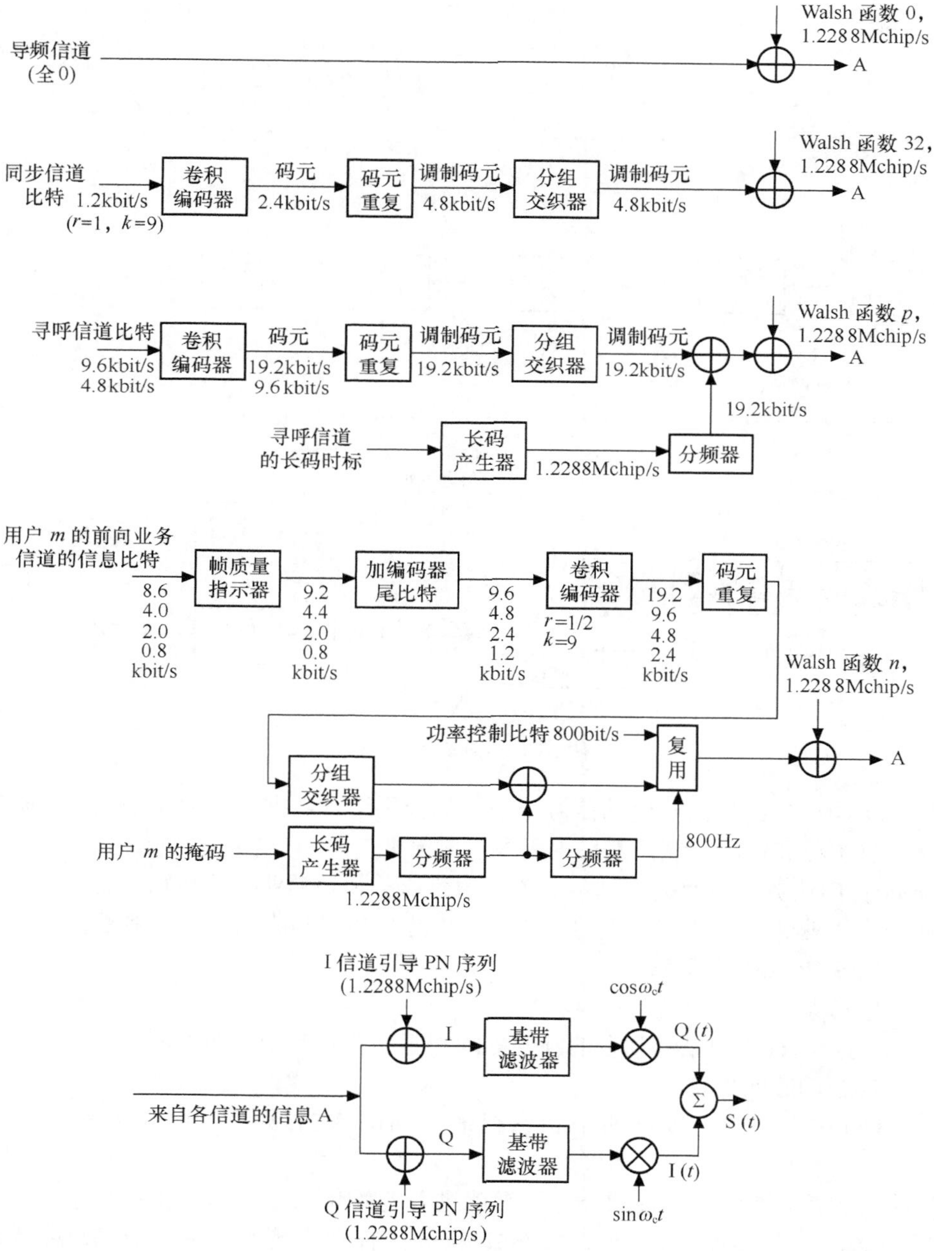

导频信道（全 0）
Walsh 函数 0，1.2288Mchip/s
A

同步信道比特 1.2kbit/s（r=1，k=9）
卷积编码器
码元 2.4kbit/s
码元重复
调制码元 4.8kbit/s
分组交织器
调制码元 4.8kbit/s
Walsh 函数 32，1.2288Mchip/s
A

寻呼信道比特 9.6kbit/s 4.8kbit/s
卷积编码器
码元 19.2kbit/s 9.6kbit/s
码元重复
调制码元 19.2kbit/s
分组交织器
调制码元 19.2kbit/s
Walsh 函数 p，1.2288Mchip/s
A
19.2kbit/s
寻呼信道的长码时标
长码产生器
1.2288Mchip/s
分频器

用户 m 的前向业务信道的信息比特
8.6 4.0 2.0 0.8 kbit/s
帧质量指示器
9.2 4.4 2.0 0.8 kbit/s
加编码器尾比特
9.6 4.8 2.4 1.2 kbit/s
卷积编码器 r=1/2 k=9
19.2 9.6 4.8 2.4 kbit/s
码元重复
Walsh 函数 n，1.2288Mchip/s
功率控制比特 800bit/s
复用
A
分组交织器
用户 m 的掩码
长码产生器
1.2288Mchip/s
分频器
分频器
800Hz

I 信道引导 PN 序列（1.2288Mchip/s）
I
基带滤波器
$\cos\omega_c t$
Q (t)
来自各信道的信息 A
Σ
S (t)
Q
基带滤波器
I (t)
Q 信道引导 PN 序列（1.2288Mchip/s）
$\sin\omega_c t$

图 3-69　前向 CDMA 信道结构

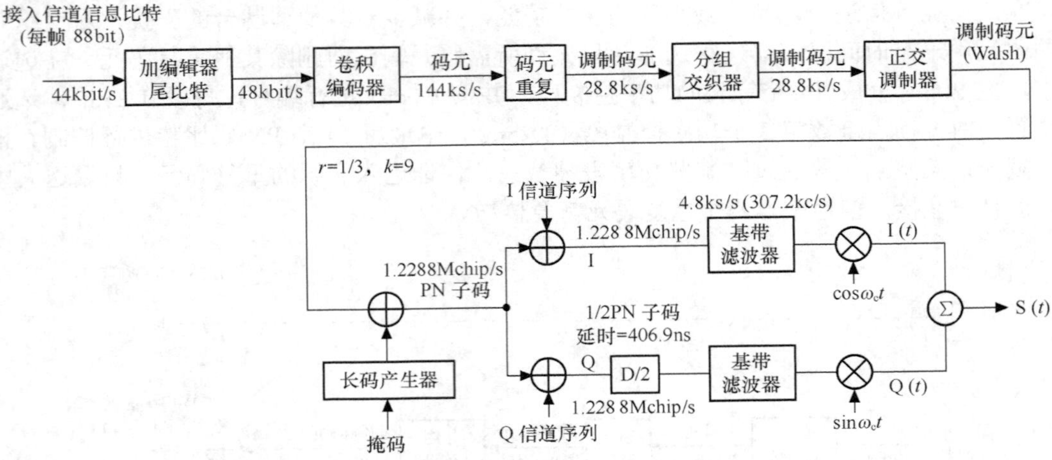

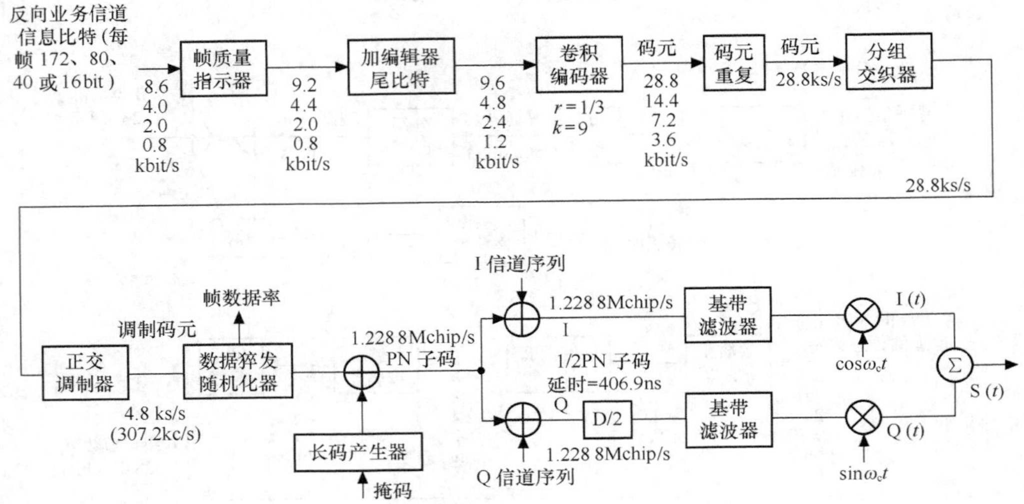

图 3-70　反向链路信道结构

然后，不同用户的反向信道的信号用不同的长码进行数据扰码后，进入正交扩频和正交调制电路进行扩频和射频调制，然后由天线发射出去。

在前向/反向业务信道都提供基本业务、信令业务和辅助业务的传输，为同时在一条业务信道上传送多种业务，需要进行复用选择。复用选择传输基本业务、信令业务、辅助业务，复用选择只对 9.6kbit/s 速率有效。

2．呼叫处理

CDMA 的呼叫处理包括移动台的呼叫处理和基站的呼叫处理两方面。

（1）移动台的呼叫处理

移动台的呼叫处理由以下四个状态组成，如图 3-71 所示，图中未列出所有状态的转变。

① 移动台初始化状态。移动台开机后就进入初始化状态，初始化状态中，移动台先进行系统的选择，首先扫描基本信道，如不成功，再扫描辅助信道；进入 CDMA 系统后，不断检测周围基站发来的导频信号，比较导频信号的强度，判断自己所处的小区；移动台在选

择基站后，在同步信道上检测出所需的同步信息，在获得系统的同步信息后把自己相应的时间参数进行调整，与该基站同步。

② 移动台空闲状态。移动台在完成同步和定时后，由初始化状态进入空闲状态。在空闲状态，移动台监测寻呼信道以接收外来呼叫，也可发起呼叫或进行注册登记。注册是移动台向基站报告其位置、状态、身份标志、时隙周期和其他特征的过程，基站中存储的这些内容需不断更新，注册是移动通信系统中操作、控制不可缺少的功能，不同类型的注册，所更新的信息不同。

③ 系统接入状态。在此状态，移动台在接入信道上发送消息，即接入尝试。只有当移动台收到基站证实后，接入尝试才结束，进入业务信道状态。

④ 业务信道状态。在此状态，移动台确认收到前向业务信道信息后，开始在反向业务信道上发送信息，等待基站的指令和信息提示，等待用户应答，与基站交换基本业务数据包，并进行长码的转换（话音加密、去加密）、业务选择协商及呼叫释放（由于通话结束或其他原因造成）。

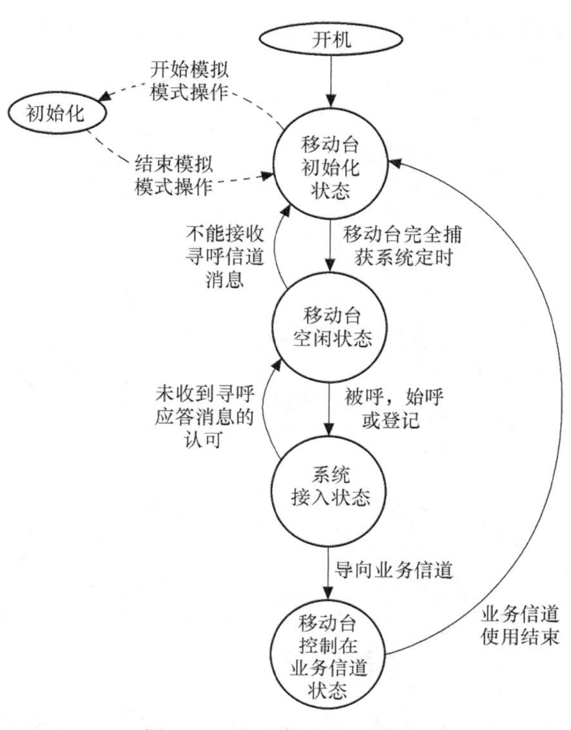

图 3-71　移动台呼叫处理状态

（2）基站的呼叫处理

上面所述是移动台侧呼叫处理时状态的转移，基站一侧的处理与移动台侧相对应，也包含了 4 个过程。

① 导频和同步信道处理。在此处理中，基站在导频信道和同步信道上发射导频和同步信息，以便移动台在其初始化状态时捕获，与 CDMA 系统同步。

② 寻呼信道处理。在此处理中，基站发射寻呼信息，以便移动台在空闲状态或系统接入状态监听寻呼信道消息。

③ 接入信道处理。在此处理中，基站监听移动台在系统接入状态时发往基站的接入信道消息。

④ 业务信道处理。在此处理中，基站使用前向业务信道和反向业务信道与同处于业务信道状态的移动台进行通信，交换业务信息和控制信息。

以上是 CDMA 空中接口中定义的呼叫处理过程。基站的处理与移动台的不同在于基站的各种处理过程可能同时存在，因为它要与不同状态的移动台同时进行联系；而移动台的状态在某一时刻是唯一的。

3.3.5 CMS 的移动功能结构

CDMA 移动通信系统 CMS 的服务由基本服务及操作、维护和管理服务 OAM 组成。基本服务由初级服务和辅助服务组成，并向用户提供选项，用户可根据需要选用。OAM 服务

确保向用户提供高质量基本服务。CMS 移动功能结构如图 3-72 所示。

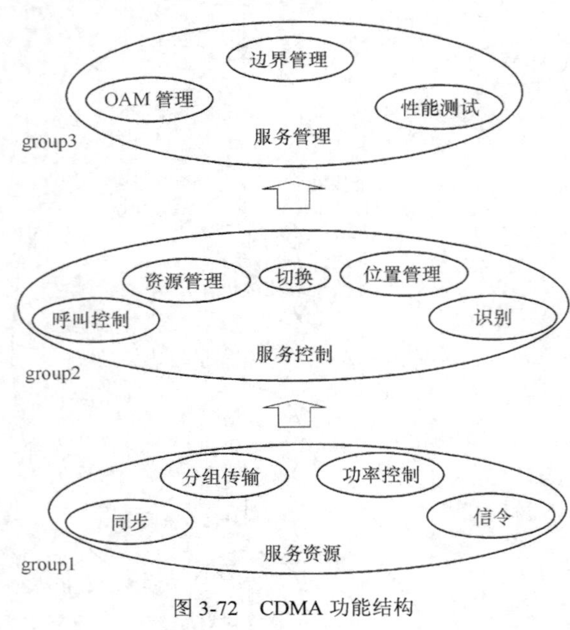

图 3-72　CDMA 功能结构

由图 3-72 可知，CMS 功能结构基于 CDMA 移动功能，顶层是服务管理（group3），中间层是服务控制（group2），底层是服务资源（group1）。顶层涉及管理功能需求，以确保系统容量和可靠性，另两层涉及服务功能需求，以提供 CMS 基本服务。高层从低层功能及同等功能接收支持。例如：计算（group3 中 OAM 管理功能之一）由在 group2 中诸如服务控制功能、呼叫控制和识别来支持；group2 中呼叫控制由 group1 中的信令和邮件传输来完成；邮件传输由同层 group1 同步支持。

group3 由 OAM 管理和 CDMA 演示性能组成，负责系统运行和性能分析。OAM 管理功能有 4 个主功能：程序下载、结构管理、失效管理和计算。group2 有 5 个主功能：呼叫控制、切换、识别、定位管理和资源管理。这些功能用于提供直接用户服务。group2 和 3 主要由软件完成。group1 面向硬件，是 CMS 的工具并支持上两层，由传输、功率控制、同步和信令组成。

小　　结

1．GSM 与 CMS 具有相同的网络结构，系统由 NSS、BSS、MS 和 OSS 组成。GSM 系统中话音信号数字化处理符合常规数字信号处理过程，只是选用的具体实现方式不同。

2．GSM 系统采用 FDMA/TDMA 两种多址技术，先把总频段按 200kHz 的间隔划分频道，再把每个频道划分为 8 个时隙，每个用户使用一个频道中的一个时隙传送自己的信息，即每个频道的一个时隙为一个物理信道。用于传送特定类型的信息的信道定义为不同的逻辑信道，逻辑信道分为 TCH 和 CCH 两大类，在 CCH 中由于所传送的控制信息不同又可分很多种类型。逻辑信道必须映射到物理信道上，才能传送相应的信息。GSM 物理信道上传送的信息的格式称为突发脉冲序列，突发脉冲序列有 5 种，不同的信道使用不同的突发脉冲序列，构成一定的复帧结构在无线接口中传输。

3．GPRS 是 GSM 在 Phase2+阶段引入的通用分组无线数据业务，其核心网采用基于分组交换的 IP 传输技术，传送不同速率的数据及信令，是对 GSM 的升级，应用于 GSM，不会替代 GSM。GPRS 须在 GSM 基础上新增 SGSN、GGSN 节点，在 BSC 上增加 PCU 模块，同时对 GSM 的 BTS、HLR、MSC/VLR、OMC、计费系统、终端作软件升级或改造。为适应传输要求，GPRS 定义了新的分组信道，以无线块为传输用户数据和信令的物理信道的基本单位。4 种信道编码方案、灵活的分组资源分配方式，适应不同速率数据传输的要求。

4．CDMA 是用编码区分不同用户的，可以用同一频率、相同带宽同时为用户提供通

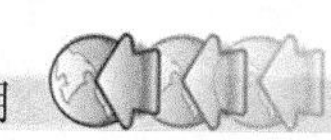

信服务。CDMA 利用自相关性很强、互相关性很弱的（准）正交码，在发端进行地址码调制，在收端用与发端完全相同的地址码进行相关检测提取所需的信息。CDMA 中使用的地址码和扩频码要有良好的相关性（自相关性很强、互相关性很弱）。IS-95CDMA 中用 64 阶 Walsh 码作信道地址码，不同长度和相位的 m 序列（或平衡的 Gold 序列）作基站或用户地址码。

5．IS-95 CDMA 系统中采用了很多关键技术：反向开环功率控制、反向闭环功率控制、前向功率控制以提高系统抗干扰能力；多种形式的分集技术和合并技术以提高系统的抗衰落性能；采用了可变速率的 Q 码激励线性预测编码（QCELP）进行话音编码，并使用话音插空技术与可变速率编码方式结合，以减小干扰、增大系统容量；支持硬切换、软切换、更软切换，但 CDMA 系统优先使用软切换，软切换根据导频信号的强度和持续时间决定切换的。系统的呼叫处理过程即移动台 4 种状态间的转换过程，相应的，基站也要进行 4 种处理过程。

思考与练习

3-1 画出典型的第二代数字移动通信系统框图，并说明各组成部分作用。

3-2 什么是物理信道？什么是逻辑信道？简述 GSM 系统中逻辑信道是如何分类的，各类信道分别起什么作用？什么是突发脉冲序列？在 GSM 中有几种？分别在什么信道中应用？GSM 逻辑信道是如何映射到物理信道上的？

3-3 简述 GSM 移动用户开电源初始化过程。

3-4 什么是 GPRS？GPRS 的网络结构与 GSM 相比有哪些变化？

3-5 GPRS 的逻辑信道有哪些？用于传送哪些信息？什么是无线块，结构如何？试画出 GPRS 中的复帧结构。

3-6 简述 GPRS 中资源分配的过程、方法，并说明用户数据的传输过程。

3-7 简述 CDMA 的基本工作原理和 3 大必备条件。

3-8 简述地址码在 IS-95 CDMA 系统中的应用。

3-9 IS-95 CDMA 系统中使用了哪些功控技术，功控范围各是多少？采用哪些分集技术和合并技术？采用何种话音编码技术，其数据速率如何选择？系统支持哪几种切换，分别在什么情况下应用？

3-10 在 IS-95 CDMA 系统中移动台的呼叫处理包含哪些状态？在基站侧进行了哪些相应的处理？

第 4 章 3G 移动通信系统及技术应用

本章内容

- 第三代移动通信系统总体要求和系统结构
- WCDMA、cdma2000、TD-SCDMA 的网络结构、无线接口和关键技术

本章重点

- WCDMA、cdma2000、TD-SCDMA 的网络结构、无线接口和关键技术

本章难点

- WCDMA、cdma2000、TD-SCDMA 的无线接口

本章学时数 15 学时

学习本章的目的和要求：

- 掌握 WCDMA、cdma2000、TD-SCDMA 各系统关键技术、时隙帧结构
- 理解 WCDMA、cdma2000、TD-SCDMA 各系统无线接口中信道配置

4.1 3G 概述

80 年代末到 90 年代初，第二代数字移动通信系统刚刚出现，第一代模拟移动通信还在大规模发展，当时的一个主要情况是第一代移动通信制式繁多，第二代移动通信也只实现了区域内制式的统一，而且覆盖也只限于城市地区，这时用户希望通信界能在短期内实现一种能够提供真正意义的全球覆盖，提供带宽更宽、更灵活的业务，并且使终端能够在不同的网络间无缝漫游的系统，以取代第一代和第二代移动通信系统。为此国际电联 ITU 提出了未来公共陆地移动通信系统 FPLMTS 的概念。后来，由于 ITU 预期该系统在 2002 年左右投入商用，而且该系统的一期主频段位于 2GHz 频段附近，ITU 正式将其命名为 IMT-2000，即第三代移动通信系统。IMT-2000 系统包括地面系统和卫星系统，其终端既可连接到基于地面的网络，也可连接到卫星通信的网络。

1．对 IMT-2000 系统的总体要求

基于近几年市场的需求，ITU 进行了频谱分配，并提出了对 IMT-2000 系统的总体要求。

在服务质量方面：对话音质量有所改进；实现无缝覆盖；降低费用；业务质量（传输、

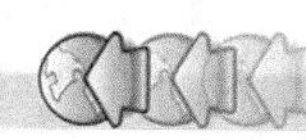

延迟）方面要求根据业务特点，改进服务质量；增加效率和能力。

在新业务和能力方面：在每一方面都必须有很强的灵活接入能力、业务能力，实现在第一代和第二代系统中不能实现的新话音和数据业务；以较低的费用提供宽带业务，提高网络的竞争能力；按需自适应分配带宽。

在发展和演进能力方面：与第二代系统能共存、互通，实现第二代到第三代的平滑过渡。

在灵活性方面：提供更高级别的互通，包括多功能、多环境能力、多模式操作和多频带接入。

2．IMT-2000 系统结构

（1）系统组成

IMT-2000 系统功能模型如图 4-1 所示，主要由四个功能子系统构成，即核心网 CN、无线接入网 RAN、移动终端 MT 和用户识别模块 UIM 组成。它们分别对应于 2G 系统的网络子系统 NSS、基站子系统 BSS、移动台 MS 和 SIM 卡。

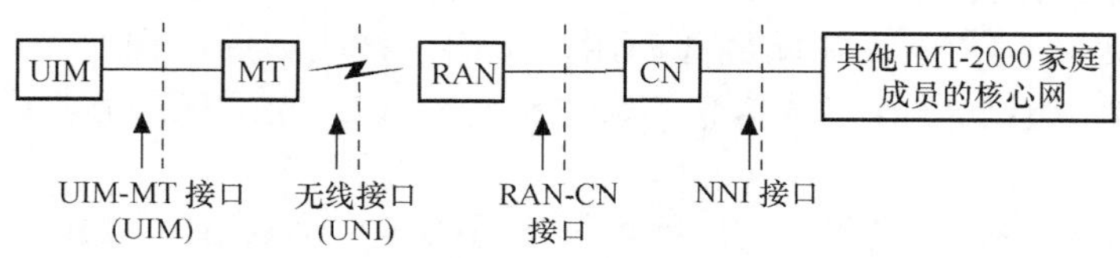

图 4-1　IMT-2000 功能模型

（2）系统标准接口

ITU 定义了 4 个标准接口，即：

① 网络与网络接口 NNI：由于 ITU 在网络部分采用了“家族概念”，因而此接口是指不同家庭成员之间的标准接口，是保证互通和漫游的关键接口。

② 无线接入网与核心网之间的接口 RAN-CN：对应于 2G 中的 A 接口，这一接口的标准化可以让不同厂家设备互通兼容。

③ 无线接口 UNI：对应于 2G 中的 Um 接口，这一接口的标准化可以使更多类型的终端接入系统中使用。

④ 用户识别模块和移动台之间的接口 UIM-MT。

（3）结构分层

与第二代移动通信系统相类似，第三代移动通信系统的分层方法也可用三层结构描述：物理层、链路层和高层应用，但第三代系统需要同时支持电路型业务和分组业务，并支持不同质量、不同速率业务，因而其具体协议组成要复杂得多。

4.2　WCDMA

1998 年，欧洲 ETSI 的 UTRA WCDMA 与日本的 W-CDMA 融合为现在的 WCDMA 系统，成立了 3GPP 组织，也促使 WCDMA 成为全球影响范围最大的标准。

4.2.1　WCDMA 标准的演进（FDD/TDD）

3GPP 一直致力于 UMTS 技术规范的制定和完善。分别于 2000 年 3 月、2001 年 3 月和

2002年6月推出R99（又称R3）、R4和R5三个标准版本，随后又进行R6、R7版本的研究。

1．R99版本

R99版本主要继承了前期ETSI标准化组织在WCDMA规范上的研究成果，在2000年3月功能框架冻结。在R99版本中，核心网继承了GSM/GPRS的网络结构，即保留了GSM电路交换部分，增加了分组域部分；无线网络部分引入了全新的、基于宽带CDMA技术的无线接入网络。R99重点考虑了GSM网络向WCDMA网络的平滑演进。GSM网络和WCDMA R99网络的异同体现在网络结构、接口/信令、业务能力、网络管理、计费能力和网络设备等方面。

在网络结构方面。R99核心网与GSM保持一致。在电路域CS基于TDM技术，并采用分级组网模式；在分组域PS基于IP组网，通过GGSN接入外部分组网络。

在网络接口和协议方面。R99进行了更多的改进和优化。R99 Iu-CS接口则采用ATM技术承载信令和语音，使用ATM宽带接口，有利于组建大范围的无线接入网。在CS域，R99 MSC与无线接入网RAN通过ATM承载信令，为用户分配语音承载资源，导致在Iu接口的指配流程与GSM不同，从而影响到移动用户主叫、被叫和局间切换等业务。在分组域，R99 SGSN与RAN通过ATM承载信令，媒体流使用ATM自适应层五协议ALL5承载IP分组包。

业务能力方面。R99定义了移动网络增强逻辑的客户化应用CAMEL3规范，增强了对智能业务的支持，如对GPRS、短消息等相关的智能业务的支持。

业务计费方面。R99网络的计费系统在架构上与GSM相同，但在计费功能和话单描述方面存在着区别，包括话单采集单元和话单处理软件等。

网络设备。对主要网络实体MSC，GSM是基于TDM交换技术实现的，而R99则要求MSC提供ATM接口能力，支持ATM AAL2、AAL5适配能力和Q-ALL2信令处理能力。

2．从R99到R4网络的演进

R99的RAN奠定了WCDMA技术的基础，其技术标准在演进到R4版本时变化不大，只是在无线技术方面提出了一些改进来提高系统性能，R4版本于2001年3月完成功能框架的冻结。例如增加了NodeB的同步选项，有利于降低与TDD的干扰和网管的实施；规定了直放站的使用，扩大特定区域的覆盖；增加了无线接入承载的QoS协商，使得无线资源管理效率更高。R4无线接入网还正式引入由我国提交的TD-SCDMA技术。

在核心网方面。R4分组域与R99相比变化不大，主要增加了部分与QoS相关的协议标准。主要的变化在电路域，R4引入了软交换概念。

网络结构的差异。R4采用了承载与控制分离的软交换思想，在核心网电路域将R99的MSC分成了MSC Server和MGW两部分，语音通过MGW由分组域来传送。这种软交换架构有利于降低建网和运营成本。

承载网的差别。R4网络实体间可采用TDMA/ATM/IP技术组网，有更多种选择。

信令网的差别。R99采用窄带SS7信令，传统的TDM承载方式，而R4则可选用IP或TDM组建信令网。在R4中，不仅语音和数据可通过统一的分组网（ATM或IP网络）来传送，基于NO.7的移动应用协议MAP和CAMEL应用部分CAP也可通过分组网来传送，为核心网向全IP的演进迈出了重要一步。

组网模式的差异。R99网络架构决定了其组网模式必须是分级组网；R4如果采用IP组网，可组建结构更为简化的信令网，及平面化的承载网。

3．从 R4 各 R5、R6 网络的演进

R5 版本的目标是构造全 IP 移动网络，在研究过程中分为 R5、R6 两个版本。R5 主要定义了全 IP 网络的架构，R6 重点集中于业务增强及与其他网络的互通方面。R5 于 2002 年 3 月完成功能框架的冻结。R6 版本功能于 2004 年 12 月确定，在网络架构方面，R6 没有太大的变更，主要是增加了一些新的功能特性，及增强了已有功能特性。

R5 在无线接入网和核心网领域进行了重大改进。在无线接入网方面，提出了高速下行分组接入 HSDPA 技术，使下行速率可达到 8～10Mbit/s，大大提高了空中接口的效率；同时，Iu、Iur、Iub 接口增加了基于 IP 的可选传输方式，使无线接入网实现了分组化。在核心网方面，最大的变化是在 R4 的基础上增加了 IP 多媒体子系统 IMS，它与分组域一起实现实时和非实时的多媒体业务，并可实现与电路域的互操作，可在分组域提供增强型语音业务，代替传统的语音业务，实现语音业务从窄带向宽带迁移的目标。R5 版本仍保留了电路域，并实现与 IMS 的互操作，用于保护运营商在 R99 上的投资。对于新运营商，在技术成熟的条件下，完全不需建设电路域来实现语音业务，可直接在 IMS 和分组域实现语音业务。

因此，R4 向 R5 演进可归纳为两个重点：在无线接入网实现分组化，作为可选承载方式，实现高速数据接入功能；在核心网增加 IMS 域，实施 IP 多媒体业务和全 IP 网络。在无线接入网侧，R4 向 R5 网络演进过程中，为保证网络的稳定性和节省投资，一般不必将 Iu、Iur、Iub 接口分组化，但需引入新的基带编码技术实现高速数据业务。在核心网侧，R4 向 R5 的演进过程中，增加了 IMS 域不会影响原核心网络功能，只在业务上增加了实时/非实时多媒体业务功能，因此在技术方面对核心网的挑战不大。

4．R6 版本

在 R5 中引入 HSDPA，用于对下行分组域的数据速率增强。在 R6 中，致力于高速上行分组接入 HSUPA 标准的制定，HSUPA 主要用于对上行分组域数据速率的增强。

多媒体广播和多播业务。网络需要增加广播和多播中心功能实体，另外对用户终端、接入网及核心网均有新的需求，需对空中信道、接入网和核心网接口信令进行修改。

增强 RAN。从 UTRAN 到 GSM/EDGE 无线接入网 GERAN，网络辅助的小区改变，需要对网络的影响、天线倾角的远端控制、Iub 和 Iur 接口无线资源管理进行优化。

IMS 第二阶段。这是 R5 IMS 第一阶段基础上提供的新特性，包括 UE 与外部 IP 多媒体间的互通、IMS 与 CS 互通、IM-MG 与 MGCF 间增强、R6 监听需求和网络框架、基于 IPv4 与基于 IPv6 的 IMS 互通和演进、IMS 会议业务、IMS 消息业务等。基于不同 IP 连接网的 IMS 互通，包括 3GPP2 IMS、固网 IMS 等方案。

Push 业务。网络主动向用户 Push 内容，根据网络和用户的能力推出多种实现方案。

增强安全。包括基于 IP 传输的网络域安全、应用 IPSec 等安全技术。

网络共享。多个移动运营商有各自独立的核心网或业务网，但共享接入网。

增强 QoS。提供端到端 QoS 动态策略控制增强。

计费管理。包括对 WLAN 计费、基于 IP 流的承载计费和在线计费系统等的管理。

5．R7 版本

R7 版本主要继续 R6 未完成的标准和业务（如多天线技术，包括多种 MIMO 技术等实现）制定工作，将考虑支持通过 CS 域承载 IMS 语音、通过 PS/IMS 域提供紧急服务、提供基于无线局域网 WLAN 的 IMS 语音与 GSM 网络的电路域的互通、提供 xDSL 和有限调制器等固定接入方式。同时，引入正交频分复用 OFDM，完善 HSDPA 和 HSUPA 技术标准。

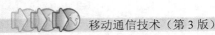

随着用户对多业务需求的不断提高，WCDMA 标准在不同的版本中引入很多新业务，使业务向多样化、个性化方向发展，代表性的有虚拟归属环境概念、引入基于 IP 的多媒体业务及其他形式多样的补充业务等。

WCDMA 系统的整体演进方向为网络结构向全 IP 化发展，业务向多样化、多媒体化和个性化方向发展，无线接口向高速传输分组数据发展，小区结构向多层次、多制式、重复覆盖方向发展，用户终端向支持多制式、多频段方向发展。

4.2.2 WCDMA 无线接入技术

1. UMTS 系统结构

UMTS 是采用 WCDMA 空中接口技术的 3G 系统，通常也把 UMTS 系统称为 WCDMA 移动通信系统，由核心网 CN、UMTS 陆地无线接入网 UTRAN 和用户设备 UE 组成。UMTS 网络在设计时遵循以下原则：RAN 与 CN 功能尽量分离，即对无线资源的管理集中在 RAN 完成，而与业务和应用相关功能在 CN 执行。其中，CN 与 UTRAN 的接口定义为 Iu，UTRAN 与 UE 的接口定义为 Uu 接口，如图 4-2 所示。

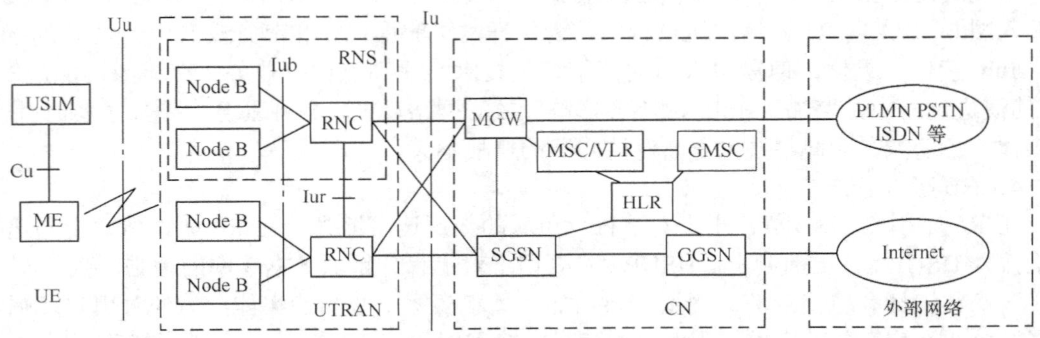

图 4-2　UMTS 网络单元构成示意图

从系统采用的结构看，UMTS 与 2G 结构类似。图 4-2 反映了从 GSM 和 GPRS 向 UMTS 在网络上的演进。从技术规范角度看，UE 和 UTRAN 都是全新协议，基于对 WCDMA 新无线技术的需求，而 CN 则延用 GSM 和 GPRS 技术，极大地加速了该系统的应用。

UMTS 包括很多网络单元，被划分为若干个子网，如图 4-2 所示。

（1）UE 是用户终端，主要包括射频处理单元、基带处理单元、协议栈模块及应用层软件模块等。UE 通过 Uu 接口与网络设备进行数据交互，为用户提供电路域和分组域内的各种业务功能，包括语音、数据、移动多媒体和 Internet 应用等。UE 包括移动设备 ME 和 USIM 两部分。ME 通过 Uu 接口进行无线通信，为用户提供接入服务。USIM 提供用户身份识别。

（2）UTRAN 负责处理所有与无线通信有关的功能，包括 NodeB 和 RNC 两部分。

NodeB 是 WCDMA 系统的基站，包括无线收发信机和基带处理部分，完成 Uu 接口物理层协议的处理，主要功能是扩频、调制、信道编码及反处理，还包括基带信号和射频信号的相互转换等功能，参与无线资源管理。

RNC 拥有和控制它管辖区内的无线资源，是 UTRAN 提供给 CN 所有业务的业务接入点，如管理 CN 到 UE 的连接。

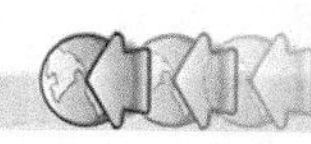

（3）CN 负责对语音及数据业务进行交换和路由查找，以便将业务连接至外部网络。包括 MSC/VLR、GMSC、SGSN、GGSN、HLR 等网络单元。

MSC/VLR 为当前位置的 UE 提供电路交换 CS 业务的交换中心和数据库 VLR。MSC 主要功能是处理电路交换业务，VLR 用于保存漫游用户的业务基本信息和 UE 在服务系统内的位置信息。通常，通过 MSC/VLR 相连接的网络部分称为 CS 域。GMSC 与 GSM 中应用时功能相同。

SGSN 功能与 MSC/VLR 类似，但用于分组交换 PS 业务，通过 SGSN 相连接的网络部分通常称为 PS 域。GGSN 与 GPRS 中应用时功能相同，用于 PS 业务。

HLR 用于存储用户业务基本信息和位置信息，在新用户注册入网时创建。

（4）外部网络，可分为电路交换网络和分组交换网络两类。

（5）UMTS 中的接口主要有 Cu、Uu、Iu、Iur、Iub 等。WCDMA 网络与 GSM 相比，CN 部分的接口变化不大。

2．UTRAN 体系结构

UTRAN 的体系结构如图 4-3 所示，UTRAN 包含许多无线网络子系统 RNS，一个 RNS 由一个 RNC 和一个或多个 NodeB 组成。一个 NodeB 可支持 FDD 或 TDD 模式。在 TDD 模式中有 3 种可选码片速率：7.68Mchip/s TDD，3.84Mchip/s TDD 和 1.28Mchip/s TDD。

（1）RNC

RNC 用于控制 UTRAN 无线资源，通过 Iu 接口与 CS 域 MSC 和 PS 域 SGSN 及广播域 BC 相连，在移动台和 UTRAN 间的无线资源控制 RRC 协议在此终止。其逻辑功能相当于 GSM 的 BSC。

控制一个 NodeB 的 RNC 叫该 NodeB 的控制 RNC（CRNC），CRNC 负责对其控制小区的无线资源进行管理。如在一个 UE 与 UTRAN 的连接中要使用多个 RNS 的无线资源，则涉及的 RNS 具有两个独立的逻辑功能。图 4-3（a）表示 UE 在 RNC 间软切换的情况，在 SRNC 中执行合并；图 4-3（b）表示 UE 只使用来自一个 NodeB 的资源的情况，由 DRNC 加以控制。一个 RNC 实体通常包含 CRNC，SRNC 和 DRNC 的功能。

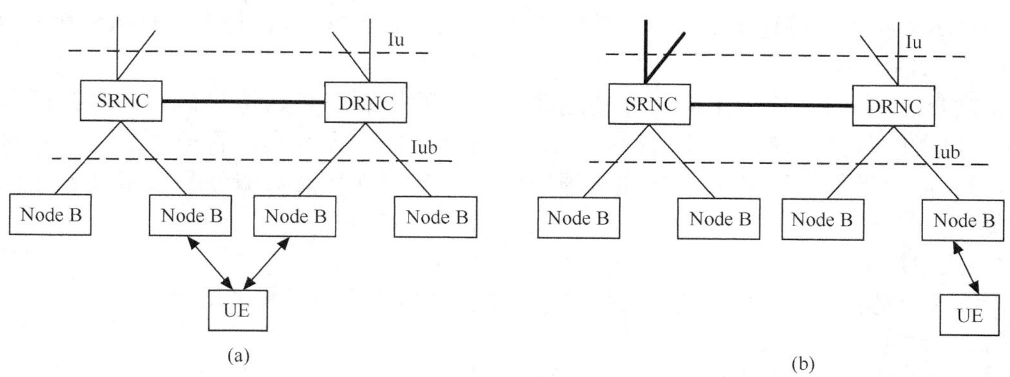

图 4-3　UE-UTRAN 连接中 RNC 的功能示意图

服务 RNC（SRNC）管理 UE 和 UTRAN 间的无线连接，是对应于该 UE 的 Iu 和 Uu 接口的终止点。无线接入承载的参数映射到传输信道的参数、是否进行越区切换、开环功率控制等基本的无线资源管理都是由 SRNC 完成的。一个 UE 某一时刻有且只有一个 SRNC。除 SRNC 外，UE 所用到的 RNC 为漂移 RNC（DRNC），控制着移动终端使用的小区。如有需要，DRNC可进行宏分集合并和分裂。一个UE可以没有，也可有一个或多个DRNC。

（2）UTRAN功能

UTRAN提供用户数据传输；系统接入控制功能；无线信道加密/解密功能；移动性功能；无线资源管理和控制功能；同步功能；广播/多播业务相关功能。

3．主要接口

（1）Iub接口

Iub接口是RNC与NodeB间的接口，用来传输RNC和NodeB间的信令及来自无线接口的数据。Iub接口主要功能有：Iub传输资源管理、NodeB的逻辑O&M操作、执行专用O&M传输、系统信息管理、专用信道流量管理、公用信道流量管理、共享信道流量管理、定时和同步管理。

（2）Iur接口

在UTRAN中，Iur接口是两个RNC间的逻辑接口，用来传送RNC间的控制信令和用户数据。Iur接口主要功能有：合并与分解、分集合并与分解拓扑控制、DRNS硬件资源处理、物理信道分配、上行功控、下行功控、接入控制、无线协议功能分解。

（3）Iu接口

Iu接口是连接RNC和CN的接口，同时也可看成是RNS和CN间的一个参考点，用于传输RNC和CN间的控制信息和用户信息。

从结构上看，一个CN可和几个RNC相连，而对任一个RNC，和CN间存在三个Iu接口：Iu-CS接口（面向电路交换域）、Iu-PS接口（面向分组交换域）和Iu-BC接口（面向广播域）。在分立的CN结构中，CS和PS域中存在各自的信令连接和用户数据连接，对无线网络层和传输层均如此。在联合的CN结构中，CS和PS域中存在各自的用户数据和信令连接控制部分连接SCCP，对无线网络层和传输层均如此。

Iu接口中，高层实体控制着许多底层实体。一个CN接入点可连接到一个或更多的UTRAN接入点；对PS域，每个UTRAN接入点不能连接多于一个的CN接入点，除了非接入层节点选择功能NNSF被采用时，或RNC在多运营商核心网结构中共享时；对CS域，每个UTRAN接入点可连接多于一个的CN接入点；对于BC域，每个UTRAN接入点只有连接一个CN接入点。

从功能上看，Iu接口主要负责传递非接入层的控制信息、用户信息、广播信息及控制Iu接口上的数据传递，主要功能有：RAB管理功能、无线资源管理功能、Iu连接管理功能、Iu用户平面管理功能、移动管理功能、安全管理功能、服务和网络接入功能、协调功能。

4．空中接口

无线接口是各移动通信系统的关键技术，最基本区别在于其物理层。

（1）无线接口的分层

无线接口指用户设备UE和网络之间的Um接口，由层1、2和3组成。层1（L1）是物理层，层2（L2）和层3（L3）描述MAC、RLC和RRC等子层。整个无线接口的协议结构如图4-4所示。

① 无线资源控制层RRC。RRC位于无线接口的第三层，它主要处理UE和UTRAN的第三层控制平面之间的信令，包括处理连接管理功能、无线承载控制功能、RRC连接移动性管理和测量功能。

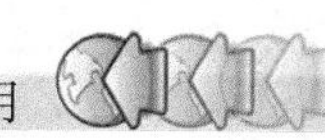

② 媒体接入控制层 MAC。MAC 层屏蔽了物理介质的特征，为高层提供了使用物理介质的手段。高层以逻辑信道的形式传输信息，MAC 完成传输信息的有关变换，以传输信道的形式将信息发向物理层。MAC 层为层 2 的无线链路控制 RLC 子层提供了不同的逻辑信道。逻辑信道定义了所传送的信息的类型。

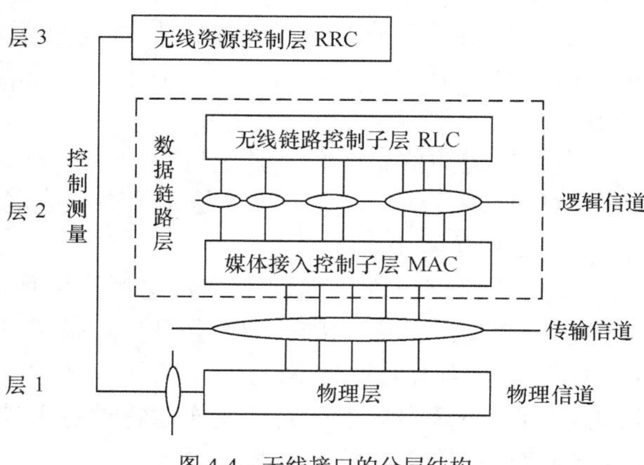

图 4-4　无线接口的分层结构

③ 物理层。物理层是 OSI 参考模型的最底层，它支持在物理介质上传输比特流所需的操作。物理层与层 2 的 MAC 子层和层 3 的 RRC 子层相连。图 4-4 中不同层间的圆圈部分为业务接入点 SAP。物理层为 MAC 层提供不同的传输信道，传输信道定义了信息是如何在无线接口上进行传送的。物理信道在物理层进行定义，物理信道是承载信息的物理媒介。物理层接收来自 MAC 层的数据后，进行信道编码和复用，通过扩频和调制，送入天线发射。物理层的数据处理过程如图 4-5 所示，物理层技术的实现如图 4-6 所示。

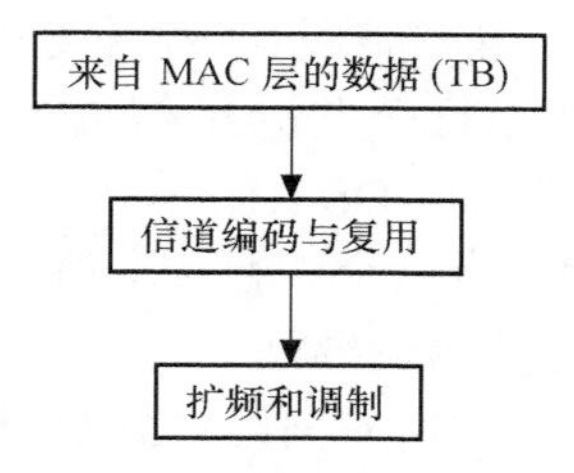

图 4-5　物理层的数据处理过程

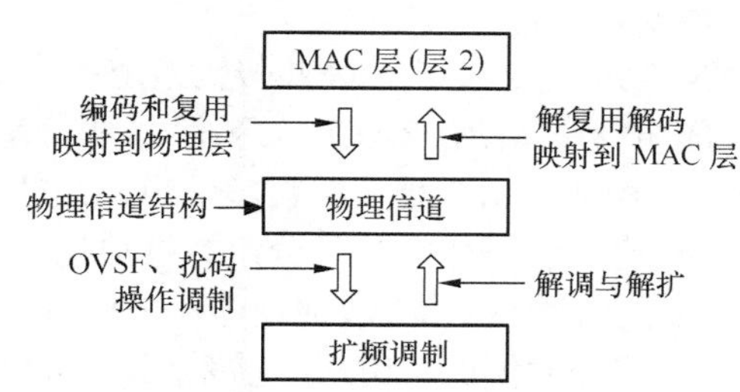

图 4-6　物理层技术的实现

（2）信道结构

在 WCDMA 系统的无线接口中，从不同协议层次上讲，承载用户各种业务的信道被分为三类，即逻辑信道，传输信道，物理信道。逻辑信道直接承载用户业务，所以根据承载的是控制平面业务还是用户平面业务分为两大类，即控制信道和业务信道；传输信道是无线接口二层和物理层的接口，是物理层对 MAC 层提供的服务，所以根据传输的是针对一个用户的专用信息还是针对所有用户的公用信息而分为专用信道和公共信道两大类；物理信道是各种信息在无线接口传输时的最终体现形式，每一种使用特定的载波频率、扩频码及载波相对相位（0 或$\pi/2$）和相对时间的信道都可以理解为一类特定的物理信道。

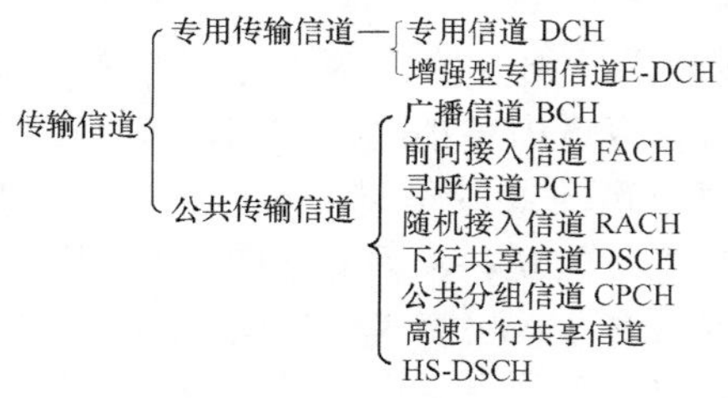

图 4-7　传输信道的分类

① 传输信道

传输信道是物理层给 MAC 层提供的服务，是定义数据是怎样在空中接口中传输的。传输信道通常分成两类：专用传输信道和公共传输信道。专用信道是采用了特定的扩频码、扰码码字和频率，为某一用户所专用；公共传输信道则是为整个小区或小区中的某一组用户所公用。传输信道结构如图 4-7 所示。

在公共信道中所有或某一组用户都要对该信道的信息进行解码，即使该信道的信息在某一时刻是针对一个用户的。但当针对某一个用户时，该信道必须包含该用户 UE 的识别码 ID。

专用信道的信息在某一时刻只能针对一个用户的，所以每一时刻只有一个用户需要对该信道的信息进行解码，此时 UE 是通过物理信道来识别的。

- 专用传输信道

专用传输信道提供面向上层特定用户的所有信息，包括实际业务的数据和高层控制信息，可分为专用信道 DCH 和增强型专用信道 E-DCH。DCH 可传输上行和下行的数据，而 E-DCH 仅能传输上行数据。DCH 可面向整个小区发送，或通过使用智能天线技术进行波束赋形，面向小区中的某些扇区发送。物理层不能访问 DCH 上的信息，因此在物理层中，高层控制信息和用户的数据被等同对待。

GSM 中与传输信道类似的业务信道或相关控制信道在 UTRAN 物理层中不存在。专用传输信道既传送业务数据（如语音帧），也传送上层控制信息（如切换命令或终端反馈的测量报告）。在 WCDMA 中，由于支持可变速率业务和业务复用，因此不需单独的传输信道。

专用传输信道的特点有快速功率控制、基于帧的快速数据速率调整、可通过调整自适应天线的权值向小区中的某一区域或扇区发射信号。专用传输信道还支持软切换。

- 公共传输信道

UTRAN R99 定义了 6 种公共传输信道：广播信道 BCH、前向接入信道 FACH、寻呼信道 PCH、随机接入信道 RACH、下行共享信道 DSCH 和上行公共分组信道 CPCH；在 UTRAN R7 中增加了第 7 种公共传输信道：高速下行共享信道 HS-DSCH。3G 的公共传输信道与 2G 相比有一些变化，如将分组数据通过公共信道传输，有一个下行共享信道用来传输分组数据。公共信道不支持软切换，但部分公共信道支持快速功率控制。

BCH：下行传输信道，用来广播系统及小区的特定信息。在所有网络中最常用的典型数据有小区内随机接入码和接入时隙，或小区内结合其他信道使用的发射分集方式。受低端用户设备的解调译码速度的限制，BCH 总是用一个较低的固定比特率在小区中全向发送。BCH 始终处于发送状态，且采用固定的传输格式。由于终端必须正确解调 BCH 上的数据才能注册到小区中，BCH 需用较高的发射功率保证基站覆盖范围内的用户的接收。

FACH：下行传输信道，在系统知道 UE 所处的小区时，用来给 UE 传送控制信息，FACH 同时也能传送短的用户分组。例如基站收到一个随机接入消息后，就在 FACH 中给用户发下行控制信号。一个小区可以有多个 FACH，其中必须有一个信道使用低速率来保证小区内所有用户都能正确接收该信道上的数据，其余 FACH 可使用较高速率。FACH 采用慢速功率控制，为保证所传送的信息被用户正确接收，要求数据中包含 UE 的 ID。FACH 在整个小区中传输，或者采用波束赋型天线在小区进行波束传输。

PCH：下行传输信道，用于传输与寻呼过程相关数据，即网络开始建立与用户的通信时使用 PCH。例如终端发起语音呼叫，网络使用终端所在位置区域内各小区的 PCH 向终端发送寻呼信息。为确保用户设备在整个小区的覆盖范围内都能收到寻呼信息，小区内的 PCH 始终处于活跃状态。PCH 的设计会影响用户设备在待机状态下的功耗，因此 PCH 上寻呼消息发送频率越低，用户终端待机时间越长。PCH 的设计可以支持睡眠模式，为支持终端有效使用睡眠模式，寻呼消息与物理层产生的寻呼指示消息联合发送。

RACH：上行传输信道，用来传送来自 UE 的控制信息，也可以用来传送少量的用户分

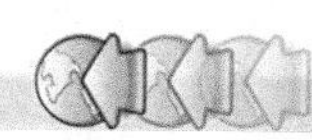

组数据。例如用户请求建立连接。为保证系统正常运营，网络必须接收来自其覆盖区内的所有小区 RACH 上的信息，因此小区的 RACH 始终处于活跃状态，同时也意味着 RACH 只能采用非常低的信息速率，且可能发生碰撞。RACH 采用开环功率控制。

CPCH：上行传输信道，是 RACH 的扩展，用来传送用户的分组数据，与下行信道中的 FACH 功能相似。在物理层中，上行 CPCH 与 RACH 不同之处在于 CPCH 支持快速功率控制、基于物理层的冲突检测机制和 CPCH 状态监控进程。CPCH 可持续好几个上行帧，而 RACH 消息仅持续一到二帧。

DSCH：下行传输信道，用来传输专用用户数据和/或控制信息，可由多个用户共享一个信息。DSCH 与 FACH 有相似之处，但 DSCH 支持快速功率控制和基于帧的可变速率。DSCH 不需在全小区内监听，由于 DSCH 信道只包含数据信息，不包含控制信息，所以 DSCH 必须与下行专用传输信道联合使用，且可采用多种发送分集方式。

HS-DSCH：下行传输信道，由几个终端共同使用，通常与一个下行的专用物理信道 DPCH 及一个或几个共享控制信道 SCCH 联合使用。HS-DSCH 上的信息可通过设置面向整个小区或通过使用天线波束赋形面向某些扇区发送。

基本的网络运营必须的公用传输信道有 RACH、FACH 和 PCH，DSCH 和 CPCH 由网络选择使用。

- 指示符

指示符是一些快速率、低阶调制的信令实体，不占用信息块资源，在传输信道上发送。传输指示符的物理信道称为指示信道 ICH，传输信道上的指示符映射对应每个信道都是不同的。指示符的含义与指示符的种类对应，UTRAN R7 中定义的指示符有捕获指示 AI、寻呼指示 PI 和组播广播业务 MBMS 的通知指示 NI。

② 物理信道

高层数据传输到物理层后，映射到物理信道的无线帧中。物理信道的载波频率、加扰方式、持续时间长度和信道内容都有所不同，而且都可以无线帧为单位进行区分。WCDMA 物理信道的持续时间指从物理信道数据传输起始时刻到数据传输终止时刻，连续传输所发送的码片数；对于不连续传输的物理信道，对其持续时间协议中明确定义。即物理信道可以由某一载波频率、码（信道化码和扰码）、相位确定。在采用扰码与扩频码的信道里，扰码或扩频码任何一种不同，都可以确定为不同的信道。

一般物理信道包括 3 层结构：无线帧、时隙和子帧。一个无线帧周期 10ms，包括 15 个等时隙，对应 38 400chip，是物理信道的基本单元；时隙是由若干比特组成的单元，对应 2 560chip；一个子帧相当于 3 个时隙长度（7 680chip），是 D-DCH 和 HS-DSCH 信道传输的基本时间单位，同时也是物理层中与这两个信道相关的信令的基本时间单位。

UTRAN 与 UE 间需传递大量的信令信息。物理层信令与物理层信道具有相同的基本空中接口特点，但不与传输信道和指示符进行映射。物理层信令可与物理信道结合增强物理信道功能。

物理信道是物理层的承载信道，物理层主要完成的功能包括：传输层前向纠错编码 FEC、对用户层进行测量和指示、宏分集的分解和合并、软切换、传输链路的纠错 CRC、传输链路的复用和 CCTrCH 的分离、速率匹配、将 CCTrCH 对应在物理链路上、频率和时间同步、闭环功率控制、功率权重、物理链路合并、射频处理等。专用物理信道和公共物理信道的分类如图 4-8 所示。

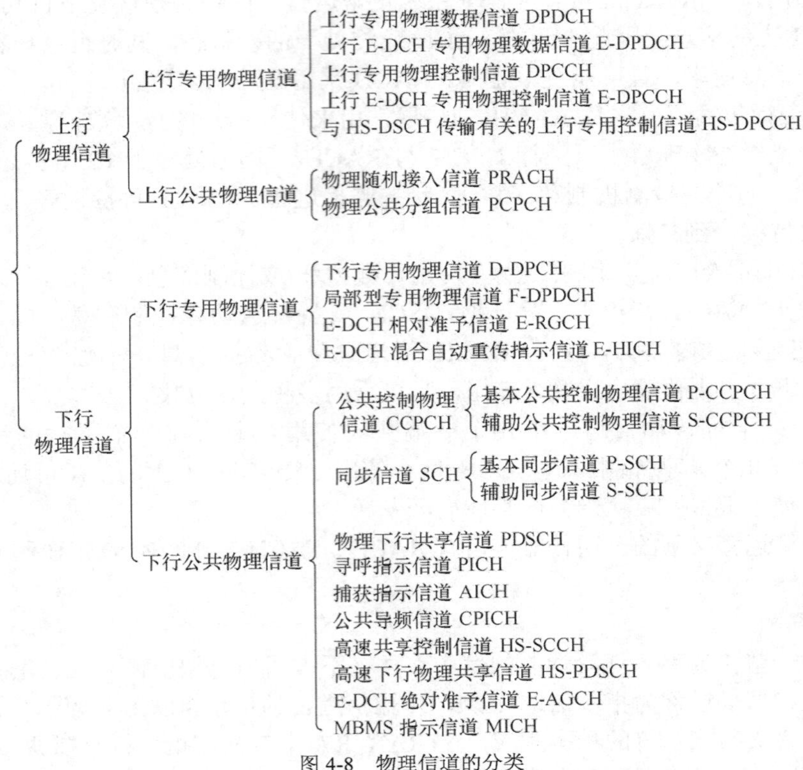

图 4-8　物理信道的分类

- 专用物理信道

上行专用物理信道 DPCH 有 5 种链路：上行专用物理数据信道 DPDCH、上行专用物理控制信道 DPCCH、上行 E-DCH 专用物理数据信道 E-DPDCH、上行 E-DCH 专用物理控制信道 E-DPCCH 和与 HS-DSCH 传输有关的上行专用控制信道 HS-DPCCH。这 5 种信道都采用 I/Q 支路码复用方式。

下行专用物理信道 DPCH 有 4 种：下行专用物理信道 D-DPCH、局部型专用物理信道 F-DPDCH、E-DCH 相对准予信道 E-RGCH 和 E-DCH 混合自动重传指示信道 E-HICH。下行 DPCH 以时分方式复用，提供可变速率业务承载信道。

- 公共物理信道

PRACH：上行公共物理信道，用来承载 RACH 进行终端接入。RACH 通常用来传送信令，如 UE 开机后向网络注册，或进行位置更新、发起呼叫等。用于信令传送的 PRACH 结构与用于数据传送的 PRACH 结构相同，主要区别在于传送信令时需保持相对较低的数据速率，否则 RACH 信令可达到的有效半径将会限制系统的覆盖范围，所有在网络覆盖规划中使用更低的数据速率作为基础。PRACH 传输是基于快速捕获指示的时隙 ALOHA 方式， UE 在接入时隙的起始时刻启动 PRACH 传送。每个时隙 5 120Chip，每 2 帧有 15 个时隙，哪些时隙可以使用由高层给定。数据和控制部分是并行传送的，时间上用接入时隙来确定。

PCPCH：上行公共物理信道，用来传送 CPCH，作为数据传送的补充，主要用于突发数据。传输基于 CSMA-CD 方法，并可快速获取指示，是在与 RACH 一样的时隙开始时刻传输的。CPCH 随机访问信号包括：1 个或多个长度为 4 096chip 的接入前导 AP；1 个长度为

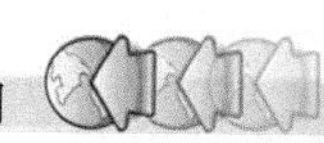

4 096chip 的冲突检测前导 CD-P；1 个 DPCCH 功率控制前导 PC-P，长度为 0 或 8 个时隙（由高层决定）；1 个信息部分。信息部分长度为 $N\times10$ms，最多的帧数由 N_Max_frames 参数决定，每 10ms 帧分为 15 个时隙，每个时隙 2 560chip，包含两个并行的部分：传输高层信息的数据部分和传输层 1 控制信息的控制部分。

CPICH：下行公共物理信道，非调制、固定速率的码信道，并经过小区专用扰码加扰，不承载任何高层信息，也没有任何传输信道映射，用于区分扇区。CPICH 中传输系统预设的比特序列（导频），用来辅助 UE 对专用信道进行信道估计，并和公共信道与专用信道无关，或不在自适应天线技术中使用的情况下为这些公共信道提供信道估计参考。为增加分集效果，一般采用两个天线进行分集发送，分集 CPICH 采用相同的信道化码和扰码，每根天线对应的导频序列不同。CPICH 分为两种：基本 CPICH（P-CPICH）和辅助 CPICH（S-CPICH），它们间的区别在于：P-CPICH 经主扰码加扰，且信道化码是固定分配的，一个小区只有一个 P-CPICH，且在整个小区广播；S-CPICH 可经主扰码或辅助扰码加扰，且可从长度为 256 个码片的信道化码中任意选取，小区内可配置 0、1 或多个 S-CPICH，在应用的典型区域中应联合使用窄天线波束，以便为某一高业务密度区域配置业务。P-CPICH 的重要工作是用于切换和小区选择/重选时进行测量。UE 根据接收到的 CPICH 接收电平进行切换测量，因此调整 CPICH 功率电平可平衡相邻小区间的负荷。如减小 CPICH 功率可使部分 UE 切换到其他小区；而增大 CPICH 功率可使更多的 UE 切换到本小区，且在初始接入网络时就处于本小区。

SCH：下行公共物理信道，用于小区搜索过程中的同步，根据在小区搜索中所起的作用可分成主同步信道 P-SCH 和辅助同步信道 S-SCH，它们并行发送，都是将 10ms 的无线帧分成 15 个时隙，每个时隙长度为 2 560chip。P-SCH 在每个小区中都使用相同的长度为 256chip 的主同步码 PSC，在每个时隙内重复发射；S-SCH 的 15 个时隙，每个时隙传一个长度为 256chip、代表不同扰码组的序列——从同步码 SSC。一旦 UE 识别出 S-SCH，在得到帧同步和时隙同步的同时，也得到小区所从属的组的信息，只有当 UE 开机或进入新的覆盖区时，才需在初始搜索过程中对所有的码组进行全面搜索。SCH 没有传输信道映射，采用时分方式的复用，可以使用 TSTD 提高性能，在偶数编号的时隙，P-SCH 和 S-SCH 都从天线 1 上发射，在奇数编号的时隙，P-SCH 和 S-SCH 都从天线 2 上发射。

CCPCH：下行公共物理信道，根据承载的传输信道的不同分为基本 CCPCH（P-CCPCH）和辅助 CCPCH（S-CCPCH）。CCPCH 与下行 DPCH 的主要区别在于 CCPCH 不支持内环功率控制。而 P-CCPCH 和 S-CCPCH 主要区别在于映射到 P-CCPCH 上的 BCH 的 TFC 是固定的，而 S-CCPCH 则可通过 TFCI 支持多种 TFC。

P-CCPCH：承载 BCH 的物理信道，用于传送广播信息。系统中所有的 UE 都需对其解调，信道编码和扩频码等参数的取值都是固定的。P-CCPCH 具有固定的传输速率，且不传输任何有关 UE 的功率控制信息，不包含与第一层有关的控制消息。为保证整个小区内都能收到 P-CCPCH 上的信息，且不使用特定的天线技术而使用与 CPICH 相同的天线辐射模式，因此不使用导频符号，将 CPICH 与 P-CCPCH 相结合，可进行相干检测的信道估计。P-CCPCH 与 SCH 交替传输，比特速率减小，使不经编码的系统信息比特速率可降到 27kbit/s。P-CCPCH 采用 1/2 卷积，20ms 交织延续在两个连续帧。为确保 P-CCPCH 可靠接收须保持低数据速率，若以较高功率发送会直接影响系统容量，若译码失败，UE 将不能获得关键的系统参数，如随机接入码或其他公共信道使用的信道化码等导致 UE 不能接入系

统。P-CCPCH 可采用开环发送分集提高系统性能，编号为偶数时隙的最后两位数据比特与其下一时隙的头两位数据比特进行 STTD 编码，但 TS_{14} 的最后两比特不作 STTD 编码，而直接从两根天线上等功率发送。来自高层的信令和 S-SCH 调制方式指示 P-CCPCH 是否采用开环发射分集，即 UE 可在初始的小区搜索或小区切换时通过收到的高层消息、或对 SCH 解调、或结合这两种方式获取 P-CCPCH 是否采用开环发射分集的信息。

S-CCPCH：承载 FACH 和 PCH，完成接入控制和寻呼。FACH 和 PCH 或公用一个 S-CCPCH，或使用两个不同的物理信道，每个小区的最小配置中必须有一个 S-CCPCH。S-CCPCH 可进一步分为两种：有 TFCI 指示的和没有指示的。UTRAN 决定 S-CCPCH 是否传输 TFCI 信息，所有的 UE 都须支持对 TFCI 的解调。S-CCPCH 中可选的码率与下行 DPCH 相同。在使用单个 S-CCPCH 时，数据速率等参数的选择余地上，因为网络中所有的 UE 都要能检测到 FACH 和 PCH。但由于存在多个 FACH 和 PCH，附加的 S-CCPCH 的数据速率可在较大范围内变化，前提条件是 UE 不能采用其他较低数据速率的 S-CCPCH 对高数据速率进行解调。FACH 和 PCH 可映射到一个 S-CCPCH 上同一帧里面，也可分别映射到不同 S-CCPCH 上。为使每个 UE 都能接收到 FACH 和 PCH，基站需满功率发送，应避免同时发送两个信道以减小基站发射功率电平的变化，为保证复用，须在 RNC 终止 FACH 和 PCH。S-CCPCH 可采用开环发射分集提高性能，因 P-CCPCH 和 S-CCPCH 不使用快速功控，其性能增益高于其他公共信道。另由于 P-CCPCH 和 S-CCPCH 都以满功率发射以覆盖小区边缘，减小所需发射功率电平可提高下行链路系统容量。

AICH：下行公共物理信道，与 PRACH 相配合，用于传送捕获指示 AI，AI 对应基站接收到的 PRACH 的特征标记序列。AICH 帧长 20ms，包括重复的 15 个接入时隙 AS，每个时隙有 20 个符号（5 120chip），每个时隙包括两部分：AI 和空闲部分。空闲部分不是 AICH 的正式组成部分，留做将来给其他的物理信道使用。AICH 以 CPICH 为相位参考，一旦基站检测到随机接入尝试的前导，AICH 就用与前导中相同的特征标记序列给以回应。AICH 可使用 STTD 开环发射分集来提高性能。进行 AICH 检测时，UE 需要得到从 CPICH 中提取的相位基准信息。因为所有的 UE 都需收到 AICH，通常 AICH 的发射功率电平都较高，且没有功率控制。AICH 对高层是不可见的，由基站的物理层直接控制，因为如果通过 RNC 操作，对 RACH 前导的呼应太慢，检测 RACH 前导和在 AICH 上向 UE 发送相应的响应仅需几个时隙。

PICH：下行公共物理信道，用来传送寻呼指示 PI，与一个 S-CCPCH（对应传输信道 PCH 的映射）一同配合为 UE 提供有效的休眠工作模式。PICH 使用长度为 256chip 的信道化码扩频，PI 在对应的物理信道即 PICH 上每个时隙出现一次，每个 PICH 帧长 10ms，包括 300bit，其中 288bit 用于传送 PI，其余 12bit 空闲不用。根据寻呼指示重复率的不同，每个 PICH 帧可有 N_p=18，36，72 或 144 个 PI。UE 监听 PICH 的频率被设定为参数，而监听的确切时刻则取决于 SFN 的管理。检测 PICH 时，UE 需得到从 CPICH 中提取的相位基准信息。因小区内的所有 UE 都需监听 PICH，通常都以较高的功率电平发送，且没有功率控制。

PDSCH：下行公共物理信道，用于传送 DSCH，与 PCPCH 相似，主要传送非实时的突发业务，可通过正交码由多个码分用户共享。PDSCH 总是与一个 DPCH 相联系，所需控制信息在 DPCH 上传送。DSCH 是特殊形式的多码传输，可用 TFCI 域或高层信令两种方式通知 UE 解调，DSCH 与相联系的 DCH 可以具有不同的 SF，SF 可在帧间改变。

其余信道在此不再多加描述。

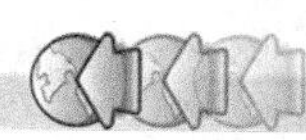

③ 传输信道到物理信道的映射

WCDMA 的物理层主要由物理数据信道、物理控制信道和物理层信令组成。高层的数据发送到指定的传输信道时，伴随有一个传输格式指示信息 TFI。物理层把同一时刻到达的各传输信道的 TFI 组合成传输格式组合指示 TFCI，通过物理控制信道发送，用来通知接收机当前帧的传输信道的格式；还有一种方法是盲传输格式检测 BTFD，在下行专用信道中使用。接收机将解调后的 TFCI 信息传给上层模块，来激活传输信道与发射机进行连接。一个物理控制信道和多个物理数据信道组合成一个 CCTrCH，每次发射机和接收机的连接可建立多个 CCTrCH，但每次连接中 TFCI 仅通过一条物理控制信道传输。

上层与物理层的接口在 UE 上没有体现，因 UE 要具备高层和物理层所有的功能。但对于无线网络来说，物理层与上层功能的划分具有重要的意义。因在网络端，基站与无线网络控制器 RNC 间的 Iub 接口完成了物理层与上层的接口功能。

传输信道上的数据经物理层编码和复用后，按顺序规则映射到物理信道上，其对应关系如图 4-9 所示。DCH 映射到 DPDCH，E-DCH 映射到 E-DPDCH，BCH 映射到 P-CCPCH，FACH 和 PCH 映射到 S-CCPCH，RACH 映射到 PRACH，HS-DSCH 映射 HS-PDSCH。专用传输信道 DCH 映射到 DPDCH 和 DPCCH。DPDCH 承载 DCH 的数据，包括高层信令和用户数据，比特速率可以无线帧为单位变化；DPCCH 承载必要的物理层控制信息，有固定的比特速率。物理层能支持可变速率的业务，对每一个连接而言，这两个专用信道是必不可少的。物理层中还有一些物理信道仅传输与物理进程相关的信息，没有对应的传输信道，如 SCH、CPICH、AICH 等。但每个基站都必须配置这些物理信道。如使用了 CPCH，就需用到 CPCH 状态指示信道 CSICH 和冲突检测/信道分配指示信道 CD/CA-ICH。

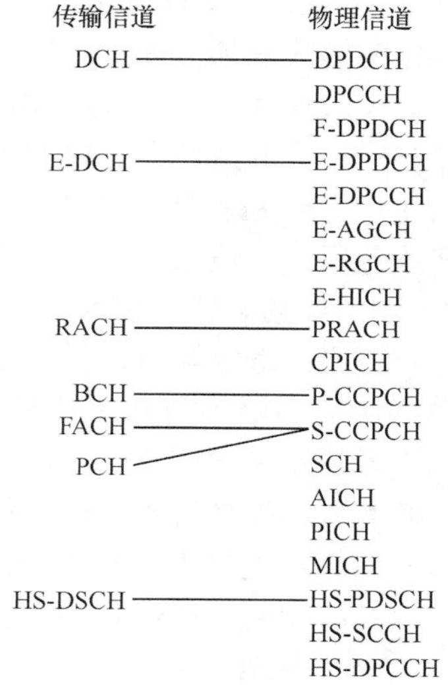

图 4-9　传输信道到物理信道的映射关系

4.2.3　WCDMA 中的关键技术

1．主要技术及参数

WCDMA 是一种直接序列码分多址技术（DS-CDMA），信息被扩展成 3.84MHz 的带宽，然后在 5MHz 的带宽内进行传送。将 WCDMA 与 GSM 作一简单比较，如表 4-1 所示：

表 4-1　WCDMA 与 GSM 技术及参数表

	WCDMA	GSM、GPRS
载波间隔	5MHz	200kHz
频率复用系数	1	1～18
功率控制频率	1 500Hz	2Hz 或更低
服务质量控制 QoS	无线资源管理算法 RRM	网络规划（频率规划）
频率分集	可采用 RAKE 接收机进行多径分集	跳频
分组数据	基于负载的分组调度	GPRS 中基于时隙的调度
下行发射分集	支持，以提高下行链路的容量	标准不支持，但可以应用

WCDMA 的主要技术指标如下：

基站同步方式：支持异步和同步的基站运行；

信号带宽：5MHz；

码片速率：3.84Mchip/s；

发射分集方式：TSTD、STTD、FBTD；

信道编码：卷积码、Turbo 码；

调制方式：QPSK；

功率控制：上下行闭环、开环功率控制；

解调方式：导频辅助的相干解调方式；

语音编码：AMR

WCDMA 采用 AMR 语音编码，支持从 4.75～12.2kbit/s 的语音质量；采用软切换和发射分集，提高容量；提供高保真的语音模式，并进行快速功率控制。

WCDMA 支持最高 2Mbit/s 的数据业务，支持包交换，目前采用 ATM 平台，提供 QoS 控制，公共分组信道 CPCH 和下行共享信道 DSCH，更好地支持 Internet 分组业务，提供移动 IP 业务（IP 地址的动态赋值），TFCI 域提供动态数据速率的确定，对于上下行对称的数据业务提供高质量的支持，比如语音，可视电话，会议电视。

2．扩频与调制技术

物理信道成帧后，需对物理信道的数据流进行扩频、加扰。扩频又叫信道化操作，用一个高速数字序列与数字信号相乘，把数据符号转换为一系列的码片，提高了数字符号的速率，增加了信号带宽。在收端用相同的高速数字序列与接收符号相乘将扩频符号解扩。用来转换的数据序列符号叫信道化码，在 WCDMA 中采用 OVSF 作为信道化码；每个符号被转化成的码片数目为扩频因子。第二步操作为加扰，用一个伪随机序列与扩频后的序列相乘，对信号起加密、扰乱作用。扰码的码片速率与已扩频符号相同，因此不影响符号速率，数据速率的变化如图 4-10 所示。图中的比特速率即无线帧中的数据率，码片速率为 3.84Mchip/s。

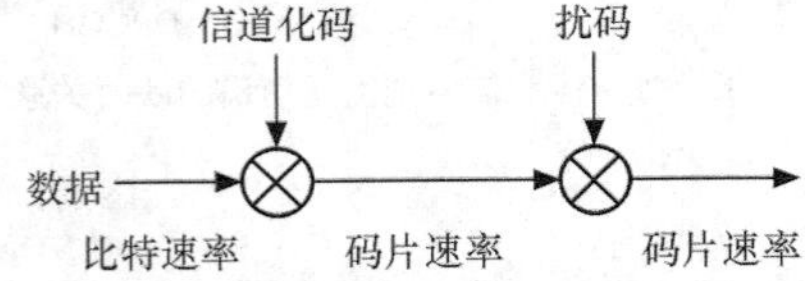

图 4-10　扩频与扰码前后的符号速率

上行链路物理信道加扰的作用是区分用户，下行链路加扰可区分基站和信道，因此选择的扰码间必须有良好的自相关性。WCDMA 采用 Gold 序列作扰码。

WCDMA 系统不同的信道可用不同的幅度，在完成调制后，会产生不同幅度的 I、Q 支路。在复加扰中，如果随机 PN 信号被分给 I_S 和 Q_S 支路，会导致高 PAPR。WCDMA 的上行链路采用 HPSK 或正交复四相移键控 OCQPSK。HPSK 采用 Walsh 旋转因子和对不同信道正确选择正交扩频码来减小 PAPR。

HPSK 技术是基本复扰码的变形，消除了相邻点间的过零问题。在 HPSK 中使用规定的重复序列作为扰码信号，且选择规定的正交码（或 Walsh 码）对不同信道进行扩频。一般 HPSK 使用的复加扰还加上固定重复序列来生成扰码信号，该固定重复序列即 Walsh 旋转因子。

下行链路中的同步信道的调制方法最特殊，使用的同步码与下行信道的扰码分配方案密切相关，与用户开机时的小区搜索过程密切相关。下行链路的 SCH 是一种特殊的物理信道，在物理层上不可见。包括两个信道，即 P-SCH 和 S-SCH。SCH 供 UE 用于搜索小区，且不经过小区主扰码加扰，因为 UE 须能在获得下行链路扰码信息之前和小区取

得同步。

主同步码 PSC 序列只有一个，用于 WCDMA 的所有小区的所有时隙，不经过调制发送。为优化 UE 所需的硬件，PSC 由更短的 16 个码片序列组成。进行该序列的检测时，通常没有预知的定时信息，一般需要使用匹配滤波器。因此，考虑到 UE 复杂性和功耗的因素，设计出一个好的同步序列，使其仅用低复杂度的匹配滤波器就能被检测出是十分重要的。

从码字的生成过程可见，SSC 共有 16 个，经排列组合，选 16 个编成一组，总共 64 个不同的码组序列，与下行主扰码的 64 个扰码组一一对应。从此可推断小区选用 SSC 的步骤，即先找到本小区的主扰码属于哪个扰码组，然后找到对应的 SSC 序列；每个时隙对应一个辅扰码号，根据此扰码号就可计算出同步信道的同步码字。

SSC 的码组序列须满足以下要求：一个码组序列循环移位的结果是唯一的，64 个序列中的任何一个进行小于 15 次的循环移位，都不会与其他序列的循环移位相同；同样，也不会与自己的其他任何循环序列重复。因此，在实际系统中，不同小区选用不同的序列模式，不同时隙选用不同的 S-SCH。另外，同 PSC 相似，SSC 发送时不经过加扰。同步码字包含了 BCH 是否采用开环发送分集的信息，且同步信道是 WCDMA FDD 唯一采用时间交替发送分集 TSTD 的信道。

3．信道编码与复用

WCDMA 系统信道复用过程与物理信道的编码过程不可分。来自高层的业务数据经过封装，以传输信道数据的形式进入物理层。物理层对来自高层的数据进行编码再发射；在接收端，数据在物理层被译码后再送往上层。物理层的信道编码包括检错编码、纠错编码、速率匹配和交织。WCDMA 系统的系统复用过程是为并发业务分配无线资源、保证其业务质量、并将传输格式通知接收机过程；具体到物理层，就是把承载了用户信息的传输信道与其控制信息进行组合，再映射到物理信道，进行发送的过程。

（1）传输格式参数

① 传输格式 TF。TF 是物理层提供给 MAC 子层（或反方向）的一种格式，用于指示传输信道上一个 TTI 期间内的传输块集合 TBS 的传输。TF 由两部分组成：动态部分和半静态部分。动态部分包括传输块的大小和传输块集合的大小 TBSS。半静态部分包括传输时间间隔 TTI、纠错方式（如 Turbo 码、卷积码、静态速率匹配后的码率、CRC 的比特数等）。

② 传输格式集合 TFS。TFS 是描述一个特定传输信道的所有 TF 的集合。在一个 TS 中，所有的 TF 的半静态部分是相同的，一个传输信道的可变比特速率是通过在每个传输时间间隔间改变 TFS 的内容和传输块集合的大小来达到的，即在一个传输块集合中的各个 TF 的动态部分不同。

③ 传输格式组合 TFC。物理层可复用一个或几个传输信道，每个传输信道都有一个可用的 TF 列表（即 TFS）。TFC 是现有的几种 TF 的组合，这些 TF 可同时被用于一个编码组合传输信道，其中的每个传输信道只有一种对应的 TF。

④ 传输格式组合集合 TFCS。TFCS 由高层指定的，描述一个编码组合传输信道的参数。当数据信息映射到物理层时，MAC 在由高层给定的 TFCS 中选择一种合适的 TFC。因在不同的 TFC 间只是动态部分不同，实际上 MAC 就能控制 TF 的动态部分。TFC 的选择可看作是无线资源的快速方法。MAC 通过它能将物理层所具有的可变速率的业务处理能力充

分利用。因此，比特速率就能实现快速改变而不需任何更高层的信令。

⑤ 传输格式指示 TFI。TFI 是一个标号，对应于 TFC 中某个特定的 TF。一个传输块集合在 MAC 与物理层间交换时，传输格式指示用来进行层间的消息交换。

⑥ 传输格式组合指示 TFCI。物理层根据上层发来的 TFI 信息，根据系统指定的对应关系，计算得一个个指示信息，对应于一个编码组合传输信道上目前所用的传输格式组合。即 TFCI 与一个特定的 TFC 一一对应，用来通知接收方目前所用的 TFC。由此，当接收机检测出 TFCI 后，就可知道复用到对应的数据帧 10ms 上的传输信道的 TFC 和各个传输信道所对应的 TF，包括此时各传输信道的比特速率、传输时间间隔、所使用的 CRC 长度、编码类型和编码率。依据复用和编码流程，可推断出此时精确的复用方案和速率匹配方案，即此时所映射到的物理信道的码速率及所使用的扩频因子。

（2）传输信道的一般编码和复用

在此介绍的内容仅适合 DCH、RACH、BCH、FACH 和 PCH 等几种传输信道，其他信道有关其各自对应的独特的编码/复用方案。

在每个传输时间间隔里，来自高层的数据封装在传输块集合中到达物理层的编码/复用单元。传输信道的传输时间间隔的格式有 10ms、20ms、40ms 和 80ms，其中 DCH 仅在系统帧号为 512 时才能使用 80ms 格式。

信道编码/复用的一般步骤如下：在每个传输块后面添加 CRC 校验比特；传输块级联和码块分割；信道编码；无线帧均衡；速率匹配；插入 DTX 指示位；交织（两次）；无线帧分割；传输信道的复用；物理信道的分割；映射到物理信道。从传输信道复用模块出来的单一数据流（包括下行链路的 DTX 指示位）就是 CCTrCH。一个 CCTrCH 可映射到一个或多个物理信道。

① CRC。在每个传输块后添加数位 CRC 比特，可起到检测错误的作用。CRC 比特可为 24，16，12，8 或 0 位，由高层信令控制每个传输信道上使用的 CRC 块的大小。CRC 奇偶比特是通过对整个传输块中的数据进行计算得到的。若传输信道上没有传输块输入，则可省去 CRC 编码，若传输信道上有传输块，但传输块的大小为 0，此时 CRC 生成的奇偶校验比特为全 0。

② 传输块级联和码块分割。一个 TTI 内的所有传输块按照先入先出的顺序串联在一起组合成信道编码的码块，如果串联后一个 TTI 的总比特数大于信道编码规定的码块最大尺寸，传输块级联后将进行码块分割，分割后的码块大小相同。若信道编码是卷积码，经分割后每个码块最多可包含 504bit 数据。

③ 信道编码。信道编码是移动通信中提高系统传输数据可靠性的有效方法，3G 比 2G 中的信道编码要求更高。WCDMA 传输信道提供两类纠错方式，即前向纠错 FEC 和自动重发请求 ARQ。FEC 作为无线业务最基本的纠错方式，ARQ 作为一种补充方式。在 WCDMA 的传输信道中，可使用两种前向信道纠错码，即卷积码和 Turbo 码。不同的传输信道使用的编码方式和编码率有所不同：BCH、PCH、RACH 采用 1/2 的卷积码；DCH、FACH 可采用 1/2 或 1/3 卷积码或 1/3 的 Turbo 码。

WCDMA 所用卷积码的码型和编译码方法基本上是对 2G 的继承，卷积编码一般用于包括语音业务在内的速率相对较低的业务。

WCDMA 系统中采用并行级联 Turbo 编译码器，由两个 8 状态的递归系统码卷积码编码器 RSC 并行组成，在两个 RSC 间加入交织器。

④ 无线帧均衡。在上行链路，以过信道编码、数据块串联的数据流，往其中填充冗余比特，使得数据可等长地分割成段，为速率匹配做准备。

⑤ 第一次交织。WCDMA 系统编码流程中的第一次交织为帧间交织，完成帧数据间的位置的变换。根据传输信道的 TTI 属性，从表 4-2 中选择列数 C_I，列的编号顺序从左到右 0，1，…，C_I-1；按照公式计算行数 $R_I=x_{ix}/C_I$，行的编号顺序是从上到下 0，1，…，R_I-1；将输入数据流逐个写入矩阵 $R_I \times C_I$；按照表 4-2 中的交织类型，结合所选择的矩阵列数，将矩阵 $R_I \times C_I$ 执行列交换，得到的数据流比特用 y_{ik} 表示；由已交换的矩阵逐列读出数据流 y_{i1}，y_{i2}，y_{i3}，$y_{i,(CI\,RI)}$，即为第一次交织后的输出数据流比特。

表 4-2　传输信道的编码方案

TTI	列数 C_I	列间交织模式	TTI	列数 C_I	列间交织模式
10ms	1	{0}	40ms	4	{0,2,13}
20ms	2	{0,1}	80ms	8	{0,4,2,6,1,5,3,7}

⑥ 无线帧分割。WCDMA 物理信道的帧长为 10ms，若传输信道的 TTI 长度大于 10ms，则在帧间交织后，进行物理信道的分割，将数据映射到连续的 F_i 个物理帧上。

⑦ 速率匹配。为了适应多种速率的传输，信道编码方案中还增加了速率适配功能，WCDMA 给出了一个速率适配算法，目的是把业务速率适配为标准速率集中的一种速率。

一条传输信道上不同的传输时间间隔中的比特数有可能不一样，但上下行链路都对传输的比特率有一定要求：下行链路中如果比特数低于最小值就会被中断；上行链路中各传输时间间隔的比特数不同，但需要保证第二次交织后的总比特率等于所分配的 DPCH 的总比特率。而各业务的数据各有差异，信道编码也会造成比特数的变化，导致帧内数据多于或少于一个物理信道可承载的确切比特数。因此需重复或删除传输信道上的一些比特。速率匹配就是指在传输信道上的数据比特被打孔或重复，以便于使信道映射时达到传输格式所要求的比特速率。

⑧ 传输信道复用。经无线帧分割后，传输信道中的数据都以 10ms 的帧形式存在。然后，在每个 10ms 的时间间隔里，从每条传输信道上取一帧数据，连续地复用到一条 CCTrCH。

⑨ 插入 DTX 比特。DTX 是一种用于优化无线通信系统资源分配效率的方法，使用比特填充无线帧，在没有信息输入的时候指示发射机应该关闭，DTX 可使同一小区内的无线资源得到最大限度的利用。WCDMA 系统中 DTX 只用于下行，分别在速率分配和传输信道复用后插入 DTX 指示比特，且 DTX 指示比特不在物理信道上传输。

⑩ 物理信道分割。当使用多个物理信道时，需将输入比特流分段，放到不同的物理信道中。

⑪ 第二次交织。WCDMA 编码流程中的第二次交织为帧内交织，完成一个帧内部的数据比特位置的变换操作，在进行完物理信道的分割后执行，方法和第一次交织相似。设输入到第二次交织器的数据流为 u_{p1}，u_{p2}，u_{p3}，…，u_{pU}，交织过程如下：选择列数 C_2=30；通过找出满足不等式 $U \leqslant R_2C_2$ 的最小整数 R_2，即行数 R_2；将输入的数据流逐行写入矩阵 $R_2 \times C_2$；按表 4-3 执行矩阵的列交换；将执行列交换后的矩阵 R_2C_2 逐列读出其数据，并将输入数据流中不存在的数据比特去掉，即可得到由第二次交织器输出的数据流。

表4-3 第二次交织的变换模式

列数 C_2	列间交换模式
30	{0,20,10,5,15,25,3,13,23,8,18,28,1,11,21,6,16,26,4,14,24,19,9,29,12,2,7,22,27,17}

⑫ 物理信道映射。输入到物理信道单元的比特用 v_{p1}，v_{p2}，v_{p3}，…，v_{pU} 表示，其中 p 为物理信道数，U 表示一个物理信道在无线帧中的比特数。所有的比特 $v_{p,k}$ 都被映射到物理信道上，以 k 的升序通过空中接口传输。在上行，物理信道只能以帧 10ms 为单位分配，即每 10ms 要么发送一个满负荷的物理帧，要么完全空闲，但压缩模式例外，此时上行传输可以在一帧中的某些时隙关闭；在下行，由于可使用 DTX 进行不连续传输，物理信道的映射灵活得多，此时无线帧可部分填满在空中接口传输。

⑬ 不同类别 CCTrCH 的限制。在此对与物理层相关的传输信道进行介绍。

- DCH。在 DCH（上下行）中，一个 CCTrCH 可包含的最大传输信道数 I、每个传输信道中的最大传输块数 M_i 和 DPDCH 的数目 P 取决于 UE 的性能。
- RACH。每个 RACH 的 CCTrCH 中仅有一个传输信道，即 I=1，s_k=f_{1k} 且 S=V_1。传输信道上的最大传输块数 M_1 取决于 UE 的性能。RACH 的 CCTrCH 的 TTI 可是 10ms 或 20ms。每个 CCTrCH 仅有一个 PRACH，即 P=1，u_{1k}=s_k 且 U=S。
- BCH。BCH 的 CCTrCH 仅包含一条传输信道，即 I=1，s_k=f_{1k} 且 S=V_1。BCH 的 CCTrCH 中的传输信道上仅有一个数据块，即 M_1=1。所有的传输格式都是预知的（速率匹配的格式 RM_1 除外）。每个 CCTrCH 仅有一条 P-CCPCH，即 P=1。
- FACH 和 PCH。在 FACH 和 PCH 中，一个 CCTrCH 可包含的最大传输信道数 I 和每个传输信道中的最大传输块数 M_i 取决于 UE 的性能。FACH 和 PCH 的 CCTrCH 的 TTI 为 10ms。每个 CCTrCH 仅有一条 S-CCPCH，即 P=1。

（3）传输格式检测

传输信道的 TFS 中包含多个 TF 时，接收端需进行传输格式检测，有以下几种方法。

① 当 TFC 在 TFCI 域中传输时，可通过 TFCI 检测。

② 显式盲检测：通过传输信道的编码和 CRC 格式检测 TF。

③ 引导检测：将 CCTrCH 中的另外一个传输信道作为参考，此参考信道与需要检测的传输信道具有相同的 TTI 和 TF，且参考传输信道使用显式盲检测。

对于上行链路，是否支持盲传输格式检测由 UTRAN 控制；对下行链路，UE 须支持盲传输格式检测。

（4）信道编码格式

对上、下行专用信道，主要业务有信令、语音、电路型数据（用于传真、可视电话业务）和分组型数据（用于浏览器、文件下载等业务）。物理层传输的业务选择有单独信令、语音+信令、电路交换型数据+信令、分组交换型数据+信令、语音+分组交换型数据+信令、语音+电路交换型数据+信令。

① 专用信道的业务格式。对上/下行专用信道，单业务存在时业务的基本传输格式如下。

- 语音业务：码速率为 8kbit/s；传输时间间隔 TTI 为 10ms；传输块大小为 80bit；CRC 校验比特长度为 16bit；编码方案为 1/3 码率的卷积编码。
- 电路型数据业务：码速率为 64kbit/s；TTI 为 20ms；传输块大小为 1 280bit；CRC 长

为 16bit；编码方案为 1/3 码率的 Turbo 码；或码速率为 144kbit/s；TTI 为 40ms；传输块大小为 5 760bit；CRC 长为 16bit；编码方案为 1/3 码率的 Turbo 码。

- 随路信令（DCCH）：码速率为 2.4kbit/s；TTI 为 40ms；传输块大小为 96bit；CRC 长为 16bit；编码方案为 1/3 码率的卷积码。

专用信道还有以下并发业务类型：语音业务+64kbit/s 数据；语音业务+144kbit/s 数据。在此不在多述。

② 上下行链路的公用信道的编码格式。在此举例介绍。

- 下行信道的 FACH 和 PCH 基本形式：码速率为 8kbit/s；TTI 为 10ms；传输块大小为 8bit；CRC 长为 16bit；编码方案为 1/2 码率的卷积码。
- 下行 BCH 的基本形式：码速率为 11.5kbit/s；TTI 为 10ms；传输块大小为 115bit；CRC 长为 12bit；编码方案为 1/2 码率的卷积码。
- 上行 RACH 的基本形式：码速率为 12.2kbit/s；TTI 为 10ms；传输块大小为 122bit；CRC 长为 16bit；编码方案为 1/2 码率的卷积码。

（5）压缩模式

压缩模式又称时隙化模式，信息帧中的一个或连续几个无线帧中某些时隙不传数据，为了保持压缩后的质量不受影响，压缩帧中其他时隙的瞬时传输功率增加，功率增加的数量与传输时间的减少相对应。压缩模式传输如图 4-11 所示。何时帧被压缩，取决于网络。在压缩模式中，压缩帧可以周期性出现，也可以在必须时才出现，并且依赖于外界条件，主要用于频间测量、系统间切换，有单帧和双帧方式两种类型。减少传输时间进行压缩的方法有三种：打孔（通过物理层复用过程中的删除技术降低符号速率）、扩频因子 SF 减半（使可用符号数目增加一倍以提高数据速率）、高层指配（降低来自高层的数据速率）。使用时，下行链路支持所有三种压缩方法，上行链路不支持速率匹配打孔方式。

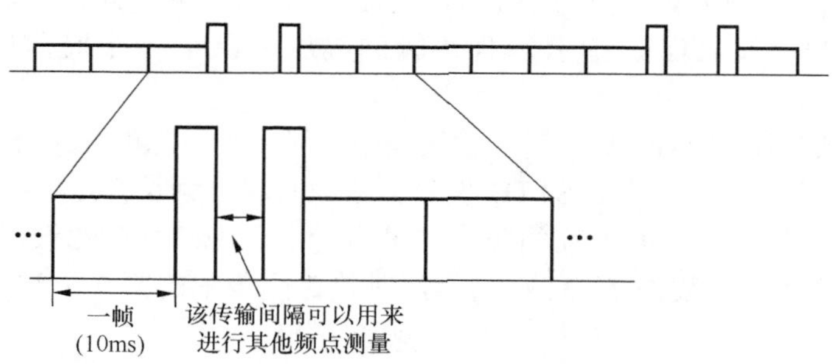

图 4-11 压缩模式传输

压缩模式下，传输间隔可以被放置在固定位置。双帧方式时，固定间隔位置在两个连续帧的中间，传输间隔也可放置在任何其他的位置，此时传输间隔位置可以被调整或者重新定位。该传输间隔位置可以用来捕获其他系统/载波的控制信道信息，进行切换或对其他频率的载波功率进行测量。

接收机为了准确解码，必须得到发送方的编码/复用格式参数，因此需要采用传送格式检测来获得这些参数。如果 TFCI 被显式传送，则传送格式可用显式检测；如果 TFCI 没有被传送，则采用隐式检测，即收信机利用其他信息来检测传送格式。

压缩帧一般用于下行链路，有时也在上行链路中使用。如果上行链路使用了压缩帧，则

在下行链路同时也需要使用压缩帧。上行压缩模式的帧结构如图 4-12 所示，下行压缩模式可有两种帧结构：Type A 最大化传输间歇的时间长度，Type B 最优化了功率控制。高层的信令决定下行压缩模式使用哪种帧结构。

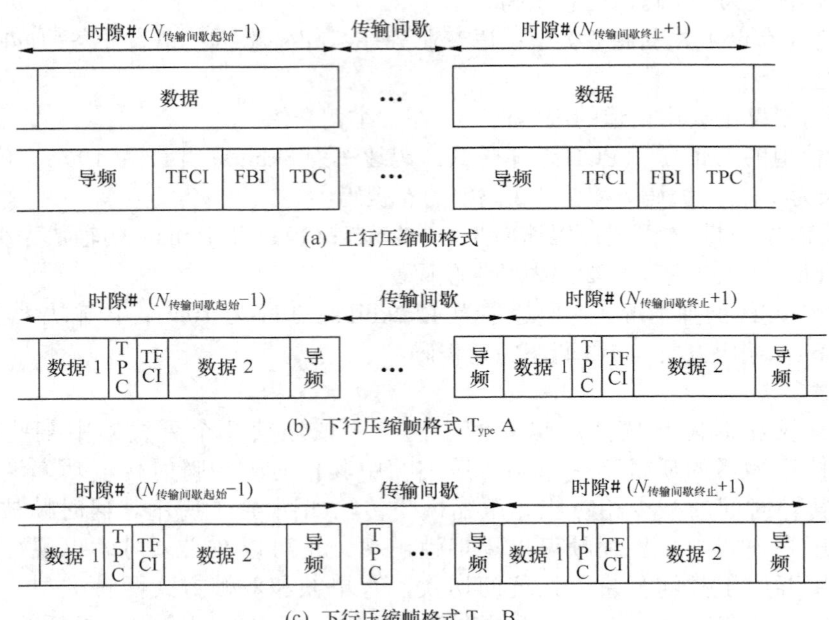

图 4-12　压缩模式帧结构

① 在压缩模式帧结构 Type A 中，传输间隔中的最后一个时隙的导频仍发送，而其他部分中断发送。若此时下行使用 STTD 发射分集，且该导频长 2bit，则认为数据 2 域的最后两比特数据是 DTX 指示，且传输间隔中的最后一个时隙的导频也做 STTD 编码。

② 在压缩模式帧结构 Type B 中，传输间隔中的第一个时隙的 TPC 和最后一个时隙的导频仍发送。同样，若此时下行使用 STTD 发射分集，且该导频长 2bit，则认为数据 2 域的最后两比特数据是 DTX 指示，且传输间隔中的最后一个时隙的导频也做 STTD。类似地可认为数据 1 域的最后两比特数据是 DTX 指示，对传输间隔中的第一个时隙的 TPC 做 STTD 编码。

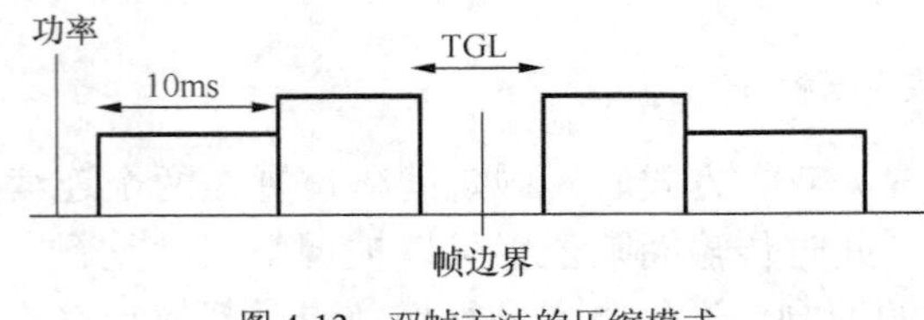

图 4-13　双帧方法的压缩模式

规定的传输间隔长度 TGL 有 3，4，7，10 和 14。3，4 和 7 个时隙的 TGL 长度可通过单帧和双帧方法实现；而 10 和 14 个时隙的 TGL 只能通过双帧方法实现，如图 4-13 所示，间隔位于两个帧间，能使单帧时间内的影响尽可能小，如可使需要的发射功率增量比使用单帧方法要少。

4．RAKE 接收和多用户检测技术

（1）初始同步与 RAKE 多径分集接收技术

CDMA 通信系统接收机的初始同步包括 PN 码同步、符号同步、帧同步和扰码同步等。

cdma2000 系统采用与 IS-95 CDMA 系统类似的初始同步技术，即通过对导频信道的捕获建立 PN 码同步和符号同步，通过同步信道的接收建立帧同步和扰码同步。WCDMA 系统的初始同步则需要通过“三步捕获法”进行，即通过对基本同步信道的捕获建立 PN 码同步和符号同步，通过对辅助同步信道的不同扩频码的非相干接收，确定扰码组号等，最后通过对可能的扰码进行穷举搜索，建立扰码同步。

为解决移动通信中存在的多径衰落问题，系统采用 Rake 分集接收技术，这在 IS-95 CDMA 中已作介绍。为实现相干 Rake 接收，需发送未调导频信号，使接收端能在确知已发数据的条件下估计出多径信号的相位，并在此基础上实现相干方式的最大信噪比合并。WCDMA 系统采用用户专用的导频信号；而在 cdma2000 下行链路采用公用导频信号，用户专用的导频信号仅作为备选方案用于使用智能天线的系统，上行信道则采用用户专用的导频信道。Rake 多径分集技术的另一种重要的体现形式是宏分集及越区切换技术，WCDMA 和 cdma2000 都支持。

（2）多用户检测技术

Rake 接收机在单用户下的性能较好，但随着用户数目的增加，接收机的性能急剧恶化。主要是因为每个用户在 Rake 接收处理时，都把其他用户的信号视为干扰。而各用户的扩频码通常难以保证正交，因而造成多个用户之间的相互干扰，并限制系统容量的提高。用户数量越多，干扰越大，性能也就越恶劣。解决此问题的一个有效方法是使用多用户检测技术，多用户检测（MUD）称为联合检测和干扰对消，降低了多址干扰，可有效缓解直扩 CDMA 系统中的远近效应问题，从而提高系统的容量。

一般而言，对上行的多用户检测只能去除小区内各用户间的干扰，而小区间的干扰由于缺乏必要信息，如邻小区的用户情况，是难以消除的。对于下行的多用户检测，还能去除公共信道，如导频、广播信道等的干扰。

多用户检测通过测量各用户扩频码间的非正交性，用矩阵求逆方法或迭代方法消除多用户间的相互干扰。多用户检测系统模型如图 4-14 所示。多用户检测的性能取决于相关器的同步扩频码字跟踪、各个用户信号的检测性能、相对能量的大小、信道估计的准确性等传统接收机的性能。

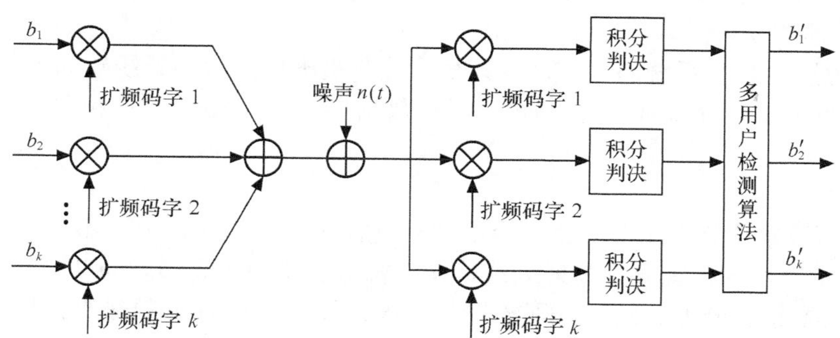

图 4-14　多用户检测系统框图

多用户检测的有效性取决于检测方法和一些传统接收机估计精度，还受到小区内用户业务模型的影响。例如，在小区内如果有一些高速数据用户，则采用干扰消除的多用户检测方法去掉这些高速数据用户对其他用户的较大的干扰功率，能较有效地提高系统

容量。

5．空时码技术

空时编码 STC 即在时间和空间域都引入编码，主要类型有：空时分组码 STBC、空时格码 STTC、分层空时码 LST。空时码集发射分集和编码于一体，具有较好的频率有效性和功率有效性。用格状编码调制 TCM 构造分集度不同的空时码 STTC，性能较好，抗衰落能力较强，但搜索好码较难，解码过程也较复杂。在正交发射分集中采用简单的正交分组编码形成 STBC，构造简单，但性能不能通过提高状态数改善，抗衰落性能不理想，在接收端解码时需准确的信道衰落系数。当 STBC 与交织技术结合使用时，性能会有较大改善。

（1）STBC（Alamouti 方案）

Alamouti 最早提出能为发射天线数为 2 的系统提供完全发射分集增益的 STBC。虽然延迟分集也能实现完全分集，但会引入符号间干扰，同时接收机需要有复杂的检测电路，编码原理如图 4-15 所示。

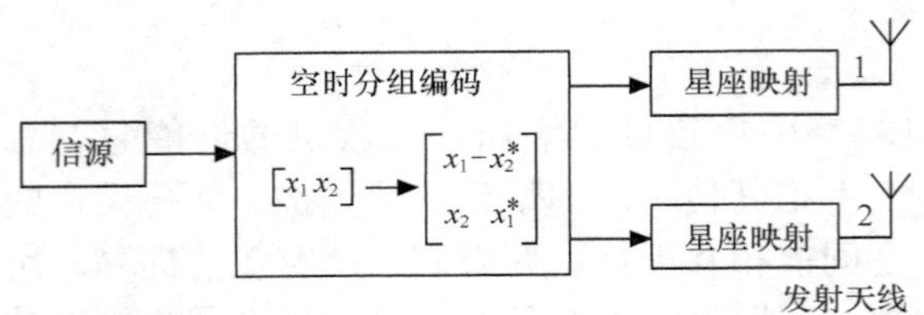

图 4-15　Alamouti 的空时编码器原理框图

假定采用 M 进制的调制方案，即 m 个信息比特决定一个调制符号（$m=\log_2 M$）。然后空时分组编码器在每一次编码操作中取两个调制符号 x_1，x_2 的一个分组，并根据矩阵 $X=\begin{bmatrix} x_1 & -x_2^* \\ x_2 & x_1^* \end{bmatrix}$ 映射到发射天线上。其中，*表示共轭。编码器的输出在两个连续发射周期里从两根天线发射出去，在第一个发射周期中，信号 x_1 和 x_2 同时从天线 1 和天线 2 分别发射。在第二个发射周期，信号 x_2^* 从天线 1 发射，而 x_1^* 从天线 2 发射。这种方法即在空间域又是在时间域进行编码。

（2）STTC

基于发射分集的空时码在空时延迟分集 STDD 基础上提出。空时延迟分集是指两根发射天线同时发射同一信息，只不过信息通过两根天线时有一个符号的时延。空时延迟分集可看成空时码的一个特例。

图 4-16 是 CDMA 系统的 STTC 发射机和接收机框图。假定天线数 $m=n=2$。对 CDMA 系统而言，在天线 1 和天线 2 上，同一用户数据部分使用相同的扩频码，但使用不同的导频。

（3）LST

LST 将信源数据分为几个子数据流，独立进行编码、调制，因而不是基于发射分集，如图 4-17 所示。发射机有 n 根发射天线，接收机有 m 根接收天线（$m \geqslant n$）。在发射机内信道编码过来的数据被分为 n 路，分别输出到 n 根天线。接收端 m 根接收天线同时接收 n 根发射天线的信号，然后进行解调、信道估计、译码。

LST 按发射端分路的方式不同分为水平分层空时码和对角分层空时码，区别在于编码方式。对角分层空时码的性能较水平分层空时码优越，有很高的频率利用率，但复杂，各子数据流间存在分组间的编码，如图 4-18 所示。水平分层空时码不存在子数据流间的编码，只有通常的子数据流内的编码，频率利用率较低。

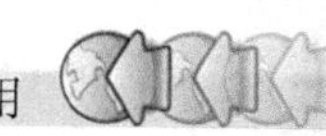

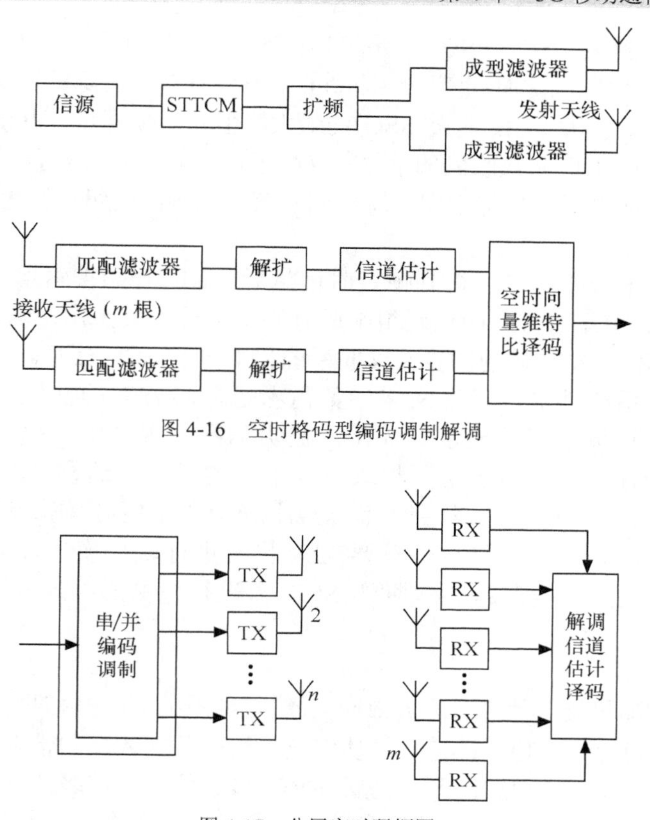

图 4-16　空时格码型编码调制解调

图 4-17　分层空时码框图

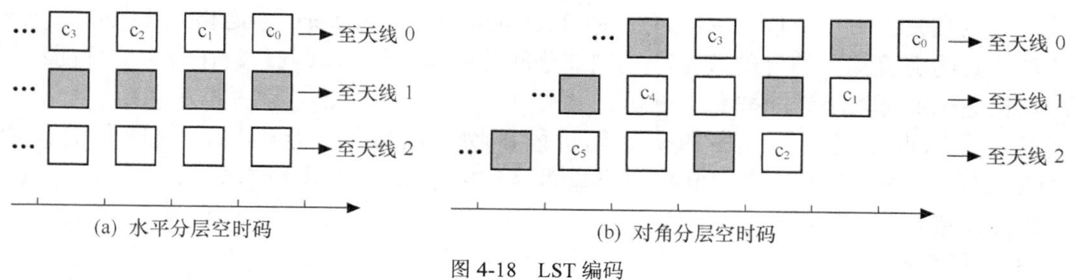

图 4-18　LST 编码

6．物理层相关进程

在 CDMA 系统的物理层中有很多基本进程，对系统的运行起着至关重要的作用，如小区搜索、功率控制等，这是由 WCDMA FDD 物理层的 CDMA 特性造成的。

（1）小区搜索

在异步 CDMA 系统中，小区搜索/同步和同步系统与 IS-95 CDMA 区别很大，因为在 UTRAN CDMA 系统中各小区使用不同的扰码，且不仅仅是不同相位的偏移，而目前 UE 不可能在没有任何先验信息的条件下在 10ms 内完成 512 个码字的搜索，否则用户开机到显示业务指示会有很长的等待时间。使用同步信道进行小区搜索的过程经过三个步骤：

① 时隙同步。在小区搜索过程的第 1 步，UE 采用 SCH 的基本同步码 PSC 来获取该小

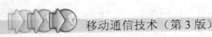

区的时隙同步。UE 搜索 PSC，PSC 对所有小区都相同。通常通过匹配滤波器或类似装置检测相关输出峰值获得时隙的定时同步，检测到的峰值位置对应时隙的边界。

② 帧同步和码组确认。UE 搜索 SSC 的最大峰值获得帧同步，并确认对第 1 步中搜索到的小区使用的码组。UE 将接收到的信号与 64 个可能的 SSC 进行相关操作，找出最大相关峰值。由于 SSC 的循环移位都不同，就可同时获得正确的码组和帧边界。UE 需检查所有 15 个位置。

③ 扰码确认。检测到 SSC 得到帧定时信息后。UE 开始搜索属于此特定码组的主扰码，通过在 CPICH 上逐符号与确认码组中所有码字进行相关操作，确定小区的主扰码，然后检测到 P-CCPCH，获得超帧的同步，读取系统和小区的 BCH 信息。

为获得最优的系统性能，设置网络参数需考虑同步方案的性能。对初始小区搜索不需优化，但对切换目标小区的搜索可优化。在实际网络规划中，由于码组数量多，通常使邻集列表中的所有小区都属于某一与该小区不同的码组，这样 UE 可跳过第③步直接搜索到目标小区，只需确认检测结果，而无需比较不同的主扰码。进一步提高小区搜索性能还可提供小区间相对定时信息。只要 UE 将要进行软切换，都会进行测量，可改善第②步的性能。相关定时信息越准，搜寻 SSC 需进行检测的时隙位置越少，正确检测概率越高。

（2）随机接入

CDMA 系统的随机接入须应对远近效应问题，因在初始化传输时并不能准确知道所需功率值，根据所接收到的绝对功率设定发射功率值将给开环功率控制带来不确定性。在物理随机接入过程被初始化前，物理层需要从高层 RRC 接收信息：前缀部分扰码；消息部分的长度，10ms 或 20ms；AICH 中的传输定时参数（0 或者 1）；每个接入业务类 ASC 的可用特征序列集和 RACH 子信道集；功率变化步长 Power-Ramp-Step（整数且大于 0）；最大前导重传次数（整数且大于 0）；初始前缀部分功率 Preamble-Initial-Power；传送格式参数集，包括每个传送格式的随机接入消息的数据和控制部分间的功率偏移。以上参数在每个物理随机接入程序被初始化前可以不断地被高层更新。

在每个物理随机接入程序的初始化阶段，物理层将从高层 MAC 接收信息：用于 PRACH 消息部分的传送格式；PRACH 传输的 ASC；传输的数据（传送块集）。

RACH 接入流程如图 4-19 所示。

（3）发射分集

发射分集是指在基站方通过两根天线发射信号，每根天线被赋予不同的加权系数（包括幅度，相位等），从而使接收方增强接收效果，改进下行链路的性能。WCDMA 采用两种发射分集：开环发射分集和闭环发射分集。

开环发射分集不需要移动台的反馈，基站的发射先经过空间时间块编码，再在移动台中进行分集接收解码，改善接收效果。而闭环发射分集需要移动台的参与，移动台监测基站的两个天线发射的信号幅度和相位等，然后在反向信道里通知基站下一次应发射的幅度和相位，从而改善接收效果。

闭环发射分集用于 DPCH 和 DSCH。闭环模式发射分集时，先进行信道编码、交织和扩频，扩频后的信号送到两个 TX 天线，并被加权因子加权，加权因子由 UE 决定，并利用上行 DPCCH 的 FBI 字段的 D 段比特通知 UTRAN。发射机结构如图 4-20 所示。

闭环发射分集有两种工作模式。模式 1 中，UE 的反馈命令控制天线的相位调整，使

UE 接收功率最大，基站始终保持天线 1 的相位不变，并根据两个相继反馈命令间的滑动平均调整天线 2 的相位，使天线 2 可采用 4 种不同的相位设置。模式 2 中，除了相位调整，还有幅度调整。信息传输的速率与模式 1 相同，但命令比特数扩展成上行链路 DPCCH 时隙中的 4bit（1bit 调整幅度；3bit 调整相位）。共 16 种组合，幅度可分别设定为 0.2 或 0.8，相位偏移在−135°～+180°的范围内均匀分布。模式 2 中，每帧的最后 3 个时隙只包含相位信息，而幅度信息来自前 4 个时隙，命令周期在每 15 个时隙中为偶数，与模式 1 相同，且模式 1 中帧边缘的均值通过用第 13 个和第 0 个时隙命令均值稍加修正，避免调整的不连续。

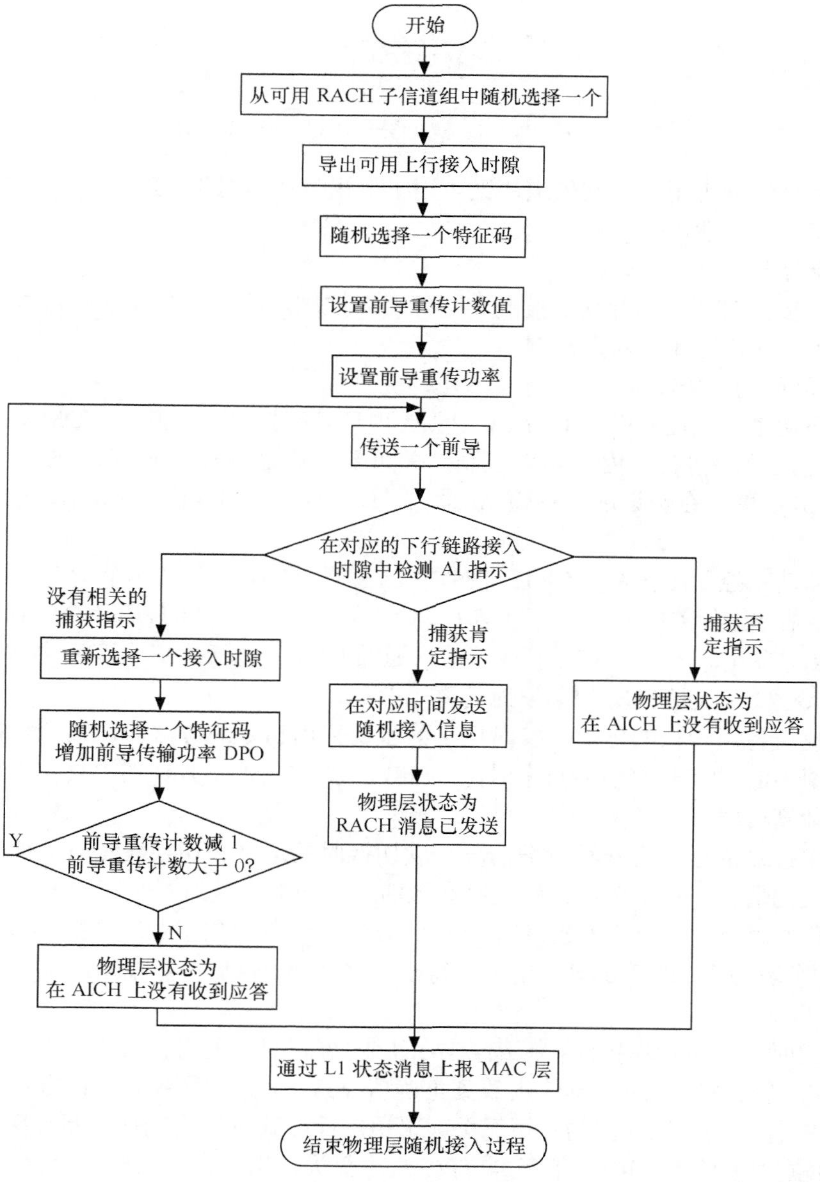

开始
从可用 RACH 子信道组中随机选择一个
导出可用上行接入时隙
随机选择一个特征码
设置前导重传计数值
设置前导重传功率
传送一个前导
在对应的下行链路接入时隙中检测 AI 指示
没有相关的捕获指示
重新选择一个接入时隙
随机选择一个特征码
增加前导传输功率 DPO
前导重传计数减 1
前导重传计数大于 0?
Y
N
物理层状态为
在 AICH 上没有收到应答
捕获肯定指示
在对应时间发送
随机接入信息
物理层状态为
RACH 消息已发送
捕获否定指示
物理层状态为
在 AICH 上没有收到应答
通过 L1 状态消息上报 MAC 层
结束物理层随机接入过程

图 4-19　RACH 接入流程

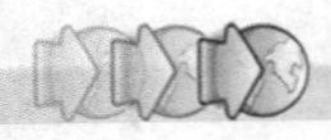

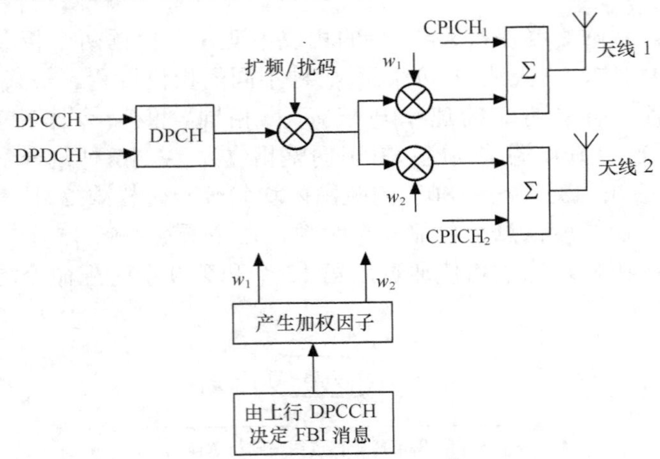

图 4-20　DPCH 闭环发射分集的通用发射机结构

开环发射分集既可用于公共信道，又可用于专用信道，对于 HSDPA 开环发射分集与闭环发射分集模式 1 均适用。

（4）功率控制

功率控制按方向分为上行功率控制和下行功率控制，按移动台和基站是否同时参与又分为开环功率控制和快速闭环功率控制。

① 快速闭环功率控制

快速闭环功率控制过程中 WCDMA 中称为内环功率控制，在基于 CDMA 系统中，由于上行链路的远近效应问题，内环功率控制至关重要，通过调整 UE 的发射功率使基站接收到的信号的 SIR 稳定在预设的目标值 SIR_{target} 上。闭环功率控制的 SIR_{target} 由外环功率控制设定。

快速闭环功率控制工作在 1 500Hz 的频率，在每个时隙上发送一个指令，基本步长$\triangle_{TPC}$为 1dB。基站估计上行 DPCH 的信干比 SIR_{est}，生成发射功率控制 TPC 指令，且按照以下规则发送：若 $SIR_{est}>SIR_{target}$，发送 TPC 指令“0”，通知 UE 降低发射功率 1dB；若 $SIR_{est}<SIR_{target}$，发送 TPC 指令“1”，通知 UE 提高发射功率 1dB。

此外，也可使用步长的倍数，且对更小的步长采用仿效的方法。仿效步长指，例如通过每两时隙使用 1dB 的步长来仿效每个时隙 0.5dB 的步长。低于 1dB 的“真实”步长很难以可以接受的复杂度实现。

快速功率控制的运行有两种特殊情况，软切换时的运行和切换测量有关的压缩模式下的运行。软切换的情况需特别关注，因此时在激活集中的多个基站同时向一个 UE 发送 TPC 命令，UE 对多个命令进行合并生成 TPC_cmd。UTRAN 的上层参数功率控制算法 PCA 决定 UE 使用哪种算法获得 TPC_cmd。在 UE 得出 TPC_cmd 值后，可根据$\triangle_{TPC}\times$ TPC_cmd(dB)调整发射功率。

压缩模式时，快速功率控制在压缩帧结束后的短时间内采用较大的功率控制步长，以使功率电平在控制指令流中断后迅速收敛到正确值 SIR_{cm_target}。是否采用该方法主要取决于环境，而与 UE 性能和传输间隙的长短无关。采用压缩模式时需周期性打断功率控制指令的发送。由于压缩帧中的传输间隙，下行的 TPC 命令丢失，当 UE 没有收到 TPC 命令时，需将 TPC_cmd 归零。

② 开环功率控制

UTRA FDD 中的开环功率控制仅用于 RACH 或 CPCH 传输的初始化过程。因为 UE 设备很难准确测量较大的功率变化，开环功率控制不太准确。由于 UE 器件特性的变化及环境影响，实际接收功率映射到发送的功率也会出现大的偏差，而且收发使用不同的频段。UE 的精度造成了功率控制的不确定性。一般情况下，开环功率控制精度规定在 ± 9dB。

由于 UTRA 快速功率控制的命令速率几乎提高了一倍，在快速功率控制具有 15dB 调整范围的情况下，没有必要同时使用开环功率控制。快速功率控制的步长可从 1dB 增加到 2dB，这就允许在 10ms 帧内的校正范围可达 30dB 多。

激活模式下使用开环功率控制也会对链路质量造成影响。由于开环功率控制带来的较大的不准确性，会引起发射功率电平不必要的调整，而是否会发生类似情况取决于 UE 单元的容忍度和不同环境变量的影响，所以开环功率控制的应用使网络端更难预见不同条件下的 UE 行为。

不同的信道采用的功率控制方法有所不同： PRACH 采用开环功率控制；上行 DPCCH 及其相应的 DPDCH 同时采用开环和闭环功率控制；P-CCPCH 和 S-CCPCH 不进行功率控制，P-CCPCH 的发射功率是慢变的，即在连续的几帧内功率是常数，其发射功率由网络决定，并在 BCH 上发布，而 S-CCPCH 的发射功率由网络设定，是可变的；下行 DPCCH 和其对应的 DPDCH 的功率同时采用开环和闭环功率控制，相同的步长调节 DPCCH 和 DPDCH 的功率，相对发射功率偏置由网络决定；DSCH 功率控制是基于以下的解决方案，慢速功率控制或快速闭环功率控制，具体用哪一个由网络选择，快速闭环功率控制基于 UE 在上行 DPCCH 上传输的功率控制指令。

（5）切换测量

切换是用户台在移动过程中为保持与网络的持续连接而发生的，一般情况下，切换可以分为以下三个步骤：无线测量、网络判决和系统执行。

在无线测量阶段，移动台不断地搜索本小区和周围所有小区基站信号的强度和信噪比，此时基站也不断地测量移动台的信号，测量结果在某些预设的条件下汇报给相应的网络单元，网络单元进入相应的网络判决阶段，在执行相应的切换算法（如与预设门限相比较）并确认目标小区可以提供目前正在服务的用户业务后，网络最终决定是否开始这次切换，在移动台收到网络单元发来的切换确认命令后，开始进入到切换执行阶段，移动台进入特定的切换状态，开始接收或发送与新基站所对应的信号。

① 模式内切换

WCDMA FDD 的模式内切换可以是软切换、更软切换或硬切换，切换依赖于在 CPICH 所作的测量。UE 可测值包括：接收信号码功率 RSCP（解扩后导频符号一个码字的接收功率）；接收信号强度指示 RSSI（信道带宽内的宽带接收功率）；RSCP/RSSI（接收信号码功率除以信道带宽内接收到的全部功率）。

软切换还需另一个重要信息是小区间的相对定时消息。在异步网络中，软切换过程中需要调整传输的定时以便 Rake 接收机进行相干合并，否则来自不同基站的传输将难以合并，特别是软切换时的功率控制会带来额外的延迟。

当小区的定时差位于 10ms 窗内时，可从主扰码的相位中确定相对定时。当定时的不确定性增大时，UE 需对 P-CCPCH 的 SFN 进行译码，因该过程耗时且会出错，因此 SFN 也需 CRC 校验。当邻集提供定时信息时，只需考虑扰码的相位差即可，除非基站同步在码片级。

频率间的硬切换不需准确的码片级定时信息，但由于 UE 须在另一频率上进行测量，所以实现较困难，通常需用借助压缩模式才能完成。

② 模式间切换

模式间切换即在 WCDMA FDD 与 WCDMA TDD 间的切换，双模切换需测量该区域中存在的 TDD 功率电平。

③ 系统间切换

系统间切换在此仅指与 GSM 间的切换。正常情况下，WCDMA FDD 利用压缩帧进行异频测量，此时 UE 收到 GSM 同步信道，GSM1800 对压缩模式有特殊要求，且上行链路中也需对压缩模式做些指定，对 TDD 也一样。

（6）压缩模式的测量

WCDMA 进行 GSM1800 测量时总是要在上行链路采用压缩模式，由于 GSM1800 下行链路的频带与核心频率位于 1920MHz 的 WCDMA FDD 上行链路非常接近，因此导致接收和发送不能同时进行。

压缩模式是否用于 GSM900 的测量和 WCDMA 的异频切换取决于 UE 的能力。为保持上行链路连续，UE 在保持现有频率的同时，还需另外产生并行的频率。在实际应用中，需额外的晶振产生新频率，且还在额外增加其他元器件，因而会增加 UE 的功耗。

压缩模式的使用不可避免会影响链路性能，如 UE 不在小区边界，链路性能不会恶化太多，因为可用快速功率控制补偿瞬时的性能损失；而当 UE 位于小区边界时，对其影响最大。上行链路中，在功率控制预留量小于 4dB 情况下，压缩模式和非压缩模式的性能差别很小。当功率控制预留量为 0dB 时，压缩模式和正常传输的差别在 2dB～4dB 间，具体值取决于压缩帧的传输间隙持续时间。0dB 的功率控制预留量相当于 UE 位于小区的边界用最大功率发送，此时不可能进行（软）切换和快速功率控制。功率控制预留量值低的情况很少出现，这是因为典型规划中，小区的覆盖范围总会有一些重叠，而 0dB 功率控制预留量的情况只会出现在 UE 离开覆盖区域时，因此使用软切换将改善压缩模式造成的影响。

实际上，UE 在其他频率上执行抽样的工作时间要小，因为硬件切换到其他频率也需要占用时间。如仅使用很短的 1 或 2 个时隙，则实际上并没有多少时间用于测量，规范中 TGL 取值排除了 1 或 2 个时隙的可能，将最小值定义为 3 个时隙，由于此时仅允许极短的测量时间窗值，所以仅被用于某些特殊的情况。

4.3　cdma2000

cdma2000 是基于 IS-95 CDMA 的一个 3G 标准。本节主要介绍 cdma2000 1x 的无线接入技术及 cdma2000 1x EV-DO 基本结构。

4.3.1　cdma2000 标准的演进

1．cdma2000 的发展

cdma2000 系统无线侧标准的演进过程包括 cdma2000 1x，cdma2000 1x EV-DO/EV-DV，cdma2000 3x 以及面向 cdma2000 标准长期演进的 3GPP2 空中接口演进。

cdma2000 是美国 TIA 标准组织用于指第三代 CDMA 移动通信系统的名称，同时也是 IS-95 标准向 3G 演进的技术体制方案。实现 cdma2000 技术体制的正式标准名称为 IS-

2000，由 TIA 制定，并经 3GPP2 批准成为一种 3G 的空中接口标准。作为一种宽带 CDMA 技术，cdma2000 数据速率为：室外车辆环境下 144kbit/s，室外步行环境下 384kbit/s，室内环境下 2Mbit/s。

cdma2000 技术是由 CDMAone（2G）演进而来，一般把基于 IS-95 标准系列的 CDMA 系统称为 CDMAone 系统，IS-95A 和 IS-95B 总称为 IS-95。CDMAone 可提供无线数据业务，可直接接入 Internet 标准协议，并支持 TCP/IP 及 PPP，其不足在于无法为用户提供更高速率、更灵活且具有不同服务质量等级的业务，也无法向一个用户同时提供多种业务。

cdma2000 是为满足 3G 无线通信系统的要求而提出的，是 IMT2000 系统的主要标准之一。按标准规定，cdma2000 系统的一个载波带宽为 1.25MHz。如系统分别独立使用每个载波，则称为 cdma2000 1x；如系统将 3 个载波捆绑使用，则称为 cdma2000 3x。cdma2000 1x 系统的空中接口技术称为 1x RTT（无线传输技术）。同样 cdma2000 3x 系统的空中接口技术称为 3x RTT，属于多载波技术，其技术特点是前向信道有 3 个载波的多载波调制方式，每个载波均采用码片速率为 1.228 8Mchip/s 的直接序列扩频；反向信道则采用码片速率为 3.686 4Mchip/s 的直接序列扩频，其信道带宽为 3.75MHz，最大用户比特率为 1.016 8Mbit/s。

cdma2000 1x 系统的下一个发展阶段称为 cdma2000 1x EV，其中 EV 是 Evolution（演进）的缩写，即在 cdma2000 1x 基础上的演进系统。相对原技术，不仅要和原系统保持后向兼容，且要能提供更大的容量，更优的性能。cdma2000 1x EV 又分为两个阶段——cdma2000 1x EV-DO（也称为 HRPD 高速分组数据；DO 指 Data Only 或指 Data Optimized）和 cdma2000 1x EV-DV（DV 指 Data and Voice）。cdma2000 1x EV-DO 的特点是在 CDMA 技术的基础上引入了 TDMA 技术的一些特点，从而大幅度提高了数据业务的性能。但 cdma2000 1x EV-DO 不能兼容 cdma2000 1x。在实际使用中，cdma2000 1x EV-DO 系统需使用独立的载波，移动台也要使用双模方式支持语音和数据。为克服 cdma2000 1x EV-DO 技术在兼容方面的缺点，cdma2000 1x EV-DV 采用了后向兼容思路，既可与 1x 系统共存在同一个载波中，同时也提高了数据业务的速率和语音业务的容量，但在实际应用中并没有被采用。

2. cdma2000 的特点

cdma2000 1x 系统使用一个 1.25MHz 带宽的载波，前向信道和反向信道均用码片速率为 1.228 8Mchip/s 的单载波直接序列扩频方式，可以与现有的 IS-95 后向兼容，并可与 IS-95B 系统的频段共享或重叠。在相同条件下，其语音容量为 IS-95 系统的 2 倍，而数据业务容量是 IS-95 系统容量的 3.2 倍；能提供高达 370.2kbit/s 的峰值速率。cdma2000 1x 引入了快速寻呼信道，减少了移动台功耗，提高了移动台的待机时间。此外，系统在无线信道类型和物理信道调制方面，都有很大增强；在网络部分，根据数据传输的特点，引入了分组交换机制，可支持移动 IP 业务和业务质量功能，能适应更多、更复杂的第三代业务，为支持各种多媒体分组业务打下了基础，从而有利于实现向 3G 的平滑过渡。cdma2000 1x 是一种成熟的、经过商用验证的技术。

cdma2000 1x EV-DO 系统与 cdma2000 1x 相比，具有峰值速率高、平均吞吐量大的优势。cdma2000 1x EV-DO 采用时分复用，由调度算法决定下一时隙分配给哪个用户；前向链路不再采用功率控制，而采用了自适应速率控制；其前向链路可自适应地根据传输质量采用不同的编码和调制方式；前向业务信道不采用软切换技术，而是虚拟软切换，采用的是快速小区交换技术；引入了广播和组播业务；可平滑地从 cdma2000 1x 升级；核心网采用 IP 网络结构，并支持与 cdma2000 1x 间的切换。

cdma2000 1x EV-DV 集成了 cdma2000 1x 和 cdma2000 1x EV-DO 的优点，可在 1.25MHz 带宽内同时提供语音业务和高达 3.1Mbit/s 的分组数据业务。从标准角度讲，cdma2000 1x EV-DV 对应有 Rev.C 版本和 Rev.D 版本两套标准。Rev.C 版本主要改进和增强了 cdma2000 1x 的前向链路，使前向最高峰值速率可达 3.1Mbit/s，相比于 Rev.A 和 Rev.B 的前向峰值数据速率 307.2kbit/s 有了很大的提高。Rev.D 版本改进和增强了反向链路，使反向最高峰值速率达到 1.8Mbit/s；而在 Rev.C 中，反向峰值速率为 153.6kbit/s。Rev.C 版本中增加的特性有：更高的前向容量；后向兼容 cdma2000 1x；可支持多种业务组合；更有效地支持数据业务。Rev.D 版本中新增的功能有：反向链路性能增强；广播和多播业务；快速呼叫建立；新的移动设备标识。

cdma2000 3x 是基于 IS-95 演进的一个部分，即采用扩频速率 SR3 的 cdma2000 系统。其技术特点是：前向信道有 3 个载波的多载波调制方式，每个载波均采用码片速率为 1.228 8Mchip/s 的直接序列扩频；反向信道则采用码片速率为 3.686 4Mchip/s 的直接序列扩频，其信道带宽为 3.75MHz，最大用户比特率为 1.036 8Mbit/s。前向信道的射频带宽为 1.23MHz，而反向信道为 1.23 × 3MHz。

cdma2000 3x 能提供更高速率的数据，达 2Mbit/s，并与 cdma2000 1x 和 CDMAone 后向兼容，但其占用频谱资源较宽。

3．网络结构的演进

在相当长的时间内，运营商不会考虑 cdma2000 3x，在此主要介绍 IS-95 到 cdma2000 1x 的网络结构的演进，如图 4-21 所示。

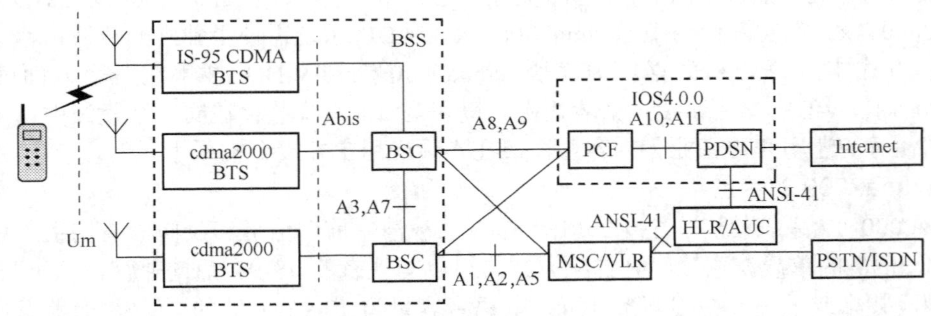

图 4-21 IS-95 系统的演进

图示演进方案建立在已有 IS-41 核心网及 IOS4.0 接口标准上，整个系统由 MT、BTS、BSC、MSC、分组控制功能 PCF 模块及分组数据服务节点 PDSN 等组成。与 IS-95 CDMA 相比，新增核心网中的 PCF、PDSN 模块，通过支持移动 IP 协议的 A10/A11 接口互联，可支持分组数据业务传输。而以 MSC/VLR 为核心的网络部分，支持话音和增强的电路交换型数据业务，与 IS-95 CDMA 一样，MSC/VLR 与 HLR/AUC 间的接口基于 ANSI-41 协议。

图 4-21 中，BSC 可对几个 BTS 进行控制；Abis 接口用于 BTS 和 BSC 间连接；A1 接口用于传输 MSC 与 BSC 间的信令信息；A2/A5 接口用于传输 MSC 与 BSC 间的话音信息；A3/A7 接口用于传输 BSC 间的信令或数据业务，以支持越区软切换。以上接口与 IS-95 CDMA 中的需求相同。

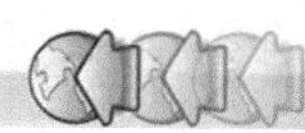

cdma2000 1x 中新增接口为：A8 接口用于传输 BSC 和 PCF 间的分组业务；A9 用于传输 BSC 与 PCF 间信令，当 PCF 模块置于 BSC 内部时，A8/A9 接口为 BSC 内部接口。A10 接口用于传输 PCF 与 PDSN 间分组业务；A11 用于传输控制信息，当 PCF 模块置于 BSC 内部时，A10/A11 为支持 BSC 至 PDSN 间分组业务传输的外部接口，是无线接入网和分组核心网间的开放接口。

在容量允许条件下，IS-95 基站子系统能直接接入 cdma2000 系统，其原因是由于连接两者的接口 A1/A2 与原 A 接口基本相同；而现有网络中没有分组业务支持部分 PCF 和 PDSN，而不存在类似于 GPRS 的演进问题。另一个关键问题是现有的 IS-95 基站子系统能否通过升级成为 cdma2000 1x 系统，取决于原有 IS-95 基站子系统所采用的平台，若原 IS-95 基站子系统采用的平台为 ATM 形式，则可能直接升级。

4.3.2　cdma2000 无线接入技术

1．系统结构

cdma2000 作为第三代 CDMA 技术，是一种宽带的 CDMA 技术，是由第二代的 IS-95 CDMA 发展而来，不仅提供了电路域网络交换系统的语音和数据服务，而且还增加了分组域交换的数据业务。典型的 cdma2000 无线网络架构如图 4-22 所示。

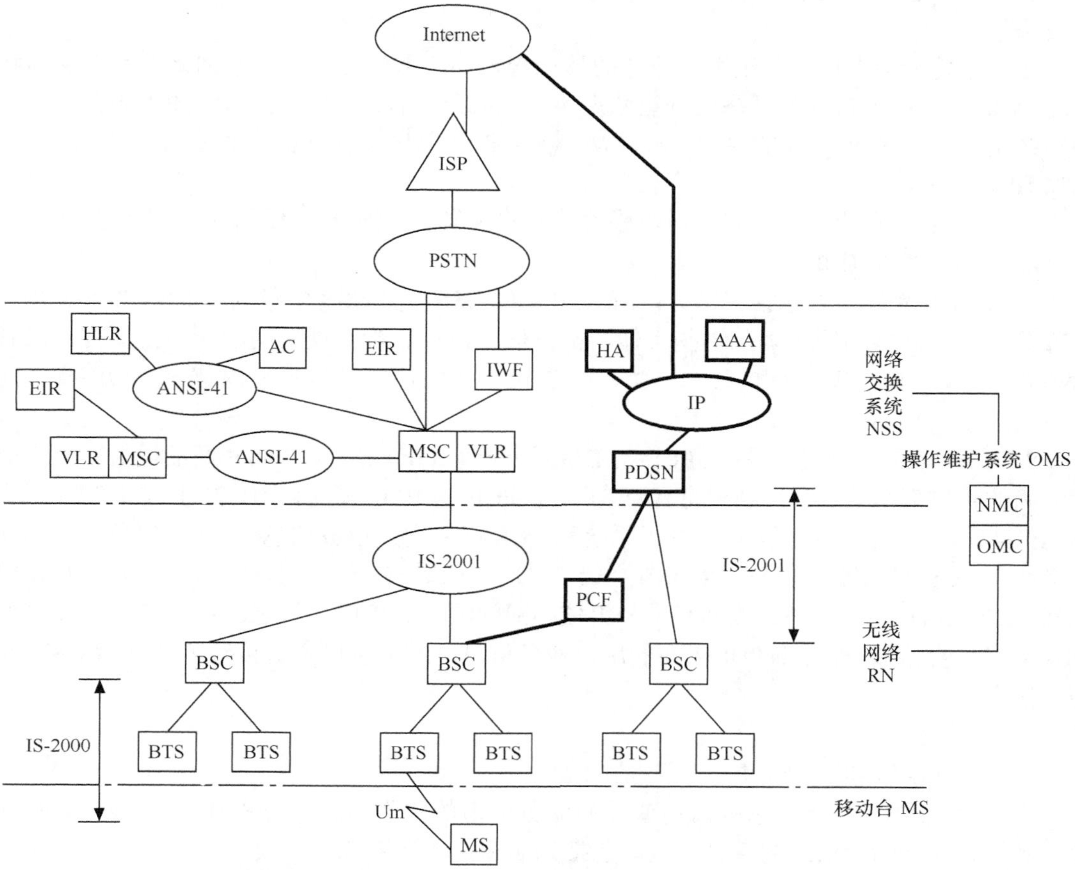

图 4-22　典型的 cdma2000 无线网络架构示意图

电路域是由第二代CDMA发展来的，其网络结构和第二代相同，不同的是cdma2000系统引入了分组域交换的数据业务，增加部分在图中用黑粗线表示。整个网络结构由三部分组成：移动台、无线网络、网络交换系统。3G系统是由2G平滑演进的，移动台、BSC、BTS、C-NSS等组成部分的功能与2G中一样。

分组控制功能PCF是新增功能实体，为支持分组数据，用于转发无线系统和分组数据服务节点间的消息，主要完成与分组数据业务的控制，主要功能包括：对移动用户所进行的分组数据业务进行格式转换；将分组数据用户接入到分组交换核心网的PDSN上；对分组数据业务建立无线资源的管理与无线信道的控制；当移动台不能获得无线资源时，能够缓存分组数据；获得无线链路的相关计费信息并通知PDSN。PCF要与BSC和PDSN间通信的接口也是A接口，PCF与BSC间的接口定义为A8、A9接口，与PDSN间的接口定义为A10、A11接口。

P-NSS是建立在IP技术基础上的，为移动用户提供基于IP技术的分组数据服务，具体为：登录到企业内部网和外部互联网，获得互联网服务提供商提供的各种服务，并完成必需的路由选择、用户数据管理、用户移动性管理等功能。P-NSS包括分组数据服务节点PDSN、归属代理HA和认证、授权和计费服务器AAA。

PDSN是将cdma2000接入Internet的模块，PDSN负责为移动用户提供分组数据业务的管理和控制，包括负责建立、维护和释放链路，对用户进行身份认证，对分组数据的管理和转发等。

HA主要负责用户的分组数据业务的移动管理和注册认证，包括鉴别来自移动台的移动IP注册信息，将来自外部网络的分组数据包发送到外地代理FA，并通过加密服务建立、保持和终止FA与PDSN间的通信，接收从AAA得到用户身份信息，动态地为移动用户分配归属IP地址等。

AAA主要负责管理分组交换网的移动用户的权限，提供身份认证、授权及计费服务。

2. cdma2000中的接口

cdma2000系统主要包括三部分：MS、RN和NSS，而NSS中包括C-NSS和P-NSS。各个部分都包含许多功能实体，这些实体间都靠信令协议连接，模块间的接口主要有：MS与RN间的空中接口、BSC间的接口、RN与C-NSS间的接口、C-NSS内部各个功能实体间的接口、RN与P-NSS间的接口。

P-NSS和RN间的通信是由PCF与BSC间的通信和PCF与PDSN间的通信共同完成。它们间的接口都是IS-2001定义的A接口。① PCF与BSC间的接口。PCF与BSC间是A8和A9接口。A8接口用于传输基站子系统和PCF间的用户业务信息；A9接口负责传输基站子系统和PCF间的控制信令。② PCF与PDSN间接口。PCF与PDSN间接口为R-P接口，包括A10、A11接口，是无线网络和分组核心网间的开放接口。与A8、A9接口功能类似，A10接口负责传输PCF和PDSN间的用户业务信息，A11接口负责传输PCF和PDSN间的控制信令。

3. 空中接口

（1）无线配置和扩频速率

无线配置RC是指一系列前向或反向业务信道的工作模式，每种RC支持一套数据速率，其差别在于物理信道的各种参数，包括调制和扩频速率SR。

SR是指前向或反向CDMA信道上的PN码片速率。在cdma2000中有两种频谱扩展技

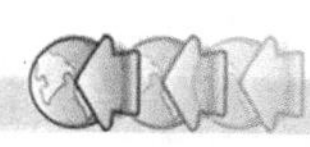

术可用，即多载波 MC 和直接序列 DS 扩频。在 MC 扩频中，编码和交织后的调制符号可多路分解到 N（3，6，9，12）个 1.25MHz 的载波上，每个载波的码片速率为 1.228 8Mchip/s。在 DS 扩频中，码片速率为 $N\times1.25$MHz。cdma2000 前向链路 DS 和 MC 两种扩频方式，反向链路仅支持 DS 扩频方式。通常采用的扩频速率有两种：SR1 和 SR3。SR1 记作“1x”，前向和反向 CDMA 信道都采用码片速率为 1.228 8Mc/s 的直接序列扩频；SR3 记作“3x”。

前向业务信道共有 9 种无线配置（RC1～RC9），反向业务信道共 6 种无线配置（RC1～RC6）。无线配置的应用必须满足一定的应用规则，而且前向信道和反向信道的无线配置是相互关联的：基站必须支持在 RC1、RC3 或 RC5 的操作。基站还可支持在 RC2、RC4 或 RC6 中的操作。支持 RC2 的基站必须支持 RC1；支持 RC4 的基站必须支持 RC3；支持 RC6 的基站必须支持 RC5。基站不能在反向链路业务信道上使用 RC1 或 RC2 的同时使用 RC3 或 RC4。

（2）前向链路物理信道

① 前向导频信道 F-PICH：包括前向导频信道 F-PICH、发射分集导频信道 F-TDPICH、辅助导频信道 F-APICH 和辅助发射分集导频信道 F-ATDPICH，都是未经调制的扩频信号，用于传送在基站覆盖区中工作的所有移动台基本同步信息，即各基站的 PN 码相位信息，移动台可据此进行信道估计和相干解调。基站利用导频 PN 序列的时间偏置来标识每个前向 CDMA 信道，在 CDMA 系统中，时间偏置可重复使用。不同的导频信道由偏置指数（0～511）来区别。偏置指数指相对于零偏置导频 PN 序列的偏置值。前向导频信道使用 64 阶的 Walsh 码。

在 F-PICH 需要分集接收的情况下，基站可以增加一个 F-TDPICH，增强导频的接收效果，F-TDPICH（不一定存在）使用 128 阶的 Walsh 码。为使用更灵活的天线和波束赋型技术，在一个激活的 CDMA 信道中，基站可发射多个 F-APICH。在 F-APICH 需要发射分集的情况下，基站将增加一个 F-ATDPICH。

在 F-TDPICH 发射时，基站应使 F-PICH 有连续的、足够的功率以确保移动台在不使用来自 F-TDPICH 能量情况下，也能捕获和估计前向 CDMA 信道特性。

② 前向同步信道 F-SYNCH：用于传送同步信息，在基站覆盖范围内，使开机状态的移动台获得初始的时间同步。由于 F-SYNCH 上使用的导频序列偏置与同一前向信道的导频信道上使用的相同，当移动台通过捕获 F-PICH 获得同步时，F-SYNCH 也相应同步。

同步信道的数据速率为固定的 1.2kbit/s，一个同步信道帧长为 26.67ms，一个同步信道超帧由 3 个同步信道帧组成，帧长为 80ms。

F-SYNCH 在发送前要经过卷积编码、码符号重复、交织、扩频、QPSK 调制和滤波。

③ 前向寻呼信道 F-PCH：用于为基站呼叫建立阶段传送控制信息。通常移动台在建立同步后，就选择一个 F-PCH（或基站指定）监听由基站发来的指令，在收到基站分配业务信道的指令后，就转入指配的业务信道中进行信息传输。当需通信的用户数很多，业务信道不够用时，F-PCH 可临时用作业务信道，直到全部用完。

F-PCH 可选数据速率为 9.6kbit/s 或 4.8kbit/s。但在一个给定的系统中，所有 F-PCH 都有相同速率。F-PCH 被分为时长为 80ms 的时间片，每个时间片含 4 个 F-PCH 导频，即 F-PCH 帧长为 20ms。

F-PCH 在发送前要经过卷积编码、码符号重复、交织、数据扰码、正交扩频、QPSK 调制和滤波。

④ 前向广播控制信道 F-BCCH：用于承载开销信息和进行短消息广播，以数据速率 38.4kbit/s、19.2kbit/s 或 9.6kbit/s 传送信息。广播控制信道帧长为 40ms，但一般分为 40ms、80ms 和 160ms 的时间片。F-BCCH 时间片有 768bit，包括 744 个信息比特，16 个帧质量指示符 CRC 和 8 个编码尾比特。

F-BCCH 传输前要经过卷积编码、码符号重复、交织、扩频、QPSK 调制才滤波。

⑤ 前向快速寻呼信道 F-QPCH：基站使用 F-QPCH 通知空闲模式下工作在分时隙方式的移动台，是否应在下一个 F-CCCH 或 F-PCH 时隙的开始接收其信息。

F-QPCH 以固定速率 4.8kbit/s 或 2.4kbit/s 传输，没有经过编码，只进行扩频和开关键控 OOK 调制，为整个基站覆盖区的移动台服务。

⑥ 前向公共功率控制信道 F-CPCCH：基站支持一个或多个 F-CPCCH，用于传送给 R-CCCH 和 R-EACH 的功率控制信息。每个 F-CPCCH 控制一个 R-CCCH 和 R-EACH。

F-CPCCH 经多路复用后形成两条分离的数据流，然后在 F-CPCCH 的 I 和 Q 支路上传送，速率为 9.6kbit/s。当功率控制更新速率为 800bit/s 时，在一个 20ms 帧中有 16 个控制组；相应地，当功率控制更新速率为 400bit/s、200bit/s 时，在一个 20ms 帧中分别有 8 个、4 个功率控制组。

⑦ 前向公共指配信道 F-CACH：提供对反向链路信道指配的快速响应，支持反向链路的随机接入。基站支持不连续传输 F-CACH，每帧决定是否传输 F-CACH，并在广播控制信道通知移动台这种选择。基站以固定速率 9.6kbit/s 传输 F-CACH 信息，帧长为 5ms，每帧有 8 个帧质量指示比特和 8 个编码尾比特。

⑧ 前向公共控制信道 F-CCCH：用于基站给整个覆盖区的移动台传递系统空中信息及移动台指定的信息。F-CCCH 所用 I 和 Q 路导频 PN 序列和 F-PICH 所用的导频 PN 序列的偏置相同。F-CCCH 传输的信息速率可变：9.6kbit/s、19.2kbit/s 和 38.4kbit/s（20ms 帧长）；19.2kbit/s、38.4kbit/s（10ms 帧长）；38.4kbit/s（5ms 帧长）。

F-CCCH 传输前要经过编码、交织、扩频、QPSK 调制和滤波。

⑨ 前向专用控制信道 F-DCCH：用于在呼叫过程中给特定的移动台发送用户信息和信令信息。每个前向业务信道包含一个 F-DCCH。

基站以固定的速率 9.6kbit/s 或 14.4kbit/s 传送信息。在 RC3、RC4、RC6 和 RC7 时以 9.6kbit/s 速率传递 F-DCCH；在 RC5、RC8 和 RC9 时，20ms 帧的速率为 14.4kbit/s，5ms 帧的速率为 9.6kbit/s。对给定基站，F-DCCH 信道所用的 I 和 Q 路导频 PN 序列和 F-PICH 信道的导频序列偏置相同。基站支持不连续的发送 F-DCCH，每帧决定是否发送该信道。

⑩ 前向基本信道 F-FCH：F-FCH 属于前向业务信道，用于给一个指定的基站传输用户和信令的信息。每一个前向业务信道占用一个 F-FCH。

F-FCH 的数据帧由保留位、信息比特、CRC 和编码尾比特组成。帧结构的第一个比特为“保留/标志”比特，简称 R/F 比特，用于 RC2、RC5、RC8 和 RC9。当一个或多个前向补充码分信道使用时，R/F 比特有用，其他情况为 0。当该位使用时，如果移动台在当前帧后紧接着的一帧处理 F-SCCH 时，基站将其设为 0，反之该比特为 1。F-FCH 允许附带一个 F-CPCCH。

除配置 RC1 和 RC2 时 F-FCH 的帧长为 20ms 外，其余 7 种配置下，其帧长都有 5ms 和 20ms 两种选择。数据速率和帧长的变化都必须以帧为单位，即一帧和前一帧的数据速

率和帧长可以不一样，但在一帧内必须是保持不变的。尽管各帧间的数据速率可以变化，但调制符号速率必须保持为一个常数，通过小于 7.2kbit/s 的数据速率进行码重复而实现的。

在前向信道中，以较低数据速率发射的调制符号也应以较低的能量发射。前向业务信道的结构根据 RC 的不同而不同。前向业务信道的结构根据无线配置的不同而不同，以 RC1 和 RC3～RC4 为例，信道结构如图 4-23、图 4-24 所示。

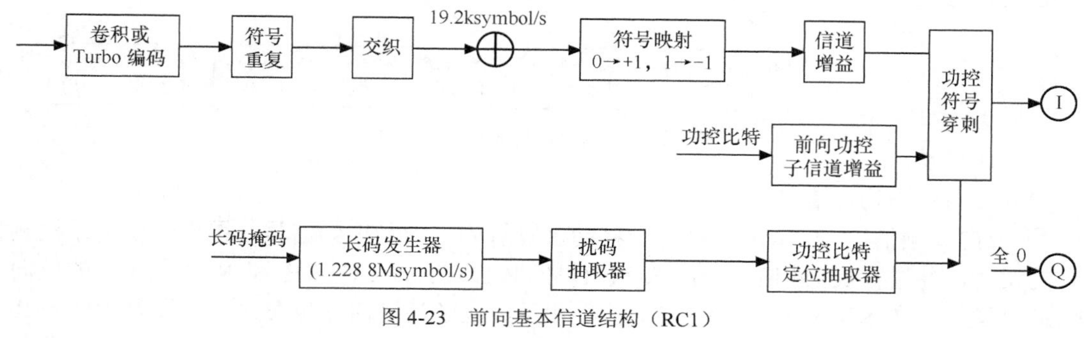

图 4-23　前向基本信道结构（RC1）

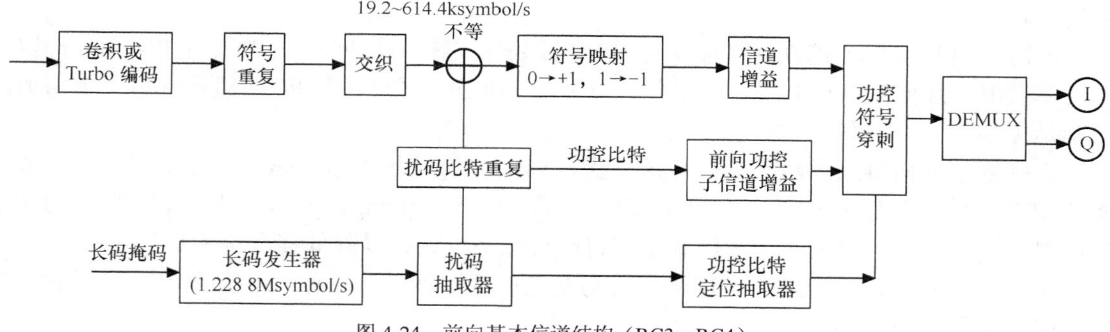

图 4-24　前向基本信道结构（RC3～RC4）

⑪ 前向补充信道 F-SCH。用于在通话过程中给特定移动台发送用户和信令消息，在无线配置 RC3～RC9，且前向分组数据量突发性增大时建立，并在指定的时间段内存在。每个前向业务信道最多可包括 2 个 F-SCH。

F-SCH 可支持多种速率，当它工作在某一允许的 RC 下，并且分配了单一的数据速率时，它固定在这个速率上工作；如分配了多个数据速率，则能够以可变速率发送，速率的分配是通过专门的补充信道请求消息等来完成的。基站可支持 F-SCH 帧的非连续发送。

F-SCH 支持的帧长为 20ms。

⑫ 前向补充码分信道 F-SCCH：用于在通话过程中给特定移动台发送用户和信令消息，在无线配置 RC1 和 RC2，且前向分组数据量突发性增大时建立，并在指定的时间段内存在。每个前向业务信道最多可包括 7 个 F-SCCH。

当 F-SCCH 工作在 RC1 时，基站传输信息的速率为 9.6kbit/s，当工作在 RC2 时，基站传输信息速率为 14.4kbit/s。F-SCCH 帧长为 20ms。基站可支持 F-SCCH 时间偏置是 1.25ms。

移动台发射的前向 CDMA 信道结构如图 4-25 所示。

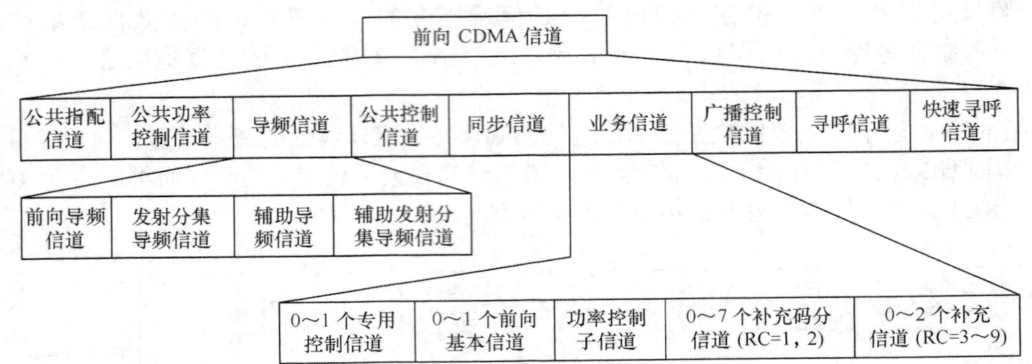

图 4-25 cdma2000 1x 前向信道结构

（3）反向链路物理信道

① 反向导频信道 R-PICH：是一个移动台发射的未调制扩频信号，用于辅助基站检测移动台的发射，并进行反向相干解调。R-PICH 在 R-EACH、R-CCCH 和 RC3～RC6 的反向业务信道时发射，在 R-EACH、R-CCCH 前导和反向业务信道前导也发射。在发射 RC3～RC6 的反向业务信道时，在 R-PICH 中插入一个反向功率控制子信道，使移动台可对前向业务信道实现功率控制。

R-PICH 以 1.25ms 的功率控制组 PCG 进行划分，在一个 PCG 内的所有 PN 码片都以相同功率发射。反向功率控制子信道又将划分后的 20ms 内的 16 个 PCG 组合成两个子信道，分别是主功控子信道和次功控子信道。

为降低在反向链路上对其他用户的干扰，当反向信道上数据速率较低时，或只需保持基本的控制联系而没有业务数据时，R-PICH 可采取门控（gating）发送方式，即在特定的功率控制组停止发送时，相应的功率控制子信道比特也不发送，以降低移动台的功耗。

② 反向接入信道 R-ACH：用来发起与基站的通信或响应基站的寻呼消息。采用随机接入协议，由不同的 PN 区分。

R-ACH 传输需经过编码、交织、扩频和调制。移动台以 4.8kbit/s 的固定速率发射 R-ACH 信号。每个 R-ACH 帧含有 96 个比特，包括 88 个信息比特和 8 个编码尾比特。

③ 反向增强接入信道 R-EACH：用于移动台初始接入基站或响应发给移动台的指令消息。采用随机接入协议，由其长码唯一识别。

R-EACH 重发的接入流程与 R-ACH 类似，但对于一次接入，其过程要复杂得多。它有不同的接入模式：基本接入模式、功率控制接入模式和备用接入模式，不同的接入模式其信道结构也不同。功率控制接入模式和备用接入模式可以工作在相同的 R-EACH，而基本接入模式需要工作在单独的 R-ACH。R-EACH 与 R-ACH 相比在接入前导后的数据部分增加了并行的 R-PICH，可以进行相关解调，使反向的接入信道数据解调更容易。

当工作在基本接入模式时，移动台在 R-EACH 上不发射增强接入头，增强接入试探序列将由接入信道前导和增强接入数据组成；当工作在功率控制接入模式时，移动台发射的增强接入试探序列由接入信道前导、增强接入头和增强接入数据组成；当工作在备用接入模式时，移动台发射的增强接入试探序列由接入信道前导和增强接入头组成，一旦收到基站的允许，在反向公用控制信道上发送增强接入数据。

R-EACH 的时隙长度较短，采用重叠时隙的方法，使长码作为时隙的函数以防止碰撞。

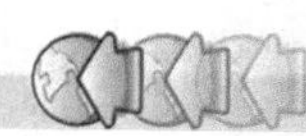

用户发送的接入信息在时间轴上可部分重叠，减小了时延。

R-EACH 的帧长可为 5ms、10ms、20ms。

④ 反向公用控制信道 R-CCCH：用于在不使用反向业务信道时，在基站指定的时间段向基站发射用户控制信息和信令信息，通过长码唯一识别。反向公用控制信道可能用于两种接入模式：备用接入模式和指配接入模式。

R-CCCH 传输需经过编码、交织、扩频和调制。

⑤ 反向专用控制信道 R-DCCH：反向业务信道的一种，用于在通话中向基站发送该用户的特定用户信息和信令信息，其帧长为 5ms 或 20ms。反向业务信道中可以包含一个 R-DCCH。移动台支持 R-DCCH 非连续发送，断续的基本单位为帧。

⑥ 反向基本信道 R-FCH：用于在呼叫过程中向基站发射用户信息和信令信息，反向业务信道可以包含一个 R-FCH。在 RC1 和 RC2 情况下，其帧长为 20ms；在 RC3～RC6 情况下，其帧长为 5ms 或 20ms。

⑦ 反向补充信道 R-SCH：用于在呼叫过程中向基站发射用户信息，仅在 RC3～RC6 且反向分组数据量突发性增大时建立，并在基站指定的时间段内存在。反向业务信道可以包含 2 个 R-SCH。若 R-SCH 工作在某一允许的 RC 且分配了单一的数据速率时，就固定在该速率上工作；若分配了多个数据速率，则可变速率发送。R-SCH 须支持 20ms 的帧长，也可支持 40ms 或 80ms 的帧长。

⑧ 反向补充码分信道 R-SCCH：用于在呼叫过程中向基站发射用户信息，仅在 RC1～RC2 且反向分组数据量突发性增大时建立，并在基站指定的时间段内存在。在 RC1 下，其数据速率为 9.6kbit/s；在 RC2 下其数据速率为 14.4kbit/s。反向业务信道可以最多包含 7 个 R-SCCH。

cdma2000 1x 反向信道结构如图 4-26 所示。

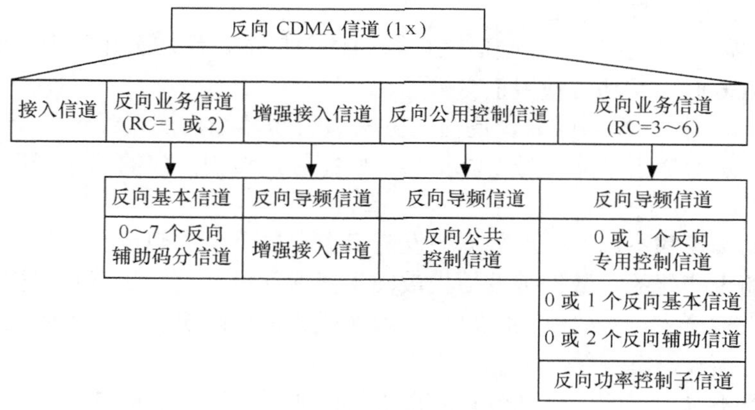

图 4-26　cdma2000 1x 反向信道结构

（4）逻辑信道到物理信道的映射

为更好定义各种业务并便于控制，在物理层之上的协议中采用了逻辑信道的概念。高层数据在链路层中形成逻辑信道数据帧，且在物理层和链路层的接口处映射到物理信道上。

IS-2000 协议的第三层（简称为层 3），是指在链路接入控制 LAC 层协议之上所定义的部分，侧重描述系统的控制消息的交互，即信令交互。LAC 层主要与信令消息有关，其功能是为高层数据信令提供在 cdma2000 无线信道的正确传输与发送。层 3 和 LAC 层在逻辑信道上发送和接收信令信息，为高层屏蔽掉具体物理层的特点，使无线接口对于高层来说如同透

明。cdma2000 采用如下逻辑信道：前向公共信令信道 F-CSCH，反向公共信令信道 R-CSCH，前向专用信令信道 F-DSCH，反向专用信令信道 F-DSCH。

逻辑信道传输的信息最终由一个或几个物理信道承载，它们间存在一定的映射关系。一个逻辑信道可永久专用一个物理信道（如同步信道），或临时专用一个物理信道（如连续的 R-CSCH 接入试探序列可在不同的物理接入信道上发送），或是和其他逻辑信道共享物理信道（需复用功能实现）。在某些情况下，一个逻辑信道能被映射到另一个逻辑信道中。这两个（或多个）逻辑信道“融合”成一个实际的逻辑信道，能传送不同的业务类型（如广播信道和通用前向信令信道可联合映射为一个公共逻辑信道，承载信令信息）。

（5）反向信道信号处理

① 前向纠错 FEC。根据不同的 CDMA 信道类型使用不同卷积速率的 FEC，反向辅助信道还可使用 Turbo 编码方式进行前向纠错。

② 码符号重复。从卷积编码器输出的码符号在交织前先被重复，以增加传输和接收的可靠性。反向业务信道的码符号重复率随数据率的不同而不同。

③ 打孔。只有 RC3～RC6 时，使用打孔技术，目的是为了进行速率匹配，按一定算法删除一部分比特，将用户业务要求实时传送的信息比特数与信道速率相适应，即将数据流中的信息比特按相应的格式进行筛选。不同的 RC 采用不同的打孔格式，打孔格式在一帧中是一直重复的。

④ 块交织。在调制和发射前，移动台将对所有信道上的码符号进行交织，以减少快衰落的影响。

⑤ 正交调制。由于 CDMA 前向信道使用的是完全正交的扩频码，而反向信道使用的是不完全正交的伪随机码扩频，反向信道为了弥补这样带来的不均衡，增加正交调制过程以增加基站接收后解调信息的信噪比。

⑥ 正交扩频。当发射反向导频信道、增强接入信道、反向公用控制信道和反向业务信道，且 RC3～RC6 时，移动台使用正交扩频。

⑦ 数据率和门控。在发射前，反向业务信道交织器输出还要经过一个时间滤波器进行选通，通过这种选通输出某些符号而滤掉另一些符号，传输门控的工作周期随发射数据率的变化而变化。

门控电路的选通和不选通是由数据突发随机数发生器函数确定的，其功率控制组在一帧内的位置是伪随机变化的。数据突发随机数发生器保证每个重复的符号仅被传输一次。数据突发随机数发生器产生一个“0”和“1”的屏蔽模式，可随机屏蔽掉由码重复产生的冗余数据，屏蔽模式与帧数据率有关。

在门控电路不选通期间，移动台将遵循不选通时对发射功率的要求，即至少比最近的传输数据的功率控制组的平均输出功率低 20dB 或低于发射机的噪声电平，可减小对工作在同一反向 CDMA 信道上的其他移动台的干扰。

⑧ 直接序列扩频。反向业务信道在数据随机化后被长码直接序列扩频，而接入信道在经过正交调制后就被长码直接序列扩频。

⑨ 正交序列扩频。在直接序列扩频后，反向业务信道和接入信道等将进行正交扩频，用于该扩频的序列是前向 CDMA 信道上使用的零偏置 I 和 Q 正交导频 PN 序列。

⑩ 基带滤波。扩频后，I、Q 路信号送至 I、Q 基带滤波器的输入端，以满足限值要求。

前向信道的信号处理过程与反向信道类似，在此不再多述。

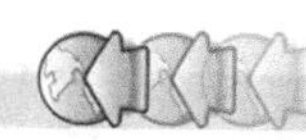

（6）cdma2000 1x EV-DO 物理信道

cdma2000 1x EV-DO 采用语音和数据分离的办法，在独立于 cdma2000 1x 语音业务的载波上提供分组数据业务。由于数据业务的上下行不对称要求，前向链路的吞吐量要远大于反向链路。

① 前向链路物理信道

cdma2000 1x EV-DO 前向链路物理信道主要由导频信道、媒体接入控制（MAC）信道、业务信道 TC 和控制信道 CC 组成。其中媒体接入控制信道又包括反向激活 RA 信道、数据速率控制锁定 DRCL 信道及反向功率控制 RPC 信道，如图 4-27 所示。

导频信道用于系统捕获及小区信号强度测量。

MAC 信道中的反向激活比特 RAB 用于指示 AT 是否调整反向发送功率；DRCL 信道用于指示 AN 是否能接受 AT 发送的数据速率控制信息；RPC 用于对反向链路进行功率控制，并调整终端的功率。

TC 和 CC 时分复用，在时间上交替传输。CC 主要负责向 AT 发送一些控制消息，如终端控制区 TCA 消息和扇区参数消息，其功能类似于 cdma2000 1x 中的寻呼信道。TC 由多个用户时分复用，承载物理层业务。由前缀部分和数据部分组成，在发送数据前要先发送前缀。前向业务信道主要负责向终端发送业务数据，会话建立后的参数配置消息也通过前向业务信道发送。前向链路可对反向链路进行功率控制和速率控制。

② 反向链路物理信道

cdma2000 1x EV-DO 反向链路物理信道由反向接入信道和反向业务信道组成。

反向接入信道的数据速率固定为 9.6kbit/s，是 MS 用来发起呼叫或响应寻呼消息而使用的信道，包含导频信道和数据信道。导频信道提供反向相干解调，数据信道传输接入信息。

反向业务信道用于 MS 发送业务或信令信息，包括导频信道，MAC 信道、包校验正确指示 ACK 信道（又称应答信道）和数据信道。其中导频信道用于反向相干解调。MAC 信道包括反向速率指示 RRI 信道和数据速率控制 DRC 信道。RRI 信道用于指示反向业务信道的数据速率；DRC 信道用于指示请求的前向业务信道数据速率信息和最强扇区的信息。ACK 信道用于 AT 通知 AN 是否正确接收到前向业务信道发出的物理层数据包。数据信道用来发送反向数据业务。图 4-28 为 cdma2000 1x EV-DO 反向链路信道结构。

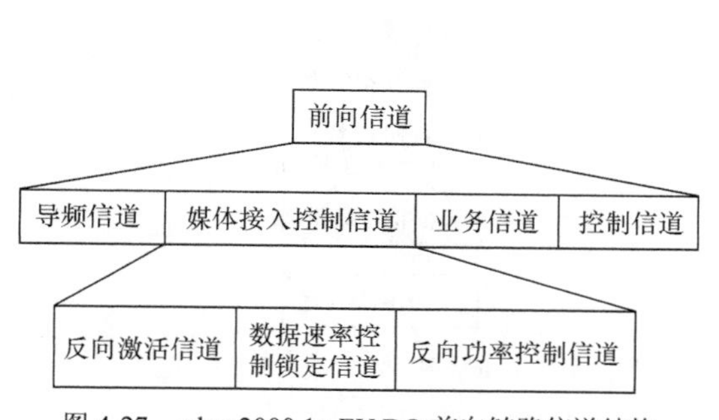

图 4-27　cdma2000 1x EV-DO 前向链路信道结构

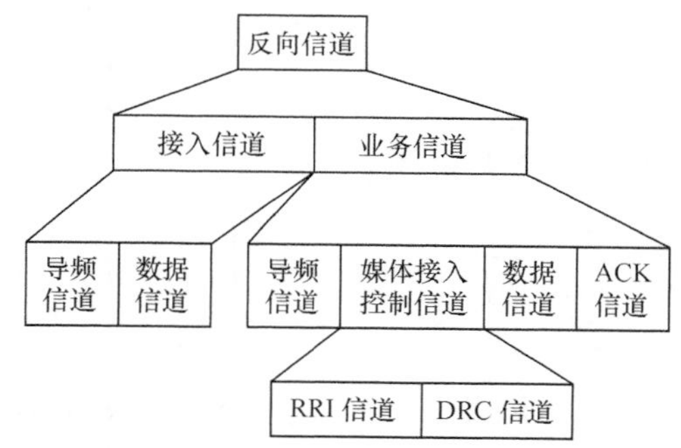

图 4-28　cdma2000 1x EV-DO 反向链路信道结构

（7）cdma2000 1x EV-DV 物理信道

① 前向链路物理信道

cdma2000 1x EV-DV 前向链路物理信道如图 4-29 所示。作为对 cdma2000 1x 标准的演进，在同一载波上不仅支持基于电路交换的语音和数据，还支持基于分组交换的高速数据业

务。为与 cdma2000 标准后向兼容，同时支持基于分组交换的高速数据业务，cdma2000 1x EV-DV 在保留原有物理信道的基础上新增了一些物理信道，包括前向分组数据信道 F-PDCH 和前向分组数据控制信道 F-PDCCH。

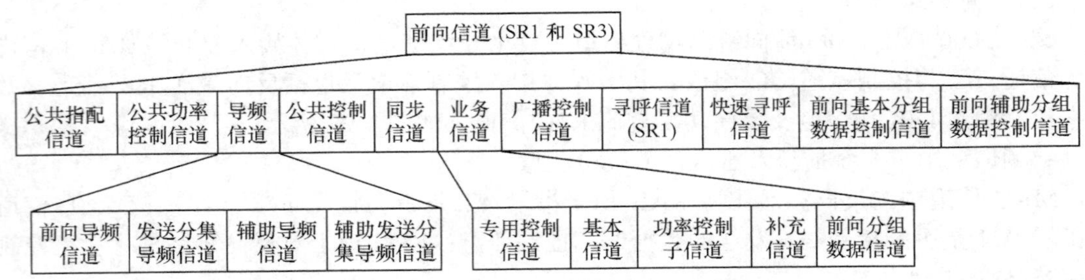

图 4-29　cdma2000 1x EV-DV 前向链路信道结构

F-PDCH 用来传送高速数据分组业务，由分组数据业务用户按照时分复用方式共用。

F-PDCCH 用来向使用前向分组数据信道的用户提供控制信息。如目标 MS 的 MAC 层地址等，协助用户进行数据接收。

② 反向链路物理信道

cdma2000 1x EV-DV 反向链路物理信道如图 4-30 所示。新增的支持 F-PDCH 操作的信道包括反向确认信道 R-ACKCH 和反向信道质量指示信道 R-CQICH。

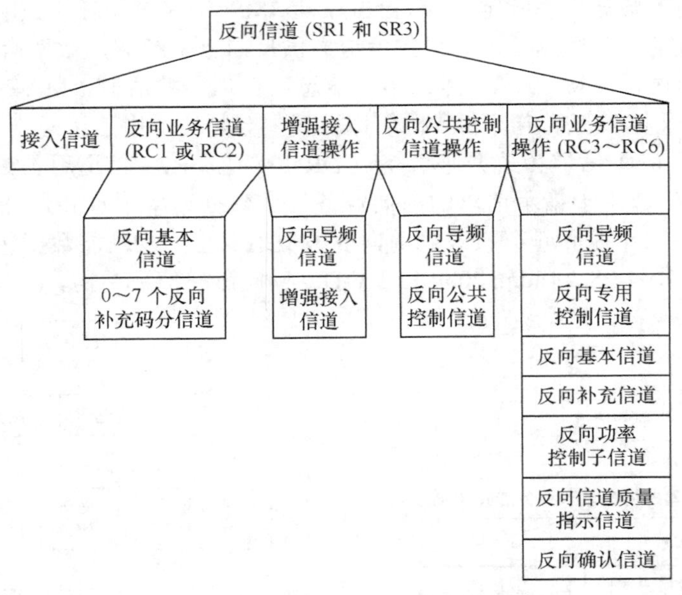

图 4-30　cdma2000 1x EV-DV 反向链路信道结构

R-ACKCH 用于移动台向基站快速报告前向链路的分组数据是否正确。

R-CQICH 用于移动台将前向链路的信道质量快速报告给基站。基站根据这些信息对前向链路上的用户进行快速调度，并能自适应地选择调制编码方式。

4．系统状态及转移

在 cdma2000 中，信号实体按照不同的状态转移有效控制系统的执行。此外信号实体还

控制和执行一个呼叫的建立、维持和断开所必需的一些功能。信号实体的执行过程可按两种不同方向：状态和功能。从状态和状态的转移看，信号实体按照呼叫处理进入哪个状态和子状态和退出状态和子状态；另一方面从信号实体执行的功能看，信号实体有效控制和完成了呼叫必需的不同功能。这些功能包括注册、切换和功率控制，为完成这些功能，信号实体需发送和接收不同消息。

IS-2000 协议中，系统的状态和状态的转移描述了移动台和基站间通信的过程。在不同状态下，系统的不同转移是当移动台和基站的条件发生变化所触发。

cdma2000 中定义了信号实体在移动台的四种状态：移动台初始化状态、移动台空闲状态、系统接入状态和移动台业务信道控制状态。不管基站完成了什么功能，必须根据移动台的特定状态和子状态完成。图 4-31 表示各状态的转移。

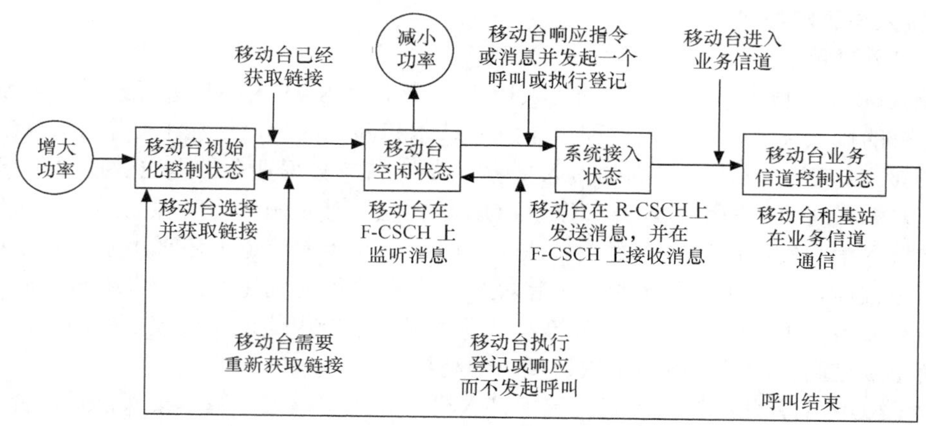

图 4-31 cdma2000 移动台状态和状态转移

5. cdma2000 1X 基本工作过程

cdma 2000 的基本工作过程与 IS-95 CDMA 系统相似，下面主要介绍用户起呼过程。

首先，用户通过移动台发起一个呼叫，生成初始化消息，由于此时没有建立业务信道，移动台通过接入信道将该消息发送给基站。基站收到初始化消息后，开始准备建立业务信道，并开始试探发送空业务信道数据，而此时移动台并没有开始建立业务信道的准备，所以基站组成信道指配消息（包含基站针对该用户刚分配的信道特性，如所使用的信道码等），通过寻呼信道发送给移动台。移动台根据该消息所指示的信道信息开始尝试接收基站发送的前向空业务信道数据，在接收到 N 个连续正确帧后，移动台开始尝试建立相对应的反向业务信道，首先发送业务的前导，在基站探测到反向业务信道前导数据后，基站认为前向和反向业务信道链路基本建立，生成基站证实指令消息通过前向业务信道发送给移动台，移动台收到该消息后开始发送反向空业务信道数据。基站接着生成业务选择响应指令消息通过前向业务信道发送给移动台，移动台根据收到的业务选择开始处理基本业务信道和其他相应的信道，并发送相应的业务连接完成消息。在移动台和基站间交流振铃和去振铃等消息后，用户就可以进入对话状态了。

对于分组业务，系统除了建立前向和反向基本业务信道之外，还需要建立相应的辅助码分信道，如果前向需要传输很多的分组数据，基站通过发送辅助信道指配消息建立相应的前向辅助码分信道，使数据在指定的时间段内通过前向辅助码分信道发送给移动台。如果反向需要传输很多的分组数据，移动台通过发送辅助信道请求消息与基站建立相应的反向辅助码分信道，使数据在指定的时间段内通过反向辅助码分信道发送给基站。辅助信道的设立对cdma2000更灵活地支持分组业务起到了很大作用。

cdma2000 中其他一些辅助性信道的设立如反向导频信道、反向公用控制信道、前向公用控制信道、公用功率控制信道、快速寻呼信道等，是为了增强系统的功能和灵活性，如通过反向相干解调增加反向容量，对公用信道增加相应控制，快速通知用户寻呼信息，缩短连接建立时间并支持省电功能等。这些信道是辅助性的，并不一定涉及每一个呼叫过程，在此不再多述。

4.3.3　cdma2000 中的关键技术

1．接入与寻呼技术

（1）接入过程

cdma2000 中，既兼容了 IS-95 的接入模式，又针对 IS-95 的不足进行改进。R-ACH 信道保留了原有的接入模式，其接入过程与 IS-95 基本相同。同时，增加了一个 R-EACH，采用改进了的接入方式，以达到更高的接入效率，支持高速数据业务。与 IS-95 的非重叠时隙 ALOHA 方案不同的是采用了重叠时隙 ALOHA 方法，使长码作为时隙的函数以防碰撞。用户发送的接入信息在时间轴上可重叠，减小了时延。在接入信道上还采用了闭环功率控制，提高了信道性能，减小了接入消息的差错概率。在对协议的优化方面，大缩短了时隙的长度（由 200ms 减为 1.25ms）及超时参数等；可另外用一个专用信道传送较长的消息，使接入信道的负荷不致过高；而且还应用了软切换以提高接入性能。

在 R-EACH 上有两种接入模式：基本接入模式和预留模式。基本接入模式适合于较短消息，接入前缀和接入消息都在 R-EACH 上传送。预留模式适合较长消息，在 R-EACH 上只传输增强接入前缀和报头，在收到基站的回应后，再在基站分配的 R-CCCH 上传送消息。在工作过程中，MS 要利用基站发送的指定 F-CPCCH 上的公共功控子信道，通过闭环功率调节 R-CCCH 的发射功率。这种接入模式可用于传送短数据业务，而不需建立专用信道。而且由于使用了两个反向信道，避免了由于消息较长而在一个信道上引起较大干扰从而导致接入性能的恶化。

（2）寻呼技术

为保持后向兼容 cdma2000 的寻呼技术也兼容 IS-95 的寻呼方式，保留了相应的信道，另外 cdma2000 增加了几个新的信道将 IS-95 的寻呼信道功能分开完成。新的信道不但可替代原有寻呼信道的功能，而且有了很大的改进，可为移动台省电，提高寻呼成功率等。

前向快速寻呼信道可实现寻呼或休眠状态的选择，因基站使用快速寻呼信道向移动台发出指令，决定移动台处于监听寻呼信道还是处于低功耗休眠状态，这样移动台不必长时间连续监听前向寻呼信道，可减少移动台激活时间并节省功耗；还可实现配置改变功能，通过前向快速寻呼信道，基站向移动台发出最近几分钟内的系统参数消息，使移动台根据此消息做相应设置处理。

2．信道编码技术

cdma2000 系统为了信息的可靠传输，针对不同数据速率的业务需求，涉及的信道编码主要有：前向纠错编码（包括卷积码、Turbo 码）、循环冗余编码 CRC 及信道交织编码。

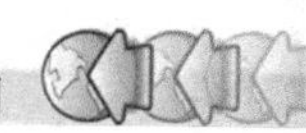

（1）前向纠错编码

在 cdma2000 中采用了卷积码和 Turbo 码两种纠错编码。不同的 RC 使用不同的卷积编码方式，采用的方式有：R=1/2，1//3，1/4，1/6；K=9。Turbo 编码器由两个分量编码器通过交织器并行级联而成，交织器的作用是减弱分量编码器间的信息相关性。相应的解码器由两个软输入软输出的维特比译码器、两个相关交织器、解交织器及硬判决解码器组成。

cdma2000 中，在高速率、对解码时延要求不高的辅助数据链路即支持数据业务（突发）的 F-SCH 和 R-SCH 中使用 Turbo 码；在语音和低速率、对解码时延要求比较苛刻的数据链路中使用卷积码；在其他逻辑信道如接入、控制、基本数据、辅助码信道中也都使用卷积码。在前向信道的补充信道中，对于速率大于 14.4kbit/s 的高速数据一般采用 Turbo 码代替卷积编码。在反向信道的补充信道中，当数据速率大于 14.4kbit/s 时，采用编码速率为 1/2、1/3 的卷积码或采用编码速率为 1/2、1/3、1/4 的 Turbo 码。cdma2000 系统中的 Turbo 码编码器结构与传统编码器基本相同，只是每个分量编码器有两路校验位输出。

（2）检错 CRC

CRC 利用循环和反馈机制，校验码由输入数据与历史数据经较复杂的运算得到，其冗余码包含了丰富的数据间信息，可靠性高，在移动通信中用来前向检错。

cdma2000 中，CRC 用于帧质量指示符。在发端，每个数据帧后加若干位的帧质量指示符。帧质量指示符根据一帧中的所有比特和生成多项式运算得到，对不同速率的帧加的帧质量指示符的位数也不同。cdma2000 中帧质量指示符的长度有 16bit、12bit、10bit、8bit 和 6bit。因此 CRC 不仅可用来判断当前帧是否正确，还能辅助确定当前的数据速率。

（3）交织

交织的目的是把一个较长的突发性差错离散成随机差错。在 cdma2000 系统的前向链路中，对于 SR1，同步信道、寻呼信道、广播控制信道、公共分配信道、公共控制信道和业务信道的数据流都要在卷积编码、符号重复及删除后进行交织编码。在后向链路中，接入信道、增强接入信道、公共控制信道和业务信道的数据流都要经过交织编码。对于 RC1 和 RC2，反向业务信道与 IS-95 兼容，其交织算法也相同。对于反向接入信道、反向增强接入信道、反向公共控制信道及无线配置为 RC3～RC6 的反向业务信道，交织算法与配置为 RC1、RC2 的前向业务信道交织算法相同。

在 cdma2000 中，Turbo 码内部也使用了交织器。Turbo 码内部交织器是一种块交织器，对输入的信息、帧质量指示比特 CRC 和保留比特进行交织，其功能是把一帧的输入比特顺序写入，再按预先定义的地址顺序把整帧数据读出。

3．调制与解调技术

cdma2000 系统中采用的数字调制技术包括二元相移键控 BPSK、四相相移键控 QPSK、偏置四相相移键控 O-QPSK、混合相移键控 HPSK 等。

BPSK 又称数字调相，当输入“1”时，对应信号附加相位为“0”；当输入为“−1”时，对应的信号附加相位为“π”。BPSK 特点是抗误码特性很好，但频率利用率低。

QPSK 是利用载波的 4 种不同的相位差来表征输入的数字信息。在 QPSK 的码元速率与 BPSK 信号的比特速率相等的情况下，QPSK 信号是两个 BPSK 之和，具有与 BPSK 信号相

同的频谱特性和误码率性能。但由于 QPSK 的码元速率是 BPSK 比特速率的一半，因此在相同信道带宽时 QPSK 可传 2 倍速率的信息。QPSK 的频谱性能好，在相同的输出载波带宽情况下，能支持更高的输入信息数据速率，但信号轨迹过零点，且变化范围大，包络波动大，要求功放线性范围很大。cdma2000 系统的前向信道使用 QPSK 调制方式。

O-QPSK 在常规 QPSK 正交调制器上将 I 路或 Q 路信号后移半个码元时长，使相位跳变只能是 ± 90°。其频谱与 QPSK 完全相同，可出现最大相位跳变为 90°，频谱旁瓣低于 QPSK，有效降低频谱扩展。

HPSK 的 I 路和 Q 路一般都选择特殊的 Walsh 序列（偶数序号的序列），经该序列扩频得到的数据码在星座图上的位置是一样的。

cdma2000 系统的前向信道使用 QPSK 调制方式。cdma2000 的反向链路由于系统性能的提高及适应多种业务的需要，而增加了导频信道、反向补充信道等不同类型的信道，从而对移动台提出了更高的要求，在反向链路中采用了 HPSK 调制方式，移动台能以不同的功率电平发射多个码分信道，且使信号功率的峰值与平均值的比 PAR 达最小。此方式在 PN 序列的 Q 支路提供一个码片的时延，减小了调制信号波动的幅度。cdma2000 系统反向链路中，为区分用户和减少用户间的多址干扰，通常通过 PN 序列区分不同用户，长 PN 序列分别与两个短 PN 序列 PN_I 和 PN_Q 相乘，得到的信号分别与 I 和 Q 路的信号相乘进行加扰。与基本 HPSK 调制方式相比，其结构不同，但实现的功能完全相同。

cdma2000 中前向信道使用相干解调，反向信道也使用相干解调。在 cdma2000 反向信道中，基站可利用反向导频帮助捕获移动台的发射，实现反向链路上的相干解调，降低了移动台发射功率，提高了系统容量。

4．功率控制

IS-2000 标准中对 cdma2000 系统的功率控制加入了许多新的特点，目标在于提高功率控制的速度和精度，也就是直接关系到系统容量和通信质量。考虑到系统容量，快速、准确的功能控制能够降低多个发射机间的干扰，且降低在同样的带宽上接收信号间的干扰从而使系统容纳更多用户。考虑到通信质量，快速、准确的功率控制保证每个用户都能得到自己的功率资源以达到满意的链路通信质量。

IS-2000 标准增强了 IS-95 标准中的功率控制：系统能够在前向和反向链路的多个物理信道上进行功率控制；前向闭环功率控制和反向闭环功率控制都能达到 800bit/s 的速率。

（1）前向链路功率控制

① 内环控制和外环控制

在前向链路中采用了内环功率控制和外环功率控制。

内环功率控制使移动台发送信号的强度与目标门限值接近，内环功率控制是指基站接收到移动台的信号后，将其强度与一个门限值（闭环门限）相比，如果高于该门限值，则向移动台发送“降低功率”的控制指令，否则发送“增加功率”的指令。

外环功率控制是调整基站的接收信号的目标门限设定值，以满足 FER 要求。外环功率控制的作用是对内环门限进行调整，这种调整是根据基站所接收的反向链路的指令指标 FER 的变化进行的。通常 FER 都有一定的目标值，当实际接收的 FER 高于目标值时，基站就需要提高内环门限，以增加移动台的反向功率；反之，当实际接收的 FER 低于目标值时，基站就适当降低内环门限，以降低移动台的反向发射功率。最后，在基站和移动台的共同作用下，使基站能在保证一定接收质量的前提下，让移动台尽可能低的功率发射信号，以减小对

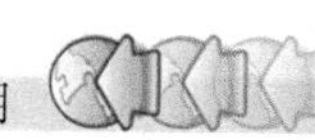

其他用户的干扰，提高容量。

一旦移动台接收到前向专用信道的信号并开始和基站进行通信时，移动台就不间断地监测前向链路并测量链路质量。如质量变坏，移动台将通过反向链路告知基站增大发射功率；如链路质量很好时，移动台需要前向链路上的信号功率降低。FER 是用来体现通信链路质量的，但一般用信噪比 E_b/N_o 表示链路质量。

在移动台要求基站进行功率调整时，需在反射导频信道上使用功率控制比特 PCB，指示基站增加或减小发射功率。这是前向链路中闭环控制的内环控制方法。由于内环控制假定存在一个预先的 E_b/N_o 门限值，决定功率的增大或减小。但在移动环境下，E_b/N_o 和 FER 间的关系是不断变化的，E_b/N_o 门限值必须动态调整以满足 FER，这涉及闭环功率控制的外环控制方法。

移动台接收来自基站的前向链路信号，移动台先解调接收信号并估计前向链路的 FER，质量信号送入外环。在外环中，用当前的 FER 和 E_b/N_o 估计值动态计算新的 E_b/N_o 设定值满足 FER。如当前估计值高于新的设定值，则 PCB 值为 1 发送到基站要求功率减小；反之，发 PCB 为 0 要求基站增大功率。PCB 值加入到反向导频信道信号中并以最大速率 800bit/s 发送到基站。

② 前向链路专用信道的功率控制

功率控制比特 PCB 通过 R-PICH 运载，使用功率控制子信道发送。IS-2000 标准使用前向功率控制参数 FPC_MODE 定义前向功率控制的不同模式及多种前向链路专用信道的功率控制和反馈的功率控制速率，表 4-4 所示为 7 种前向功率控制模式。当 R-PICH 没有被选通，功率控制子信道被分成主要功率控制子信道和辅助功率控制子信道。

表 4-4 前向功率控制模式

前向功率控制工作模式	在 R-PICH 上的初级功率控制子信道	在 R-PICH 上的次级功率控制子信道	外环路	初级内环	次级内环
000	800Hz PCB	未使用	F-DCCH； F-FCH； F-SCH	F-FCH 或 F-DCCH	不可用
001	400Hz PCB	400Hz PCB	F-DCCH； F-FCH； F-SCH	F-FCH 或 F-DCCH	F-SCH
010	200Hz PCB	600Hz PCB	F-DCCH； F-FCH； F-SCH	F-FCH 或 F-DCCH	F-SCH
110	400Hz PCB	50Hz EIB 对 F-SCH（20ms）； 25Hz EIB 对 F-SCH（40ms）； 12.5Hz EIB 对 F-SCH（80ms）	F-DCCH； F-FCH	F-FCH 或 F-DCCH	不可用
011	50Hz EIB 对于 F-FCH 或 F-DCCH	未使用	不可用	不可用	不可用
100	50Hz QIB 对于 F-FCH 或 F-DCCH	未使用	不可用	不可用	不可用
101	50Hz QIB 对于 F-FCH 或 F-DCCH	50Hz EIB 对 F-SCH（20ms）； 25Hz EIB 对 F-SCH（40ms）； 12.5Hz EIB 对 F-SCH（80ms）	不可用	不可用	不可用

主要和辅助功率控制子信道常发送删除指示比特 EIB 或质量指示比特 QIB。移动台使用 EIB 通知基站接收到的 F-FCH 或 F-DCCH 的帧是坏的，使用 QIB 通知基站接收到的 F-DCCH 帧是坏的。任何一个 EIB 或 QIB 都在功率控制子信道上由不同的功率控制组传送。

在系统工程应用中，一般选择较慢功率控制反馈速率的 EIB 或 QIB，较快功率控制反馈速率的 PCB。一方面，外环和内环功率控制使用 PCB 的优点是明显的快速反馈速率，另一方面，16 个 PCB 结合可产生一个 EIB 或 QIB，使用 EIB 和 QIB 的优点是有较低的差错率。这样选择了反映数据发射率（反馈速率）和误码率（反馈精度）间的折中。

（2）反向链路功率控制

在 cdma2000 中，R-PICH 在反向链路功率控制中起很重要的作用。

① 多种反向信道的开环功率控制

当移动台进入一个小区时，移动台和基站间的路径损耗不断变化，移动台的接收功率也不断变化。在开环功率控制中，移动台不间断地监测所接收的信号功率调整自己的发射功率。cdma2000 中，移动台可在多种反向物理信道上完成开环功率控制：R-EACH、R-CCCH、R-DCCH、R-FCH、R-SCH。对于这些信道，开环功率控制都由两个独立的部分完成。第一部分，移动台计算 R-PICH 的导频信道传输功率；第二部分，移动台计算反向信道自己的码信道传输功率。

② 多种反向信道的闭环功率控制

IS-2000 标准中，为调整反向物理信道的发射功率，移动台将接收来自前向链路的不同的 PCB 流。

R-EACH、R-CCCH：移动台接收 F-CPCCH 的信号，解调信号并得到 PCB，根据给定的 PCB 调整相应信道的传输功率。

反向专用信道：移动台解调 F-DCCH 和 F-FCH 的信号并得到给定的 PCB 进行功率调整。如果 R-PICH 没被选通，由 F-DCCH 和 F-FCH 携带的 PCB 信息最高以 800bit/s 的速率传送。实际传送的 PCB 的前向物理信道确定方法如下：如 R-PICH 被选通，则仅 F-DCCH 传送 PCB 用于反向专用闭环功率控制；如 R-PICH 没被选通，F-DCCH 或 F-FCH 传送 PCB 信息，参数 FPC_PRI_CHAN 用来指定是由前向物理信道 F-DCCH 或 F-FCH 中哪个信道发送 PCB。

cdma2000 中，PCB 信息在 F-DCCH 和 F-FCH 中发送，F-DCCH 的功率控制组的结构参考前向功率控制子信道。前向功率控制子信道在 F-DCCH 和 F-FCH 上用来传递 PCB，这些 F-DCCH 和 F-FCH 上的 PCB 的位置和周期完全被定义，所以移动台能准确获得 PCB。

5．切换

切换是 cdma2000 系统的关键技术之一，根据移动台与网络间的连接建立释放情况可分为软切换和硬切换；根据移动台所处的系统状态不同，可分为空闲切换和接入切换。图 4-32 为各类切换发生时移动台状态。软切换的实现在前面已作介绍，在 cdma2000 中只是采用了新的导频检测门限。在此不再多述。

（1）空闲切换

空闲切换仅发生在移动台处在空闲状态时，移动台停止检测一个基站的 F-PCH 或 F-CCCH，开始检测另一个基站的相关信息。

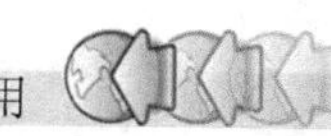

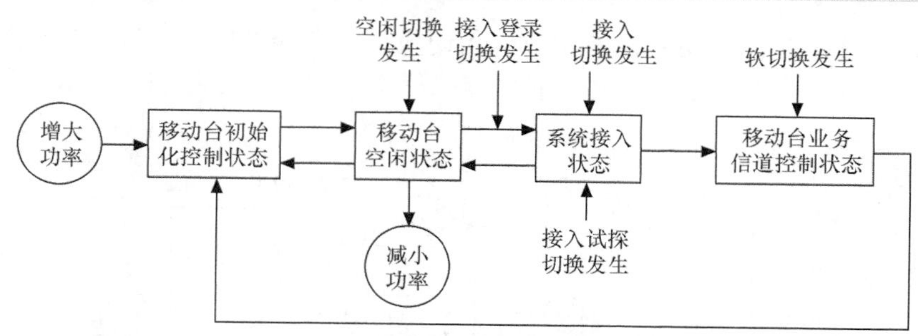

图 4-32　各类切换发生时移动台状态

为了实现空闲切换，移动台也与软切换一样有 4 个互不重叠的集合，理论上不同于软切换中的集合，空闲切换中使用的集合仅是在移动台空闲状态下定义的，包括：有效集、相邻集、专用相邻集和剩余集。

有效集中仅有一个导频，在任意给定时间，移动台仅能检测一个基站区段的 F-PCH 或 F-CCCH。相邻集中包含有可能用于空闲切换的导频，最大能支持 40 个导频。专用相邻集包含有可能在专用系统中用于切换的候选导频。专用系统是指如果系统存在用户分区且支持密集区域的用户服务，如一个用户区域可定义为一系列具有特殊服务的城市商业区，即仅在某一特定范围内被特定移动台使用的系统。剩余集指除前三个集合外的当前 CDMA 载波频率的所有导频，与软切换中不同的是 PN 序列相位偏移也能用导频增量定义。

当移动台处在空闲状态中时，移动台不断测量有效集、相邻集、专用相邻集或剩余集中的导频强度。在分时隙模式，如果在相邻集、专用相邻集或剩余集中的一个导频的 E_c/I_o 值超过有效集 E_c/I_o 值 3dB，移动台将从有效集中去掉较低强度的导频，并把那个强度较高的导频加入有效集。在非时隙模式，如一个导频的 E_c/I_o 值连续一秒以上的时间超过有效集导频 E_c/I_o 值时，移动台将去掉该较弱导频加入那个较强导频。

（2）接入登录切换

接入登录切换发生在移动台停止检测一个基站的 F-PCH 或 F-CCCH 而开始检测另一个基站的相关信道，移动台由空闲状态转入系统接入状态时。如果移动台接收到必须做出反应的消息时，移动台将完成接入登录切换。

实际上 IS-2000 没有定义移动台以什么标准决定是否进行接入登录切换，但移动台不与一个导频强度很弱的基站进行了接入登录切换。

一旦移动台决定进行接入登录切换，移动台将以空闲切换相同的过程轮流在当前基站和新基站间检测 F-PCH 或 F-CCCH。如果移动台要进行接入登录切换，应在移动台进入更新开销信息子状态前执行。

（3）接入切换

接入切换发生在接入试探之后，当移动台停止检测一个基站的 F-PCH 或 F-CCCH，而开始检测另一个基站的相关信道。因为接入切换发生在接入切换试探后，当完成接入切换时移动台就处在系统接入状态。

在系统接入状态，移动台存储基站区段 3 个独立不交叠集合：有效集、相邻集、剩余集。当移动台处于系统接入状态，移动台监测基站有效集所处区段的 F-PCH 或 F-CCCH，该有效集也仅有一个导频。相邻集包含可能用于接入切换或接入试探切换的导频。

在系统接入状态时，移动台仅能完成接入切换，如图 4-33 所示为系统接入状态的子状态。当移动台处在下面两个子状态之一时才能执行接入切换：寻呼响应子状态和移动台始呼试探子状态。

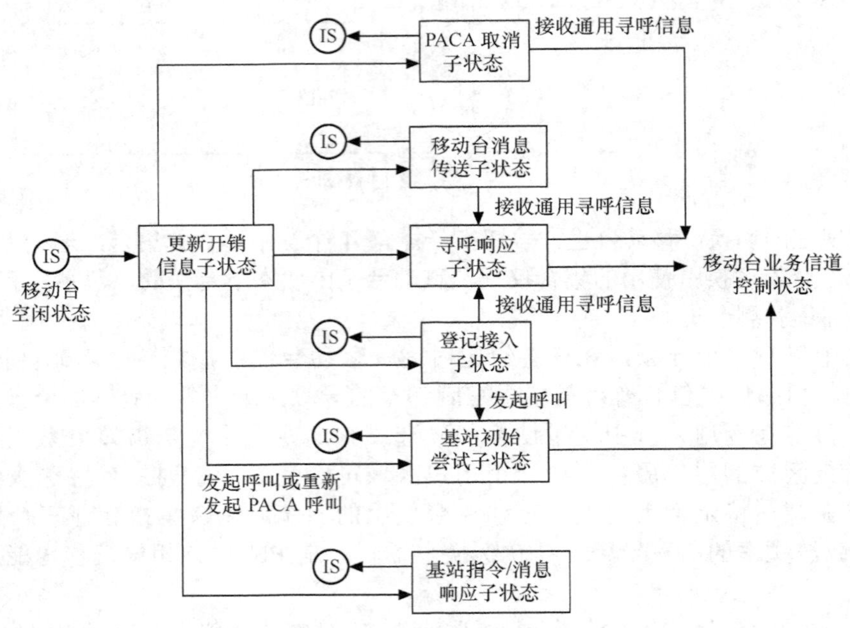

图 4-33　系统接入状态的子状态

（4）接入试探切换

在接入尝试过程中，移动台停止向当前基站发送接入试探序列而向新的基站发送接入试探序列。因此一个接入试探切换发生在接入尝试过程中，移动台处在系统接入状态时执行一个接入试探切换。同接入切换相似，仅能发生在始呼或寻呼响应子状态时。

（5）硬切换

硬切换主要发生在以下几种情况：不同系统间的切换、不同频率间的切换、不同帧偏置间的切换。

因为业务信道帧与系统间存在偏置，是单位为 1.25ms 的一个增量，即帧偏置。在不同业务信道上分配不同的帧偏置能降低不同信道在同时发生信息时造成的干扰。当基站间的帧偏置不同时不能采用软切换，只能执行硬切换。

4.3.4　cdma2000 1x EV-DO

cdma2000 1x EV-DO 作为 cdma2000 1x 的比较现实的演进技术，在发展中占据重要地位。

1．主要特点

cdma2000 1x EV-DO 系统是专门为高速分组数据业务提出的，将高速分组数据业务和低速语音业务分开，利用单独载波提供高速分组数据业务。cdma2000 1x EV-DO 是一个高效的 CDMA/TDM 混合系统，在支持高速率数据业务中带来两个优点：（1）仅使用 1.25MHz 带宽能支持最高数据率是 2.457 6Mbit/s，比较 cdma2000 1x 系统，在 3.75MHz 带宽上支持最高数据率为 2.073 6Mbit/s；（2）利用了数据业务的许多特点。

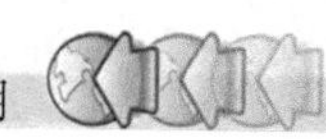

数据业务的特点有：（1）数据率大部分不对称（前向链路上要求数据率是高速的，反向链路上要求数据率较低）；（2）可允许时延；（3）实际中数据发送是突发的，cdma2000 1x EV-DO 利用非活动时期发送，对不同用户采用时分复用；（4）由于数据速率是非对称的，cdma2000 1x EV-DO 在前向链路上提供了更高的数据率，可实现的原因是由于基站本身就有更多的发送功率资源，可利用更高阶的调制方案。

在某些方面上，cdma2000 1x EV-DO 对传统宽带多址接入系统的功率控制作了改变。在传统宽带无线系统，移动台远离基站将引起路径损耗增大，基站通过前向链路功率控制增加功率。在这种方法中移动台的功率不变，基站控制功率维持恒定的数据率和服务质量，这对电路域网络应用非常重要，如语音业务。

但给远离基站的移动台增加发送功率意味着对同一小区其他移动台要减小前向链路功率资源，且如数据发送是突发的可时延，就不必专门保证数据率和服务质量。cdma2000 1x EV-DO 把功率资源分给离基站最远的移动台，用于在前向链路给这些移动台发送可能最高的数据率。一个 cdma2000 1x EV-DO 的基站在所有时间内发送固定数量的功率。当移动台远离基站时，移动台接收的功率降低，基站不增加发送功率，而是降低发送给这些移动台的数据率。如图 4-34 所示。

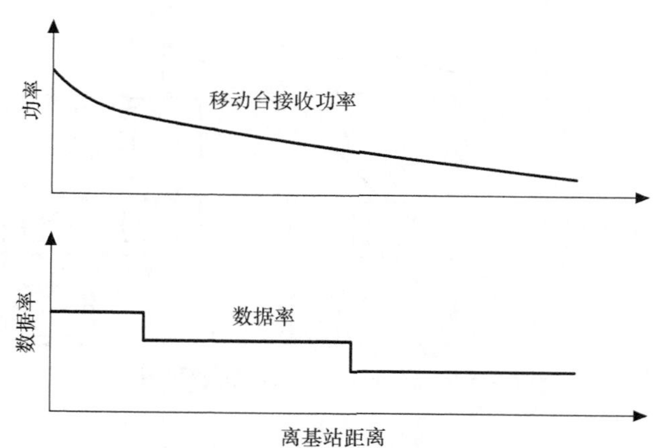

图 4-34　cdma2000 1x EV-DO 中基站控制数据率的方法

因 cdma2000 1x EV-DO 需专门的射频载波来支持数据业务，系统需配置参数在专门的 RF 载波上最优化数据业务。使用 1.25MHz 带宽，cdma2000 1x EV-DO 在前向链路支持最大 2.457 6Mbit/s 的数据率，反向链路最大 153.6kbit/s 的数据率。

2．系统网络结构

cdma2000 1x EV-DO 与 cdma2000 1x 有不同的物理层，需在现有的 cdma2000 1x 中增加额外的硬件，图 4-35 所示为增加了支持 cdma2000 1x EV-DO 服务硬件的典型无线网络。

接入终端 AT 相当于移动台，是为移动用户提供数据连接的设备。接入网络 AN 定义为分组域数据交换网络与接入终端间提供数据连接的设备。接入网络包括 BTS 和 BSC，用粗黑线框定的设备表示支持 IS-856 标准。

不管 BSC 支持 cdma2000 1x EV-DO 或是 cdma2000 1x，PDSN 都提供相同的服务和连接。因此，支持 cdma2000 1x EV-DO 的无线网络使用相同的 IOS 定义 BSC 和 PDSN 间的接口。另外，图 4-35 中表示的 cdma2000 1x 的 BSC 与 cdma2000 1x EV-DO 的 BSC 表示不同的

实体，且两个间没有连接，这是由于它们支持2种不同的协议。

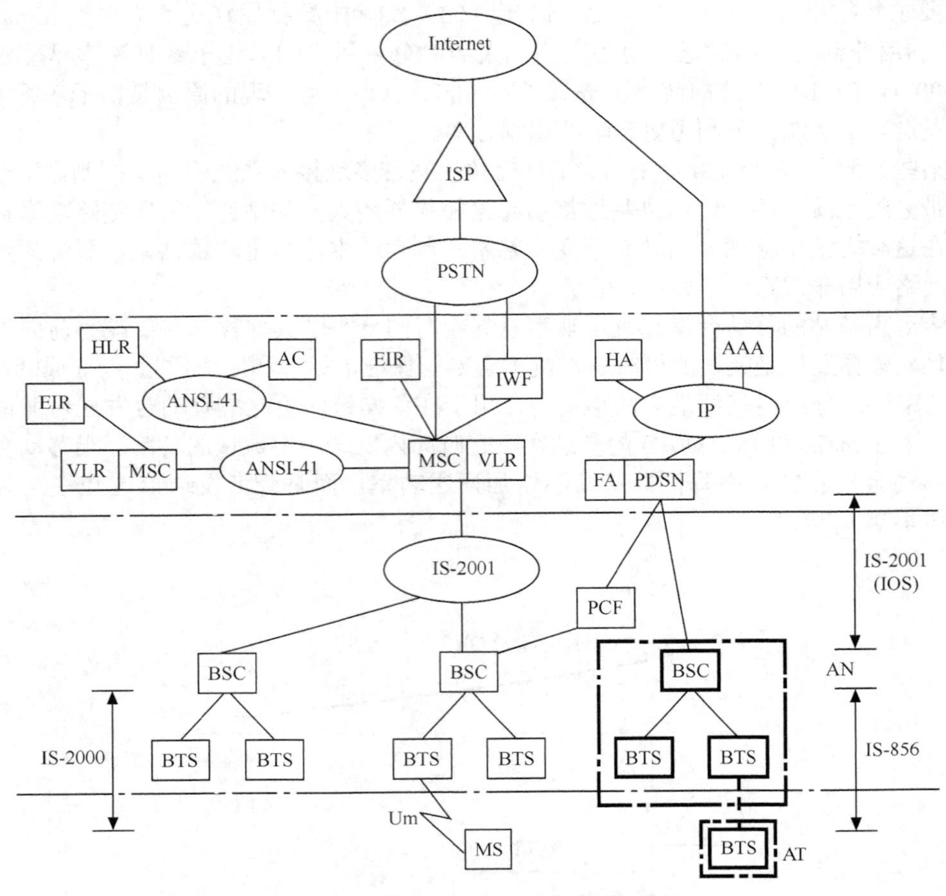

图4-35　cdma2000 1x EV-DO系统网络结构

（1）逻辑实体

① 接入终端 AT。AT 是为用户提供数据连接的设备，可与计算机连接也可单独使用。接入终端包括ME和UIM，如图4-36所示。

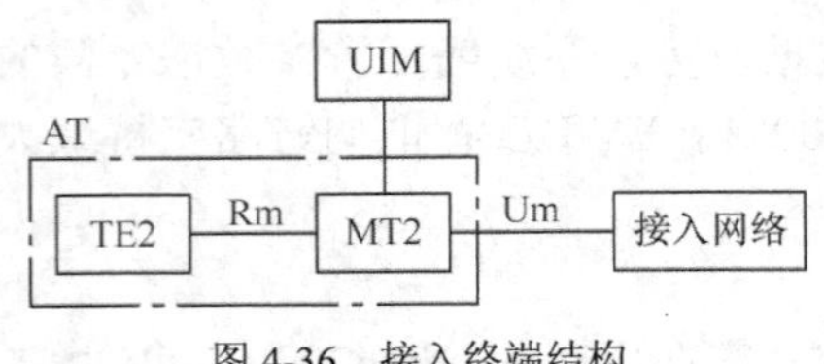

图4-36　接入终端结构

② UIM。UIM 用于储存和处理用户数据和安全保密信息。cdma2000 1x EV-DO对UIM进行了升级，支持接入认证功能，引入了对CHAP认证算法的支持。

③ ME。ME 又由两部分组成：终端设备2（TE2）和移动终端2（MT2）。MT2为网络通信设备，通过Um接口和接入网络连接；TE2作为数据终端处理设备，通过Rm接口与MT2连接。

（2）接口

① Um 接口。Um 接口为分组数据及信令消息提供可靠高效的无线传送。使用七层协议结构。每一层都包含许多协议完成一些特殊功能。在发送端，应用层产生的消息成功地由下面各层处理。每一层都带有自己的帧头封装消息并继续传送到下一层。在物理层，这个消息通过物理媒介被发送。在接收端，消息被物理层接收，并成功传送到上面各层进行处理。每

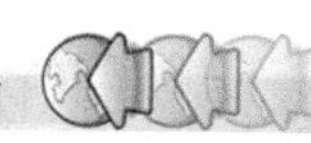

一层处理这个消息，去掉帧头并传送到以上各层，直到消息传送到应用层。各层都有效地为上一层完成服务。在发送端，下层为上层完成发送服务，而在接收端，下层为上层完成传递服务。

- 物理层。完成物理信道的收发功能，定义无线接口前向、反向链路的信道结构、频率、发射功率、编码和调制方案。
- 媒体接入控制 MAC 层。完成对物理信道的访问控制功能，定义物理层上的接收和发送过程，包括对控制信道、接入信道、前向业务信道和反向业务信道的管理操作规则。
- 安全层。完成对无线接口传送消息的完整性保护和数据的加密保护功能，提供鉴权和加密业务。
- 连接层。完成无线链路的管理和控制功能，及对会话层数据分组的复用和安全层数据分组的解复用功能。负责无线链路的连接、建立和维护。
- 会话层。完成无线接口会话的建立、维持和释放功能，提供地址管理、协议协商、协议配置、状态维护业务及对终端的位置估算。在接入终端和接入网络间建立起一个会话，在正常情况下一直保持。
- 流层。完成对不同应用的 QoS 标识功能，完成不同应用的流数据的复用。Stream0 专门用于信令，默认对应于默认信令应用。其他流可分配给不同 QoS 要求的应用。流协议最多可复用 4 个流。在默认情况下不使用 Stream1、Stream 2、Stream3。流层包含的协议为流协议，在发送方向的数据上增加流头。在接收数据时，去掉流头并将数据包发给接收实体上对应的应用。
- 应用层。完成分组应用和信令应用数据分组的收发及控制功能。应用层用以确保信令、分组数据的可靠传输，定义了默认信令应用和默认分组应用两部分。

② MT2 和 TE2 间的 Rm 接口

Rm 有两种协议模型：中继层协议模型和网络层协议模型。

在中继层协议模型中，MT2 相当于一个调制解调器，对在 TE2 与 AN 间传送的信息进行调制解调处理并转发。由于本身不支持 IP，故无法用来单独提供分组数据业务。中继层协议模型的一个典型例子是数据卡，通过外部接口与便宜携机相连，数据卡提供调制解调功能，便携机提供与分组控制功能 PCN 间的网络通信功能。

在网络层协议模型中，MT2 支持 PPP 及 IP，相当于一个路由器，在网络为接入终端分配 IP 地址后，MT2 可用来单独提供分组数据业务。网络层协议模型的一个典型例子是手机，其 MT2 除具有调制解调功能外，还可支持分组数据业务，同时保留与数据终端设备（如便携机）间的外部接口。与中继层协议模型的实现相比，网络层协议模型实现更复杂，但由于 MT2 可单独提供分组数据业务，因而更具吸引力。

3．系统无线网络 RN

RN 提供 PCN 和 AT 间的无线承载，传送用户数据和信令消息。无线网络是在分组域中定义的，在电路域中常称为基站系统。RN 完成无线信道的建立、维护和释放，无线资源管理和控制，交换信息到分组核心网。

RN 包括 AN、PCF，AN-AAA，如图 4-37 所示。

（1）逻辑实体

① AN。AN 在分组网和 AT 间提供数据连接，完成基站收发、呼叫控制及移动性管理等功能，由 BTS、BSC 组成。

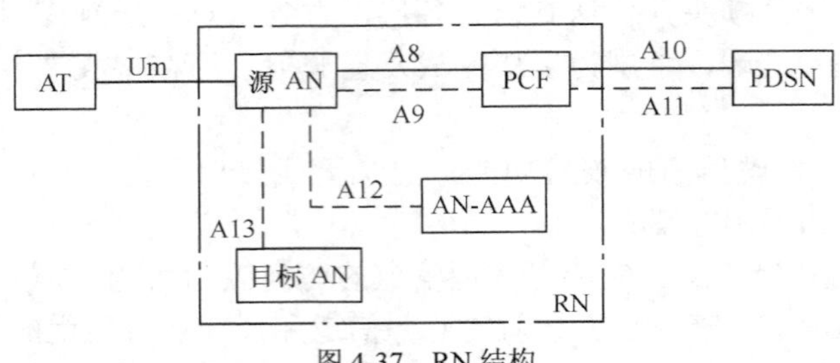

图 4-37 RN 结构

- BTS。包括基带单元、载频单元和控制单元三部分，属于 AN 无线部分，由 BSC 控制，服务于某个小区的无线收发信设备。主要完成 BSC 与无线信道间的转换，实现 BTS 与 AN 间通过无线接口的无线传输及相关的控制功能。BTS 通过采用标准的无线接口与 AT 通信；BSC 与 BTS 采用非标准的 Abis 接口通信，并受 BSC 控制完成无线数据的传输。
- BSC。是无线网络的控制部分，在其中起交换作用。

② AN-AAA。AN-AAA 是接入网执行接入鉴权和对用户进行授权的逻辑实体。通过 A12 接口与 AN 交换接入鉴权的参数及结果。

当 AT 与 AN 间完成 CHAP 查询-响应信令交互后，AN 向 AN-AAA 发送接入请求消息，请求 AN-AAA 对该消息所指示的用户进行鉴权。AN-AAA 根据所收到的鉴权参数和保存的鉴权算法，计算鉴权结果，并返回鉴权成功或失败指示。若鉴权成功，则同时返回用户标识 MNID，用于建立 R-P 会话时的用户标识。

AN-AAA 可与分组核心网的 AAA 集成在一起，此时需增设 A12 接口。

③ PCF。PCF 支持分组数据，用于转发无线系统和 PDSN 间的消息，主要完成与分组数据业务的控制。与 BSC 间的接口定义为 A8、A9 接口，与 PDSN 间的接口定义为 A10、A11 接口。

（2）接口

① AN 内部接口。AN 内部 BSC 与 BTS 间采用 Abis 接口。BSC 与移动交换机间需信令信息和用户业务数据的传输，采用 A 接口，根据传输数据类型的不同可分为 A1、A2、A5、A3 和 A7 接口。

② AN 与 PCF 间的接口。A8/A9 是 AN 与 PCF 间的接口，用于传送与数据会话、业务连接的建立、维持、释放及休眠状态切换等有关的信令和数据信息。其中 A8 接口提供业务数据和承载，A9 接口提供信令消息的承载。

③ PCF 与 PDSN 间的接口。A10/A11 是 PCF 与 PDSN 间的接口，用于传送与数据会话、业务连接的建立、维持、释放、休眠状态切换及 cdma2000 1x EV-DO 与 cdma2000 1x 间的分组数据会话切换等有关的信令和数据信息。其中，A10 提供业务数据的承载，A11 提供信令消息的承载。

④ AN-AAA 与 AN 间的接口。cdma2000 1x EV-DO 新增了 AN-AAA，其与 AN 间的接口是 A12 接口，用于传送接入鉴权信令消息及鉴权参数。

⑤ 不同 AN 间的接口。A13 是不同 AN 间接口，用于在 AT 漫游发生时支持源 AN 与目的 AN 间交换有关该 AT 的信息。

4．分组核心网 PCN

cdma2000 1x EV-DO 中分组核心网 PCN 构成与 cdma2000 1x 类似，但与终端接入

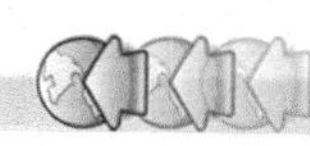

Internet 方式有关。当使用简单 IP 时，PCN 主要包含 PDSN 及 AAA 等功能实体，AAA 分 3 类：归属地 HAAA、访问地 VAAA 及代理 BAAA。当使用移动 IP 时，PCN 还应增加外地代理 FA、归属代理 HA 等。PCN 主要用于提供 AT 接入到 Internet。为此，AT 须获得一个 IP 地址。PCN 提供的简单 IP 接入和移动 IP 接入的主要区别是 AT 获得地址及其数据分组路由转发的方法不同。

（1）逻辑实体

PCN 主要由 PDSN 与 AAA 构成。在移动 IP 中还有 HA 和 FA。

① PDSN。作为网络接入服务器 NAS 负责建立、维持和释放与 AT 间的 PPP 连接，完成移动 IP 接入时的代理注册，转发来自 AT 或 Internet 的业务数据。在采用简单 IP 接入时，PDSN 作为 NAS 用，负责为 AT 分配 IP 地址。在采用移动 IP 接入时，HA 为 AT 分配 IP 地址，PDSN 作为 FA 使用，负责实现 HA-IP 与 FA 的转交地址 CoA 间的绑定。

② AAA。负责管理分组网用户的权限、开通的业务、认证信息、计费数据等内容。采用移动 IP 接入时，HAAA 根据来自 PDSN/FA 或 VAAA 的请求对用户进行鉴权，并通过鉴权响应消息返回鉴权结果及所授权的用户 QoS 规格。HAAA 可向 HA 及 VAAA 提供密钥信息，VAAA 向 PDSN/FA 转发密钥信息；在通过移动 IP 用户的鉴权后，HAAA 还向 PDSN/FA 提供 HA 的 IP 地址，辅助完成后续的移动 IP 注册过程。

采用简单 IP 时，VAAA 向 HAAA 转发来自 PDSN 的用户鉴权请求；HAAA 执行用户鉴权，并返回鉴权结果，同时进行用户授权；VAAA 收到鉴权结果后，保存计费信息，并向 PDSN 转发用户授权。采用移动 IP 时，VAAA 向 HAAA 转发来自 PDSN 的移动 IP 注册请求，HAAA 执行鉴权并返回 HA 的 IP 地址；如 VAAA 与 HAAA 间不存在安全联盟，则可通过 BAAA 转发移动 IP 注册请求和响应消息。

③ HA。HA 提供用户漫游时的 IP 地址分配、路由选择和数据加密等功能，负责将分组数据通过隧道技术发给移动用户，并实现 PDSN 间的宏移动管理。

HA 有一个公开的、可路由的 IP 地址，与 HAAA 相互关联。HA 截获送往其所属 AT 的数据分组，然后通过隧道技术转发给 FA；当 FA 支持反向隧道时，HA 也可接收 FA 送来的数据分组，然后解隧道封装，将数据分组转发给目的地。HA 可选择是否建立、维持及中止与 FA 间的安全联盟；在建立 FA 和 HA 间的安全联盟后，采用 IPSec 提供安全通信。HA 也支持 HA-FA 鉴权扩展，在收到 PDSN/FA 转发的移动 IP 注册请求消息后，HA 为 AT 分配动态或静态的 IP 地址作其归属 IP 地址。

④ FA。移动 IP 接入时，FA 提供包括移动 IP 注册、FA-HA 反向隧道的协商及数据分组的转发等。为保证 FA 与 HA 间的通信安全，FA 可选择采用 IKE 协议建立与 HA 间的安全联盟 SA，并通过 IPSec 提供相互间的信息安全保护。FA 通过 HA-FA 鉴权扩展支持移动 IP 注册，FA 为 AT 分配动态的转交地址，HA 为 AT 分配归属 IP 地址，并由 PDSN 负责实现转交地址和归属 IP 地址的绑定。如 FA 与 HA 间协商了反向隧道，PDSN 根据地址绑定记录向 HA 转发来自 AT 的数据分组或向 AT 转发来自 HA 的数据分组。

（2）接口

① PDSN 与 RAN 间的接口。即 R-P 接口，包括 A10 和 A11。A10 是数据传输接口，使用 IP 协议承载 PCF 与 PDSN 间的点到点直连，不使用移动 IP 业务。A11 是信令接口，使用基于移动 IP 的注册信令，使用移动 IP 的信令，主要交换隧道信息和计费相关信息。

② 相邻 PDSN 间接口。相邻 PDSN 间的快速切换是由 P-P 接口来提供的。当 AT 进入相

邻 PDSN 覆盖区时，AT 通过目标 PDSN 与原 PDSN 间的 P-P 接口，保持与原 PDSN 间的 PPP 连接，即原 PDSN 仍作为服务 PDSN 使用，不需重新协商和建立 PPP 连接，降低业务中断的概率和传送的延迟。在前向，原 PDSN 收到送往 AT 的数据分组后，通过 P-P 送往目标 PDSN，目标 PDSN 再经过适当的 R-P 接口将该数据分组送往 AT。在原 RAN 发起向目标 RAN 的切换步骤后，触发快速切换。在切换期间，用户数据既通过原 RAN 下发，也通过目标 RAN 下发，直到目标侧的数据业务连接成功建立。在数据分组会话从激活态转移到休眠态后，释放 P-P 连接，建立 AT 与目标 PDSN 间的 PPP 会话。

③ PDSN 与 Internet 间的接口。Pi 接口是 PCN 与 Internet 间的接口，PCN 的不同逻辑实体间也通过该接口相连。该接口的协议结构与所连接的逻辑实体及用户接入 Internet 的方式有关。PDSN 与 AAA 间采用客户端-服务器模式，PDSN 相当于 AAA 服务器的客户端，两者间控制信令通过 UDP 传送，通过 RADIUS 协议交互。

5. 简单 IP 网络

简单 IP 网络是用户接入分组网的基本方式。移动终端的 IP 地址可由接入地的 PDSN 动态分配，也可由所接入的专网动态分配。用户在同一个 PDSN 管辖范围内移动时可保持其 PPP 连接而不改变 IP 地址。在跨越 PDSN 时，用户的 PPP 连接需重新建立，业务将中断。

图 4-22 所示的 cdma2000 无线网络可以支持简单 IP。图 4-38 表示了 IP 分组包如何在移动台和 Internet 上的服务器间交换，其中粗体部分描述了 IP 分组包的路径。图中只是分组交换的数据业务进行交换的过程，属于源 PDSN 的移动台具有 IP 地址 M，Internet 上的服务器具有 IP 地址 S。当正接受服务的移动台从源 PDSN 进入一个未知 PDSN 时，无线连接会继续保持，服务连接会被中断。从 MS 到服务器的分组仍会到达目的节点。相反，从服务器到移动台的分组没法到达目的节点，可以认为移动台离开了源 PDSN，源 PDSN 无法传送分组给它，如图 4-39 所示。

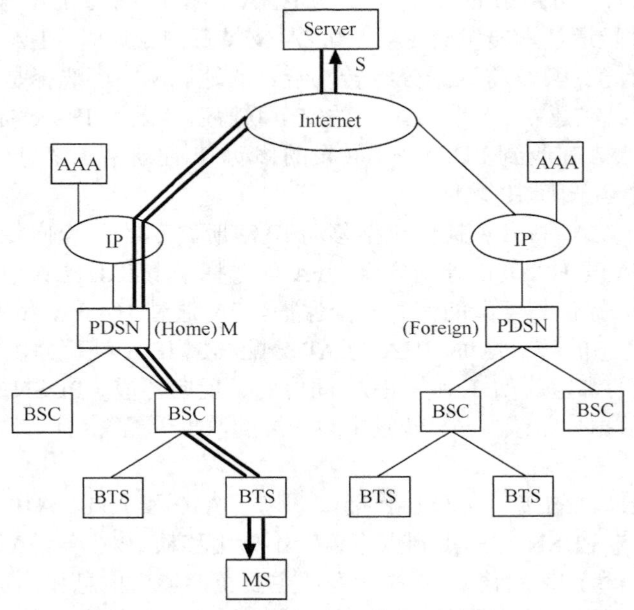

图 4-38　简单 IP 网络中 IP 分组包的交换路径

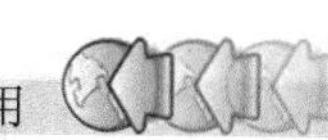

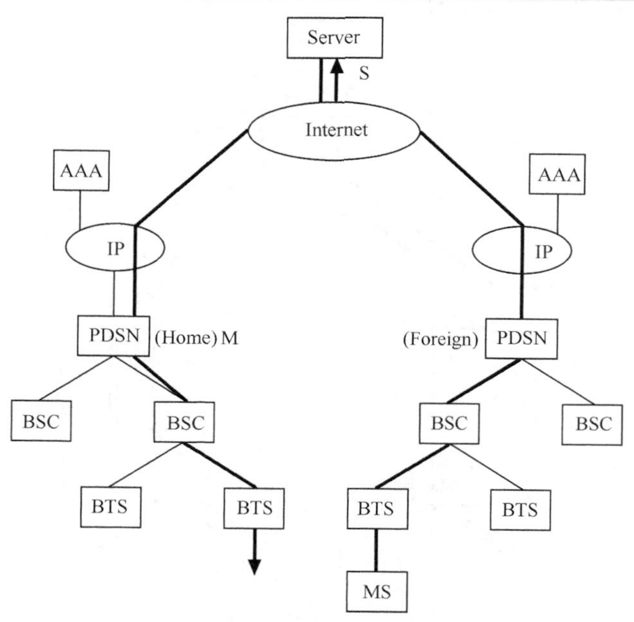

图 4-39 MS 到另一个 PDSN 时服务连接中断

6. 移动 IP 网络

移动 IP（MIP）使 Internet 上的移动接入成为可能。移动 IP 主机在通信期间需要在网络上移动，IP 地址会经常发生变化。因此移动 IP 引用了处理移动电话呼叫的原理，使移动节点采用固定不变的 IP 地址，一旦登录即可实现在任意位置上保持与 IP 主机的单一链路层连接，使通信持续进行。

使用移动 IP 技术的移动节点可从一种承载移动到另一种承载上，同时保持 IP 地址不变，IP 传输不断。这种在不同承载间移动，并保持传输不断的功能为移动节点的异质移动功能。相应的，移动节点从一条链路移动到另一条相同媒介的链路上，并保持连接的功能为同质移动功能。为支持移动 IP 网络，需要 HA 和 FA 两个网络实体。HA 作为路由器和 FA 一起提供移动 IP 功能。从 MS 看，HA 是一个 MS 源 IP 网络注册路由器。当 MS 离开源 PDSN 时，该 MS 的 HA 会继续传送这些分组到该 MS。因此，MS 的 HA 须知道 MS 现在处在哪个 PDSN 注册。FA 是另一个路由器，通常位于 PDSN，当 MS 访问一个未知的 IP 网络时，在该未知网络的 FA 会接受从该 MS 的 HA 传来的分组，并发送到该 MS。

图 4-40 表明移动 IP 网络如何工作。当 MS 从源 PDSN 进入未知 PDSN 时，需向未知网络上的 FA 注册，未知网络上的 FA 会给它分配一个临时 IP 地址 T，并向该 MS 的 HA 注册其临时地址。因 MS 发送的分组具有正确的目的地址 S，会到正确到达服务器。服务器发给 MS 仍使用 MS 的 IP 地址 M，该分组到达 MS 的源 IP 网络后，被该 MS 的 HA 截获并转发到未知 IP 网络的 FA。未知 IP 网络的 FA 接收到分组，将其发往 MS。

这里的 HA 和 FA 都是从某一 MS 角度给出的。该 MS 从原 PDSN 移动到未知 PDSN 时，从 MS 角度，HA 在它的原 IP 网络中，而实时的 FA 在未知 IP 网络中。任何 IP 网络都有 HA 和 FA，FA 给访问该网络的 MS 提供服务，而 HA 给存在访问其他网络的 MS 提供服务。

必须注意到的是移动 IP 不仅仅支持无线网络中的 IP 移动性。事实上，它可支持任何需要 IP 移动性的网络，如当一个移动实体类似于便携计算机从原 IP 网络移动到一个未知的 IP

网络中。

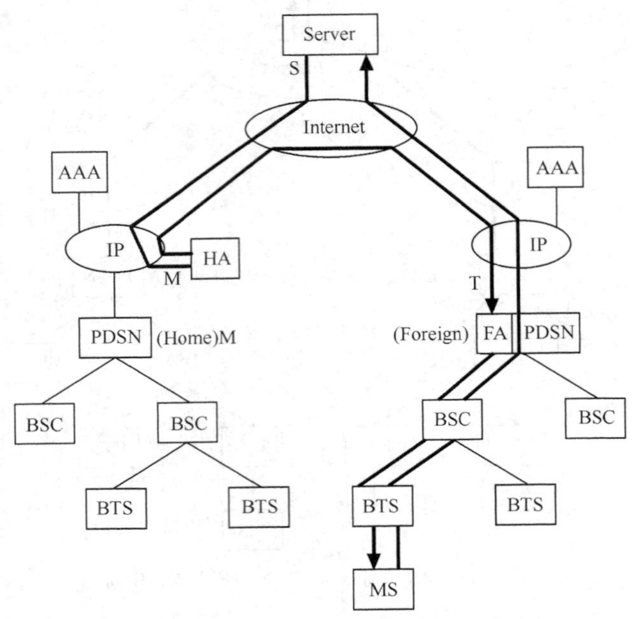

图 4-40　移动 IP 中 HA 向 MS 当前位置传送分组

4.4　TD-SCDMA

我国在第一代和第二代移动通信领域没有自己的标准，从而使 80%以上的市场被国外产品所占领，反映出市场之争即标准之争。当 ITU 向全世界征求 IMT-2000 无线传输技术方案开始，我国就积极参与 3G 标准的研究和制订。TD-SCDMA 标准提案由我国原无线通信标准组（CWTS）现更名为中国标准化协会（CCSA）于 1998 年 6 月提交到 ITU 和相关国际标准组织，成为 IMT-2000 无线传输技术候选方案之一。1999 年 11 月在芬兰赫尔辛基召开的 ITU-R 最后一次会议上，TD-SCDMA 成为 ITU 认可的 3G 无线传输主流技术之一，并于 2000 年 5 月，在土耳其伊斯坦布尔召开的 ITU 全会上通过，正式成为 3G 三大主流标准之一。2001 年 3 月在美国加利福尼亚州举行的 3GPP RSG RAN 第 11 次全会将 TD-SCDMA 列为 3G 标准之一，包含在 3GPP Release 4（R4）中。TD-SCDMA 系统全面满足 IMT-2000 的基本要求，采用不需配对频率的 TDD 双工模式，以及 TDMA/CDMA 相结合的多址接入方式，同时使用 1.28Mchip/s 的低码片速率传输，扩频带宽为 1.6MHz。TD-SCDMA 采用了同步 CDMA、智能天线、联合检测、接力切换和软件无线电等一系列高新技术。本节主要介绍 TD-SCDMA 系统的无线接口和关键技术。

4.4.1　TD-SCDMA 概述

TD-SCDMA 的含义是时分同步 CDMA，在系统中采用了 CDMA、SDMA、TDMA、FDMA 等多种多址方式的结合。

CDMA 与 SDMA 有相互补充的作用，当几个用户靠得很近，SDMA 技术无法精确分辨

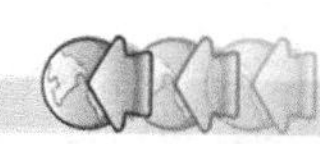

用户位置，每个用户都受到了邻近其他用户的强干扰而无法正常工作，而采用 CDMA 的扩频技术可以很轻松地降低其他用户的干扰。因此将 SDMA 与 CDMA 技术结合起来，即 SCDMA 可以充分发挥这两种技术的优越性。SCDMA 由于采用了 CDMA 技术，与纯 SDMA 相比运算量降低，因为在 SDMA 中，要求波束赋形计算能够完全抵销干扰，而采用了本身有很强的降噪作用的 CDMA，所以 SDMA 只需起到部分降低干扰的作用。这样，SCDMA 就可以采用最简化的波束赋形算法，以加快运算速度，确保在 TDD 的上下行保护时间内能完成所有的信道估计和波束赋形计算。

TDMA 和 CDMA 结合有利于灵活高效地分配无线资源，频率利用率进一步提高，多址干扰可在不同时隙上均衡，使整体干扰水平降低。因此，在 TD-SCDMA 中的“S”除表示 SDMA 空分多址（SMART ANTENNA，智能天线）以外，还有 SOFT RADIO（软件无线电，即用软件处理基带信号）和 SYSCHRONUS（同步）的含义。

TD-SCDMA 的主要技术与指标参数如下：

多址方式：CDMA/SDMA/TDMA/FDMA；

双工方式：TDD；

码片速率：1.28Mchip/s；

子帧长：5ms，每帧 7 个主时隙，每时隙长 675μs；

占用带宽：小于 1.6MHz

随机接入机制：在专用上行时隙的 RACH 突发；

信道估计：训练序列

基站间运行模式：同步

TD-SCDMA 是一个同步 CDMA 的系统，用软件和帧结构设计来实现严格的上行同步；是一个基于智能天线的系统，充分发挥了智能天线的优势，并可使用 SDMA；基于软件无线电技术，所有基带数字信号处理均用软件实现，而不依赖 ASIC；在基带数字信号处理上，联合使用了智能天线和联合检测技术，达到比 UTRA TDD 高一倍的频谱利用率；基于智能天线，使用接力切换技术和 CDMA 的软切换相比，简化了用户终端的设计，克服了软切换要长期大量占用网络资源和基站下行容量资源的缺点。

1. TD-SCDMA 的特点

TD-SCDMA 具有明显的技术特色：（1）采用 TDD 双工方式，便于频谱划分并能更好地满足未来移动多媒体业务非对称特性的发展趋势和需求；（2）利用 DS-CDMA 技术，采用 TDMA 和 CDMA 混合多址方式，有利于无线资源的合理分配和高效利用；（3）1.28Mchip/s 低 chip 速率传输，使设备复杂度和成本较低；（4）采用联合检测、智能天线、上行同步和接力切换等先进技术，抗干扰能力强，掉话率低；（5）适合软件无线电的应用。

TD-SCDMA 是容量最大的 3G 系统，其容量是 GSM 的 20 倍、IS-95CDMA 的 4～5 倍、其他 3G 标准的 4 倍，由于采用了码分多址技术，TD-SCDMA 系统部署不需频率规划。由于采用 TDD 工作方式，因而在频率利用方面更具有灵活性。

在 3GPP 的体系框架下，经过融合完善后，由于双工方式差别，TD-SCDMA 的所有技术特点和优势得以在空中接口的物理层体现。物理层技术的差别，也就是 TD-SCDMA 与 WCDMA 最主要的差别所在。在核心网方面，TD-SCDMA 与 WCDMA 采用完全相同的标准规范，包括核心网与无线接入网间采用相同的 Iu 接口；在空中接口高层协议栈上，TD-SCDMA 与 WCDMA 二者也完全相同。这些共同之处保证了两个系统间的无缝漫游、切换、

业务支持的一致性、QoS 的保证等，也保证了 TD-SCDMA 和 WCDMA 在标准技术的后续发展上保持相当的一致性。TD-SCDMA 标准与其他 3G 标准相比具有较为明显的优势，主要体现在：（1）频谱分配的灵活性；（2）高频谱利用率；（3）更适合未来非对称业务的特点。

在 3G 后的技术发展研究中，包含了智能天线技术和 TDD 时分双工技术，这两项技术在 TD-SCDMA 体系中已得到很好的体现，因此 TD-SCDMA 有相当的发展前途。在 R4 之后的 3GPP 版本发布中，TD-SCDMA 标准也不同程度引入新的技术特性，用以进一步提高系统性能，主要包括以下几个方面：（1）通过空中接口实现基站间的同步，作为基站同步的另一个备用方案，尤其适用于紧急情况下对通信网可靠性的保证；（2）终端定位功能，可通过智能天线，利用信号到达角对终端用户位置定位，以便更好地提供基于位置的服务；（3）高速下行分组接入，采用混合自动重传、自适应调制编码，实现高速率下行分组业务支持；（4）多天线输入输出技术 MIMO，采用基站和终端多天线技术和信号处理，提高无线系统性能；（5）上行增强技术，采用自适应调制和编码、混合 ARQ 技术、对专用/共享资源的快速分配及相应的物理层和高层信令支持的机制，增强上行信道和业务能力。

2. TD-SCDMA 标准的演进

在 3G 标准中，3GPP 和 3GPP2 推出了 cdma2000 和 WCDMA 各自的加强版本。WCDMA 提出了可传输高达 10Mbit/s 数据业务的 HSDPA 方案，cdma2000 提出了在下行能够传输高达 2.4Mbit/s 的 cdma2000 1X EV-DO。因此，TD-SCDMA 的技术增强和演进也势在必行。

移动通信系统演进的基本原则是平滑演进，即充分利用现有的电信基础设施，保护投资，对现有系统做最小的改变，达到最大程度的性能增强，取得最佳的投资效益。TD-SCDMA 向 4G 系统演进如图 4-41 所示，其基本原则是：4G 系统完成商用前，不断增强 TD-SCDMA 系统的性能，提高覆盖和传输能力等，以满足不断增长的移动数据业务的需求；同时 B3G TDD 系统的设计充分考虑 TD-SCDMA 系统的特点，做到对 TD-SCDMA 系统的后向兼容。

TD-SCDMA 空中接口技术增强和演进的主要目标是提高系统容量和传输效率，增强 TD-SCDMA 对高速移动数据业务的支持能力。对于语音业务，做到提高系统可容纳的用户数量，增强覆盖，减小掉话和阻塞率。对于数据业务，做到提高数据业务的峰值速率，提高系统的吞吐量，减小业务时延，同时提高业务的覆盖范围。

TD-SCDMA 对数据速率的需求趋势及演进路线如下：

（1）TSM

TSM 是 TD-SCDMA 发展的第一阶段，是 TD-SCDMA 无线传输技术兼容 GSM/GPRS 核心网的一种解决方案，属于中国无线通信标准组 CWTS 的一套技术规范。TSM 规范在现有的 GSM 规范的基础上修改空中接口而成，采用与 LCR 基本相同的物理层，保持大部分 GSM 网络的设计（包括 BSC，MSC 等），以提供较 GSM 更高的频谱效率和支持更高速率的数据业务。由于 TSM 采用的是 TD-SCDMA 空中接口并基于 GSM 的协议栈，不是一个完整的 3G 系统，可视为一个 2.5G 系统，可做到 GSM 系统向 TD-SCDMA 的平滑演进。同时可加速设备的开发进程，可利用现有 GSM 网络的基础设施，做到网络的快速铺设，节省网络建设的成本和时间。TSM 只是 3G 和 B3G 的演进中的一个可选阶段。对运营商而言如果没有 GSM 网络，该阶段可略过。这一阶段的数据传输速率静止可达 2Mbit/s，中低速率可达 384kbit/s，高速可达 144kbit/s，语音数据传输速率 12.2kbit/s。

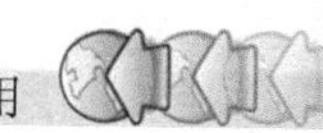

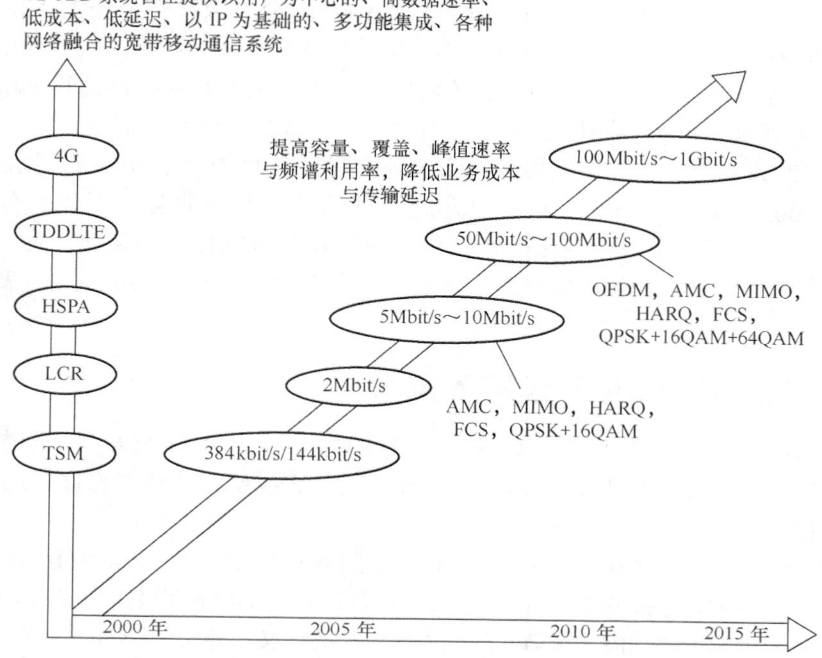

图 4-41　TD-SCDMA 的增强与演进示意图

（2）LCR

LCR 系统是一个真正意义上的 3G 系统，采用 3G 核心网络和构架，能够提供所有 3G 要求的业务。作为 IMT-2000 标准之一，LCR 是被 ITU 和 3GPP 正式采纳的一个国际标准，采用了 3GPP 的高层协议和 TD-SCDMA 空中接口，满足 ITU 对 IMT-2000 的各方面要求。该阶段的语音和数据服务是由电路级交换机或数据包交换机提供。语音服务速度是 12.2kbit/s，而数据传输最大速率是 2Mbit/s。

（3）HSDPA/HSUPA

3GPP 认为高速下行分组接入 HSDPA 和高速上行分组接入 HSUPA 共用信息渠道可提供最好的数据包服务。通过采用自适应调制编码 AMC 技术、混合自动重传请求 HARQ 技术、快速小区选择 FCS 和快速分组调度技术及多天线系统 MIMO，与 cdma2000 和 WCDMA 相同带宽下的情况相比，TD-SCDMA 的数据传输速率和小区吞吐量都大大提升。在 NodeB 和 UE 配置单一天线，以 16QAM，3/4Turbo 编码、占用 36 个无线资源单位（4 个数据时隙，每个时隙 9 个码道）可提供 950kbit/s 的数据速率。如有更多的无线资源和先进的无线电技术，TD-SCDMA 可达到更高数据速率峰值。

（4）TD-LTE

从长远规划的角度看，3G、3.5G 不能成为最终的解决方案，面对宽带无线接入技术的竞争，特别是 IEEE802.20 技术的发展，3G 必须加快后续技术的研究。国际标准化组织积极推动无线传输技术从 2Mbit/s 向 100Mbit/s（E3G）、1Gbit/s（B3G）的目标发展。

相比 3G 系统，TD-LTE 具有如下主要特点：更高的通信速率和频谱效率，在 20MHz 的带宽下，下行峰值速率为 100Mbit/s、上行为 50Mbit/s；分组交换与 QoS 保证，系统在整体架构上将基于分组交换，同时通过系统设计和严格的 QoS 机制，保证实时业务（VoIP、视频流等）服务质量；支持各种系统带宽，除了 20MHz 的最大带宽外，还能支持 1.25MHz，1.6MHz，2.5MHz，5MHz，10MHz 和 15MHz 等系统带宽及成对和不成对频段的部署，以保证将来在系统部署上的灵活性。TD-LTE 还明确提出了“系统在支持高速移动的基础上，为低移动速率用户优化”、“提高小区边缘用户的吞吐量”等具体的系统需求。

4G 是以 IP 为基础的、多功能集成的、各种网络融合的宽带移动通信系统，可提供数据传输速率达 100Mbit/s～1Gbit/s，发展的方向和目标是：网络业务数据化、分组化，移动 Internet 逐步形成；网络技术数字化、宽带化；网络设备智能化、小型化；应用于更高的频段，有效利用频率；移动网络的综合化、全球化、个人化；各种网络的融合；高速率、高质量、低费用。

4.4.2 TD-SCDMA 无线接入技术

TD-SCDMA 的核心网采用与 WCDMA 一样的标准，与 WCDMA 的不一样主要体现在无线接口上。在此主要介绍 TD-SCDMA 的系统结构、无线接口和基本物理层过程。

1．系统结构

TD-SCDMA 与 UMTS 具有一样的网络结构（如图 4-2 所示），由 CN、UTRAN 和 UE 三个部分组成。CN 和 UTRAN 间的接口为 Iu 接口，是有线接口，UTRAN 和 UE 间的接口为 Uu 接口，即空中接口。各组成部分的功能和接口（除空中接口）的含义、分层等均相同。在此不再多述。

2．无线接口

（1）信道

在空中接口中，位于最底层的物理层通过传输信道向媒体接入控制子层 MAC 子层提供数据传输服务。MAC 通过逻辑信道向无线链路控制子层 RLC 提供数据传输服务。逻辑信道、传输信道和物理信道的定义如下：

① 逻辑信道

逻辑信道是由层 2 中最底层 MAC 向 RLC 提供的服务，负责传输控制平面信息及用户平面信息。逻辑信道的类型是根据 MAC 子层提供不同类型的数据传输业务而定义的。逻辑信道通常划分为两类：用来传输控制平面信息的控制信道，和用来传输用户平面信息的业务信道。

控制信道包括广播控制信道 BCCH、寻呼控制信道 PCCH、公共控制信道 CCCH、专用控制信道 DCCH、共享控制信道 SHCCH。

- BCCH：广播系统控制信息的下行链路信道。
- PCCH：传输寻呼信息的下行链路信道。
- CCCH：在网络和终端间发送控制信息的双向信道，总是映射到传输信道 FACH/RACH 上。
- DCCH：在网络和终端间传送专用控制信息的点对点的双向信道，该信道在 UE 建立 RRC 连接过程期间建立。
- SHCCH：网络和终端间传输控制信息的双向信道，用来对上下行共享信道进行控制。

业务信道包括：公共业务信道 CTCH 和专用业务信道 DTCH。

- CTCH：用来向全部或部分 UE 传输用户信息的点对多点信道。
- DTCH：专门用于一个 UE 传输自身用户信息的点对点双向信道。

② 传输信道

传输信道是由物理层提供给高层 MAC 子层的服务，定义了信息通过无线接口进行传输

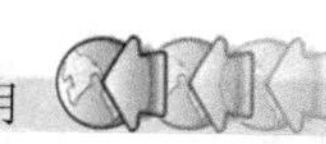

的方式。传输信道可分为两类：公共传输信道和专用传输信道。

通常公共传输信道上的信息是发送给所有用户或一组用户的，但在某一时刻，该信道上的信息也可针对单一用户，此时需用 UE 标识符进行识别。公共传输信道有 7 类：广播信道 BCH、寻呼信道 PCH、前向接入信道 FACH、随机接入信道 RACH、上行共享信道 USCH、下行共享信道 DSCH 及高速分组下行链路接入 HSPDA 模式中的 HS-DSCH。

- BCH：下行传输信道，用于广播系统和小区的特有信息。信道上传输的数据块大小固定为 246bit。物理层不复用 BCH 传输信道。
- PCH：下行传输信道，当系统不知道移动台所在的小区时，用于发送给移动台的控制信息。物理层可将 PCH 和 FACH 进行复用。
- FACH：下行传输信道，当系统知道移动台所在的小区时，用于发送给移动台的控制信息。FACH 也可承载一些短的用户信息数据包。网络端的物理层可把该信道的数据与来自寻呼信道的数据进行复用。
- RACH：上行传输信道，用于承载来自移动台的控制信息。RACH 也可承载一些短的用户信息数据包。RACH 传输信道的典型特征是信道所映射到的物理信道是一个竞争信道。由于竞争性的存在，RACH 上的数据不存在物理层复用，信道上仅存在单一的传输格式，因而不需 TFCI 标识当前的传输格式。
- USCH：是几个 UE 共享的上行传输信道，用于承载专用控制数据或业务数据。USCH 可独立存在，但一般都与 DCH（或 RACH）配合使用。物理层可把多条并行的 USCH 复用。
- DSCH：是几个 UE 共享的下行传输信道，用于承载专用控制数据或业务数据。DSCH 总是与其他传输信道（DCH 或 FACH）共存。物理层也可把多条并行的 DSCH 复用。
- HS-DSCH：多个用户共享的下行传输信道。HS-DSCH 对应一条或多条共享控制信道。

专用传输信道上的信息在某一时刻只发送给单一的用户。仅有一类专用传输信道 DCH，可用于上下行链路作为承载网络和特定 UE 间的用户信息或控制信息。

③ 物理信道

TD-SCDMA 系统中，物理信道是由频率、时隙、信道码、训练序列位移和无线帧分配等多参数共同定义，按其承载信息被分成不同类别，用于承载传输信道的数据或承载物理层自身的信息。物理信道分两大类：专用物理信道 DPCH 和公共物理信道 CPCH。物理信道共 13 种：主公共控制物理信道 P-CCPCH、辅助公共控制物理信道 S-CCPCH、快速物理接入信道 FPACH、物理随机接入信道 PRACH、同步信道 DwPCH 和 UpPCH、物理上行共享信道 PUSCH、物理下行共享信道 PDSCH、寻呼指示信道 PICH、HS-DSCH 的共享控制信道 HS-SCCH、高速物理下行共享信道 HS-PCSCH、HS-DSCH 的共享信息信道 HS-SICH、广播多播 MBMS 指示信道 MICH 及物理层公共控制信道 PLCCH。

专用物理信道 DPCH 用于承载来自 DCH 的数据。物理层将根据需要将来自一条或多条 DCH 的层 2 数据组合在一条或多条编码复合传输信道 CCTrCH 内，然后再根据所配置物理信道的容量将 CCTrCH 数据映射到物理信道的数据块。DPCH 可以位于频带内的任意时隙和使用任意允许的信道码，信道的存在时间取决于承载业务的类别和交织周期。一个 UE 可在同一时隙被配置多条 DPCH，若 UE 的多时隙能力允许，这些物理信道还可位于不同的时隙。DCH 映射到专用物理信道 DPCH。

公共物理信道 DPCH 是一类物理信道的总称，根据所承载传输信道的类型，它们又可进一步划分为一系列的控制信道和业务信道。在 3GPP 的定义中，所有的公共物理信道都是单向的（上行或下行）。

- P-CCPCH：传输信道 BCH 在物理层映射到 P-CCPCH。在 TD-SCDMA 中，P-CCPCH 的位置（时隙/码）是固定的。P-CCPCH 在时隙 TS_0 进行传送，采用固定扩频因子 SF=16，信道化码为该扩频因子码组中的第 1 和第 2 个码字。P-CCPCH 采用单天线传送，需覆盖整个区域。P-CCPCH 不支持 TFCI。
- S-CCPCH：PCH 和 FACH 可映射到一个或多个 S-CCPCH，使 PCH 和 FACH 的承载能力可满足不同需要。S-CCPCH 采用固定扩频因子 SF=16，S-CCPCH 的配置即所使用的码和时隙在小区系统信息中广播。S-CCPCH 可支持采用 TFCI。
- FPACH：是 TD-SCDMA 所特有的，NodeB 使用 FPACH 传送对检测到的 UE 信号的应答，并指示上行同步信号 UpPTS，用于支持建立上行同步。FPACH 上的内容包括定时调整、功率调整等，是一个单突发信息。FPACH 使用扩频因子 SF=16，其配置（使用的时隙和码道及训练序列）由网络配置，并通过 BCH 信道广播。FPACH 突发携带的信息为 32bit。FPACH 信息比特如表 4-5 所示。

表 4-5　　FPACH 信息比特

信　息　域	长度（bit）	信　息　域	长度（bit）
SYNC-UL 码编号	3（高位）	RACH 消息发送功率电平命令	7
相对子帧号	2	保留位（缺省值：0）	9（低位）
UpPCH 的接收起始位置（$UpPCH_{pos}$）	11		

- PRACH：RACH 映射到一个或多个 PRACH，可根据运营商需要灵活确定 RACH 容量。PRACH 可采用扩频因子 SF=16，SF=8 或 SF=4，并根据扩频因子的不同采用不同的时隙格式。其配置（使用的时隙和码道）通过小区系统信息广播。
- 同步信道（包括下行导频信道和上行导频信道）：在 TD-SCDMA 中，一帧内存在两个物理同步信道——下行导频信道 DwPCH 和上行导频信道 UpPCH，DwPCH 用于下行链路同步，而 UpPCH 用于上行同步。在无线帧结构中，DwPCH 即 DwPTS，UpPCH 即 UpPTS。
- PUSCH：USCH 映射到一个或多个 PUSCH。PUSCH 支持 TFCI，SS 和 TPC 信息在上行传输，扩频因子采用 1，2，4，8 或 16，使用 PUSCH 进行发送的 UE 由高层信令选择。
- PDSCH：DSCH 映射到一个或多个 PDSCH。扩频因子 SF=16 或 1，支持 TFCI，SS 和 TPC 信息在下行传输。为向 UE 指示在 DSCH 上有需要解码的数据，可用以下三种方法：①使用相关信道或 PDSCH 上的 TFCI 信息；②使用在 DSCH 上的用户特有的中间码，可从该小区所用的中间码集中导出；③使用高层信令。当使用基于中间码的方法时，将使用 UE 特定的中间码分配方案。当 PDSCH 使用网络分配给 UE 的中间码时，则用户将对 PDSCH 进行解码。
- PICH：用来承载寻呼指示信息。N_{PIB} 个比特用来承载寻呼指示，其中 N_{PIB}=352。每帧中传送的寻呼指示个数为 N_{PI}，寻呼指示的长度可为 L_{PI}=2，4 或 8chip，L_{PI} 由高层指定，而 N_{PI} 由寻呼指示长度决定，对应关系如表 4-6 所示。

表 4-6　　不同 L_{PI} 对应的每一无线帧中的 N_{PI}

L_{PI}(chip)	2	4	8
每帧中 N_{PI} 取值	88	44	22

PICH 采用的扩频因子 SF=16，PICH 的配置在小系统信息中广播。每一帧中，寻呼指示

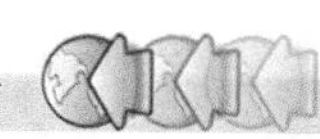

P_q（q=0,……,N_{PI}−1,P_q{0,1}）映射到子帧 1 或子帧 2 的比特位置为$\{S_{2L_{PI}\cdot q+1},S_{2L_{PI}\cdot(q+1)}\}$。

- HS-PDSCH：HS-DSCH 映射到一个或多个 HS-PDSCH，扩频因子 SF=1 或 SF=16，通过 HS-SCCH 上的 UE 编号向 UE 指示在 HS-DSCH 上存在着数据。HS-PDSCH 可采用 QPSK 或 16QAM 调制符号。
- HS-SCCH：下行物理信道，承载用于 HS-DSCH 的高层控制信息。HS-SCCH 上的信息在 2 条独立的物理信道上传输——HS-SCCH1 和 HS-SCCH2，HS-SCCH 是这些物理信道的统称。HS-SCCH 采用的扩频因子为 SF=16，其突发包含 TPC 和 SS，但不送 TFCI 信息。
- HS-SICH：上行物理信道，承载 HS-DSCH 需要的高层控制信息和信道质量指示 CQI，扩频因子 SF=16，其突发包含 TPC 和 SS，但不送 TFCI 信息。
- MICH：用来承载 MBMS 指示的物理信道，UE 能采用多个 MICH 对 MBMS 的指示信息进行判决。其突发中 N_{MIB}=352 个比特用来承载 MBMS 指示。每帧中传送的 MBMS 指示个数为 N_n，指示长度可为 $L_{NI=}$2，4 或 8chip，L_{NI} 由高层指定，而 N_n 由 MBMS 指示长度决定。MICH 采用 SF=16 的扩频因子，MICH 配置在小区系统信息中广播。每一帧中，寻呼指示 $N_q(q=0,\ldots,N_{n-1},N_q\in\{0,1\})$映射到子帧 1 或子帧 2 的比特位置为$\{S_{2LN1\cdot q+1},\ldots,S_{2LN1.(q+1)}\}$。
- PLCCH：下行信道，用于承载多个 UE 的专用 TPC 和 SS 信息。PLCCH 中不传输高层的数据，每个上行的 CCTrCH 可能被 PLCCH 或其他下行物理信道控制，由高层信令决定。PLCCH 采用的扩频因子 SF=16，采用的扩频码由高层通知。

（2）信道的映射关系

信道的映射关系其实就是一种承载关系。某传输信道映射到某物理信道，就是指该传输信道的数据由该物理信道来承载，逻辑信道与传输信道的映射也一样。图 4-42 给出了逻辑信道、传输信道及物理信道间的对应关系。

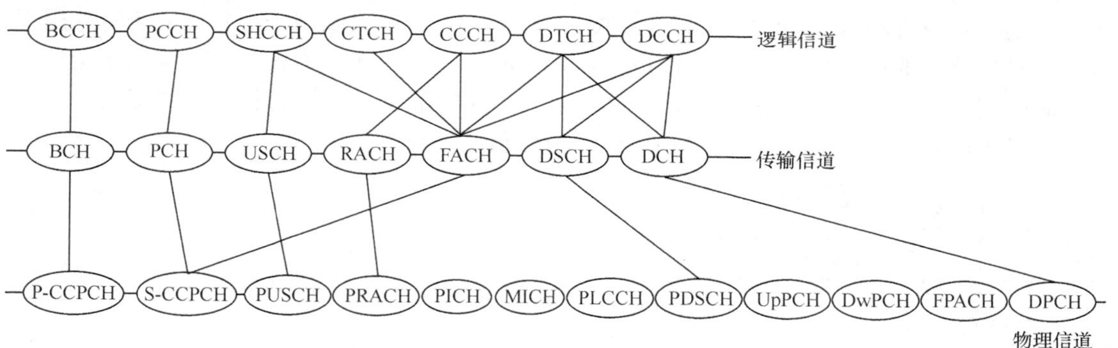

图 4-42 逻辑信道、传输信道和物理信道间的映射关系

从图 4-42 可以看出，传输信道的数据通过物理信道来承载，除 FACH 和 PCH 两者都映射到物理信道 S-CCPCH 外，其他传输信道都有一个物理信道与之相映射，而部分物理信道与传输信道并没有映射关系。即这些物理信道不承载来自传输信道的信息，而仅传输物理层自身的信息。逻辑信道与物理信道的映射则为多对多的关系，即所有的逻辑信道都存在一个或多个传输信道与之对应，所有的传输信道亦存在一个或多个逻辑信道与之对应。

按 3GPP 规定，只有映射到同一物理信道的传输信道才能进行编码组合。由于 PCH 和 FACH 映射到 S-CCPCH，因此其数据可在物理层进行编码组合生成 CCTrCH。其他传输信道数据都只能进行自身组合而不能相互组合。另外，BCH 和 RACH 由于自身性质的特殊性，

也不可能进行组合，即一个 UE 不存在多条并行的 BCH 或 RACH 传输信道。

（3）无线传输帧结构

TD-SCDMA 的多址接入方案属于直接扩频码分多址 DS-CDMA，码片速率为 1.28Mchip/s，带宽为 1.6MHz，采用不需配对频率的时分双工 TDD 方式，前向链路和反向链路的信息在同一载频的不同时隙传送。

TD-SCDMA 系统的物理信道由频率、码和时隙共同决定。信道的信息速率与符号速率有关，符号速率由 1.28Mchip/s 的 chip 速率和扩频因子 *SF* 决定，即符号速率=chip 速率/扩频因子，上下行信道的扩频因子为 1～16 间的 2 的幂次值，因此调制符号速率的变化范围为 80.0kSymbol/s～1.28kSymbol/s。

① 帧结构

TD-SCDMA 物理信道采用 3 层结构：时隙、无线帧和系统帧 SFN。根据资源分配方案不同，无线帧或时隙的配置结构有所不同，系统使用时隙和扩频码在时域和码域上区分不同的信道，即对不同的用户可采用不同的时隙或码字进行数据传输。物理信道的帧结构如图 4-43 所示。在 TD-SCDMA 中，系统帧由多个无线帧构成，并对其中的无线帧进行编号。系统帧编号用于寻呼组和系统信息调度等，其取值范围为 0～4 095。

一个 10ms 的无线帧被分成 2 个 5ms 的子帧，2 个子帧的结构完全相同。TD-SCDMA 的子帧结构如图 4-44 所示，每一子帧又分为 7 个普通时隙和 3 个特殊时隙。3 个特殊时隙分别为下行导频时隙 DwPTS、保护间隔和上行导频时隙 UpPTS。在 7 个普通时隙中，每个普通时隙长 675μs，为减少上下行切换点，TS_0 总是分配给下行链路，而 TS_1 总是分配给上行链路。上行时隙和下行时隙间由切换点分开，在 TD-SCDMA 中，每个 5ms 子帧有两个切换点。通过灵活配置上下行时隙的个数，使 TD-SCDMA 适用于上下行对称及非对称的业务模式。若切换点设置在 TS_3 和 TS_4 间，在 TS_1～TS_6 中有 3 个时隙用于上行，3 个时隙用于下行，是对称分布的；若切换点设置在 TS_2 与 TS_3 间，在 TS_1～TS_6 中有 2 个时隙用于上行，有 4 个时隙用于下行，是非对称分布的，适用于上行业务量少、下行业务量多的应用情形。切换点的设置取决于一定时期内上下行业务比例情况。

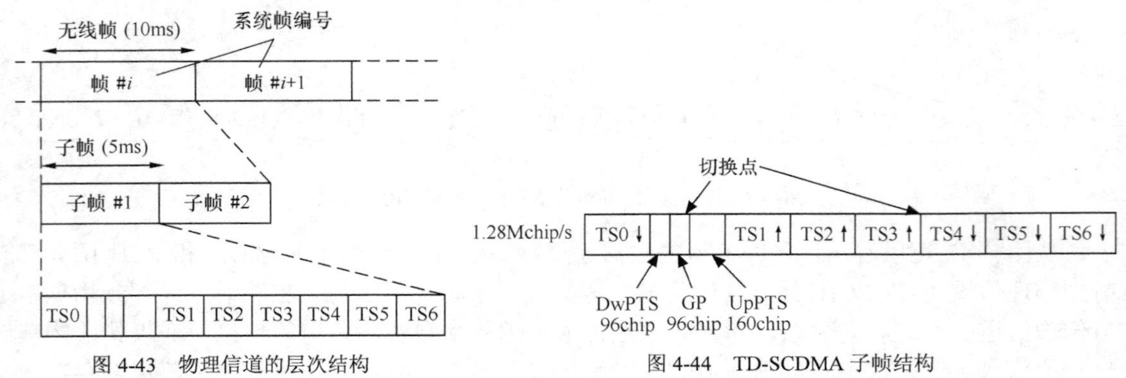

图 4-43 物理信道的层次结构

图 4-44 TD-SCDMA 子帧结构

② 普通时隙结构

TDD 模式下数据信号的传输被称为突发，因为数据的传输是根据业务不同时刻的需求进行的，并非在所有时刻连续发送，如图 4-45 所示。因此，用于传输数据的普通时隙即突发结构。在 TD-SCDMA 中，一个突发被定义为所分配的无线帧中的一个普通时隙。突发的

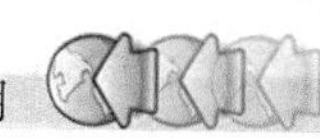

分配可是连续的，即每一帧的所有时隙都分配给物理信道，也可是不连续的，即仅有部分无线帧中的时隙分配给物理信道。

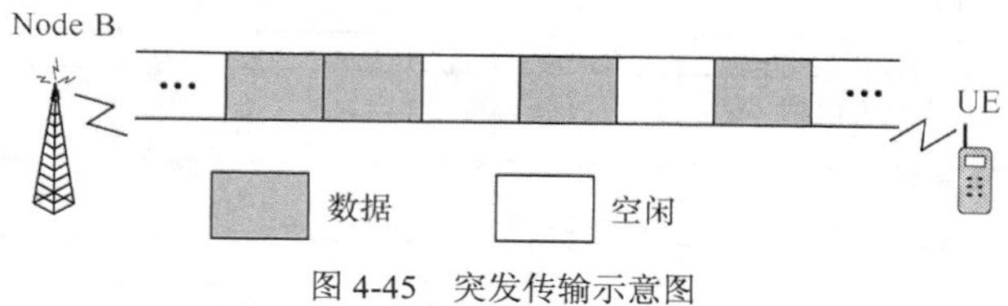

图 4-45　突发传输示意图

一个发射机可在同一时间段内和同一频率上发射多个突发以对应同一时隙中的不同信道，不同的信道使用不同的信道化码来实现码分。TD-SCDMA 采用的突发格式如图 4-46 所示。所有业务突发都具有相同结构：由 2 个长度分别为 352chip 的数据块、1 个长为 144chip 的中间码 Midamble 和 1 个长为 16chip 的保护间隔组成，总共 864chip(0.675ms)。2 个数据块对称地分布于中间码的两端，数据块的总长度为 704chip，所承载的符号数与扩频因子有关，如表 4-7 所示。

864chip

数据块 (352chip，275μs)	中间码 (144chip，112.5μs)	数据块 (352chip，275μs)	GP (16chip，12.5μs)

图 4-46　TD-SCDMA 系统突发结构

表 4-7　突发中每个数据块包含的符号数

扩频因子 *SF*	1	2	4	8	16
每个数据块符号数 *S*	352	176	88	44	22

- 数据块

数据块对称地分布于中间码的两端，每块长 352chip，所能承载的数据符号数取决于所用的扩频因子。每一数据块所能承载的数据符号数 S 与扩频因子 SF 的关系为：$S \times SF=352$。数据块用于承载来自传输信道的用户数据或高层控制信息，在专用信道和部分公共信道上，数据块的部分数据符号还被用来承载物理层信令。在 TD-SCDMA 中，存在 3 种类型的物理层信令：传输格式组合指示 TFCI、传输功率控制 TPC 和同步偏移控制符号 SS。在一个普通时隙的突发中，如物理层信令存在，则它们的位置被安排在数据块紧邻中间码的位置。

TFCI。业务突发支持 TFCI 在上行和下行的传送。TFCI 用来通知接收方当前激活的传输格式组合，接收方可借此正确对接收到的数据进行解码。一个突发中是否存在 TFCI，由通信双方的高层在呼叫建立时通过磋商确定，并由高层对物理层进行配置。在多资源配置的情况下，即一个用户被分配了多条物理信道，如果物理信道所在的时隙包含 TFCI 信息，则它总位于所配置的物理信道中信道化码编号最低的信道上。若分配的物理信道存在于多个时隙中，每个时隙是否存在 TFCI，将由高层分别配置。

TFCI 在对应物理信道的数据部分进行发送，因此 TFCI 码字和数据符号进行同样的扩频操作，而中间码的结构和长度并没有改变。TFCI 码字被平均分配于 1 个无线帧中 2 个子帧和其中的数据块中，TFCI 码字或被置于中间码的相邻符号直接发送，或置于 SS 和 TPC 符号后进行发送，这根据 TPC 和 SS 信令是否发送而定。不发送 TPC 和 SS 时和发送 TPC 和 SS 时的物理层控制信令结构如图 4-47 和 4-48 所示。

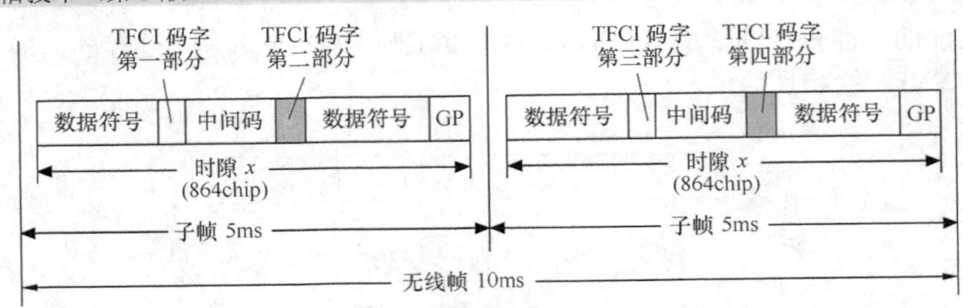

图 4-47　不发送 TPC 和 SS 时的物理层突发结构

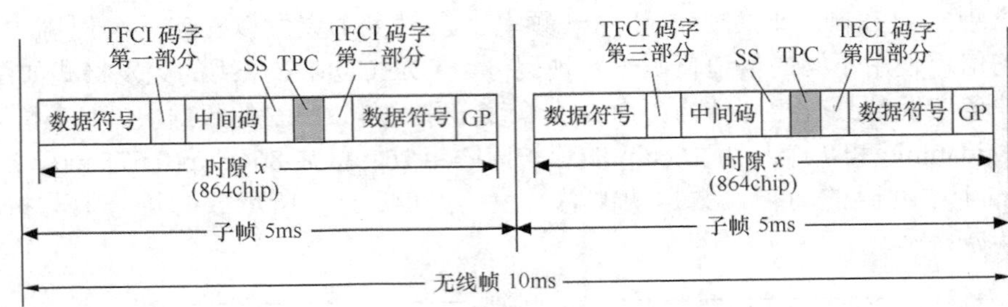

图 4-48　发送 TPC 和 SS 时的物理层突发结构

TPC。专用信道突发支持 TPC 在上行和下行的传送。TPC 被通信双方（网络和 UE）用来请求对方增加或减小传输功率。TPC 的传输紧跟在 SS 后，这两种物理层信令总是同时存在的，都被置于中间码后发送，TPC 码字和数据符号采用相同的扩频因子和扩频码，TPC 信息的位置如图 4-48 所示。

TPC 控制每子帧进行一次，使 TD-SCDMA 可进行 200Hz 的快速功率控制。作为物理层信令的 SS 和 TPC，在突发中占用的符号数有 3 种可能情况：一个 SS 和一个 TPC 符号；SS 和 TPC 符号都没有；16/*SF* 个 SS 和 16/*SF* 个 TPC 符号。当扩频因子 *SF*=1 时，可传送 16 个 TPC 符号和 16 个 SS 符号，当采用 QPSK 调制时能传送 32 个 TPC 比特和 32 个 SS 比特，采用 8PSK 时能传送 48 个 TPC 比特和 48 个 SS 比特。表 4-8 给出了 QPSK 和 8PSK 调制时 TPC 的编码及对应的功率控制关系，所有 TPC 符号发送同样的信息。功率的增、减按步长进行，每步可为 1dB，2dB 或 3dB。小区中具体使用的步长值由系统信息广播，也可在呼叫建立过程中重新设定。一个突发中是否存在 TPC，由通信双方的高层在呼叫建立时通过磋商确定。在多资源配置情况下，如配置的用户信道中需要使用 TPC，则位于分配到的第 1 个时隙的最低编号的信道码，与 TFCI 相同。

表 4-8　TPC 命令与功率控制关系

	QPSK 调制		8PSK 调制	
TPC 编码	00	11	010	110
TPC 命令	减小	增加	减小	增加
含义	发送功率减小一步	发送功率增加一步	发送功率减小一步	发送功率增加一步

SS。被网络端用来对 UE 的发送时间进行控制，该符号仅在下行信道中有意义。在上行方向，SS 符号没有意义，主要是留待将来扩展和保持上下行信道的对称性。与 TPC 的控制相同，SS 的控制也是每子帧进行一次，使 TD-SCDMA 可进行快速同步调整。

SS 信息和 TPC 信息同时存在，其位置如图 4-48 所示。一个突发是否存在 SS，由通信

双方的高层在呼叫建立时通过磋商确定。在多资源配置情况下，如配置的用户信道中需使用 SS，则位于分配到的第 1 个时隙的最低编号的信道码，这一点与 TFCI 相同。SS 码字和数据符号采用同样的扩频因子和扩频码。

SS 信令被网络用来命令 UE 每 M 帧进行一次时序调整，调整步长为$(k \times T_c)/8$，其中 T_c 为 chip 周期，缺省时 M 值和 k 值（取值范围都是 1～8）由网络设置，并在小区系统信息中广播。这两个值在呼叫建立中也可重新调整。在 QPSK 和 8PSK 调制下 SS 编码与定时提前量的调整的关系分别如表 4-9、4-10 所示。

表 4-9　　QPSK 调制下 SS 命令与控制的关系

SS 编码	00	11	其　他
SS 命令	减小	增加	保持
含义	将发送时间延迟$(k \times T_c)/8$	将发送时间提前$(k \times T_c)/8$	与上一周期相同

表 4-10　　8PSK 调制下 SS 命令与控制的关系

SS 编码	000	110	其　他
SS 命令	减小	增加	保持
含义	将发送时间延迟$(k \times T_c)/8$	将发送时间提前$(k \times T_c)/8$	与上一周期相同

- 中间码

中间码传输的是训练序列，在接收端进行信道解码时用来产生信道模型，不携带用户信息。中间码长 144chip，传输时不扩频，直接与经过基带处理和扩频的数据一起发送。一个 TD-SCDMA 小区配置 4 个基本的中间码，但一般仅使用其中 1 个，其余 3 个留给不同运营商。同一时隙不同信道所使用的中间码都由该基本中间码经循环移位产生。系统定义了 128 个基本中间码。

② 下行导频时隙 DwPTS

每个子帧中的 DwPTS 是为建立下行同步设计的，DwPTS 作为单独的时隙且前后都有保护间隔，便于下行同步的迅速获取，也可减小对其他下行信号的干扰。该时隙是由长为 64chip 的下行同步序列 SYNC-DL 与 32chip 等长（25μs）的保护间隔组成，如图 4-49 所示。

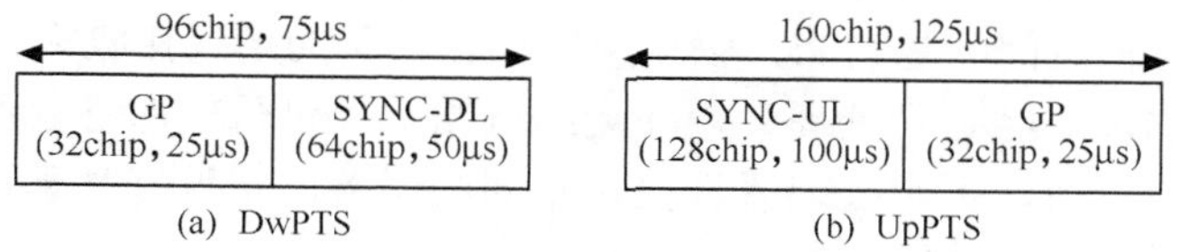

图 4-49　DwPTS 和 UpPTS 突发结构

DwPTS 在每个子帧中传送，其配置能支持整个小区覆盖，其中 SYNC-DL 的发送功率由高层磋商决定，为一定值，SYNC-DL 并不经过扩频和加扰处理。

整个系统有 32 个不同的 SYNC-DL 码字，分别对应 32 个 64 位长的基本二进制序列 $s=(s_1,s_2,\cdots\cdots,s_{64})$。

③ 上行导频时隙 UpPTS

每个子帧中的 UpPTS 是为建立上行同步而设计的。该时隙由长为 128chip 的 SYNC-UL 序列和 32chip（25μs）的保护间隔组成，如图 4-49 所示。

UpPTS 中的 SYNC-UL 并不经过扩频和加扰处理。整个系统 256 个不同的基本 SYNC-

UL码字，分别对应256个128位长的基本二进制序列 $s=(s_1,s_2,\cdots\cdots,s_{128})$。

④ 保护时隙GP

由于上下行的传输存在时延，为使上下行信号不重叠，需要在DwPTS和UpPTS间插入保护时隙GP，GP的设计决定了TD-SCDMA系统小区的覆盖范围。在TD-SCDMA中，GP长为96chip，即75μs。假设小区半径 R，因此，小区边缘的用户造成的传输时延为 $t_{\text{Delay}}=R/C$，C 表示电磁波在空中的传播速度，为 3×10^8m/s。

DwPTS和UpPTS的传输如图4-50所示。在下行传输中，NodeB在 t_0 时刻发送DwPTS，则UE在 t_0+t_{Delay} 时刻收到；在上行传输中，要求NodeB最早在 t_0+75μs时刻收到UpPTS，则考虑了传输时延后，UE需在 t_0+75μs$-t_{\text{Delay}}$ 时刻发送UpPTS。为避免在UE侧上下行信号处理来不及切换，须满足 $t_0+t_{\text{Delay}}\leqslant t_0$+75μs$-t_{\text{Delay}}$，即 $t_{\text{Delay}}\leqslant$75μs/2，则 $R\leqslant$11.25km。即GP的设计能使TD-SCDMA系统最大能支持11.25km的小区覆盖。

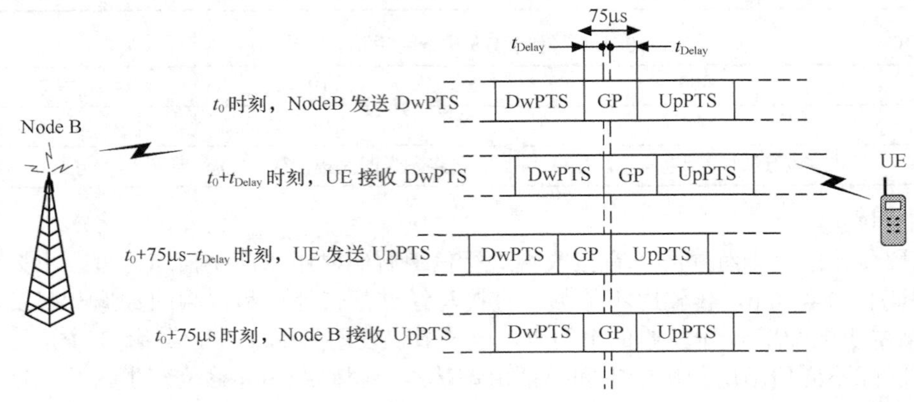

图4-50 DwPTS和UpPTS传输示意图

（4）信号处理过程

信道编码与复用、扩频与调制等过程合称为基带信号处理。

① 传输信道编码与复用

通常用传输块集表示物理层与MAC子层在相同的时间段使用同一传输信道交换的数据块集，则对于每个传输时间间隔TTI，物理层以传输块集的形式接收来自MAC子层的数据流。这些数据流在物理层经基带处理后，在无线链路上提供传输服务。整个过程由若干处理流程（或处理单元）组成，每个处理流程提供不同的服务。将这些处理流程串联起来，就形成了系统的信道编码与复用过程。

由编码和复用模块输出的数据流用编码复合传输信道CCTrCH表示，CCTrCH作为一个逻辑概念不在空中接口出现，不属于传输信道也不属于逻辑信道，只从MAC子层向物理信道映射时出现的一个逻辑概念。一个CCTrCH可映射到一个或多个物理信道，而对于一个物理信道，其数据比特只能来自于同一个CCTrCH，即两者具有不可逆性。编码/复用步骤如下：差错检验；传送块级联/码块分段；信道编码；无线帧均衡；交织（分两次）；无线帧分段；速率匹配；传输信道的复用；比特加扰；子帧分割；到物理信道的映射。

- 差错校验。在TD-SCDMA中差错校验通过传送块上的CRC实现。发送端对一定长度的数据块添加CRC检验比特，接收端对经过译码后包含CRC检验比特的数据进行检验，以获知数据块的传输的正确与否。

- 传输块的级联和码块分段。在一个 TTI 内的所有传输块都是串行级联的。如一个 TTI 比特数大于一个码块的最大长度，则在传输块级联后需进行码块分段。码块的最大尺寸将取决于传输信道使用的是卷积编码，Turbo 编码，还是不进行编码。

- 信道编码。信道编码在 TD-SCDMA 中非常重要，采用了 3 种信道编码方式：卷积码，Turbo 码和不编码。各种传输信道采用的编码方式及编码速率如表 4-11 所示。

表 4-11　　各种传输信道编码参数

<table>
<tr><th>传输信道类型</th><th>编码方式</th><th>编码率</th></tr>
<tr><td>BCH</td><td>卷积编码</td><td>1/3</td></tr>
<tr><td>PCH，RACH</td><td rowspan="2">卷积编码</td><td>1/3，1/2</td></tr>
<tr><td rowspan="3">DCH，DSCH，FACH，USCH</td><td>1/2</td></tr>
<tr><td>Turbo 编码</td><td>1/3</td></tr>
<tr><td colspan="2">无编码</td></tr>
</table>

- 无线帧均衡。无线帧均衡是通过填补输入比特序列，保证填补后的输出能分成具有相同长度的 Fi 个数据段。

无线帧长度均衡的输入比特序列用 $c_{i1},c_{i2},c_{i3},\cdots\cdots,c_{iEi}$ 表示，其中 i 为传输信道号，E_i 为比特数。输出比特序列为 $t_{i1},t_{i2},t_{i3},\cdots\cdots,t_{iTi}$，其中 T_i 为比特数。输出比特序列的前 E_i 个比特为 $c_{i1},c_{i2},c_{i3},\cdots\cdots,c_{iEi}$，后面的 T_i-E_i 个比特为随机的 0 或 1。如图 4-51 所示。

- 第一次交织。TD-SCDMA 中的第一次交织为列间置换的块交织，完成的是无线帧间的交织。

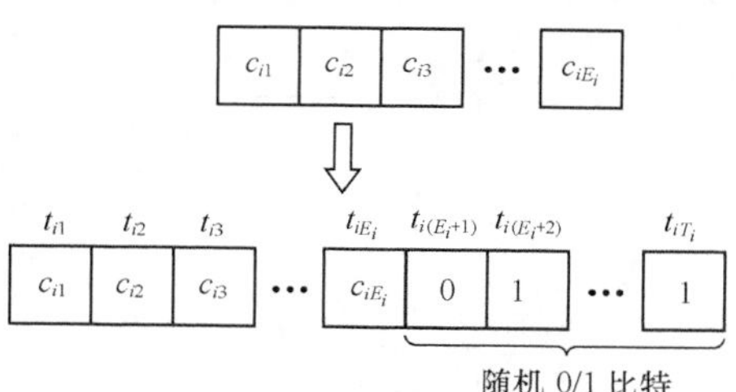

图 4-51　无线帧均衡示意图

- 速率匹配。一个传输信道的比特数在不同的 TTI 可发生变化，但系统所配置的物理信道容量是固定的，即一个 TTI 的物理信道中所能传送的比特数是固定的。在物理层的速率匹配就是指传输信道上的比特经打孔或重发，以适应每个 TTI 内的都相同的比特数，当在不同的传送时间间隔内所传输比特数改变时，比特被重发或打孔，以确保在传输信道复用后总的比特率与所配置的物理信道承载能力一致。为适应多种速率的传输，信道编码方案增加了速率匹配功能，TD-SCDMA 给出一种速率适配算法，目的是把业务速率适配为标准速率集中的一种速率。

速率匹配特性是高层通过信令的方式传送给传输信道，是半静态且只能通过高层信令改变。用高层传来的速率匹配特性可计算重发和打孔比特数量，使每个传送时间间隔内的比特数量相等。速率匹配需完成的工作包括速率匹配参数的确定、速率匹配方案、比特分离、速率匹配算法和比特合并等。

速率匹配参数的确定。在一个无线帧（或子帧，当 TTI=5ms 时）内的每个传输信道 i，被重发或打孔的比特数 $\Delta N_{i,j}$ 可通过一定的关系式计算得到，且可用于所有可能的传输格式组合 j 和所选的每个无线帧（子帧）。若 $\Delta N_{i,j}=0$，说明速率匹配的输出数据和输入数据相同，不需执行速率匹配算法，反之，则需根据不同的信道编码模式进行速率匹配。

比特分离。在传输信道中经 Turbo 编码的系统比特是不能打孔的，而可对其他比特进行打孔。速率匹配模块的输入比特序列中有系统比特，第一奇偶校验比特及第二奇偶校验比特，因此可划分为三个序列。

第一个序列包含：所有来自 Turbo 编码的传输信道的系统比特；0～2 个来自 Turbo 编码的传输信道的第一和/或第二奇偶检验比特。在一个数据块执行完无线帧分段后的总比特数不是 3 的倍数时，将分入第一个序列；格型运算终止的部分系统比特，第一和第二奇偶检验比特。第二个序列包含：所有来自 Turbo 编码的传输信道的第一奇偶检验比特，除当总比特数不是 3 的倍数时需分入第一个序列的第一奇偶检验比特；格型运算终止的部分系统比特，第一和第二奇偶检验比特。第三个序列包含：所有来自 Turbo 编码的传输信道的第二奇偶检验比特，除当总比特数不是 3 的倍数时需分入第一个序列的第二奇偶检验比特；格型运算终止的部分系统比特，第一和第二奇偶校验比特。而且第二个和第三个序列必须同长，而第一个序列可多 0～2bit。打孔仅应用于第二和第三个序列。比特分离函数对未编码传输信道，卷积编码的传输信道及有重发的 Turbo 编码的传输信道都是透明的。

比特分离与第一次交织有关，偏移量用来定义不同 TTI 的分离。TTI 中不同无线帧的比特分离是不同的。

速率匹配模式确定。执行匹配算法前，要先确定$\Delta N_{i,j}$值，再根据不同的编码算法执行相应的速率匹配算法。

比特合并。比特合并是比特分离的逆函数。比特合并后，标记为打孔的比特被删除。

传输信道的复用。每个 10ms 周期，来自不同传输信道的无线帧被送到传输信道复用单元。复用单元根据承载业务的类别和高层的设置，分别将其进行复用或组合，构成一条或多条编码组合传输信道 CCTrCH。传输信道复用如图 4-52 所示。

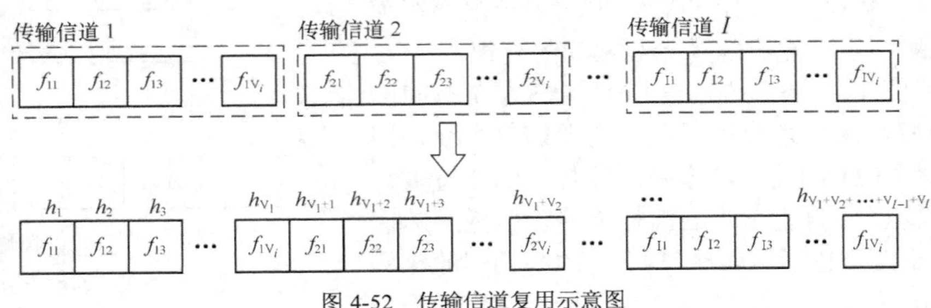

图 4-52　传输信道复用示意图

- 比特加扰。传输信道复用器的输出比特在比特扰码器中加扰，比特加扰可避免在传输中产生长 0 或长 1。
- 第二次交织。第二次交织也是一种块交织，可应用于 CCTrCH 所映射的一个帧内的所有数据比特，称为帧相关的第二次交织；也可应用于每个时隙的数据比特，称为时隙相关的第二次交织。第二次交织的方案的选择由高层控制。

帧相关的第二次交织过程是针对无线帧中的每个 CCTrCH 的，如配置了多条 CCTrCH，则每个 CCTrCH 都必须单独执行。时隙相关的第二次交织和帧相关的第二次交织过程相同，不同之处在于帧相关的第二次交织的待交织数据来源于一帧，而时隙相关的第二次交织的待交织数据来源于一个时隙。

- 子帧分割。在 TD-SCDMA 中，一个无线帧被分为两个子帧。前面描述的分割及交织都是以基本 TTI（10ms）或一个无线帧的持续时间来进行的。为将一个无线帧的比特流映射到两个子帧中，需再次对其进行分割，即子帧分割。分割按时隙进行。

子帧分割就是把经过速率匹配后的比特流平均分为两组，分配给两个子帧，前半部分给第一个子帧，后半部分给第二个子帧。

- 物理信道的映射。经过子帧分割后的比特流将被映射到各子帧对应的各时隙的码道上，映射过程与块交织类似，比特按列写入，不同的是编号为奇数的物理信道以前向顺序填充（升序），而偶数号的物理信道按反向顺序（降序）填充。

在 TD-SCDMA 中，UE 发送的上行链路可被分配具有不同扩频因子的码分信道。对不同的扩频因子，物理信道的容量并不相同，因而，比特流在逐比特向物理信道进行映射时也要考虑这种差别。图 4-53 表示了物理信道的映射方式：设物理信道 1 的扩频因子是物理信道 2 扩频因子的 2 倍，则其中输入比特流映射到两个物理信道上，因此对于物理信道 1，每次分配 1 个比特，进行升序填充；对于物理信道 2，每次分配 2 个比特，进行降序填充。

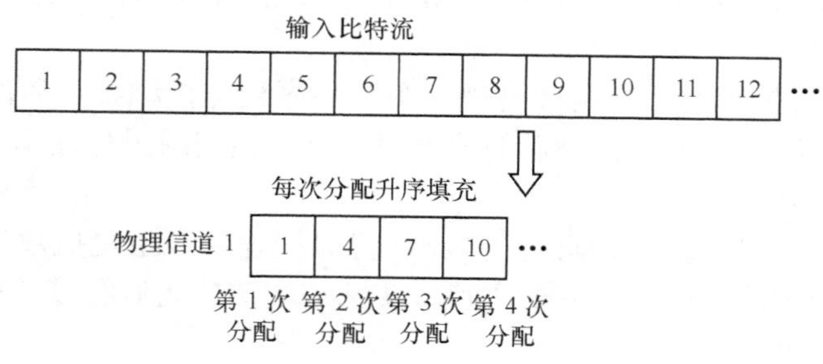

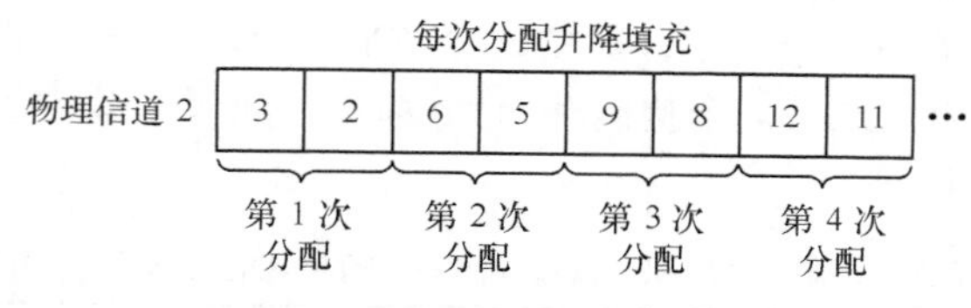

图 4-53 物理信道映射示意图

- 物理层控制信息插入。TD-SCDMA 中，物理层控制信息主要包含两方面的内容。

在每个无线帧（或子帧）内要发送且独立于传输信道的信息。这类信息有 3 种：TFCI、TPC 和 SS。其中 TPC 和 SS 不需要编码，所携带信息直接与编码后的传输信道数据一起扩频和调制。

没有传输信道映射其上的那些物理信道的信息。这类信息共 4 种：FPACH，PICH，SYNC-DL 和 SYNC-UL。其中 SYNC-DL 和 SYNC-UL 信道信息由系统直接定义，这些信息不需要编码。

② 调制、扩频与脉冲形成

经过传输信道编码与复用后的比特流，还需进行调制和扩频处理，并经脉冲形成滤波器形成，才能完成物理层基带处理过程。对一个无线通信系统，数据所采用调制方式直接影响该系统的数据传输速率及系统性能。TD-SCDMA 是一个扩频通信系统，已调符号需经过扩频处理以实现码分多址。

- 调制与扩频。在 TD-SCDMA 中数据调制通常采用 QPSK，在提供 2Mbit/s 业务时采用 8PSK 调制方式，为支持高速下行链路分组接入 HSDPA，下行可用 16QAM。扩频采用正交可变扩频因子 OVSF 码，特点是码的正交性很好。基本的调制与扩频参数如表 4-12 所示。

表4-12 基本的调制与扩频参数

码速率	数据调制方式	脉冲形成	扩频特性
1.28Mchip/s	QPSK 8PSK（2Mbit/s 业务） 16QAM（HSDPA 模式）	根方升余弦，滚降系数α=0.22	OVSF 扩频码 Qchip/symbol, Q=1,2,4,8,16

经过物理信道映射并进行数字调制后，信道上的数据将进行扩频和加扰处理了。扩频的过程是用高于待传送数据符号速率的码序列与待传送数据相乘，相乘的结果扩展了信号的带宽，把用符号速率表示的调制符号流转换成了用码片速率表示的数据流。在 TD-SCDMA 中所使用的信道化码是 OVSF 码。在 TD-SCDMA 中，允许使用不同的扩频因子混合在相同时隙信道并保持正交性。

- 加扰。加扰与扩频类似，同样是用一个数字序列与扩频处理后的数据相乘。与扩频不同的是，加扰用的数字序列与扩频后的信号序列具有相同的码片速率，所做的乘法运算是一种逐码片相乘的运算。
- 脉冲形成。在发射端，数据经过扩频和扰码处理后产生复值数据流，其数据传输速率等于码片速率。数据流中的每一复值码片按实部和虚部分离后经过脉冲形成滤波器形成，然后调制到载波频率上。
- TD-SCDMA 的码分配。系统中用到的码主要有基本中间码、扰码、SYNC-UL、SYNC-DL。整个系统有 32 个码组，其中一个 SYNC-DL 唯一标识一个基站和一个码组，每个码组包含 8 个 SYNC-UL，4 个扰码和 4 个基本中间码，其中扰码和基本中间码存在一一对应关系，如表 4-13 所示。

表4-13 基本中间码、扰码、SYNC-UL、SYNC-DL 及相互间对应关系

码组	关联码			
	SYNC-DL 码编号	SYNC-UL 码编号	扰码编号	基本中间码编号
码组 1	0	0…7	0	0
			1	1
			2	2
			3	3
码组 2	1	8…15	4	4
			5	5
			6	6
			7	7
	…	…	…	…
码组 32	31	248…255	124	124
			125	125
			126	126
			127	127

3. 基本物理层过程

基本物理层过程即空中接口中通信连接中的处理程序，包括以下几个部分：同步与小区搜索；功率控制；时间提前量；无线帧的间断发射 DTX；随机接入等。

（1）同步与小区搜索

① TD-SCDMA 小区搜索

TD-SCDMA 的小区搜索分为 4 步，比较快捷。

- 下行导频时隙 DwPTS 搜索。在 TD-SCDMA 的下行信道中包含下行导频时隙，UE 使用一个匹配滤波器搜索下行信道，找到信号最强的下行导频时隙，读取 SYNC 识别号 ID。SYNC ID 对应一个扰码和中间码的码组，每一个码组含有 4 个扰码。
- 扰码和基本中间码识别。目的是找到该小区所使用的基本中间码和与其对应的扰码。UE 只需通过分别使用在第一步中读取的 4 个基本中间码进行相关性判断，就可以确定该中间码是哪一个，进一步确定扰码，因为扰码是和特定的中间码相对应的。
- 实现复帧同步。UE 通过 QPSK 相位编码信息搜索到复帧头，实现复帧同步。因为复帧头包含 QPSK 相位编码信息。
- 读取 BCH 信息。UE 利用前几步已经识别出的扰码、基本中间码、复帧头读取 BCH 广播信道信息，从而得到小区配置等公用信息。根据读取 BCH 信息情况决定是完成初始小区搜索还是重新返回以上步骤。

② TD-SCDMA 同步

UE 通过小区搜索已经可以接收来自基站的下行同步信号，但基站与每个 UE 的距离不同，所以仅靠下行信道的同步信号并不能完全实现上行传输同步。上行信道的初始传输同步是靠 UE 发送的上行导频时隙中的 SYNC1 实现的，该 SYNC1 由于与业务信道时隙间有足够大的保护间隔，所以基本不会对业务时隙产生干扰，其中 SYNC1 的定时和功率是根据从下行导频信道上接收的功率电平和定时来设定的。基站在搜索窗口中对 SYNC1 序列进行探测，估算接收功率和定时，并将调整信息反馈给 UE，以便于 UE 修改下一次发送上行导频的定时和功率。在接下来的 4 个子帧内，基站将继续对 UE 发送调整信息。

上行信道的基本中间码可帮助 UE 保持上行同步。基站测量每个 UE 在每一个时隙内的基本中间码，估测出功率和时间偏移量；在下行信道中，基站将发送 SS 和 TPC 命令，使每个 UE 都能够准确地调整其发射功率和发射定时，从而保证了上行同步的可靠性。

（2）功率控制

在 TD-SCDMA 中，由于其应用环境包括对室外的覆盖，所以上行信道也需要闭环功率控制，其他信道的功率控制方式与 WCDMA FDD 基本类似，但由于 TD-SCDMA 采用了波束赋形技术，所以其对功率控制的速率要求可以降低。TD-SCDMA 系统所采用的功率控制基本方式和特性如表 4-14 所示。

表 4-14　　TD-SCDMA 系统所采用的功率控制基本方式和特征

	上　　行	下　　行
功率控制速率	可变的 闭环：0～200 次/s 开环：延迟大约 200μs～3 575μs	可变的 闭环：0～200 次/s
步长	1dB，2dB，3dB（闭环）	1dB，2dB，3dB（闭环）
备注	所有数据均不包括处理和测量时间	

由于 TD-SCDMA 采用 TDD 方式，上行和下行使用相同的频段，因此，上下行链路的平均路径损耗存在显著的相关性，这使 UE 在接入网络前，能根据计算下行链路的路径损耗来

估计上行链路的初始发射功率，即上行开环功率控制。

还应注意的是：分配给相同的 CCTrCH 的一个时隙内的所有编码，如使用相同的扩频因子，则这些编码的发送功率均相同。

（3）时间提前量

为使同一小区中的每一个 UE 发送的同一帧信号到达基站的时间基本相同，基站可以用时间提前量调整 UE 发射定时，时间提前量的初始值由基站测量 PRACH 的定时决定。

TD-SCDMA 每子帧 5ms 测试一次；根据测量结果，调整 1/8chip 的整数倍（在 0～64chip 内），得到最接近的定时。切换时，需加入源小区和目标小区的相对时间差（Δt），即 $TA_{new}=TA_{old}+2\Delta t$，$TA_{new}$ 为新小区的时间提前量，TA_{old} 为旧小区的时间提前量。

（4）无线帧间断发射

在 3.1 GSM 中已介绍过，间断发射 DTX 是指在没有数据时发射机停止发射。对 TD-SCDMA 来说，当传输信道复用后总的比特速率和已分配的专用物理信道的总比特速率不同时，上下行链路就要通过间断发射使之与专用物理信道的比特率匹配。

（5）随机接入

TD-SCDMA 的随机接入过程包括：

L1 通过接收 RRC 传来的原语信息确定第一个 SYNC1、定时和发射功率等参数。该原语信息包括：时隙、扩频因子、信道编码、中间码、接收周期和每个 PRACH 子信道的时间偏移量；传输格式参数集；物理信道的上行开环功率控制参数等。

在物理随机接入程序被初始化时，L1 层接收来自 MAC 层的原语的初始化信息。该原语信息包括：PRACH 信息所用的传输格式；PRACH 传输的接入服务类 ASC；传输的数据（传输块集）。

物理层的随机接入程序如图 4-54 所示。

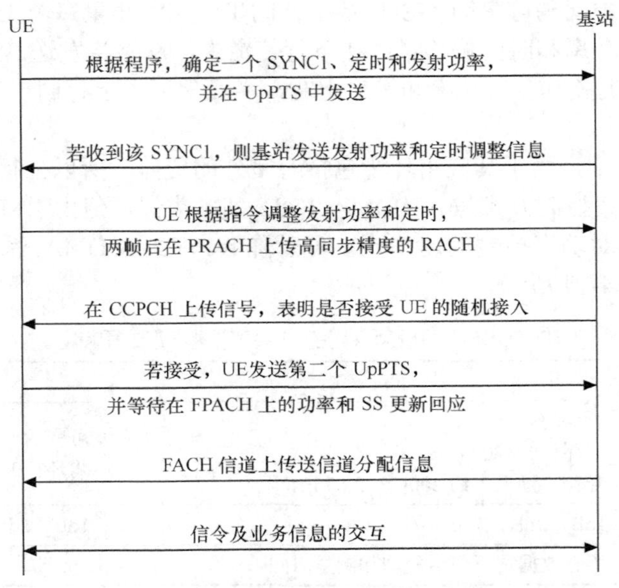

图 4-54　TD-SCDMA 随机接入流程

当发生碰撞或处于恶劣的传播环境中，基站不能发送 FPACH 或不能接收 SCNY1。这

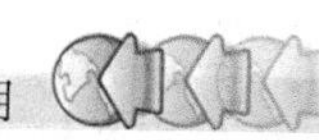

时，UE 不能得到基站的任何响应，只能根据目前的测量调整发射时间和发射功率，在随机延时后，再次发送 SYNC1。每次重新传输，UE 都是随机选择新的 SYNC1。

（6）物理层的测量——定位服务 LCS 的测量

其他系统多执行前向链路定位（多基站定位），主要根据多个基站分别对 UE 的环回时延 RTD、信号强度等参数的测量来确定用户的位置。而后向链路定位（单基站定位）是 TD-SCDMA 特有的，基于智能天线技术。基站根据上行信号的到达方向 DOA、UE 和基站间的路径时延 PD 来确定用户的位置。

4.4.3 TD-SCDMA 中的关键技术

TD-SCDMA 采用了很多关键性技术以提高系统性能，包括智能天线、联合检测、接力切换、动态信道分配、软件无线电等技术。

1. 智能天线技术

FDMA、TDMA 和 CDMA 分别在频域、时域、码域上实现用户的多址接入，而空域资源没有得到充分利用。智能天线致力于空域资源的开发，有效解决了频率资源匮乏的问题。

智能天线能根据信号的入射波方向自适应地调节其方向图、跟踪有用信号、减少甚至抵消干扰信号，从而达到增大信干比、提升移动通信系统容量、提高移动通信系统频谱利用率和降低发射信号功率。

（1）智能天线概述

采用智能天线的目的，就是要在基站和移动用户间建立一条能量相对集中的无线链路，把基站盲目的、广播式的传播变为定向的信号传递，减少噪声干扰，从而提高系统容量，增加基站服务的范围。智能天线的原理是将无线信号导向具体方向，产生空间定向波束，使天线主瓣对准用户信号到达方向 DOA，旁瓣或零陷对准干扰信号到达方向，达到充分高效利用移动用户信号并删除或抑制干扰信号的目的。同时，智能天线技术利用各个移动用户间信号空间特征的差异，通过阵列天线技术在同一信道上接收和发射多个移动用户信号而不发生干扰，使无线电频谱的利用和信号的传输更有效。

智能天线根据其工作方式可划分为两类：预多波束系统和自适应阵列系统。TD-SCDMA 主要使用自适应阵列天线，系统通过自适应信号处理算法，使天线阵列实时地产生定向波束，准确指向移动用户，从而实现对各移动用户的自动跟踪和定位，有效抑制了干扰信号，同时增强对有用信号的接收。自适应阵列系统不用预先形成固定波束，而是根据信号环境的改变实时地进行波束赋形，调整波束方向，性能比波束切换系统好，但实现的复杂度也相对较高。

（2）智能天线在 3G 中的应用

智能天线在 3G 和未来的移动通信中主要用于基站，亦即基站的上行接收和下行发射中。智能天线在实现上更适合于 TDD 系统。

① TD-SCDMA 系统中的智能天线

TD-SCDMA 系统采用 TDD 模式，上行信道和下行信道在同一载波的不同时刻传输，当上下行信道的时间间隔较小时，其信道存在很高的相关性，甚至在低速慢变的信道中几乎相同，这称为上下行信道的对称性或互易性。TD-SCDMA 系统可利用信道对称性，降低智能天线技术复杂度，基站对上行信道估计的信道参数可用于智能天线的下行波束赋形，这相对

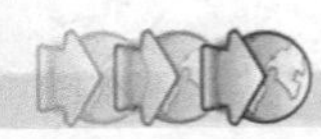

于 FDD 模式的系统智能天线技术较易实现。目前，TD-SCDMA 系统在基站采用的智能天线，阵列是由 8 个天线单元组成的圆形阵列，各阵元间距 $d=\lambda/2$。从上行链路看，天线阵 RF 前端接收到来自各个终端的上行信号，这个组合信号被放大、滤波、下变频、A/D 转换后，数字合路器完成上行同步、解扩等处理，然后提取每个用户的空间参数，并进行上行波束赋形。下行波束赋形用上行链路提取的空间参数，并在第二个时隙将要发送的信号进行波束赋形。

② FDD 系统中的智能天线

3G 中的 WCDMA 和 CDMA2000 均采用 FDD 方式，其上下行频段相差 90MHz，已远远超过 2G 频段上的信号相关区间，即上下行信道的信号衰落是完全独立的，从而不能利用上行信道的信号衰落特性估计下行信号衰落特性。在下行的实现方案中，一种可行的方式是利用反馈，即移动台需要提取空间参数或估计信道信息，然后利用反馈下行信道的空间参数特性、或下行信道信息不断反馈给基站，以提供下行信道的空间信息，这一方案可行但实现较 TDD 复杂，反馈使系统开销增大。

2．联合检测

对 CDMA 系统，由于无线信道的时变性及多径效应，码字不可能完全正交，系统中必然存在多址干扰和码间干扰。随着用户数的增多或某些用户信号功率的加强，MAI 就会成为 CDMA 系统的主要干扰，成为影响系统容量和性能提高的重要原因，因此 CDMA 系统是一个干扰受限系统。

（1）联合检测的概念

联合检测的基本思想是利用所有与 ISI 和 MAI 相关的先验信息，在一步之内将所有用户的信号分离出来。

TD-SCDMA 中联合检测的高效率主要因为 TD-SCDMA 利用了 TDMA 和同步 CDMA 方案。TDMA 的采用使每载波的大量用户被尽量均匀地分布到每个帧的时隙中，使得每时隙中并行用户的数量较少，如 TD-SCDMA 在一个时隙中的并行码道最多为 16 个，不仅使每个时隙的干扰不致过高而且降低了联合检测的实现复杂度。同步 CDMA 技术使多用户信息在空中接口是同步的，占用同一时隙的多用户到达接收机，同步有利于减弱扩频码正交性破坏的影响，同时降低联合检测实现的复杂度。

在 TD-SCDMA 中，基站和终端都采用联合检测算法消除 MAI 和 ISI。该联合检测技术是在传统检测技术的基础上，充分利用造成 MAI 干扰的所有用户信号及多径的先验信息（如确知的用户信道码和训练序列、各用户的信道估计等），把用户信号的分离当作统一的相互关联的联合检测过程完成，从而具有优良的抗干扰性能，降低了系统对功率控制精度的要求，可更加有效地利用上行链路频谱资源，显著提高系统容量。

（2）联合检测与智能天线的结合

联合检测一般都需事先获得所有同时、同频传输用户的特征序列信息。这在实际系统中是不可能的。即使基站通常也只知道本小区用户的特征序列，所以联合检测技术无法消除相邻小区间的 MAI，降低了联合检测器的性能。而智能天线技术正好可降低包括小区间干扰在内的外部干扰。同时，联合检测也可改善智能天线无法克服的干扰问题，将联合检测技术与智能天线技术两者结合可更好地消除干扰。

在实际应用中，联合检测技术会遇到的问题有：①无法消除小区间干扰；②联合检测算法的复杂度随着处理信道数的增加而迅速增加。同样，智能天线在实际应用中也会遇到问题：限于智能天线阵的规模，天线阵元数量有限，形成定向波束主瓣较宽，并有一些旁瓣，

对其他用户而言仍然是干扰。

智能天线技术和联合检测技术两者结合并不等于简单相加。TD-SCDMA 系统中提出的智能天线技术和联合检测技术相结合的方法是在计算量未大幅度增加的前提下，上行能够获得分集接收的好处，而且还能实现下行波束赋形。两者结合的算法很多，例如：系统先对每个天线阵元接收到的中间码独立作联合信道估计，然后将所有的信道估计按用户划分，对每个用户作 DOA 估计，用于计算每个用户的天线加权值，用得到的加权值重新对所有天线阵元的信号进行所有用户信道冲激响应的联合估计，最后用得到的信道估计结果和基于 DOA 计算的加权矢量进行多用户联合检测。由于 DOA 技术的采用，利用空间波束移动对移动目标的情况能取得较好的跟踪和检测。

3．接力切换技术

根据切换期间同时连接的基站数量，目前移动通信系统的切换主要有硬切换和软切换，及在 TD-SCDMA 中提出的创新的接力切换。硬切换和软切换都存在一些缺点，如硬切换掉话率高，软切换资源利用率低等。TD-SCDMA 系统使用了智能天线、联合检测等空时处理技术及上行同步和特殊的帧结构设计后，系统的切换控制方法和过程得到改进，进而系统的切换性能得到提高。TD-SCDMA 系统中的接力切换就是综合利用了该系统各种技术特点和优势而发明的一种不同于传统切换方式的切换技术。

3G 系统的切换技术在兼容已有的切换技术的情况下，根据自身的能力引入新的切换技术：WCDMA、cdma2000 在同频相邻小区间采用宏分集的软切换技术，同一小区相同载波的多个扇区间采用更软切换技术，而异频相邻小区及不同载波的小区内的切换仍需用硬切换技术。接力切换技术不但可用在同频相邻小区间，也可在异频相邻小区间使用。

（1）接力切换的特点

接力切换的设计思想是利用智能天线和上行同步等技术，在对 UE 的距离和到达角进行定位的基础上，根据 UE 方位和距离信息作为辅助信息来判断目前 UE 是否移动到了可进行切换的相邻基站的临近区域。如 UE 进入切换区，则 RNC 通知该基站做好切换准备，从而达到快速、可靠和高效切换的目的。接力切换通过智能天线和上行同步等巧妙地将软切换的高成功率和硬切换的高信道利用率综合起来，是一种具有较好系统性能优化的切换方法。

接力切换方式如图 4-55 所示，在切换过程中首先将上行链路转移到目标小区，而下行链路仍与原小区保持通信，经短暂时间的分别收发过程后，再将下行链路转移到目标小区，完成接力切换。

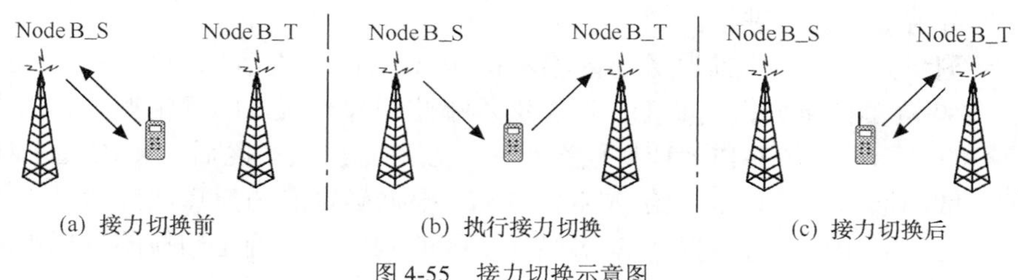

图 4-55　接力切换示意图

与软切换相比，接力切换是在精确知道 UE 位置的情况下进行切换，具有较高的切换成功率、较低的掉话率及较小的上行干扰等优点。接力切换不需多个基站为一个移动台提供服务，克服了软切换占用信道资源多、信令复杂导致系统负荷加重、增加下行链路干扰等缺点。与硬切换相比，具有较高的资源利用率，较简单的算法，及系统相对较轻的信令负荷等优点，但接力切换断开原基站和目标基站建立通信链路几乎是同时进行的，克服了掉话率高、切换成功率较低的缺点。

软切换和硬切换需对所有邻小区进行测量，然后根据给定的切换算法和准则进行切换判决和目标小区的选择。而接力切换通过智能天线和上行同步获取了 UE 的位置信息，一般无须对所有邻小区进行测量，而只需对 UE 移动方向一致的靠近 UE 一侧的少数几个小区进行测量，然后，根据给定的切换算法和准则进行切换判决和目标小区的选择。不仅 UE 所需切换测量工作量减少，而且可实现高质量的越区切换，切换掉话率较低，时延也相应减少。由于需要监测的相邻小区减小，也相应减少了 UE、NodeB 和 RNC 间的信令交互，减轻了网络负荷，使系统性能得到优化。

（2）接力切换过程

接力切换执行分三个过程：测量过程、判决过程和执行过程，如图 4-56 所示。

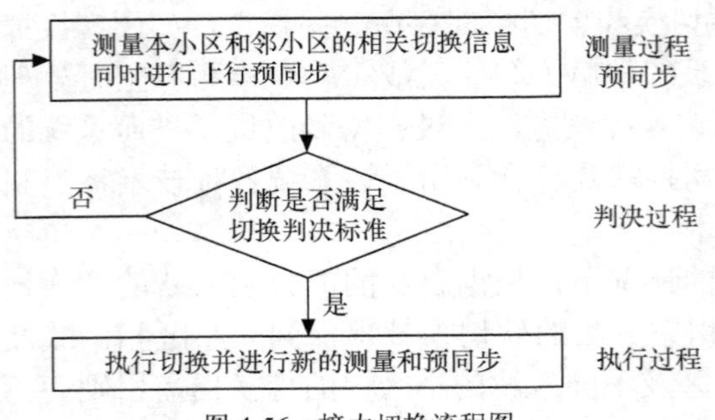

图 4-56　接力切换流程图

① 接力切换的测量过程

在 UE 和基站通信过程中，UE 需对本小区基站和相邻小区基站的导频信号强度进行测量。UE 的测量可是周期性进行，也可由事件触发进行，还可由 RNC 指定执行。

接力切换与硬切换的测量过程和要求相同，即需终端进行信号强度、质量和符合切换条件的相邻小区的同步时间参数进行测量、计算和保存，因此，接力切换并不需要额外增加新的测量参数，不会给终端设备带来更多的负担。UE 需计算和保存的参数有：本小区与邻小区导频信道的功率差ΔP；来自各邻近小区基站的信号与来自本小区基站信号的时延差Δt。这就是接力切换的上行预同步及保持过程。上行预同步及保持过程并不是一个单独的时间过程，也不需特别的控制或信令过程，而是在测量过程中同时进行的。

测量过程一旦发现当前服务小区的导频信号强度在一段时间内持续低于某一个门限值 T-DORP 时，UE 向 RNC 发送由接收信号强度下降事件触发的测量报告，从而可启动系统的接力切换测量过程。因为 TD-SCDMA 采用 TDD 方式，上下行工作频率相同，其环境参数可互为估计，在接力切换测量中可得到充分利用。如 NodeB 的测量处于基准值，则可发送报告请求切换，以防止 UE 的测量报告处理不当或延迟较大而造成掉话。UE 的测量报告可是周期性进行，也可由事件触发进行。

接力切换测量开始后，当前服务小区不断检测 UE 的位置信息，并将它发送到 RNC。RNC 可根据这些测量信息分析判断 UE 可能进入哪些相邻小区，即确定哪些相邻小区最可能成为 UE 切换的目标小区，并作为切换候选小区。在确定候选小区后，RNC 通知 UE 对它们进行监测和测量，把测量结果报告给 RNC。RNC 根据确定的切换算法判断是否进行切换。如判决应该切换，则 RNC 可根据 UE 对候选小区的测量结果确定切换的目标小区，然后，系统向 UE 发切换指令，开始实行切换过程。

② 接力切换的判决过程

接力切换的判决过程由 RNC 完成。UE 或 NodeB 触发一个测量报告到 RNC，切换模块对测量结果进行处理。

首先处理当前小区的测量结果，如果其服务质量还足够好，则判决不对其他监测小区测

量报告进行处理。如服务质量介于业务需求门限和质量好门限间，则激活切换算法对所有的测量报告进行整体评估。如评估结果表明，监测小区中存在比当前服务小区信号更好的小区，则判决进行切换；如前小区的服务质量已低于业务需求门限，则立即对监测小区进行评估，选择最强的小区进行切换。

一旦判决切换，则 RNC 立即执行接入控制算法，判断目标基站是否可接受该切换申请。如果允许接入，则 RNC 通知目标小区对 UE 进行扫描，确定信号最强的方向，做好建立信道的准备并反馈给 RNC。RNC 还要通过原基站通知 UE 无线资源重配置的信息，并通知 UE 向目标基站发 SYNC-UL，取得上行同步的相关信息。之后，RNC 发信令给原基站拆除信道，同时与目标小区建立通信。

③ 接力切换的执行过程

接力切换的执行过程就是当系统收到 UE 发出的切换申请，且通过算法模块的分析判决已同意 UE 或进行切换的时候（满足切换条件），执行将通信链路由当前服务小区切换到目标小区的过程。

当 UE 要切换的目标小区确定后，RNC 在发出切换命令前，还应当对目标小区发送无线链路建立请求。当 RNC 收到目标小区的无线链路建立完成消息后，将向原小区和目标小区同时发送业务数据承载，同时 RNC 向 UE 发送切换命令。此命令应附上在目标小区建立通信需要的各项基本数据，包括小区 ID，载波频率，标称每码道的发射功率及此业务所需的接收电平，接收和发射的中间码及偏移等，这样就可使 UE 在接入目标小区时，能缩短上行同步过程（即切换所需执行时间缩短）。

UE 接收到接力切换命令后，继续在原小区的下行链路接收业务数据和信令，同时，利用事先获取的本小区和邻小区间的功率差值ΔP 和时间差值Δt，通过开环同步和开环功率控制，在目标小区发射上行的承载业务和信令。此分别收发的过程持续一段时间后，将接收来自目标小区的下行数据，实现闭环功率和同步控制，中断和原小区的通信，完成切换过程。

在切换命令发出后，如 RNC 收到来自 UE 的切换成功消息，则删除原小区的通信链路；如 RNC 收到来自 UE 的切换失败消息，则删除目标小区新建的通信链路。如由于特殊原因（如终端突然掉电或进入深衰落地区），网络端没有收到终端的任何信息，则 RNC 将主动收回为该终端配置的所有信道资源。

4．动态信道分配

移动通信系统中资源的合理分配和最佳利用问题统称为信道分配问题。所谓资源，在不同的系统中有不同含义。在 FDMA 中，是指一固定的频率带宽；在 TDMA 中，则为一帧中特定的时隙；在 CDMA 中指某一类特殊的编码。信道分配问题就是如何有效利用这些资源，为尽可能多的用户提供尽可能好的服务。

一般信道分配方案按信道分割的不同方式分为 3 类：固定信道分配 FCA、动态信道分配 DCA 和混合信道分配 HCA。FCA 将服务区域划分成若干个小区，每个小区配置固定的信道集合，相同的信道集合在间隔一定的距离的小区内可重复使用。FCA 实现简单，但不能随业务条件和用户分布等变化自动调整。DCA 是以计算和控制复杂度为代价，所有的信道被集中分配而不是固定的属于某个小区。DCA 根据业务负荷，基于一定的原则，动态地将信道分配给接入的业务。HCA 是 FCA 和 DCA 的结合，将所有的信道分为两部分：一部分固定配置给某些小区，另一部分用于动态分配，为系统中所有用户共享。DCA 的算法很多，目前使用最多的是基于本地干扰测量的 DCA 算法，这种算法根据移动台反馈的实时干扰测量结果分配信道。

由于TD-SCDMA系统采用时分双工，且使用了智能天线技术，因此，TD-SCDMA系统中的资源包括频率、时隙、码道和空间方向4个方面。其中，一条物理信道由频率、时隙、码道的组合来标志。TDD模式的采用，使TD-SCDMA系统同时具有CDMA系统大容量和TDMA系统灵活分配时隙的特点；智能天线技术的采用，使TD-SCDMA可为不同方向上的用户分配相同的频率、时隙、扩频码，给信道分配带来更多的选择。DCA对TD-SCDMA系统特别重要，具体表现为：3G系统中上/下行链路中业务的不对称性要求物理帧中上下行切换点动态调整；由于CDMA的软容量特征，新增用户的接入会导致其他用户业务质量的下降，通过适当的时隙安排，可减小该影响，对已接入用户，由于业务速率改变（尤其是共享信道）或无线传播环境变化，同样可导致业务质量下降，但通过小区内或波束间的信道切换，也可减小影响；由于3G系统须支持动态比特率VBR业务，对高速业务目前只能通过合并资源单元承载的方式实现，因此，需要更复杂的信道集选择方案，该组合信道方式不但应满足所需业务质量要求，同时须优化多个时隙多个码道的组合能力；采用智能天线进行波束形成后，只有来自于主瓣和较大旁瓣方向的干扰才会对用户信道带来影响。智能天线的波束赋形有效降低用户间的干扰，实质是对不同的用户的信号在空间上进行区分。如DCA算法在进行信道分配时能尽量把相同方向上的用户分散到不同时隙中，即把在同一时隙内的用户分布在不同的方向上，可充分发挥智能天线的空分功效，使多址干扰降至最小。在智能天线波束形成效果足够好的情况下，可为不同方向上的用户分配相同的频率、时隙、扩频码，使系统容量成倍增长。TD-SCDMA中DCA一般包含慢速DCA（S-DCA）、快速DCA（F-DCA）两个过程：S-DCA将资源分配到小区；F-DCA将资源分配给承载业务，并根据系统状态对已分配的资源进行调整。

（1）S-DCA

TD-SCDMA中的S-DCA主要任务是进行各个小区间的资源分配及依据小区内业务不对称性的变化，在每个小区内分配和调整上下行链路的资源，使时隙的上下行传输能力和业务上下行负载的比例关系相匹配，以获得最佳的频谱效率。

TD-SCDMA的速率为1.28Mchip/s，在5M带宽内可有3个载波资源。在多载波情况下，若不考虑干扰因素，一个小区可拥有所有的载波和时隙资源。但如果干扰不大，则可给严重干扰的小区分配不同的载波和时隙，对小区时隙（包括上行和下行时隙）在较长时间范围内动态进行重新分配。

DCA还要根据上下行时隙提供的容量与上下行业务进行上下行时隙划分随小区内业务的变化动态进行，使上下行时隙提供的容量与上下行业务的需求相匹配，从而获得最高频谱利用率。因为TDD系统特有的帧结构，对于业务时隙而言，除第一个和最后一个时隙外，任何一个专用业务时隙都可用于上行或下行传输。因此，在上下行间时隙分配可很好地适应随时间变化的不对称业务。

TD-SCDMA系统的特点与DCA的结合，可更好地满足上下行不对称的需求，避免因资源单向受限而造成容量损失，从而带来系统容量的提升，并满足业务的QoS需要。然而，相邻小区间由于上下行时隙划分的不一致易带来交叉时隙干扰问题。

（2）F-DCA

F-DCA主要作用是为申请接入的用户分配无线信道资源，并根据系统状态对已分配的资源进行调整。因此，F-DCA主要包括信道分配和信道调整两个过程。

信道分配是根据承载业务需要资源单元的多少为其分配物理信道。DCA 为用户寻找干扰较小、能提供稳定服务的信道分配给用户。在用户接入时首先要进行接入控制 CAC，决定是否接纳新用户，要求完成两个方面的内容，一是判断网络能否为新接入的业务提供满足其要求的通信质量，另外还要确保新接入业务对正在被服务业务的影响在可容忍的范围内。

信道调整（即信道重新分配）的目的是保证用户的服务质量。通过对小区负荷情况、终端移动情况和信道质量的监测结果，对用户的服务质量要求、干扰情况作出判断，可能重新分配用户的信道，从而为用户提供稳定的服务；另外系统出于负荷或算法优化等方面的原因，也会主动的触发部分用户的信道调整过程。信道调整过程要求能快速完成。

① 信道分配过程

信道分配就是为承载业务分配载波（频率）、时隙和码道。当 UE 申请一项业务或需进行切换的时候，RNC 都要执行信道分配过程，为用户寻找干扰较小、能提供稳定服务的信道并分配给用户。图 4-57 给出了 F-DCA 信道分配过程示意图。

TD-SCDMA 用于信道分配的基本资源单元是一个码字/时隙/频率的组合。在信道分配过程中，要判断是否出现资源分散情况，如出现，则需进行资源整合，进入信道调整过程。

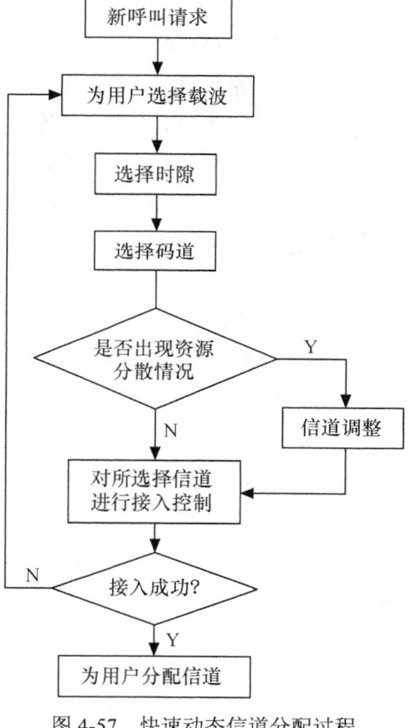

图 4-57 快速动态信道分配过程

② 信道调整过程

3G 系统对网络提出了更高的要求，需要系统不仅能为承载业务分配理想的信道，还应具有根据无线信道质量和用户业务需求，对已接入的用户信道进行调整的能力。

F-DCA 可根据对信道通信质量监测结果自适应地对资源单元进行调配和切换，以保证业务质量。在 TD-SCDMA 中，当一次呼叫被接入后，RNC 还可根据承载业务要求、终端的移动和干扰的变化等因素，在链路质量恶化、功率失效情况下，启动信道调整过程，调整用户占用的载波、时隙和码道，来均衡负荷，避免强干扰的出现，维护链路质量，减少掉话率，从而保证服务质量。按不同的触发原因，信道调整可分为以下几类：

- 已分配信道通信质量恶化，功控不能克服。从 UE 所在小区的时隙列表中选取优先权最大的时隙，如通信质量满足要求则分配该时隙内的信道；如不满足，则返回 DCA 失败信息，再触发切换模块。
- 根据业务对资源的使用情况对已分配资源进行调整。对占用多个资源单元 RU 的业务，当信道的使用率过低时，在不影响通信质量的前提下，DCA 应收回其中部分资源；反之，DCA 也应为业务量较高的业务提供更多的 RU。
- 为提高系统资源利用率，RNC 需要重新组织已占用资源。经长时间的分配和释放后，资源的分配情况会变得十分混乱，RNC 可对已分配资源进行重组和整合，提高系统资源利用率。如为预防一个承载业务分配的码字落在过多的时隙中，通过释放负荷最轻的时隙的资源而进行信道重分配。
- 系统根据负载情况，对已分配资源进行调整。一方面针对某些时隙的负载过大，而

其他时隙负载较轻的情况，进行时隙间的负载调整。另一方面是针对小区内负载过重，需向其他小区转移业务。

另外，TD-SCDMA 系统采用了智能天线技术，在资源分配中增加了空分效果，基站通过智能天线的波束赋形和定向接收功能进行信号的发送和接收，可大大减少发射功率和同频干扰；但当相邻小区的两个使用了相同资源的用户靠近时，两个基站都往同一个地理位置发射信号，必然会引起较大的同频干扰，此时可通过信道调整技术将其中一个用户调整到其他载波或时隙上。

对 TD-SCDMA 来说，由于结合了 TDMA、CDMA、FDMA 等技术，信道分配的灵活性大大增强，使 DCA 算法对系统性能和容量的影响大为增加。DCA 对 TD-SCDMA 性能提升具有明显效果，是 TD-SCDMA 的核心技术之一。

5．软件无线电技术

在 TD-SCDMA 中，数字信号处理技术 DSP 将取代常规模式，完成众多原本通过 RF、基带模拟电路和 ASIC 实现的无线传输功能，这些功能主要包括智能 RF 波束赋形、板内 RF 校正、载波恢复及定时调整等。

采用软件无线电技术主要优势在于，通过软件的方式灵活完成原本由硬件完成的功能，减轻网络负担；在重复性和精确性方面具有优势，错误率较小、容错性高；不同于硬件方式的易老化和对环境的敏感性；可用较少的软件成本实现复杂的硬件功能，减少总投资。

（1）软件无线电的概念

软件无线电通常指采用固定不变的硬件平台而通过软件的改变实现灵活性的无线电系统通信功能。换言之：同样的无线电系统硬件可在不同的时候完成不同的功能。无线电系统能够接收完全可编程的业务和控制信号，并且支持大范围的频率、空中接口和应用软件。用户可快速从一种空中接口切换到另一种空中接口。

软件无线电只需要改变软件就可以变换系统的功能和标准，从而使得天线体制具有更好的通用性、灵活性，并使系统互连和升级变得方便。软件无线电要求在尽可能靠近天线处进行信号的数字化，从而在数字域获得完全的灵活性，或者可用灵活的射频前端处理大范围的载频和调制方式。软件无线电的模型如图 4-58 所示。

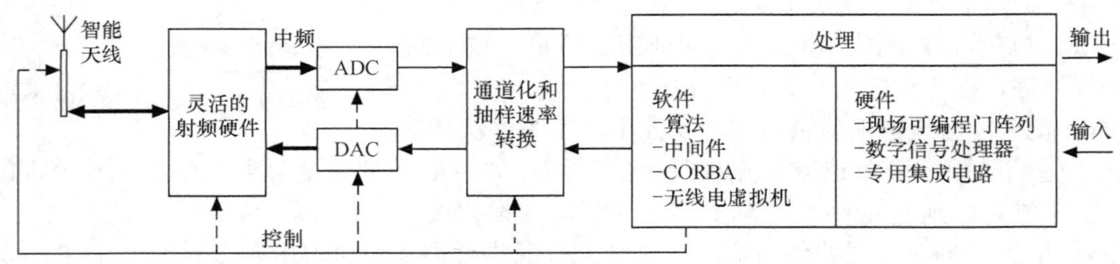

图 4-58　软件无线电模型图

软件无线电具有多功能性：可充分利用其他技术及提供补充业务的设备增强无线电系统的业务能力。软件无线电的可重构能力支持同一系统中的各种业务功能。软件无线电具有全局移动性：能实现现存的各类标准，满足透明性的需求。软件无线电具有紧凑性和功率有效性：通过复用相同的硬件模块实现多个系统的接口，可获得紧凑的结构，且在某种情况下功率有效的设计。软件无线电具有通用性、灵活性、快捷性：多个信道享有共同的射频前端与宽带 A/D/A 转换器，它再与可编程器件（DSP 等）部分相连接，使系统具有很好的通用

性；用可编程器件（DSP、CPU 等）代替专用数字电路，可以利用软件工具来分析无线环境业务和实时环境检测；任意转换信道接入方式，改变调制方式或接受不同系统的信号等；软件开发的周期比硬件短的多，费用也较低，能适时满足市场新的要求，降低更新换代的成本。

软件无线电的关键技术包括：宽带、多频段天线、宽带 A/D 转换器、高速数字信号处理器（DSP）、总线结构等。

（2）软件无线电在 TD-SCDMA 中的应用

在 TD-SCDMA 中，软件无线电可用来实现智能天线、联合检测等各种基带信号处理功能，也可实现 TD-SCDMA 与 GSM 及 WCDMA 多模手机。

在 TD-SCDMA 中软件无线电将实现如下功能：提供开放的模块化的体系结构；实现智能天线；同步的检测、建立和保持；用户终端 D-QPSK 解调中的载波恢复、频率校准和跟踪；码道功率的检测和发射功率控制的实现；接收通道的电平检测和接收增益控制；扩频调制和解调，包括 Walsh 码和 PN 码的产生；语音编译码；DTMF、MFC 及各种信号的产生和检测；信道编码、复接和分接；发射脉冲形成滤波；SWAP 信令的差错检测；接收信令的差错检测；发射通道的数字预失真；基站收发信机的校准等。

小　　结

1．IMT2000 由 CN、RAN、MT 和 UIM 组成，并定义了 4 个标准接口。3G 标准中最受关注的是基于 GSM 系统的 WCDMA、基于 IS-95 CDMA 的 cdma2000 和 TD-SCDMA。

2．GSM 到 WCDMA 的演进经历了多个版本，最初由 GSM 和 GPRS 合并升级而成。WCDMA 无线接口分 3 层，逻辑信道须映射到传输信道，传输信道须映射到物理信道上才能实现通信。WCDMA 的信道编码/复用可采用压缩方式和非压缩方式。采用压缩方式时，传输间隔可用来进行其他频点的测量。为提高系统性能 WCDMA 采用多种新技术：Rake 接收、多用户检测、空时码等。WCDMA 在实现同步时，需先进行小区搜索，小区搜索执行三个步骤：时隙同步、帧同步及码组指示、扰码识别。

3．cdma2000 标准与 IS-95 CDMA 相比增设了很多信道，cdma2000 的反向信道和前向信道有不同的信道结构和无线配置，但信息的处理过程基本相同，增设的一些辅助信道用以增强系统的功能和灵活性。另外在接入、寻呼、信道编码、调制解调、切换等采用新的技术以提高系统的性能。cdma2000 1x EV-DO 专为高速分组数据业务提出，当用户远离基站时通过降低数据率保证传输质量，采用移动 IP 接入方式实现不改变 IP 地址接入不同 PDSN 网络。

4．在 TD-SCDMA 中充分利用了 TDMA、CDMA 和 SDMA 等多址技术。TD-SCDMA 中“S”的含义包括：同步、智能天线和软件无线电三种。TD-SCDMA 与 WCDMA 采用相同的核心网标准，但无线接口标准不一样。TD-SCDMA 无线接口也采用 3 层结构，但由于采用 TDD 方式，其时隙帧结构与信息格式与 WCDMA 完全不同。为提高系统性能，TD-SCDMA 采用了很多关键技术：智能天线、联合检测、接力切换、动态信道分配、软件无线电等。

思考与练习

4-1　画出 IMT-2000 功能模型并简述其系统组成。

4-2　画出 UMTS 系统结构，并说明结构上的演进。

4-3　什么是 WCDMA 的压缩模式？什么是多用户检测？

4-4　WCDMA FDD 如何实现同步？

4-5　画出 IS-95CDMA 到 cdma2000 的网络结构演进基本框图并作简单说明。

4-6　简述 cdma2000 中的各类切换。

4-7　简述 cdma2000 1x EV-DO 系统结构。

4-8　简述 SDMA 和 CDMA 的互补作用。

4-9　简述 TD-SCDMA 的时隙帧结构。

4-10　试说明 TD-SCDMA 中实现同步的过程。

4-11　什么是 TD-SCDMA 的接力切换？接力切换的执行过程如何？

4-12　什么是动态信道分配？TD-SCDMA 中如何实现动态信道分配？

第 5 章 B3G/4G 移动通信系统及技术应用

本章内容

- HSPA、LTE 和 LTE-A 系统的基本概念和关键技术

本章重点

- HSPA、LTE、LTE-A 系统的基本概念和关键技术

本章难点

- HSPA、LTE、LTE-A 系统的关键技术

本章学时数　　15 学时

学习本章的目的和要求

- 掌握 HSPA、LTE、LTE-A 系统的基本概念
- 理解 HSPA、LTE、LTE-A 系统的关键技术

5.1 B3G/4G 概述

3G 的每一个主流标准在向 4G 演进时都有一个相应的版本。在 3GPP2 标准组织，cdma2000/EV-DO 演变成 Ulrea Mobile Broadband（UMB），仍然以 Qualcomm 主导（由于缺乏大运营商支持，于 2008 年停止研发，演进路线中止）。在 3GPP 标准组织，UMTS/HSPA 演变成 LTE/LTE-Advanced（LTE-A）；TD-SCDMA 与 LTE 融合生成 TD-LTE，从属于 LTE。

在 3GPP 框架内制定的新规范称为 3G 演进技术，该演进核心网支持两种无线接入网 RAN 技术。第一种 RAN 技术是高速分组接入 HSPA，也被称为 3.5G 技术。HSPA 包括在 R5 中规范的高速下行分组接入 HSDPA 和在 R6 中规范的高速上行分组接入 HSUPA，这两种技术可达的峰值数据速率分别为 14.6Mbit/s 和 5.76Mbit/s。HSPA 是基于 WCDMA/TD-SCDMA 的技术，可以后向兼容 UMTS。HSPA 的演进也称为 HSPA+，该技术可以作为中期解决方案。cdma2000 与之对应的技术是 cdma2000.1x EV-DO 和 EV-DV。第二种 UMTS RAN 演进技术称为 LTE，其演进的核心网称为演进的分组核心网 EPC。LTE 的目标是提供更高的网络性能并减少无线接入成本。LTE 是一个新设计的无线接口，因此与 HSPA 相比，LTE 不能与 UMTS 后向兼容，但是其设计很明显受到了之前 3GPP 相关规范的影响。2007 年底，第一个 LTE 规范正式提出，LTE 系统的峰值数据速率可达 326Mbit/s。

在电信技术发展的同时，无线信息和电信部门也提出了不同的基于 IP 的无线接入系统。例如，WLAN 系统是 IEEE 提出的 802.11 标准，主要用于近距离无移动性的覆盖。WLAN 已经在全球范围广泛部署。无线个人局域网 WPAN 是 IEEE802.15 标准，用于短距离覆盖和高吞吐量场景。宽带无线接入 BWA 系统是根据 IEEE 802.16 标准制定的，目标值是支持较远覆盖并支持用户移动性。BWA 全球微波接入互操作系统 WiMAX 也是 IMT-2000 家族成员。就像 UMTS 演进 LTE 一样，WiMAX 也进行了技术演进，最终演进到新的 IEEE 802.16m 标准。与 LTE-Advanced 一样，IEEE802.16m 也是 IMT-Advanced 的候选技术。WiMAX 技术在第 6 章中再作介绍。

较之前的移动系统而言，LTE 可以显著地提升频谱效率并降低延时。LTE 是基于正交频分复用 OFDM 和高级 MIMO 处理的技术。下一代移动网络 NGMN 对未来移动通信的需求进行研究，这些需求主要包括网络扁平化、较高的频谱效率、较低的时延及可为用户灵活分配数据速率等方面。此外，还包括较高的小区覆盖吞吐量和充分高的小区边界容量以满足在用户密度逐渐增长情况下对数据业务增长的需求。LTE 就可满足上述需求，这是向下一代国际移动通信标准迈进的重要一步。

在 3G 演进版本中，R8 中有许多对 RAN 功能增强的特性，比如对 HSPA+的增强。然而，R8 的主要方面是介绍了长期演进 LTE，R8 中 HSPA+包含了许多关键增强特性，包括：64QAM 和 MIMO（R8 合并了 64QAM 和 MIMO，使理论速率达到 42Mbit/s，即 2×21.6Mbit/s）；双小区操作（在 R8 中引入的特性——双小区 HSDPA 在 R9 和 R10 中得到进一步增强，它使手机能有效使用两个 5MHz 的 UMTS 载波，假使这两个载波均使用 64QAM 调制方式（即 21.6Mbit/s 的速率），则最高理论速率能达到 42Mbit/s，但 R8 中手机是无法同时使用 MIMO 和 DC-HSDPA 的，并且 R8 中减少了上行开销。随着 LTE R8 规范的完成，3GPP 开始着手研究 LTE 的未来演进技术，未来的演进技术仍是构建在现有 LTE 技术之上的，并且保证演进的 LTE 性能可满足甚至超越 IMT-Advanced 的需求。

虽然 LTE 是在 R8 中提出的，它在 R9 中得到了进一步增强。R9 中包含了 LTE 的大量特性，其中最重要的一个方面是支持更多的频段。LTE 的未来演进称为 LTE-A，是在 LTE R10 及后续版本中进行了规范。R10 包含了 LTE-A 的标准化，即 3GPP 的 4G 要求。这样，R10 对 LTE 系统进行了一下修改来满足 4G 业务。当前标准化的是 LTE-A 的修订版，改动较小，为 R11 版本。

LTE-A 定义为 LTE 技术的未来演进技术，可以部署在新频段中，支持 LTE R8、R10 及更新版本的后向兼容性问题，并且 LTE 运营商可以在已有的 LTE 网络基础上将网络升级到 LTE-A，而不必变更已有的 UE 基础。LTE-A 技术增加的主要特征包括：CA；增强的下行多天线传输；上行多天线传输；中继；支持异构网络部署等。LTE-A 的理论数据速率可达 1.6Gbit/s。

TD-LTE 与 LTE FDD 相比有些独特之处，且融入了 TD-SCDMA 的一些关键技术，但在标准化和产业链发展方面一直保持与 LTE/LTE-A 步调总体一致，有机成为 LTE 中的一部分。

5.2 HSPA

随着数据业务需求的发展，为了进一步提高上、下行数据业务传输速率，3GPP 基于

WCDMA 的增强技术 HSDPA 和 HSUPA，TD-SCDMA 也提出了 TDD 模式的 HSDPA/HSUPA。本节主要介绍基于 WCDMA/TD-SCDMA 的 HSPA 的无线接口和关键技术。

5.2.1　基于 WCDMA 的 HSPA

HSDPA 是 3GPP 在 R5 版本中为了满足上/下行数据业务不对称的需求而提出的一种可大大提高系统下行链路容量和数据业务传输速率的重要技术，是 3G 在无线部分的增强与演进，可在不改变原有网络结构的情况下提高下行数据业务速率。HSUPA 是 3GPP 在 R6 版本中提出的可大大提高上行链路容量和业务数据传输速率的又一项重要技术，是 3G 在无线部分进一步增强与演进，可在不改变原有网络结构的情况下提高上行数据业务速率。

1．HSDPA

HSDPA 的性能与信道条件（如时间色散、小区环境、终端移动速度、小区内与小区间的干扰分布）、终端基本检测性能（敏感性、干扰抑制能力等）有关，还受到无线资源管理 BRM 算法的影响，如功率和码资源的分配、载干比估计的准确性及分组调度算法的选择和实施等。

HSDPA 中的 HARQ 协议位于 NodeB 中，数据重传无需经过 Iub 接口，有效地增加了无线链路的数据吞吐量，从而提高整个扇区的吞吐量。HSDPA 中使用 AMC 技术，对于靠近 NodeB 的用户，充分利用现有的信道条件，使用高阶的调制方案和较高的编码速率，以最大化下行链路的数据吞吐量。

在 HSDPA 中，小区吞吐量随调制方式、可使用的码信道数量和信道编码速率而不同，它所能达到的理论峰值传输速率为 R99 的 5 倍。由于多个用户是时分复用和码分复用，因此理论的传输速率可以由单个用户达到或多个用户分配达到，网络可根据终端性能和终端数据需求进行功率和码字分配。HSDPA 可提高系统的频率效率和码资源效率，是一种提升网络性能和容量的有效方式。为了使 HSDPA 尽可能多地承载各种类型的业务，保证各种业务类型的 QoS，HSDPA 的分组调度不再由 RNC 负责，而是改由 NodeB 直接管理，使资源调度更接近空中接口，缓解 Iub 产生的延迟限制。更快的调度方式使得不需要通过专用信道 DCH 承载，就可以采用分组调度提供恒定比特速率的业务，所以 HSDPA 不仅能有效支持交互式等非实时业务，同样可以用于支持某些实时业务，如流媒体业务等。

HSDPA 的发展主要分 3 个阶段：第一阶段通过使用链路自适应和适应性调制（QPSK/16QAM）、混合自动重传请求（HARQ）及快速调度等技术，将峰值速率提高到 10.8～14.4Mbit/s；第二阶段通过引入一系列天线阵列处理技术，峰值速率可提高到 30Mbit/s；第三阶段通过引入 OFDM 空中接口技术和 64QAM 等，将峰值速率提高到 100Mbit/s 以上。

（1）HSDPA 架构

基本的 HSDPA 技术依赖于对于无线条件快速变化的快速适应，因此技术的实现应尽可能接近在网络端的无线接口，即 NodeB 内部。同时 HSDPA 要保留 R5 的功能，在节点和层间保持尽可能的独立，实现最小的架构改变，并保证不是所有小区升级到 HSDPA 功能环境内的运作安全。因此 HSDPA 在 NodeB 引入了新的 MAC 子层 MAC-hs，负责调度、速率控制和 HARQ 协议操作。除了对 RNC 的必要加强，也对 HSDPA 用户进行准入控制等。

HSDPA 的引入主要影响 NodeB，其架构如图 5-1 所示。

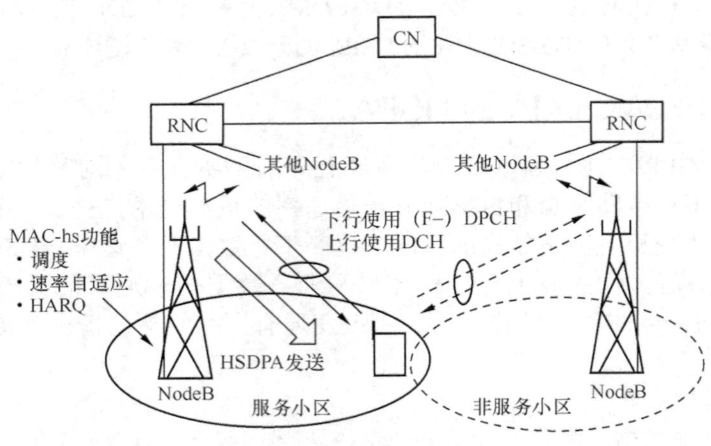

图 5-1　HSDPA 架构示意图

每一个使用 HSDPA 的 UE 会从当前服务小区 HS-DSCH 信道发送。服务小区负责调度、速率控制、HARQ 及所有用于 HSDPA 的其他的 MAC-hs 功能。上行链路方向支持软切换，发送的数据可在几个小区内接收，UE 也会收到多个小区发送的功率控制命令。

从一个支持 HSDPA 的小区到另一个不支持 HSDPA 的小区的移动性可很容易地被处理，从而不间断用户的业务，通过 RNC 内使用信道切换的办法，将用户转到非 HSDPA 小区的专用信道上，但此时是以一个较低的数据速率提供服务。同样，一个具有 HSDPA 能力的终端在进入一个 HSDPA 小区时，也可从专用信道切换到 HSDPA 信道上。

（2）无线接口

HSDPA 对无线接口主要做了如下几项改动：更短的无线帧；新的高速下行链路信道；除 QPSK 调制外还使用 16QAM；码分复用和时分复用相结合；新的上行链路控制信道；使用 AMC 的快速链路适配机制；使用 HARQ；媒体访问控制 MAC 调度功能移到 NodeB。

① 新增信道

HSDPA 在物理层规范引入了如下所述的 3 种新的信道。

- HS-DSCH

HS-DSCH 负责传输用户分组数据，采用固定的扩频因子 SF=16，无线帧长为 2ms。信道共享方式有时分复用和码分复用。最基本的方式是时分复用，即按时间段分给不同的用户使用，这样 HS-DSCH 的信道码每次只分配给一个用户使用。另一种就是码分复用，在码资源有限的情况下，同一时刻，多个用户可以同时传输数据。

- HS-SCCH

HS-SCCH 主要用于承载下行链路所需要的信令信息，负责传输 HS-DSCH 信道解码所必需的控制信息；采用固定的扩频因子 SF=128。如果发生认为是错误的数据包而需要重传时，还有可能要对 HS-DSCH 上发送的数据进行物理层合并。

- HS-DPCCH

HS-DPCCH 负责传输必要的控制信息，主要是对 ARQ 的响应以及下行链路质量的反馈信息；采用固定的扩频因子 SF=256。质量反馈信息在 NodeB 调度器中用来决定向哪个终端、以何种速率发送数据。

HSDPA 相关的整体信道结构如图 5-2 所示。

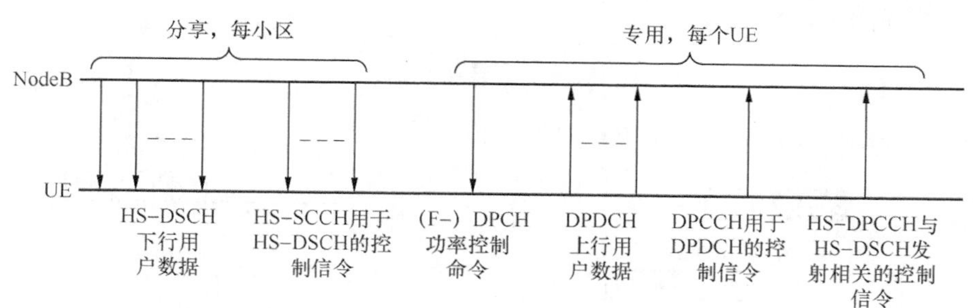

图 5-2　HSDPA 的信道结构

HS-DSCH 和 HS-SCCH 都没有下行链路宏分集或软切换。主要原因是 HS-DSCH 调度的位置在 NodeB，就不能从多个 NodeB 同时发送 HS-DSCH 数据给一个 UE，从而阻止了跨 NodeB 间的软切换使用。而且，在一个小区内，通过信道依赖性调度，可得到多用户间的分集。基本上，调度器只发送数据给当前具有较好的瞬时无线条件的用户，而宏分集的额外增益就被削弱了。然而上行链路信道和下行链路专用信道都可以使用软切换，由于这些信道并不通过信道依赖性调度，宏分集将直接使覆盖受益。

② HSDPA 物理层工作过程

HSDPA 物理层工作过程需要经过以下几个步骤。

- 对于不同用户，NodeB 内的调度器要评估的内容有信道条件如何，滞留在每个用户的缓冲器内的数据有多少，一个特定用户上次接受服务后经过的时间，哪些用户的重传还没有执行等。
- 一旦决定在给定 TTI 内需要为某 UE 服务，NodeB 需要辨识必要的 HS-DSCH 参数。如：可供使用或填充的码字数目，可否使用 16QAM，UE 能力上都有哪些限制等。UE 的软存储能力确定了可以使用的 HARQ 类型。
- NodeB 开始传送 HS-SCCH 两个时隙，然后传送相应的 HS-DSCH TTI，将必要的参数通知 UE。假如前面的 HS-DSCH 帧内没有数据传送给 UE，HS-SCCH 的选择是没有限制的（从最多的 4 个信道中任意选择）。
- UE 监听网络发出的 HS-SCCH，一旦 UE 从 HS-SCCH 的第一部分检测到当前信息是发给自己的，将立即开始解码 HS-SCCH 的剩余内容，并开始缓存来自 HS-DSCH 的必要信息。
- 一旦从第二部分解码得到 HS-SCCH 参数后，UE 就可知道数据所属的 ARQ 序号并且获悉是否需要将其与软缓存内的已有数据合并。
- 一旦对可能要合并的数据进行解码，UE 根据对 HS-DSCH 数据进行 CRC 检验的结果，在上行链路方向发送 ACK/NACK 指示。
- 如果网络在相继的 TTI 内向同一 UE 连续发送数据，UE 将停留在前一次 TTI 期间所使用的 HS-SCCH 上。

从 HS-SCCH 的接收，经 HS-DSCH 的解码，到上行链路 ACK/NACK 的发送，HSDPA 工作过程对 UE 的工作定时有严格的规定。从 UE 侧看，关键的定时值为 7.5 个时隙，是从 HS-DSCH TTI 结束到在上行链路 HS-DPCCH 上发送 ACK/NACK 指示的这段间隔。图 5-3 所示为上下行链路的定时关系。从网络侧看，下行链路何时进行重传是异步控制的。由于实现方法的不同，网络侧调度所耗费的时间可能不同。

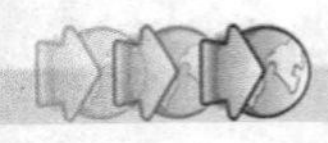

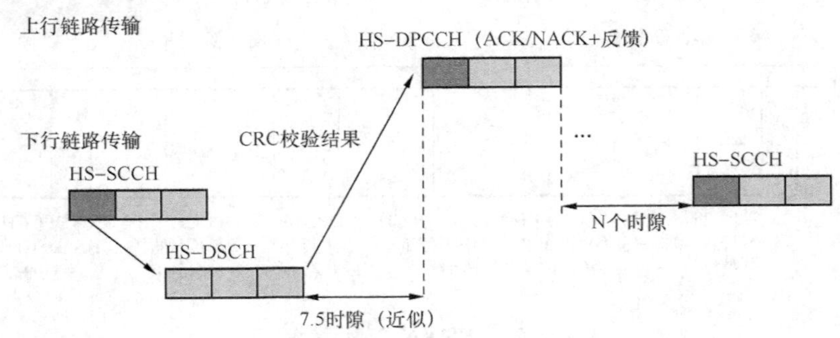

图 5-3　一次 HARQ 过程的终端定时

因为下行链路以及随后的上行链路的 DCH 不是和 HSDPA 传输信道按时隙对齐的，因此，上行链路 HS-DPCCH 也可能从上行链路时隙的中间开始，这需要在上行链路的功率设置时加以考虑。上行链路的定时量化为 256 码片（符号对齐），最小值在“7.5 个时隙−128 码片”和“7.5 个时隙+128 码片”之间，如图 5-4 所示。

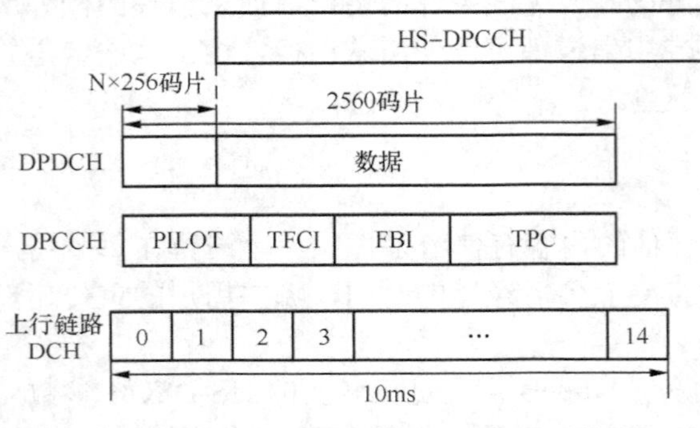

图 5-4　上行链路 DPCH 和 HS-SCCH 定时关系

（3）HSDPA 移动性

HSDPA 的移动性也就是服务小区的改变，是通过 RRC 信令来处理的，该过程和专用信道的过程类似。移动性基本的组成包括网络控制的切换和 UE 测量上报。测量结果由 UE 报告给 RNC，然后 RNC 根据测量结果，重配置 UE 和 NodeB，从而完成小区的改变。

在 WCDMA 中有几种测量机制，用于活动集更新、硬切换和同频测量等。如测量事件 1D——最好小区更改，当一个相邻小区的公共导频信号强度超过当前的最好小区时（同时考虑一些测量偏置），UE 会上报该事件，用于决定是否切换 HS-DSCH 服务小区。假设源小区和目标小区均在激活集中，流程如图 5-5 所示（不包含活动集的更新）。

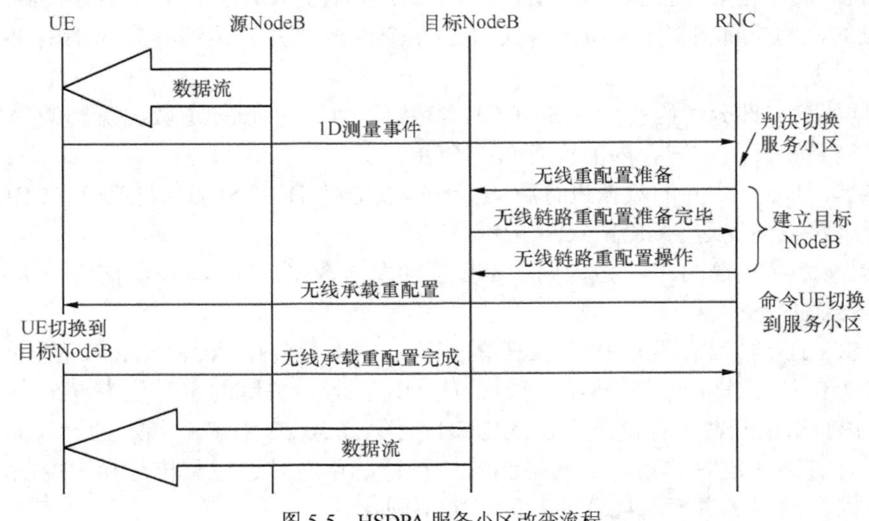

图 5-5　HSDPA 服务小区改变流程

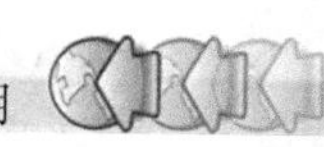

UE 和相关的 NodeB 重配置过程可以是同步的，也可以是异步的。在同步重配置中，重配置消息中定义了激活时间，以确保涉及的双方可在相同的时间点启用新配置。考虑到 NodeB 和 RNC 间的未知时延及处理和协议时延，在选择激活时间时需考虑合适的余量。异步重配置预示着相关的节点在收到重配置消息后马上启用。然而，在这种情况下，新小区来的数据可能在 UE 从原服务小区切换过来之前开始发送，这将导致一些数据的丢失，从而需要 RLC 协议进行重传。因此，对于 HS-DSCH 服务小区更改，同步重配置是典型使用的方法。当 UE 从一个 NodeB 移动到另一个 NodeB 时，MAC-hs 协议会被复位。因此，HARQ 协议状态并不会在两个 NodeB 间进行传递。在小区更改时丢失的分组包将会在 RLC 协议层进行处理。HSDPA 中的切换类型和特征如表 5-1 所示，切换延迟预计是在 300～500ms 量级，这表明，从 SRNC 决定发起切换算起，同步切换的激活时间应该在 300～500ms 间。实际切换的延迟取决于 RNC 的实现方案、切换阶段发送给用户的 RRC 消息长度，及相关的 DPCH 层 3 信令信道上的数据速率。

表 5-1　　HSDPA 切换类型和其特征

	NodeB 内 HS-DSCH 到 HS-DSCH 切换	NodeB 间 HS-DSCH 到 HS-DSCH 切换	HS-DSCH 到 DCH 的切换
切换测量		UE 测量	
切换判决		SRNC 决定	
分组包的重传	将分组包从源 MAC-hs 前转到目标 MAC-hs	不前转分组包，利用 SRNC 进行 RLC 重传	利用 SRNC 进行 RLC 重传
分组包舍弃	无	采用 RLC 确认模式时无	采用 RLC 确认模式时无
时延（ms）	300～500	300～500	300～500
上行链路 HS-DPCCH	HS-DPCCH 可采用更软切换	由一个小区收到的 HS-DPCCH	—

和移动性相关的就是 RNC 和 NodeB 间的流控，流控用于控制 NodeB 内 MAC-hs 缓存的数据量，避免缓存区的溢出。对于流控的需求在一定程度上是冲突的，因为它应该确保 MAC-hs 缓存足够大以包含足够多的数据，从而完全地利用物理信道的资源，特别是在信道条件较好的情况下；同时，MAC-hs 的缓存应足够小以便跨 NodeB 的切换时重传到新的 NodeB 的数据能最小化。

（4）HSDPA 中的关键技术

为了提高下行分组数据传输速率和减少时延的目的，HSDPA 主要采用了一系列链路自适应技术，如自适应的编码和调制、快速重传、快速调度等技术，替代 R99 版本中的可变扩频码和快速功率控制，同时在通用地面无线接入网 UTRAN 侧原有的物理信道上增加了 3 个信道，以支持关键技术的实现。

① 新增的 3 个物理信道

HSDPA 物理信道的使用与 DCH 和下行共享信道 DSCH 的配合使用相似，需要承载更高时延限制的业务，例如自适应多速率 AMR 话音业务。为了实现 HSDPA 功能特性，在 MAC 层新增了 MAC-hs 实体，位于 NodeB，负责 HARQ 操作以及相应的调度，并在物理层引入以下 3 种新的信道：HS-DSCH、HS-SCCH 和 HS-DPCCH。

HSDPA 功能主要是对 NodeB 修改比较大，对 RNC 主要是修改算法协议软件，对硬件影响很小。如果原有设备中考虑了 HSDPA 功能升级要求（如 16QAM、缓冲器及处理器的性

能等），一般实现 HSDPA 不需要硬件升级，只要软件升级即可。需要注意的是：硬件所能达到的处理性能决定 HSDPA 性能；需考虑实现 HSDPA 时对网络性能的影响。

② 自适应调制编码 AMC

在蜂窝移动通信系统中，UE 侧接收到的信号质量取决于：目标基站与干扰基站间的距离、路径损耗指数、阴影衰落及瑞利衰落和噪声的影响，为提高系统容量、峰值数据速率及覆盖范围，可通过调整系统的传输参数以弥补由于信道条件变化而带来的影响，并将其称为链路自适应技术。

HSDPA 采用 AMC 作为基本的链路自适应技术，对调制编码速率进行粗略的选择。AMC 的原理就是根据用户瞬时信道质量状况和当前资源，选择最合适的下行链路调制和编码方式。靠近基站的用户接收信号功率强，采用高阶调制（如 16QAM）和高速率信道编码（3/4 编码速率），使用户获得尽量高的数据吞吐率；当信号较差时，则选取低阶调制方式（如 QPSK）和低速率信道编码（1/4 编码速率）来保证通信质量，如图 5-6 所示。

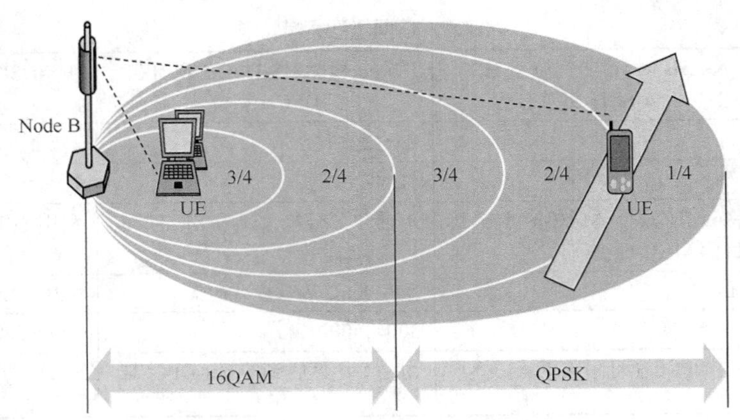

图 5-6　AMC 不同调制编码方式的选择

AMC 工作过程如下：UE 接收下行控制信道的消息，指示下一个 HS-DSCH 传输的资源分配情况；UE 进行相应的信道测量（可通过导频信道获得）；根据 HS-DSCH 资源分配情况和测量结果，UE 产生一个信道质量指示 CQI（包括 UE 建议的传输块大小和调制格式），并在相应上行控制信道报告给基站；基站的高层根据 UE 的 CQI 报告选择合适的传输格式；基站在下行控制信道上携带 UE 的控制信息，并在分配的 HS-DSCH 传输时间间隔内采用相应的传输格式发送给 UE。

③ 混合自动请求重传 HARQ

为进一步提高系统性能，HSDPA 在采用 AMC 对调制编码方式进行粗略的选择之后，采用 HARQ 技术进行精确的调节。混合自动请求重传技术是前向纠错 FEC 编码和 ARQ 技术的结合，即结合了自动重发与前向纠错的容错恢复机制，并使用合并前后含有相同数据单元的机制或重传信息块的增量冗余机制，带来更低的残余误块率，从而减少高层协议 RLC 层的重发和降低下行分组包的发送时延与环回时延 RTD（Round Trip Delay）。

HARQ 的重传是在物理层上实现的，它可以自动根据瞬时信道条件，灵活调整有效编码速率，补偿因采用链路适配所带来的误码。

HSDPA 将 AMC 和 HARQ 相结合，首先通过 AMC 对速率进行粗略的选择，然后再由

HARQ 进行精确的调节，从而更好地达到链路自适应的效果。HSDPA 支持两种机制：对基站重发相同的分组包进行前后合并或对基站重发含有不同编码（即冗余信息）的分组包进行增量冗余合并。

增量冗余是软合并的基本机制，也就是说，重传可由一个不同于首次发送数据的编码比特集合组成。不同的冗余版本，也就是不同的编码比特集合，作为速率匹配机制的一部分而产生。速率匹配使用打孔（或重复）来将编码比特匹配到可用的物理信道比特上。通过使用不同的打孔模式，可以产生不同的编码比特集合，即冗余版本，如图 5-7 所示。追赶合并是增量冗余的一种特殊情况，NodeB 可通过选择合适的用于重传的打孔模式来决定是否使用增量冗余或追赶合并。

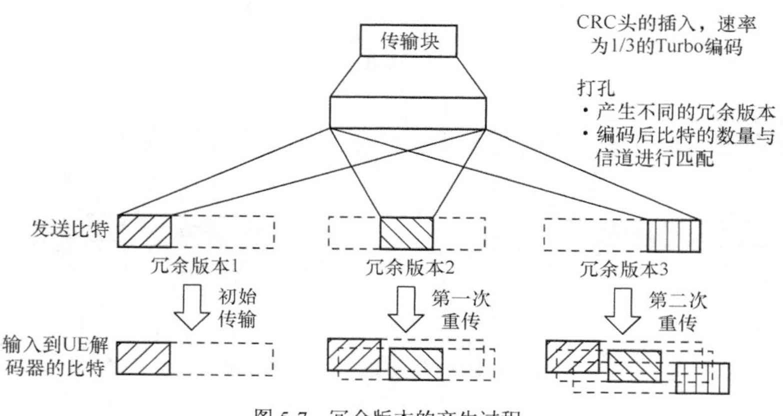

图 5-7　冗余版本的产生过程

UE 收到编码比特之后，开始尝试对这些比特进行解码，一旦解码尝试失败，UE 就缓存收到的软比特，并发送一个 NACK 来请求重传。一旦重传发生，UE 将合并缓存的软比特和在重传中接收到的软比特，并将合并后的数据进行解码。

为了使软合并能正常进行，UE 需知道何时是新数据的发送，何时是以前发送数据的重传。因此，下行链路控制信令包含了一个新数据指示位，用于 UE 控制是否软缓存（新数据），或决定缓存中的数据和已收到的软比特是否进行软合并（重传数据）。

为最小化重传相关时延，UE 处解码的结果应该尽可能快地报告到 NodeB。同时，反馈信令的开销应该尽可能小。因此 HSDPA 选择了停止一等待的架构。在接收到传输块后，只需用单个的比特以一个定义好的时间（约 5ms）从 UE 传到 NodeB。为允许连续给一个 UE 发送数据，多个停止一等待的结构也就是 HARQ 进程可并行地进行操作，如图 5-8 所示。因而，对每一个用户来说，都有一个 HARQ 实体，每个实体由多个 HARQ 进程组成。

HARQ 进程的数量应该与 UE 和 NodeB 间的环回时间相匹配，包括各自的处理时间，以允许对一个 UE 的持续发送。使用超过与环回时间对应的进程数的做法，并不会提供更多的增益，反而会引入重传间不必要的延迟。由于 NodeB 的处理时间因不同的实现方式而变化，HARQ 进程的数量是可以配置的。对一用户来说，最多可建立 8 个进程，典型进程为 6 个，在 NodeB 处大约有 2.8ms 的处理时间，该时间是从接收到 ACK/NACK 开始到 NodeB 可以在相同的 HARQ 进程中调度发送或重传给 UE 的数据。下行链路控制信令用于通知 UE 当前的 TTI 内使用哪个 HARQ 进程。对于 UE 来说非常重要，该信息用于对正确的软缓存进行软合并，每个 HARQ 进程中调度发送或重传给 UE 的数据。

使用多个并行运作的独立的 HARQ 进程的后果就是解码后的传输块是无序的。例如 HARQ 进程 1 可能需要一个重传，而进程 2 发送的数据块将会在接收端首先送到上层，先于进程 1 中的传输块，参见图 5-8。由于 RLC 协议假定数据都是以正确的顺序出现的，所以 HARQ 进程和 RLC 协议层间就需一个顺序重排机制。为了使 UE 支持 PDU 重新排列和再复用，当成功解码由 MAC-hs 报头形成的带内信令的传输块后，需将一些信息通过命令发送给 UE。MAC-hs 报头包含：重排队列标识；发送序列号和 MAC-d PDU 块数量和大小。

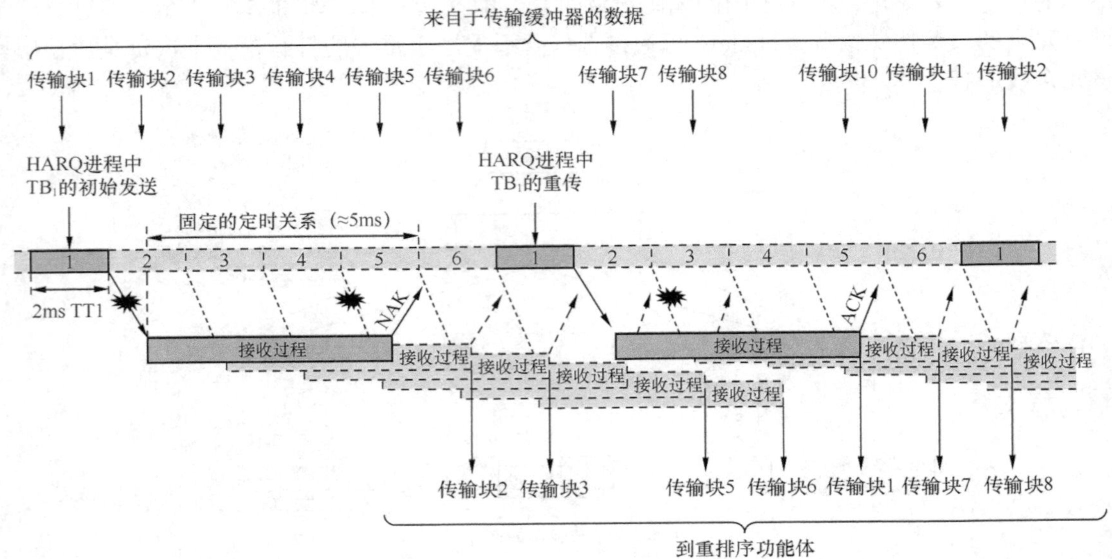

图 5-8　多个 HARQ 进程示例（本例中含 6 个进程）

④ 快速调度算法

快速调度算法是在动态复杂的无线环境下使多用户更有效地使用无线资源，提高整个扇区的吞吐量。调度算法功能实现于基站，采用了时分加码分的技术，而且用户对于共享信道的使用权每一个 2ms 无线子帧都可以重新调度，反应速度大大提高。调度算法可以综合评估多个因素，在实施 HSDPA 分组调度时，调度算法会根据事先掌握的信息，如每个传输时间间隔 TTI 阶段可用的码资源和功率资源；UE 上报的无线信道质量指示器 CQI；以前发送数据是否被正确接收的反馈信息 ACK/NACK；将要传送数据块的优先级等在多用户中实施快速调度和无线资源的最优使用，从而提高频谱利用率。

调度算法在完成系统资源的调度时应主要基于信道条件，同时考虑等待发射的数据量及业务的优先等级情况，并充分发挥 AMC 和 HARQ 的能力。调度算法应向瞬间具有最好信道条件的用户发射数据，这样在每个瞬间都达到最高的用户数据速率和最大的数据吞吐量，但同时还要兼顾对所有用户的吞吐量。HSDPA 为更好适应信道的快速变化，将调度单元放在 NodeB 而不是 RNC，TTI 缩短到 2ms。

⑤ 快速小区切换

HSDPA 不要求数据传输有恒定的速率，对时延要求也不严格，分集增益在很大程度上可通过调度实现，而 HSDPA 的调度由 NodeB 实现，因此采用快速小区选择 FCS 代替软切换。

快速小区选择算法是为了实现增强 HSDPA 提出的。使用 FCS 技术，UE 能指示一个最佳的小区运用于下行链路，通过上行链路的信令来提供业务。而在离小区中心较远的边缘，

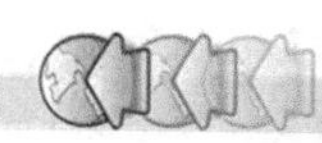

每个信道质量都比较低，使用 FCS 可选择一个服务小区，使得链路的质量相对稳定。FCS 实现过程如下：进行物理层测量，选择当前信道条件最好的小区；用上行物理层信令将小区选择结果通知给激活集中的各小区；选中小区对该移动数据的调度；选中的“最佳”小区为该移动台的数据发送做好准备，一次 FCS 完成。快速小区切换如图 5-9 所示。

测量CPICH RSCP	报告选中小区及其测得的CPICH C/I值	选中小区对UE的数据调度（选择调制编码方式等）	选中小区对UE的数据发送

图 5-9　快速小区切换过程

2．HSUPA

在 HSUPA 中考虑到上行链路自身的特点，如上行软切换、功率控制和 UE 的峰均比 PAR 问题，主要采用物理层快速重传和快速调度等技术来提高上行链路的数据传输速率和小区容量。

HSUPA 使用增量冗余重传机制，使得数据包的重传可在移动终端和基站间直接进行，绕开了 Iub 接口传输，大大降低了时延，快速重发还允许上行链路以更高的误块率 BLER 运行，允许在给定的数据速率下以更低的功率级开始传输，最终使得小区的覆盖面扩大。HSUPA 通过在上行链路中使用快速调度可对网络业务负载和数据做出快速响应，减少上行链路噪声增长的变化率，有可能减少上行链路为保护超负载预留的峰值储备，充分利用 R99 版本解决方案里保留的容量，实现更高的用户数据传输速率和小区容量。

HSUPA 向后充分兼容，可逐步引入到网络中，其终端可和后向版本的终端共享同一无线载体。HSUPA 不依赖 HSDPA，没有升级到 HSDPA 的网络也可引入 HSUPA。由于 HSUPA 极大地提高了上行传输速率，无论对发送 E-mail、文件上传还是交互式游戏等的应用，用户都将体会到 HSUPA 提供的高传输速率和短延迟。

（1）HSUPA 架构

为了操作上的高效性，调度器需要能利用干扰等级和无线信道状态的快速波动。由于可降低重传成本，带有软合并的 HARQ 也可从快速重传中获益。这两个功能需很靠近无线接口，与 HSDPA 类似，HSUPA 的调度和 HARQ 功能置于 NodeB 中，保持所有 MAC 上无线接口协议栈不受影响，而加密、接入控制等功能都还受 RNC 控制。在不支持 E-DCH 传输的小区中，可采用信道切换来将用户的数据流映射到替代的 DCH 信道。

在 UE 和 NodeB 中引入新的 MAC-e。NodeB 中，MAC-e 支持快速 HARQ 和调度；在 UE 中，MAC-e 负责选择 NodeB MAC-e 中调度器所设定的限制范围的数据速率。

当 UE 处于带有多个 NodeB 的软切换中时，不同传输块可能在不同的 NodeB 内被成功解码。因此一个传输块可被一个 NodeB 成功接收的同时，另一 NodeB 在参与对更早的传输块进行重传。为了确保数据到 RLC 协议的按序传输，在 RNC 中需要重排序功能以新的 MAC-es 形式存在。在软切换中，当数据在多个小区进行接收时，每个 UE 可采用多个 MAC-es 实体。然而，服务小区的 MAC-e 实体主要负责调度，而非服务小区中的 MAC-e 实体主要负责 HARQ 协议，如图 5-10 所示。

（2）无线接口

① 新增信道

HSUPA 增加了增强型专用信道 E-DCH 传输 HSUPA 业务，用户可享受在 DCH 上传统

的 R99 话音服务的同时，利用 HSUPA 在 E-DCH 进行突发的数据传输。同时还有几个新的物理信道：增强型 DPDCH（E-DPDCH）在上行链路方向承载用户数据，当多达 4 个码道并行使用时，达到物理层峰值速率；增强型 DPCCH（E-DPCCH）在上行链路承载与 E-DPDCH 相关的速率信息、重传信息及基站在调度控制时需要使用的一些信息；E-DCH HARQ 指示符信道（E-HICH）在下行链路方向承载关于某个特定的基站是否已经正确收到上行链路分组包的信息；E-DCH 绝对授权信道（E-AGCH）和 E-DCH 相对授权信道（E-RGCH）承载 NodeB 的调度控制信息，用于控制上行链路的传输速率。

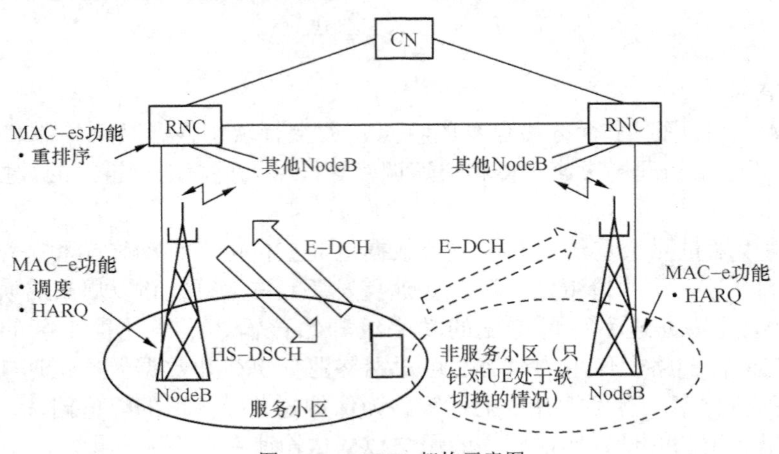

图 5-10 HSUPA 架构示意图

在 HSUPA 中，由于在 NodeB 端新增了 MAC-e 实体，因此可执行快速调度和重传等功能，减少传输时延，提高重传速度。另外，E-DCH 除支持 10ms TTI 外，还引入了 2ms TTI，减少了系统时延，提高了终端用户的服务质量及系统和 UE 吞吐量。E-DCH 与 DCH 信道的比较如表 5-2 所示。

表 5-2 E-DCH 与 DCH 的比较

技 术 指 标	E-DCH	DCH
重传机制	采用 L1 层的 HARQ	采用 RLC 层的 ARQ
信道编码	Turbo 编码	Turbo 编码和卷积编码
UE 传输信道码复用包含传输信道数	一个	一个或多个
TTI	2ms 或 10ms	10ms

引入 HSUPA 后 R99/HSDPA/HSUPA 的物理信道如图 5-11 所示。

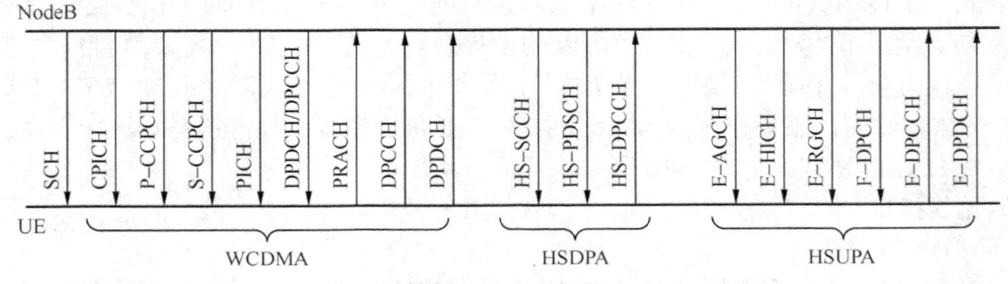

图 5-11 HSUPA 引入后的物理信道

② HSUPA 中物理层的调度器工作过程

HSUPA 调度器工作过程如下。

- NodeB 中的调度器要测量一些参数。如测量基站的噪声电平以便决定是否可以分配一些附加的业务量或某些用户应该有较低的数据速率。
- 调度器还要在每个 TTI 间隔内监测不同用户在上行链路上经 E-DPCCH 发来的上行链路反馈信息，即喜悦（happy）比特。这些反馈信息将从缓存器状态和可用发射功率的角度反映出哪些用户会以较高的数据速率进行传输。在 MAC-e 的报头中还有一些有关缓存器占用情况和上行链路功率净空量可用性的详细信息。从净空量的信息可以得知终端还有多少预留的发射功率，而缓存器占用情况的信息则告知 NodeB 调度器终端是否真正从较高的数据速率中受益以及终端是否有意降低数据速率。
- 根据 RNC 给定的用户可能的优先级，调度器要选定一个或若干个特定的用户进行数据速率调整，然后在 E-RGCH 或 E-AGCH 上分别发出相对或绝对的速率命令。

这样，在上行链路方向，RNC 就要将对用户数据速率可能的限制要求通知到基站，不致超过签约业务的最大数据速率。对于同一个用户的不同业务，RNC 也可根据 MAC 流量标识符给出不同的优先级别。用控制信道时调度器的一般工作方式如图 5-12 所示。

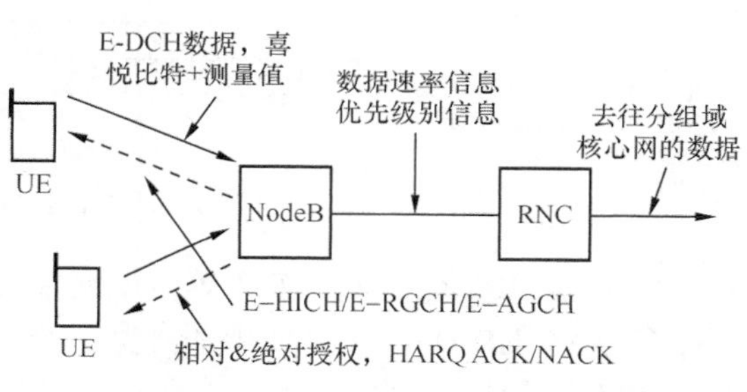

图 5-12　HSUPA 的调度过程和相关信令

除了调度上的业务量外，也可能还有些传输内容没有被调度，如信令无线承载 SRB 或 VoIP 等，这两类数据都有限定时延或时延方差预算，且数据速率较低。因此 RNC 始终特许这些业务不受 NodeB 调度器管辖，传输运行方式类似于 DCH，但仅利用其中物理层重传过程的优点。HSUPA 物理层重传过程如下：根据 TTI，在用的 HARQ 过程可以是 4 个或 8 个；终端将按照准许的数据速率发送分组包；在分组包发出之后，监测 E-DCH 激活的激活集内所有小区发来的 E-HICH。最大的激活集可以有 6 个小区，且最多可有 4 个小区分配 E-DCH；如果有任何小区给出明确的确认 ACK，则终端将处理新的分组包，否则就启动重传。

HSUPA 的工作过程已为终端的工作规定了严格的定时关系值，并且也为来自基站的 ACK 和 NACK 的定时响应规定严格的定时关系值。也就是说，整个过程从 UE 开始传输时就进行同步，且以收到覆盖区内 NodeB 发出的有效 ACK 信息结束。这就不需要对任何 HARQ 过程的信令进行编码处理，因为传输定时总是能区分出重传的内容或 HARQ 反馈信息属于 HARQ 信道。

当前，HARQ 信道的定时和数量仅取决于所用的 TTI，HSUPA 不需要构造 HARQ 信道。对于 10ms TTI，HARQ 信道的数量是 4 个，对于 2ms TTI，信道数量是 8 个。图 5-13 所示为 10ms 情况的定时示意图，图中传输结束和重传开始之间的时延为 30ms，因为在同一个 HARQ 过程再次传输前要有 3 个 10ms TTI。

（3）HSUPA 中的关键技术

为了提高上行链路数据传输速率、增加覆盖范围，同时减少时延，HSUPA 借鉴了 HSDPA 系统中采用的各种技术，结合上行的特点，主要采用了物理层混合重传、基于 NodeB 的快速调度及 2ms TTI 短帧传输、新的扩频因子等关键技术，并在上行链路中引入软

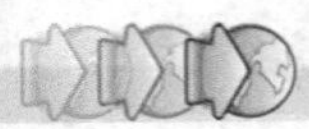

切换技术。同时还新增了一个专用信道 E-DCH 以支持 HSUPA 的传输。

① 物理层混合重传

在 HSUPA 中定义了一种物理层的包重传机制，数据包的重传在移动终端和基站间直接进行，基站收到移动终端发送的数据包后，会通过空中接口向移动终端发送 ACK/NACK 信令，接收到的数据包正确，则发送 ACK 信号，如果接收到的数据包错误，则发送 NACK 信号，移动终端通过该信令指示，可迅速重发传输错误的数据包。由于绕开了 Iub 接口传输，在 10ms TTI 下，重传延时缩短为 40ms。在 HSUPA 的物理层混合重传机制中，还使用到了软合并 SC（Soft Combing）和增量冗余 IR（Incremental Redundancy）技术，提高了重传数据包的传输正确率。

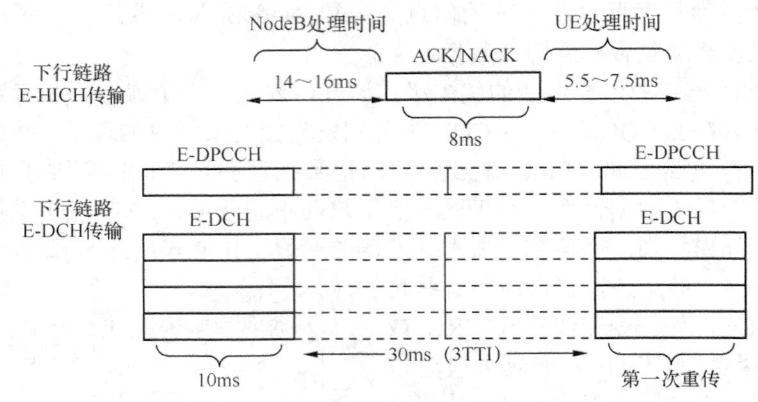

图 5-13 HSUPA 按 10ms 工作时的定时关系

HSUPA 系统可以使用多个等停一混合自动重传请求 SAW-HARQ 处理的协议结构，类似于下行链路 HS-DSCH 中使用的方案，不同的是根据上下行链路间的不同而做了一定的调整。HARQ 的使用会影响多层处理。其中，编码、软合并及解码由物理层处理，而重传协议则由位于 NodeB 中的新 MAC 实体进行处理。

信道编码方式与 R99 中上行链路中使用的方式相同，对传输块进行编码，并使用速率匹配将编码比特数与信道比特数相匹配，如果多个传输信道被复用，将使用速率匹配来平衡不同传输信道间的质量需求。需要注意的是，多个传输信道的复用意味着比特数对于基于行为的重传可能会不同，如重传不一定包括与原始传输相同的编码比特集。

与下行链路不同，上行链路没有编码方式的限制，典型的初始传输使用较低的编码速率，具有多个冗余版本的递增冗余方案对于较高初始编码速率的用户有益。因此，上行链路对于支持多个冗余版本的需要比 HS-DSCH 的相对较小。

HARQ 需要的相关信令包括上下行信令，不同的建议对所需的信令可能会有不同的要求，而且信令结构可能取决于其他的上行增强方案。要求的头部长度应保持较小的状态，以节约功率及下行链路的码资源，并防止上行链路不必要的干扰。

下行链路信令包括一个位于 NodeB 的单一的 ACK/NACK 信令。与 HS-DSCH 相似，在 NodeB 侧从传输块的接收到下行链路 ACK/NACK 的传输使用预定义的处理时间，以免与伴随 ACK/NACK 而出现的 HARQ 处理数量的直接信令相冲突。

NodeB 操作 HARQ 机制必要信息包括：软合并/解码前所需的信息（含 HARQ 处理数量、新的数据指示器、冗余版本、速率匹配参数物理信道比特数和传输块大小等）、成功解码后需要的信息。

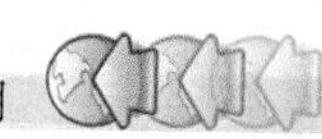

UE 操作 HARQ 机制需要的信息既可以由 NodeB 直接通知，也可由 UE 本身决定，具体取决于方案的选择。需要注意的是，用 UE 决定参数值与通过 NodeB 告知会影响 HARQ 重传的循环时间。

② 基于 NodeB 的快速调度

HSUPA 系统中，调度功能单元置于 NodeB，大大减少了调度信令回路时延，可快速做出调度响应，更好地利用链路资源，从而提高系统的吞吐量。

基于 NodeB 的快速调度的核心思想是由基站来控制移动终端的数据传输速率和传输时间。基站根据小区的负载情况、用户的信道质量和所需传输的数据状况来决定移动终端当前可用的最高传输速率。当移动终端希望用更高的数据传输速率发送时，移动终端向基站发送请求信号，基站根据小区的负载情况和调度策略决定是否同意移动终端的请求。如果基站同意移动终端的请求，基站将发送信令来提高移动终端的最高可用传输速率。当移动终端一段时间内没有数据发送时，基站将自动降低移动终端的最高可用传输速率。由于这些调度信令是在基站和移动终端间直接传输的，所以基于 NodeB 的快速调度机制可使基站快速控制小区内各移动终端的传输速率，使无线网络资源更有效地服务于访问突发性数据的用户，从而达到增加小区吞吐量的效果。

为了使 NodeB 端能确定用户上行数据传输速率和发送功率，产生准确的调度信令，在 HSUPA 系统的调度中，UE 周期性地向 NodeB 报告调度信息（包括各用户业务流状况、可用的功率等信息），并将调度信息与数据复用，报告周期一般为 TTI 的整数倍。当 UE 向 NodeB 发出申请后，NodeB 一般采用周期性调度处理，到了调度时刻，NodeB 中的调度器根据接收到的调度信息，采用一定的调度算法算出各个用户的优先级，并根据优先级对各用户排队。按照优先级，NodeB 根据系统的 RoT（Rise over Thermal），并结合用户申请的传输速率，对队列中的各个用户，决定分配的传输速率。HSUPA 在下行链路中使用 E-AGCH 和 E-RGCH 来传输调度产生的资源指示指令，通知 UE 当前允许的数据传输速率的相关信息。

HSUPA 系统引入了一种补偿机制，对分配给 UE 的资源进行微调。HSUPA 上层配置了一个参数：RG_STEP_SIZE，表示对资源调整的步长。UE 在 E-DPCCH 上向 NodeB 报告 happy 比特，表示 UE 是否“满意”调度资源。当 UE 收到资源指示指令后，会根据两个原则做出判断：UE 的可用功率比调度的功率资源多；用调度的功率资源传输完缓冲区内的数据所需的时间超过一个 TTI。满足任一原则后，UE 就会用 happy 比特向 NodeB 表示“不满意”调度分配资源，要求分配更多的资源；否则 UE 报告“满意”。如果 UE 不满意分配的资源，则指示 UE 在已分配的资源上增加一个 RG_STEP_SIZE；否则指示 UE 保持当前分配的资源。

当然，分组调度并不简单根据 UE 的反馈调整资源，一般需结合系统的负载情况、信道状况及不同业务的 QoS 要求等信息来调整 UE 占用的资源，在系统指标（吞吐量、公平性等）与 QoS（时延、分组丢失率等）间取得有效折中。

HSUPA 引入的这种类似于功率控制的补偿机制，使调度信令更准确，更能适应时变的无线信道情况，合理地为各个用户分配资源，提高系统容量。

两种基本的调度方法为速率调度和时间调度，其区别主要在于具体的信令实现。

3．HSPA 的演进

HSPA 中改进了系统上下行链路对分组数据的支持，引入了许多新技术，通过动态调整传输参数以适应快变的信道质量和多种业务流量，使系统能够达到更高的数据速率、更低的时延和更大的系统容量。

通过引入多媒体广播多播业务 MBMS，增强了 WCDMA 系统的广播性能，广播模式的关键点是终端能将多个小区的传输信号合并以获得分集增益。应用层编码的应用能提供额外的分集增益，即便一些数据包丢失，终端仍能重建源数据。在 HSPA 演进中，通过应用 MIMO 在基站和 UE 上的多天线能大大增加数据峰值速率。连续分组连接 CPC 提供给终端用户“总是在线”的状态。

（1）MBMS

在 WCDMA 的 R6 版本引入了 MBMS，以支持蜂窝系统中的多播/广播业务，实现在单一网中多播与单播传输的合并。采用 MBMS，相同内容通过无定向方式被发送到特定区域（MBMS 服务区）内的多个用户。MBMS 服务区通常覆盖多个小区，也可配置成单小区大小。MBMS 引入了新的逻辑节点——广播多播业务中心 BM-SC，主要负责内容提供商的授权与鉴权、缴费及通过核心网对数据流进行整体配置，还负责应用层编码。引入 MBMS 后的网络结构及多播/单播示例如图 5-14 所示，图中小区 1～4 内不同区域通过广播提供不同业务，小区 5 采用单播方式。

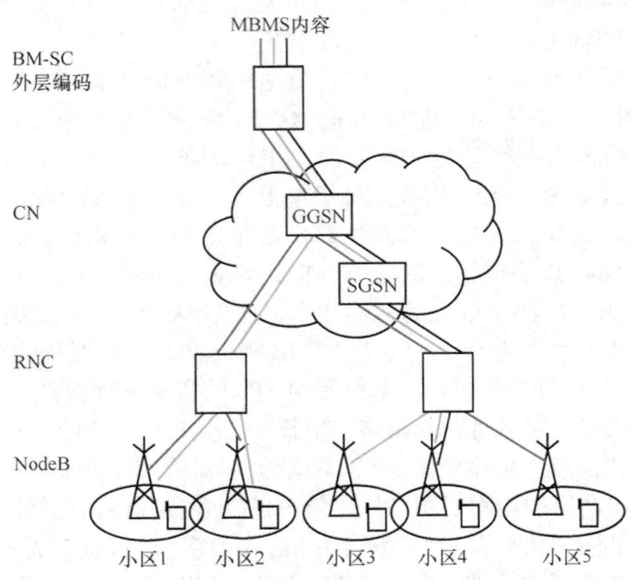

图 5-14　引入 MBMS 后的网络结构及多播/单播示例

MBMS 会话过程的通用流程简述如下：首先进行业务声明，对于广播业务，用户无需申请更多操作，只需“调”到所需频道，对于多播业务，用户需发送加入会话申请，成为相关 MBMS 业务群中一员后方可接收数据。开始进行 MBMS 传输前，BM-SC 需向核心网发送一个业务开始申请，指定所需内部资源及从无线接入网申请相应无线资源，告诉该相关业务群内所有用户将开始来自该业务的内容发送。之后数据将从内容服务器传送到终端用户。数据传输结束时，服务器将发送业务终止通知。打算离开 MBMS 多播业务的用户也可申请从业务群中移除。

MBMS 的主要优势在于可节省网络资源，因为一个数据流可同时为多个用户提供服务，如图 5-14 所示，其中存在提供给不同区域的三类不同业务。来自 BM-SC 的数据流被送到提供 MBMS 的各个 NodeB，发往多个用户的数据流直到需要被区分前都不会被分别传输。

MBMS 业务是功率受限的，且不依赖用户反馈而使分集增益最大化，MBMS 业务主要

存在两种提供分集的技术：合并来自多个小区传输的宏分集；通过 80ms 的长 TTI 及应用层编码抵抗快衰落的时间分集。因为 MBMS 业务对时延不敏感，而且采用长 TTI 从用户角度讲不存在问题。此外还可通过开环发射分集的方式为网络提供分集，终端的接收分集也可提高性能。另外应用层编码也可提供额外增益，但并不与分集直接相关。

（2）HSPA+

HSPA 在 R7 以后的版本中得到进一步增强，包括新技术的引入及现存结构上的一些小的改进，使系统的容量和性能得到了显著提高。

① MIMO

天线技术的发展可简单描述为：由单发单收 SISO→接收分集→发射分集+接收分集→多发多收 MIMO，如图 5-15 所示。

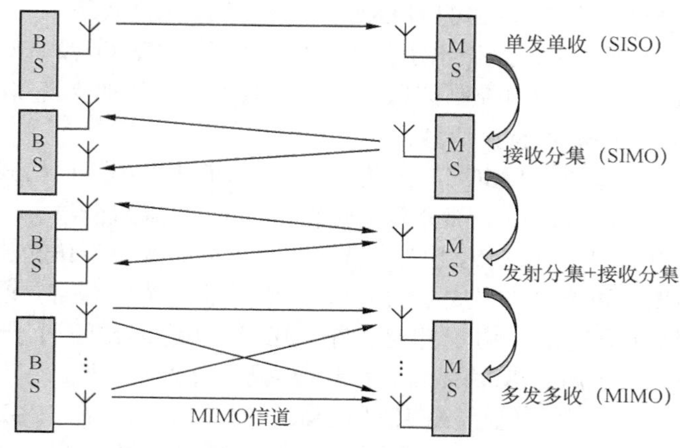

图 5-15　天线技术发展示意图

MIMO 是指在发射端和接收端使用多天线，在获得分集增益的同时增加接收端的载干比，常用于多层传输或多流数据以提高已有信道的数据速率。

HSDPA-MIMO 所采用的模式为双流传输自适应阵列（D-TxAA），采用秩自适应和预编码的多码本方案。HSDPA-MIMO 可支持两个数据流的传输。每个流采用与相应的 HSDPA 单层传输相同的物理层处理，如编码、扩频、调制后，映射到两根传输天线前经过线性预编码。引入 MIMO 将影响到物理层处理过程，对协议层的影响不大，能在最大程度上提供高数据速率。

HSDPA-MIMO 是一个多码本设计，为了支持双流传输，HS-DSCH 需要改进，支持每 TTI 两个传输块的传输。每个传输块代表一个流，每个传输块单独进行 CRC 校验与编码。多流传输中采用两个传输块。每个流的物理层过程和单流模式相同，包括扩频等。为避免信道化码资源的浪费，两个流采用相同的信道化码集。在 UE 端接收端采用适当的接收处理过程，如连续干扰抵消接收机将两个流分离出来。每个流单独扩频后的信号可视为一个虚拟天线的信号，映射到物理天线前进行线性预编码处理。

应用预编码有很多好处，尤其是在单流情况下，两根天线使用，预编码能提供分集增益和阵列增益，加权向量能使两个天线上的信号在接收端相干合并，这样提高了接收端的载干比，扩大了特定速率的覆盖范围。如果每根物理天线有单独的功率放大器，预编码保证了这两根天线都工作在单流传输模式，增加了总传输能量。双流传输模式下，预编码能帮助接收端分享两个流。

每个流的速率控制与单个流相似，然而速率控制机制也需要决定传输流的预编码矩阵。

每个 TTI 期间，速率控制机制决定传输流的个数、每个流上传输块的大小、信道化码的个数、调制方式和预编码矩阵，这些信息都通过 HS-SCCH 提供给 UE。多流传输模式下，由于调度器控制两个传输块的大小，能单独控制两个流的数据速率。多流传输需要相对较高的载干比，能提供高数据速率。对较低速率可应用单流传输，两根物理天线作分集传输，仅有一条虚拟天线携带用户数据。数据速率的控制基于 UE 反馈的瞬时信道质量，在双流传输模式下，需知道每个流上所支持的数据速率的相关信息，由于 NodeB 调度器自由选择发送给 UE 的数据流个数，单流传输模式下的数据速率也需要了解。因此 CQI 需要包括这两种模式，同时包括预编码矩阵。

多流模式下的物理层 HARQ 的处理过程和使用情况与在单流情况下相同。然而由于多个流在不同的天线上传输，一个流可能正确接收，但另一个流可能错误接收而需要重传。因此，每个流需要有一个 UE 到 NodeB 的 HARQ 确认信息 ACK/NACK。

为支持 MIMO，带外控制信息做出了相应调整，由于 MIMO 没有对排序和序列优先选择器产生影响，MAC-hs 头中带内控制信息不改变，但为了有效地支持 MIMO 提供高速率数据传输，MAC 层、RLC 层需重新灵活划分。

下行链路带外控制信息在 HS-SCCH 上传输，HS-SCCH 采用不同格式支持额外的信息需求（HS-SCCH 划分为两部分，第一部分包括传输给 UE 的流的个数、各自的调制方式，以及 NodeB 传输所采用的 4 个预编码矩阵；第二部分的格式取决于传输流个数，但不传输用于指示两个流的 HARQ 和传输块集大小的信息）。额外的比特信息需要通过调整两部分的速率匹配进而添加到物理信道中。由于针对一个 UE 进行连续传输时子帧须采用相同 HS-SCCH 的限制，已不适用于所有 R8 终端，为调度器提供最大灵活性。

上行链路的带外控制信息（包括 ACK/NACK、PCI 和 CQI）在 HS-DPCCH 上传输。在单流传输模式下，仅有一个 ACK/NACK 需传输，格式与 R5 中相同；在双流传输模式下，两个 ACK/NACK 联合编码成 10bit，在 HS-DPCCH 的同一个时隙上传输。预编码控制信息 PCI 包括 2bit，指示 4 个预编码矩阵中哪个最适合当前 UE 端的信道。信道质量指示符 CQI 指示应用所推荐的 PCI 传输的情况下 UE 端所推荐的数据速率。单流和双流 CQI 报告都是有用的，在某种情况下，虽然信道条件支持双流传输，但调度器可能采用单流传输，如总传输数据量较小时，此时单流 CQI 是需要的。而在双流传输模式下，每个流一个 CQI 是有用的。由于不能从双流报告中直接推断单流传输质量，因此需要两种 CQI 报告。PCI/CQI 在 HS-DPCCH 上的两个时隙内传输。

② 高阶调制

引入 MIMO 增加了数据传输的峰值速率，然后在某些情况下，虽然 UE 有较高的载干比，但却无法支持多流传输，如存在视距传输的情况，这种情况可采用高阶调制。如 UE 或 NodeB 没有配置多天线，高阶调制对于高数据速率依旧有用。因此，在 R7 中下行链路增加了 64QAM，上行链路增加了 16QAM 调制，R8 在 R7 基础上发展，提供同时支持 64QAM 和 MIMO 的下行链路。高阶调制与峰值速率对应关系如表 5-3 所示。

表 5-3　　高阶调制和 MIMO 上行和下行峰值速率

下行链路峰值速率（Mbit/s）				上行链路峰值速率（Mbit/s）	
非 MIMO		MIMO			
16QAM	64AQAM	16QAM	64AQAM	BPSK/QPSK	16QAM
14	21	28	42	5.7	11

下行链路支持 64QAM、上行链路支持 16QAM 与 R6 中一样，为了满足射频发射端的要求，这些调制模式需要较大的功率放大器。

③ 连续性分组连接

分组数据业务通常有高突发、偶然周期的传输特性，为保证用户性能，将 HS-DSCH 和 E-DCH 设置为能够快速传输任何用户的数据较好，同时保持上行链路和下行链路方向连接会带来资源损失。从网络层面看，这会存在 DPCCH 传输带来的上行链路干扰，甚至在没有数据传输时依旧存在；从 UE 层面看，这会导致能量消耗，即使当 UE 没有数据接收时也需发送 DPCCH 并监测 HS-SCCH。

为增强 HSPA 中对分组数据的支持，在 R7 中引入了 CPC，包括：非连续发送 DTX 降低上行链路干扰进而增加上行链路容量，节约电池电量；非连续接收 DRX 使 UE 周期性的关闭接收电路，节约电池电量；HS-SCCH 精简模式，降低控制信令，减少数据量，如 VoIP 等服务模式。通过使 UE 长时间保持在 CELL_DCH 状态，避免频繁切换到低活动状态，增加了服务容量，为终端 UE 提供“总是在线”的状态。

④ 增强型 CELL_FACH 操作

CPC 为 UE 提供“总是在线”的状态，但如果 UE 在一定周期时间内没有传输，UE 将转移到 CELL_FACH，一旦进入该状态，当 HS-DSCH 和 E-DCH 上有数据传输时，FACH 上的信令将使 UE 优先转移到 CELL_DCH 状态。FACH 所对应的物理资源由 RNC 配置，半静态，为最大化 HS-DSCH 和其他下行链路信道上的可用资源，资源总数一般较小。

为降低状态转换时的时延，R7 改进了系统性能：当 UE 处于 CELL_FACH 状态允许采用 HS-DSCH。在 CELL_FACH 状态时应用的 HS-DSCH 显著降低转移到 CELL_DCH 状态的时延。网络发送给 UE 的信令可在高速率的 HS-DSCH 上传输，以取代在低速率的 FACH 上的传输，显著降低呼叫建立时延，改善用户使用质量。

增强型 CELL_FACH 操作中 CELL_FACH 状态没有专用上行链路传输。因此 UE 不能提供 CQI 报告以用于速率自适应和基于信道状态的调度操作，也不能发送 HARQ 反馈操作。速率自适应和信道独立调度操作只能依据长期测量，作为用于初始状态转换的随机接入过程的一部分发送。由于缺少 HARQ 反馈，网络盲目地重传下行链路数据，需预先设定重传次数，以保证 UE 可信的接收数据。

增强型 CELL_FACH 使用的 MAC 报头格式，开始向 UE 发送数据和 CELL_FACH 到 CELL_DCH 的切换可同时进行，改善用户使用质量。当处于寻呼状态时，UE 同样能接收 HS-DSCH，快速从寻呼状态切换到其他状态。

在 R8 中，CELL_FACH 增强功能进一步在上行链路的 CELL-FACH 状态下激活 E-DCH，从而降低 E-DCH 可用之前的时延，即在已建立的 CELL_FACH 上的 E-DCH 上发送数据，这是通过 E-DCH 相关信道预先配置默认参数实现的。一旦在 AICH 上接收到 ACK，则在带有明显更高数据速率的 E-DCH 而非 AICH 上传输数据，也可配置额外的 E-DCH 参数集合。若 NodeB 不采用默认值，可通过 E-AICH 发送一个偏置指示要用哪个集合。如在 AICH 上传输 NACK 且配置了 E-AICH，则 UE 采用 E-AICH 上提供的偏置。

如多个终端尝试同时执行随机接入将导致 E-DCH 竞争，可启用已在 CELL_FACH 上建立的数据传输，即使在 CELL_FACH 到 CELL_DCH 的状态切换过程中，数据传输也可连续而不中断。

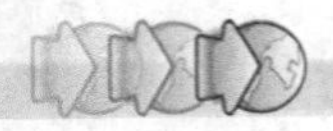

⑤ 层2协议增强技术

由于引入64QAM和MIMO相结合的技术，HS-DSCH能达到很高的数据速率，为充分发挥高数据速率的优势，R7采用了可变RLC，即将RLC PDU分割为更小的MAC PDU单元，与即时的信道环境相匹配。这种操作要求RLC足够大，以保证RLC报头占据比较小的开销，同时保证适中的补零开销。在NodeB中将RLC PDU分割为更小的MAC PDU是一种较好的近似实现RLC PDU大小自适应的方法。

如业务数据单元SDU大小超过一定限制，RLC SDU将被分割，当MAC层HARQ机制失败，触发RLC重传时，增加了RLC重传的有效性。R7中删除了不允许将不同无线承载的数据复用为相同的传输块的限制，增加了混合业务环境的资源利用率。

⑥ MBSFN操作

MBMS的基本原则是从多个基站发送相同的信号，然而WCDMA/HSPA使用小区专用的扰码，需要在终端中通过相关的处理进行合并。为提高MBMS的性能，真正的单频操作，即组播广播单频网MBSFN是具有优势的。

在MBSFN中，小区是时间同步的，同一信号从所有的小区中发出，当然需要在所有的小区中使用相同的扰码。在终端中使用高级干扰抑制技术进行合并以得到很高的信噪比。为充分利用这点，R7支持FACH上的16QAM和时分复用导频。

5.2.2 基于TD-SCDMA的TD-HSPA

为了能进一步提升系统的性能，为日益成为业务主要增长点的数据业务提供更好、更强的服务，满足广大3G用户对互联网和其他数据业务的需求，TD-SCDMA必须继续增强承载分组数据业务的能力，提供更高的传输速率和更小的传输时延。3GPP采纳了中国通信标准化协会CCSA的研究成果，发布TD-SCDMA的R5版本——HSDPA技术标准，大大提高了TD-SCDMA下行链路的吞吐效率，特别适合上下行流量不对称的数据业务，如FTP、网页浏览等。

随着互联网技术的发展，一些新的技术和业务对TD-SCDMA上行链路的吞吐量提出了新的需求，分组业务的不对称特征被打破，因此在R7版本中引入了HSUPA技术标准。TD-HSDPA和TD-HSUPA统称为TD-HSPA，这是TD-SCDMA技术的全面增强，大大提升了其上下行的分组数据传送能力。随着市场需求和技术的不断增强，R8版本纳入了TD-HSPA+的技术标准。

1. 无线接口

TD-HSPA的空中接口即UE和网络之间的Uu接口，和TD-SCDMA之前的版本兼容，由L1、L2和L3层组成。

在TDD模式下，一个物理信道由码、频率和时隙共同决定。物理层的行为由RRC控制，向MAC层提供不同的传输信道。物理层为高层提供数据传输服务，通过MAC子层的传输信道实现，为了提供数据传输服务，物理层除完成传统的TD-SCDMA物理层功能外，又新增了与HSPA相关的功能：HS-DSCH、E-DCH信道的HARQ软合并；HS-PDSCH、HS-SICH、HS-SCCH、E-PUCH、E-RUCCH、E-AGCH、E-HICH等物理信道。

TD-HSPA仍采用直接序列扩频——码分多址（DS-CDMA）接入，码片速率为1.28Mchip/s，扩频带宽为1.6MHz，采用TDD工作方式，上行和下行信息交替传送。在TD-

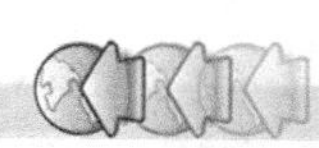

HSPA 阶段，系统分别在 TD-HSDPA、MBMS、TD-HSUPA 上支持 16QAM。TD-HSPA 新增的物理层过程包括 HS-DSCH 传输相关过程和 E-DCH 传输相关过程。TD-HSPA 中物理层需要测量 FER、SIR、干扰功率等无线特性并报告给高层和网络，包括：用于 TD-SCDMA 小区间切换的切换测量、用于切换到 GSM 的测量过程、HS-SICH 接收质量测量、UE 发射功率余量测量过程等。

传输信道是物理层提供给高层的服务，使 MAC 子层按照数据的不同特征，使用不同的传输方式在空中接口上进行数据传输。高速下行共享信道 HS-DSCH 和增强型专用信道 E-DCH 是 TD-HSPA 阶段新增的两条公共传输信道。HS-DSCH 是一种被几个 UE 共享的下行传输信道，一个下行物理信道 DPCH 及一个或几个 HS-SCCH 相伴随；E-DCH 用于承载高速上行数据，是一个被几个 UE 共享的上行传输信道，一个上行物理信道 DPCH 及一个或几个用于传输上行增强相关的信令信息的上行增强控制信道 E-UCCH 相伴随。

（1）新增信道

① 高速物理下行共享信道 HS-PDSCH

HS-PDSCH 用来承载 HSDPA 的业务数据，使用扩频因子 SF=16 或 SF=1，可使用 QPSK 或 16QAM 调制，其信道的突发结构如图 5-16 所示。

864chip

数据块 (352chip)	训练序列 (144chip)	数据块 (352chip)	GP (16chip)

图 5-16　HS-PDSCH 突发结构

② 高速共享控制信道 HS-SCCH

HSDPA 中，HS-SCCH 是携带 HS-DSCH 高层控制信息的下行物理信道，其信息由两个单独的物理信道承载（HS-SCCH1 和 HS-SCCH2），一般统称为 HS-SCCH。HS-SCCH 使用扩频因子 SF=16，使用的突发类型和 HS-PDSCH 相同，每个突发中前后两个数据块的符号数均为 22bit。HS-SCCH 使用的训练序列和 HS-PDSCH 相同，采用 QPSK 调制方式。

③ 高速共享指示信道 HS-SICH

HSDPA 中，HS-SICH 是上行物理信道，携带数据接收反馈信息和信道质量指示 CQI。HS-SICH 使用扩频因子 *SF*=16，使用的突发类型和 HS-DPSCH 相同，每个突发前后两个数据块的符号数均为 22bit，采用 QPSK 调制方式。HS-SICH 要携带 TPC 和 SS，但不携带 TFCI。

④ E-DCH 物理上行信道 E-PUCH

HSUPA 中，在每个 E-DCH 发射时间内，用来承载上行物理信道 E-DCH 传输信道和相关的控制信息的一条或多条物理信道，称为 E-DCH 物理上行信道 E-PUCH。控制信息由 E-DCH 上行控制信道 E-UCCH 传送，E-DCH 和 E-UCCH 都承载在 E-PUCH 上。在一个 E-PUCH 的发射时隙内，一个 UE 最多可以发射一条 E-PUCH。

E-DCH 上行控制信道 E-UCCH 也是一个物理信道，占用了 E-PUCH 一部分资源，其配置取决于 E-UCCH 的个数要求和 E-PUCH 的时隙数量。一个 E-PUCH 突发可包含也可不包含 E-UCCH 和 TPC。当 E-PUCH 不包含 E-UCCH 时不传输 TPC。每个 E-UCCH 的突发长 32bit（k_0～k_{31}）平均分成两部分，映射到 E-PUCH 的数据域，采用高层指定的 SF 扩频，通常采用 QPSK 调制。在每个 E-DCH 发射时间内（一个 E-DCH 发射间隔 TTI），至少有一个 E-UCCH 和 TPC，可传输多个相同的 E-UCCH 信息和 TPC。

当一个 E-DCH 数据块在一个 TTI 内的多个时隙上传输时，就会有多个 E-PUCH 时隙。所有的 E-UCCH 和 TPC 均匀分布在多个 E-PUCH 时隙内。

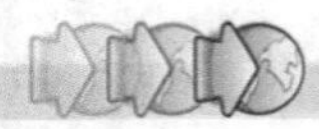

E-PUCH 的使用分为调度方式和非调度方式。调度方式指由基站进行 E-PUCH 资源的分配，而非调度方式是由高层通过 RRC 信令预先进行配置，基站不能更改。

TPC 用于进行下行伴随 DPCH 的内环功控。在非调度模式下，当 E-PUCH 上的 TPC 不用来调整下行 DPCH 的发射功率时，NodeB 不用从非调度 E-PUCH 上接收到的 TPC 命令。

不包含 E-UCCH/TPC 的 E-PUCH 的数据突发格式与图 5-17 所示一样；包含 E-UCCH/TPC 的 E-PUCH 数据突发如图 5-16 所示。

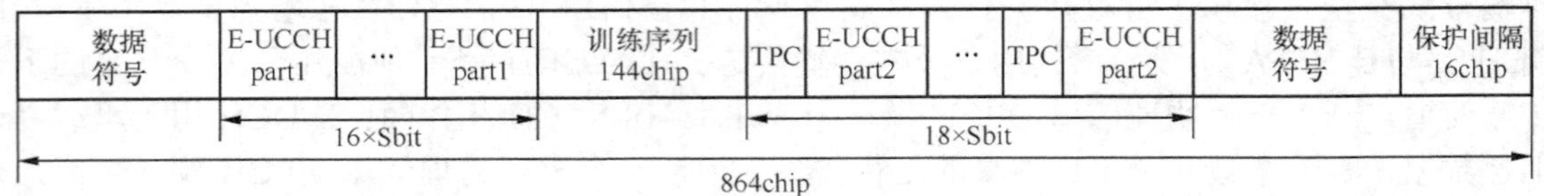

图 5-17　包含 E-UCCH/TPC 的 E-PUCH 数据突发

E-PUCH 可使用的扩频因子有 *SF*=1，2，4，8，16。一个 E-DCH TTI 内的所有 E-PUCH 采用相同的 SF。对于调度传输，E-PUCH 使用 E-AGCH 上信道化码资源指示 CRRI 指明的 SF，而非调度传输时使用的 SF 由 RNC 通过 RRC 消息指示。

UE 在每个时隙最多可以同时使用两个物理信道，采用不同的信道码进行发射。需要注意的是当 UE 在一个时隙内有超过两个上行物理信道需要发射时，UE 应优先保证非调度 E-PUCH 和有数据发送的 DPCH 进行扩频和发射。

E-PUCH 选择训练序列的方法和其他物理信道相同。每次在 E-PUCH 上进行传输数据的 UE 由高层根据算法进行选择并使用 E-AGCH 上的 UE ID 标识。

一条 E-PUCH 可使用 QPSK 或 16QAM 调制，可包含也可不包含 E-UCCH/TPC，每次包含的 E-UCCH/TPC 个数可以是多个，因此，E-PUCH 的时隙格式非常多，有 70 种。

⑤ E-DCH 随机接入上行控制信道 E-RUCCH

E-RUCCH 是当 E-PUCH 资源不可用时，用来承载 E-DCH 相关上行控制信令的，映射在 PRACH 上，使用相同的物理资源。

E-RUCCH 使用扩频因子 SF=16 或 8，选择时要保证和 PRACH 选择的扩频码相同，使用 QPSK 调制。作为上行信道，其采用的突发类型与普通的上行物理信道一样，不含 TPC 命令。

⑥ E-DCH 绝对授权信道 E-AGCH

E-AGCH 承载上行 E-DCH 绝对授权控制信息的下行物理信道，用于实时授权给 UE 发送数据。E-AGCH 使用两条单独的物理信道（E-AGCH1 和 E-AGCH2）。E-AGCH1 突发结构如图 5-18 所示，其携带 TPC 和 SS 作 E-PUCH 的功率控制与上行同步，但不携带 TFCI；E-AGCH2 突发结构如图 5-17 所示。E-AGCH 使用扩频因子 SF=16，采用 QPSK 调制的。

864chip

数据块 (352chip)	训练序列 (144chip)	SS	TPC	数据块 (352chip)	GP (16chip)

图 5-18　E-AGCH1 突发结构

⑦ E-DCH HARQ 应答指示信道 E-HICH

E-HICH 用来反馈 HARQ 过程的 ACK/NACK，用一条 *SF*=16 的下行物理信道和一个签

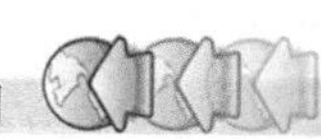

名序列定义。E-HICH 承载一个或多个用户的应答指示，基站决定一条 E-HICH 是承载一个还是多个 HARQ 应答指示，且可以为同时传送的多个用户的 HARQ 应答指示分别设置功率。一个小区的 E-HICH 数量由系统配置。图 5-19 为 E-HICH 的突发结构，每个 E-HICH 突发中的训练序列两侧各有 4 个比特位空闲。

864chip					
数据块	空闲比特	训练序列	空闲比特	数据块	GP (16chip)

图 5-19　E-HICH 突发结构

调度传输和非调度传输的应答指示使用不同的 E-HICH。对于调度传输，每个用户最多能配置 4 条 E-HICH，E-AGCH 上的 2bit 的 E-HICH 指示指明 HARQ 应答指示在哪条 E-HICH 上传输。对于非调度传输，E-HICH 不仅承载 HARQ 应答指示，不承载 TPC 和 SS 命令。一个小区有 20 组签名序列，每组 4 个。高层为每个非调度用户只分配一组。在这 4 个序列中，第 1 个序列用来指示 ACK/NACK，其他 3 个用来指示 TPC/SS。这 3 个序列和它们的反转序列用来指示 TPC/SS 组合状态的 6 种可能的序列。

E-HICH 扩频时，先把使用相同信道化码的多个用户的签名序列（包括插入的空闲比特）进行合并，然后使用 SF=16 的扩频因子扩频。

（2）信道伴随和定时

① HS-DSCH/HS-SCCH 的伴随和定时

HS-DSCH 总是伴随一个下行 DPCH 和一到多个 HS-SCCH。每个 HS-DSCH 伴随一个 HS-SCCH 子集，其中 HS-SCCH 的数目范围为 1～4 个。所有 HS-DSCH 伴随的 HS-SCCH 子集构成 HS-SCCH 全集。所有相关的物理层控制信息在伴随的 HS-SCCH 上发射。HS-SCCH 实时指示下一次有效的 HS-PDSCH 发送的时隙信息，HS-SCCH 在指示该信息时，需满足条件：HS-PDSCH 在 HS-SCCH 发送的下一个子帧发送。如果 UE 支持多个载波的 HS-PDSCH 发送，每个载波上的 HS-DSCH 和 HS-SCCH 间的定时关系和单载波情况相同。

② HS-SCCH/HS-DSCH/HS-SICH 的伴随和定时

一个 HS-SCCH 总是伴随一个上行 HS-SICH，HS-SICH 携带 ACK/NACK 和信道质量指示 CQI。HS-SCCH 和 HS-SICH 的伴随关系需在高层预定义且对所有 UE 是公共的和相同的。

UE 在 HS-SICH 上发送 HS-DSCH 相应的 ACK/NACK。需注意：最后一个分配 HS-PDSCH 的时隙和 HS-SICH 间有一个 $n_{\text{HS-SICH}}\geqslant 9$ 时隙间隔，9 个时隙不包括 DwPTS、GP 和 UpPTS。因此，HS-SICH 传输总是在 HS-DSCH 后隔一个子帧中进行。如果 UE 支持多个载波的 HS-PDSCH 发送，每个载波上的 HS-DSCH 和 HS-SICH 间的定时关系和单载波情况相同。

③ E-DCH/E-AGCH 的伴随和定时

E-DCH 总是伴随多个 E-AGCH 和最多 4 个 E-HICH。一次 E-DCH 传输授权可通过伴随的任何一个 E-AGCH 发送给 UE。与 E-DCH 发射相关的物理层控制信息都在伴随的 E-AGCH 和 E-HICH 上发送。E-AGCH 负责发送下一次有效的 E-PUCH 资源分配的时隙信息。需注意：对一个指定 UE，在携带 E-DCH 相应信息的 E-AGCH 和第一个发送数据的 E-PUCH 时隙间有一个 $n_{\text{E-AGCH}}\geqslant 7$ 时隙的偏移，这 7 个时隙不包括 DwPTS、GP 和 UpPTS。

④ E-DCH/E-HICH 的伴随和定时

对一个给定的 UE，一个 E-HICH 与其相关的 E-DCH 发射时间有固定的时间关系。一次 E-DCH 发射中，最后一个 E-PUCH 发射时隙和相应的 E-HICH 间要满足（$n_{\text{E-HICH}}-1$）个时隙的时间间隔，$n_{\text{E-HICH}}$ 的值由高层在 4～15 个时隙内配置，即大体在 E-PUCH 数据发送的下一个子帧或下下子帧反馈 ACK/NACK。该 $n_{\text{E-HICH}}$ 个时隙中不包括 DwPTS、GP 和 UpPTS。

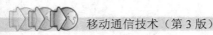

2．TD-HSPA 关键技术

TD-HSPA 采用共享信道承载数据业务的机制；使用基站进行快速调度，减少反馈时延；采用高阶调制（16QAM）、自适应调制编码 AMC 和 HARQ 技术，并辅以必要的功率控制和上行同步，提高空中接口的吞吐量，降低误码率，提升整体的系统性能。

（1）物理层共享信道

在 TD-HSPA 中下行采用 HS-PSDCH 承载每个小区的多个用户的下行数据，上行采用 E-PUCH 承载每个小区的多个用户的上行数据。通过共享信道，多个用户时分复用同一信道的资源，一方面提高无线资源的利用效率，另一方面选择有最好信道条件的用户使用信道，提高系统整体的吞吐量。另外，系统还引入 HS-SCCH、HS-SICH、E-AGCH、E-HICH、E-RUCCH 等 5 条公共控制信道辅助实现空中接口的 HSPA 业务。

（2）基站快速调度

在 TD-HSPA 中，用户的调度权仍掌握在 NodeB 中，比由 RNC 分配资源的传统方式更有效、快速。对于资源调度的核心问题是调度算法：最大载干比算法、比例公平算法、轮询算法，这在前面已做介绍。

TD-HSPA 的调度每 5ms（最小传输间隔）发生一次，在不同用户间进行码道——时隙复用。时分复用允许用户在时隙间进行共享和复用，码分复用允许用户在同一时隙不同码道上进行复用，所以调度算法支持这种复用特性并在盲区吞吐量和用户性能间进行折中，以根据不同的性能目标灵活选取不同的计算策略。

（3）自适应调制编码 AMC

AMC 指根据无线信道的实时变化，自适应地选择合适的调制和编码方式。基站根据用户实时的信道质量状况，选择目前最合适的调制和编码方式，使用户达到尽可能高的数据速率。当用户处于环境较好的通信地点时可采用 16QAM、码率为 3/4 的信道编码方案，并采用较高的打孔率从而得到较高的传输速率；当用户处于环境较差的通信地点时可采用 QPSK、码率为 1/4 的信道编码方案，并采用较低的打孔率或不打孔，保证误码率控制在系统设计门限之下，以保证通信质量，如图 5-6 所示。

（4）混合自动重传请求 HARQ

HARQ 在 HSDPA 中为吞吐量和延时性能带来很大增益，在 HSUPA 中仍沿用，快速 HARQ 允许 NodeB 对接收到的错误数据快速请求重传，HARQ 在 NodeB 处终止。快速 HARQ 的重传时延远低于 RLC 的重传时延，大大降低了 TCP/IP 和时延敏感业务的时延抖动。在解码前 NodeB 将之后重传的信息与原来传输的信息软合并，增大容量和特定数据速率的覆盖率。

3．TD-HSPA+

3GPP 在 R8 版本中又引入了 TD-HSPA+。TD-HSPA+基于 TD-HSPA 体系架构，针对其中一些有待提高和完善的方面进行了优化和增强，从而使 TD-SCDMA 能提供质量更高的服务。这些优化和增强技术包括：下行 64QAM、MIMO、无线接口层 2 协议增强、增强型 CELL_FACH 和连续的分组连接 CPC。

（1）下行 64QAM

TD-HSPA+在下行方向采用了更高的调制方式——64QAM，一方面提高了空中接口每个符号携带的信号量，另一方面也是对下行采用多天线技术 MIMO 的一种有力补充。64QAM 主要体现在下行，对下行信道性能有明显的提高。

（2）MIMO 天线技术

MIMO 技术是在 NodeB 和 UE 同时应用多天线，其目的是在不需要附加带宽的前提下利用空间信道的选择性进一步改善系统容量、增加数据吞吐量和提高频谱效率。

TD-HSPA+的 MIMO 方案采用了 SPARC（Selected Per Antenna Rate Control）方案。由于 TDD 的信道互易性，NodeB 可以通过上行信道估计获得下行信道完整的信道信息，无需像 FDD 那样通过 UE 反馈码字的形式来进行基于码字的预编码技术。TDD 的预编码通过上行获得的本征向量，作为下行的双数据流的加权因子，并通过对比单双流的信道容量进行自适应的单双流选择。

（3）无线接口层 2 协议增强

由于物理层引入 MIMO、64QAM 等技术后，物理层传输能力得到提升，需对无线接口层 2 的协议结构和规定进行修改，以适应新的物理层技术且提升系统性能，同时还需保证层 2 协议增强的方案和原有协议结构的后向兼容。

原协议 RLC PDU 大小固定（fixed PDU size），不能有效支持高速数据速率，增大 PDU size 可支持更高速率，但在小区边缘等场合下又可能增加填充（padding），影响性能。为解决这些问题，层 2 增强技术引入了灵活的 RLC PDU size 和 MAC 分段和复用技术。灵活的 RLC PDU size 可以有效支持高速数据速率，并可降低协议包头开销与填充，还可使一个 TTI 内发送的 PDU 数目更少，降低网络、终端的处理负担。MAC 分段和复用技术对高数据速率可降低残留 HARQ 错误率，在功率受限等条件下提高 MAC 层工作效率。

（4）增强型 CELL_FACH

增强型 CELL_FACH 主要针对实时性要求较低的业务进行优化。典型的业务包括网页浏览业务、下载业务等。这类业务的数据传输往往是时断时续的，当业务间断时间较长时，就会发生状态迁移，从 CELL_DCH 迁移到 CELL_FACH 状态，甚至进一步迁移到 CELL_PCH 状态、URA_PCH 状态和 IDLE 状态。增强型 CELL_FACH 在非 CELL_DCH 状态下可使用 HSPA 技术，提高峰值速率，降低传输时延，提高用户容量。由于 CELL_DCH 状态下需保持无线链路，保持上下行同步，这需要消耗一定的资源，对实时性要求较低的业务来说停留在 CELL_FACH 状态的资源利用率更高；另外从容量角度看，增强型 CELL_FACH 可把公共信道占用的资源合并到共享资源池中，提高系统容量，增加支持的用户数。

CELL_FACH 的目的在于降低终端功耗，提高系统容量和增加支持的用户数，提高 UE 在 CELL_FACH 状态的峰值速率。增强型 CELL_FACH 主要包括以下改进：在 CELL_FACH 状态、CELL_PCH/URA_PCH 状态和 Idle 状态下支持 HSDPA 和 HSUPA 技术以提高峰值速率；通过提高数据速率，减小 CELL_FACH、CELL_PCH 和 URA_PCH 状态下的信道用户平面和控制平面时延；减小从 CELL_FACH、CELL_PCH/URA_PCH 和 Idle 状态到 CELL_DCH 状态的转换时延；通过 DRX 减小 CELL_FACH 状态下的 UE 功率消耗。

（5）CPC

基于 HSPA 的分组数据用户长时间处于连接状态，存在着传输间断、频繁的连接终止以及重连等问题，为了改善用户体验，需要避免这种情况下频繁的连接终止和重建，减少信令负荷和延迟。另外，在不影响小区吞吐量的基础上，显著增加 CELL_DCH 状态下的分组用户数目，提高某些使用 HSPA 技术的业务（如 VoIP）的效率，降低处于连接状态的 UE 的功耗。

CPC 主要针对实时性要求较高的业务进行优化，例如 VoIP 业务、流业务等，让 CELL_DCH 状态的用户尽可能保持无线链路，保持上下行同步，满足实时性较强的分组数

据业务的性能要求。CPC 去掉了伴随 DPCH 的限制，提高了系统支持的用户数。CPC 主要在优化 TD-HSPA 方面，即 UE 保持在 CELL_DCH 状态且仅配置了 HSDPA/E-DCH 信道的场景，也就是没有上下行伴随 DPCH——信令无线承载（SRB）下行映射在 HS-DSCH 上，上行映射在 E-DCH 上。CPC 还针对实时性要求较高而数据包小的业务进行优化，如 VoIP 中，控制信道 HS-SCCH 和 E-AGCH 带来的开销相对于业务数据比较大，为减少控制开销，CPC 提出了半持续调度技术。CPC 主要包含两个特性：SPS（半持续调度）和控制信道 DRX。其中 SPS 包括了 HS-DSCH 的 SPS 和 E-DCH 的 SPS。

5.3 LTE

随着电信技术业务移动化、宽带化和 IP 化的趋势日益明显，移动通信技术处于网络演进的关键时期。语音收入下降需要开源，提升带宽，发掘新业务；网络成本高，需要引入新架构，降低业务成本。也就是说运营商需要在吸引用户、增加收入的同时，大幅度降低网络建设和运营成本。要解决这些问题，网络的发展变得迫切。本节主要介绍 LTE 系统的组成、无线接口和关键技术。

目前大部分物联网应用，如监控、计费、支付都不会占用大量带宽，超过一半的物联网应用都是 2G 网络在支持，即使是 3G 网络支持的物联网应用，384kbit/s 的传输速率也完全足够。但是，未来物联网的发展必然有大量的视频应用占据大量的带宽，如：远程专家诊断、远程医疗培训已经成为智能医疗应用的一个必然组成部分；在智能电网中，输电线路远程视频监控系统、电网抢修视频采集和调度指挥都是必须的；在智慧城市中，几乎所有的城市都可以看到城市视频安全监管等。

演进分组系统 EPS 是 3GPP 制定的 3G UMTS 演进标准，主要包括两个研究计划：无线接口长期演进 LTE 和系统架构演进 SAE，研究对象分别是演进分组核心网 EPC 和演进型陆地移动无线接入网 E-UTRAN。LTE/SAE 作为下一代移动通信的统一标准，具有高频谱效率、高峰值速率、高移动性和网络架构扁平化等多种优势。

1. LTE 设计目标

LTE 主要设计目标可归纳为：三高、两低、一平。三高即高峰值速率、高频谱效率、高移动性；两低即低时延、低成本；一平即扁平化架构。三高两低一平，具体地说：（1）明显增加峰值数据速率。对于 TD-LTE，在 20MHz 带宽上，上下行峰值总传输速率 150Mbit/s（2×2 MIMO）和 300Mbit/s（4×4 MIMO）；（2）在保持目前基站位置不变的情况下，增加小区边界比特速率，下行链路是 UTRA（Rel.6）的 2.3～4.8 倍，上行链路是 UTRA（Rel.6）的 2～5.5 倍；（3）明显提高频谱效率。下行链路 3～5 倍于 UTRA（Rel.6），上行链路 2.2～3.3 倍于 UTRA（Rel.6）；（4）LTE 的信道数量比 WCDMA 系统有所减少，最大的变化是取消了专用信道，在上行和下行都采用共享信道（SCH）；（5）降低无线网络时延：控制面低于 100ms，用户面低于 10ms；（6）以尽可能相似的技术同时支持成对（Paired）和非成对（Unpaired）频段；（7）系统部署灵活，支持多种系统带宽等级：1.4、3、5、10、15、20MHz；（8）引入 SON 技术，网络具备自适应调整能力；（9）以分组域业务为主要目标，系统在整体架构上是基于分组交换的扁平化架构；（10）QoS 保证，通过系统设计和严格的 QoS 机制，保证实时业务（如 VoIP）的服务质量；（11）支持与已有的 3G 系统和非 3GPP 规范系统互通。

TD-LTE 为 TDD 产业带来跃变，成为无线增长最快的领域之一：（1）TDD 频谱资源丰富，目前全球已经发放 600 多张 TDD 频谱，超过 40%还未使用，频谱优势成为支撑 TDD 未来发展的基础；（2）在 LTE 时代，TDD 与 FDD 整合发展，共享产业链，成为支撑 TD-LTE 快速发展的关键因素；（3）TDD 上下行共享频谱，可以灵活配置上下行带宽，能更好适应 MBB 时代数据业务上下行的不对称特性（尤其是随着视频业务普及），以及行业市场的多样化业务承载。

2．技术指标

与 3G 相比，LTE 具有各方面的优势，包括：提供更高的数据速率；基于分组交换更优化地利用无线资源；低时延的传输，保证业务的服务质量；简化的并且更加智能的系统设计，降低网路的运行维护成本。LTE 包含 FDD 和 TDD 两种模式，在 20MHz 系统带宽情况下，LTE R8 空中接口的下行峰值速率超过 100Mbit/s，上行峰值速率超 50Mbit/s。LTE 与其他移动通信系统技术指标比较如表 5-4 所示。

表 5-4　　LTE 与其他移动通信系统技术指标

制　　式	上下行时隙配比	调制方式	多天线技术	载波带宽	下行物理层峰值速率	下行物理层平均速率
GSM EDGE	/	8PSK	/	200kHz	473.6kbit/s	300kbit/s 左右
TD HSDPA	2:4	16QAM	智能天线	1.6MHz	1.6Mbit/s	1Mbit/s 左右
WCDMA HSPA	/	16QAM	/	5MHz	14.4Mbit/s	7Mbit/s 左右
WCDMA HSPA+	/	64QAM	2 × 2MIMO	5MHz	42Mbit/s	15Mbit/s 左右
LTE FDD	/	64QAM	2 × 2MIMO	20MHz	100Mbit/s	25Mbit/s 左右
TD-LTE	2:2	64QAM	2 × 2MIMO	20MHz	75Mbit/s	25Mbit/s 左右
TD-LTE	1:3	64QAM	2 × 2MIMO	20MHz	100Mbit/s	40Mbit/s 左右
LTE-A（4G）	/	64QAM	8 × 8MIMO	100MHz	>1Gbit/s	/

5.3.1　LTE 系统组成

1．系统架构演进 SAE

SAE 系统作为 LTE 系统的核心网，保留了与 2G/3G 系统的电路域进行互操作的接口，但其本身是纯分组域网络，采用 IP 作为其底层传输网络的网络层协议。SAE 为全 IP 化网络，控制平面和用户平面的各个物理实体都支持 IP 传输方式，但其控制平面与用户平台进行了分享，为信令和数据的传输链路提供了不同的管理手段，使核心网节点和接入网节点都增加了一些新的功能。如 SAE 采用更精确的负载均衡处理方式，SAE 网络中控制平面的逻辑节点 MME 可将负载状况定期通报给与之相连的 eNodeB，使其在进行 MME 选择时可进行负载均衡。

SAE 网络架构从逻辑上主要由移动性管理实体 MME/S4-SGSN、归属用户服务器 HSS、服务网关 SGW、分组数据网关 PGW、策略与计费规则功能 PCRF 等构成，如图 5-20 所示。

S4-SGSN 是支持 S4 接口的 SGSN，用于控制终端通过 GERAN/UTRAN 接入 EPC 的移动性管理实体，功能上与 MME 类似。SAE 的网络特性是兼容多种接入制式，SAE-GW 提供了丰富

的协议接口，可以连接不同协议的无线接入设备：LTE 通过标准 S1 接口接入；GSM 和 UMTS 通过 Pre Rel.8 SGSN 接入；CDMA 通过 S101/S103 隧道接入；WiMAX 通过 APN-GW 接入。

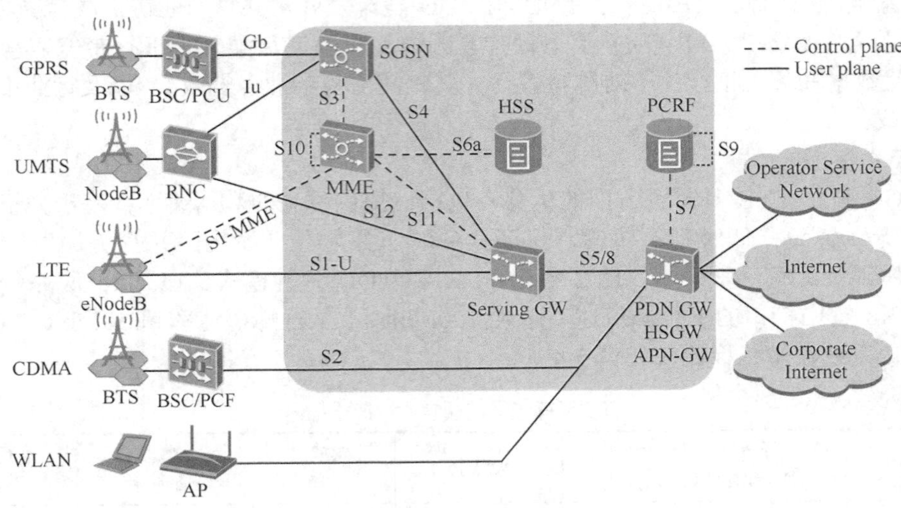

图 5-20　SAE 网络架构

2．LTE 系统结构

LTE 采用扁平化的系统结构，如图 5-21 所示。LTE 网络结构的最大特点，就是“扁平化”，具体表现为：取消 RNC，无线接入网只保留基站节点；取消核心网电路域（MSC Server 和 MGW），语音业务由 IP 承载；核心网分组域采用类似软交换的架构，实行承载与业务分离的策略；承载网络全 IP 化。之所以如此设计，主要基于以下理由：如果网络结构层级太多，则很难实现 LTE 设计的时延要求（无线侧时延小于 10ms）；VoIP 已经很成熟，全网 IP 化成本最低。LTE 系统结构包括核心网 EPC 和无线接入网 E-UTRAN 两部分。

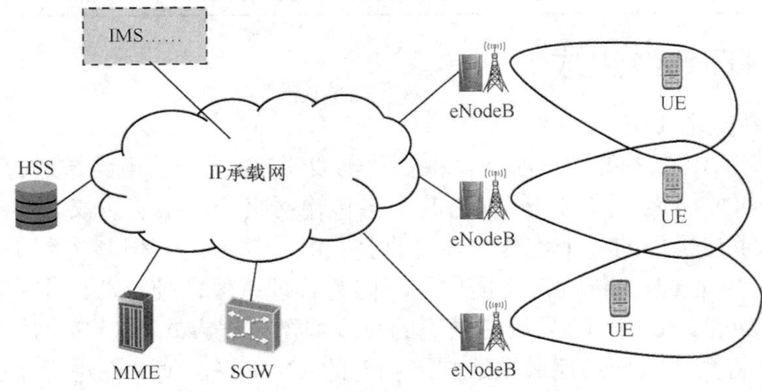

图 5-21　LTE 扁平化系统结构

（1）核心网侧 EPC 主要网元

① 移动性管理实体 MME

MME 是 EPC 的主要控制单元，负责网络中的移动性管理功能。只对控制面进行处理，主要功能包括认证和安全、移动性管理、用户定制特性和业务连接，包括：存储 UE 控制面上下文，包括 UEID、状态、跟踪区（tracking area，TA）等；移动性管理；鉴权和密钥管

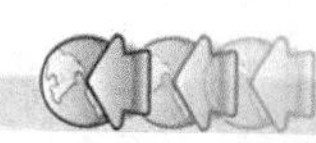

理；信令的加密、完整性保护；管理和分配用户临时 ID 等。

MME 的主要功能具体包括：负责 UE 的接入控制，HSS 交互获取用户的签约信息，对 UE 进行鉴权认证；在 UE 附着、位置更新和切换过程中，MME 需要为 UE 选择 SGW/PGW 节点；当 UE 处于空闲状态时，MME 需对 UE 进行位置跟踪，及下行数据到达时的寻呼；当 UE 需发起业务建立分组连接时，MME 负责为 UE 建立、维护和删除承载连接；当 UE 发生切换时，MME 执行控制功能，例如在 E-UTRAN 接入间的 S1 切换中，源 MME 为 UE 选择目标 MME 等。在移动性管理中，MME 是 NAS 信令的终结点，也是 GTP 控制平面信令的终结点。对于 NAS 信令，MME 还需进行加密和完整性保护等安全操作，并支持信令的合法监听。

② 服务网关 SGW

SGW 作为 UE 附着到 LTE 核心网的锚点，对每个 UE，同一时刻只存在一个 SGW。SGW 由 MME 使用域名系统 DNS 服务器选择，可能发生在 UE 附着、位置更新和切换中。SGW 选择需考虑网络拓扑、负载状况等因素。

SGW 承担业务网关的功能，高层功能是用户面隧道管理和交换，控制功能非常弱，只负责管理本身的资源，并基于 MME、PGW 或 PCRF 的请求进行资源分配。具体包括：发起寻呼，LTE_IDLE 态 UE 信息管理，移动性管理，用户面加密处理，分组数据的包头压缩，SAE 承载控制，NAS 信令加密和完整性保护等。

具体来说，SGW 支持基于 GTP 和基于代理移动 IP 建立的用户平面承载，并在建立的用户平面承载上进行用户数据的转发和路由。在 inter-eNodeB 和 inter-RAT 切换中，SGW 在转发数据流发送结束后发送一个或多个“end-marker”数据分组到源 eNodeB/RNC 帮助目标 eNodeB 按序接收数据。对于空闲态 UE，SGW 在收到下行数据分组时，先缓存收到的数据，然后发送信令消息到 MME，触发 MME 发起寻呼过程。SGW 也需支持数据流的合法监听功能，能对被监听的用户数据流进行复制。

③ 分组数据网关 PGW

PGW 是 UE 连接外部 IP 网络的网关，是 EPS 和外部分组数据网间的边界路由器，是用户数据出入外部 IP 网络的节点，是 LTE 系统中最高级的移动性锚点，通常作为 UE 的 IP 附着节点，根据业务请求进行业务限速和过滤功能；通常由 PGW 给 UE 分配 IP 地址实现与外网的通信；还包括策略和计费执行功能 PCRF，收集和报告相关计费信息。主要功能包括基于每个用户的包过滤、合法监听、UE IP 地址分配、下行数据级包标记、网关和速率限制等。

PGW 将从 EPS 系统的承载上收到的数据转发到外部 IP 网络，并将从外部 IP 网络收到的数据分组映射到 EPS 系统内部的承载上。接入到 EPS 系统的 UE 至少需连接一个 PGW；对于支持多分组数据连接的 UE，可同时连接多个 PGW。当 UE 建立分组数据连接时，由 MME 为其选择合适的 PGW，可能是 UE 签约信息中静态配置的，也可能根据 DNS 动态选择。

④ 策略与计费规则功能 PCRF

策略和计费控制网元 PCRF 是策略决策和计费控制实体，用于进行策略决策和基于流的计费控制，提供与业务流检测、门控、QoS 和流计费等相关的基于网络的控制。PCRF 负责决定如何保证业务的 QoS，并为 PGW 中的 PCRF 和 SGW 中可能存在的承载绑定及事件报告功能 BBERF 提供 QoS 相关信息，以便建立适当的承载和策略。

⑤ 归属用户服务器 HSS

HSS 是 LTE 的用户设备管理单元，完成 LTE 用户的认证鉴权等功能，相当于 3G 中的

HLR。HSS 是所有永久用户的静态数据库，并记录着访问网络控制节点，如 MME 层次的用户位置信息；存储用户特性的主备份数据，包括用户可使用的业务的信息、可允许的 PDN 连接；及是否支持到特定访问网络的漫游等。永久性密钥用于计算向访问地网络发送的用于认证的认证矢量（存储在 AUC 中）。

（2）无线侧网元（E-UTRAN）

LTE 无线侧系统架构如图 5-22 所示。E-UTRAN 由多个 eNodeB（eNB）组成，eNodeB 之间通过 X2 接口，采用网格（mesh）方式互连。同时 eNodeB 通过 S1 接口与 EPC 连接，S1 接口支持多对多的 GWs 和 eNodeB 连接关系。

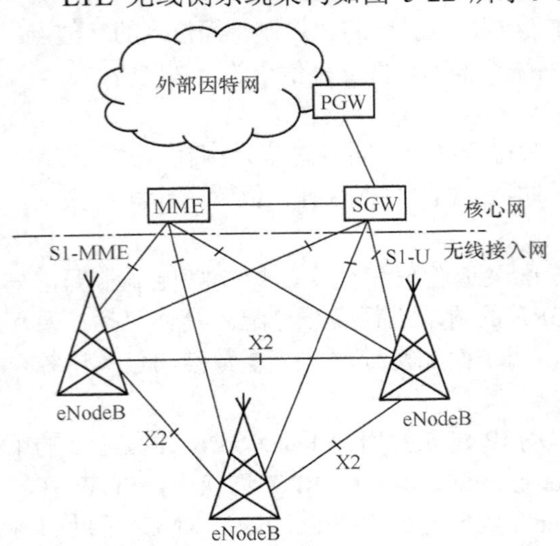

图 5-22　LTE 系统基本架构

eNodeB 是在 NodeB 原有功能基础上，增加了 RNC 的物理层、MAC 层、RRC 层、调度、接入控制、承载控制、移动性管理和相邻小区无线资源管理等功能，提供相当于原来的 RLC、MAC、PHY 以及 RRC 层的功能。具体包括：UE 附着时的 GW 选择，调度和传输寻呼信息，调度和传输 BCCH 信息，上下行资源动态分配，RB 控制、无线资源准入控制，LTE_ACTIVE 时的移动性管理。

S1 接口与 3G 系统中的 Iu 接口位置类似，一边连接 E-UTRAN 中的 eNodeB，一边连接 EPC 中的节点 MME/SGW。S1 接口与 Iu 接口不同在于 Iu 接口连接 3G 核心网的 PS 和 CS 域，而 EPC 只支持分组交换，S1 只支持 PS 域。

X2 接口类似于 3G 系统中的 Iur 接口。在 E-UTRAN 中，可假设 eNodeB 间具有多对多连接关系的 X2 接口，在一定区域内可能存在所有的 eNodeB 间都具有 X2 连接。X2 主要目的是支持 LTE-ACTIVE 状态下 UE 的移动性及基站间干扰管理。

LTE 架构中各节点的功能如图 5-23 所示。

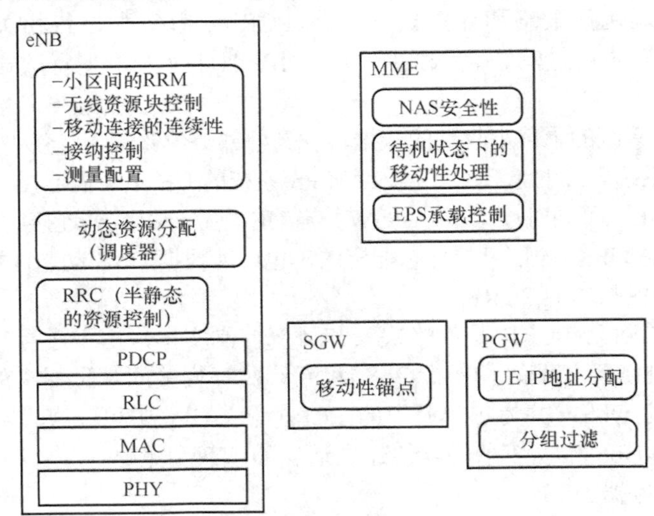

图 5-23　LTE 系统架构中各节点的功能

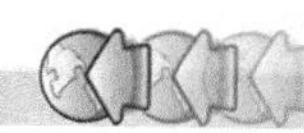

5.3.2　LTE 中的无线接口

1．帧结构

（1）LTE 帧结构

在 LTE 中，上行和下行都以无线帧结构进行传输，LTE 定义了两种帧结构，帧结构类型 1（见图 5-24）适用于全双工或半双工的 LTE FDD，帧结构类型 2（见图 5-25）适用于 TDD LTE。在 LTE 系统中，用采样点数为 2048 的快速傅里叶变换的采样周期 T_s 作为最小的时间单位，1 个 OFDM 符号长度是 1/15000s，采样周期 T_s=1/(15 000 × 2 048）s。

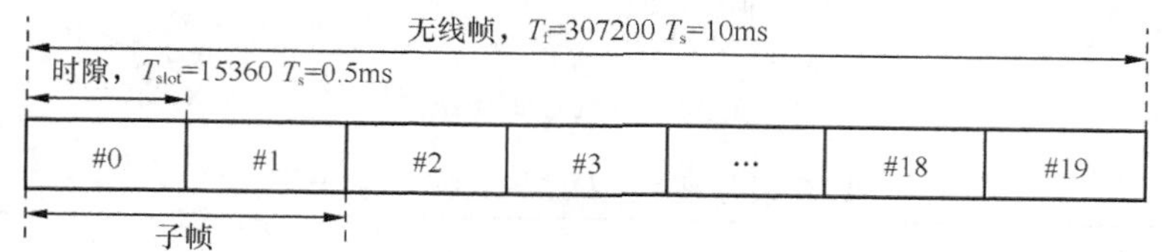

图 5-24　LTE 帧结构类型 1

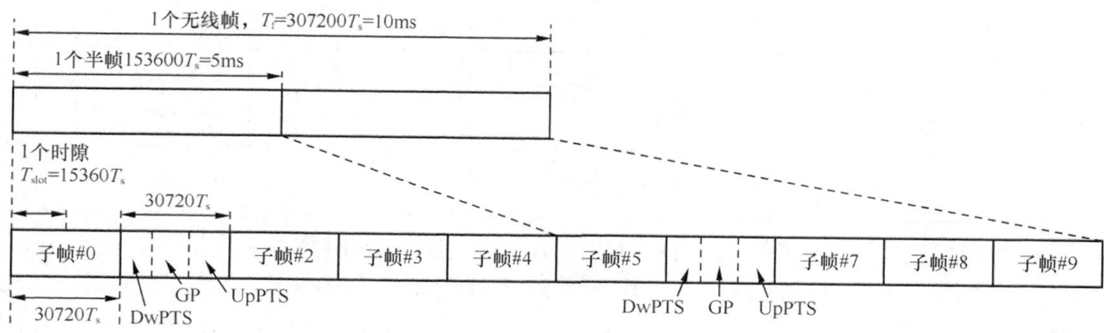

图 5-25　LTE 帧结构类型 2

帧结构类型 1 的每个无线帧长 T_f=307 200 × T_s=10ms，一个无线帧包括 20 个时隙，每个时隙 T_{slot}=15 360 × T_s=0.5ms，一个子帧定义为两个连续时隙。对于 FDD，通过频域来隔离上下行传输，10 个子帧全部用于下行链路传输或上行链路传输。

帧结构类型 2 中一个 10ms 的无线帧分为两个 5ms 的半帧。每个半帧由 5 个长度为 1ms 的子帧组成。子帧有普通子帧和特殊子帧。普通子帧由 2 个时隙组成，特殊子帧由 3 个时隙（UpPTS、GP、DwPTS）组成。

LTE 时隙（0.5ms）由 6 或 7 个符号组成，中间由循环前缀隔开，如图 5-26 所示。LTE 系统中有两种循环前缀：普通循环前缀和扩展循环前缀（扩展循环前缀主要用于远距离覆盖的场景）。为了区分这两种循环前缀，它们有各自不同的时隙格式。图 5-26 中展示了分别由 7 个和 6 个 OFDM 符号组成的时隙，在配置扩展循环前缀的时隙中，循环前缀扩大了，而符号的数量减少了，因此降低了符号速率，即降低了系统的吞吐率。

帧结构类型 2 支持多种时隙比例配置，10ms 周期中，子帧 1 固定配置为特殊子帧，其余为普通子帧；在 5ms 周期中，子帧 1 和子帧 6 固定配置为特殊子帧，且两个半帧的上下行比例保持一致，常规子帧的上下行配比可为 3:1、2:2、1:3。标准中共定义了 7 种上下行配置，如表 5-5 所示。

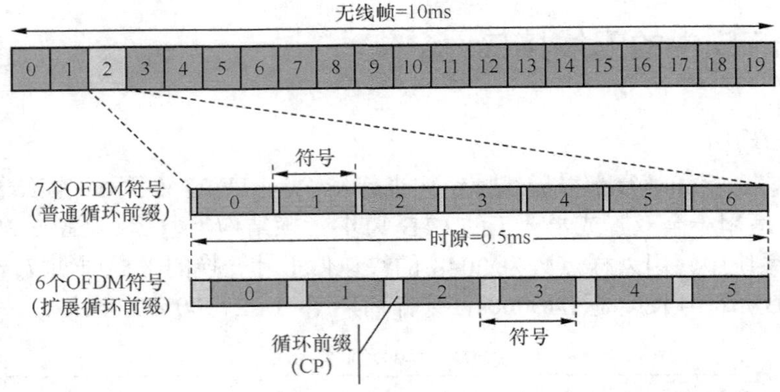

图 5-26　LTE 的时隙结构

表 5-5　　LTE 帧结构类型 2 上下行比例配置表

上/下行配置	上/下行转换周期	子帧号									
		0	1	2	3	4	5	6	7	8	9
0	5ms	D	S	U	U	U	D	S	U	U	U
1	5ms	D	S	U	U	D	D	S	U	U	D
2	5ms	D	S	U	D	D	D	S	U	D	D
3	10ms	D	S	U	U	U	D	D	D	D	D
4	10ms	D	S	U	U	D	D	D	D	D	D
5	10ms	D	S	U	D	D	D	D	D	D	D
6	5ms	D	S	U	U	U	D	S	U	U	D

帧结构类型 2 中特殊子帧 UpPTS、GP、DwPTS 三个特殊时隙总长度虽然固定为 1ms，但可支持多种不同的时隙比例配置，配合普通子帧的上下行的时隙配置，可实现与 TD-SCDMA 共存。特殊时隙可选配置如表 5-6 所示。在采用普通 CP 时，1ms 特殊子帧可容纳 14 个 OFDM/SC-FDMA 符号，共 9 种可选方案；而在采用扩展 CP 时，1ms 特殊子帧可容纳 12 个 OFDM/SC-FDMA 符号，共 7 种可选方案。当 DwPTS 时隙中容纳的 OFDM/SC-FDMA 符号数大于等于 9 时，也可以用于承载下行业务数据，承载能力相当于普通时隙的 3/4。

表 5-6　　LTE 帧结构类型 2 中特殊子帧配置方案

<table>
<tr><th rowspan="2">特殊子帧配置方案</th><th colspan="3">普通 CP</th><th colspan="3">扩展 CP</th></tr>
<tr><th>DwPTS</th><th>GP</th><th>UpPTS</th><th>DwPTS</th><th>GP</th><th>UpPTS</th></tr>
<tr><td>0</td><td>3</td><td>10</td><td rowspan="5">1</td><td>3</td><td>8</td><td rowspan="4">1</td></tr>
<tr><td>1</td><td>9</td><td>4</td><td>8</td><td>3</td></tr>
<tr><td>2</td><td>10</td><td>3</td><td>9</td><td>2</td></tr>
<tr><td>3</td><td>11</td><td>2</td><td>10</td><td>1</td></tr>
<tr><td>4</td><td>12</td><td>1</td><td>3</td><td>7</td><td rowspan="3">2</td></tr>
<tr><td>5</td><td>3</td><td>9</td><td rowspan="4">2</td><td>8</td><td>2</td></tr>
<tr><td>6</td><td>9</td><td>3</td><td>9</td><td>1</td></tr>
<tr><td>7</td><td>10</td><td>2</td><td>—</td><td>—</td><td>—</td></tr>
<tr><td>8</td><td>11</td><td>1</td><td>—</td><td>—</td><td>—</td></tr>
</table>

根据覆盖距离的不同，所需要的 GP 大小也是不同的。此外不同的配比，上下行导频时隙的大小也不同，影响上下行的吞吐率及用户数容量。基于上述因素，规划时可选择不同的

特殊子帧时隙配比。

（2）资源调度单位

为获得更高的资源利用率，LTE 可同时在空间、时域、频域三维进行资源调度。LTE 通过层映射和天线端口的调度进行空间资源的利用，利用资源单位 RE、资源块 RB、资源单位组 REG、控制信道单元 CCE 等不同时频资源粒度进行不同情况下的时域频域资源调度。

① 空间资源调度

图 5-27 所示为 LTE 下行物理层信道的处理过程。为通过 MIMO 同时发送多路数据，实现对空间资源的复用，需用不同码字区分不同的数据流。码字是自上层的业务流进行信道编码后的数据，数量由空中信道矩阵的秩决定。在 R8/R9 标准中，接收终端最多可识别 2 个不同的码流，如只有一根接收天线或两根接收天线的相关性太高而只有一个独立信道，就只有一个码字。由于码字的数量与实际发射天线数量往往不一样，需要将码字加扰和调制后的调制信号通过层映射到不同发射天线上。层映射就是按一定的规则将码字流重新映射到多个层，层数小于等于用于物理信道的天线端口数。在对层映射后产生的新数据流进行预编码，产生映射到每个天线端口资源上的向量块，然后在各天线端口上进行资源映射。

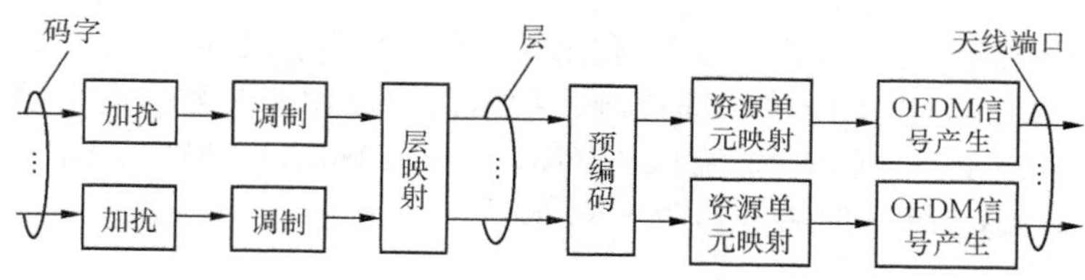

图 5-27 LTE 下行物理层信道的处理过程

天线端口指用于传输的逻辑端口，与物理天线不存在定义上的一一对应关系。天线端口用于该天线的参考信号定义，在 R8 标准中定义了 3 类 6 个，每个天线端口对应一个或一组参考信号星图，最多可支持 4 天线端口的空间复用，有基于小区专用参考信号的端口、基于 MBSFN 参考信号的端口、基于终端专用参考信号的端口用于 TD-LTE 系统的波束赋形。R9 标准增加了基于终端专用参考信号的天线端口 7 和 8 用于进行 TD-LTE 的双流波束赋形。R10 标准中采用了另一种参考符号范式，新增了基于定位参考信号的天线端口 6 用于实现终端定位、基于终端专用参考信号天线端口 7～14 可支持最多 8 层的空间复用，基于信道状态信息测量参考信号的端口 15～22。

由于在 R8/R9 标准中 LTE 只支持终端的单链路发射，上行没有引入天线端口概念，其物理处理过程如图 5-28 所示。

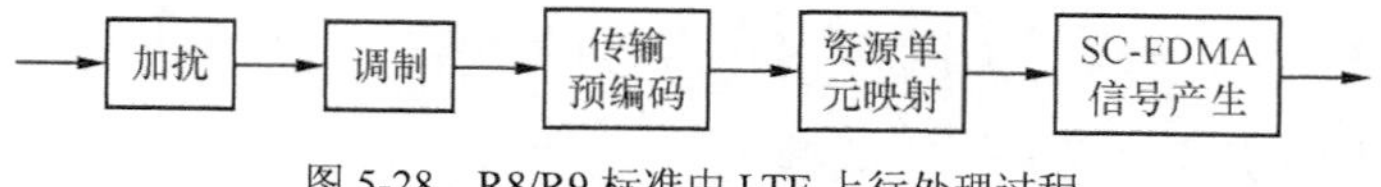

图 5-28 R8/R9 标准中 LTE 上行处理过程

② 基本资源单元

- LTE 频域上的资源单元——资源块 RB

频域上，LTE 信号由成百上千的子载波合并而成，子载波的带宽为 15kHz，每 12 个连续的子载波成为一个资源块并占用一个时隙，即 0.5ms。资源块是调度的基本单位，即不能以子载波为粒度进行调度，资源块如图 5-29 所示。

不同的载波带宽下，子载波的个数也不同：20M 带宽包含 1200 个子载波；15M 带宽包含 900 个子载波；10M 带宽包含 600 个子载波；5M 带宽包含 300 个子载波；3M 带宽包含 120 个子载波；1.4M 带宽包含 72 个子载波。为了避免与其他系统的干扰，在载波的两端都适当保留了带宽作为隔离。

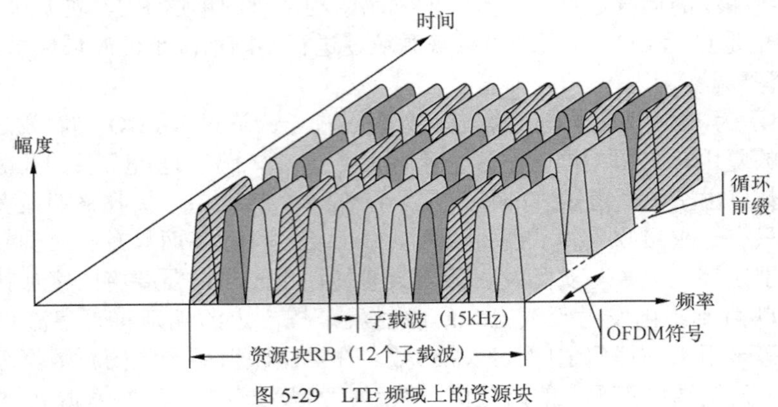

图 5-29　LTE 频域上的资源块

RB 主要用于资源分配，根据扩展循环前缀或普通循环前缀的不同，每个 RB 通常包含 6 个或 7 个符号。此外，由于一些物理控制、指示信道及物理信号只需占用较小的资源，因此，LTE 还定义了 RE 的概念：资源粒子（Resource Element，RE）表示一个子载波上的一个符号周期长度。RB 与 RE 的结构如图 5-30 所示。

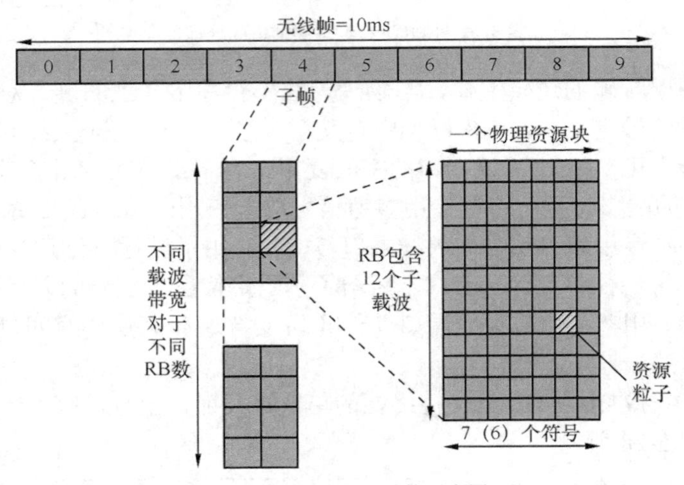

图 5-30　RB 与 RE 结构示意图

- LTE 时域上的资源单元——无线帧

LTE 无线帧的时长为 10ms，包含 20 个时隙，其中每个时隙的时长为 0.5ms。相邻的两个时隙组成一个子帧（1ms），为 LTE 调度的周期。无线帧结构在前面已作介绍。

③ REG 与 CCE

为更有效地配置和管理下行控制信道的时频资源，LTE 定义了两个专用的控制信道资源单位：REG 与 CCE。1 个 REG 由 4 个频域上并排的 RE 组成，即 4 个子载波 × 1 个 OFDM 符号。定义 REG 主要是为了有效支持物理控制格式指示信道 PCFICH、物理 HARQ 指示符信道 PHICH 等数据率很小的控制信道的资源分配。一个 CCE 由 9 个 REG 构成，包含 36 个

RE 的一个连续资源块。相对较大的 CCE，这是为了用于数据量相对较大的物理下行控制信道 PDCCH 的资源分配。

2．信道

LTE 空中接口分为物理层、数据链路层和 RRC 层 3 个通信协议层，而数据链路层又分为 MAC、RLC 和 PDCP 3 个子层。RRC 处理 UE 与 E-UTRAN 之间的所有信令。RRC 是无线侧的控制器，负责一些重要的无线管理功能，如切换，接入，安全的协商及 NAS 信令处理等。PDCP/RLC/MAC，为高层数据的收发提供服务，为高层数据的发送提供必要的处理和有效的服务，即按照一定的机制处理高层数据。在控制面，PDCP 负责对 RRC 和 NAS 信令消息进行加/解密和完整性校验；在用户面上，PDCP 的功能略有不同，它只进行加/解密，而不进行完整性校验。此外，为了提高空中接口的效率，PDCP 层可以对用户面的 IP 数据报文进行头压缩。RLC 提供无线链路控制功能，对高层数据包进行大小适配，并通过确认的方式保证可靠传送，包含 TM（透传）、UM（非确认）和 AM（确认）3 种传输模式，应用到不同的业务。此外 RLC 层还提供分段、级联、重组等功能。MAC 层负责无线资源的分配调度，即协调有限的无线资源，MAC 要根据上层 RLC 的需求以及下层物理层的可用资源，动态决定（以 1ms 为单位）资源的分配。物理层按照 MAC 层的调度，实现数据的最终处理（主要是 MAC 层的动态配置），如编码，MIMO，调制等。不同层间的无线接口协议体系和 SAP 如图 5-31 所示。

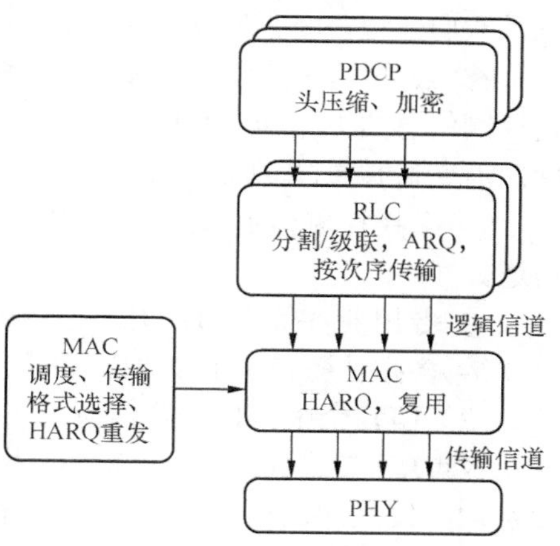

图 5-31　不同层间的无线接口协议体系和 SAP

物理层通过提供传输信道向 MAC 子层提供服务，MAC 子层通过提供逻辑信道向 RLC 子层提供服务。换而言之，逻辑信道须映射到传输信道，再落实到物理信道上通过一定的资源占用方式发送出去，如图 5-32 所示。

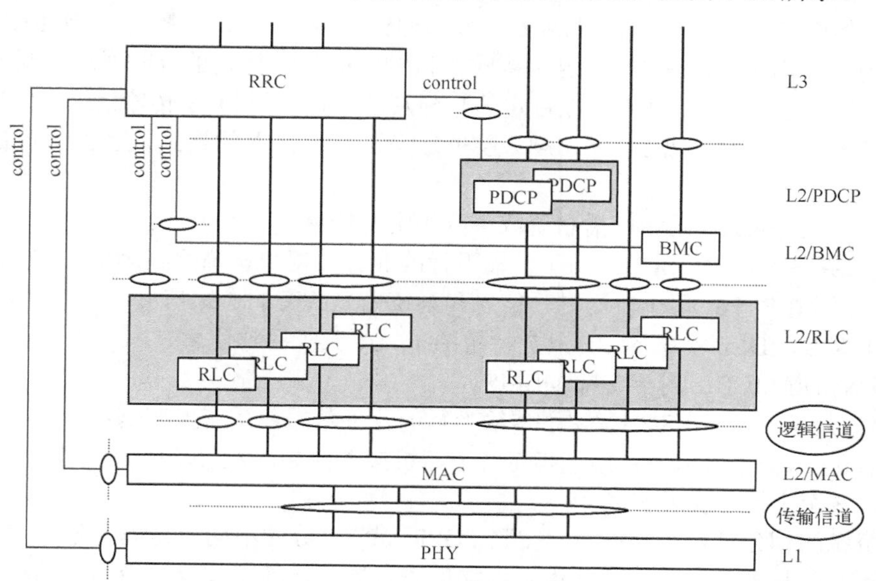

图 5-32　LTE 空中接口分层示意图

（1）LTE空中接口逻辑信道

数据在下行经过RLC层处理后，会根据数据类型的不同，以及用户的不同，进入不同的逻辑信道，具体是通过在MAC层添加UEID和逻辑信道编号，从而对不同用户的数据、信令及公共的信令进行逻辑区分。即按照内容的属性以及UE的不同，高层数据被分流到不同的逻辑信道。不同的逻辑信道是MAC层进行资源调度的重要依据。LTE的逻辑信道包括以下几个方面。

① 广播控制信道BCCH：用于广播系统控制信息传输的下行信道。

② 寻呼控制信道PCCH：用于传送寻呼信息和系统信息改变的通知信息的下行信道。

③ 专用控制信道DCCH：在网络和UE之间发送RRC连接建立时的专用控制信息的上下行双向信道，是点对多点的双向信道。

④ 公共控制信道CCCH：在网络和UE之间没有建立RRC连接时用于发送传输终端级别控制信息的上行和下行信道。UE在初始与网络通信时，没有UEID作为逻辑信道标示，因此，消息临时通过CCCH收发，不过eNodeB还是可以通过NASID进行暂时的用户区分。

⑤ 多播控制信道MCCH：用于UE接收MBMS业务时的控制信令，是点到多点的下行信道。

⑥ 专用业务信道DTCH：是专用于某个UE传输业务数据的点对点上下行双向信道。

⑦ 多播业务信道MTCH：用于点到多点业务传输的下行信道。

（2）LTE空中接口传输信道

逻辑信道的数据在到达MAC层后，会被分配以不同发送机制（周期固定发送，动态调度发送，发送块的格式等）进入不同的传输信道。MAC层实现了对资源的分配，不同的传输信道体现了不同的资源分配机制。LTE的逻辑信道中的数据，经过MAC层调度后，会往传输信道映射及分配发送的格式及机制：用户的专用信令（来自于DCCH）、专用业务数据（来自于DTCH）、初始接入时的信令（来自于CCCH）及绝大部分的系统广播消息（来自于BCCH）都会被以动态调度的方式分配资源进行发送，即映射到上行、下行SCH上；有一小部分系统广播消息MIB会以固定的周期，发送固定比特的信息，因此映射到BCH广播信道上；寻呼消息，由于其DRX（不连续接收）机制，必须在特定的寻呼时刻发送，无法采用动态调度，因此按照DRX规则，在特定的时刻发送，映射到PCH传输信道；LTE中的随机接入不发送任何高层的数据，在MAC层也定义了随机接入的格式及资源分配的机制，即RACH。

① 广播信道BCH：用于广播系统或小区特定的信息。

② 下行共享信道DL-SCH：用于传输下行的业务数据和系统控制信息。

③ 寻呼信道PCH：用于发送寻呼信息和系统信息改变的通知信息，支持UE的DRX以省电，处于RRC_IDLE状态的UE只在特定的子帧中监听寻呼信息。

④ 多播信道MCH：用于支持MBMS。

⑤ 上行共享信道UL-SCH：用于传输上行的业务数据和系统控制信息。

⑥ 随机接入信道RACH：用于指定传输随机接入前导，发射功率等信息。

（3）LTE空中接口物理信道

物理资源的划分是相对固定的，按照3GPP规范划分的不同的物理资源（LTE的时频资源）即是不同的物理信道。物理信道实现物理资源的总体静态划分，当然，共享信道中的资源仍然是需要MAC层动态调度。除了携带信息的信道外，LTE物理层还静态预留了一些资

源，用以发送一些信号：如参考信号、主/从同步信号等。LTE 物理层定义的物理信道包括：物理随机接入信道 PRACH、物理上行共享信道 PUSCH 和物理上行控制信道 PUCCH 等上行信道；物理下行共享信道 PDSCH、物理控制格式指示信道 PCFICH、物理 HARQ 指示信道 PHICH、物理下行控制信道 PDCCH、物理广播信道 PBCH 和物理多播信道 PMCH 等下行信道。逻辑信道、传输信道和物理信道间的映射关系如图 5-33 所示。

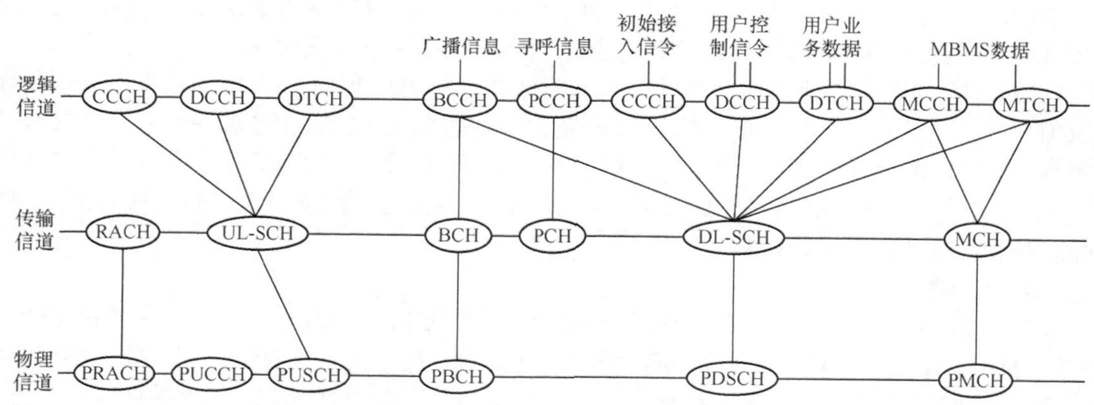

图 5-33　LTE 中逻辑信道、传输信道和物理信道间的映射关系

① 下行物理信道

- 物理广播信道 PBCH

PBCH 用于广播小区基本的物理层配置信息，传送的是主信息块 MIB，其他 SIB（System Information Blocks）承载在 PDSCH 上。MIB 包括如下信息：系统下行带宽，系统帧号，PHICH 配置。另外，系统的天线端口数隐含在 PBCH 的 CRC 中，通过盲检确定。

- 物理下行控制信道 PDCCH

PDCCH 承载的信息主要包括下行数据传输的调度信息、上行数据传输的调度信息和功率控制命令及上行发送数据的 ACK/NACK。下行数据传输的调度信息用于通知被调度的 UE 如何处理下行发送的数据，上行数据传输的调度赋予用于给 UE 的上行数据传输分配资源。一个 PDCCH 只承载与一个 MAC ID 相对应的控制域调度信息。

- 物理控制格式指示信道 PCFICH

PCFICH 用来告知 UE 一个子帧中 PDCCH 的大小（占用的 OFDM 符号数），划分出每个子帧中控制信令区域和数据区域的边界，以帮助 UE 解调 PDCCH。

- 物理 HARQ 指示信道 PHICH

PHICH 用于对 UE 发送的数据进行 ACK/NACK 反馈。PHICH 有如下两种配置：普通 PHICH 和扩展 PHICH。一个普通 PHICH 组包括 3 个 REG，包含至多 8 个进程的 ACK/NACK。HARQ 的 ACK/NACK 信息以 PHICH 组的形式发送，每个组内的多个 PHICH 信道采用正交扩频序列的复用方式，占用相同的时频域物理资源。在频域上一个组的 3 个 REG 首先要避开 PCFICH 的频域，然后在整个带宽范围内尽可能均匀分布，在时域上尽可能在信令控制区的不同符号时序上分散布置。

TD-LTE 中的 PHICH 组数在不同的下行子帧中可能不同。对于扩展 PHICH，属于同一个 PHICH 组的不同 REG（3 个）可能在不同的符号上传送。PHICH 对于调度的成功率很重要，通过配置扩展 PHICH，可以实现频率和时间上的分集增益。

9 个 REG 汇聚成 1 个 CCE。CCE 是调度信令所需要资源的最小单位。基站可动态决定使用 CCE 的数量进行调度命令的发送。根据调度信息的复杂程度及用户的信道质量，基站可以决定：使用 1 个 CCE 发送调度信令（格式 0）；使用 2 个 CCE 发送调度信令（格式 1）；使用 4 个 CCE 发送调度信令（格式 2）；使用 8 个 CCE 发送调度信令（格式 3）。

- 物理下行共享信道 PDSCH

PDSCH 主要用于下行数据的调度传输，承载来自上层的不同信息，包括寻呼信息、广播信息、控制信息和业务数据信息等，是唯一用来承载高层业务数据及信令的物理信道，因此是 LTE 最重要的物理信道。PDSCH 在进行物理资源映射时，占用的资源块不能是被 PBCH、同步信号和参考信号所占用的 RE 资源，在时域上不能占用子帧中用作 PDCCH 的 OFDM 符号。PDSCH 的层映射和预编码方案可分为单天线、空间复用、传输分集 3 种情况。不同 RB 上的 PDSCH 可以被调度给不同的 UE，因此不同 RB 上的 PDSCH 可能采用不同的调制方式，MIMO 模式等。

② 上行物理信道

LTE 包括 3 个物理上行信道：物理上行共享信道 PUSCH，物理上行控制信道 PUCCH，物理随机接入信道 PRACH，如图 5-34 所示。PUCCH 用来向基站反馈一些必要的物理层指示比特，比如信道质量、HARQ 确认指示。其对称的分布在上行子帧的频域的两侧，其占用的 RB 数可以调整。PRACH 固定占用 6 个 RB，用来发送上行的随机接入前导从而获取上行的发送授权及上行同步相关的信息。其密度（频域上及时域上占用资源的多少）可以调整。除去 PUSCH 和 PUCCH 以外的剩余的上行资源即为 PUSCH，用来发送上行的数据、信令等高层数据。

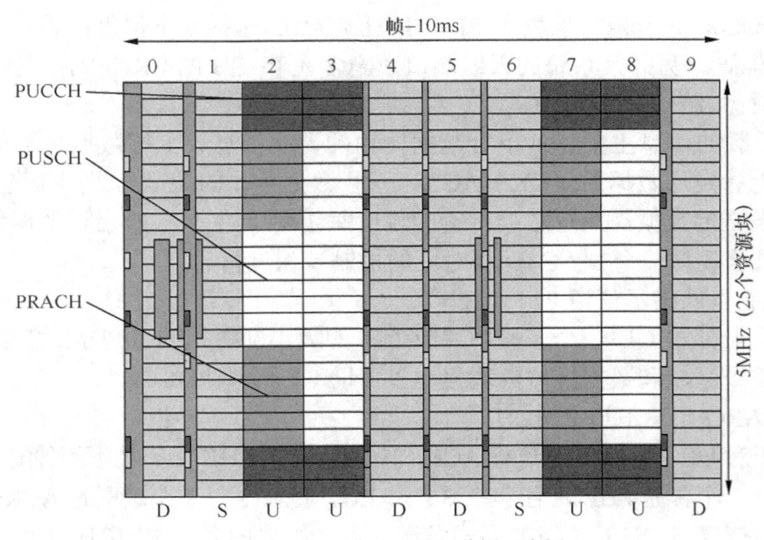

图 5-34　TD-LTE 上行物理信道示意图

- 物理上行随机接入信道 PRACH

PRACH 用于 UE 发送随机接入信号 RAP 发起随机接入的过程。随机接入过程用于各种场景，如初始接入、切换和重建等，PRACH 有 5 种格式（见表 5-7），可按照场景选择配置。5 种 PRACH 帧格式都能用于 TDD 的随机接入，但是 FDD 系统只能使用其中前 4 种前导格式（格式 0～3）。

表 5-7　PRACH 的 5 种格式

前导格式	占用子帧数	$T_{SEQ}(\mu s)$	序列长度	$T_{CP}(\mu s)$	$T_{GT}(\mu s)$	最大小区半径（km）
0	1	800	839	103.125	96.875	14.531
1	2	800	839	684.375	5115.625	77.344
2	2	1600	839	203.125	196.875	29.531
3	3	1600	839	684.375	715.625	102.65
4（TDD）	UpPTS	400/3	139	14.583	9.38	1.41

- 物理上行控制信道 PUCCH

PUCCH 传输上行物理层控制信息 UCI，用于承载上行调度请求、对下行数据的 ACK/NACK 信息、信道状态信息 CSI 反馈、CQI 报告、MIMO 反馈如预编码矩阵指示 PMI 及秩指示 RI 等信息。

UE 的大部分物理层控制信息可以通过 PUSCH 发送，但是当 PUSCH 没有被调度时，UE 需要 PUCCH 进行上行控制比特的发送，比如发送“调度请求”。为了接入更多的 UE，每个 PUCCH 资源块又可以被多个用户复用（通过使用不同的序列进行区分）。

- 物理上行共享信道 PUSCH

PUSCH 用于上行数据的调度传输，承载来自上层不同的传输内容，包括控制信息、用户业务信息和广播业务信息。PUSCH 支持物理层机制，包括自适应调度、HARQ 等。

（4）LTE 中的信号

① 同步信号

同步信号用来使 UE 实现下行同步，同时识别物理小区 ID（PCI），从而对小区信号进行解扰。LTE 中设置了两个同步信号：主同步信号（PSS）和从同步信号（SSS）。PSS 和 SSS 的产生与 LTE 的物理小区 ID 相关，可用于终端对小区的识别。LTE 中的同步信号在频域上只占用全系统带宽中间 62 个子载波，两端各留 5 个子载波的保护带。同步信号在每个无线帧中出现两次，在时域上的映射与采用的帧结构有关。

通过同步信号，UE 可以实现下行的同步，同时通过对 PSS 和 SSS 的识别，UE 可以获取当前小区的物理小区 ID，用以对下行信号的解扰及发送信号的加扰。主同步信号发送 3 种序列中的一种，由小区配置的 PCI 决定。从同步信号发送 168 种序列组合中的一种，也是由小区配置的 PCI 决定；从同步信号的接收依赖于主同步信号发送的序列。通过识别 PSS 和 SSS 的序列号，UE 可以计算出小区的 PCI，从而解扰小区的其他信道。

由于 LTE 采用同频组网，因此需要对下行的信号进行加扰，加扰用的扰码由小区配置的 PCI（物理小区 ID）决定，范围是 0～503。504 个物理小区 ID 可以在小区间重复使用。基站对配置的 PCI 经过模 3 运算后，结果分为两个部分，商值称为 N_{ID}（1），范围是 0～167；余数称为 N_{ID}（2），范围是 0～2。

通过 PSS 的序列号和 SSS 的序列号，基站将 N_{ID}（2）及 N_{ID}（1）间接的指示给 UE，UE 便可以很容易计算出 PCI，进而对小区的信号进行解扰。PSS 的 3 个序列对应 3 个 N_{ID}（2），SSS 的 168 个序列对应 168 个 N_{ID}（1）。

② 参考信号

参考信号包括下行参考信号和上行参考信号。下行参考信号 RS 实现导频功能，作用是为了进行下行信道的质量监测、下行信道估计以实现 UE 端的相干检测、解调及小区搜索。LTE 定义了 3 种下行参考信号：小区特定参考信号、MBSFN 参考信号、UE 特定参考信号。

LTE 在上行链路中有两种参考信号：解调用参考信号 DRS 和探测用参考信号 SRS。

下行小区参考信号的接收强度（RSRP）是衡量网络覆盖性能最重要的指标。下行小区参考信号，属于公共信号，所有 UE 都可以测量评估。UE 特定的参考信号，是属于某 UE 专用的参考信号，基站为调度的 UE 专门发送，用来实现对该 UE 的波束赋形（Beam Forming），该信号只有对启用 Beam Forming 功能的 UE 后才会发送。LTE 的 UE 发送上行的 Sounding RS（探测 RS）实现基站对该 UE 的上行的信道估计，RSRP 为参考信号接收强度。

- 小区特定参考信号

小区特定参考信号在支持非 MBSFN 传输的小区中的所有下行子帧中传输，共 3 种 RS 映射方案分别对应 1 天线、2 天线和 4 天线。

单天线口配置下下行小区 RS 信号，在频域上均匀的分布在整个下行子帧中。

为了实现 MIMO 或发射分集，LTE 设计了多发射天线功能。当一根天线正发射参考符号时，另一根天线的相应资源粒子 RE 为空（不发送能量）。双天线配置的情况下，小区参考信号在不同的端口发送时频位置也是不一样的，发送 RS 的 RE 时频上彼此交错。为了达到较好的信道评估效果，当一根天线正发射参考符号时，另一根天线的相应资源粒子 RE 为空（不发送能量）。

为了减少参考信号开销，天线口 2 和天线口 3 上的参考符号较少。为了达到较好的信道评估效果，4 个天线端口上 RS 的也需要相互交错，因此较多的占用了时频资源。为了减少参考信号开销，天线口 2 和天线口 3 上的参考符号较少。符号少也会影响系统功能，特别是在高速移动（即信道快速变化）的状态下，信道估计会变得不准确。不过，四天线空间复用 MIMO 一般适用于低速移动场景，所以对网络的整体功能影响不大。

- MBSFN 参考信号

MBSFN 参考信号仅在分配给 MBSFN 传输的子帧中传输，对应天线端口为 4，目前只定义了采用扩展循环前缀的 MBSFN 参考信号。

- UE 特定参考信号

UE 特定参考信号用于支持单天线端口的 PDSCH 传输，对应天线端口 5，目前只用于 TD-LTE 系统，在分配给使用传输模式 7 的 UE 的那些 RB 上发送，且 UE 特定参考信号不能使用那些与小区特定参考信号所对应 RE。在使用波束赋形时，不同的波束上会承载 UE 特定参考信号。

- 上行解调参考信号 DRS

LTE 中 PUCCH 和 PUSCH 中的 DRS 用于求取信道估值矩阵，实现基站端对 PUCCH 和 PUSCH 的相干检测和解调，与 PUCCH 和 PUSCH 中的承载的数据一同进行发射。PUCCH 和 PUSCH 的 DRS 与所承载的数据结合一起进行物理层映射。

- 上行探测参考信号 SRS

SRS 独立进行发射，主要用于基站对上行信道质量进行测量和信道选择，在 TD-LTE 中还可以通过对上行 SRS 的测量来对等估测下行信道质量。当 UE 被在 PUSCH 上调度时，会一并发送参考信号，用以 PUSCH 的解调。但是 UE 无法通过该参考信号向基站报告未被调度频段的信道质量。UE 在上行被调度了资源时，eNodeB 可以通过 DRS 对 UE 占用的 RB 进行信道估计，但无法通过 DRS 得知其他 RB 的信道质量，LTE 使用 SRS 解决此问题。探测参考信号 SRS 为 eNodeB 提供用于调度的上行信道质量信息 CQI。当没有上行数据发送时，UE 在配置的带宽内发送 SRS 信号。

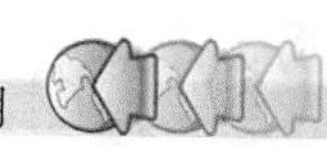

LTE 可调度每个 UE 在指定的带宽内一次性或周期性发送 SRS（高层配置），发送周期可为 2/5/10/20/40/80/160/320ms。SRS 可以是宽带模式，或是调频模式。SRS 信号可通过两种方式发送，固定宽带方式或跳频方式。宽带模式下，SRS 信号用所要求的带宽发送。跳频模式下，使用窄带发送 SRS 信号，长远来看，这种模式相当于是占用所有带宽。SRS 信号的配置，如带宽，时长及周期由上层提供。

SRS 带宽的最小单位是 4RB，为支持频率选择性调度，需进行探测的带宽通常远超过目前传输数据的带宽。UE 发送的 SRS 所使用的带宽取决于 UE 的发送功率、小区发送 SRS 的 UE 数目等。在较大带宽中发送可获得更精确的上行信道质量检测，但需 UE 消耗更大的能量维持 SRS 发射功率密度。

小区中用于 SRS 的时频资源通过系统消息广播的。原因是 SRS 信号不能和 UE 在 PUSCH 或 PUCCH 上发送的信号冲突，所以必须让所有的 UE 知道 SRS 信号什么时候发送，以便被调度到相应 RB 的发送时，能避开 SRS 的发送。SRS 资源可以通过时分（配置不同的子帧）、频分（配置不同的频段）、奇偶子载波区分（梳状区分）、码分（使用序列的不同循环移位）的方式，使有限的 SRS 时频资源被大量的用户复用。在 LTE 中，每个 UE 在所分配的 SRS 带宽中，只占用每 2 个子载波中的 1 个子载波的位置，形成一种所谓的梳型结构，两个 UE 可通过不同的频率偏移实现频分复用。

3．信号处理

（1）信道编码

来自 MAC 层和向 MAC 层输出的数据和控制流需经过编/解码，通过传输信道提供传输和控制服务。信道编码可提升通信系统的传输可靠性，克服信道中的噪声和干扰。在进行信道编码前通常需在来自上层的传输块中加入校验比特并进行分块，在信道编码后通常还需进行速率匹配以将待传输的内容与物理资源进行适配。LTE 的传输信道主要使用两种信道编码：卷积编码和 Turbo 编码。

（2）扰码

信息流在经过编码处理后，有时会出现连续的“0”或“1”而破坏“0”和“1”码的平衡，影响位同步的建立和保持。利用一个伪随机序列对输入的传送码流进行加扰，使信息流变为伪随机序列，可避免这种情况出现。同时，由于频率资源的稀缺，一般 LTE 都采用同频组网方式建网，将信息流伪随机化可有效降低小区间干扰。LTE 中对信息进行加扰的伪随机序列由长度为 31 的 Gold 序列产生。

在 LTE 中，PMCH/PBCH/PCFICH/PDCCH/PHICH 的扰码生成与小区的 PCI 相关，用于保证相邻小区间信号的正交性。其他信道的扰码生成不仅与小区的 PCI 相关，同时也和 UE 的 RNTI 相关，以进一步保证相同小区内不同用户间信号的正交性。

（3）信号调制

在 LTE 系统中，下行物理信道中 PDSCH、PMCH 的调制方式为 QPSK、16QAM 和 64QAM；PBCH、PHICH、PDCCH、PCFICH 的调制方式为 QPSK。上行物理信道中 PUSCH 的调制方式为 QPSK、16QAM 和 64QAM；PUCCH 调制方式为 BPSK 和 QPSK；PRACH 调制方式为 QPSK。

4．物理层过程

（1）小区搜索

小区搜索是当 UE 开机或需要进行小区切换时，对小区下行同步信号的检测过程。小区

搜索具体包括时间同步检测、频率同步检测以及小区 ID 检测等过程，为后续进行信道估计、广播信道的接收做好准备。

① LTE FDD 中的小区搜索

经过小区搜索，UE 取得了和小区时间、频域同步，并检出了 PCI，可进一步读取小区的广播信息。由于同步信号只占用系统频带中间的 62 个载波，为简化 UE 的小区搜索过程，UE 在进行小区搜索时只处理系统频带最中间的 72 个载波。

UE 在小区搜索过程中要获取 3 个物理信号：主同步信号、辅同步信号和下行参考信号，如图 5-35 所示。

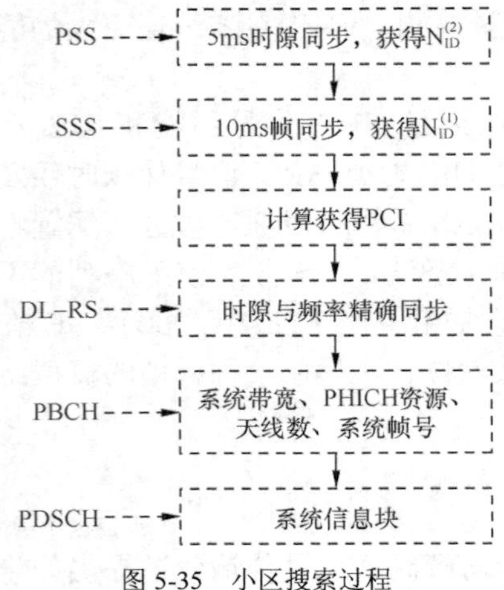

图 5-35 小区搜索过程

UE 开机后在可能存在 LTE 小区的几个中心频点上接收信号 PSS，根据接收到的信号强度判断这个频点周围是否可能存在小区，如果 UE 保存了上次关机时的频点周围是否可能存在小区、上次关机时的频点和运营商信息，开机后会首先在上次驻留的小区上进行尝试。如果 UE 在扫描的中心频点上没有发现小区，就会在划分给 LTE 系统的频带上做全频带扫描，去发现信号较强的频点。当 UE 搜索确定了中心频点后，就在中心频点周围收 PSS，并据此判断是 FDD 还是 TDD 系统。由于 PSS 信号每 5ms 重复一次，UE 在这一步还无法实现帧同步。随后 UE 在 PSS 基础上向前搜索 SSS，UE 得知完整的小区 PCI。

UE 在获得帧同步后通过解调参考信号实现进一步的精确时隙与频率同步，同时为解调 PBCH 做信道估计。天线数隐含在 PBCH 的 CRC 中，在计算 PBCH 的 CRC 后与天线数对应的 MASK 进行异或即可确定小区采用的天线数。

在接受了 PBCH 后，UE 已完成了与 eNodeB 的定时同步，但完成小区搜索还需进一步接受承载在 PDSCH 上的 BCCH 信息。UE 首先接收 PCFICH，根据小区的 PCI 可算出 PCFICH 在频域的起始位置和分布情况，对 PCFICH 解码后可知道 PDCCH 占用的 OFDM 符号数目。接着在所有 PDCCH 信道中查找发送到 SI-RNTI 的候选 PDCCH，如果找到一个并通过了相关的 CRC 校验，就意味着有相应的系统信息块 SIB 消息，于是接收 PDSCH，解码后将 SIB 上报给高层协议栈，由 RRC 判断是否接收到足够的 SIB，等接收到足够的 SIB 后结束整个小区搜索过程。

② TD-LTE 中的小区搜索

TD-LTE 中的时域同步检测分为两步：检测主同步信号；根据主同步信号和辅同步信号间的固定关系再检测辅同步信号。当 UE 处于初始接入状态时，对接入小区的带宽是未知的，主同步和辅同步信号处于整个带宽的中央，并占用 1.08MHz 带宽。因此在初始接入时，UE 首先在其支持的工作频段内以 100kHz 为间隔的频栅上扫描，并在每个频点上进行主同步信道的检测，当然 UE 仅检测 1.08MHz 的频带上是否存在 PSS。当检出 PSS 后，可获得主同步序列的序号，在完成 PSS 的接收和检测后，还需完成对子帧 CP 类型的检测，因为常规 CP 和扩展 CP 对应的 PSS 和 SSS 间的距离存在两种可能，需 UE 盲检识别，通常采用 PSS 与 SSS 相关峰的距离判断。在确定子帧的 CP 类型后，SSS 的位置和序列也就确定了。由于辅同步序列比较多，而且采用了两次加扰，因此检测相对复杂，在已知 PSS 位置时可通过频域检测降低复杂度。

为确保下行信号的正确接收，在小区初搜过程中，在完成时间同步后，需进行更精细化的频谱同步，确保收发两端信号频偏一致。为实现频率同步，可通过辅同步序列、导频序列、CP 等信号进行频偏估计并纠正。

（2）随机接入

物理层随机接入用于实现 UE 的上行同步过程。

① LTE FDD 中的随机接入

UE 通过随机接入过程与 eNodeB 实现上行同步和上行资源申请两个基本功能。随机接入是一个重要的物理层过程，由此 UE 才能实现与系统的上行时间同步，UE 与 eNodeB 才能进行信息交互，完成如呼叫、资源请求及数据传输等操作。

以下 5 种触发场景 UE 会进行随机接入：① RRC_IDLE 初始接入；② 无线链路中断，UE 和 eNodeB 失去同步；③ 切换；④ RRC_CONNECTED 状态（收到下行数据，如上行同步状态为“异步”时，UE 需发送 ACK/NACK 给 eNodeB 以保证信息的正确接收）；⑤ RRC_CONNECTED 状态（收到上行数据，如上行同步状态为“异步”或者没有 PUCCH 资源可用于调度时）。随机接入过程分为竞争模式（见图 5-36（a））和非竞争模式（见图 5-36（b））两种。

竞争模式由 UE 的 MAC 层发起或由 PDCCH 触发，是使用所有 UE 在任何时间都可以使用的随机接入序列接入，在每种场景条件下都可触发接入。

非竞争模式不会产生接入冲突，它是使用专用的接入前导进行随机接入的，是为了加快恢复业务的平均速度，缩短业务恢复时间，是使用在一段时间内仅有一个 UE 可使用的序列接入，只发生在切换或有下行数据到达且需重新建立上行同步的情况。

② TD-LTE 中的随机接入

在进行随机接入前，UE 先通过系统广播消息获得进行随机接入的物理层资源和所分配的前导序列码集合，然后根据所获得的信息生成随机接入前导序列，并在相应的物理层随机接入资源上发起随机接入。基站对随机接入信道进行检测，如基站检测到随机接入前导序列，则在下行控制信道上反馈相应信息，如果检测到相应的反馈信息，则说明该 UE 发送的随机接入前导序列被基站检测到。该反馈信息中还包括了 UE 上行定时提前调整量，UE 根据该调整量获得上行同步，进而可发送上行资源调度请求信息进行后续的数据传输，如图 5-37 所示。为了确保基站能准确捕获并识别 UE 发送的随机接入信号，需根据系统覆盖需求，合理设计随机序列长度。

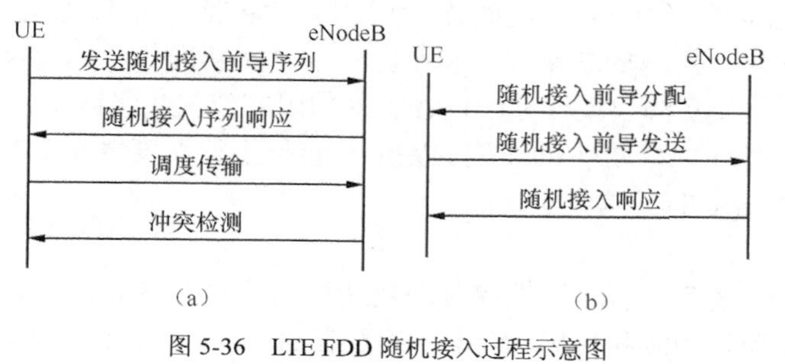

图 5-36　LTE FDD 随机接入过程示意图

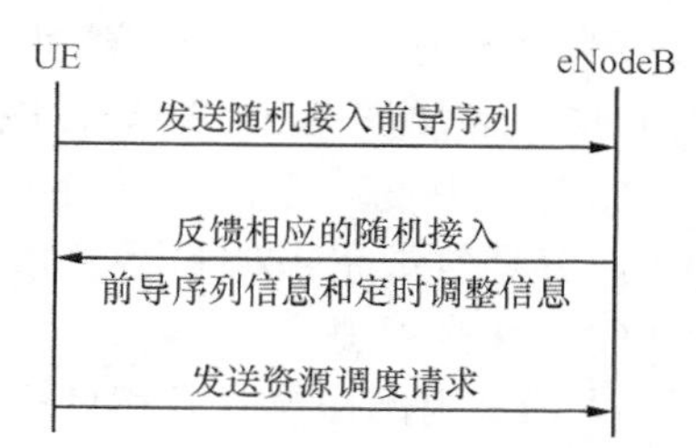

图 5-37　TD-LTE 随机接入过程示意图

基站端为准确检测随机接入序列，通常设置一个检测门限用以判断是否收到随机接入序列。当接收信号的相关峰值大于检测门限时可判断有随机接入序列。

（3）功率控制

LTE 中的功率控制分为上行功率控制和下行功率分配。上行功率控制采用闭环功率控制，控制不同上行物理信道的传输能量，达到UE节电和抑制用户间干扰的目的。

PUSCH 的功率控制以一定的规则调整 UE 的发射功率补偿路径损耗，保证终端在小区内上行数据的正确传输。PUSCH 功控采用部分功控和闭环功控结合的方式进行，其中部分功控主要用于对抗大尺度衰落，闭环功控对抗小尺度衰落。

PUCCH的功控同样采用部分功控与闭环功控相结合的方式。

上行 SRS 提供上行信道信息用作基站快速链路适应、频率选择性调度和上行虚拟MIMO 数据传送 SDMA 配对的参考。没有上行数据调度前，Sounding 信道的功控为开环功控，针对每个用户做SRS功控。

由于LTE下行采用OFDMA技术，同一个小区发送给不同UE的下行信号相互正交，不存在相互干扰，也就没有功控的必要性。另外采用下行功控会扰乱下行CQI测量，影响下行调度的准确性。因此LTE系统只采用静态或半静态的功率分配以避免小区间干扰。

LTE 下行功率分配的目标是在满足用户接收质量的前提下尽量降低下行信道的发射功率，以降低小区间干扰。在 LTE 中，下行发射功率大小是通过每资源单元能量 EPRE 衡量的。UE 假设下行小区专用参考信号 EPRE 在整个下行带宽中恒定，且在所有子帧中恒定，直到收到不同的小区专用参考信号的功率提升信息。下行参考信号 EPRE 可从由高层配置的参数 Reference-signal-power 给的下行参考信号传输功率中获得。下行参考信号传输功率定义为系统带宽内所有承载小区专用参考信息的资源粒子功率的线性平均。对于 PDSCH 信道的EPRE可由下行小区专属参考信号功率EPRE、每个OFDM符号内的PDSCH EPRE和小区专属RS EPRE的比值获得。

5. 无线资源管理RRM

RRM 是对移动通信系统中有限的无线资源进行合理分配和有效管理，使系统性能和容量达到最佳状态。在LTE中，无线资源管理所具有的功能都是以无线资源的分配和调整为基础展开的，包括资源分配、接入控制、负荷均衡等。

（1）分组调度管理

LTE 采用了共享信道的机制，为更有效利用和分配共享资源，需在不同用户间进行调度。调度的主要目标是为用户平面和控制平面的分组数据分配或回收资源，包括缓冲区资源和空中接口的传输资源等。调度功能包括：物理资源相关选择的决策、资源分配策略及进行必要的资源管理（功率或被使用的特定资源块）。调度时需考虑的因素包括业务的 QoS 需求、用户的无线信道质量、缓冲区状态、用户的功率限制和小区中的干扰情况等，同时需考虑为进行小区间干扰协调等而对资源块或资源块集合分配过程引入的限制或优先级因素。

LTE 中调度功能由位于 eNodeB 的 MAC 层中的调度器完成，包括下行调度器和上行调度器，分别负责完成对下行/上行共享信道的资源分配。

（2）切换管理

对LTE内部切换，源和目标eNodeB都含有移动性控制（包括切换所需的参数）的RRC连接重新配置消息可用作一条切换命令。当源和目标 eNodeB 间存在 X2 接口时，源 eNodeB通过X2接口向目标eNodeB发送切换请求信息以完成目标蜂窝的准备，目标eNodeB负责构建 RRC 连接重新配置消息，并将其包含在切换请求确认消息中，通过 X2 接口发送给源eNodeB。

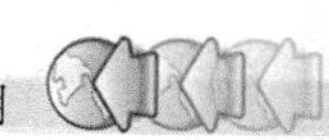

LTE 系统内切换控制有 5 种：MME/S-GW 不变基站内切换；MME/S-GW 不变基站间切换；MME 不变，S-GW 重定位基站间切换；MME 重定位，S-GW 不变基站间切换；MME、S-GW 重定位基站间切换。在 LTE 系统间切换控制有 2 种：E-UTRAN 和 UTRAN 间切换；E-UTRAN 和 GERAN 间切换。

（3）接入控制

由于空中接口无线资源及硬件资源的限制，eNodeB 需对请求建立的承载执行接入控制。接入控制算法的目标是在保证已接入承载的 QoS 情况下，尽可能多地接入承载，并保证接入承载的 QoS，提高系统的容量资源利用率。接入控制算法应用的场景包括：① 用户开机、在空闲状态下发起呼叫或接收到寻呼消息；② MME 向 eNodeB 发送承载建立请求消息；③ MME 向 eNodeB 发送承载修正请求消息，更新已建立承载的 QoS 参数信息；④连接状态的用户切换到其他小区。

在接入网侧，承载类型包括信令无线承载 SRB 和数据无线承载 DRB，接入控制算法包括 DRB 的接入控制。上述的接入控制算法应用场景中①为 SRB 的接纳控制场景，其他为 DRB 的接纳控制场景。

5.3.3 LTE 中的关键技术

在 LTE 系统中，空口速率的提升主要依靠以下技术：高阶调制、多天线技术、HARQ 和 AMC。而频谱效率提升主要依靠 OFDM 技术。

1．OFDM

与 WCDMA 的多址技术不同，LTE 下行采用具有循环前缀 CP 的正交频分多址 OFDMA，上行采用具有 CP 的单载波频分多址 SC-FDMA。为支持成对和不成对频段，可分别使用 FDD 和 TDD 两种双工方式。

（1）OFDM

正交频分复用 OFDM 是频谱效率提升关键技术，多采用几个频率并行发送，以实现宽带的传输，如图 5-38 所示。

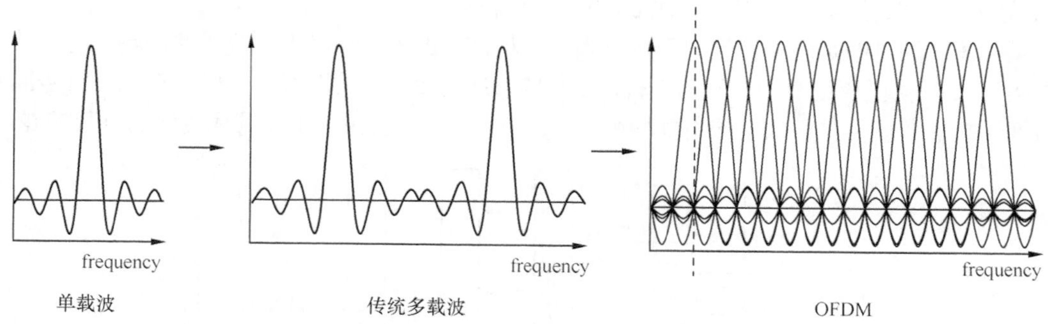

图 5-38 OFDM 传送示意图

OFDM 系统中各个子载波相互交叠，互相正交，从而极大地提高了频谱利用率。OFDM 系统在发射端和接收端分别用 IFFT 和 FFT 来实现，系统复杂度大大降低。OFDMA 技术具有如下优势：在频率选择性衰落信道中有良好的性能；基带接收机复杂度低；具有好的频谱特性，易于实现带宽扩展和多频带处理；可实现链路自适应和频域调度；与 MIMO 技术兼容性好。

由于 OFDMA 系统的子载波宽度非常窄，且只有在频率完全同步时才能保证子载波间的正交性，否则会引起子载波间干扰引起系统性能下降，因此 LTE 将系统子载波间隔定为15kHz，保证系统性能在 UE 移动速度小于 350km/h 时无显著下降。另外 OFDMA 信号峰均比较高，线性放大器的功率转换效率低，不适用于电池电量受限的上行链路，因此 LTE 系统上行采用 SC-FDMA，用户的上行数据发射具有类似单载波的特性，避免多载波系统的高峰均比问题，获得更好的功放效率。

OFDMA 是一种资源分配粒度更小的多址方式，同时支持多个用户，如图 5-39 所示。OFDMA 技术是基于时频二维资源的一种多址调度方式，频域上的调度资源为子载波，时域上的最小调度单元为时隙。

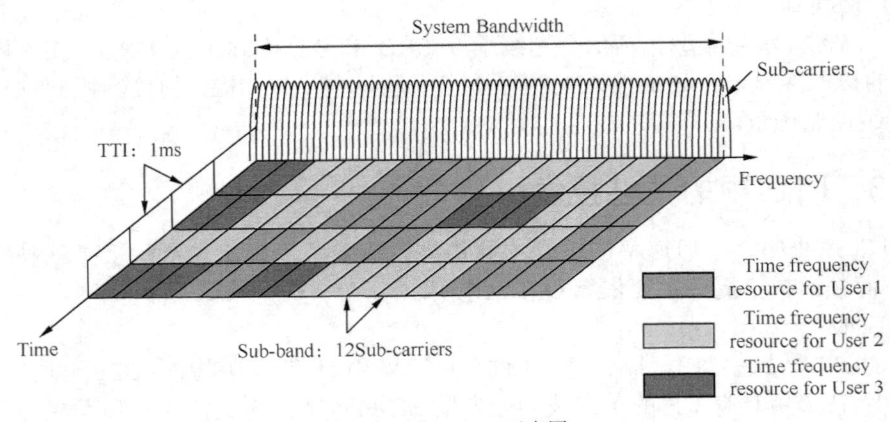

图 5-39 OFDMA 示意图

① OFDM 发射机

OFDM 系统的发射机基本工作原理如图 5-40 所示。数据源先送入串并转换器生成和 IFFT 变化长度一致的并行数据流，然后进入 IFFT 模块，每一个支路对应一个子载波数据。IFFT 处理后的数据再经并串变换增加 CP，避免符号间干扰。

增加 CP 的目的是避免符号间干扰，当发射机增加的 CP 长度大于信道冲击响应时，接收机通过丢弃 CP 就可避免前一符号的干扰。CP 带来带宽和功率的浪费，因此需在克服符号间和子载波间干扰的角度与频谱效率的角度均衡。一般 CP 长度设置为大于传播环境中的时延扩展。

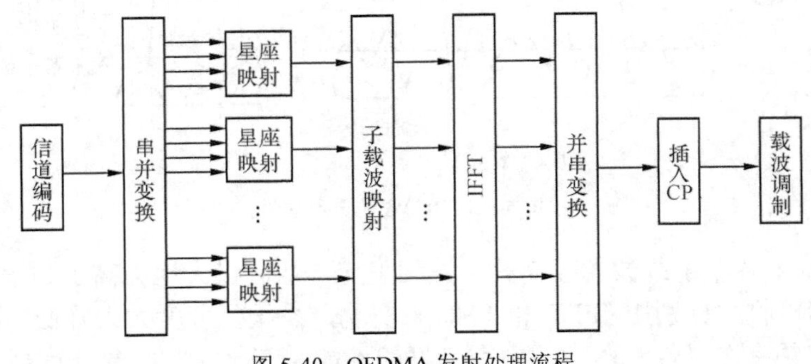

图 5-40 OFDMA 发射处理流程

基站发射机使用 OFDMA 技术的一个重要特性是可给用户分配任意的子载波，调度可在

时域和频域两维进行，获得额外的频率分集增益，有效对抗瞬时干扰和频率选择性衰落。但为降低信令负荷和开销比例，LTE 系统的资源调度不是针对每个子载波进行的，而是以资源块为粒度进行的。

OFDMA 发送在频域对应多个并行子载波，在时域则对应多个具有不同频率的正弦波。相对于一次只传输一个符号的常规 QAM 调制器，OFDMA 合成信号的包络幅度变化非常强烈，并形成高峰均比特性，如图 5-41 所示。

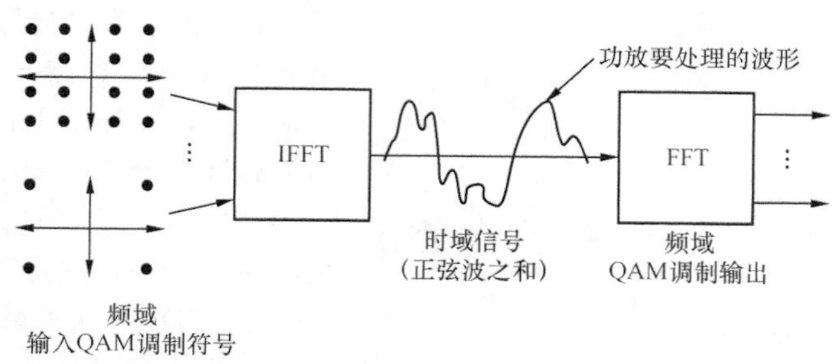

图 5-41　OFDM 信号包络特性

② OFDM 接收机

对于 OFDM 接收机，OFDM 符号像是通过一个有限脉冲响应滤波器后的数据，接收机不对符号间干扰进行处理，但须对子载波经历的信道响应进行处理。通过增加收发两端均已知的参考或导频信号，接收端可很方便实现信道估计。通过适当设置参考信号在时域和频域的位置，接收机可通过对参考信号接收处理估算出信道对不同子载波的影响，从而实现相干解调。典型的接收机解决方案就是频域均衡器。OFDM 的频域均衡器只需根据信道频域响应估计的结果，对每个子载波乘以一个复值系数对其幅度和相位进行调整就可以了。

OFDM 接收机实际上是一组解调器，将不同载频搬移至零频，然后在一个码元周期内积分。OFDM 的高数据速率与子载波的数量有关，增加子载波数就能提高数据传送速率。OFDM 每个频带的调制方法可以不同，增加了系统的灵活性。

OFDM 不用带通滤波器分隔子载波，而是通过 FFT 选用即便混叠也能保持正交的波形。OFDM 是一种特殊的多载波传送方案，单个用户的信息流被串/并变换为多个低速率码流，每个码流都用一条载波发送。在 OFDM 中，采用 FFT 将可用带宽分成许多的数学上正交小带宽，而频带的重构是由 IFFT 完成的。

由于 OFDM 系统将整个频点分割成若干个窄带的子载波进行窄带并行传输，每个子载波上的信道频率响应都近似平坦，接收机均衡器只需纠正简单的平坦衰落就行，具有天然的对抗频率选择性衰落的特性。

在 OFDM 中没有扩频操作，须通过其他方式区分小区和天线间的参考符号。多天线传输时，不同天线的参考信号分别位于不同的时频位置，可进行区分，一个天线使用过的导频符号位置在同一小区的其他天线就不能再被使用；不同小区间不必采用这种互斥的位置分配方式，而是通过不同的导频符号模式和符号位置区分。

OFDM 接收机还需处理时间和频率同步的问题。同步过程使接收机获得正确的帧和 OFDM 符号定时，以便准确将 CP 丢弃而不损失正常数据。时间同步通常通过对已知数据和实际接收到的数据进行比对、校准得到。频率同步则是首先估计出发射机和接收机间的频率偏置，然后对该频率偏移进行补偿，克服频率偏差的影响，而 UE 需根据从基站获取的频率进行频率锁定。

OFDM 传输具有相当好的频谱特性，但由于发射机具有剪尾等非理想特性会造成频谱展宽，因此 OFDM 发射机也需使用脉冲形成滤波装置。

（2）SC-FDMA

OFDMA 具有高峰均比，为对所有幅度信号实现线性放大、避免波形畸变，功率的平均输出功率相对于峰值功率的回退值要比常规的单载波系统大得多，如图 5-42 所示。额外的功率会导致功放效率低下，输出功率较小。如果上行也采用 OFDMA 多址接入，将导致上行覆盖范围收缩，当和单载波系统平均输出功率相同时，采用 OFDMA 多方式的 UE 的电池电量消耗更快，最终 3GPP 决定在上行采用功率效率高的 SC-FDMA（单载波 FDMA）。

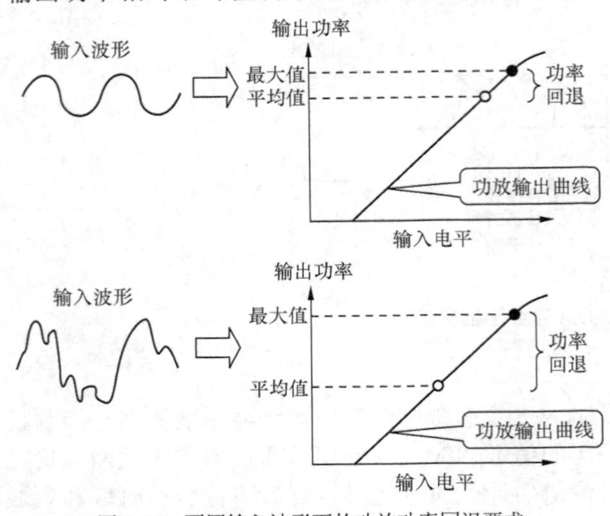

图 5-42　不同输入波形下的功放功率回退要求

单载波通过调整载波的相位、幅度将信息调制到一个载波上，数据速率越高，要求的带宽也越宽。通过选择不同阶数的 QAM，可使每个调制符号携带所期望的信息比特个数，最终每个用户的频域波形是单个载波。根据 FDMA 原理不同用户需采用不同的载波或子载波以同时接入系统。需注意的是生成的信号波形既要满足相邻载波间干扰可控，还要避免用户间过多的保护带宽以达到较高的频谱效率。

SC-FDMA 的基本形式可看作和 QAM 调制过程类似，同一时刻只发送一个符号。信号的频域生成过程如图 5-43 所示，经过频域处理，可使输出信号具备和 OFDMA 类似的好的频谱波形。因此不同用户单元间无需保护频带分隔，和下行 OFDMA 原理类似。在 OFDMA 系统中，需周期性增加 CP 以避免符号间干扰、简化接收机设计。SC-FDMA 系统的符号速率比 OFDMA 中的要快，不是每个符号都增加 CP，而是给一组符号块增加一个 CP 以避免符号块间的干扰，但 CP 间的符号间仍然存在相互干扰。接收机要对符号块进行均衡，直到和 CP 同步以避免符号间干扰进一步传输。

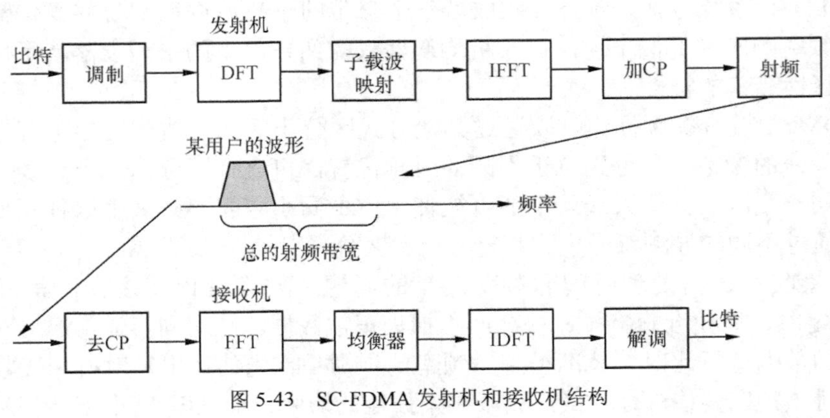

图 5-43　SC-FDMA 发射机和接收机结构

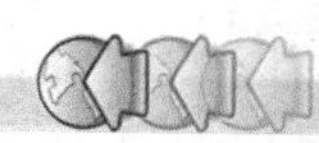

上行传输占用分配给该用户的连续的频谱资源，在 LTE 中，资源分配周期是 1ms。如果给用户分配的资源加倍，假设开销比例相同，则用户的数据速率也可以翻倍。上行频率资源分配的最小单元也是 180kHz 的资源块。可分配的最大带宽取决于所采用的系统带宽，最大可达到 20MHz。实际上考虑到邻频部署 LTE 时可能存在的载波间干扰，工作带宽中预留了一部分保护带宽，因此实际可分配的带宽要略小于系统带宽。例如系统带宽为 10MHz 时，实际可分配带宽为 50 个 RB，对应 9MHz 带宽。

SC-FDMA 中用于频域信号生成的资源和下行链路一致，也是基于 15kHz 的子载波间隔。尽管上行叫做“单载波”，但信号仍是以子载波为基础生成的。资源的最小分配单位是 12 个子载波，等于 180kHz。携带数据信息的复值调制符号被映射到 RE，资源映射完成后，信号被送入时域信号生成单元产生 SC-FDMA 信号，包括选定长度的 CP。

参考符号位于时域中间位置，接收机通过参考符号进行信道估计。参考符号的使用方式有多种选择，有时也会采用参考符号跳变模式。不同用户分享时域和频域的资源，时域的资源分配粒度是 1ms，频域为 180kHz。由基站对用户上行资源进行控制，以避免用户间的资源重叠。通过调整 IFFT 的输入，发射机可将发送调整到期望的频率部分，如图 5-44 所示。由于上行链路资源是由基站调度分配的，除了随机接入信道外，基站接收机总是知道哪个用户在使用哪些资源，可在正确的位置检测到用户的信号。

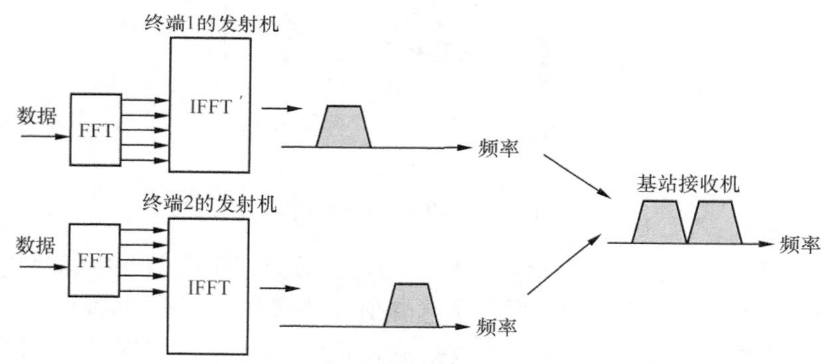

图 5-44　频域 SC-FDMA 多址接入方式和信号生成示意图

由于在时域上行链路一次只传送一个调制符号，所以系统保持了较好的包络特性，其波形特征由采用的调制方式决定，使 SC-FDMA 达到很低的峰均比，保证设备的功放效率。

2．MIMO 和波束赋形

LTE 中利用 OFDM 和 MIMO 技术对频率和空间资源进行了重新开发，大大提高了系统性能。LTE 将 MIMO 作为关键技术是因为在 OFDM 基础上实现 MIMO 相对简单：MIMO 技术关键是有效避免天线间的干扰 IAI 以区分多个并行数据流，在频率选择性衰落信道中，IAI 和 ISI 混合在一起很难将 MIMO 接收和信道均衡分开处理，而 OFDM 中接收处理是基于带宽很窄的子载波进行的，在每个子载波上可认为衰落是相对平坦的，可实现简单的 MIMO 接收，在时变或频率选择性信道中，OFDM 和 MIMO 结合可进一步获得分集增益或增大系统容量。

（1）MIMO

MIMO 即多入多出，双发双收 MIMO 可以让上网速率翻倍。

LTE 系统支持下行 MIMO，包括空间复用、波束赋形及发射分集，基本天线配置为

2×2，即2发2收，R8版本最大可支持4天线进行下行4层传输。LTE支持上行MIMO，包括空间复用和发射分集，基本配置为1×2，即UE采用1发2收。因此上行仅支持发射天线选择和多用户MIMO。

MIMO有两种工作模式：复用模式（见图5-45（a））和分集模式（见图5-45（b））。MIMO的工作模式中的复用模式指不同天线发射不同的数据，可以直接增加容量；2×2MIMO方式容量提高1倍；分集模式指不同天线发射相同的数据，在弱信号条件下提高用户的速率。

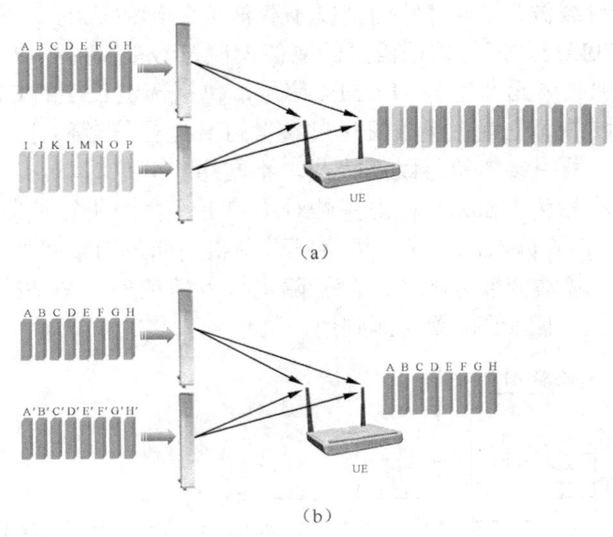

图5-45　MIMO工作模式示意图

MIMO可获得多种增益：阵列增益、分集增益、波束赋形增益和空间复用增益。这些增益可提升系统覆盖性能、系统容量，增加小区峰值吞吐率和小区平均吞吐率。

当基站将占用相同时频资源的多个数据流发送给同一个用户时为单用户MIMO（SI-MIMO），或叫空分复用SDM；当基站将占用相同时频资源的多个数据流发给不同用户时为多用户MIMO（MU-MIMO），或叫空分多址SDMA。

（2）波束赋形

LTE中使用波束赋形Beam Forming天线，即升级版智能天线。没有智能天线的情况下，小区间用户干扰严重，使用智能天线的情况下，可以有效改善小区内用户间的干扰，还可以大大抑制小区间用户的干扰，极大地提高了系统性能。智能天线是把自适应天线阵应用于移动通信的名称。

为了获得波束赋形增益需要使用较多的天线单元，波束赋形要求使用专用导频，目前LTE仅考虑最大支持使用4个公共导频，无法支持在超过4根天线单元的天线阵列上使用波束赋形。波束赋形可以进行单流数据传输外还可支持多流的数据传输和空分多址。

分组波束赋形又有多种实现方式，一种是直接在等间距的均匀直线阵上进行分组，好处是可动态变化匹配不同的空间信道状态。例如，对8单元的均匀直线阵列可根据秩的大小分为1、2、4组，1组时进行单波波束赋形，2组时进行双流波束赋形……另外一种分组波束赋形是将不同组天线间的距离人为扩大以降低天线组间的相关性，从而优化多流情况下的传

输，但丧失了一定的灵活性。

对应于波束赋形系统还可进行基于波束的调度和协调，从而进一步降低小区间干扰。目前 LTE 支持基于专用导频的波束赋形。

3．高阶调制

调制就是把需要传递的信息送上射频信道，同时提高空中接口数据能力。调制的作用，是把基频（基带）信号（即需要传递的信息）送到射频信道的技术，也是无线接口宽带化（提高空中接口数据业务能力）的首选技术。每种调制方式都有它特定的“星座图”，一种调制方式的“星座点”越多，每个点代表的比特数就越多，在同样的频带宽度下提供的数据传输速率就快。

LTE 的调制方式和 WCDMA HSPA 中的类似，主要采用 QPSK 和 QAM，最高可到 64QAM（星座图见图 5-46），此时每个符号可带 6bit 的信息量，比 16QAM 速率提升 50%。和所有其他技术一样，调制方式的选择也受到很多条件的限制，其中最重要的限制就是越高性能（速率高）的调制方式，其对信号质量的要求也越苛刻。这意味着，如果某个用户离基站远了，或者所处位置信号变弱，那就不能用高性能的调制方式，其得到的数据速率就会急剧下降。

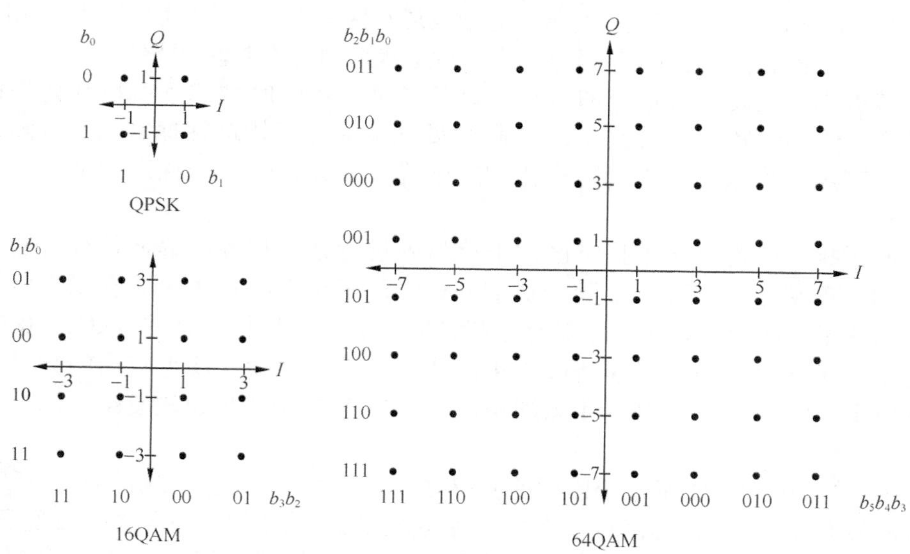

图 5-46　各调制方式星座图

4．AMC

AMC 是 HSPA 的关键技术之一，LTE 系统也继承了这一特性。AMC 的基本原理就是基于信道质量的信息反馈，选择最合适的调制方式、数据块大小和数据速率：好的信道条件减少冗余编码，甚至不需要冗余编码；坏的信道条件增加更多冗余编码。AMC 是根据无线信道变化选择合适的调制和编码方式。

网络根据用户瞬时信道质量和目前资源状况，选择最合适的下行链路调制方式和编码方式，以达到尽量高的数据吞吐率。当用户处于有利的通信地点时（如在靠近 eNodeB 或存在视距链路等高质量信道条件下），用户数据发送可以采用高阶调制和高速率的信道编码方式，从而得到高的峰值速率；当用户处于不利的通信地点时（如位于小区边缘或者信道深衰落），网络则选取低阶调制方式和低速率的信道编码方案，来保证通信质量。

调度就是确定应该给哪些用户、以多大速率发送数据。调度的基本原则是在短期内，以信道条件为主，在每个瞬间都可以达到最高的用户数据速率和最大的数据吞吐量；在长期内应兼顾到所有用户的吞吐量和公平性。常用的调度算法有轮询算法 Round Robin（RR）、最大载干比算法（Max C/I）和正比公平算法 Proportional Fair（PF）。

5．干扰抑制

LTE 采用 OFDMA 技术，将用户的信息承载在相互正交的不同的载波上。由于小区内用户使用的频率相互正交，所有的干扰全部来自于其他小区，这样可以大大提高小区中心用户的信噪比，以提供更高的数据速率和更好的服务质量。但小区边缘用户由于相邻小区占用同样载波资源的用户对其干扰较大，而本身离基站较远，其信噪比相对较小，导致虽然整个小区的吞吐量较高，但小区边缘用户服务质量较差、吞吐量较低。因此，在 LTE 中小区间干扰抑制技术非常重要。

（1）常用小区间干扰抑制技术

小区间干扰抑制技术主要有：波束赋形、干扰随机化、干扰消除和干扰协调/回避等。

由于波束赋形天线的波束是指向活动 UE 的窄波束，只有在相邻小区的波束发生碰撞时才会造成小区间干扰，在波束交错时就可有效规避小区间干扰，当然随着小区中用户数的增加和用户位置的随机性，波束碰撞概率增大，对干扰抑制的效果也会降低。

干扰随机化就是将干扰信号随机化，这是通过干扰的时域或频域特性使干扰具有近似“白噪声”的均匀特性，而使 UE 可依赖处理增益对干扰进行抑制。干扰随机化方法包括加扰、交织、跳频等。干扰随机化利用干扰的统计特性对干扰进行抑制，存在较大误差。

小区间干扰消除是对于干扰小区的干扰信号进行某种程度的解调甚至解码，然后利用接收机的处理从接收信号中消除干扰信号分量。干扰消除技术主要有以下两种：①利用在接收端的多天线空间抑制方法进行干扰删除（又称干扰抑制合并 IRC）；②基于检测删除的方法。干扰消除技术可显著改善小区边缘的系统性能，获得较高的频谱效率，但对于带宽较小的业务（如 VoIP）不太适用，在 OFDMA 中实现也较复杂，LTE 的后续研究不多。

小区间干扰协调 ICIC 通过小区间的协调对一个小区的可用资源进行某种限制，以减少本小区对相邻小区的干扰，提高相邻小区在这些资源上的信噪比及小区边缘的数据速率和覆盖。ICIC 实现简单，可以应用于各种带宽的业务，且对干扰抵制有很好的效果，适合于 OFDMA 这种特定的接入方式。

（2）ICIC

ICIC 的核心思想在于采用频率复用技术，使相邻小区间的干扰信号源距离尽可能远，从而抑制相邻小区间干扰，改善传输质量、提高吞吐量。对资源调度的限制可看作“软频率复用”；对发射功率的限制可看作“部分的功率控制”。

ICIC 可看作一种“部分频率复用”或“软频率复用”，基本原理就是允许小区中心的用户自由使用所有频率资源，而小区边缘的用户只允许按照频率复用规则使用部分资源，如图 5-47 所示。

部分功率控制的基本思想：如一个小区使用和相邻小区不同的频率资源可采用满功率发射（即完全功控）；如使用相邻小区重叠的频率资源，则须限制发射功率（即部分功控），这样单个 UE 的接收信噪比可能损失，但整体干扰水平受到控制，整体系统容量反而可以提

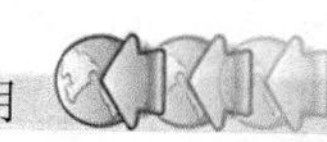

高。综合考虑实现的难度和性能增益等因素，LTE 在上行采用基于高干扰指示 HII 和过载指标 OI 信息的 ICIC。

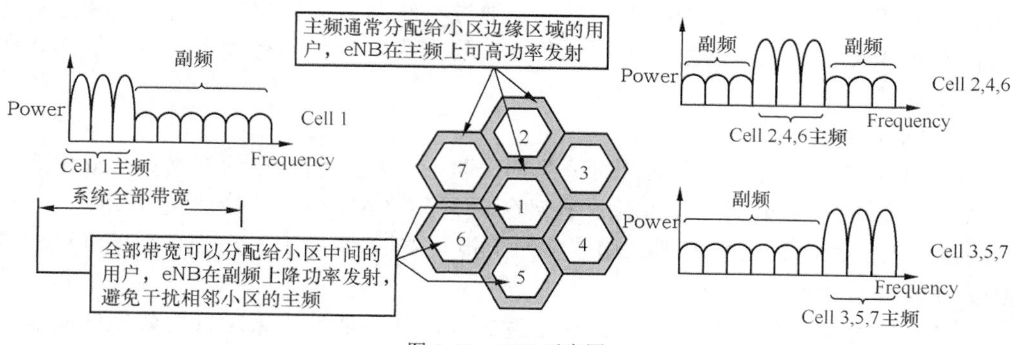

图 5-47　ICIC 示意图

根据 E-UTRAN 网络架构，相邻基站间的 X2 接口可传送 HII 和 OI。一个基站在将一个 PRB 分配给一个小区边缘用户时，由于预测到该用户可能干扰相邻小区，同时也易受到干扰，便通过 HII 将这个敏感的 PRB 通报给相邻小区。基站通过 UE 切换中正常测量的参考信号接收功率 RSRP 值判断该 UE 是否处于小区边缘。相邻小区基站收到 HII 后，避免将自己的小区边缘 UE 也调度到这个 PRB 上，或尽量减小对这个 PRB 的干扰。当基站监测到某个 PRB 受到上行干扰时，向相邻小区发出 OI，指示该 PRB 已受到干扰，相邻小区就可通过上行功控抑制干扰。

ICIC 可降低邻区干扰，提升小区边缘数据吞吐量，改善小区边缘用户体验，但干扰水平的降低是以牺牲系统容量为代价的。

ICIC 的实现方式有静态 ICIC、动态 ICIC 和自适应 ICIC 等，如图 5-48 所示。静态 ICIC 中每个模式固定 1/3 边缘用户频带，每个小区的边缘频带模式由用户手工配置确定。动态 ICIC 中每个小区的边缘频带模式由用户手工配置确定，实际占用的边缘用户频带由小区负载和邻区干扰水平动态决定（可动态收缩和扩张）。自适应 ICIC 中通过 MR 测量判断信道环境调整 ICIC 形式，小区的边缘频带模式无须用户手工配置，由系统根据网络的总干扰水平和负载情况动态决定和调整。

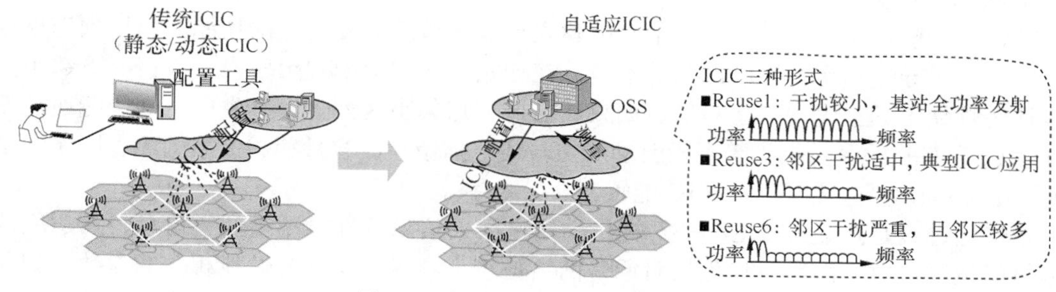

图 5-48　自适应 ICIC 实现方式示意图

自适应 ICIC 的优势是解决同频干扰，改善小区边缘用户体验（特别是密集城区），在高负荷场景下性能更优。同频组网导致小区边缘用户因同频干扰感知下降，通过 ICIC 可以将邻小区边缘用户频点错开，降低同频干扰影响。

6. SON

为降低部署和运营成本，同时充分利用各项关键技术的优势优化系统的整体性能，LTE系统引入了自组织网络 SON 的概念，目的是通过无线网络的自配置、自优化和自愈功能提高网络的自组织能力，减少网络建设和运营人员的高成本人工，有效降低网络的部署和运营成本。

（1）SON 的部署

自组织网络 SON 的引入和部署可分为四个阶段。自规划：自动网络参数的生成；自部署：自配置，自动软件更新；自优化：自动邻区发现（ANR），切换优化（MRO），负荷均衡；易维护：UE 跟踪，告警管理，KPI 实时上报。SON 功能引入是一个循序渐进的过程，初期的人工辅助决策必不可少。

运营商传统维护系统面临挑战。移动带宽提升，并不能够带来运营商效益的同步提升，TCO 能否有效降低将成为决定移动宽带商务模式是否可行的重要因素。基站形态的多样化（Micro，Pico，Home NodeB），同等覆盖区域基站数量增多（高频段的应用：2.6GHz），给传统的运营维护方式带来更大挑战。网络复杂度提升，网络和业务部署需要传统人工为主的网络优化方式将向网络自主优化方式演进。

自配置包括基本启动和无线参数配置两个主要功能。基本启动功能包括在运营的网络中安装部署一个新节点所需的全部功能，位于无线参数设置阶段之前，至少包括以下功能：IP 地址配置与 OAM 服务器的检测；节点鉴权；建立与 EPC 的关联；基站软件及运行参数的下载。在网络中部署一个新节点时，该节点首先要与 OAM 服务器间建立一个初始的逻辑连接，用于完成鉴权功能并获得正确连接到网络所需要的信息。为了与 OAM 服务器建立连接，该节点需知道一些必要的信息，如节点自己的 IP 地址、网关地址、DNS 服务器地址等。为支持自配置、自优化，这些地址应该是动态获得的。与 OAM 服务器建立初始连接后，网络的新节点必须要得到网络的鉴权才能进行进一步操作，鉴权过程用于防止未授权的节点接入网络，保证网络的安全运行。建立与 EPC 的关联时，LTE 系统要支持 S1-Flex 功能，定义 SAE/LTE 池区域，包括多个基站，可以与一个或多个 MME/SGW 间存在连接。为使节点启动过程简单，需在基站启动过程中自动发现并与最合适的 MME/SGW 间建立关联关系，S1 接口上需要定义相关的过程用于向 EPC 指示节点的状态和能力。

初始无线参数配置节点包括在基站中建立无线参数所需要的全部功能，包括预先规划的邻小区列表、导频功率、天线倾角等参数。在初始无线参数配置阶段，一般情况下邻小区列表是通过规划工具预先规划建立的，如果在这一节点邻小区列表没有生成，则应能通过使用地理信息或 UE 的测量报告等手段自动产生。还包括覆盖、容量相关参数的配置即无线参数（如导频功率、切换参数等）的初始配置。

自优化过程是指通过 UE、基站提供的测量结果信息及性能测量结果信息，自适应地调整网络的运行参数。网络自优化的对象是网络覆盖、容量、质量等性能相关的参数，如导频功率、功率配比；频率复用、干扰门限；邻小区列表、切换参数；天线配置等。

由于 LTE 采用扁平化的网络结构，传统的管理体系不适应 SON 对于管理灵活性的要求，需要构建新的管理体系架构，可采用的三种部署方案：集中式、分布式和混合式。集中式系统使用一个单独的管理中心对网元进行自主管理；分布式系统将自主管理功能部署到网络中的各个网元；混合式是上述两种方法的综合。其中分布式系统的网元

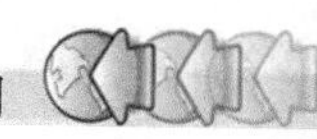

自主程度最高，混合式次之，集中式仍具有传统网管体系结构的特点。实际系统中应综合考虑各种因素来进行 SON 功能的部署，如当前的网络节点及中心管理节点的部署情况、自主功能的执行性能、自主算法的输入输出频率、实现自主功能相关节点间的依赖关系等。

（2）SON 的应用

SON 的应用包括基站自启动、自动邻区关系、自动切换优化、最小化路测等。

① 基站自启动（见图 5-49）

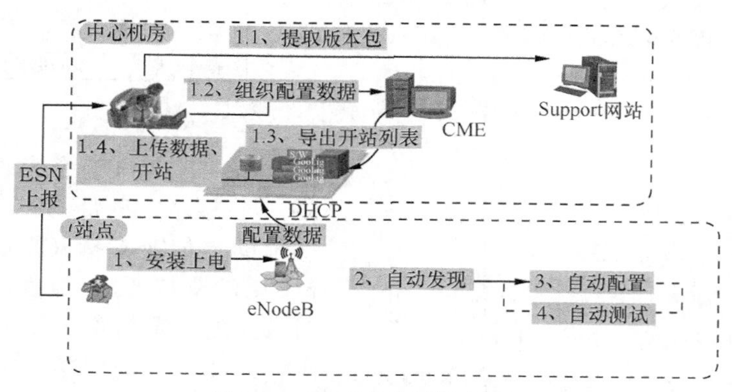

图 5-49　基站自启动流程示意图

基站自启动包括：自动发现、下载、更新软件和配置文件；自动配置检查和存量更新；自动测试。基站自启动流程如下：① M2000 上存放了基站的可用目标版本包以及配置信息；② M2000 上启动开站后，PNP 就开始检测 OM 通道，OM 通道连通后，即触发自动配置过程，识别当前版本和目标版本的一致性，版本一致，则跳过升级过程（此功能点称为：支持同版本开站功能）；③ 完成版本和配置的下载和升级；④ 基站复位，使相关版本和配置生效；⑤ 基站可以同时采用 U 盘的方式加载版本，基站自身要处理 U 盘加载和 M2000 加载的协调，在远端执行版本加载和近端 U 盘同时插入时要做互斥协调处理。

② 自动邻区关系（见图 5-50）

自动邻区关系 ANR 包括：同频、异频邻区的自动生成和优化；异系统邻区的自动生成和优化；支持 X2 接口的自动建立。ANR 可降低规划和优化的人力成本，保证切换成功率，减少掉话。

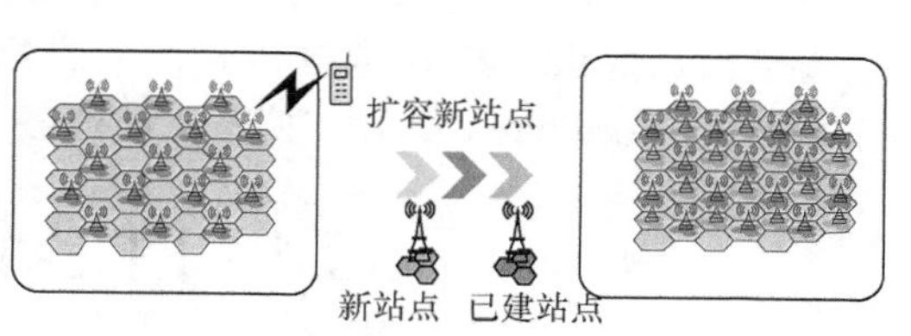

图 5-50　自动邻区关系示意图

③ 自动切换优化（见图 5-51）

自动切换优化 MRO 包括：基于切换历史的统计信息优化切换参数；减少移动性问题。MRO 可节省移动性优化的人工成本，通过减少掉话，提高切换成功率，保障网络性能。

④ 最小化路测（见图 5-52）

OSS 负责最小化路测 MDT 任务的产生、配置参数下发、数据的存储和预处理、数据关联，以及根据 NMS 的要求上报数据，如图 5-52 所示。

基站接收来自 OSS 的 MDT 配置参数、MDT 任务控制；向 UE 下发测量命令；收集测量数据，上报测量报告给 OSS。UE 测量、收集测量数据，上报测量报告。CN 定位并将位

置信息返回给基站；HSS 提供 MDT 用户签约信息。

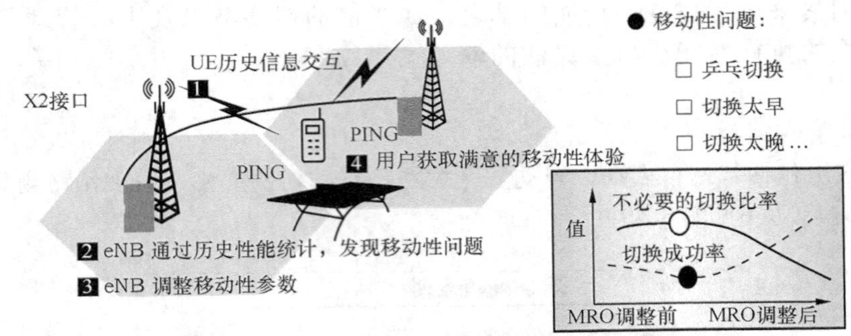

图 5-51　自动切换优化示意图

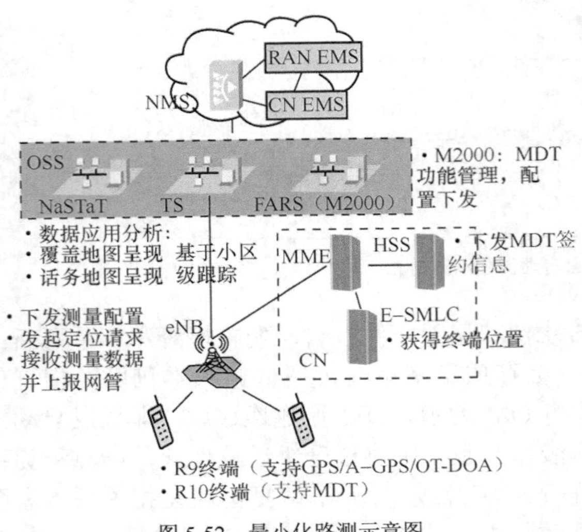

图 5-52　最小化路测示意图

MDT 有对 UE 的假设和依赖。要求是 R9 以上版本 UE 带 GPS 或支持 A-GPS 网络辅助定位或支持 OT-DOA 网络辅助定位、UE 支持 LPP 流程，才能获得精度相对较高的位置信息。如果无法满足上述要求，只能通过特征库匹配得到相对不精确的位置信息，会影响 MDT 应用的精度。

MDT 有对 CN 的假设和依赖。网络辅助定位部分的定位触发及位置信息返回消息目前是华为基站与 MME 之间的私有消息，网络辅助定位流程的其余部分都是标准的。定位部分要求 CN 支持 E-SMLC（演进的服务移动定位中心）、支持 LCS 流程、支持 LPP 及 LPPa、支持定位相关算法等。

MDT 有对 OSS 的假设和依赖。要求 OSS 提供 MDT 多任务合并功能、增加 MDT 数据订阅接口、提供 MDT 数据接收及关联处理等功能。对于 MDT 数据应用分析，要求工具（Nastar、Coordinator 等）支持覆盖、业务可视化、覆盖问题定位分析、RF 优化等功能。

5.4　LTE-Advanced（4G）

LTE-Advanced（LTE-A）是 LTE 的演进，正式命名为 Further Advanced for E-UTRAN，2008 年 5 月确定，形成欧洲 IMT-Advanced 技术的重要来源，完全兼容 LTE。2009 年 9 月，中国向 ITU 提交了 TD-LTE-Advanced 标准，是 LTE-A 的 TDD 分支系统，是 TD-LTE 的升级演进，于 2010 年正式确立为 4G 国际标准之一。

LTE R10（LTE-A）在 R8、R9 的基础上进一步技术增强，系统支持 100MHz 的带宽，峰值速率。LTE 的各版本 R8、R9、R10 间平滑演进，新版本后向兼容前面的版本。

LTE-A 技术指标如下所述：通过频谱聚合技术，最大支持 100MHz 的系统带宽，进行载波聚合的各单元载波可有不同的带宽，在频率上可以是连续的也可以是非连续的，以支持灵活的频率使用方法；峰值数据传输速率进行了进一步增强，系统设计的峰值速率下行超

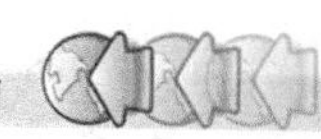

1Gbit/s，上行超 500Mbit/s，实际达到的性能远超过指标要求，在使用最大的 100MHz 带宽，下行 8×8、上行 4×4 多天线配置的情况下，峰值速率下行超 3Gbit/s，上行超 1.5Gbit/s；使用两个收发天线的情况下，频谱效率达单天线 HSDPA 的 3～4 倍，单天线 HSUPA 的 2～3 倍；进一步降低控制面时延，从驻留状态到连接状态的转换时间要求小于 50ms；进一步强调了重点优化低速（0～10km/h）移动环境中的系统性能；针对不同的覆盖范围提出不同的服务质量要求，当小区覆盖半径在 5km 以下的时候满足 LTE 的所有性能要求，对于 5～30km 的小区覆盖半径可允许一定的性能损失，同时系统能支持 100km 的小区覆盖。

5.4.1　LTE-Advanced 中的无线资源管理

无线资源管理 RRM 算法会对每个用户的性能产生直接影响，也会对整个网络的性能产生影响，须尽最大可能使用有效资源。在 OFDMA 系统中，RRM 算法更为重要，另外，系统的复杂性、时间频率、空间维度、降低网络 OPEX 成本，都要求 RRM 算法优化。

RRM 包括多种技术：资源分配、负荷控制和移动性控制。首先，基于 OFDMA 的系统中，资源分配包括频率、时间、空间的分配和调度，以及资源预留。这些调度机制是专门为具有最优信道状态的用户设计的，优化的 RRM 可增加系统吞吐量并增加服务用户数。该效应也称为多用户分集。同时，须对分配的功率进行控制以尽可能减少彼此间干扰。其次，负荷控制将对网络接入进行控制，并在系统拥塞时发挥重要的控制作用。最后，移动控制机制负责对 UE 的移动性进行管理，保证为用户提供业务的连续性，且在避免系统拥塞方面也起着非常重要的作用。在下一代无线系统中，基站负责上行和下行链路的动态资源分配。

所有这些算法和过程都是结合小区间干扰协作 ICIC 策略来实现的，从而保证在小区边界上的 QoS 需求。ICIC 机制与功率和资源分配密切相关，且须一起考虑。

1．IMT-Advanced 技术中的资源管理

（1）调度

调度是指向 UE 分配资源的过程。调度与链路自适应 LA 密切相关，目标是将传输特征与链路质量相适应。调度器如没有 LA 信息就无法进行最优判决。LA 须向调度器提供在给定资源分配给 UE 后 UE 的可达速率，且 LA 需指出要达到该速率所应采用的传输格式（如调制编码、MIMO 机制等）。基于上述特征，调度器所需的能力包括：每个数据流的 QoS 需求；RLC、MAC 和上层状态；HARQ 实体状态；LA 信息。调度通常都按照每子帧粒度进行的。在 IMT-Advanced 中，较大的有效自由度数（时域、频域、空域、用户和业务流）意味着找到最优资源分配方式是一项非常复杂的任务。因此，低复杂度调度器在实践中是优先的，便于快速调度。如调度通常分为两个过程：时域调度和频域调度。基于某些标准会选择较少的 UE 数进行调度，随后将基于另外的准则来分配频域资源。资源调度需考虑动态资源分配、使用中继的资源分配和最大化 UE QoS 的多用户资源分配情况。

① 动态资源分配

LTE-A 是基于 OFDMA 机制的，可为资源提供更高的灵活性，由于基站对 CSI 是已知的，可部署下列自适应资源分配技术：自适应调制和编码 AMC；动态子载波分配 DSA（根据 CSI 和 QoS 要求基站可动态分配子载波，DSA 只需知道每个子载波的可达数据速率）；自适应功率分配 APA（基站向 UE 分配不同功率以改善基于 OFDMA 的网络性能，通常称为多用户注水算法）。主要的问题是如何高效分配子载波（或 PRB）和多用户功率，该分配要利

用已知的 CSI 和业务特征，在调度中需考虑每个 UE 所需的业务量和 QoS。

② 使用中继的资源分配

LTE-A 引入了中继技术，业务信号可通过一个或多个中继节点 RN 进行中继，中继的引入为资源分配算法带来挑战。基站会周期性收到 CSI 更新，且 UE 调度和资源分配需对上行和下行进行联合优化，如信道状态快速改变，CSI 会跟不上信道的变化而过期，资源分配将变的低效，且 CSI 须收集所有跳的相关信息，即基站到 RN 和 RN 到 UE 等，会增加信令开销。基站和 UE 间需建立最优传输路径，由基站选择向 UE 的传输路径并通过信令通知 UE。对于给定数量的时隙，资源分配模式须提前进行优化，根据跳数，与分配相关的信息须发送给 UE。对于每帧（0～7），基站将通过信令向 UE 通知其资源分配情况，可直接通知（单跳传输），也可通过 RN 通知（两跳传输）。

半双工 TDD 操作时，RN 被基站调度接收资源时基站须保证 RN 处于一个 UE 的状态，因为连续的下行和上行过程有时间间隔，会导致延时的增加，降低 UE 的最大数据速率。

合理的分配机制包括基于时间的传输路径选择算法；基于业务顺序的资源分配算法；同时传输判决算法。

③ 最大化 UE QoS 的多用户资源分配

由于 LTE-A 具有较高的数据速率，可为 UE 提供多媒体宽带应用，由多种数据速率和 QoS 描述，另外由于移动无线信道自身特点，UE 可达频谱效率随着 UE 的移动和时间变化，因此在时变共享的无线信道中提供具有速率和延时需求的 QoS 很难。APP 层输出编码后的应用（如视频流），对于可扩展的视频编码 SVC，接收的数据流可具有可变信息比特速率，其他类型的视频流可按所需数据速率进行编码或码型变换。任何应用都可通过可变信息比特速率进行发送，使 UE 在数据速率和接收质量间进行平衡。高度灵活性和系统架构的自适应性为资源的动态分配提供了机会，增加了网络资源的利用率，提升了 UE 的满意度。由于物理层调制和编码是基于 APP 层性能的，该算法是一种交叉层设计算法。

（2）干扰管理

在 IMT-Advanced 技术中提出了各种干扰管理机制，从而在干扰受限场景中可增强系统性能，这对高干扰的 UE 和使用 MIMO 的 UE 是非常有效的。

在 LTE R8 中提出了静态和动态机制，即具有固定频率、功率分配的机制及具有自适应参数分配的机制。在基站间交换的信息是通过 X2 接口实现的，该信息用于在通信的双向对干扰进行消除。上行时，如接收到的 HII 指出在一个 PRB 中具有高干扰敏感性，接收基站将避免为小区边界上的 UE 使用该 PRB。如接收的 OI 指出存在较高干扰，接收基站将减少其发射功率（通过调整其开环功率控制），以将干扰保持在合理的水平范围内。下行时，如果 RNTP 指出一个基站将以较高功率在一个 PRB 上发射，该信息可被另一个基站利用，从而为 UE 选择一条较好的信道，即尽量避免产生干扰。LTE R10 中的 CoMP 概念是在干扰管理中提出的。CoMP 的一种实现方式就是协作调度/波束赋形，本质是一种干扰抵消机制，是在 RRM 层面上进行的协作，因此，调度器尝试在基站间使干扰最小化。

干扰管理机制非常多，有些较简单，如直接消除干扰，有些较复杂，如利用干扰获得一定的优势。从简单到复杂便可获得更大的性能增益，其代价是增加了复杂度。干扰管理机制主要有基于功率控制、资源分隔和自适应阵列等。

（3）CA

IMT-Advanced 的最小需求之一就是与带宽相关，须有能力对不同的频段分配进行操

作，需支持可扩展的带宽，最大到 40MHz，并应支持更高的带宽，如最高 100MHz。这要求每个载波都需要 LA 反馈。载波分配可基于于系统负荷、峰值数据速率或 QoS 需求。总之，CA 增加了执行 RRM 的资源有效性。

（4）MBMS 传输

LTE 支持多播和广播业务，当业务跨多个连续小区时，可通过单频网 MBSFN 实现 MBMS 以改善频谱效率。固定载波支持多播/广播业务，在 MBSFN 区域中需对基站使用的无线资源进行协作。

为改善 MBMS 传输效率，LTE-A 技术采用在管理和部署方面有较高灵活性的 MBSFN。MBSFN 有一组同步基站构成 SFN 区域，在相同的 RB 中传输，即在相同的子载波和时隙中传输，大大改善接收信噪比。由于 SFN 区域也可仅定义一个小区，所以优选文件传输业务。

MBSFN 操作使接收信号电平增加，尤其是在 MBSFN 簇的小区边界处；减少干扰，尤其是在簇的小区边界上，因为从相邻小区中接收到的信号不会看作干扰，而是建设性信号；附加的分集增益可更好地抗信号衰落，因为数据是从多个不同路径接收的。来自 MBSFN 簇中的小区信号须在下一个 OFDM 符号开始前的 CP 时长范围内到达用户，为支持较大的簇，通常使用扩展的 CP。而且在 MBSFN 操作中导频信号模式也需修改。导频在频域更加靠近，这将降低系统容量。信道响应增加的频率选择性（基站和用户间传播延时的较大变化）要求频域中有更多的导频。

对于载波的使用，MBMS 业务可在一个专用的无线频率载波上部署（仅适用于下行没有单播信道的场景），也可与其他非 MBMS 业务（即单播业务）共享的载波上部署（即混合载波）。在混合载波上，MBMS 和单播业务的复用方式是不同的，对于 LTE-A 两种业务在时间上复用，不同的模式分配不同的子帧。在一个无线帧内，分配给 MBMS 的子帧通过位图定义。在一帧的 10 个子帧中，只有 6 个子帧可分配给 MBMS，即 1、2、3、6、7、8 个子帧。

2．LTE-Advanced 频谱共享

频谱共享是一个比较宽泛的频谱资源使用概念，主要指在一定地理区域中频谱的任意部分都可以至少被两个系统同时使用，系统间的信号可通过检测未使用的时隙（TDMA）、频率（FDMA）、空间方向（SDMA）、子载波（OFDMA）及码字（CDMA）进行区分。解决频谱共享问题的方法主要关注分布式的动态频谱分配，并不需要集中的频谱管理。动态频谱分配包括两个主要场景：序列频谱接入 HAS 和开放频谱接入 OSA。

HAS 中当且仅当之前已有系统的干扰被消减并低于一个特定门限时 CR 才与传统系统共存。这些门限可由运营商、制造商和政府组织预定义，保证基本系统的某些 QoS，而且 CR 只使用主系统未使用的无线资源发送。这些 CR 也称机会无线设备或辅助无线设备。

OSA 中每个 UE 在任何时间都可接入频谱。OSA 通常包括公用频段，其上的各种技术采用不同的调制编码机制，不存在公共的多址接入技术，也不存在协调频段使用的信令系统。各组织都在功率频谱密度掩模或占空周期上根据不同的应用进行规范：功率频谱密度掩模定义了功率峰均比作为频率偏离中心频率的偏置函数；时间占空定义了在一个时间单元中，设备可累积最长的传输时间。

5.4.2　LTE-Advanced 中的关键技术

LTE 采用了适用于宽带无线通信的先进技术和设计理念，包括扁平的网络架构、基于 OFDM 的多址技术、多天线 MIMO、快速的自适应分组调度和灵活可变的系统带宽等，实现

了高效的无线资源利用，系统性能高于 3G 移动通信系统，R8 版本的 LTE 形成了一个全新的无线通信系统。在此基础上，R9 版本引入了终端定位技术、多媒体广播、家庭基站和增强的下行波束赋形等新功能，增强了系统的业务能力。进入 LTE-A 阶段的第一个版本 LTE R10 是一次大幅度的技术升级，引入的新技术包括载波聚合、异构网络、增强的多天线技术和中继技术等，将系统各方面的性能指标提升到一个新的高度。

1. 载波聚合 CA

CA 能满足 LTE-A 更大带宽需求且能保持对 LTE 后向兼容的必备技术。目前 LTE 支持的最大带宽为 20MHz，通过载波聚合技术 LTE-A 可支持最大 100MHz 带宽。接收能力超过 20MHz 的 LTE-A 终端可同时接收多个成员载波，对 LTE R8 终端也可正常接收其中一个成员载波。频谱聚合的场景可分为 3 种：带内连续载波聚合、带内非连续载波聚合、带外非连续载波聚合（带内指 eNodeB 和 RN 间的链路与 RN 和 UE 间的链路共享同一频段，否则为带外）。

载波聚合即通过联合调度和使用多个成员载波 CC 上的资源，使 LTE-A 可支持最大 100MHz 的带宽，实现更高的系统峰值速率。如图 5-53 所示，将可配置的系统载波定义为成员载波，每个成员载波的带宽都不大于之前 LTE R8 所支持的上限 20MHz。为了满足峰值速率的要求，组合多个成员载波，实现上下行峰值目标速率分别为 500Mbit/s 和 1Gbit/s，同时为合法用户提供后向兼容。

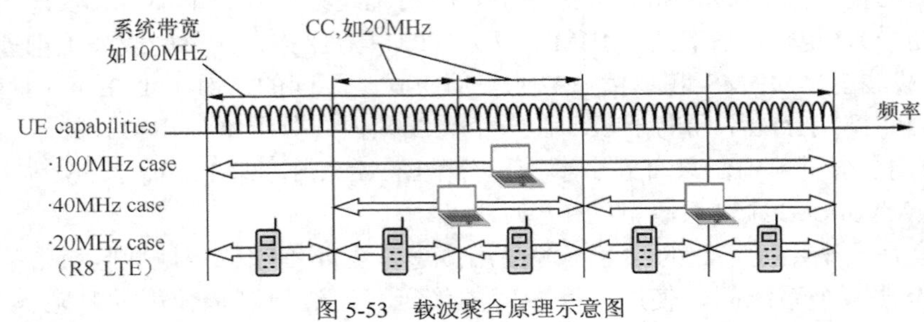

图 5-53 载波聚合原理示意图

载波聚合的核心思想是允许 UE 在多个子频带上同时进行数据收发，系统可获得更宽的频谱和更高的峰值速率，可通过灵活调度带来增益（包括频率选择性分集和多服务队列联合调度），提供跨载波干扰避免能力，频谱充裕时可有效减少小区间干扰。

载波聚合的引入主要是对物理层的上下行控制信令有较大的影响。物理层中下行控制信道中 CA 配置了终端专用的主载波，PBCH 只在主载波上发送，在物理层影响较大的主要是 PCFICH、PDCCH 和 PHICH。LTE-A 支持下行最多 5 个载波的聚合，且通过半静态配置其中的一个专用上行载波用来发送 PUCCH 的 HARQ ACK/NACK，调度请求和信道状态信息 CSI。

（1）CA 部署场景

在 R10 版本中，3GPP 确定了 5 种载波部署的场景，如图 5-54 所示。场景 1：CC1 的射频单元和 CC2 的射频单元处于相同的位置，提供相近的覆盖；CC1 和 CC2 都可提供足够的覆盖和移动性。场景 2：CC1 的射频单元和 CC2 的射频单元处于相同的位置；CC1 提供充足的覆盖，基于 CC1 提供移动性，而 CC2 的覆盖较小，提供吞吐量。场景 3：CC1 的射频单元和 CC2 的射频单元处于相同的位置，但 CC2 的天线指向 CC1 的边界以提高小区边缘的吞

吐量；CC1 提供充足的覆盖，基于 CC1 提供移动性，而 CC2 可能具有覆盖空洞。场景 4：CC2 为射频拉远 RRH，与 CC1 的射频单元处于不同的位置；CC1 提供充足的覆盖，基于 CC1 提供移动性，而 CC2 提供热点地区的吞吐量。场景 5：与场景 2 类似，但是覆盖较短的 CC2 使用频率选择直放站扩展覆盖。R10 信令支持最多 5 个上行 CC、5 个下 CC 的聚合；FDD 下行链路支持带内和带间聚合，支持所有上述 5 种场景，包括 RRH 和直放站配置场景下的带间聚合；FDD 上行链路支持带内聚合，不支持带间聚合，不支持上述场景 4 和 5；TDD 中支持上下行的带内聚合，不支持带间聚合，不支持上述场景 4 和 5。

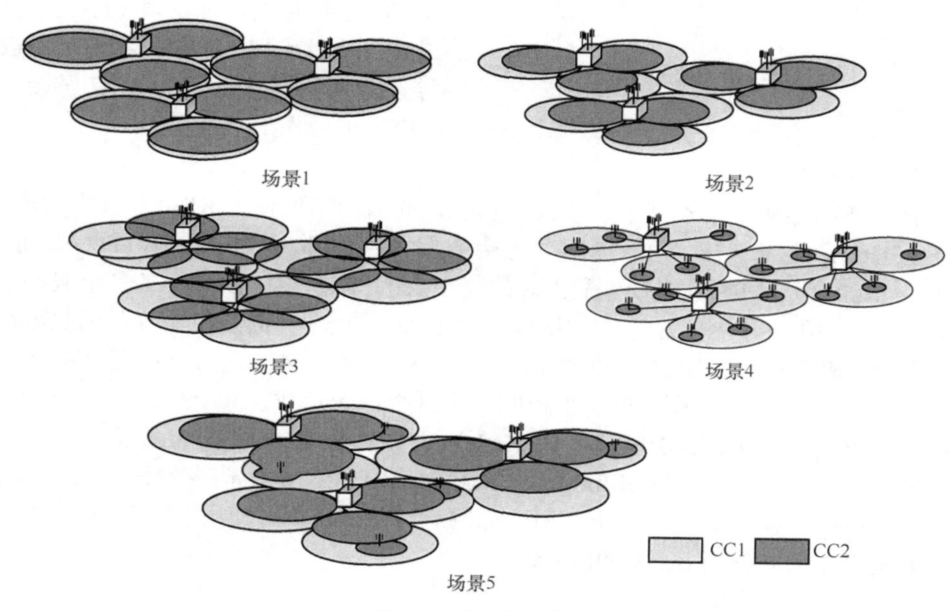

图 5-54　载波聚合场景

（2）CC 的分类

随着 CA 的引入，每个小区可能会配置多个上下行 CC，UE 也可使用多个上下行 CC，但并不是所有的 UE 都会使用所在小区的所有 CC，被 UE 使用的 CC 称为配置 CC，未使用的 CC 为非配置 CC。不同的 UE 可具有不同的配置/非配置 CC，通过 RRC 信令为 UE 增加额外的配置 CC，UE 被配置的上行 CC 数量应不多于下行 CC。

系统为 UE 提供的各种功能及对应的流程在哪些 CC 上执行，R10 进一步引入了主成员载波 PCC 概念，层 1 的 PUCCH 只能在上行 PCC 上传输。每个 UE 会配置一个上行 PCC 和一个下行 PCC。对于 PCC 以外网络为 UE 配置的 CC 为辅成员载波 SCC。PCC 具有和 SCC 不同的特性，如上下行 PCC 不能被去激活，在下行 PCC 上产生的无线链路失败会触发 RRC 连接重建，但在其他下行 CC 上产生的无线链路失败不会触发 RRC 重建。安全输入与 NAS 层移动信息功能都在 PCC 上进行。

R10 中同样需要区分载波和小区，3GPP 又引入了主服务小区 PCell 和辅服务小区 SCell 的概念。PCell 指 PCC 上的服务小区，SCell 指 SCC 上的服务小区。CA 实际上是不同 CC 上服务小区的聚合，包括 PCell 和 SCell，如图 5-55 所示。

每个下行的 CC 都对应一个上行 CC（下行 CC 在其 SIB2 中广播与其对应的上行 CC），但可能两个下行 CC 在其的 SIB2 中广播的上行载频为同一 CC。每对上下行 CC 都相当于一

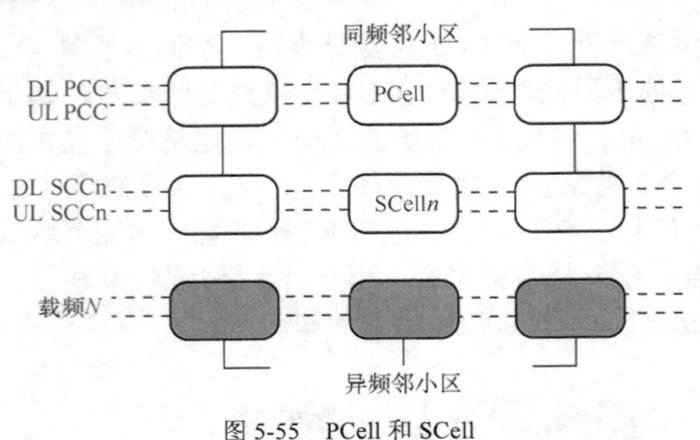

图 5-55　PCell 和 SCell

个小区，都会分配一个全球唯一的小区标识 ECGI。PCell 包含一对上行 PCC 和下行 PCC。SCell 可包含一对上行 SCC 和下行 SCC，也可只包含下行 SCC，但不能只包含上行 SCC，因此 UE 聚合的下行 CC 的数量一定多于或等于上行 CC 数。当 PCell/SCell 包含一对上行和下行 CC 时，是 SIB2 链接的，即这对 CC 的上行 CC 一定是下行 CC SIB2 中广播的上行载频。每个 UE 与网络只有一个 RRC 链接，也只分配一个 C-RNTI，网络为 UE 聚合的其他上下行 CC 更多地看作上下行资源。

（3）服务小区的管理

UE 初始 RRC 连接时，不处于载波聚合状态，此后网络可使用 RRC 连接重配消息为 UE 增加新的 SCell，之前 UE 发起 RRC 连接的服务小区默认为 PCell，网络只能用包含 MobilityCongtrolInfo 的 RRC 连接重配消息改变 PCell。R10 中 UE 聚合了多个服务小区，网络会对 UE 聚合的服务小区实施一系列操作，如 SCell 的增加/重配/去除等，因此需在基站和 UE 间明确一个服务小区索引这些操作针对哪个服务小区，网络在信令中可直接使用服务小区的频率，也可使用服务小区的 PCI 来指明。为减少信令负载，3GPP 引入 2 个 UE 特定的 3bit 服务小区索引 ServCellIndex 和 SCellIndex，PCell 的 ServCellIndex 值为 0，SCell 的 ServCellIndex 为 SCellIndex，SCellIndex 在增加 SCell 时由 RRC 信令告知（范围从 1～7），网络和 UE 可在后续操作中使用 2 个索引，如网络释放 SCell 时使用 SCellIndex，UE 在上报服务小区的测量结果时使用 ServCellIndex。

（4）小区激活和去激活

小区激活和去激活是 UE 的省电机制，专用于 CA。在 CA 情形下，一个 UE 所有的服务小区都按一个相同的 DRX 激活/去激活的时间开启/关闭相应的射频和基带接收。

只有辅服务小区才可被去激活，当处于去激活状态时，UE 不能在该小区收发信号。相应，当辅服务小区处于激活状态，UE 可在该小区收发信号。激活/去激活可通过 MAC 层控制单元 CE 发比特位图指令 UE，或 UE 在有效时间失效后自动转入去激活状态。激活/去激活时间为 8ms，即终端在第 n 子帧收到 MAC CE，在第 $n+8$ 子帧进入激活状态。为灵活利用载波资源，每个辅服务小区维护一个去激活时钟，可单独进行激活/去激活。

2．中继技术 RS

基站与用户间通过空中接口进行无线通信，同时基站还需与网络进行连接，接受网络的控制并实现基站的互联，这称为基站的回传链路。通常回传链路一般采用有线连接，但在某些情况下，由于成本和施工难度等原因，产生对中继或无线回传技术的需求。

R10 的 Relay 技术主要定位在覆盖增强场景，Relay 节点 RN 用来传递 eNodeB 和 UE 间的业务/信令传输，目的是为了增强高数据速率的覆盖、部署临时性网络、提升小区边界吞量、扩展和增强覆盖、支持群移动等，同时提供较低的网络部署成本。RN 通过宿主 eNodeB 以无线方式连接到接入网。RN 和宿主 eNodeB 间接口定义为 Un 口，UE 仍通过 Uu 口和 RN 相连，Un 口可以是带内的也可以是带外的。Relay 网络结构如图 5-56 所示。

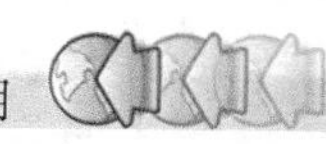

Relay 是通过中继节点对 eNodeB 或 UE 的发射信号进行再生并转发给目的端或下一个中继节点，从而提高信号传输质量和可靠性的网络增强技术。LTE-A 引入了无线中继技术中的 Relay 技术：在原有站点基站上，通过增加一些用无线连接的新 Relay 站加大站点和天线的分布密度，下行数据先到达母站，再传给中继节点，然后传至 UE，上行则相反，这样接近了天线和 UE 间距离，可改善 UE 的链路质量，从而提高系统的频谱效率和用户数据率。

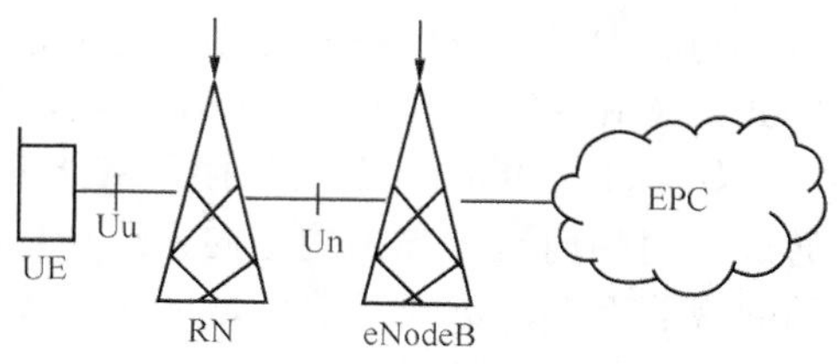

图 5-56　Relay 网络结构示意图

R10 版本定义了两类中继节点：带内中继和带外中继。带内中继指接入链路（中继节点与 UE 间）与回传链路（中继节点与 eNodeB 间）采用相同频率的中继形式。但由于 LTE 下行采用 OFDMA，上行采用 SC-FDMA，因此中继节点需为回传链路与接入链路设计不同的基带处理模块。带外中继指接入链路和回传链路采用不同频率的中继形式，较带内中继具有更高的链路容量，回传链路可不考虑对接入链路的影响。标准中主要关注带内中继。

为完成带内回传，需分配一些资源用来进行 eNodeB 和 RN 间的信息传输，这些资源不能再被用作 RN 和 UE 间的接入链路的传输。为保持对 R8 终端的后向兼容性，在下行，RN 通过配置广播多播单频网 MBSFN 子帧的方式进行回传链路的传输，即在配置的 MBSFN 子帧中，RN 实际上接收来自 eNodeB 的下行信息，此时 RN 不再给下辖的 UE 发送下行数据。而当 RN 向 eNodeB 传送信息时，可通过调度使 RN 下辖的 UE 在此时不再发送上行数据给 RN。

（1）RN 简介

LTE-A 中的中继技术中用节点 RN 来传递 eNodeB 和 UE 间的业务/信令。最简单的 RN 节点被称为“1 层”RN，能对接收信号进行放大并与网络进行控制信息交互，可看作具有控制信令的直放站。“2 层”RN 能对信号进行解码后再转发，且具有自己的 2 层协议，即 MAC 层和 RLC 层。“3 层”RN 可看作是具有无线回程的 BS，即在该 RN 中存在 3 层协议，已标准化。

“1 层”RN 中没有 2 层数据处理，包括基带信号处理，如前向纠错功能，但不包括调度功能。“2 层”RN 在 RN 内执行 MAC 功能，如调度功能，为能使 UE 识别网络发射/接收点，RN 也需通过 PSS 和 SSS 传送 PCI，而 PCI 的存在需 UE 进行 3 层识别；另外 RRC 的 3 层功能可位于基站内而不在 RN 中，小区本身在 RN 中实现但只实现 2 层功能；“2 层”RN 也可不实现 PCI 而无需 UE 识别，此时 RN 与基站以一种协作方式工作，如只进行分组重传；“2 层”RN 还需支持 RLC 的 ARQ 和分段/级联功能。“3 层”RN 可通过 PSS/SSS 传送自身的 PCI，RN 和基站间的移动性基于 3 层控制面中的 RRC；在用户面“3 层”RN 至少要支持 PDCP，如 IP 分组处理，当然也支持 1 层、2 层功能。

RN 是一个通过无线方式与源基站连接的网络节点，源基站也称为施主基站。RN 的一个重要特征是完全由无线网络控制，可像监控基站一样对 RN 进行监控。与直放站相比，RN 在转发接收到的信号前需对该信号进行相应处理，可能会涉及层 1、层 2 或层 3 的处理，RN 可看成一个增强的直放站，也可以是一个具有无线连接的成熟基站。

发射功率、类型及天线数量会直接影响 RN 的复杂度、成本、大小和重量，而这又会对站址的成本（工程建设和租用场地）产生影响。RN 的发射功率取决于部署场景，其范围从 30dBm（或更低）到宏蜂窝功率量级，如 46dBm。

如果 RN 的回程链路和接入链路使用单天线，通常天线是全向天线。但回程链路质量可通过使用朝向施主基站的定向天线加以增强，且会减少对其他小区的干扰。在该情况下需单独的覆盖天线，该天线也可是定向天线，但方向是远离施主基站的方向。为支持 MIMO，在 RN 中也需要配置多天线，通过 MIMO 可增强回程链路容量，通常被认为是中继瓶颈。RN 所需的处理能力也会受到 RN 设计时所支持的 UE 数的影响，取决于该 RN 是部署在室外或室内。

与增加一个基站相比，在 LTE 中部署一个 RN 可降低建设费用和运营成本，同时部署快且简单。与基站不同，RN 不需与网络的有线或微波回程连接，RN 的回程链路和接入链路都使用相同的无线接口技术，且如果 RN 是带内方式，根本不需单独的频谱。RN 在站址选择上也更灵活，只需供电、与施主基站具有较好的无线链路条件。但 RN 会增加时延，提供的容量小于单独部署基站的容量，因为 RN 会消耗一定的回程资源。

R10 中 RN 可后向兼容传统 UE。LTE-A 中其回程链路 Un 和接入链路 Uu 是在一个载频上进行时间复用的。对于 FDD 模式，在 Un 链路，基站向 RN 传输使用下行频段，而 RN 向基站传输使用上行频段；对于 TDD 模式，基站到 RN 的传输使用子帧中的下行部分，而 RN 向基站传输使用子帧的上行部分。

为了实现后向兼容，当 RN 是带内属性时，除非其天线收发间隔离度很好，否则 RN 应工作在半双式模式。在 3GPP 规范中引入了 MBSFN 特征，如图 5-57 所示。RN 与基站间的传输都配置为 MBSFN 子帧，不允许 UE 直接与基站通信。在 LTE 中，对于回程链路，每帧最多可配置 6 个 MBSFN 子帧，分配是通过半静态方式实现的。

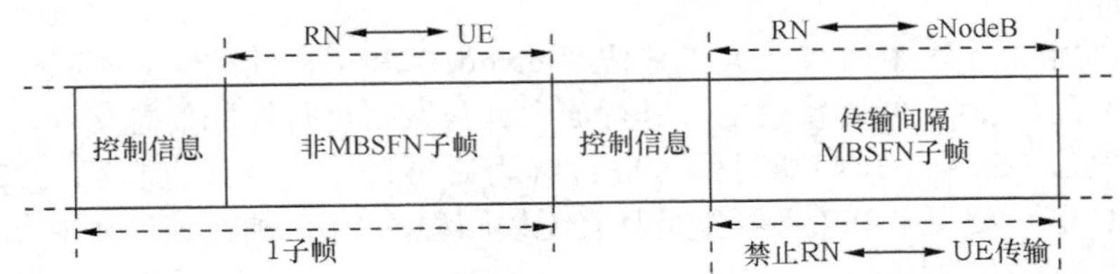

图 5-57　中继传输使用的 R8 中引入的 MBSFN 子帧结构

（2）RN 的应用场景

RN 既可用于扩展小区覆盖，也可为热点地区提供业务容量。覆盖通过控制信道的接收区域定义，即小区脚印。增加业务容量是通过支持较高的 SINR 实现。RN 主要部署场景如图 5-58 所示。

（3）RN 的回程和接入资源共享

如图 5-59 所示，在施主基站的小区覆盖区域内 RN 与 UE 竞争无线资源，理论上可通过动态资源分配来解决，其中 RN 的调度就像施主基站中其他 UE 一样，或可通过为回程链路预留特定频段或部分频段来解决。在回程链路上，RN 从施主基站 B 接收信号，也将从 UE 接收到的信号发送给基站，而在接入链路上，RN 须从 UE 接收和向 UE 发送信号。为了避免 RN 发射信号对其他接收机的干扰，须采取一定的协作或隔离机制。这些隔离可以是频域或时域上的隔离，也可以通过在接收机上实现发射信号抑制器限制自身干扰，但会增加实现的复杂度。

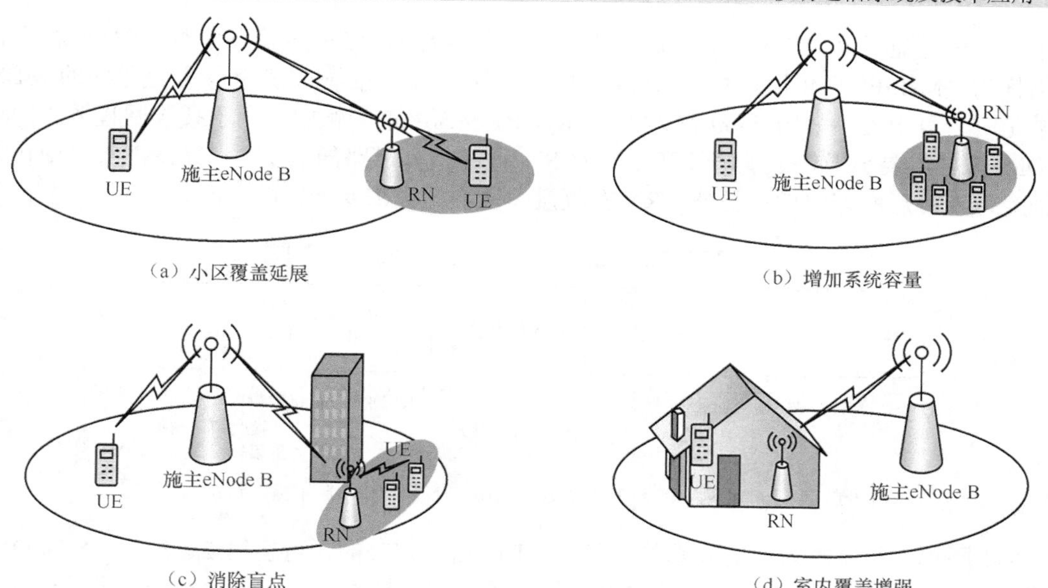

图 5-58　RN 典型部署场景

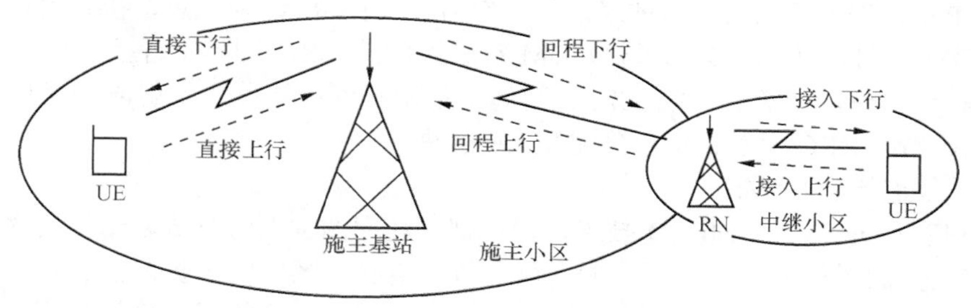

图 5-59　中继传输示意图

① 频率隔离

若带外 RN 对于回程链路和接入链路使用不同频率，如回程链路和接入链路没有充分隔离，由于带外杂散信号仍会造成一定的干扰。另外，如果基站调度器可为回程链路和接入链路动态分配 RB，理论上相同频段的频率间隔也可实现，前提是 RN 接收机可对发射信号的旁瓣有充分隔离，这样考虑了数据业务的动态特性，但调度器非常复杂，需从基站向 RN 发射信令指出接入链路的资源分配情况。因此回程链路和接入链路资源采用相对静态的分配方式较简单。

② 时域分隔

在使用相同频谱的回程链路和接入链路上通过时分复用可实现时域分隔。当回程链路和接入链路无效时，响应的调度器就停止调度。如果某个时间用于 RN 回程链路的下行接收，同时就不能进行 RN 接入链路的传输，由于缺失 RS、同步信号和像 PCFICH 与 PBCH 这样的控制信道，UE 将失去与 RN 的连接性。因此为了满足后向兼容性需求，当 RN 不发送数据时，须通过能让 R8 UE 理解的方式发送信令。

R8 LTE 可通过 RRC 信令通知 UE 某子帧设计为 MBSFN 子帧，UE 希望控制信号和 RS 仅出现在第 1 和第 2 个 OFDM 符号中，在 R10 中对该信令进行了重用，但用于其他目的，

如中继，可避免对R8/R9 UE的干扰。即使没有实际的MBSFN传输发生时，RN回程下行接收仍称为“MBSFN”子帧。对于LTE-A中RN类型1，在回程链路和接入链路间的MBSFN子帧是时分复用的。如图5-60所示，在RN的MBSFN子帧中，用于接收回程链路的有效OFDM符号数要小于整个子帧长度，因为RN须在接入链路的前2个OFDM符号中传输控制信令以支持后向兼容性；另外，RN在收发间切换时也需要一定的时间。

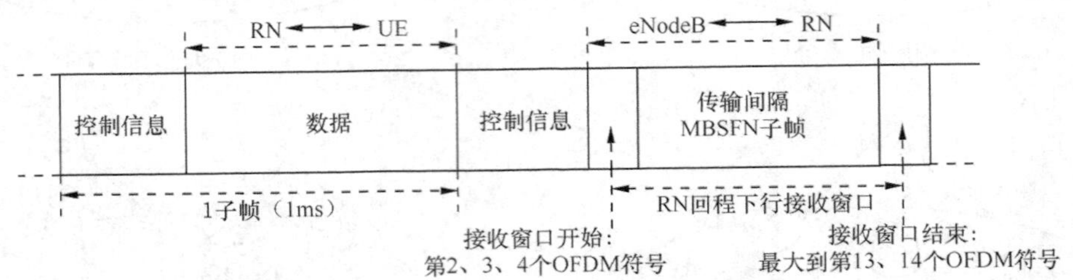

图5-60　常规子帧中从RN到UE的发送及MBSFN子帧中从施主基站到RN的传输

RN回程下行接收窗口的开始符号是由RRC信令定义的，可在第2、3、4个OFDM符号开始，且可在RN工作过程中由RRC重配置变更。接收窗口中最后一个符号用于基站与RN同步功能，回程信号传输延时和RN传输接收切换时间可看作是RN实现和部署的事情。因此，RN回程下行接收窗口的最后一个符号不需由RRC来配置，接收窗口可一直到最后一个OFDM符号，或倒数第2个OFDM符号。因此，RN回程下行接收窗口中的OFDM符号数范围为10～13（考虑常规CP）。当施主基站在回程链路上发射时需考虑这些接收约束，可通过适当的RRC配置、资源分配和LA解决。

3．协同多点传输CoMP

LTE-A基于OFDM和MIMO技术，通过把高速率的数据流分成若干低速率的数据流，调制到一组正交的子载波集上进行传输，可有效地消除小区内的干扰。但实际中，为获得更高的频谱利用率，系统采用了同频组网方式，使位于小区边缘的用户将体验到来自邻小区的同频干扰，严重限制了边缘用户的服务质量和吞吐量。为减少小区间干扰，提高高频组网的性能，LTE-A提出了协作式多点传输技术CoMP。

CoMP类似于分布式天线，用于提供增强服务，尤其是小区边缘。CoMP是一种提升小区边界容量和小区平均吞吐量的有效途径，其核心想法是当UE位于小区边界区域时，能同时接收到来自多个小区的信号，同时自己的传输也能被多个小区同时接收。在下行，如果对来自多个小区的发射信号进行协调以规避彼此间的干扰，能大大提升下行性能；在上行，信号可同时由多个小区联合接收并进行信号合并，同时多小区也可通过协调调度来抑制小区间干扰，从而达到提升接收信号信噪比的效果。按照进行协调的节点间的关系，CoMP可分为intra-site CoMP和inter-site CoMP两种。

CoMP指地理上分享的多个传输点，协同参与为一个UE的数据PDSCH传输或联合接收一个UE发送的数据PUSCH。参与协作的多个传输点通常指不同小区的基站。CoMP在多个基站间引入协作，并通过在协作基站间共享必要的信息，如信道状态信息、调度信息和数据等，对小区间干扰进行有效抑制。随着基于“BBU+RRU”组网模式的大量建设，位于BBU中央处理单元或中央调度单元可控制多个RRU（多达上百个）的信号。在基于BBU+RRU组网模式的CoMP系统中，同一个BBU下的RRU可进行信号的联合传输（CoMP-JP），不同BBU下的RRU间可进行协作调度/波束赋形（CoMP-CS/CB）。

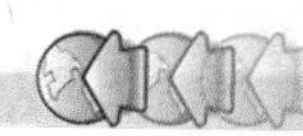

（1）协作调度/波束赋形（CS/CB）

协作调度/波束赋形也称为“干扰避免”，用户只由单个基站提供服务，通过对系统资源有效分配，减小相邻小区边缘区域使用的资源在时间、频率或空间上的冲突。如图 5-61 所示，多个 UE 的服务小区分别是 CELL1、CELL2 和 CELL3，多个 UE 会被分配到不同的时间/频率资源上以避开干扰。对于调度到相同资源上的两上 UE，在进行波束赋形加权向量时，如能在 UE12 的方向上形成零陷，则 UE12 受到的干扰会降低，也就是小区间的干扰会被抑制。

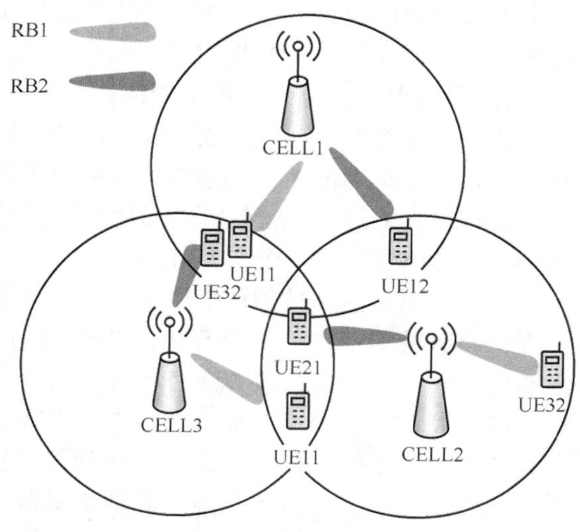

图 5-61 干扰避免示意图

为支持协同波束赋形功能，需满足以下条件：① 一个小区的基站除了要获得驻留在该小区内的 UE 的信号信息外，还要邻小区内 UE 的信道信息，如图 5-61 所示的 CELL1 小区需获得 U12 的信道信息，LTE-A 对反馈功能做必要的扩展以支持协同波束赋形技术。一种扩展的方法是 UE 上报服务小区的信道信息及对其产生强干扰的小区的信道信息，UE 的服务小区再将这些信息通过小区间的连接通道传递给相邻小区，这种方法增加了反馈量，加大上行信道的负荷；另一种扩展方法是对信道互易性的扩展，UE 发送的上行信号（如 SRS 信号）能在多个小区都接收到，这些小区的基站根据上行信号估计出上行信道信息，再利用上下行互易性得到下行信道信息，用于抑制小区间干扰。② 要求调度消息可以及时在小区间传递，如果参与协作的小区由同一个基站控制或有光纤直连，传递的时延是可以忽略的，容量也不会受限，但典型工作场景中协作的小区受不同基站控制，且通过 X2 接口通信，X2 接口的时延和容量限制都会制约协同波束赋形技术的应用。

（2）联合传输（JP）

联合传输也称“干扰利用”，即用户由协作的多个基站共同服务，在协作的基站端通过联合处理消除用户间干扰，将干扰信号作为有用信号加以利用，从而有效利用小区间干扰，提高小区边缘用户的服务质量。采用联合处理技术时可有多个传输点同时向 UE 传输数据，如图 5-62 所示，与协同波束赋形不同的是多个小区同时向某个 UE 发送数据。

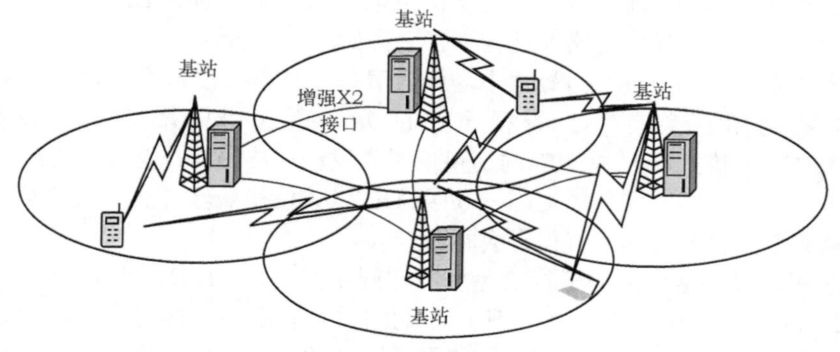

图 5-62 联合传输示意图

联合处理的增益来自两个方面：参与协作的小区发送的信号都是有用信号，降低了 UE 受到的总干扰水平；参与协作的小区信号相互叠加，提高了 UE 接收到的信号的功率水平。两者的综合作用提升了 UE 的接收信噪比。此外，不同小区的天线间距离一般远大于 λ/2，联合处理还可获得分集增益。

4．异构网干扰协调增强 eICIC

随着移动互联网应用的快速发展，移动数据量快速增长，移动通信系统可从 3 个方面提高系统传输数据的能力：频谱效率、频率资源和小区复用。其中小区复用对系统整体容量的提高具有很大的潜力，宏蜂窝、微蜂窝、局域网/家庭基站相结合的分层次覆盖的异构网络是移动通信网络发展的一个重要方向。

为提供更灵活高效的通信服务，无线网络的部署将呈现不同的形态和层次。如使用宏蜂窝提供充分的覆盖能力，补充使用微蜂窝/家庭基站等小型基站提供热点大容量/私人专用接入等通信服务，形成立体的网络层次，这样的网络环境称为异构网络。

LTE-A 的一个重要特征就是支持异构网络部署，即在一个宏蜂窝网络覆盖区域包括一些过载的小区。在该方式下，由于小区分裂，重叠的小区可获得更高的频谱效率，这将显著增加系统容量并可以支持热点地区高话务量特点。当宏蜂窝站址受限情况下，重叠小区是一种非常好的解决方案。另一种方法是使用单独的频谱，这取决于该新增频谱的有效性。

异构网中低功率节点 LPN 被布放在宏基站覆盖区域内，形成同覆盖的不同节点类型的异构系统，是一种显著提升系统吞吐量和网络整体效率的技术。LPN 包括 Micro、Pico、RRH（Remote Radio Head）、Rlay 和 Femto（毫微蜂窝基站，通常指家庭基站）等，主要包括室内家庭基站、室外热点和室内热点，其他场景优先级较低。在上述环境中将形成较强的同频干扰，LTE-A 中对 R8/R9 的干扰协调进行了增强，被称为 eICIC。

（1）同频异构网络部署场景

同频异构网络部署场景可分为两种：宏一皮（Macro-Pico）场景；宏一毫微（Macro-Femto）场景。在 Macro-Pico 场景中，小区是开放用户组 OSG 小区，对宏蜂窝网络的所有用户都开放。在 Macro-Femto 场景中，小区是封闭用户组 CSG 小区，该小区只能由有限的用户组访问。

在采用相同频率的情况下，异构网络中形成重叠的覆盖，干扰情况较复杂。LTE-A 的异构网络技术主要研究干扰问题的解决方案。在 LTE-A 中，同频小区间 eICIC 是解决非载波聚合情况下，微微站和家庭基站与宏站混合形成的异构网中的干扰问题。微微站和家庭基站有自己独立的小区 ID，它们的引入增强了更多的小区边缘，使小区间的干扰变得更加严重和复杂，尤其当运用了小区范围扩展后，更多的终端纳入微站的服务范围，这些新纳入的终端会受到宏站的强烈干扰。异构网络上行、下行干扰如图 5-63 所示。

在同构宏蜂窝网络中，UE 由最强小区提供服务，且由于皮蜂窝的功率较宏蜂窝低，所以皮蜂窝服务的用户数有限。为得出小区分裂所获得的增益，服务基站将通过 RRC_CONNECTED 模式将一些 UE 的切换偏置值发送给皮蜂窝，这会对皮蜂窝的施展覆盖范围产生影响，称为小区范围扩展 CRE。如果 UE 以该模式操作，从皮基站发送的信号功率会较低，而从宏基站接收到的干扰信号会相对较大。

不同小区间基于频谱分隔的干扰避免机制在同步信号、PBCH、小区特定 RS 或控制信道（PDCCH、PCFICH 和 PHICH）上所产生的增益是有限的。这些信号是初始接入网络和后续保持连接所必需的，因此在时域上的位置是固定的，在频域上将这些信道和信号分隔会

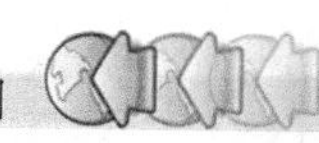

造成后向不兼容。但在同频 Macro-Pico 部署下，皮蜂窝 UE 所受到的干扰会对这些信道产生影响，如果扩展的范围较大，皮蜂窝中 UE 对控制信道的接收可能失败，直到业务中断。

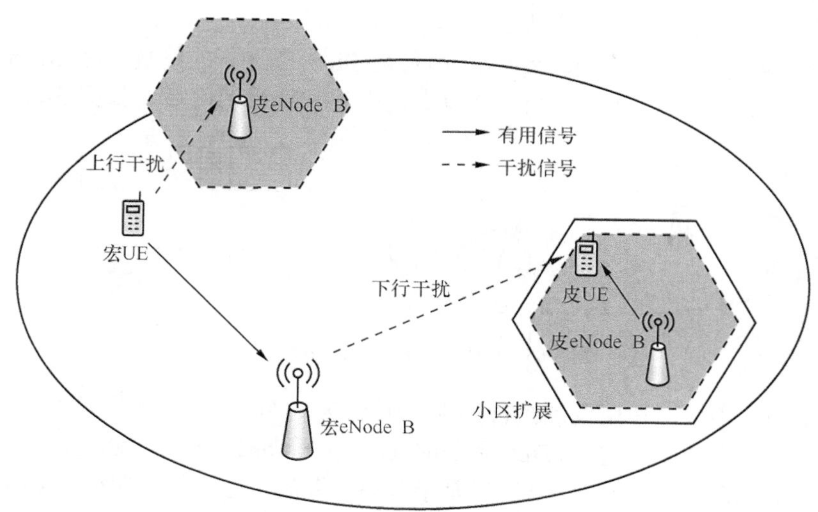

图 5-63　异构网络上行、下行干扰场景

（2）干扰消除

控制信道的干扰消除需求是 R10 中基于时域的 eICIC 规范的主要目标，同频小区干扰问题的解决途径有两条：引入时域上的几乎空白子帧用以避免干扰，即通过宏蜂窝和微蜂窝间的协调，空出某些子帧，使宏蜂窝和微蜂窝使用不同的子帧时间，避免相互间的干扰；采用选择接收机，增加接收端消除干扰的能力，包括借助一些新的控制信令。

① 几乎空白子帧（ABS）

LTE R10 采用通过配置 ABS 的方式避免对被干扰小区用户的 PDCCH 及 PDSCH 的干扰。即被干扰小区用户只在干扰源小区配置 ABS 的子帧上对 PDCCH 进行解码和对数据进行解调。ABS 具有良好的后向兼容性，较彻底地解决 PDCCH 的干扰问题，同时适用于 FDD 和 TDD 系统。

因为考虑后向兼容性，ABS 携带 R8 终端与网络连接所必需的一些最基本的信号或信道，如小区公共参考 CRS 信号在每个单播子帧都须全带宽发送，如图 5-64 所示。主同步信号、辅同步信号、主广播信道、SIB1、寻呼信道和定位参考信号 PRS 等，当正好配置在 ABS 子帧上时，也必须发送。

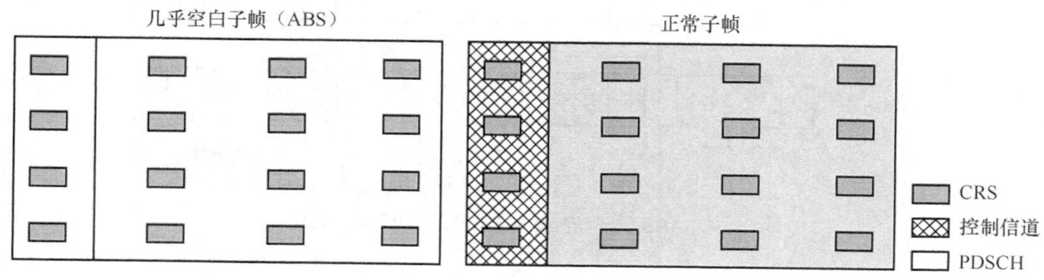

图 5-64　ABS 子帧的结构

R10 支持不借助 CRS 的信道信息 CSI 的反馈，此时的 PDSCH 将由本来用于多播业务的

MBSFN 子帧传输：如果 MBSFN 子帧用来承载数据，则不能配置成 ABS；当配置成不承载数据（即空白）时，可作为 ABS 子帧用，但这种情况只有第一或前两个 OFDM 符号内发 CRS。

一般干扰源在 Macro-Pico 场景是宏站，在 Macro-Femto 场景是家庭基站，通过 ABS 可保护干扰的受害者。例如，在 Macro-Pico 场景是 Pico 节点下的终端，在 Macro-Femto 场景是宏站的终端，尤其是处于宏站和低功率节点覆盖相互重叠的区域，如图 5-65 所示。

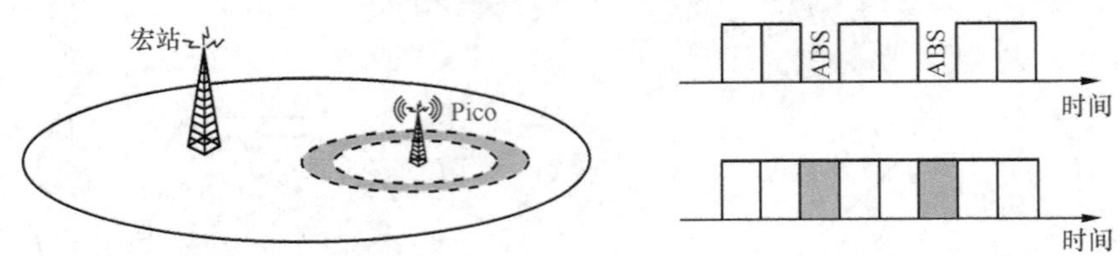

图 5-65　ABS 在 Macro-Pico 场景的应用

对 Macro-Pico 场景，使用位图图样的形式通过 X2 接口从宏站传递给 Pico 节点。图样的周期在 FDD 系统是 40ms，在 TDD 系统的 configuration1～5 是 20ms，configuration0 是 70ms，configuration6 是 60ms。ABS 图样是半静态配置的，更新的周期小于或等于 X2 接口中的 RNTP。有两个位图图样需要交互，其中一个位图指示哪些子帧是 ABS，第二是第一个位图的子集，指示哪些长期都是 ABS 子帧，用于限制 RLM/RRM。ABS 位图是基于事件触发的。

Macro-Femto 场景，因为 Femto 节点不支持 X2 接口，Femto 使用 ABS 位图图样由 OAM 的方式由核心网对 Femto 进行配置，因此基本静态不变。ABS 子帧配置的是下行子帧，也隐含上行的子帧配置，如图 5-66 所示，宏站将子帧 1，5，9，3，7 配置成 ABS，根据 FDD 中上行授权和相应的 PUSCH 的“*k*+4”定时关系，及 PUSCH 和相应的下行 PHICH 的“*k*+4”定时关系，这些上行子帧实际上就是“上行 ABS”，无形中降低了宏小区用户的上行发射对 Pico 节点的干扰，使 Pico 用户可更通畅地与节点进行上行的业务传输。

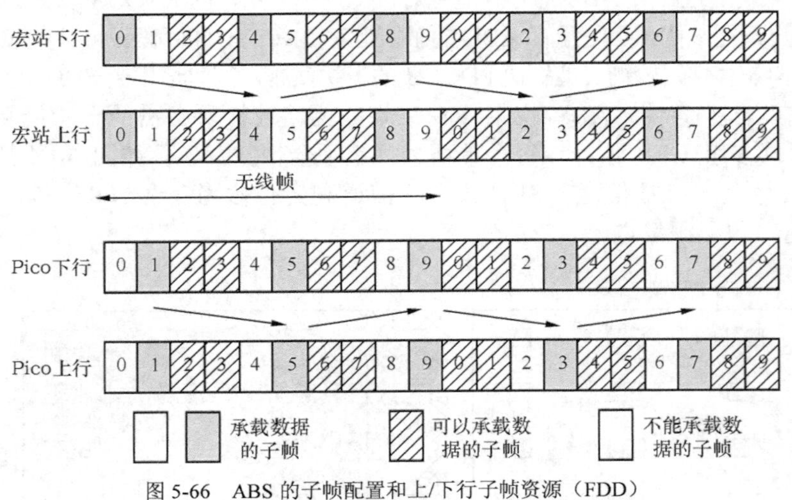

图 5-66　ABS 的子帧配置和上/下行子帧资源（FDD）

② 用于时域 ICIC 的 X2 接口增强

ABS 在实现方面具有较高的灵活性，在配置基站时，为保证其高效性，需在相邻基站中协作，实现干扰抵消增强。为此，在 R10 中为 X2 接口定义了小区间协作信令，其中一个基

站配置的 ABS 模式可通知到相邻基站中。包含“ABS 位图”的信令可通过 X2 接口从一个小区（通常是宏小区）发送给另一个小区（通常是皮小区）。ABS 模式可以通过半静态方式更新，即以低于 R8/R9 中频域相对窄带发射功率 RNTP 指示的频度进行更新。

第一种 ABS 位图称为 ABS 模式，指出 ABS 的完整设置以帮助接收基站进行调度操作。ABS 位图的每个比特将通知接收基站相关发射小区的发射功率，以每子帧为基础的，而不是以每 RB 为基础的。接收基站可使用该信息来安排其调度操作以避免非 ABS 传输对 UE 产生干扰，尤其是小区边界处。此时，接收基站可以在其 ABS 中调度 UE 以减少干扰。对于频域 ICIC，基于 ABS 的时间选择调度的确切操作由基站实现来决定。

第二种 ABS 位图称为“测量子集”，是第一种情况的子集，目的是向接收基站建议 UE 可进行测量的子帧集，这些 UE 可能会在非 ABS 中受到干扰。

ABS 位图信令可作为“负荷指示”和“资源状态报告指示”过程的一部分通过 X2 接口进行传输。另外，还有一种称为“请求指示”的消息，可用于向另一基站 ABS 配置。该请求是基于对小区内干扰情况评估的请求，将发起负荷指示过程，接收到请求的基站将返回包含 ABS 位图的“负荷信息”消息。

被另一个小区通知其配置 ABS 信息的基站将向该基站返回 ABS 状态消息，协助通知基站来确定配置的 ABS 数是需要增加还是减少，对被干扰基站服务的 UE，通过指出其分配的 ABS 中的 RB 的百分比实现的。

当 UE 被一个受到多个宏基站干扰的皮蜂窝服务时，不同的基站具有不同的 ABS 模式，此时每个基站向皮蜂窝通知的 ABS 是不同的。对于宏基站，皮基站应该向宏基站通过 ABS 状态信息指出实际使用的 ABS 模式。图 5-67 所示为 X2 接口上宏基站和皮基站间 ABS 协作的典型消息交换过程，图中虚线框是一个请求功能，用于向宏基站请求配置 ABS。宏基站如果配置了 ABS，将会考虑该请求，请求和随后对配置的 ABS 的判决过程并没有标准化。

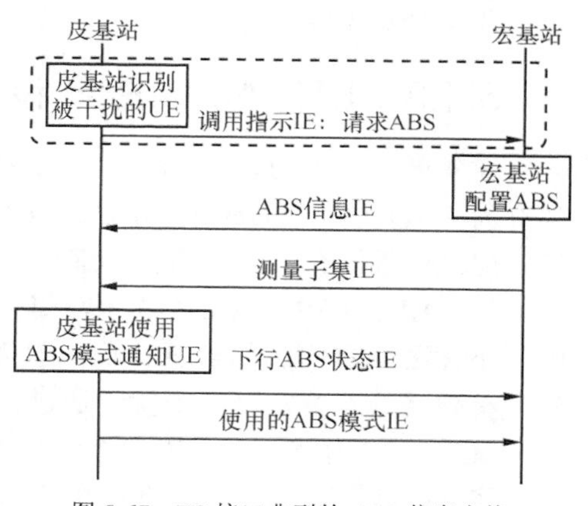

图 5-67　X2 接口典型的 ABS 信息交换

③ 测量上报和 CSI 反馈

由于引入 ABS 和小区范围扩展 CRE，UE 的干扰会在子帧上波动，这对测量上报和信道信息的反馈带来很大影响，而测量上报对一个处于 RRC 连接状态的链接至关重要，以维持最基本的通信。测量包括：无线链路监控 RLM，无线资源管理 RRM 等，涉及参考信号接收功率 RSRP，参考信号接收质量 RSRQ 等关键的测量对象。

RLM 过程包括对服务小区链路质量的测量及当服务小区信道质量变差时应如何决定 UE 的行为。在 R10 中，如果小区的用户仍按 R8 不区分子帧的方式计算 SINR，测量的 SINR 与实际调度的那些 ABS 子帧上测得的会有很大差别。因此，基站需对 UE 测量的子帧加以限制并通知 UE。

RSRP 测量的是小区公共参考信号的强度，测量对象与 ABS 图样没有关系，但没有干扰对测量的准确度很有影响，因此 RSRP 测量的子帧也是限制的。为保证测量精度，对测量小区配置的时域资源限制应保证一个射频帧（10ms）内至少有一个子帧 2 能用于测量。

RSRQ 是 RSRP 与 RSSI 的比值，也须限制在规定的子帧中测量。RSSI 是在整个载波上收到的所有信号的强度，包括服务小区有用信号和邻小区的干扰信号、热噪声等。在同频异构网场景，邻小区由于配置ABS，产生的干扰会随子帧而变化。

基站同样需告知UE在哪些子帧上测量CSI（CQI，PMI，RI），然后进行反馈，这也是由“RRCConectionRecofiguration”消息通知。对于周期性CSI的上报，承载UCI的PUCCH的资源是显性配置的；对于非周期性CSI的上报，则没有规定具体反映哪些子帧上的CSI。

通过配置ABS，控制信道如PDCCH、PCFICH、PHICH的性能得到保证，但ABS子帧并未彻底解决CRS的干扰和弱小区信号的检测问题，仍需在后续版本中加以增强。

5．多天线增强EMAT

多天线技术的增强是满足峰值谱效率和平均谱效率提升需求的重要途径之一。LTE R8下行支持1、2、4天线发射，终端侧2、4天线接收，下行可支持最大4层传输。上行只支持终端侧单天线发送，基站侧最多4天线接收。LTE R8的多天线发射模式包括开环MIMO、闭环MIMO、波束赋形及发射分集。除单用户MIMO，LTE还采用另一种谱效率增强的多天线传输方式——多用户MIMO，多个用户复用相同的无线资源通过空分的方式同时传输。LTE-A中为提升峰值谱效率和平均谱效率，在上下行都扩充了发射/接收支持的最大天线个数，允许上行最多4天线4层发送，下行最多8天线8层发送，从而需考虑更多天线数配置下的多天线发送方式。

除了将天线数量进行扩展外，R10对多用户MIMO的空分复用功能也进行了增强，包括控制信令和用户专用导频信号的设计，可更好地支持共同调度多个用户、一个用户使用多个数据流等更复杂的场景。考虑到未来设备的进步和系统需求的提升，LTE-A中引入了上行多天线传输的功能，利用终端的多个功率放大器实现上行多流信号的发送，最多4个天线发送，即4个数据流并行传输，实现4倍的单用户峰值速率。

5.4.3 LTE-Advanced设备间通信

设备间通信在移动运营商即通过提供在蜂窝网络上实现干扰控制的M2M通信。M2M也称为D2D通信（Device to Device）通信、直接（direct）通信、Ad Hoc通信、P2P通信等。M2M通信有很多标准，包括：IEEE 802.11（WLAN）、HiperLAN2、TETRA（集群通信）等。LTE-A中的M2M通信与蜂窝网共享资源。在两个距离非常近的设备进行P2P通信时，不需要负责实际的数据传输，但需要通过信令建立会话、计费和策略控制，通过干扰协作可有效降低对蜂窝网的干扰，通过模式选择可实现较高的M2M吞吐量。

M2M通信中基站对UE进行无线资源控制，并为M2M通信分配资源，可以是空闲的上/下行资源，也可以是为蜂窝预留的上行和下行资源，干扰协作要根据资源的分配类型决定。

1．会话建立

LTE和SAE的底层都是完全基于IP协议的。用户面使用会话初始协议SIP。SAE架构中MME和PGW共同负责根据UE上下文建立SAE承载、IP隧道，在UE和服务PGW间建立IP连接。SAE提供到因特网的连接性，其中SIP应用服务器AS是通过发现过程来发现的或由运营商分配的。会话建立可通过向SIP AS发送SIP INVITE消息发起。会话建立后，因特网上的任何两个设备便可进行通信了。

在SAE架构中，服务PGW的IP地址是网络已知的。GW维护一张路由表从而将IP路由到因特网。GW可将IP分组路由至基站所服务的激活UE上，可检出潜在的M2M业务。潜在的M2M业务是指由相同或相邻小区所提供服务的UE间的任何业务流。GW可为潜在的M2M业务流打上特殊标签，如图5-68所示。

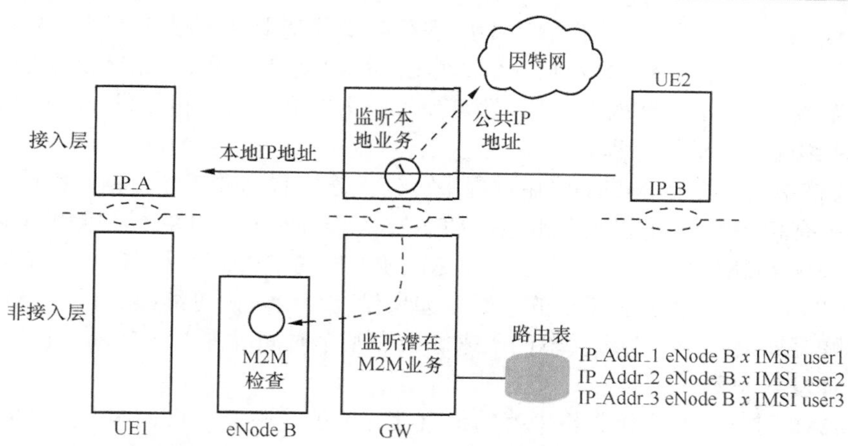

图 5-68　GW 对本地业务打标记向基站指出潜在 M2M 业务

下一步，对于被标记的 M2M 业务流，基站将向 UE 请求进行测量检查，确定 M2M 设备是否在通信范围内并选择 M2M 通信模式。如果选择了直接通信，基站将在两个 UE 之间直接建立一条 M2M 无线承载，UE 即可使用 M2M 通信资源进行通信。如果 UE 位于相邻小区，则服务 UE 的基站须协助 M2M 测量，并通过 X2 接口进行 M2M 承载建立。

即使 M2M 连接成功建立，基站仍需维护 UE 和 GW 间的 SAE 承载，且还需维护对蜂窝资源及 M2M 通信的无线资源的控制，从而 UE 仍可与因特网进行通信。通过检测附近设备的 IP 业务，M2M 连接建立对于用户而言是透明的，即用户不需明确地发起 M2M 会话。蜂窝连接和 M2M 连接的自动切换是可行的且是无缝的，以保证用户的满意度。

此外，也可以使用明确的 M2M 会话建立信令。对于 M2M SIP 会话请求而言可使用特定的 IP 地址格式，从而与一般的 SIP 会话请求区分，可以使 SAE 以特定的方式处理 M2M 会话。图 5-69 所示为当前 LTE 架构中 M2M 通信所需的附加功能。在 SAE 中，MME 与 PGW 协商以获得 UE 的 IP 地址。MME 成为 IP 地址、用户信息和 SAE 网络标识的绑定器，这些信息可对 M2M 会话向 MME 发起的请求进行验证。

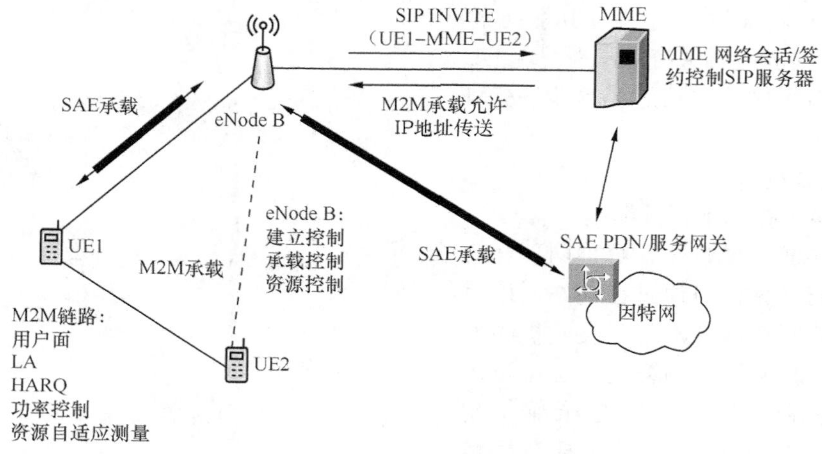

图 5-69　SAE 架构下的 M2M 通信

处理 SIP 消息并检测到 M2M UE 位于相同小区或相邻小区，MME 将请求从服务基站建

立 M2M 无线承载。此时，基站会请求 UE 进行测量并基于这些测量来选择的 M2M 模式。如果选择直接通信，则 MME 将为 M2M 被叫 UE 初始化 IP 地址。M2M 通信的 IP 地址可以是本地子网范围。M2M 链路的 IP 连接性可为 UE 中的高层协议栈提供无缝操作，可简化蜂窝和 M2M 网络间的移动性过程。

M2M 通信中的 UE 在 M2M 传输过程中可处于连接状态并接收数据。因此，M2M 传输需蜂窝通信中有相关的协调控制机制，在 LTE 中不连续接收 DRX 机制便可实现。在 DRX 关闭阶段可进行 M2M 通信，这需要基站与 M2M UE 的 DRX 周期对准。在 DRX 过程中，M2M 链路上的 UE 可监听其他 UE 的分配，如果没有分配，则可继续进行 M2M 通信。如果一方想发起蜂窝通信，则可请求传输间隔来宣布在某个时间段内退出 M2M 通信。

2．M2M 发射功率

减少 M2M 对蜂窝网络接收机干扰的最直接方法就是限制 M2M 的发射功率。当 M2M 链路共享蜂窝上行资源时，M2M 的功率设置可通过基站预测的干扰进行协助，但该干扰已知的方式在蜂窝下行资源中很难实现。

（1）共享蜂窝网络上行资源的发射功率

在蜂窝网络上行传输中，基站的接收机将会受到 M2M 传输的干扰。既然 M2M 连接中的 UE 仍是由服务基站控制的，就可以限制 M2M 发射机的最大发射功率，尤其是可为 M2M 通信使用蜂窝网络功率控制信息。当 M2M 发射机重用了蜂窝网络上行资源时，M2M 发射机的发射功率需减少一个回退值，该回退值是由蜂窝功率控制来决定的。而当 M2M 发射机使用其专用资源时，将无需使用功率回退。此外，为保证 UE 在上行的发射功率能满足基站所需的信噪比值，基站可适当增加蜂窝网中 UE 的发射功率，当然该功率与回退值相关。

（2）共享蜂窝网络下行资源的发射功率

下行方向蜂窝网络接收机的实际位置取决于基站的短期调度判决。因此，在给定资源上被干扰的接收机可是任何被服务的 UE。在 M2M 连接建立后，基站将设置最大 M2M 发射功率从而达到预定值。当 M2M 连接使用专用资源时，M2M 最大发射功率可较使用蜂窝网络资源时略高一些。

适当的 M2M 发射功率限制可通过不同 M2M 发射功率对蜂窝网链路质量影响的长期观察获得，另外，基站也可通过其服务的 UE 的反馈得到链路质量信息，当发现 UE 链路的质量有所劣化，可适当减少 M2M 发射机的功率。

3．多天线技术

（1）减少干扰的下行预编码

在 M2M 通信情况下，蜂窝网下行的主要干扰来自基站，可通过在基站上使用多天线技术抑制对 M2M 通信接收机的干扰。如图 5-70 所示，预编码方法可简化不同的发射机制，任何 MIMO 传输机制都可在信道 H_1 下行传输，包括波束赋形、空间复用和开环分集，该方法可有效降低下行传输的有效自由度，M2M 链路质量的相应增益足以对此进行补偿。如果 M2M 链

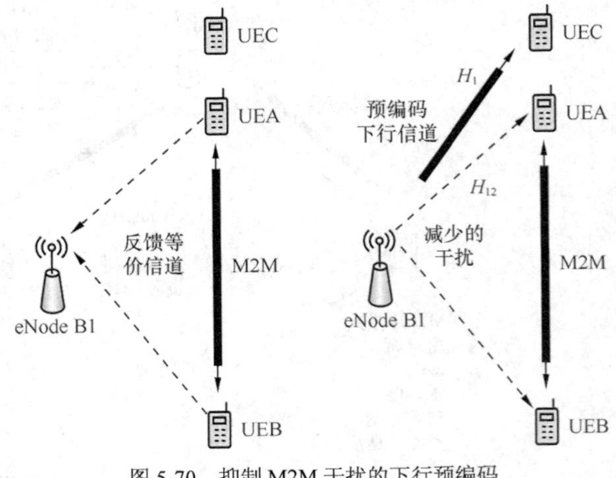

图 5-70　抑制 M2M 干扰的下行预编码

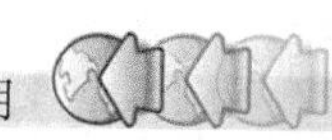

路的传输秩低于 M2M 接收机上接收天线的数量，则可通过减少干扰子空间的维度增强下行预编码。此时，M2M 接收机可在对 M2M 链路处理后反馈等价的 eNodeB-M2M 信道。

如有多个 M2M 接收机共享下行传输频段，当找到了无干扰子空间时，基站可在 SVD 前通过将 eNodeB-to-M2M 信道堆栈成一个矩阵来避免对该 M2M 接收机集的干扰。例如，如果基站为 M2M 对分配了时域资源，但没有 M2M 上行流和下行流传输的定时信息时，可使用该机制。堆栈 M2M 信道的维度可能会快速增加，通过与具有较低秩的 M2M 传输的闭环机制相结合，会使性能改善。

（2）高级接收机

配置了多天线的 M2M 接收机可进一步抑制下行干扰。为抑制来自基站的干扰，M2M UE 可使用 MMSE 接收机实现。接收机需估计 M2M 信道和基站信道，这可通过一个适当的 RS 结构进行辅助，M2M 和小区的同步通信意味着该传输是在相同小区中进行的。

4．无线资源管理

（1）干扰已知的资源分配

除了降低 UE 发射功率减少对蜂窝网络的干扰外，还可通过使用干扰已知的调度减少网络的干扰，该调度可实现蜂窝网中 UE 与使用相同资源的 M2M 连接具有很好的隔离。例如，基站可将室内 M2M 连接和室外的蜂窝 UE 一起调度。通过这种方式，对于重用蜂窝上行资源的 M2M 接收机的干扰及由 M2M 发射机对蜂窝下行产生的干扰都会减少。

干扰已知的资源分配要求基站可获得小区内蜂窝 UE 与 M2M UE 间的信道增益，不需对蜂窝 UE 进行任何改变的两种后向兼容的选项如下：首先，M2M UE 测量接收到的蜂窝 UE 上行传输的干扰功率，该功率测量可通过 UE 导频实现，或通过在 UE 传输过程中简化为测量总接收功率实现，如果 M2M UE 能对小区中蜂窝 UE 的上行授予解码，便可使用该信息从而向基站报告 UE 的干扰，这需在小区中向 M2M UE 使用无线网络临时标识符 CRNTI 信令。其次，可请求蜂窝 UE 发射探测信号，M2M UE 便可向基站报告相应的干扰信息。

（2）模式选择

M2M 通信既可通过 UE 间的直接通信实现，也可通过常规蜂窝通信中基站的中继实现。如果是直接通信，需区分是使用专用资源还是重用蜂窝通信中的预留资源。

最优的 M2M 模式选择策略很大程度上取决于干扰情况，即在重用下行资源时，取决于 M2M 接收机相对于蜂窝基站的位置，或在重用上行资源时，取决于 M2M 接收机相对于蜂窝 UE 的位置。在多小区场景下，来自其他小区的干扰也会影响判决。在实际网络中，直接通信模式和蜂窝模式的选择还取决于小区的负荷情况。当小区满负荷时，蜂窝模式中 M2M 通信的可吞吐量非常低，且基站将向 M2M 分配很少的专用资源。

模式选择策略会对上述所有的情况予以考虑，基站将决定 M2M 通信使用专用资源、重用蜂窝通信中相同资源，还是工作在蜂窝模式。为帮助基站进行判决，还需其他信息，如不同 M2M 通信所经历的干扰情况。为进行模式选择，可通过以下算法来实现基站上必要信息的获取：① M2M UE 按照基站设定的功率彼此发送探测信号，并估计接收到的信号功率；② 在下行有/无基站信号时，M2M UE 估计干扰加噪声功率；③在本小区有/无发射信号时，M2M UE 估计干扰加噪声功率；④ M2M UE 向基站发送获得信息来支持模式选择；⑤ 根据专用资源的数量和蜂窝模式，基站将基于蜂窝负荷在上/下行为 M2M UE 进行分配；⑥ 根据

基站的最大发射功率，M2M UE 可使用不同的直接模式；⑦ 对于每种通信模式基站对期望的信噪比进行估计；⑧ 对于每种通信模式，基站基于信噪比和有效的资源数量估计期望的吞吐量，并选择具有最高吞吐量的通信模式。

该算法是针对 M2M 进行描述的，但可直接扩展到 M2M 通信中超过两个 UE 的情况。需注意的是，尽管建议的选择算法的信令负荷是非常大的，但仍是可行的，因为在本地业务场景下，M2M 通信具有较低的移动性和有限的 M2M 通信连接。对于直接通信模式，基站可分配专用资源或允许 M2M 重用与蜂窝网络相同的资源，这将导致不同的干扰情况。如不知道哪个 UE 是发射或接收方，需使用最差的信噪比进行模式选择。

在下行，M2M UE 通过测量服务基站的信号强度和干扰基站的信号强度估计期望的干扰。在上行 M2M UE 对上行通信进行观察并估计小区内在有/无蜂窝 UE 发射时的平均干扰。

小区内蜂窝 UE 的发射情况可通过基站广播的上行授予信息获得，或基站可向 M2M UE 通知未使用的上行资源。但为保证 M2M 连接的快速建立，M2M UE 无法长时间对上行资源的干扰进行观察。蜂窝内的 UE 在观察时间内可能是静默的，但如果在 M2M 通信过程中激活，将引起 M2M 通信分组的丢失。

随后基站将对用于直接通信发射功率进行判决，当 M2M 通信使用专用资源时，其最大发射功率可略高些。根据上行和下行资源选择情况的不同，M2M 最大发射功率也会不同。基于选择的 M2M 发射功率和每种模式报告的干扰情况，基站会对每种通信模式的信噪比进行估计。结合每种通信模式 M2M 对所能使用的资源数量，基站可估计出每种模式 M2M 的吞吐量并选择具有最大吞吐量的模式。在蜂窝模式下，M2M 速率是受链路（上/下行）限制的，具有最低的吞吐量，期望的吞吐量要通过香农定理或查表方式（信噪比、有效调制编码方式、资源数量、有效的多天线技术与吞吐量的对应关系）来获得。

小　结

1．cdma2000/EV-DO 演进成 UMB 因故终止，而 UMTS/HSPA 演进成 LTE/LTE-A，TD-SCDMA 与 LTE 融合演进成 TD-LTE，从属于 LTE。

2．WCDMA 增强技术 HSDPA/HSUPA、HSPA+采用了高阶调制、HARQ、快速调度、天线阵列处理、OFDMA、MIMO、连续分组连接、层 2 协议增强等关键技术，提高扇区吞吐量，提高数据传输速率。而其无线接口则做了采用更短的无线帧、码分与时分利用相结合、增加新的物理信道等改动以支持关键技术。TD-SCDMA 提出 TDD 模式的 HSDPA/HSUPA、HSPA+采用的关键技术与无线接口的改动与基于 WCDMA 的 HSPA 基本一致，只是做了适应于 TDD 模式的改变。

3．LTE 采用扁平化的网络结构，只保留基站节点；核心网分组域实行承载与业务分离的策略；承载网络全 IP 化，包括语音业务。LTE 主要网元包括 MME、SGW、PGW、eNodeB 等。eNodeB 间通过 X2 接口，采用网格（mesh）方式互连；通过 S1 接口与 EPC 连接。LTE-FDD 和 TD-LTE 分别采用不同的帧结构，频域基本资源单元为 RB，时域基本资源单元为无线帧。LTE 采用了 OFDMA、MIMO 和波束赋形、高阶调制、AMC、ICIC、SON 等关键技术。

4．LTE-A 具有 FDD、TDD 两种模式，各自基于 LTE FDD 和 TD-LTE 模式演进并后向兼容。LTE-A 在 LTE 基础上引入载波聚合、异构网络、增强的多天线技术、中继技术等提升系统性能指标。

5．LTE-A 实现 M2M 通信时通过控制发射功率，采用多天线技术、无线资源管理等技术降低干扰。

思考与练习

5-1　画出 HSDPA 架构示意图，并说明 HSDPA 对无线接口主要做了哪些改动？

5-2　HSDPA、HSUPA 中分别采用了哪些关键技术？

5-3　HSPA+在 HSPA 的基础上做了哪些改进，使系统的容量和性能进一步提高？

5-4　简述 LTE 的设计目标。

5-5　简述 LTE 的扁平化系统架构。

5-6　LTE FDD 和 TD-LTE 分别采用了什么样的帧结构？

5-7　LTE 如何同时实现在空间、时域、频域三维的资源调度？

5-8　简述 LTE 中的信道配置结构。

5-9　LTE 中采用了哪些关键技术以提高系统的空中接口的速率和频率利用率？

5-10　LTE-A 中采用了哪些关键技术以进一步提高系统性能？

第 6 章 其他移动通信系统

本章内容

- 宽带无线接入基本技术
- 无绳电话系统、无线寻呼系统、卫星移动通信系统、集群移动通信系统、限定空间移动通信系统的基本概念及技术

本章重点

- 各类移动通信系统的基本概念

本章难点

- 各类移动通信系统的基本工作原理

本章学时数　4 学时

学习本章的目的和要求

- 掌握各类移动通信系统的基本概念
- 了解各类移动通信系统的基本工作原理

6.1 宽带无线接入技术

随着多媒体业务在网络上传输的需求量迅速增加和通信技术的发展，宽带接入由之前的单一的有线接入发展到无线接入，由固定无线接入发展到移动无线接入，本节简单介绍 WLAN、WiMAX、Wi-Fi 等宽带移动无线接入技术。

接入网包括传输系统、复用设备、用户/网络接口、数字交叉连接设备等，根据传输介质不同分为有线接入和无线接入。无线接入指从交换节点到用户驻地网或用户终端间部分或全部采用无线手段接入的技术，当数据速率≥2Mbit/s 时即为宽带无线接入。根据系统是否支持移动过程中的用户终端，无线接入又分为移动接入与固定接入。

移动无线宽带接入支持系统中用户终端在移动中实现宽带无线接入，主要技术包括：基于 IEEE 802.15 的无线个人域网（WPAN）、基于 IEEE 802.11 的无线局域网 WLAN、基于 IEEE 802.16e 的无线城域网（WMAN）和基于 IEEE 802.20 或 3G 的无线广域网 WWAN 等。

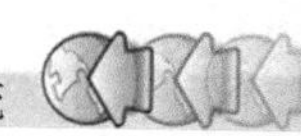

6.1.1 WLAN

WLAN 是利用无线通信技术在一定的局部范围内建立的网络，是计算机网络与无线通信技术相结合的产物，以无线多址信道作为传输媒介，提供传统有线局域网的功能。WLAN 开始是作为有线局域网的延伸存在的，被广泛用来构建办公网络，但随着应用进一步发展，WLAN 发展成为“公共无线局域网”，成为 Internet 宽带接入手段，具有易安装、易管理、易维护、高移动性、保密性强、抗干扰等特点。

1. WLAN 的标准

由于 WLAN 是基于计算机网络与无线通信技术，在计算机网络结构中，逻辑链路控制层 LLC 及其上的应用层对不同的物理层的要求可以相同也可以不同，因此，WLAN 标准主要针对物理层和媒体访问层（MAC），涉及所使用的无线频率范围、空中接口通信协议等技术规范与技术标准。在 IEEE 802 系列标准中，WLAN 对应的是 IEEE 802.11 标准系统，IEEE 802.11 是 IEEE 最初制定的一个无线局域网标准，主要用于解决办公室局域网和校园网中用户终端的无线接入，业务主要限制于数据访问，速率最高只能达到 2Mbit/s。随着技术应用的发展，IEEE 802.11 形成了系列标准，如表 6-1 所示。

表 6-1　IEEE 802.11 系列标准

标　准	规　范
IEEE 802.11a——OFDM 在 5GHz 频带	该标准采用 OFDM 调制技术，传输速率范围为 6～54Mbit/s
IEEE 802.11b——HR/DSSS 在 2.4GHz 频带	通过 HR/DSSS 在 2.4GHz 频带上实现 22Mbit/s
IEEE 802.11e——增强型 802.11 网的 QoS 特性	MAC 层服务质量的提高
IEEE 802.11f——接入点间协议 IAPP	解决 IEEE 802.11 在网间互连方面存在的不足，提供不同厂家的产品间的互操作性
IEEE 802.11g——OFDM 在 2.4GHz 频带	在 2.4GHz 频带上速率达 36～54Mbit/s
IEEE 802.11h——动态频带选择 DFS	动态信道选择和传输功率控制
IEEE 802.11i——安全	制定 WLAN 的安全规范以取代 WEP
IEEE 802.11n——更高速率	MIMO 和宽信道带宽

2. WLAN 的结构

IEEE 802.11 标准无线局域网由站点、无线介质、接入点 AP 和分布式系统组成，如图 6-1 所示。站点常被称为网络适配器或网络接口卡，每个站点都支持鉴权、取消鉴权、加密、数据传输等，是 WLAN 的最基本组成单元。接入点类似于蜂窝网中的基站，完成其他非 AP 站点对分布系统的接入访问和同一基本服务集 BSS 覆盖范围中不同站点间的通信连接；完成无线网络与分布式系统间的桥接功能；完成对其他非 AP 站点的控制和管理。

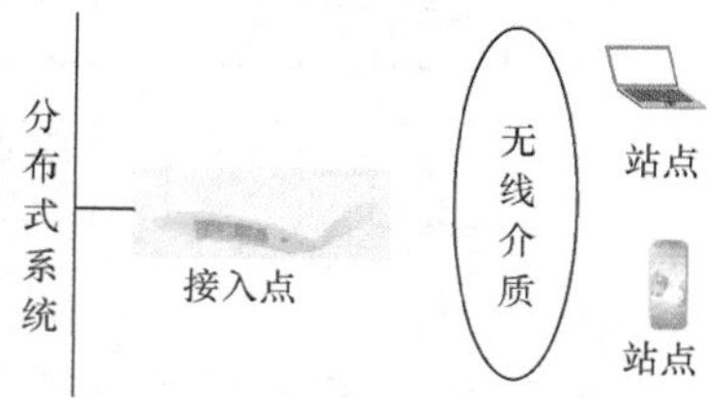

图 6-1　WLAN 组成结构示意图

根据无线接入点 AP 的功用不同，WLAN 可实现不同的组网模式，拓扑结构有点对点模式、基础架构模式、多 AP 模式、无线网桥模式和无线中继器模式等，如图 6-2 所示。

3. Wi-Fi

IEEE 802.11 系列标准由 Wi-Fi 联盟负责推广，Wi-Fi 最初仅为一个商标名称，没有任何

含义，当 IEEE 802.11 系列标准逐渐成为最热门的 WLAN 标准时，Wi-Fi 不单只代表 IEEE 802.11b 标准，而被广泛用于代表整个 IEEE 802.11 系列标准了。Wi-Fi 是一种能支持较高数据传输速率（1～54Mbit/s），采用微蜂窝和微微蜂窝结构的自主管理的计算机局域网络。

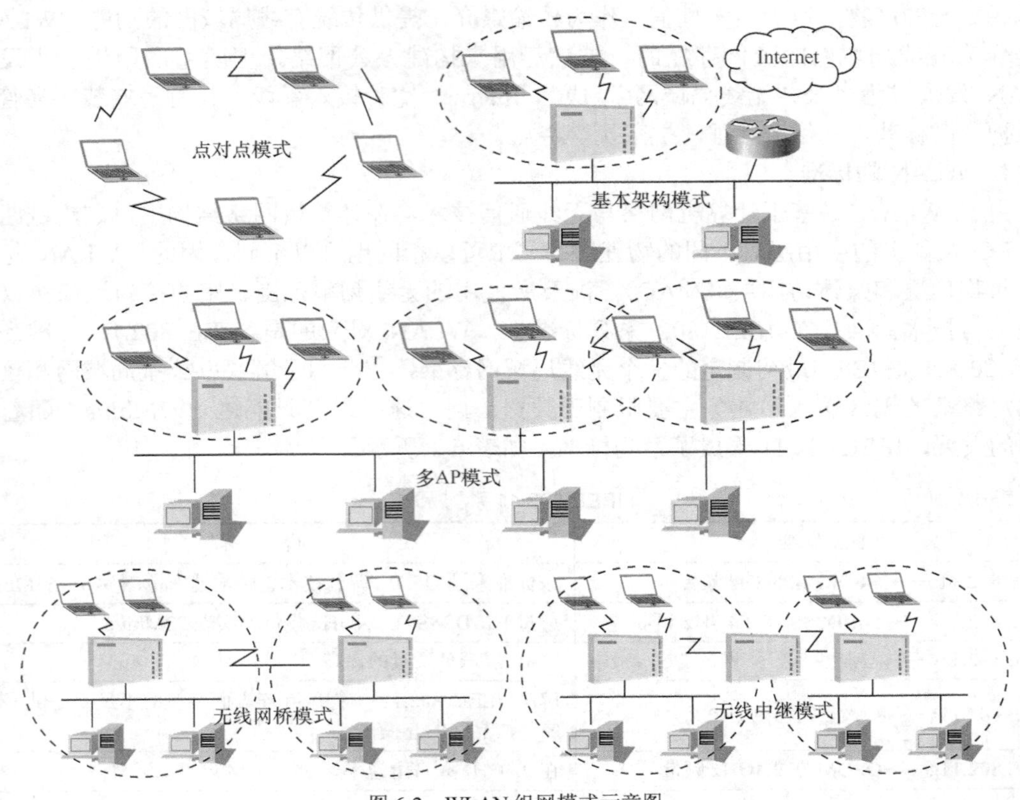

图 6-2　WLAN 组网模式示意图

Wi-Fi 的传输技术涉及采用的传输介质、选择的频段及调制方式，常用的是微波技术 2.4GHz 频段上符合 IEEE 802.11b 和 IEEE 802.11g 的产品。Wi-Fi 的物理层主要解决数据传输问题，其传输过程如图 6-3 所示。

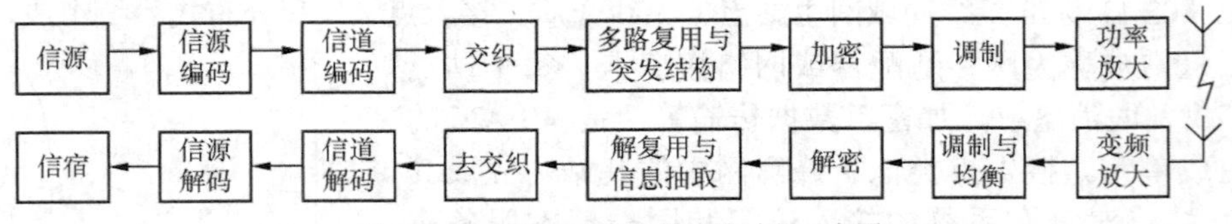

图 6-3　典型 Wi-Fi 物理层传输过程示意图

Wi-Fi 技术已经历了三代技术和产品的更迭：第一代主要采用 FAT AP（“胖”AP），每一 AP 都要单独配置；第二代融入了无线网关功能，但仍不能集中进行管理和配置；第三代采用无线网络控制器和 FIT AP（“瘦”AP）架构，对传统设备的功能做了重新划分，将密集的无线网络安全处理功能移动到集中的 Wi-Fi 网络控制器中实现，同时加入许多重要的新功能，如无线网管、AP 间自适应、RF 监测、无缝漫游及 QoS 控制，使网络性能、网络管理和安全管理能力大幅提高。

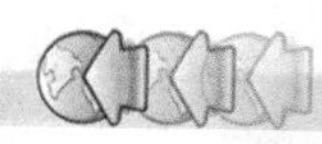

Wi-Fi 物理层包括三个实体：管理实体 PLME 与 MAC 层管理相连，执行本地物理层的管理功能；物理层汇聚过程 PLCP 子层规定了如何将 MAC 层协议数据单元 MPDU 映射为合适的帧格式用于收发用户数据和管理信息；物理介质 PMD 子层直接面向无线介质，定义了两点和多点间通过无线媒介收发数据的特性和方法，为帧传输提供调制和解调。采用微波的 Wi-Fi 调制方式可分为扩展频谱方式与窄带调制方式。

在 Wi-Fi 中，物理信道是用于传送协议数据单元 PDU 的一种媒体实例，划分间隔均匀，并能同时使用，同一物理层可使用一个或不同的多个信道，且由于相互干扰所造成的误帧率也较低。

6.1.2　WiMAX

1．WiMAX 概述

随着用户数据的迅速上升，占用的带宽也显著增加，导致用户业务体验感下降。运营商开始全力推进新一代宽带无线通信技术的发展，以应对“大数据”时代用户的流量需求。WiMAX 也被列为“准 4G”标准。

微波接入全球互通 WiMAX 以 IEEE 802.16 系列宽频无线标准为基础。IEEE 802.16 主要开发工作于 2～66GHz 频带的无线接入系统空中接口物理层和媒质接入控制层规范，同时还有与空中接口协议相关的一致性测试、以及不同无线接入系统之间的共存。由于它所规定的无线系统覆盖范围一般在 5～15km，最高可达 50km，主要适用于城域网。

WiMAX 论坛旨在对基于 IEEE 802.16 标准和 ETSI Hiper MAN 标准的宽带无线接入产品进行一致性和互操作性认证，是支持和推动无线城域网一系列技术标准走向市场的组织联盟。根据是否支持移动特性，IEEE 802.16 标准可以分为固定宽带无线接入空中接口标准和移动宽带无线接入空中接口标准，目前主要使用的 IEEE 802.16 标准有：IEEE 802.16d 和 IEEE 802.16e。

固定无线接入空中接口标准 IEEE 802.16d 定义了三种物理层实现方式：单载波、OFDM（256-Point）、OFDMA（2048-Point）。移动宽带无线接入空中接口标准 IEEE 802.16e 后向兼容 IEEE 802.16d，它的物理层实现方式与 IEEE 802.16d 是基本一致的，主要差别是对 OFDMA 进行了扩展，可以支持 2048-Point、1024-Point、512-Point 和 128-Point，以适应不同载波带宽的需要。为了支持移动性，802.16e 在 MAC 层引入了很多新的特性。

WiMAX 技术的出现，弥补了 Wi-Fi 传输距离短的缺陷，同 Wi-Fi 类似，它也需要创建一个“热区”，但其网络覆盖范围是 Wi-Fi 无法比拟的，WiMAX 的传输距离高达 50km，传输速度最高可达 75Mbit/s。对于需要随时随地高速 IP 连接的用户，WiMAX 是一种理想的解决方案。

（1）技术与基本性能

WiMAX 物理层的关键技术与性能包括：频段、双工复用方式、载波带宽、OFDM、OFDMA、多天线技术及自适应调制等。WiMAX 选定首先对工作于 2.5GHz、3.5GHz 授权频段及 5.8GHz 非授权频段的 IEEE 802.16 进行一致性和互操作性测试。WiMAX 支持 TDD 和 FDD 两种双工复用技术，用户还可以采用半双工 FDD 方式以降低对终端收发信机的要求降低终端成本。IEEE802.16 规定了 1.25MHz 系列（1.25/2.5/5/10/20MHz 等）、1.75MHz 系列（1.75/3.5/7/14 等），对于 10～66GHz 的固定无线接入系统，还可采用 28MHz 带宽提供更高接入速率。

WiMAX 的技术特点如下：大覆盖、高带宽；支持有 QoS 保证的业务（QoS 机制植入 MAC 层）；支持非视距（NLOS）传输（OFDM 调制增强了系统在 NLOS 下的传输能力）；高度的数据安全性（在 MAC 中定义加密子层，使用数字证书的认证方式）；灵活的自适应调制技术（响应不同的质量信号自动调整调制方式）；支持快速移动；标准兼容（全球使用统一的标准）。

（2）应用

WiMAX 作为一种无线城域网技术，组网非常灵活，既可以直接为终端用户提供无线宽带接入，作为 DSL、光纤等有线接入方式的扩展和补充，也可以为现有局域网、Wi-Fi 热点等提供回程连接；与有线城域网的施工周期相比，采用 WiMAX 技术能够大大缩短建设周期，而且可以边开发用户、边建设网络，降低投资风险；采用 WiMAX 技术建设的无线城域网完全利用现有的后台业务支撑系统，便于快速部署业务。

WiMAX 主要用于在城域网范围为个人、家庭、企业以及移动通信网络提供最后一公里的高速宽带接入。利用 WiMAX 技术，运营商可以快速为用户提供高速而且有质量保证（QoS）的无线宽带接入，从而形成新的业务增长点，实现现有网络的增值。WiMAX 可应用于城市安全、交通监控、金融、医疗保健、物流、IPTV 无线到户、构建无线家庭网络等。

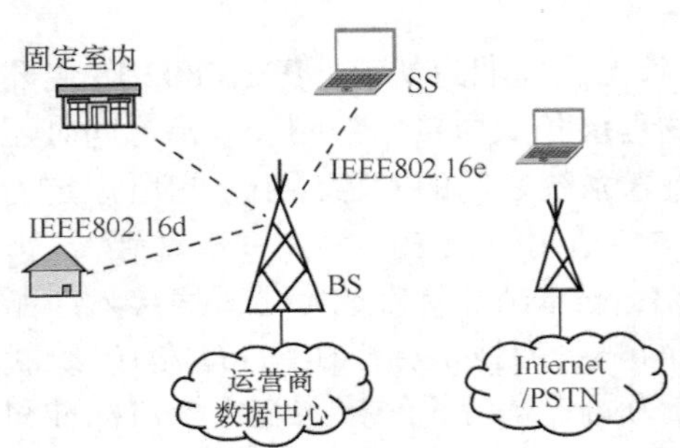

图 6-4　WiMAX 典型业务应用场景

WiMAX 宽带无线接入技术具有五种典型应用场景如图 6-4 所示，包括：支持移动终端的无线接入；蜂窝通信基站间的无线连接及延伸网络覆盖范围，提供无线通信的 ISP 大范围低成本的快速覆盖；面向家庭和企业在未铺设 xDSL 地区提供无线宽带接入服务；实现室内外 Wi-Fi 热点区域的覆盖；保证移动用户在 Wi-Fi 和 WiMAX 网络间无缝漫游等。

2．网络结构

WiMAX 网络体系结构如图 6-5 所示，包括核心网、用户基站 SS、基站 BS、中继站 RS、用户设备 TE 和网管。WiMAX 连接的核心网通常是传统交换网或 Internet，WiMAX 提供核心网与 BS 间的连接接口；BS 提供 SS 与核心网间的连接，提供灵活的子信道部署与配置功能，并根据用户群体状况不断升级扩展网络；SS 提供 BS 与 TE 间的中继连接，采用动态自适应信号调制模式；RS 充当一个 BS 与若干个 SS 或 TE 间信息的中继站，在点对多点体系结构中用于提高 BS 覆盖能力，面向用户侧的下行频率可与其面向基站的上行频率相同，也可不同；TE 提供用户与 SS 间的连接接口，为用户提供接入服务；网管用于监视和控制网内所有的 BS 和 SS，提供查询、状态监控、软件下载、系统参数配置等功能。

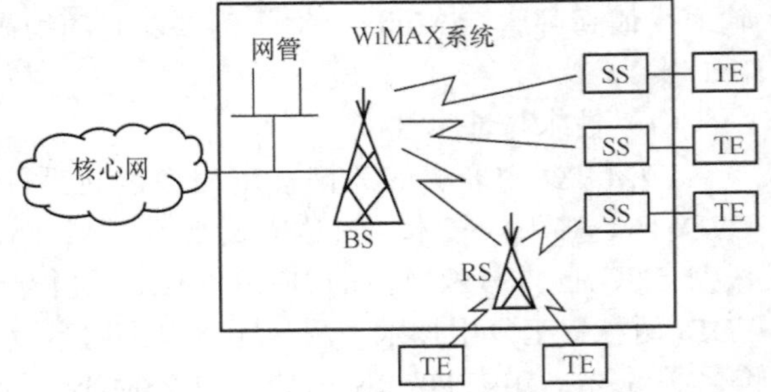

图 6-5　WiMAX 网络体系结构

WiMAX 支持两种网络拓扑结构：双向点对多点 PMP 和网状 Mesh 网络结构，都共享无线信道，两者的区别在于 PMP 中数据交换只发生在 BS 和 SS 间，而 Mesh 中数据的

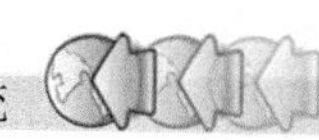

传输可能会经过其他 SS 且数据交换可直接在两个 SS 间进行。

3．关键技术

WiMAX 系统可提供数据、语音、视频等各类服务，与其采用的关键技术是分不开的。这些关键技术主要包括 OFDM/OFDMA、自适应天线技术、自适应编码调制技术、快速资源调度技术等。

（1）OFDM/OFDMA

WiMAX 系统根据频段的不同分别有不同的物理层技术与之相对应：单载波 SC，OFDM（256 点）和 OFDMA（2048 点）。其中 10～66GHz 的固定无线接入系统主要采用 SC 调制技术；2～11GHz 频段的系统主要采用 OFDM/OFDMA 技术。OFDM/OFDMA 提供较高的频谱利用率、良好的抵抗多径效应、频率选择性衰落和窄带干扰的能力。

（2）多天线技术

宽带无线接入系统的一个主要先决条件是能够在视距 LOS 和非视距 NLOS 条件下保持高性能运行状态，WiMAX 支持各种先进的天线技术：自适应波束赋形技术、空间分集技术与空间复用技术。WiMAX 能提供高于 3bit/s/Hz 的数据传输速率，支持多天线技术，如 STC、自适应天线系统 AAS 和 MIMO，以获得阵列增益、分集增益、同信道干扰消除 CIR。与 OFDM 结合使用可大幅度提高系统覆盖范围和容量。

（3）链路自适应

在 WiMAX 的 MAC 层还采用了一系列先进技术，确保系统性能：采用 ARQ 和 HARQ 机制快速应答和重传纠错；采用自动功率控制技术降低信道间干扰；采用自适应编码技术提高传输速率。IEEE802.16 支持 BPSK、QPSK、16QAM 和 64QAM 多种调制方式。在信道纠错方式采用了截短的 RS 编码和卷积码级连的纠错编码，还支持分组 Turbo 码和卷积 Turbo 码，并且可根据不同的调制方式和纠错编码方法组合成多种发送方案，系统可根据信道状况的好坏及传输需求选择合适的方案。

（4）面向连接的 MAC 层协议及 QoS 服务

WiMAX 采用时分多址方式，可以是 TDD 或 FDD 模式。其 MAC 层提供面向连接的业务，将数据包汇聚业务流，通过逻辑链路传送。WiMAX 定义了业务流的服务质量参数集，提供面向链接的 QoS 保障，支持固定速率、实时可变比特率 VBR、非实时可变比特率、尽力而为四种业务类型，这种差异化服务可很好地提供 QoS 服务。

（5）动态带宽分配

在 TDMA+OFDM/OFDMA 多址方式下工作，WiMAX 可按用户需求动态分配传输带宽，在多用户、多业务情况下提高了频谱和设备的利用率。

（6）安全性保障

为增强无线传输系统安全性，在 MAC 层中定义了一个保密子层提供安全保障。保密子层主要包括两个协议：数据加密封闭协议和密钥管理协议。

6.2 其他移动通信系统

由于移动通信概念的范畴很广，除了 3、4、5 章中介绍的蜂窝移动电话系统外，还有很多其他的移动通信系统，本节简单介绍无绳电话系统、无线寻呼系统、卫星移动通信系统、集群移动通信系统、限定空间的移动通信系统基本概念。

6.2.1 无绳电话系统

无绳电话系统是市话网的延伸，因其手机可在小范围内活动，曾经得到广大用户的喜爱，CT-1、CT-2 及小灵通都属于无绳电话系统。

1．无绳电话系统概述

无绳电话系统是市话网的一种延伸系统，是一个双工系统，由基站和手机组成。早期的无绳电话系统，都只是在室内使用，即用无线电替代室内用户线，使话机可在室内随意移动。

基站和手机均有一套完整的收发信机，当手机放在基站的机座上时，收发信机均不工作，基站对手机电池进行充电，相当于一台普通的电话机。当手机从机座上取下时，基站与手机的收发信机就进入工作状态。这时用户可用手机拨发电话，手机拨出的号码由基站接收并送入市话网；当有电话呼入时，基站会向手机发出呼入信号，而使手机和基站一起振铃，用户可任选一个进行通话。

（1）CT-1 系统

CT-1 系统是第一代模拟无绳电话系统，通常是一个基站对一个或多个手机，基站又称母机，手机又称为子机。CT-1 一般仅在小范围内使用。CT-1 音质较差，频率利用率低，邻近用户间会有严重的串扰，保密性差，容量小，易被盗打。

（2）CT-2 系统

CT-2 为数字无绳电话系统，俗称“二哥大”，采用时分双工、频分多址和话音自适应差分脉码调制技术，频率利用率高，话音质量、抗干扰及保密性远优于 CT-1 系统。CT-2 系统主要由手机、基站、网络管理中心和计费中心组成，可在室内使用，也可在室外使用。CT-2 是一个慢速移动通信系统，基站发射功率小，覆盖半径小，而且，由于 CT-2 没有位置登记和越区切换功能，只能呼出，不能呼入，需与寻呼系统等配合使用，但一旦通信建立，用户可实现双工通信。

2．PAS

个人通信接入系统 PAS 即小灵通系统，选择无线环路技术通过 V5 接口，并充分利用固定电话网的充裕资源来实现的一种个人通信接入手段，有两种终端类型：无线固定用户单元 FSU 还是手机 PS。小灵通作为市话系统的补充和延伸，被定位于小范围低速移动无线接入。

PAS 基于日本的 PHS，由余杭电信局和 UT 斯达康在 PHS 基础上做了改进，无需室外架线、室内布线，由交换机、手机和基站组成，采用了微蜂窝技术，利用智能网技术解决用户漫游问题，透明地支持市话交换机提供的各项业务。

PAS 的系统组成如图 6-6 所示。包括：局端设备 COT（即 RT 设备）、空中话务控制器 ATC、基站控制器 RPC/CSC、基站 RP/CS、手机 PS、固定用户单元 FSU、网络管理系统 NMS。

其中 ATC 是一种可选的交叉连接系统，通过 E1 链路可与各覆盖区的 RT 连接，为用户提供 RT 间的漫游服务。FSU 是 PAS 系统与固定标准电话机连接的无线通信设备，安装在用户需接固定电话的室内，由无线接口和电话接口组成，由它们控制线路供电电压、铃流信号、电话拨号音 DT 和忙音 BT，检测用户摘机、挂机和拨号。FSU 可由外部的交流电通过 AC 适配器转换成直流后进行供电，由同一电源供电的固定的标准连接电话机为 3 台。

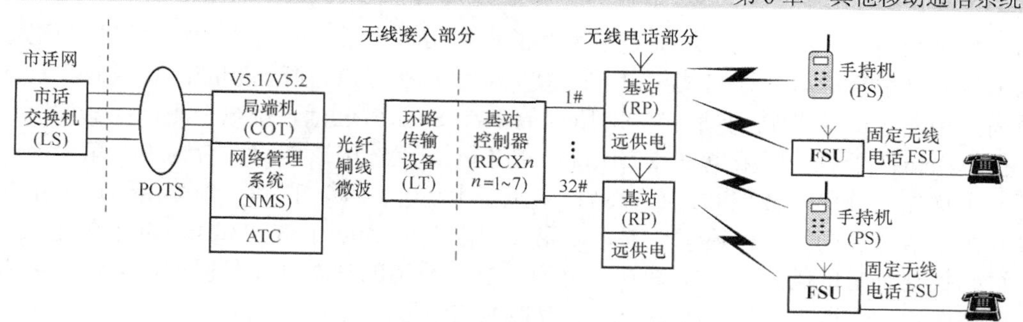

图 6-6　PAS 系统组成

（1）PAS 的关键技术

① 频率利用

PAS 系统使用 RCR STD-28 空中接口标准，使用 1.9GHz 频段，范围为 1895.15MHz～1917.95MHz。每个载频所占带宽为 300kHz，整个频段的可用载频为 77 个，每个基站所用载频为 f=1 895.1+0.3×(N−1)MHz，其中 N 为载频号。我国工业和信息化部规定 1900～1920MHz 频段用于无线接入系统 TDD 方式，PAS 只利用了 18～67 号频点，其中 18～23 号和 31～67 号频点为话音载频，且采用 TDMA/TDD 工作方式。

PAS 系统的无线信道使用 TDD 模式，基于时分多址 TDMA 结构，实现每一基站动态分配一个频率/时间信道（FDMA/TDMA）的工作方式。PAS 中采用 TDD 方式，前 4 个时隙用于下行链路的通信，后 4 个时隙用于上行链路的通信，其信道结构如图 6-7 所示。

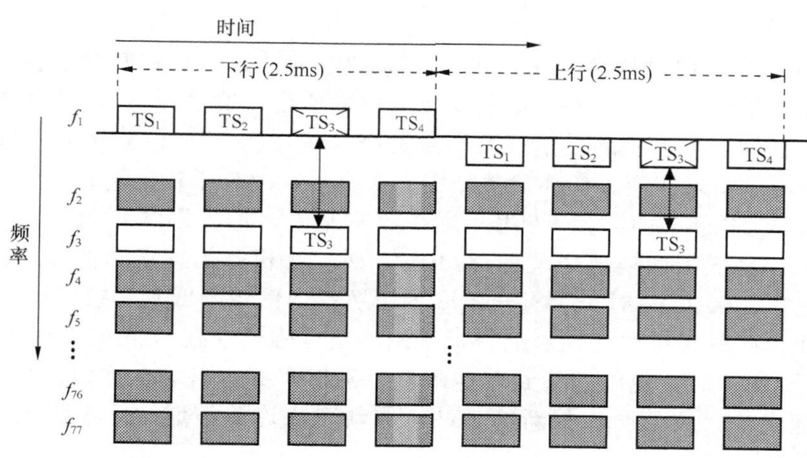

图 6-7　无线信道结构

对一次通话，基站在小区选择一个合适的载波，手机收发分别占用同一载波中的不同时隙。这样一个载波可提供 4 个信道，其中 1 个信道作为控制信道，另外 3 个信道作为话音信道。在通信繁忙地段，为解决大话务量问题，可以将 2～4 个基站捆绑在一起，即采用组控方式。如将 2 个基站捆绑在一起，其中 1 个信道作为控制信道，其余 7 个信道作为话音信道使用，这不仅提高了基站信道的利用率，也解决了手机在静态状况下的频繁切换问题。

② 信道动态分配

PAS 系统没有为每个基站分配固定的使用频率，而是采用自动动态分配信道技术，不但

提高了频率利用率，而且极大地提高了系统的无线信道容量。随着通话建立过程为基站自行分配最佳的频率与信道，分配过程如下：①PAS 手机在呼入、呼出和越区切换时，首选优先级最高的频率号 F#和时隙号 S#；②对所选的 F#、S#信道进行干扰电平测试；③如所监测到的干扰电平值低于第一门限电平 26dBμV(−87dBm)，就选用该信道，否则进入第④步；④选择下一个优先的频率号 F#和时隙号 S#；⑤重复上述②～④，直到找到可用信道为止；⑥如果没有可用信道，则按照上述①～⑤，以第二门限电平 40dBμV(−73dBm)为标准进行监测比较，直到找到可用信道为止，如图 6-8 所示。PAS 信道的动态分配是以信道的优先级为基础的，已被选定的信道，其优先级加一；已被拒绝的信道，其优先级减一。

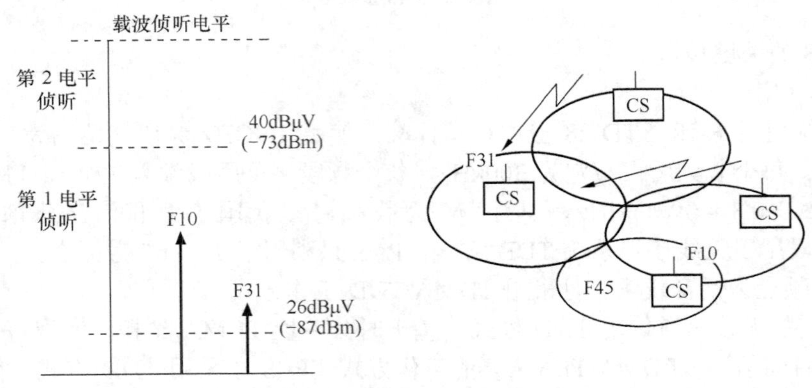

图 6-8 信道动态分配过程

③ PAS 切换

PAS 无线部分采用微蜂窝技术，手机在移动中通话就会产生频繁切换。在手机通话期间，基站或手机对话音信道不断地监视无线传输质量：信号强度 RSSI 和误码率 BER。当基站或手机任何一方测到的质量参数不满足在 RPC 内正常通信的阈值参数时，手机 PS 或基站 RP 都可以发起切换。切换参数如图 6-9 所示。PAS 手机的切换过程如下：手机在基站附近时可收到很强的信号，当用户远离该基站时，信号逐渐减弱。当手机接收到的基站信号变弱，到低于切换选择电平 32dBμV 时，手机开始搜索其他基站；当信号减弱到切换保持电平 26dBμV 时，手机开始准备切换；当信号降低到切换电平 24dBμV 时，手机开始切换，此时手机要切换到的目标基站的信号强度应在 32dBμV 以上。PS 或基站的误码率大于 10^{-6} 时，也将切换到其他基站。手机本身有自动执行切换功能，在切断原来的通话信道之前，它们会选择新的基站，重新建立连接信道，但在切换过程中有短暂的语音中断现象。

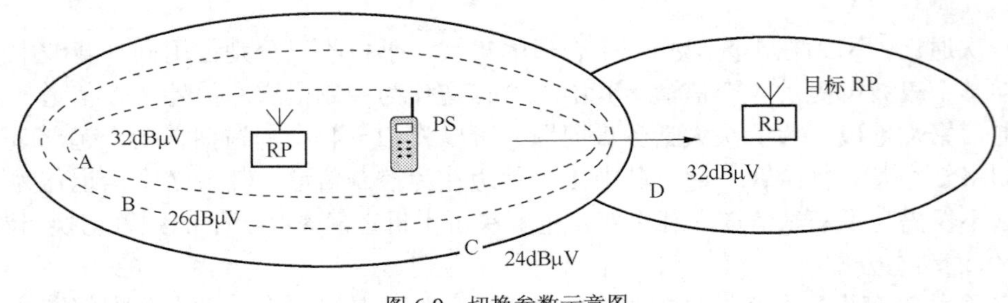

图 6-9 切换参数示意图

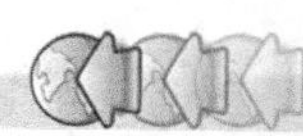

④ PAS 的漫游

从技术上说，PAS 可以实现 C3 与 C4 间漫游及 C3 间的漫游。但由于 PAS 作为市话系统的补充和延伸，被定位于小范围低速移动无线接入，漫游范围受限。漫游主要有基于 ATC 技术的 RT 间漫游和基于 S-ATC 技术的 RT 间漫游，也能实现 C3 与 C4 间的城际漫游，在此不再详述。

（2）PAS 的通信过程

一个最基本的系统由 RT、RPC、RP 和交换机组成，PS 呼出过程如图 6-10 所示，该过程中 RPC 需将 PHS 协议信息转换为 Q.931 协议信息，提取拨号代码并转换成双音多频 DTMF 信号通过 E1 线的 D 信道传送到 RT。呼入过程与此相反，RPC 接收到从 RT 端发送来的信息，将 Q.931 协议的信息转换为 PHS 协议，并发给该 RPC 下面所有的 RP 一齐呼叫移动台。

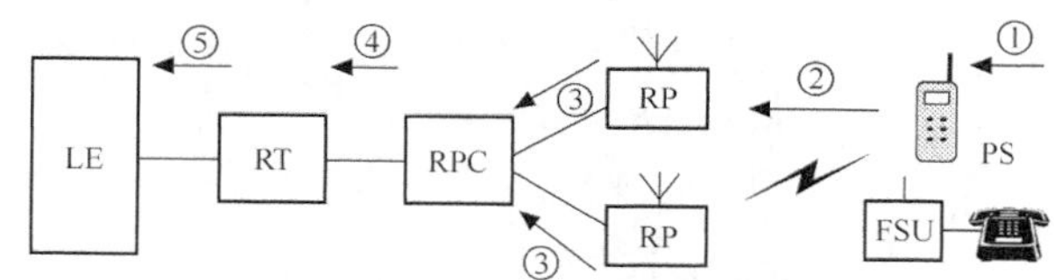

图 6-10　手机和 FSU 呼出过程

用户使用 FSU 时鉴权过程和 PS 是相同的，其呼叫处理过程略有不同。由于 FSU 所接的是固定标准电话机，所需的各类信令音包括拨号音、忙音、回铃音等均由 FSU 根据需要产生，在固定话机拨号时还需收集拨号号码并转换格式转发给 RP。

3．iPAS

随着 IP 技术的发展，在各通信系统中的应用越来越广泛，PAS 系统为了能和未来移动通信系统融合，作出了与 IP 技术融合的演进，即形成了 iPAS 系统。

（1）WACOS iPAS

WACOS iPAS 采用功能强大的服务器群提供综合运行支持；支持大量先进的功能和业务；多协议网关支持 SS7、Q.931 及 V5.x 等协议；功能强大的 IP 信令网络；支持各种无线接入技术；针对运营商不同情况提供解决方案；具有极大的系统容量；支持漫游和越区切换；向未来网络的平滑过渡。另外，还具有与 PAS 系统相同的系统扩展线性灵活、高可靠性、高密度、有线的音质、抗多径干扰、通信安全可靠、保密性强、绿色环保等优点。

WACOS iPAS 由三个子系统构成：WACOS iPAS 网关（GW）、无线接入系统（RPC、RP）、WACOS iPAS 运行支持系统（OSS），如图 6-11 所示。

WACOS iPAS 网关 GW 分布于本地交换中心，实现 SS7、TUP、Q.931 及 V5.x 协议及其相互转换。WACOS iPAS 网关通过标准的 E1 链路分别与 LE 和 RPC 相连，用于传输语音业务 TDM 信号；网关与运行支持系统通过 IP 信令网，采用面向对象的 SNSP 协议进行通信，以实现对系统的控制与管理功能。WACOS iPAS 运行支持系统 OSS 由一组服务器实现，通常放置在汇接局所在地，可实现 IP 信令、NMS、用户管理 SAM、CDR 处理与计费、漫游控制及系统—用户交互等功能，还采用远程接入服务器 RAS 前端实现到各网关的 IP 互联，从而提供一个可靠的 IP 传输网络、传输信令及未来的无线 IP 数据。WACOS iPAS 系统采用 IP 信令网络来实现网关之间及网关与运行支持服务器群间的通信。

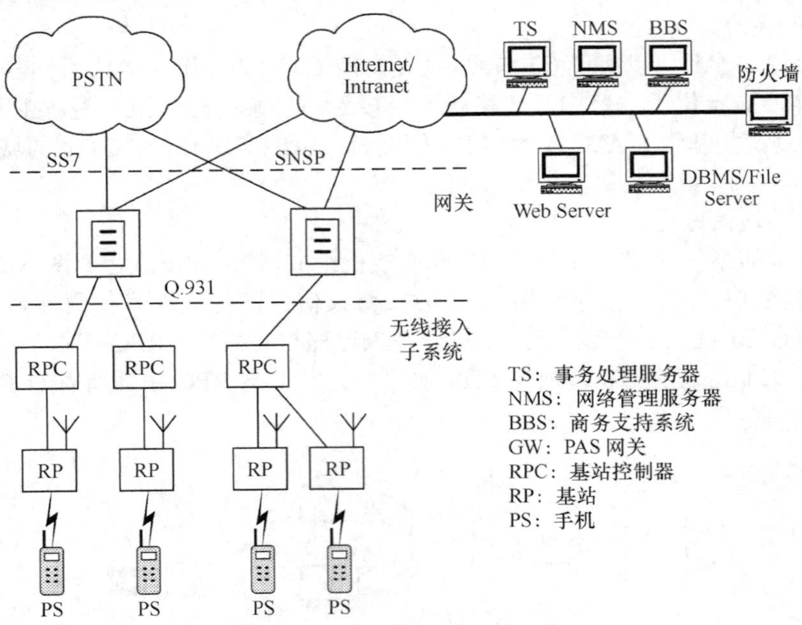

图 6-11　WACOS iPAS 体系结构

WACOS iPAS 网络中，用户的漫游注册和鉴权、系统的网络同步等过程都与前面所述的各类移动通信系统一致，只是系统采用的协议框架模式略有不同。

（2）mSwitch iPAS

iPAS 相当于 IP+PAS，体现了一个网络演进的过程。iPAS 借鉴了 WACOS 的体系结构，采用了最新的 IP 软交换技术。

iPAS 系统的发展过程，和 mSwitch 版本发展具有一一对应关系。在 mSwitch2.4 及以后的版本中，系统采用新的硬件平台，提供更可靠以及更具扩展性的功能支持。iPAS 基于全 IP 的 mSwitch 平台，支持高速 IP 总线，提供先进的 IP 信令网络；多协议 iPAS 节点，支持 SS7 信令点共享；支持无线与有线接入；采用高性能的软交换平台；采用功能强大的后台管理系统；针对运营商不同情况提供解决方案。

① mSwitch iPAS 系统的组成

iPAS 系统由多个子系统组成：网关子系统（iPAS Node）、无线接入子系统、有线接入子系统、事务处理子系统（TS）、网络管理子系统（NMS）、运行支持子系统（OSS）以及应用服务子系统等组成，如图 6-12 所示。

iPAS 网关子系统可以包括多个 iPAS 网关、iPAS 节点和 SG。iPAS 网关分布于 PSTN 交换中心，通过标准的 E1 链路分别与 PSTN 交换机、无线基站控制器 RPC/CSC 以及 AN 接入设备相连，用于传输语音业务和 PIAFS 数据业务。iPAS 网关支持主/从网关堆叠的体系结构，即 iPAS 节点，实现多个网关共享一个 SS7 信令点，节省 SS7 信令点资源且增大了系统容量，也可以叫 iPAS 网关堆叠和主/从 iPAS 网关，物理上最多包括 3 个网关。从 iPAS2.4.5 开始，系统采用信令网关 SG 来提供对多 iPAS 网关的统一信令连接，每个 SG 可支持 10 个 iPAS 网关，SG 负责信令连接，iPAS GW 只负责语音连接，通过 E1 连至汇接局和长途局。在 SG 中，每条信令链路都是按照 1:1 冗余配置增强可靠性。

iPAS 系统网关可接入标准 V5 接口的接入网设备（如 AN2000），为传统 POTS/ISDN 用

户提供业务。

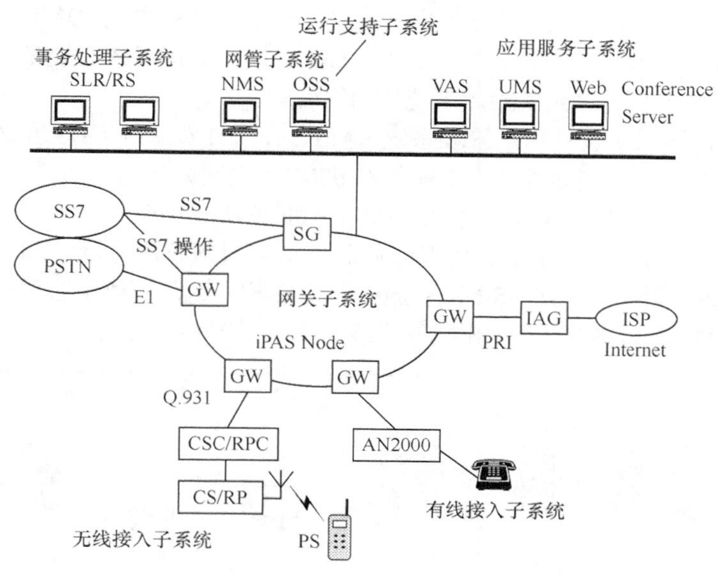

图 6-12　iPAS 系统结构示意图

iPAS 系统的后台服务器群通常配在同一个局域网内，放在中心局机房内。TS 和其他服务器都是连到了局域网交换机上，通过 IP 协议相互通信。iPAS 系统采用高性能商用服务器群来实现整个系统的 HLR/VLR/AUC 功能。TS 核心部件采用 n+1 冗余备份，由 SLR/RS 以及 iTS 等功能子模块组成。SLR 为用户位置寄存器；RS 是一个逻辑功能概念，它由 SLR 和 iTS 组成，实现所有路由相关功能；iTS 为接口设备，实现与其他 iPAS 域 iTS 之间的互连，实现网间用户数据的传递及路由解析功能。

iPAS 的 NMS 系统采用网元/服务器/客户端三层体系结构，系统通过服务器端的多个网络管理器实现对多个网元的管理，如节点设备、TS 设备、无线接入设备以及第三方设备（Router、Switch）等。网络管理器与网元之间采用 SNMP/UNCP/ICMP 等协议通过 Agent 实现通信。而客户端则采用 HTML/XML/CORBA/RMI 等技术与 NMS 服务器通讯，通过 Web 界面为用户提供管理接口。同时，iPAS 系统提供 CORBA IDL/XML 接口与上层管理系统或第三方网管系统通信。如图 6-13 所示，网管系统 NETMAN2020 采用 TCP/IP 和 SNMP 协议

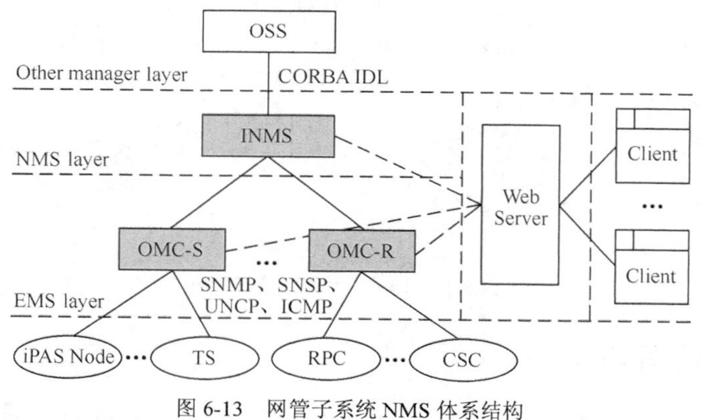

图 6-13　网管子系统 NMS 体系结构

标准，采用 Web 技术，包括如下主要功能组件：位于 NMS 层的 INMS 使用户可以方便地从全局角度进行拓扑、故障、性能和安全等的管理；位于 EMS 层的 OMC，不同的子网（网元）类型需要不同的 OMC 进行管理，其中 OMC-S 用于实现对核心交换系统中各网元的网络管理；OMC-R 用于实现对无线接入系统的网络管理。

iPAS 运行支持子系统包括用户管理系统 SAM、在线计费系统 OBS 和客户自我服务系统 CSS。它们都与 iPAS 节点通过宽带 IP 网络（100M 以太网）互连，通过 Web 界面提供各种后台管理与支持业务。OSS 的硬件平台是由数据库服务器、Web 服务器、各种应用服务器及客户终端等构成的网络，与系统事务处理服务器 TS 以及网管服务器 NMS 通过网络互连。通常情况下，iPAS 系统的 OSS/TS/NMS 服务器群安装在运营商的中心局机房内，远端局的 iPAS 节点通过广域网与 OSS/TS/NMS 服务器群互连。如图 6-14 所示。

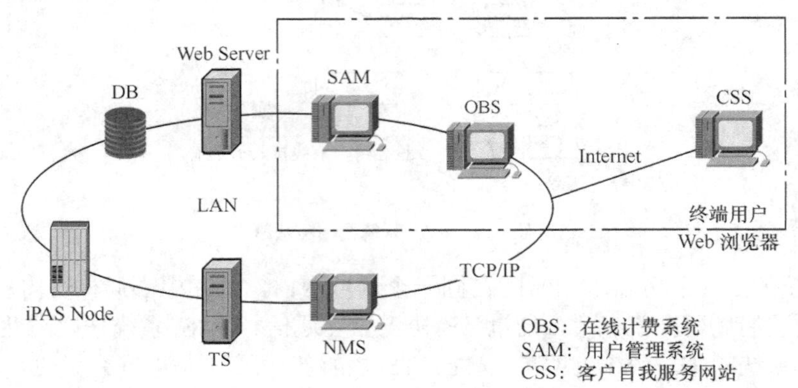

图 6-14　OSS 系统结构示意图

② 系统典型配置

iPAS 网关子系统支持主/从网关堆叠的体系结构（图 6-15（a））和 SG 方式（图 6-15（b））。在 SG 方式中，所有信令全部连接至 SG，转换成内部信令进行处理并根据 DPC+CIC 将信令选路发送至相应的 iPAS 网关，而所有语音中继的连接方式保持不变。

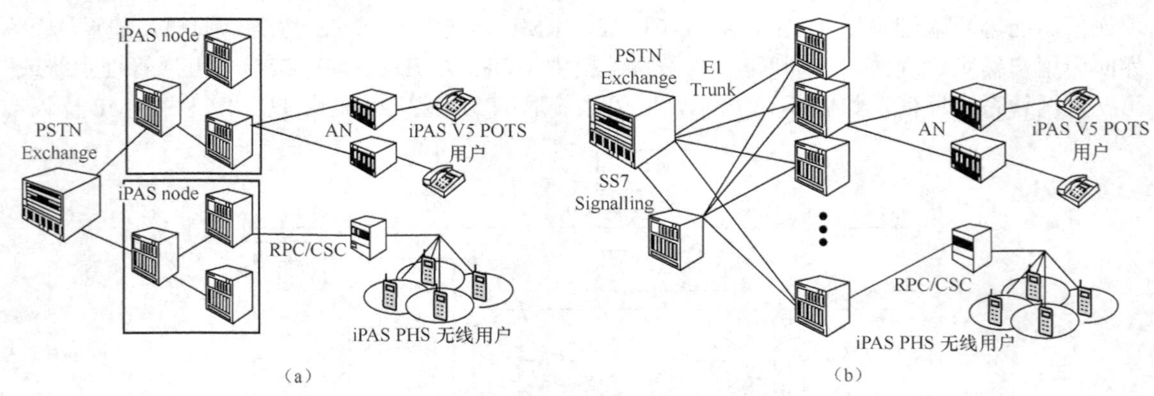

图 6-15　网关子系统配置示意图

6.2.2　无线寻呼系统

90 年代末，寻呼机风靡一时，曾是身份和时尚的象征，2000 年，联通公司上市，电信

公司将寻呼业务交给联通后，退出寻呼市场。因数字蜂窝移动电话系统的发展，短消息业务的提供，无线寻呼系统逐渐走向衰落，现在寻呼系统已退出市场。

无线寻呼系统是一种单向的传输系统，是市话网的延伸和扩展，仅能作为市话网呼叫振铃系统的一种延伸而不能通话。无线寻呼系统按用户类别可分为专用和公用两种。公用网与市话网相连，发射功率较大，以保证足够的覆盖范围，并可有多个发射台。寻呼系统的组成如图 6-16 所示。

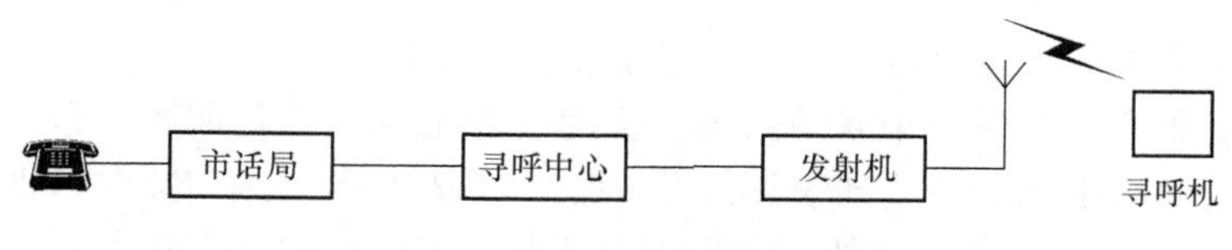

图 6-16 无线寻呼系统组成框图

无线寻呼有人工寻呼和自动寻呼两种。人工寻呼在寻呼中心设有话务员，由话务员记录用户需传送的信息，然后输入系统，在系统中进行编码、调制后由天线把信号发射出去，因为话机没有中文输入功能，所以中文寻呼机用户只能通过话务员进行中文寻呼信息的输入。自动寻呼时，电话用户可通过话机先拨通寻呼中心，再输入呼叫的寻呼号码，和相应的回电号码，系统可自动将回电号码通过处理后传送到相应寻呼机上显示。在有些信息不能以文字或数字代码形式发送时，可通过语音信箱来实现信息的传送。

在寻呼系统中，寻呼中心主要实现用户的鉴权，信息的输入、编码。当要求系统覆盖范围较大时可设分中心，因为单纯用提高发射功率来扩大服务范围会对其他系统产生很大的干扰。无线寻呼系统一般使用 150MHz 频段进行工作，使用国际一号码——POCSAG 编码，一般采用 FSK 调制，以提高抗干扰性能。

寻呼系统的联网是指寻呼中心间的联网，而不是寻呼机的联网，系统联网可扩大系统的服务范围，为用户提供自动漫游。常用的寻呼方式有：同播方式、分区选播方式、定向播方式等。寻呼的服务分为基本服务和特殊服务。基本服务包括普通寻呼、联网寻呼和留言查询。特殊服务包括：金融信息、股票信息、气象信息等。

在多区结构的寻呼网络中，为避免使用多信道接收机、节省频率资源，各发射机采用同频发射。因此，在各发射机覆盖范围的交叠区，由于收发信机间的距离不同等原因，会产生严重的干扰，使接收机灵敏度降低、误码率增大。解决和改善上述问题的措施是：各发射机顺序发送信号，使接收机在某一时刻只能收到一个信号；采取时延补偿技术，保证空中信号在时间上的同步；采用载频偏置技术。

6.2.3 卫星移动通信系统

自 20 世纪 60 年代国际通信卫星投入使用后，卫星通信技术发展很快，卫星通信容量快速增大，质量提高，成本降低，逐渐能适应各种用户的需要。卫星移动通信以卫星为中继系统，改变移动通信的现状，为普通基站不能覆盖的区域提供了建立移动通信系统的可能性。

1. 卫星移动通信概念

卫星移动通信与陆地移动通信相比，有如下特点：①通信范围大。基站覆盖范围的大小与基站天线高度有关，陆地移动通信天线高度有限，地形地物对其的影响较大，通信范围受到很大的限制；卫星移动通信服务范围大，受地形地物的影响小，而且对地形复杂地区、普通基站覆盖盲区也能利用卫星覆盖。②通信容量大。陆地移动通信使用的频率较低，频段有限；卫星移动通信可使用较高频率，频段范围相对较大，因此其通信容量较大，可以缓和用户数不断增加而频段有限的矛盾。③地面站小型化。为满足移动台的小型化、低成本、高可靠性等特点，需提高卫星设备的能力，而移动台定向天线应具有自动跟踪卫星的能力。④传输时延大。卫星移动通信由于卫星到移动台的传输距离远，具有很大的传输时延。

卫星移动通信系统根据用户可分为专用系统和公用系统。

海事移动卫星通信系统是一个专用系统，为海上船舶提供通信服务，系统由同步卫星、岸站、船站和地面网络组成。卫星转发器用于接收、放大并转发来自岸站或船站的信号；岸站通过交换机和电话网络连接，实现与船站和电话网用户的通信；船站是船上的移动用户终端，为防止由于船体的摇动或航向的变化，失去与卫星间的通信连接，船站天线必须采用稳定装置且具备自动跟踪卫星的能力。

陆地卫星移动通信系统是一个大容量的公用系统，所采用的技术必须考虑提高通信容量的问题。陆地卫星移动通信系统主要为地形地物复杂的非城市地区居民、机关和一些企事业单位提供移动通信服务。

2．卫星移动通信的基本原理

卫星移动通信系统由卫星和地球站组成，地球站可以是固定用户，也可以是移动台。移动卫星通信结合了微波中继和空间技术，整个卫星传输线路由地球站到卫星的上行链路和卫星到地球站的下行链路组成。

由于移动通信卫星的工作频带宽，需要的发射功率大等原因，使技术变得非常复杂，卫星上还要设置若干个转发器以保证通信质量，提高系统的灵活性。

地球站采用低噪声放大器将来自卫星的极微弱信号放大成合格的信号，同时地球站发出足够大的功率以保证卫星能可靠接收上行信号。

通信卫星和地球站的工作原理框图如图6-17所示。

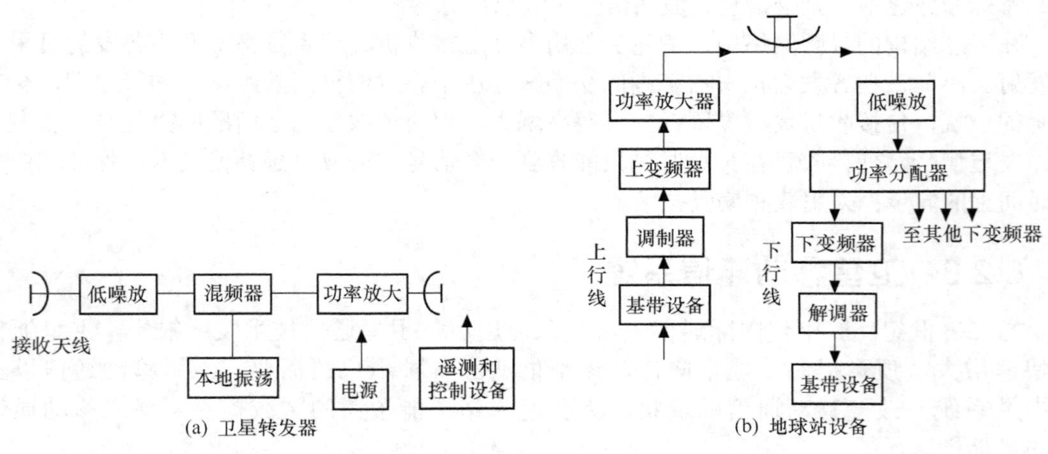

图6-17　卫星移动通信系统简化框图

3．卫星移动通信采用的技术

卫星通信使用频段的选择需考虑很多的因素，ITU 的规定、设备能力、噪声、电波传播

特性等。卫星通信的频率范围为 100MHz～10GHz，该频段的电磁波受大气影响相对较小，但由于频率资源有限，10GHz 以下的频段已十分拥挤，特别是 4/6GHz 频段。已经使用的地球站发射频率为 5.925GHz～6.425GHz，接收频率为 3.7GHz～4.2GHz，目前，很多国家、地区考虑到频段问题，都计划开发更高的频段，并已开始试验研究。

现代的卫星移动通信采用了很多新的系统技术和信号处理技术，提高系统的可靠性与通信质量，降低成本。

卫星移动通信所用的技术有：频率复用、多址技术、多波束和星上交换。系统一般利用不同的极化来进行频率复用，也可在不同的波束中实现频率的复用。常用的多址技术有频分多址、时分多址和码分多址方式。为了提高频率的利用率，通信卫星采用多波束天线实现多波束工作方式，每个波束使用同一频率，以简化地球站设备，增加系统容量。另外，在 TDMA 基础上实现星上交换，在多波束卫星上用动态接续矩阵进行波束交换，按需把相应波束进行互接，以满足波束覆盖范围内所有地球站间的通信需求。采用星上交换技术，可提高电路的利用率和灵活性、节省功率、提高功率效率和频率利用率。

采用新的信号处理技术是为了提高传输质量和传输效率。卫星通信中常用的调制技术有功率有效调制技术和频谱有效调制技术。功率有效调制侧重于功率效率，频谱有效调制侧重于频率利用率。用得最多的是 4PSK 调制，兼顾了功率效率和频谱效率。

6.2.4 集群移动通信系统

“集群”是指多个无线信道被多个用户使用，由于频率共用，因此频率利用率高。系统中信道的提供采用自动选择方式，多个单位同时使用，通过统一控制和集中管理，使系统和频率资源得以共享，充分体现其公用性和独立性。集群系统主要是提供本系统内的无线通信，但亦允许为数不多的调度台和移动台以适当方式进入市话网，与市话用户建立通信联络。

集群移动通信系统主要由控制交换中心、调度台、基站、移动台以及与市话网相连接的若干条中继线所组成，如图 6-18 所示。控制交换中心是系统的核心，主要作用是鉴权、控制和交换。无论是移动台呼叫调度台，还是调度台呼叫移动台，或移动台呼叫市话用户，都要在控制交换中心内进行交换，并根据业务需要分配信道。无线用户调度台主要由收发信机、控制单元和天馈线等组成。基站主要提供若干条共用无线信道、每个信道主要由一部收发信机和一个微处理器构成的控制单元组成；每个基站都有一个被称为覆盖区的服务范围。

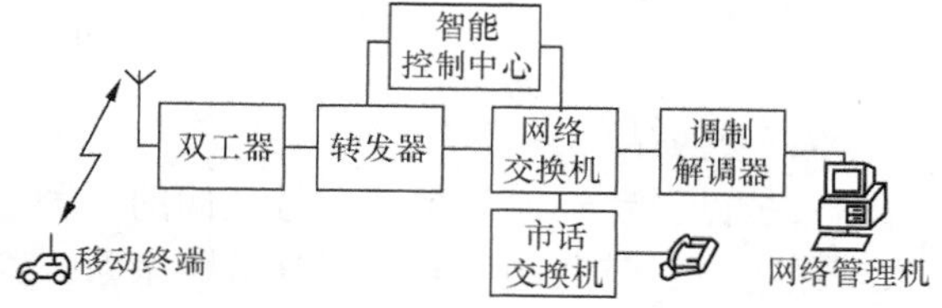

图 6-18 集群调度系统框图

为了避免设备资源和频率资源的浪费，集群系统正在从独立网向公用网方向发展；为了满足提高通信质量和扩大覆盖面的要求单站系统正在向联网系统的方向发展；模拟系统已被数字系统所代替。中国目前已有不少个 450MHz 和 800MHz 的集群移动通信系统投入使用，它们广泛地用于公安、消防、交通、防汛、电力、铁道、金融等部门，作为分组调度使用。

模拟集群移动通信网的主要问题是频率低；所能提供的业务种类受限，不能提供高速率数据服务；保密性差，容易被窃听；移动设备成本高，体积大，网络管理控制存在一定的问题等等。数字集群通信的优点主要体现在以下几个方面：（1）频谱利用率高（采用低速语音编码、高效数字调制解调、TDMA/CDMA 等技术）；（2）信号抗信道衰落的能力提高（采用

分集、扩频、跳频、交织编码及各种数字信号处理技术）；（3）保密性好；（4）支持多种业务；（5）网络管理和控制更加有效、灵活。

6.2.5 限定空间的移动通信系统

限定空间的移动通信系统主要指为隧道、地铁、矿山、建筑物内等特殊地区提供移动通信服务的系统。目前，这些系统大多采用泄漏电缆 LCX 作为传输手段，而大型建筑物内部的常用直放站或室内分布系统改善覆盖。利用直放站和室内分布系统可克服建筑屏蔽；填补建筑物内的盲区或弱信号区；解决大型建筑物内信号场强分布不均的问题；解决高层建筑内的孤岛效应和乒乓效应问题；吸纳话务量。

1. 泄漏同轴电缆

LCX 是在同轴电缆外导体上按一定距离开槽，以泄漏电磁波，具有优良的导引辐射性能。以 LCX 代替基站辐射信号，基本工作原理与普通移动通信系统相同。利用 LCX 通信有两种方式：一类是全敷设 LCX；另一类是 LCX 与空间波道混合。全敷设方式全线场强平稳分布，通信质量高，但成本也高。与空间波道相结合的混合方式是在隧道外设外用中继器，将空间波能量增强后转送到 LCX，在距离较长时，需增设内用中继器，如图 6-19 所示。

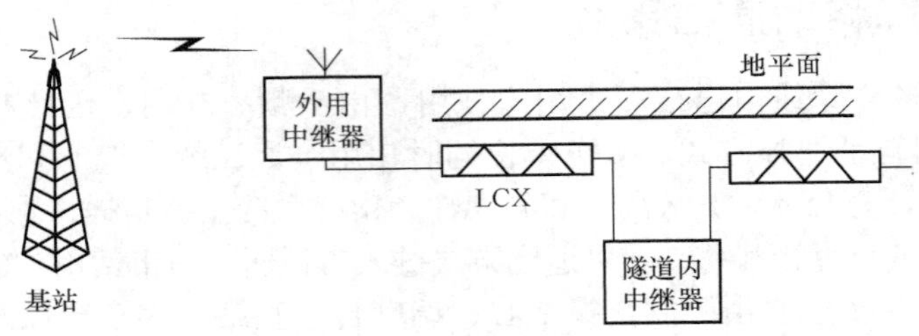

图 6-19　混合方式示意图

2. 直放站

直放站是移动通信系统信号延伸的一种手段，直放站实际上是一个双工放大器，通过放大基站上下行链路的信号来提高链路余量。其作用主要有两个方面：一是使用在网络中需要扩大覆盖范围但不需要增加容量的地区，通过诸如增强中继效率等途径提高容量的利用率；二是应用在建筑物内信号难以穿透的区域。

3. 室内天线分布系统

对于结构复杂的大型建筑物，室内分布系统通过大量的低功率天线分散安装在建筑物内，全面解决室内的覆盖问题。

对用户量大的建筑物，可在室内建微蜂窝基站作信源，以扩大系统用户容量；对用户量小的建筑物可用与直放站相似的方法，从室外耦合引入信号，再用分布式天线进行覆盖。

小　结

1. WLAN、Wi-Fi、WiMAX 等宽带移动无线接入技术能够使用户真正实现随时、随地、随意的宽带网络接入。WLAN 对应的是 IEEE 802.11 标准系统，是利用无线通信技术在

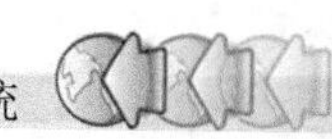

一定的局部范围内建立的网络。Wi-Fi 是一种能支持较高数据传输速率（1～54Mbit/s），采用微蜂窝和微微蜂窝结构的自主管理的计算机局域网络。WiMAX 以 IEEE 802.16 系列宽频无线标准为基础，弥补了 Wi-Fi 传输距离短的缺陷，满足随时随地高速 IP 连接的用户。

2．CT-1、CT-2 及小灵通 PAS 都属于无绳电话系统，是固定电话网的延伸与补充。PAS 采用 TDMA/TDD 工作方式；采用自动信道动态分配技术，无需复杂的频率规划；RP 和 PS 均可发起切换。PAS 和 IP 融合发展形成 iPAS 系统，mSwitch iPAS 为一个全 IP，多业务平台，可提供有线和无线接入方式。

3．移动通信系统的范畴很广，只要有一方用户能在移动中进行通信，就属于移动通信。移动通信系统可以单向工作（如无线寻呼系统），覆盖范围可大可小，可通过卫星中继实现（卫星移动通信系统），也可以用 LCX 替代基站实现通信连接（如限定空间的移动通信系统）。不同的移动通信系统应用于不同的场合，有不尽相同的工作方式和特点，但其基本工作原理是相同的。

思考与练习

6-1　什么是 WLAN？主要采用什么标准实现？

6-2　什么是 Wi-Fi？主要采用哪些技术？

6-3　什么是 WiMAX？主要采用哪些技术？与 WiFi 相比有哪些优势？

6-4　什么是 PAS？PAS 采用了哪些关键技术？简述 mSwitch iPAS 的体系结构（七大组成部分）。

6-5　画出寻呼系统组成框图。

6-6　简述卫星移动通信系统、集群移动通信系统的组成及工作特点。

6-7　限定空间移动通信系统分别适用于什么场合，有哪些方法可实现覆盖？

第三部分　无线电波的传播

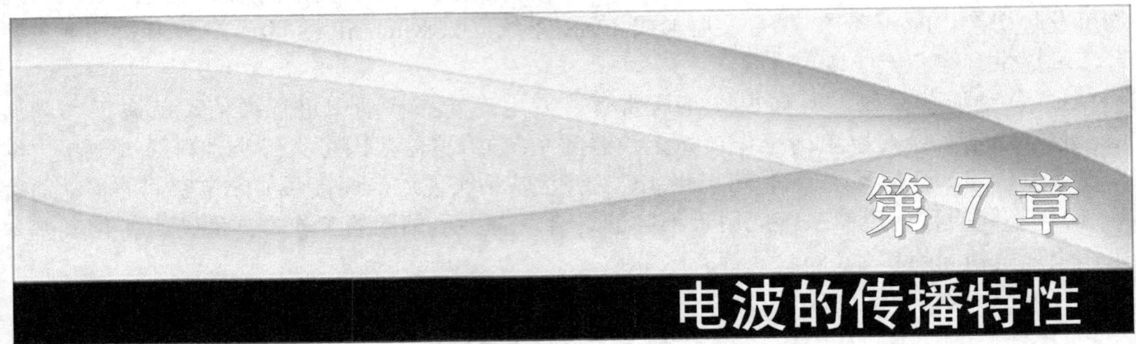

本章内容

- 无线电波基本概念
- 电波传播中的衰落
- OM 模型概念及场强衰耗中值的预测
- 任意地形、地物衰耗场强中值和信号中值的预测
- 电波传播电路的计算、覆盖设计

本章重点

- OM 模型及任意地形、地物情况下电波传播衰耗中值的预测

本章难点

- 任意地形、地物情况下电波传播衰耗中值的预测

本章学时数　　　　　4 学时

学习本章的目的和要求

- 了解衰落对信号传输的影响
- 掌握自由空间传输衰耗、OM 模型及电波传播衰耗中值的计算方法

7.1　无线电波

对于利用无线电波实现终端在移动情况下进行信息交换的移动通信系统来说，无线电波的传播特性非常重要。本节主要介绍无线电波的概念和传播方式。

7.1.1　无线电波的概念

1．无线电波的概念

无线电波是一种能量传输形式，电场和磁场在空间交替变换，向前行进。在传播过程中，电场和磁场在空间是相互垂直的，同时这两者又都垂直于传播方向，如图 7-1 所示。

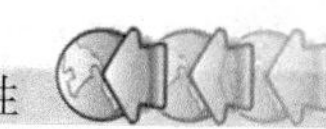

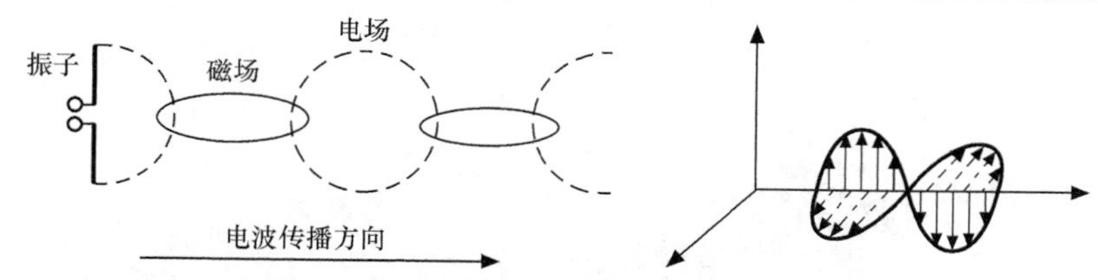

图 7-1　无线电波传播示意图

无线电波和光波一样，它的传播速度和传播媒质有关。无线电波在真空中的传播速度等于光速 3×10^{8}m/s。在媒质中的传播速度为 $V_{\varepsilon}=C/\sqrt{\varepsilon}$，式中 ε 为传播媒质的相对介电常数。空气的相对介电常数与真空的相对介电常数很接近，略大于 1 。因此，无线电波在空气中的传播速度略小于光速，通常认为它等于光速。无线电波在传播时波会减弱。

无线电波的波长、频率和传播速度的关系可用式 $\lambda=V/f$ 表示。式中，V 为速度（m/s）；f 为频率（Hz）；λ 为波长（m）。由上述关系式可知，同一频率的无线电波在不同的媒质中传播时，速度是不同的，因此波长也不一样。

2．无线电波的极化

无线电波在空间传播时，其电场方向是按一定的规律而变化的，这种现象称为无线电波的极化。无线电波的电场方向称为电波的极化方向。

如果电波在传播过程中电场的方向是旋转的，其电场强度顶点的轨迹为一椭圆，就叫做椭圆极化波。旋转过程中，如果电场的幅度（即大小）保持不变，顶点轨迹为圆，就称为圆极化波。向传播方向看去顺时针方向旋转的叫右旋圆极化波，反时针方向旋转的叫做左旋圆极化波。若电波的电场顶点轨迹为一直线就叫线极化波。线极化波中，如果电波的电场方向垂直于地面，就称为垂直极化波；如果电波的电场方向与地面平行，则称它为水平极化波，如图 7-2、图 7-3 所示。极化的无线电波由对应的极化天线产生。而在双极化天线中，两个天线为一个整体，有两个独立的波，这两个波的极化方向相互垂直，如图 7-4 所示。极化波必须用对应的极化特性的天线来接收，否则在接收过程中会产生极化损失。

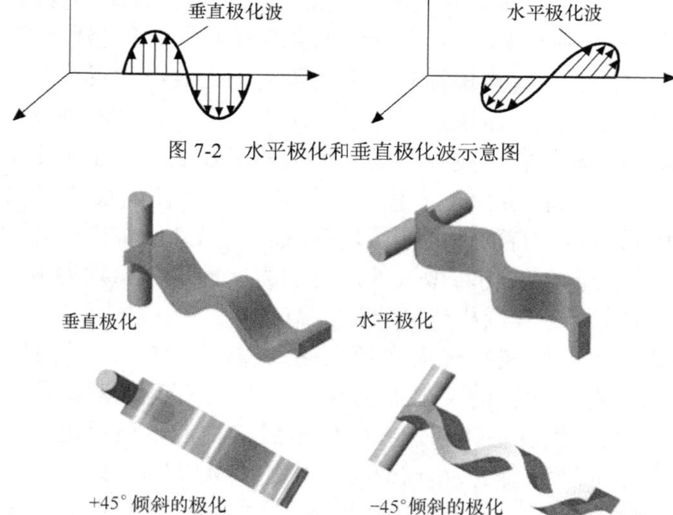

图 7-2　水平极化和垂直极化波示意图

图 7-3　线极化示意图

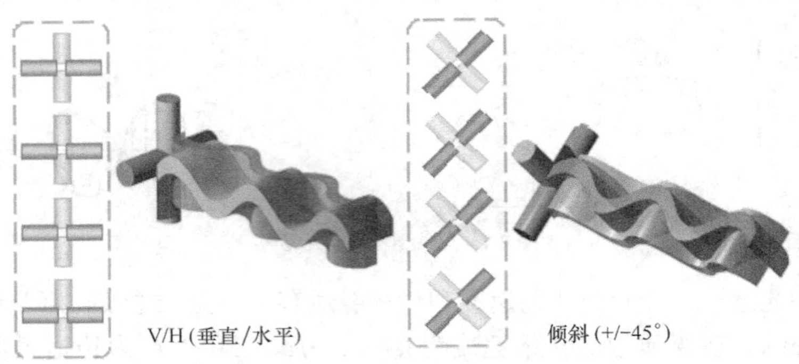

图 7-4 双极化示意图

7.1.2 电波的传播方式

1．电波的传播方式

在分析电波传播特性时总是以自由空间的传播环境为参考进行。自由空间是一种理想的、均匀的、各向同性的介质空间，当电磁波在自由空间中传播时直线传播，不发生反射、折射、散射和吸收现象，只存在电磁波能量扩散而引起的传播损耗。但实际的传播环境却会使电波存在除直线传播以外的反射、绕射、散射等多种传播形式。

当电磁波遇到比其波长大得多的物体时会发生反射。若发射机和接收机间的无线传输被表面锐利的物体阻挡，将会发生衍射，此时二次波分布于整个空间甚至绕射至该物体的背面。若电磁波在小于其波长的大量物体中穿行，则会发生散射。

2．微波传播特性

无线电波的波长不同，传播特点也不完全相同。目前各移动通信系统使用的频段都属于微波波段。

（1）视距直线传播。微波的频率很高，波长较短，它的地面波衰减很快，因此不能依靠地面波做较远距离的传播，主要是由空间波传播。空间波一般只能沿直线方向传播到直接可见的地方。在直视距离内微波的传播区域习惯上称为“照明区”。在直视距离内微波接收装置才能稳定地接收信号，直射距离和发射天线以及接收天线的高度有关系，并受到地球曲率半径的影响。

（2）多径传播。电波除了直接传播外，遇到障碍物还会产生反射。因此，到达接收天线的微波不仅有直射波，还有通过多条反射路径到达的反射波，这种现象就叫多径传播。多径信号的幅度、相位不同，在接收端叠加会引起严重的多径衰落。由于多途径传播使得信号场强分布相当复杂，波动很大；也由于多径传播的影响，会使电波的极化方向发生变化，因此，有的地方信号场强增强，有的地方信号场强减弱。另外，不同的障碍物对电波的反射能力也不同。例如：钢筋水泥建筑物对微波的反射能力比砖墙强。我们应尽量避免多径传播效应的影响，同时可采取空间分集或极化分集的措施。

（3）绕射传播能力弱。电波在传播途径上遇到障碍物时，总是力图绕过障碍物再向前传播，这就是电波的绕射。微波的绕射能力较弱，在高大建筑物后面会形成所谓的“阴影区”。信号质量受到影响的程度不仅和接收天线距建筑物的距离及建筑物的高度有关，还和频率有关。例如一个建筑物的高度为 10m，在距建筑物 200m 处接收的信号质量几乎不受影响，但在距建筑物 100m 处，接收信号场强将比无高楼时明显减弱。这时，如果接收 216～223MHz 的信号场强比无高楼时减弱 16dB，当接收 670MHz 的信号时接收信号场强

将减弱 20dB。如果建筑物的高度增加到 50m 时，则在距建筑物 1000m 以内，接收信号的场强都将受到影响，因而有不同程度的减弱。也就是说，频率越高，建筑物越高、越近，影响越大。相反，频率越低，建筑物越矮、越远，影响越小。因此，架设天线选择基站站址时，必须按上述原则来考虑对绕射传播可能产生的各种不利因素，并努力加以避免。

3．电波传播中的三种损耗

移动通信的特点及其不同的传播方式会使信号传播产生三类不同的损耗：

（1）路径传播损耗。路径传播损耗又称衰耗，是指电波在空间传播所产生的损耗，反映了在大范围空间距离上传播的接收信号电平的均值变化的趋势。

（2）慢衰落损耗。由于在电波传播路径上障碍物的阴影效应或气象条件变化而产生的损耗，这是中等范围内接收电平均值变化而产生的损耗。

（3）快衰落损耗。由于多径传播而产生的损耗，这是小范围接收电平的瞬时值变化产生的损耗，变化率较快。

4．室内环境的传播

随着个人通信的发展和无线局域网的广泛应用，在室内环境中，除了话音业务外，还要提供宽带无线数据接入业务，室内环境的通信质量越来越受关注。电波在建筑物内的传播可分为两种类型：一是电波由室外向建筑物内的穿透传播；二是电波只在建筑物内传播。

室内无线环境具有不同于室外的环境特点：覆盖范围小，传播距离短，传播时延要小的多。室内环境中用户多处于静止和慢速移动状态，可忽略多普勒频移；室内环境变化更复杂，电波传播受建筑类型、室内布局、建筑材料影响较大。即使在同一个建筑物内的不同位置，其传播环境也不尽相同，甚至差别很大。例如，信号电平很大程度上依赖于建筑物内的门是开还是关。不同材料制成的墙体和障碍物对信号有不同的阻隔，因此路径损耗衰落指数变化也较大，甚至建筑物窗口的数量也影响楼层间的损耗。

7.2　电波传播中的衰落

陆地上，移动体往来于建筑群或障碍物之中，其接收信号的强度，是由直射波和反射波叠加而成的，这些电波虽然都是从一个天线辐射出来的，但由于传播的途径不同，到达接收点时的幅度和相位都不一样，而移动台又在移动，因此，移动台在不同位置时，其接收到的信号合成后的强度是不同的。这将造成移动台在行进途中接收信号的电平起伏不定，最大的可相差 30dB 以上。这种现象通常称为衰落，它严重地影响着通信质量。本节主要介绍移动通信系统中电波传播中衰落的类型、及表征衰落的统计数字特征量。

7.2.1　电波传播的衰落特性

1．衰落的概念

由于实际传播环境中复杂的地形、建筑物和障碍物对传播信号的阻挡，及反射、绕射和散射引起的无线信号的多径传播都会对电磁波的传播产生影响，导致接收信号的随机变化，称为衰落。

（1）衰落的类型及原因

① 阴影衰落。电磁波的传播路径受到阻挡时，如遇到起伏的地形及高大的建筑，在这些障碍物背面产生电磁场的阴影，移动台经历障碍物的不同阴影区时，接收信号的均值会发

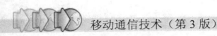

生变化，这种变化称为阴影衰落。

在障碍物的阴影区，信号场强较弱，当移动台穿过阴影区时，就会造成接收信号场强中值的缓慢变化，这种现象即为阴影效应。阴影衰落的特点在于：衰落速率与工作频率无关，而取决于地形和地物的分布、高度及移动体的运动速度。大气折射也会引起衰落，由于气象条件变化时，大气介电常数垂直梯度发生缓慢变化，电波的折射系数随时间变化，多径传播时延也随之变化，结果造成同一地点的场强中值电平随时间缓慢变化，由大气折射引起的衰落是时间的函数，对电波传播的影响远小于阴影效应。这些由阴影效应或气象条件变化引起的场强中值的缓慢变化即为慢衰落。慢衰落一般服从对数正态分布，若以分贝数表示信号中值电平，则服从正态分布。

② 多径衰落。当移动台在城市内通信时，大部分时间都在建筑物高度以下，根本没有直线传播路径，在任何一点所接收到的信号都是由大量的反射信号叠加而成的。这些反射波虽然由同一天线辐射得到，但由于经过的路径各不相同，故其相位是随机变化的，因而，合成电波将呈现为快速的衰落，即多径衰落。这种接收场强瞬时值有快速、大幅度的变化，因此又称为快衰落，因其统计特性满足瑞利分布，又称为瑞利衰落。其衰落的速率和移动速度、工作频率有关，衰落的深度与地形地物有关。

定点通信的衰落需考虑慢衰落，对移动通信影响最大的是快衰落。

（2）多径衰落对信号传输的影响

多径衰落信道对模拟信号传输的影响可由信号在自由空间传播损耗、衰落深度、衰落率和衰落持续时间等统计数字特征量来表征，这些参数决定了电波传播的覆盖范围和场强分布。但对数字信号的传输，这些参数是不够的。

在数字通信系统中，通信系统的好坏由输出的误码率来判断。有时尽管接收信号电平很高，但多径效应会引起很高的误码率。多径传播带来额外的路径损耗，导致数字信号传输的突发性连续差错，导致数字信号传输的码间干扰。

2．表征衰落的统计数字特征量

衰落是移动通信电波传播的一个基本特点，对描述衰落的特性进行统计分析可得到一些常用的统计数字特征量：场强中值、衰落深度、衰落速率、衰落持续时间。

（1）场强中值

当场强值高于规定电平值的持续时间，占统计时间的一半时，所规定的那个电平即为场强中值，如图 7-5 所示。设 T 为统计周期，规定电平值为 E_0，在 T 时间内场强超过 E_0 电平值的概率为：$p(t)=\dfrac{t_1+t_2+t_3}{T}\times 100\%=\sum_{i=1}^{n} t_i/T\times 100\%$，表示在统计周期内，场强超过 E_0 值的时间所占百分比。当 p=50%时，E_0 称为场强中值。

由场强中值的定义可知，若场强中值恰好等于接收机的最低门限值，则通信的可通率仅为 50%，也就是说，只有 50%的时间能维持正常通信，因此，必须使实际的场强中值远大于接收机的门限值，才能在绝大多数时间内保证正常通信。

（2）衰落深度

场强中值不能反映衰落的严重程度，通常用衰落深度来表示。衰落深度可用接收电平与场强中值电平之差表示。若用 E_i 表示接收信号强度，E_0 表示场强中值，则：衰落深度(dB) = $20\lg\dfrac{E_i}{E_0}=E_i(\text{dB})-E_0(\text{dB})$。一般移动通信系统中，衰落深度可达 20～30dB。

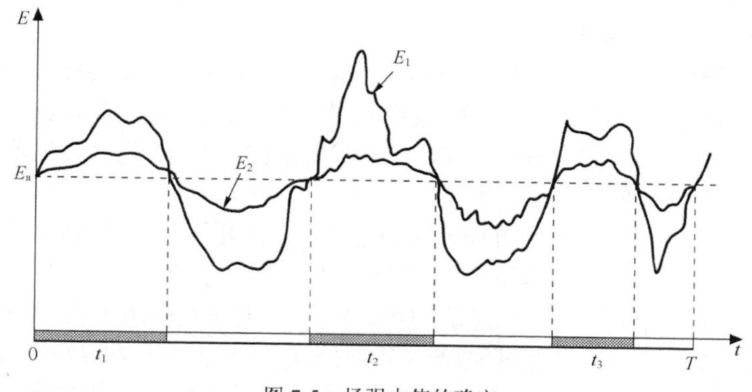

图 7-5　场强中值的确定

（3）衰落速率

衰落速率简称衰落率，用来描述衰落的频繁程度，即接收信号场强变化的快慢，通常用单位时间内场强包络与给定电平值 E_R 的交点数的一半表示。衰落速率与工作频率、移动台的行进速度和行进方向等因素有关。当移动台的行进方向朝着或背着信号传播方向时，衰落最快，若给定电平值为 E_0，衰落率与工作频率、移动台行进速率的关系可表示为：$N=\frac{v}{\lambda/2}=1.85\times10^3\cdot v\cdot f(\text{Hz})$，式中 v 以 km/h 为单位，f 单位为 MHz。在系统设计时，应注意，音频通带或信令数据通带的低端应高于衰落率。

（4）衰落持续时间

场强低于某一给定电平值的持续时间称为衰落持续时间，用于表示信息传输受影响的程度，也可用于判断信令误码的长度。因为当接收信号电平低于接收机门限电平时，就可造成信息传输中断或信令误码。

7.2.2　场强估算模型

对于陆地移动通信来说，通常移动台的天线高出地面仅 1～4m，电波传播受地形地物的影响很大，而且，移动台可在移动中进行信息交换，电波传播的路径时刻变化，影响电波传播的地形地物也随之变化，自由空间的电波传播或平面地形的电波传播衰落计算方法不再适合，而是利用统计结果获得准确预测接收信号强度的方法。场强预测的方法很多，常用的模型有以下几种：

1．Okumura 模式（OM 模型）

OM 模型是以日本东京城市场强中值实测结果得到的经验曲线构成的模型，将城市视为“准平滑地形”，给出城市场强中值，对于其他地形或地物情况，则给出修正值，在场强中值基础上进行修正。OM 模型适用范围：频率为 100～1 500MHz，基站天线高度为 30～200m，移动台天线高度为 1～10m，传播距离为 1～20km 的范围场强预测。

2．Egli 模型

实验证明，在宏蜂窝室外传播环境中，接收信号功率随 40lg$d$ 的增大而减小，二者呈线性关系。Egli 模型是一种简化的不规则地形上的无线传播模型。该模型是基于实测数据提出的，是在平滑地面理论公式中加入地形因子和频率因子。

对其他地形则用修正因子加以修正。Egli 模型的适用范围为：频率为 40～450MHz；传播距离在 1km 以上视距范围内的场强预测。Egli 模型只适用于接近平地的区域。

3．Bullingron（BM）模型

BM 模型是一种理论模型，以自由空间、平面大地和球面地形传播理论为基础，以诺模图的形式给出，在满足一定条件下，可以直接在诺模图上读得接收点场强或接收功率。

BM 模型适用范围：频率为 30～3000MHz；通信距离为一至几百公里的场强预测。

4．COST231-WI 模型

COST231-WI 模型广泛用于建筑物高度近似一致的郊区和城区环境。在使用高基站天线时采用理论的 Walfisch-Bertoni 模型计算多屏绕射损耗；在使用低基站天线时采用测试数据。该模型也考虑自由空间损耗、从建筑物顶到街面的损耗及街道方向的影响。

COST231-WI 模型应用要分成两种情况分别处理：一种是低基站天线情况，模型是根据实验测试得到的数据建立的，适用于视距 LOS 情况；另一种是高基站天线情况适用于非视距 NLOS 情况。

COST231-WI 模型的适用范围如下：频率为 800～2 000MHz；基站天线高度为 4～50m；移动台天线高度为 1～3m，传播距离为 0.02～5km 的范围场强预测。

7.3　电波传播特性预测

移动通信系统的电波传播问题比较复杂，因而其传播特性已不能简单地应用固定点无线通信的电波传播模式，而必须根据移动通信的特点，按照不同的传播环境和地形特征，运用统计分析结合实际测量的方法，找到移动条件下的传播规律，以获得准确预测接收信号场强的方法。室内和室外需采用不同的电波传播预测模型，但预测的方法基本相同，本节主要介绍 OM 模型的电波传播衰耗预测方法。

7.3.1　OM 模型

对于陆地移动通信来说，通常移动台在移动中进行信息交换，且电波传播的路径时刻变化，影响电波传播的地形地物也随之变化，必须利用统计结果获得准确预测接收信号强度的方法。

场强预测的方法很多，基本的预测方法相似，均以某一地形地物状况的实测数据为参考给出经验模型，其他地形地物给出修正因子予以修正。

OM 模型是以日本东京城市场强中值实测结果得到的经验曲线构成的模型，将城市视为“准平滑地形”，给出城市场强中值，对于其他地形或地物情况，则给出修正值，在场强中值基础上进行修正。OM 模型可在适用范围内作电波传播预测。

1．地形、地物的分类

（1）地形的分类

从场强中值来说，地形大致可分为“准平滑地形”和“不规则地形”两种。

所谓“准平滑地形”是指传播路径地形剖面图上，其表面起伏高度在 20m 以下，且起伏缓慢。在以公里计的量级内，其平均地面高度的变化也在 20m 以内。除此之外，其他的地形均为“不规则地形”。

“不规则地形”按其形状又分成丘陵地形、孤立山岳、倾斜地形和水陆混合地形四类。

（2）地物的分类

由于障碍物的不同造成电波传播条件不同，一般按照地面障碍物的密集程度和屏蔽程度把地物分为开阔地、郊区、市区。

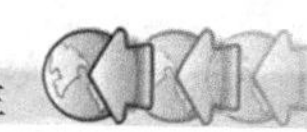

开阔地：在电波传播方向上无高大树木、建筑物等障碍物，呈开阔状地面，如麦田、荒野、广场等。

郊区：移动台周围的障碍物不稠密，如树木、房屋稀少的地区。

市区：移动台周围的障碍物稠密，如大城市的高楼群、茂密的森林等。

（3）天线有效高度

由于天线总是架设在某地形或地物上，故一般考虑“天线有效高度”。基站天线有效高度定义为：从基站天线架设点起 3～15km 距离内的平均地面海拔高度为 h_{ga}（若实际传播距离小于 15km，则直接用传播距离），基站天线的海拔高度为 h_{ta}，则基站天线有效高度为 $h_b=h_{ta}-h_{ga}$，如图 7-6 所示。

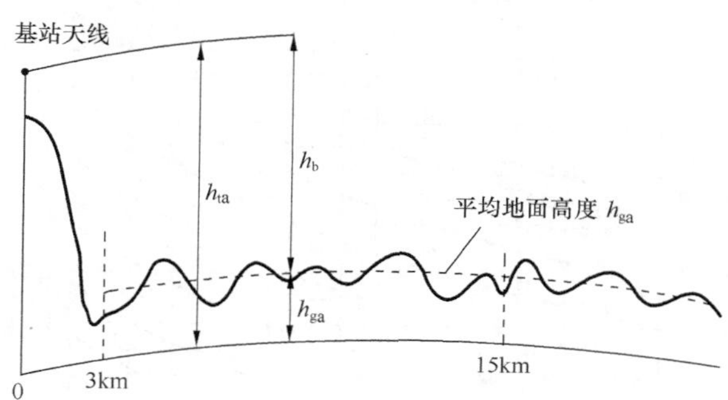

图 7-6　基站天线有效高度

以下所说的天线高度均指天线有效高度，移动台的天线高度与基站天线高度一样，也是指有效高度，但移动台天线高度 h_m 是指地面以上的高度。

2．准平滑地形上的电波传播特性

（1）自由空间的传播损耗

自由空间是一个理想的空间，在自由空间中，电波沿直线传播，不被吸收，不会被反射、折射、绕射和散射，电磁波的能量没有损失，就像在真空中一样。但是，在电波的传播过程中，由于信号是从天线发散传播的，到接收点后，接收机只能接收到发射机发射信号功率的一部分，我们把未收到部分看作传播损耗。

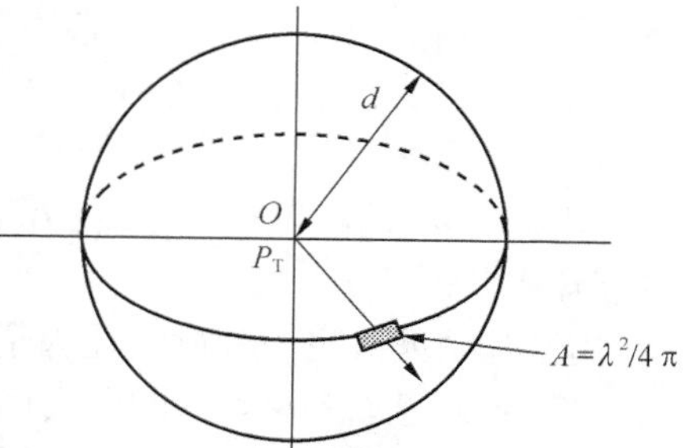

图 7-7　自由空间的传播衰耗

如图 7-7 所示，设在自由空间中，O 点有一发射源，以 P_T 功率均匀地向各方向辐射信号，因此，能量以 d 为半径呈球面状均匀传播，球的表面积为 $4\pi d^2$，则在球面上单位面积的功率 $P_R=P_T/4\pi d^2$。若天线的接收面积为 $A=\lambda^2/4\pi$，则接收机的输入功率 P_I 为：$P_I=P_T/(4\pi d^2)\times\lambda^2/4\pi$。若以发射功率与接收功率的比值表示传播损耗，则自由空间的传播损耗 L_{bs} 为：$L_{bs}=\dfrac{P_T}{P_I}=\left(\dfrac{4\pi d}{\lambda}\right)^2$；若用分贝表示，则为：$L_{bs}=10\lg\left(\dfrac{4\pi d}{\lambda}\right)^2=20\lg\left(\dfrac{4\pi d}{\lambda}\right)$。波长 $\lambda=c/f$（$c=3\times10^5$km/s，为电磁波的传播速度），若 f 的单位为 MHz，d 的单位为 km，则有：$L_{bs}(\text{dB})=32.45+20\lg d+20\lg f$。也就是说，自由空间的传播损耗仅与传输距离、工作频率有关，与收发天线增益无关。当工作频率提高一倍，或传播距离增加一倍时，传播

损耗增加 6dB。若考虑发射天线的增益 G_T 和接收天线的增益 G_R，则传播损耗为：$L_b = 32.45 + 20\lg d + 20\lg f - G_T(\text{dB}) - G_R(\text{dB})$。

（2）市区传播衰减中值的预测：

① 基本衰耗中值 $A_m(f,d)$

在城市街道地区电波传播衰减取决于传播距离 d，工作频率 f，基站天线有效高度 h_b，移动台天线有效高度 h_m，及街道走向和宽窄等。OM 模型在大量实验和统计分析的基础上，作出信号传输衰减中值的预测曲线，如图 7-8 所示。当 h_b=200m，h_m=3m 时，利用这些曲线能够正确预测准平滑地形上传播衰减中值或场强中值，即基本衰耗中值。

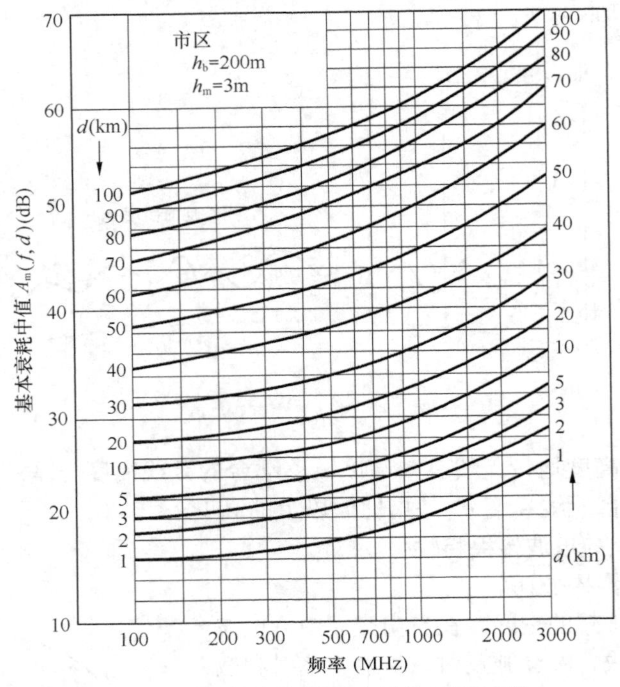

图 7-8　准平滑地形大城市市区基本衰耗中值

由图 7-8 曲线可查得 $A_m(f,d)$，加上自由空间传播损耗 L_{bs}，可得到准平滑地形的市区基本衰耗中值。

② 基站天线有效高度增益因子 $H_b(h_b,d)$

图 7-9 对基站与移动台的天线有效高度有限制，通常情况下天线有效高度与规定值不符，则接收信号中值也将发生变化，大小可用基站天线有效高度增益因子 $H_b(h_b,d)$表示。图 7-9 示出了不同基站天线有效高度情况下，增益因子随传播距离的变化。图中实线表示距离的关系，虚线在图中左下方，表示距离在 70km、80km、100km 三条曲线；距离为 50km、60km 与 40km、20km 相近。应该注意的是：图中，基站天线有效高度增益因子 $H_b(h_b,d)$是以基站天线高 200m，移动台天线高 3m 为 0dB 参考的，移动台天线有效高度增益因子 $H_m(h_m,f)$也一样。

③ 移动台天线有效高度增益因子 $H_m(h_m,f)$

图 7-10 为移动台天线高度增益因子的预测曲线，当移动台天线高度高于 5m 以上，其高度增益因子 $H_m(h_m,f)$不仅与天线高度和工作频率有关，还与环境条件有关。中小城市内，天线高度在 4～5m 附近增益因子出现拐点，这是因为早期中小城市建筑物的平均高度约为 5m，故

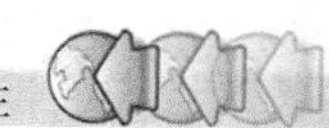

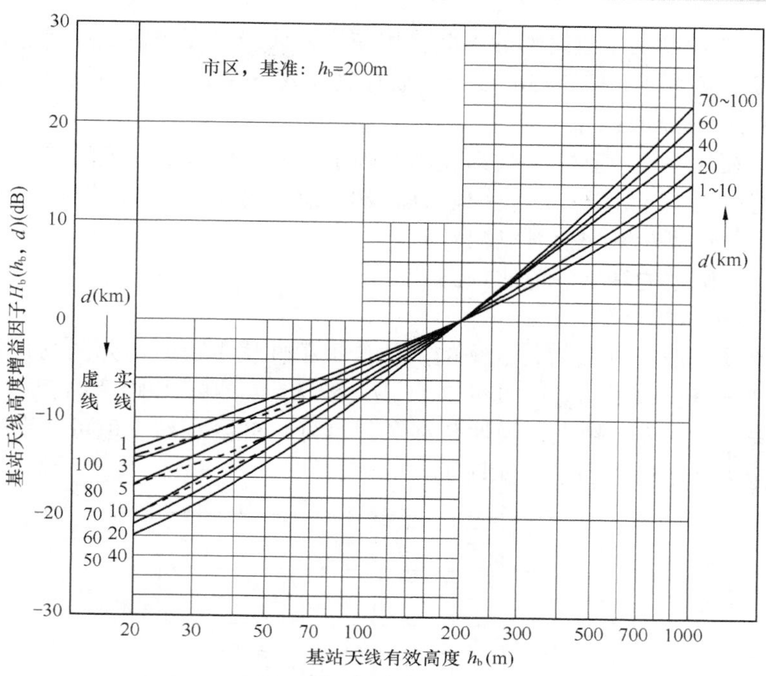

图 7-9　基站天线高度增益因子

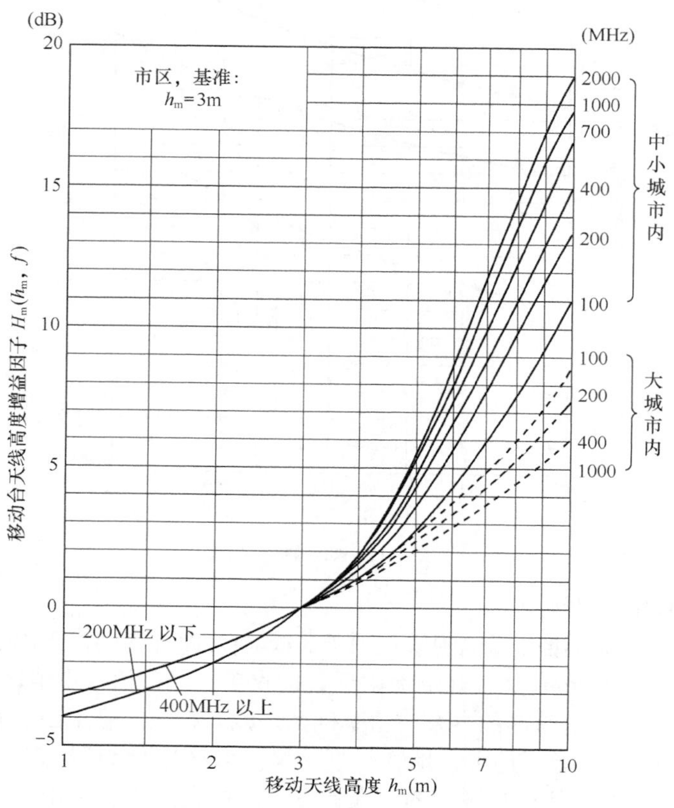

图 7-10　移动台天线高度增益因子

天线有效高度在 5m 以上，建筑物的屏蔽作用减小，天线高度增益迅速增加，对于大城市来说，可以认为其建筑平均高度在 15m 以上，故有效天线高度在 10m 内没有出现拐点。

④ 准平滑市区传播衰减中值

在获得基本衰耗中值、基站天线高度增益因子、移动台天线高度增益因子后，准平滑市区传播衰减中值可用下式计算：$L_{市区}=L_{bs}+A_m(f,d)-H_b(h_b,d)-H_m(h_m,f)$，因为 $H_b(h_b,d)$、$H_m(h_m,f)$ 为增益因子，因此计算衰减中值时取减号。

（3）郊区、开阔地的衰减中值的预测

① 郊区衰减中值的预测

郊区的建筑物一般是分散的、低矮的，故传播条件优于市区，郊区场强中值和基准场强中值之差称为郊区修正因子 K_{mr}，如图 7-11 所示。K_{mr} 随频率和距离而变化，但与基站天线有效高度的关系不大，K_{mr} 越大，说明传播条件越好。郊区衰减中值可在准平滑市区的衰减中值基础上，减去郊区修正因子 K_{mr} 即可。

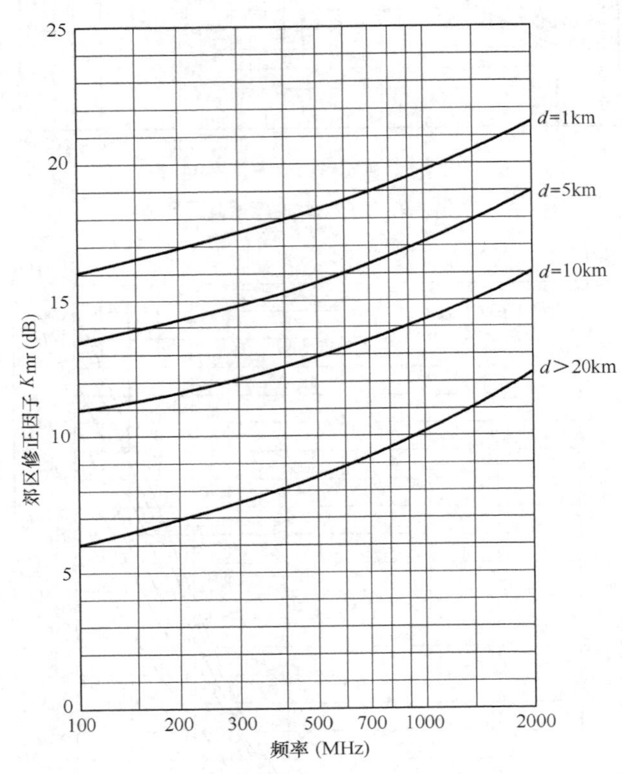

图 7-11 郊区修正因子

② 开阔地衰减中值的预测

图 7-12 表示开阔地、准开阔地的修正因子曲线。Q_o 为开阔地修正因子，Q_r 为准开阔地的修正因子，仅与频率和距离有关。开阔地由于其接收条件好，信号中值比市区高出约 20dB。开阔地衰减中值可在准平滑市区的衰减中值基础上，减去相应的修正因子 Q_o/Q_r 即可。

注意：某一地区不可能既是市区地物类型，又是郊区地物类型，因此，市区、郊区、开阔地/准开阔地的修正因子是相互排斥的，在计算中只能根据需要使用其中一个。另外，因为郊区、开阔地/准开阔地的修正因子均为增益因子，计算衰耗时应减去。

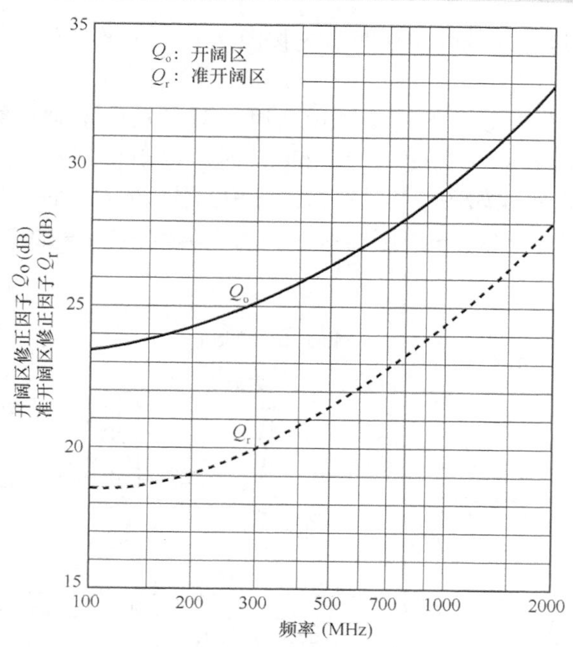

图 7-12　开阔区、准开阔区修正因子

3．不规则地形修正因子

（1）丘陵地的修正因子

丘陵地的地形参数为“地形起伏高度Δh”，指自接收移动台向发射的基站方向延伸 10km 的范围内，地形起伏的 90%与 10%处的高度差，如图 7-13 所示。图 7-13（a）中示出了以Δh 为参数而变化的修正因子 K_h。丘陵地修正因子分为两项，还有一项称为丘陵地微小修正因子 K_{hf}，主要是考虑在丘陵中，谷底与山峰处的屏蔽作用不同而设立，其随Δh 变化的曲线如图 7-13（b）所示，靠近山峰处，K_{hf} 取正值，靠近山谷处，K_{hf} 取负值。

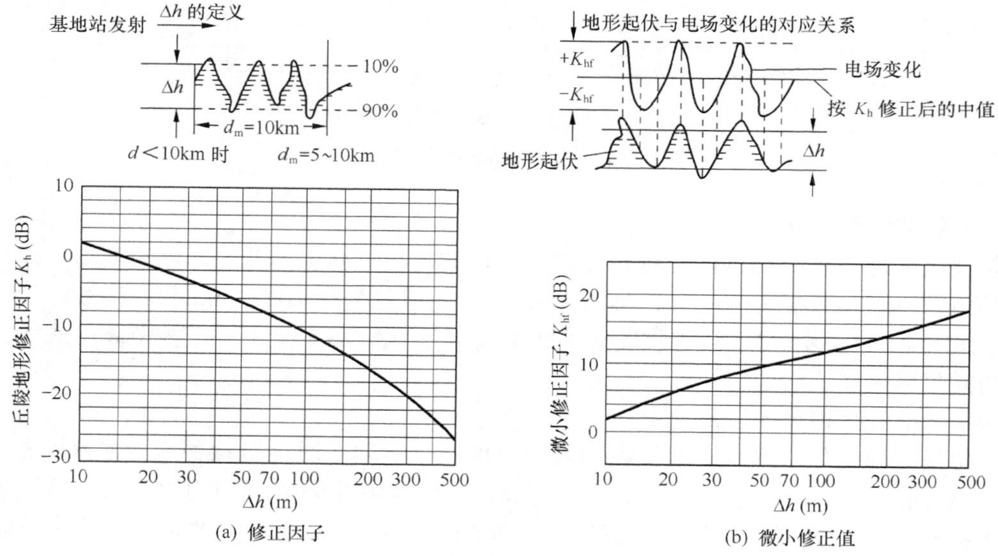

图 7-13　丘陵地形修正因子

当计算丘陵地不同地点的场强中值时，先按图7-13（a）修正，再按（b）修正。

（2）孤立山岳的修正因子

当电波传播路径上有近似刃形的单独山岳时，其背后的场强计算应考虑其绕射衰减。绕射衰减的修正因子 K_{js} 在山岳高度 H 为 200m 时，以山岳到发射点的距离 d_1、到接收点的距离 d_2 为参数，变化曲线如图 7-14 所示。图中给出 d_1 的三种值的曲线，其他值可用内插法估计。若山岳高度 $H \neq 200\text{m}$，则需乘上高度影响系数 $\alpha = 0.07\sqrt{H}$，即修正因子变为"αK_{js}"。

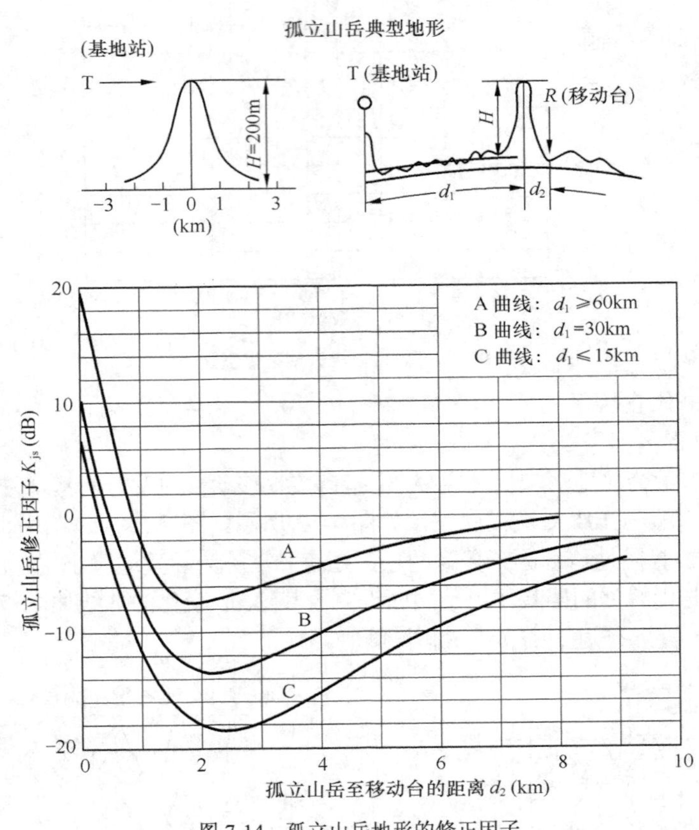

图7-14　孤立山岳地形的修正因子

（3）斜坡地形的修正因子

斜坡地形是指在 5～10km 内地形倾斜，在电波传播方向上，若地形逐渐增高，称为正斜坡，倾角为$+\theta_m$，否则称为负斜坡，倾角为$-\theta_m$。θ_m 单位为毫弧度（mrad）。斜坡地形修正因子 K_{sp} 如图 7-15 所示。K_{sp} 还与收发天线间距离 d 有关，图中给出了三种距离的曲线，其他距离同样可用内插法估计。

（4）水陆混合路径的修正因子

在传播路径上如有水域，其接收信号的强度比全是陆地时高，该种地形以水面距离 d_{SR} 与全距离 d 的比值为地形参数，其修正因子 K_S 如图 7-16 所示。图中曲线 A（实线）表示水面位于移动台一侧时混合路径的修正因子；曲线 B（虚线）则表示水面位于基站一侧的情况。当水面在传播路径中间时，则取曲线的中间值。

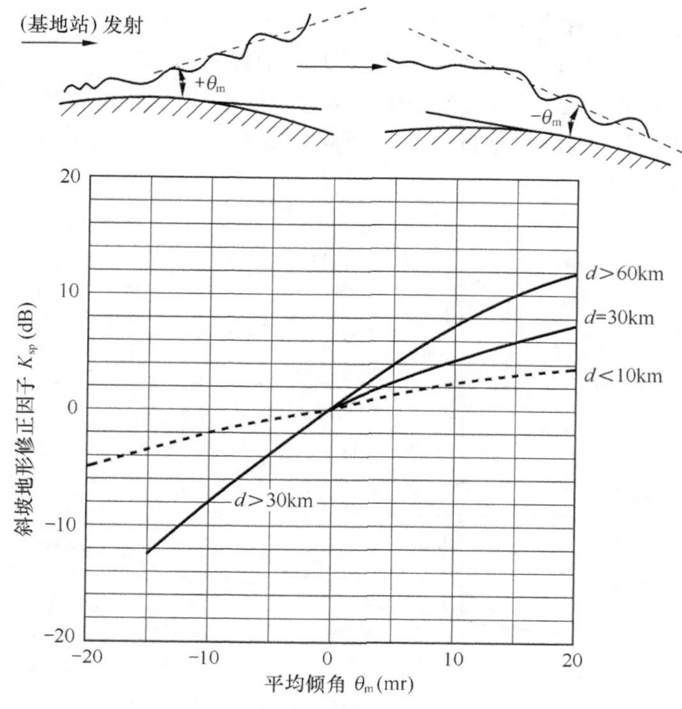

图 7-15　斜坡地形修正因子

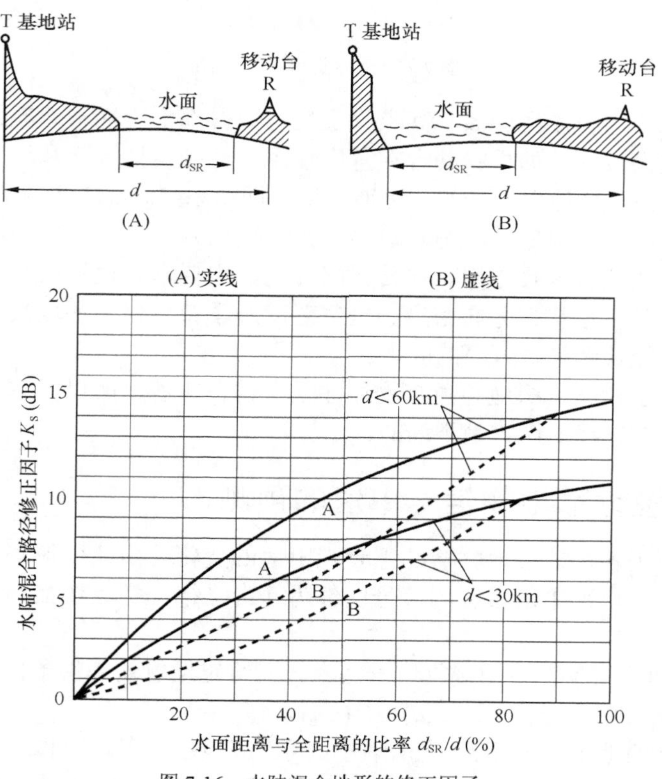

图 7-16　水陆混合地形的修正因子

4．其他因素对电波传播的影响

市区的场强中值还与街道走向有关，其修正因子如图 7-17 所示。当电波传播方向与街道走向平行，即在纵向路线上时，修正因子 K_{af} 为正值，表示其场强中值高于基准场强中值；当电波传播方向与街道走向垂直，即在横向路线上时，修正因子 K_{ac} 为负值，表示其场强中值低于基准场强中值。

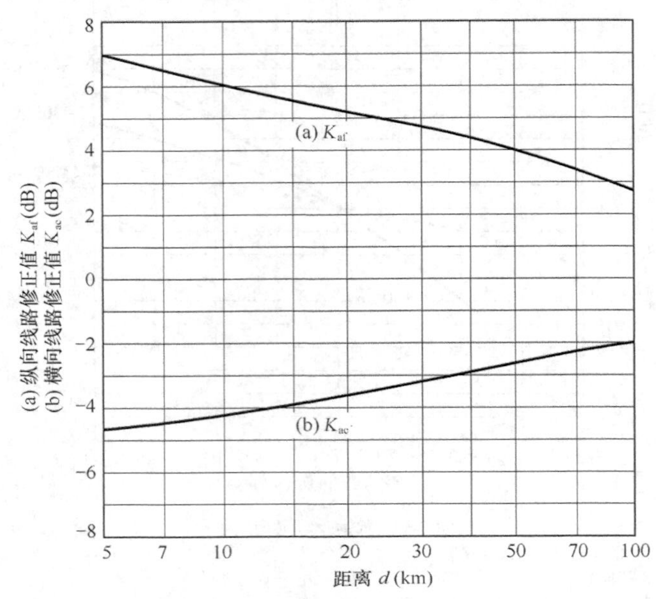

图 7-17　市区街道走向修正值

不同的材料、结构和楼房层数，其吸收衰耗的数据都不一样。一般的传播模型都是以街心或空阔地面为假设条件，如果移动台在室内使用，计算传播衰耗和场强时，需把建筑物的穿透衰耗也计算进去，才能保持良好的可通信率，即：$L_b=L_0+L_p$，式中 L_b 为实际路径衰耗中值；L_0 为街心的路径衰耗中值；L_p 为建筑物的穿透损耗。

树木、植被对电波有吸收作用。在传播路径上，由树木、植被引起的附加衰耗不仅取决于树木的高度、种类、形状、分布密度、空气湿度及季节变化，还取决于工作频率、天线极化、通过树林的路径长度等多方面的因素。

在城市中，由于树林、绿地与建筑物往往是交替存在着，所以，它对电波传播引起的衰耗与大片森林对电波传播的影响是不同的。

7.3.2　任意地形地物信号中值的预测

前面已经讨论了各种地形地物情况下衰减中值的变化，由此可得到对信号中值的较为准确的预测。计算时，以准平滑市区的信号中值为基准，根据实际传播路径的地形地物情况作相应修正。

P_o 为自由空间传播条件下的接收信号功率。在给定发射功率的条件下，准平滑地形的市区接收功率中值 $P_P=P_o-A_m(f,d)+H_b(h_b,d)+H_m(h_m,f)$。

如传播路径上的地形地物不是准平滑的市区，应根据地形地物修正。因此，任意地形地物的接收功率中值 $P_{pe}=P_p+K_T$，其中 $K_T=K_{mr}+Q_o+Q_r+K_h+K_{hf}+K_{js}+K_{sp}+K_s$。根据地形地物，$K_T$

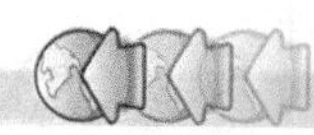

可能是一项或多项，例如，为开阔地斜坡地形，则 $K_T=Q_o+K_{sp}$，其余各项为 0；传播路径是郊区、丘陵地，则 $K_T=K_{mr}+K_h+K_{hf}$，其余各项为 0。

任意地形地物状况下的衰减中值 $L_A=L_T-K_T$，其中 $L_T=L_{bs}+A_m(f,d)-H_b(h_b,d)-H_m(h_m,f)$。

【例 7-1】 设基站天线有效高度为 60m，移动台天线高度为 1.5m，工作频率为 900MHz，在准平滑市区，通信距离为 20km 时，其传播路径上的衰减中值为多少？

解：自由空间传播衰耗

$$
\begin{aligned}
L_{bs}&=32.45+20\lg f+20\lg d\\
&=32.45+20\lg 900+20\lg 20\\
&=117.56\text{dB}
\end{aligned}
$$

查图得 $A_m(f,d)$=33dB，$H_b(h_b,d)$=−11dB，$H_m(h_m,f)$=−2.5dB

根据已知条件，K_T=0，则传播衰耗中值为

$$
\begin{aligned}
L_A&=L_T\\
&=L_{bs}+A_m(f,d)-H_b(h_b,d)-H_m(h_m,f)\\
&=117.56+33-(-11)-(-2.5)\\
&=164.06\text{dB}
\end{aligned}
$$

【例 7-2】 若将例 7-1 中的地形改为郊区，正斜坡地形，且θ_m=15mrad，其他条件不变，则传播衰耗中值为多少？

解：图得 K_{mr}=9dB，K_{sp}=4dB

根据地形可得 $K_T=K_{mr}+K_{sp}$，则传播衰耗中值为

$$
\begin{aligned}
L_A&=L_T-K_{mr}-K_{sp}\\
&=164.06-9-4\\
&=151.06\text{dB}
\end{aligned}
$$

7.3.3　场强中值变动分布及预测

根据地形地物确定电波传播的衰耗中值是覆盖设计的一个重要环节，但是影响通信可靠性的重要因素是场强的变化特性。

1．场强中值变动分布

由多径效应引起的多径衰落，场强瞬时值有快速、大幅度的变化，为快衰落，因其统计特性满足瑞利分布，又称为瑞利衰落。由阴影效应和气象条件变化引起的场强中值的缓慢变化即为慢衰落，慢衰落一般服从对数正态分布，若以分贝数表示信号中值电平，则服从正态分布。定点通信的衰落需考虑慢衰落，对移动通信影响最大的是快衰落。

正态分布又称高斯分布，高斯分布概率密度函数中，均值 a 也称为数学期望，是随机变量的分布中心；方差σ也称为标准偏差，表示偏离中心（均值 a）的离散程度，其值越大，表示分布越集中。如果有两个互不相关的变量，其变动的特性都服从对数正态分布，其标准偏差 $\sigma_0=\sqrt{\sigma_1^2+\sigma_2^2}$ 。

在σ不同时，为方便计算，可利用图 7-18 给出的σ随通信概率变化的归一化对数正态分布曲线，单位为 dB。

统计表明，在同一地点上接收信号中值随时间变化也服从对数正态分布。通常，分布的随时间变化的标准偏差σ_t和随位置变化的标准偏差σ_L如表 7-1 所示，表中 D 为收发天线间的距离；Δh 为地形波动高度。

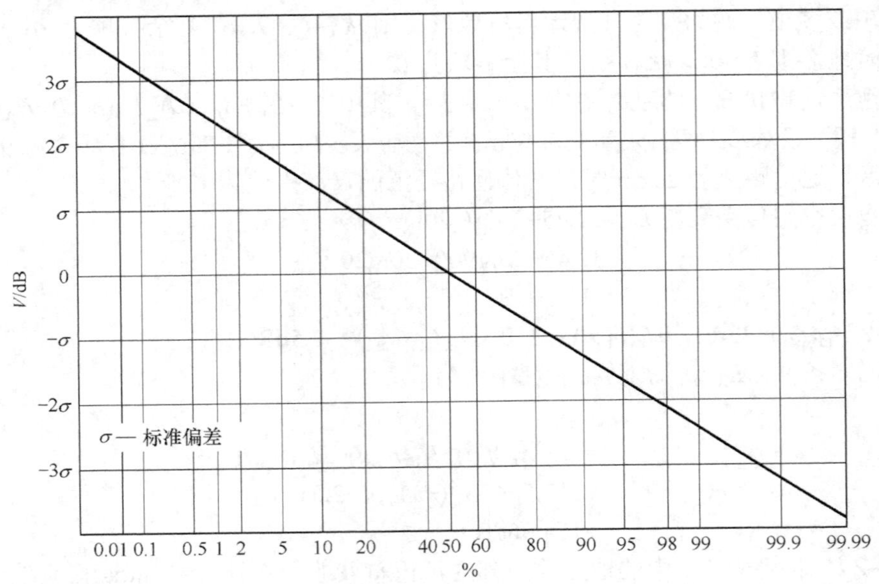

图 7-18 归一化常用对数正态分布曲线

表 7-1 不同地形的σ_L、σ_t值

频率 MHz	σ_L(dB)					σ_t(dB)				
	准平滑地形		不规则地形 Δh（m）			D(km)	50	100	150	175
	市区	郊区	50	150	300					
50			8	9	10	陆地	2	5	7	
150	3.5 ~ 5.5	4 ~ 7	9	11	13	水陆混合	3	7	9	11
450	6	7.5	11	15	18	水面	9	14	20	
900	6.5	8	14	18	21					

掌握中值变动分布和小区间瞬时值变动分布后，可求出两者的合成变动分布和合成变动幅度。对于半径约 2km 的范围来说，在市区就是对数正态分布和瑞利分布的合成分布；在郊区和丘陵地，就是标准偏差为σ_t 和σ_L 的两个正态分布的合成。图 7-19 表示合成瞬时值变动幅度曲线。在不同的频率时，它表示相对于中值的变动 X_σ。

设通信概率为 50%时，路径损耗中值为 140dB，要提高通信概率到 90%，则路径损耗可按如下方法计算：查图 7-19 曲线得 x 值为 1.28。若标准偏差$\sigma=\sqrt{\sigma_L^2+\sigma_t^2}=8.25\text{dB}$，路径损耗变化量 x_σ=10.56dB，即有 L_m=140dB−1.28σ=129.44dB，这说明缩小通信距离可提高通信概率。

2．通信概率

在移动通信中，由于接收信号场强的变化，接收机输入信噪比也在变化，因而严重地影响了通信距离和同频复用距离。在电波传播电路的计算中，为了确保服务区域内规定的可靠通信概率，必须有足够的抗衰落储备，储备量的大小取决于可靠通信概率相应的信号变动幅度的大小。接收机要求输入的最低保护电平 $P_{\min}$ 和系统余量的大小决定了可靠通信的概率。

通信概率是指移动台在无线覆盖区边缘进行满意通话的成功概率，包括位置概率和时间概率。慢衰落引起的场强中值变动是影响通信概率的重要因素，而慢衰落随位置和时间的变化均服从正态分布，在几十公里范围内，接收信号中值电平随位置的变化远大于随时间的变

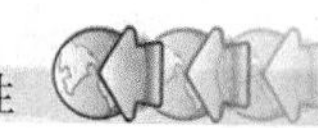

化，因此，常忽略时间变化的影响。下面讨论基站覆盖区边缘的通信概率。

当移动台沿无线覆盖区边缘移动时，其接收信号的中值电平是一随机变量，其概率密度函数如图 7-20 所示。图中，P_{min} 为接收机输入要求的最小功率电平；a_L 为平均值；P_{min} 与 a_L 的差值为系统余量 SM；阴影部分即为其通信概率。

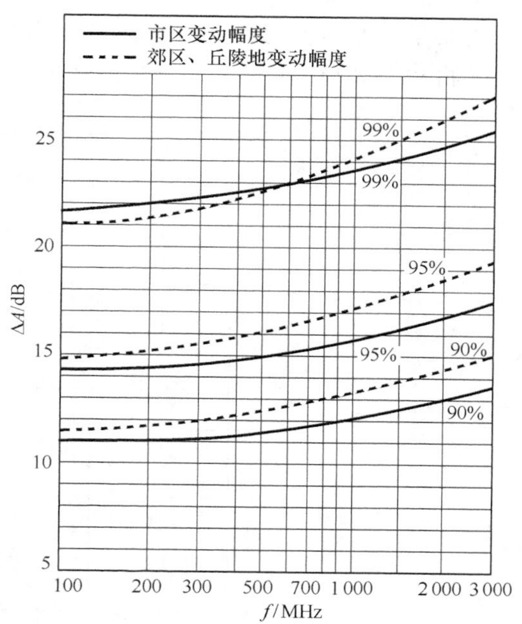

图 7-19　市区、郊区及丘陵地瞬时值变动幅度（50%～90%，50%～95%，50%～99%）

图 7-21 给出了通信概率与系统余量间的关系。由此，可根据给定的通信概率和σ值确定系统余量；也可根据给定的系统余量和σ值获得通信概率值。

【例 7-3】 某工作在 450MHz 频段的移动通信系统，在准平滑市区，当无线覆盖区域边缘的通信概率为 50%时，所需的发射机输入功率为 8.5dBW（7W）。若要求其他参数不变，以增大发射功率的方法增加无线覆盖区边缘的通信概率到 90%，则系统余量为多大，发射机功率应增加到多少？

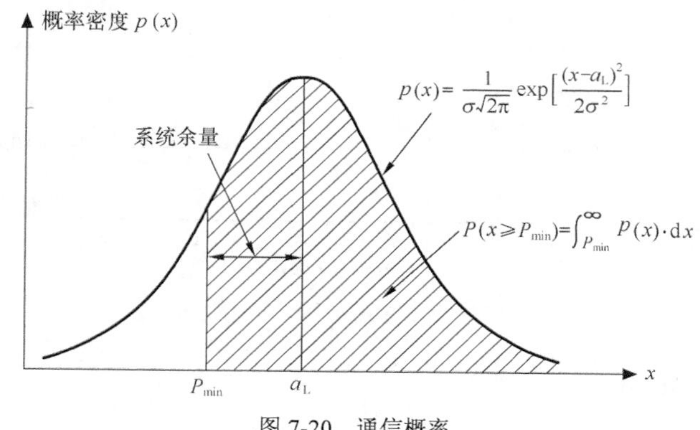

图 7-20　通信概率

解：查表 7-1 得，准平滑市区的位置标准偏差σ_L=6dB；查图 7-21 得通信概率为 90%时，系统余量为 SM=7.5dB。由于整个系统的其他参量不变，通信概率的提高只依赖于发射功率的提高，即所需发射机输出功率的增加量 P_T=8.5+SM=16dBW(40W)

若要求在无线区覆盖边缘 90%的位置上和 90%的时间里达到规定的话音质量，则σ_L用σ代替。$\sigma=\sqrt{\sigma_L^2+\sigma_t^2}$，式中$\sigma_L$与$\sigma_t$可查表 7-1 得到。

在系统其他参数不变的情况下，要提高系统的通信概率，只能缩短通信距离以减小路径衰耗中值，减小的衰耗中值即为系统余量。也就是说，系统以减小传播距离为代价提高通信概率。

【例 7-4】 某工作在 450MHz 频段的移动通信系统，在郊区，当通信概率为 50%时，路径衰耗中值为 140dB，若要求通信概率提高到 90%，其他参数不变，通信距离应为多少？

解：查表得，郊区地形的位置标准偏差为σ_L=7.5dB；查图 7-21 得通信概率为 90%时，

系统余量为 SM=9.5dB。要求通信概率为 90%时，路径衰耗中值 L_A=140−9.5=130.5dB

再按 OM 模型计算可得通信距离 d。

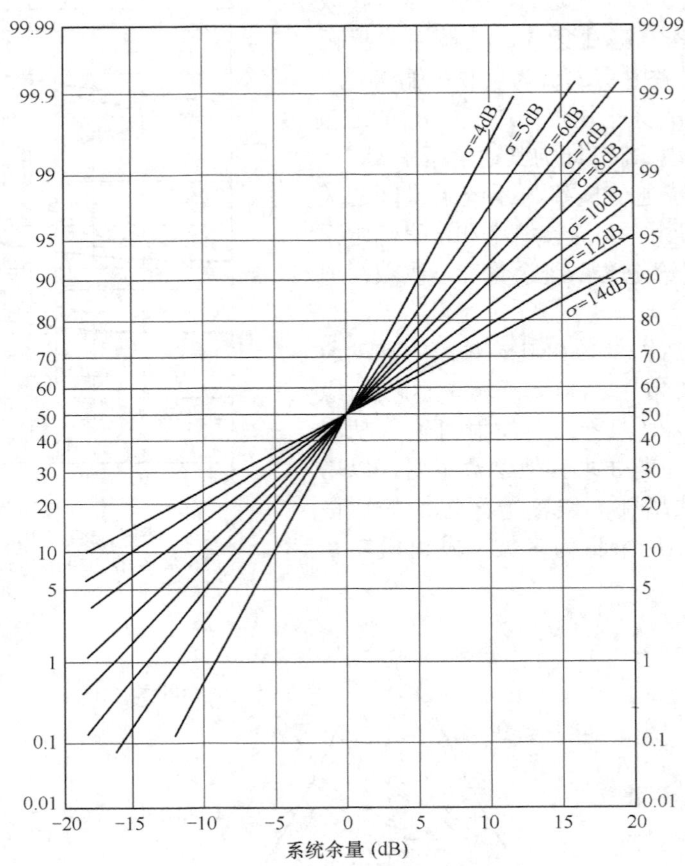

图 7-21　通信概率与系统余量的关系

7.3.4　覆盖设计

基站覆盖是小区规划中最重要的内容之一。规划和设计一个移动通信网时，最重要的是必须了解无线覆盖区内每个接收点的接收信号强度、质量和它的波动变化情况，从而预测出基站的覆盖和干扰电平，以便为用户提供一个满意的服务区。

1．传播模型的选用及修正

我们已经讨论了电波传播特性及传播模型等问题，基站覆盖设计，必须了解和掌握移动通信环境中电波传播的这些特点，并且与当地的传播条件密切结合，建立与之相适应的数学模型，才能更好地完成无线网络的规划工作。

传播模型在进行预测时都会存在误差，这是由于各地的传播环境不同而造成，再加上我国幅员辽阔、地形复杂多样，各地传播环境千差万别，如果不作修正，照搬经验公式，则可能产生较大的偏差。因此应用时，除选择适合本地环境的模型外还必须对其加以修正，通过对模型的修正，来提高预测的精度。

修正需进行实地测试，通过测试获得进行模型校正的数据，然后用测试结果修正模型中

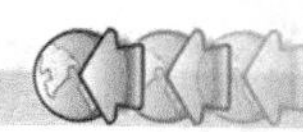

相关的参数，从而使预测结果更接近于当地的实际情况。

2．基站覆盖预测

规划移动通信网最重要的工作是为用户提供一个满意的无线服务区。站在移动用户的角度，希望网络在任何时间、任何地点都能提供服务，完成通信。因此在规划中根据用户需求对基站覆盖区域作出预测，检验覆盖范围和覆盖区内质量是否达到预期目标，覆盖区内是否还有“盲区”，是否存在由于相邻小区场强过高，交叉覆盖造成的“孤岛”。另外，也可以通过小区覆盖，检查切换区是否分布在高话务密度区域。

基站的覆盖主要和以下因素有关：使用的频率、服务质量要求、发射机输出功率、接收机可用灵敏度、使用的天馈线、通信地点的传播环境、选用的传播模型等。覆盖预测是将已选择的基站站址和参数输入规划软件，由计算机仿真来完成。

目前任何覆盖预测都很难与实际情况准确吻合，而总会与实际情况存在一定的误差，因此，在网络建成后，都要通过路测对规划进行检验，并针对路测中发现的不足，通过调整该地区基站数、站址等进行网络调整和优化，以达到预期目标。

3．系统均衡

根据我国技术体制，基站覆盖区可以定义为移动台接收信号强度高于设计值 90%以上的区域。在基站覆盖区内，移动通信是一个双向的通信系统，从基站到移动台的信道称为“下行链路”，从移动台到基站的信道称为“上行链路”。为了保证通信，必需满足双向间的移动台和基站最低接收灵敏度的要求，由于基站和移动台发射功率、接收灵敏度不同，因此在系统仿真前，必须进行系统均衡，以避免系统增加额外的干扰和成本。

移动通信系统上下行信号平衡是获得满意通信质量的关键问题之一。移动通信系统的无线链路分上、下行两个方向。实际的覆盖范围应有信号较弱的方向决定，如果上行信号大于下行信号覆盖，那么小区边缘下行信号较弱，容易被其他小区的信号“淹没”；如果下行信号覆盖大于上行信号覆盖，那么移动台被迫守候在强信号下，但上行信号太弱，话音质量不好。当然，上下行功率平衡并不意味着绝对相等。

图 7-22 中，设基站发射机天线前端功率为 P_{outb}，基站天线增益 G_{ab}，空间损耗 L_p，移动台天线增益 G_{am}，移动台接收电平为 P_{inm}，衰落余量 M_f，基站发射机天线共用器损耗 L_{cb}，基站接收机分集增益 G_{db}，基站发射机端口功率 P_{bt}，基站接收机端口功率 P_{br}。下行链路 $P_{inm}+M_f=P_{outb}-L_{cb}-L_{fb}+G_{ab}-L_p+G_{am}$；上行链路 $P_{inb}+M_f=P_{outm}+G_{am}-L_p+G_{ab}-L_{fb}+G_{db}$；比较两式则有 $P_{inm}-P_{inb}=P_{outb}-P_{outm}-L_{cb}-G_{db}$。

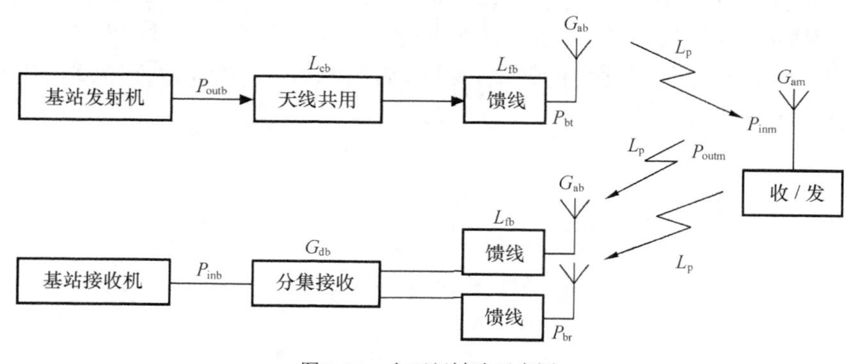

图 7-22　上下行链路示意图

设移动台接收机最小输入电平（接收机灵敏度）为−102dBm；基站接收机最小输入电平为−106dBm；基站天线共用器损耗 L_{cb}=5dB；基站接收机分集接收增益 G_{db}=2dB；移动台发射功率 P_{outm}=2W(33dBm)。则上下行链路平衡时，基站输出功率 P_{outb}=44dBm(31W)。

小　结

1．衰落主要有由于多径效应引起的快衰落，由气象条件、阴影效应引起的慢衰落两种。快衰落主要影响信号的瞬时值，而慢衰落影响的主要是信号中值。

2．表征信号和衰落的统计数字特征量主要有场强中值、衰落深度、衰落率和衰落持续时间。

3．常用的电波传播模型很多，基本方法都是以某一地形地物状况的实测数据为依据，给出参考模型，再根据实际地形地物状况及应用条件进行修正。

4．OM 模型是常用的电波传播预测方法之一，给出准平滑市区的场强中值，其他地形、地物给出相应的修正因子，任意地形、地物的电波传播衰耗中值可表示为 $L_A=L_T-K_T$，而 $L_T=L_{bs}+A_m(f,d)-H_b(h_b,d)-H_m(h,f)$，$K_T=K_{mr}+Q_o+Q_r+K_h+K_{hf}+k_{js}+K_{sp}+K_s$。其中，$K_T$ 根据具体地形、地物确定。

5．在系统其他参数不变的情况下，要提高系统的通信概率，只能缩短通信距离，以减小路径衰耗中值，即系统以减小传播距离为代价提高通信概率。

6．为了保证通信质量，必需满足双向通信的移动台和基站最低接收灵敏度的要求，必须进行系统均衡。

思考与练习

7-1　什么是场强中值？若场强中值等于接收机最小门限值，则可通信概率为多少？

7-2　衰落深度、衰落速率和衰落持续时间分别用来衡量衰落的哪方面的情况？

7-3　什么是自由空间？自由空间传播衰耗的含义是什么？试计算工作频率为 900MHz，通信距离分别为 10km 和 20km 时的自由空间传播衰耗。

7-4　某移动电话系统，其工作频率为 150MHz，基站天线高度为 50m，移动台天线高 2m，市区工作，若传播路径为准平滑地形，通信距离 10km，求传播路径的衰耗中值？若在开阔区工作，传播路径是负斜坡，θ_m= −15mrad，其他条件不变，求传播路径的衰耗中值。

7-5　通信概率和系统余量的关系是什么？题 7-4 中在传播条件不变的情况下，如何才能提高通信概率？若只考虑位置变化的影响，此时通信概率为 80%，要提高到 90%衰耗应减小多少？通过什么方法实现？

第 8 章 移动通信中的噪声和干扰

本章内容

- 移动通信中的主要噪声
- 移动通信中的主要干扰

本章重点

- 接收机的低噪声放大器、塔顶放大器
- 互调干扰、邻道干扰、同频干扰的概念、产生和改善措施

本章难点

- 塔顶放大器
- 互调干扰、邻道干扰的产生和改善措施

本章学时数　4 学时

学习本章的目的和要求：

- 掌握对接收侧放大器的要求和塔顶放大器的作用
- 理解三种主要干扰的概念、产生及减小的方法
- 了解信道组中三阶互调存在与否的判断方法

8.1 移动通信中的噪声

8.1.1 噪声的类型

噪声和干扰普遍存在于通信系统中，无论是有线通信还是无线通信。通信系统中任何不需要的信号都可称为噪声或干扰。有线通信中的噪声，如市话中的串扰音（广播声），电路中的固有噪声（嗞嗞声）。无线通信中干扰和噪声的来源更复杂，更严重，对通信质量的优劣具有关键的作用。

外部噪声和干扰是使通信性能变坏的重要因素。接收机能否正常工作，不仅取决于接收机输入信号的大小，而且取决于干扰和噪声的大小。比如说，在接收机灵敏度很高的情况下，当外部噪声和干扰远高于接收机固有噪声时，接收机的灵敏度就会大大降低，当接收机的输入信噪比小于允许门限值时，接收机就不能进行正确接收。因此，研究各种干扰和外部

噪声，对移动通信系统的设计工作具有十分重要的意义。噪声可分为内部噪声和外部噪声。

1．内部噪声

内部噪声主要指接收机本身的固有噪声，其主要来源是电阻的热噪声和电子器件的散弹噪声。

热噪声由粒子的热运动产生，温度越高，粒子动能越大，形成的噪声也越大，热噪声的瞬时值服从高斯分布，因此又称高斯噪声，热噪声的频带极宽，几乎是所有无线电频谱的叠加，因此又称为白噪声。

散弹噪声是由于载流子随机通过 PN 结，亦即单位时间内通过 PN 结的载流子数目不一致所造成，表现为通过 PN 结的正向电流在平均值上下做不规则起伏变化。犹如打靶时大量子弹射击靶心，势必有偏离靶心的现象，因此称其为散弹噪声。

2．外部噪声

外部噪声分自然噪声和人为噪声。

自然噪声主要指天电噪声、宇宙噪声和太阳噪声等，功率谱主要在 100MHz 频段以下，陆地移动通信中，自然噪声远低于接收机固有噪声，可忽略。

人为噪声是由各种电气设备中电流或电压的剧变而形成的电磁波辐射所产生。人为噪声由人为噪声源引起，如：马达、焊机、高频电气装置、医疗 X 光机、电气开关等所产生的火花放电都伴随着电磁波辐射，除直接辐射外，还可通过电力线传播。城市中各种噪声源较集中，城市人为噪声比较大，主要是汽车点火噪声。人为噪声多属冲击性噪声，大量冲击噪声混在一起形成连续噪声或连续噪声再叠加冲击噪声。人为噪声的频谱较宽，且噪声强度随频率升高而下降。人为噪声源的数量和集中程度随地点和时间而异，随机变化，噪声强度的地点分布可近似按正态分布处理，其标准偏差σ约为 9dB。噪声强度与接收天线的高度及天线离道路的距离有关，因此 BS 与 MS 所受影响不同。

为了抑制人为噪声，应采取必要的屏蔽和滤波措施，也可在接收机上采取相应的措施。在电路设计时，不但要考虑电波传播的因素，同时还需要计算平均人为噪声功率，计算可参考图 8-1 进行。

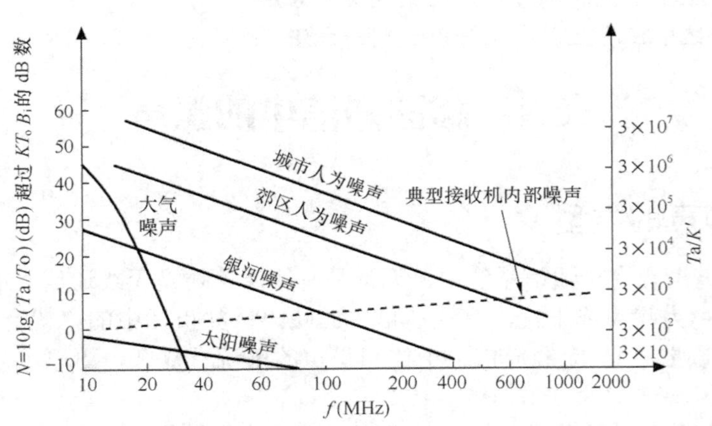

图 8-1　人为噪声的功率与频率的关系

图中，玻尔兹曼常数 K=1.38×10^{-23}W/(k° Hz^{-1})；参考绝对温度 T_0=290K°；KT_0=−204dBW/Hz；B_i 为接收机带宽。图中给出的 dB 值是高于 KT_0B_i 的值。如 B_i=10lg200kHz=53dBHz，则 KT_0B_i=

−151dBW=−121dBm。若系统工作在 900MHz 频段，则城市的平均人为噪声电平为−151dBW+18dB=−133dBW=−103dBm。

8.1.2　噪声系数

通常认为噪声就是扰乱或干扰有用信号的某种不期望的扰动，干扰和噪声是两个同样的术语，没有本质区别。一般，把外部来的称为干扰，而内部固有的称为噪声，根据这样的划分，噪声就是指由系统材料和器件物理学产生的自然扰动。衡量接收机或元器件噪声性能的好坏，常用噪声系数 N_F 和等效噪声温度 T_e 表示，在此简单介绍噪声系数的概念。

每一个信号均混杂着噪声，而当信号通过任一系统的传输和处理，还会附加新的噪声，这些噪声的大小直接影响着有用信号的纯度，其影响的程度可以用信号与噪声的功率之比来衡量，表示为：$S/N=P_S/P_N$。式中，P_S 为平均信号功率，P_N 为平均噪声功率。

显然，信噪比越大，信号越纯，恢复原始信号就越容易，传输的话音越清晰，传输图像或文字时，分辨率越高。因此，不论传输话音或图像、文字都要求有一定的信噪比，而后者要求更高。

信号在信道中传输时，由于信道产生噪声要叠加到信号上去，所以信噪比不断恶化。例如放大器，由于放大器内部有电阻热噪声、管子的散弹噪声等内部噪声，再加上输入信号伴随的噪声被放大，因此必然是噪声增加，输出信噪比降低，只有理想放大器（无噪声）的输出信噪比才等于输入信噪比。

为了衡量信噪比通过线性网络的变化，引入噪声系数的概念。噪声系数是指网络输入端的信噪比与输出端的信噪比的比值，若 S_i 为输入信号功率，N_i 为噪声功率，S_o 为输出信号功率，N_o 为输出噪声功率，则 S_i/N_i 为输入信噪比；S_o/N_o 为输出信噪比。因此有：$N_F=\dfrac{S_i/N_i}{S_o/N_o}$；$N_F$ 用 dB 表示为 $N_F=10\lg\dfrac{S_i/N_i}{S_o/N_o}$。

定义信噪比与噪声系数时都是用功率相比，实际上，由于测量电压比较方便，因此在工程设计中往往用信号电压有效值与噪声有效电压之比来定义信噪比及噪声系数，即不用功率分贝，而用电压分贝来定义。

例如收信机的额定信噪比为 20dB，即表示在接收机扬声器输出端测出信号电压有效值为 6.4V 时，噪声电压有效值应为 0.64V，即电压信噪比为 10，分贝数为 20dB。

又如某放大器输入信噪比值为 10，如图 8-2 所示。由于放大器为非理想放大器，其输入信号功率为 1mW，噪声功率为 0.1mW，放大器内部噪声为 1mW，功率增益为 A_P=10，这样放大器的输出信噪比就不是 10，而是 5 了，则放大器的噪声系数 N_F(dB)=10lg10/5=3dB。

实际放大器

S_i=1mW

N_i=0.1mW

S_o=10mW

N_o=1+1mW

A_P=10（产生 1mW 的噪声）

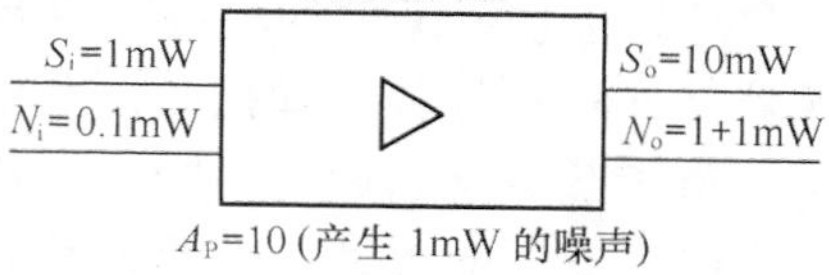

图 8-2　放大器示例

由此可见，N_F=1 时，输出信噪比等于输入信噪比，只有理想放大器（无噪声）才有可能，一般放大器 N_F>1。不过，噪声系数越接近于 1，说明放大器内部噪声越小，输出信噪比下降的倍数也越少。上例中输出信噪比降低 $\dfrac{1}{2}$ （3dB）。

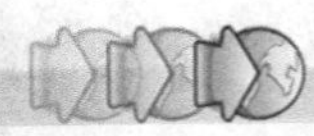

多级放大器级联时的噪声系数为 $N_{\mathrm{F}}=N_{\mathrm{F1}}+\dfrac{N_{\mathrm{F2}}-1}{A_{\mathrm{P1}}}+\dfrac{N_{\mathrm{F3}}-1}{A_{\mathrm{P1}}A_{\mathrm{P2}}}+\dfrac{N_{\mathrm{F4}}-1}{A_{\mathrm{P1}}A_{\mathrm{P2}}A_{\mathrm{P3}}}+K$，该公式称为 Friis 公式，在能产生噪声的多级有源网络中都适用，它可以决定收信机的噪声系数，这主要是把包括变频器（看成线性混频）在内的所有放大级（鉴频器前边）的多级网络看成整机而言。由公式可以看到，对于收信机来说，第一级高频放大器的噪声系数的降低，对整机影响最大，变频级、中放级次之，后边各级又次之。从物理意义上讲，这是由于前面各级产生的噪声都要经由后面各级逐级放大的缘故。因此如何减少第一级噪声是设计低噪声电路的关键。整机前端电路噪声系数分配如图 8-3 所示。

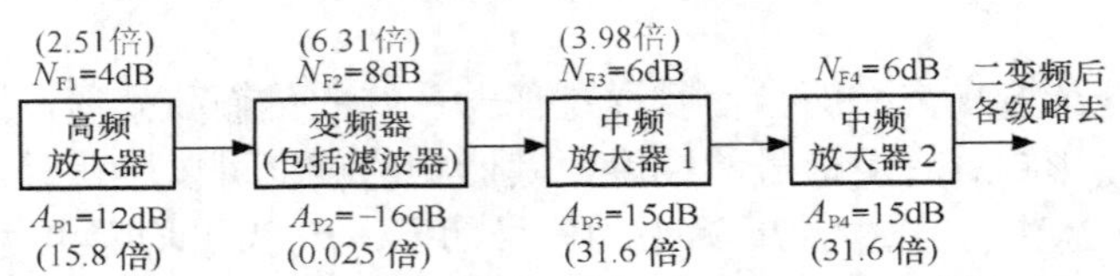

图 8-3　收信机前端电路各级噪声系数分配示意图

8.1.3　降低噪声的方法

1. 降低噪声的方法

一般，高增益放大器的输入级通称低噪声级。因为输入的信号电平很低，输入级的噪声将起作用，例如在电视机荧光屏上看到的“雪花”干扰，就是第一级信号的放大器内部产生的噪声造成的。据分析，多级的级联放大器中，虽然每一级放大器都会产生内部噪声，但噪声源在第一级时影响最大，所以对高增益放大器的设计，首先必须着重于如何使第一级放大器设计最佳。

选择低噪声器件是降低噪声的基本方法，场效应管具有比晶体管小得多的最佳噪声系数。电阻是无源网络中主要的噪声源，一般薄膜电阻比实心电阻噪声小，薄膜电阻中，又以金属膜电阻噪声最小，如果体积允许，尽量不要采用超小型电阻，因为小电阻不易散热，容易产生噪声。

对于基站来说，改善上行信号接收时的噪声影响可在塔顶天线与馈线连接处加装塔顶放大器。

2. 塔顶放大器

基站接收灵敏度的提高一直是一个难以解决的问题，这主要是由于基站接收系统的有源器件和射频导体（如接收回路中的馈线、跳线和基站内的接收分路器、高频放大器等）中的电子热运动引起的热噪声。热噪声的引入，降低了系统接收的信噪比，从而限制了基站接收灵敏度的提高、降低了通话质量。塔顶放大器（简称塔放）就是在基站接收系统的前端即紧靠接收天线的位置增加一个低噪声放大器，以改善基站的接收性能。塔放位置如图 8-4 所示。

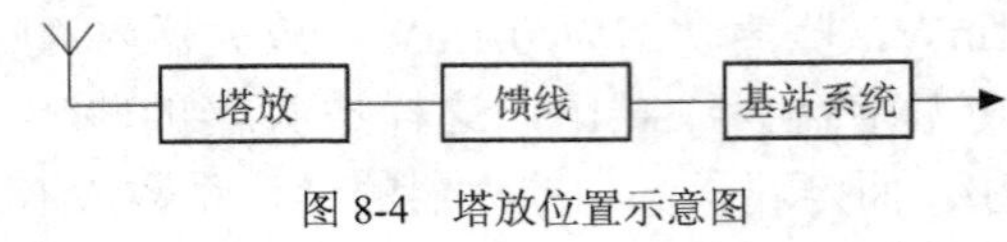

图 8-4　塔放位置示意图

8.2　移动通信中的主要干扰

移动通信系统中的干扰主要来源于广播、电视、雷达、导航、工业等部门及其他通信系

统，如微波中继通信、散射通信等。在移动通信中考虑的主要干扰有互调干扰、邻道干扰和同频干扰等。

8.2.1　互调干扰

1．互调干扰的概念

互调干扰是由于多个信号加至非线性器件上，产生与有用信号频率相近的组合频率，从而造成对系统的干扰。

非线性器件的特性表明，输入信号多于两个时，会由于调制而在输出信号中增生原来信号中所没有的新的不需要的组合频率，即互调产物。如果产生的互调产物落入某接收机带内，并且具有一定的强度，就会造成对该接收机的干扰。在移动通信中，由于发射机末级和接收机前端电路的非线性，因而造成发射机互调和接收机互调。此外，在发射机强射频场的作用下，由于发信机高频滤波器及天线馈线等插接件的接触不良，或拉杆天线及天线螺栓等金属部件生锈，产生非线性因素也会出现互调现象，这种互调为外部互调，又叫生锈螺栓效应。

总的来说，产生互调干扰的条件有：多个信号同时加到非线性器件上产生大量的互调产物；无线系统间，系统内频率和功率关系不协调；对接收机互调而言，所有干扰发射机和被干扰接收机同时工作。几个条件必须同时满足，才会产生互调干扰，逐一改善可解决互调干扰问题。互调产物用幂级数表示为高次项，系数一般随阶次增高而减小，故幅度最大、影响最严重的是落在有用信号附近的三阶互调。

2．三阶互调

设输入回路的选择性较差，同时有三个载频分别为ω_A、ω_B、ω_C的干扰信号进入接收机高放或混频级而未被滤除，有用信号为ω_0。故进入接收机高放的信号频率为ω_A、ω_B、ω_C与ω_0。

晶体管的转移特性的非线性可用幂级数表示为$i=a_0+a_1u+a_2u^2+a_3u^3+\cdots$，式中，$a_0,a_1,a_2,a_3\cdots$是由晶体管特性决定的系数。设作用于晶体管的信号为$u=A\cos\omega_At+B\cos\omega_Bt+C\cos\omega_Ct$，则输出回路电流$i$=直流项+基频项+2 次项+3 次项+…。其中 3 次项有：

$$
\begin{aligned}
&(3/4)a_3A^2B[\cos(2\omega_A+\omega_B)\mathrm{t}+\cos(2\omega_A-\omega_B)t]\\
&+(3/4)a_3AB^2[\cos(2\omega_B+\omega_A)\mathrm{t}+\cos(2\omega_B-\omega_A)t]\\
&+(3/4)a_3A^2C[\cos(2\omega_A+\omega_C)\mathrm{t}+\cos(2\omega_A-\omega_C)t]\\
&+(3/4)a_3AC^2[\cos(2\omega_C+\omega_A)\mathrm{t}+\cos(2\omega_C-\omega_A)t]\\
&+(3/4)a_3B^2C[\cos(2\omega_B+\omega_C)\mathrm{t}+\cos(2\omega_B-\omega_C)t]\\
&+(3/4)a_3BC^2[\cos(2\omega_C+\omega_B)\mathrm{t}+\cos(2\omega_C-\omega_B)t]\\
&+(3/2)a_3ABC[\cos(\omega_A+\omega_B-\omega_C)t+\cos(\omega_A+\omega_C-\omega_B)t+\cos(\omega_B+\omega_C-\omega_A)t+\cos(\omega_A+\omega_B+\omega_C)t+\cdots]
\end{aligned}
$$

由 3 次项不难看出，频率为 $2\omega_A-\omega_B,2\omega_B-\omega_A,2\omega_A-\omega_C,2\omega_C-\omega_A,2\omega_B-\omega_C,2\omega_C-\omega_B$，$\omega_A+\omega_B-\omega_C$，$\omega_A+\omega_C-\omega_B,\omega_B+\omega_C-\omega_A$ 的三阶互调产物将在$\omega_A,\omega_B,\omega_C$附近，故难以用选择性电路滤除，容易构成互调干扰。而 $2\omega_A+\omega_C$ 和 $2\omega_A+\omega_B$…等类型的互调分量远离使用的频率，故容易滤除，因而危害性不大。由此看出，三阶互调干扰有两种类型，即二信号三阶互调和三信号三阶互调，分别用 $2A-B$（三阶 I 型）和 $A+B-C$（三阶 II 型）表示。

由电流的三次项表示式可知，三阶互调产物的幅度和晶体管特性的 3 次项系数 a_3 成比例，说明它是由晶体管特性的 3 次幂项产生的。另外，三阶互调产物和干扰信号的幅度有关，当各个干扰信号的幅度相等时，三阶互调幅度与干扰信号幅度的 3 次方成比例，且三信号三阶互调电平比二信号三阶互调电平高一倍（6dB）。

按照同样的数学分析方法，如将 a_5u^5 的 5 次幂展开并整理，可得以下六种类型的五阶互调产物：$3A-2B$，$3A-B-C$，$2A+B-2C$，$2A+B-C-D$，$A+B+C-2D$，$A+B+C-D-E$。

由于 $a_3>>a_5$，故一般只考虑三阶互调干扰，但电台密度大，多信道共用时必须考虑五阶互调。由分析表明，各个干扰信号必须满足一定的频率和幅度条件才能造成互调干扰。也就是说，电路的非线性仅是产生互调干扰的内因，尽管在同一地区有很多电台同时工作，只要电台的工作频率分配得当，各台的布局合理，就不会产生严重的互调干扰。所以，从频率分配上和干扰信号强度上设法构成破坏互调干扰的条件，是系统设计时应当考虑的问题。

在多信道系统中，信道使用是随机的，因此，落入信道的互调干扰也是随机的。

（1）多信道共用系统中的三阶互调

移动通信系统是采用多信道工作的，而这些信道间隔较窄，各信道载频相差不多，与信道载频相比很小，因此，产生三阶互调的频率源主要是网内的多信道频率。

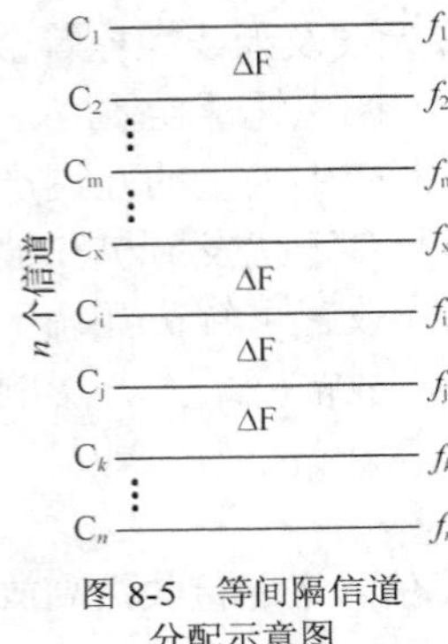

图 8-5　等间隔信道分配示意图

如有 n 个等间隔信道，f_x、f_i、f_j、f_k 分别为 x、i、j、k 信道的载频，产生的三阶互调干扰可表示为：$f_x=2f_i-f_j(i\neq j)$；$f_x=f_i+f_j-f_k(i\neq j\neq k)$。组网时，若有两个信道频率或三个信道频率满足上述关系，就会产生三阶互调干扰。

若信道序号由 1～n，按等间隔划分，C_1 信道使用频率 f_1，C_2 使用 f_2，C_n 使用 f_n，则任一信道的频率为 $f_n=f_1+\Delta F(C_n-1)$。其中，f_1 为所有信道频率中最低频率；ΔF 为信道间隔的频率数；C_n 为 n 信道序号，如图 8-5 所示。

各信道的频率与信道序号间的关系可表示为：$f_x=f_1+\Delta F(C_x-1)$；$f_i=f_1+\Delta F(C_i-1)$；$f_j=f_1+\Delta F(C_j-1)$；$f_k=f_1+\Delta F(C_k-1)$；$f_m=f_1+\Delta F(C_m-1)$；$f_n=f_1+\Delta F(C_n-1)$。

所以用信道序号来表示三阶互调公式如下：$C_x=2C_i-C_j(i\neq j)$；$C_x=C_i+C_j-C_k$。这是计算三阶互调的基本公式，是图表计算法及计算机编程计算的基础。用互调干扰公式计算互调的各种频率的组合，计算繁琐。但设计时又必须计算，因此用图表、曲线及计算机程序来方便工程设计。在此介绍工程上常用的差值列阵法。

$C_x=2C_i-C_j=C_i+C_i-C_j$ 包含在 $C_x=C_i+C_j-C_k$ 中，即有 $C_x-C_i=C_j-C_k$。所以，在多信道系统中，当任意两个信道序号之差等于任意另两个信道序号之差，就构成三阶互调。若 d 为信道序号差值，则用信道序号表示的三阶互调公式可写成 $d_{xi}=d_{jk}$，这就是差值列阵法基本公式，满足该式就会产生三阶互调。

应用时，可用图表法，①依次排列信道序号；②按规律依次计算相邻信道序号差值 d_{jk}，写在两信道序号间；③计算每隔一个信道的序号差值；④计算每隔二个信道的序号差值；…；⑤察看三角阵中是否存在相同数值，若有表示满足条件 $d_{xi}=d_{jk}$，存在三阶互调；若没有，则不存在三阶互调。这种方法比较适用于信道数不多的情况。

【例 8-1】 给定 1，3，4，11，17，22，26 信道，问是否存在三阶互调干扰？

解 根据三阶互调公式，其信道序号差值如图所示，图 8-6 中无相同数值，表示无三阶互调。

（2）无三阶互调信道组的选择

上面多信道的频率间距是按等间隔来考虑三阶互调的，在频率分配时，能否适当地选择

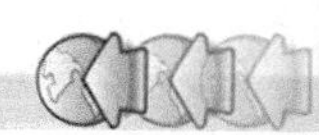

不等频距的信道，使它们产生的互调产物不落入任一工作信道呢？在此我们讨论如何选信道组，以实现在本系统内无三阶互调干扰；同时，从频率的有效利用上看，应尽量提高频段利用率，也就是说，应找出占用频段最小的无三阶互调干扰的信道组。

① 差值列阵法

根据前面讨论的判断信道组中是否存在三阶互调的差值列阵法，只要使任何二个信道序号的差值不重复出现，那么这一组频率就是无三阶互调干扰信道组。现举例说明如下：

- 选 $d_{2,1}=1$，即信道序号为 C_1，C_2。
- 选 $d_{4,2}=2$，即信道序号为 C_1，C_2，C_4。就不能再出现差值 3，因 $d_{4,1}=3$，只能选 4。
- 选 $d_{8,4}=4$，即信道序号为 C_1，C_2，C_4，C_8。接着只能选 5，下一序号为 C_{13}。以上系列不能再选差值 6，7，9，11，12。
- 选 $d_{21,13}=8$，即序号为 C_1，C_2，C_4，C_8，C_{13}，C_{21}。

同时可列出差值阵列，如图 8-7 所示，方便查看任意两信道间的差值。

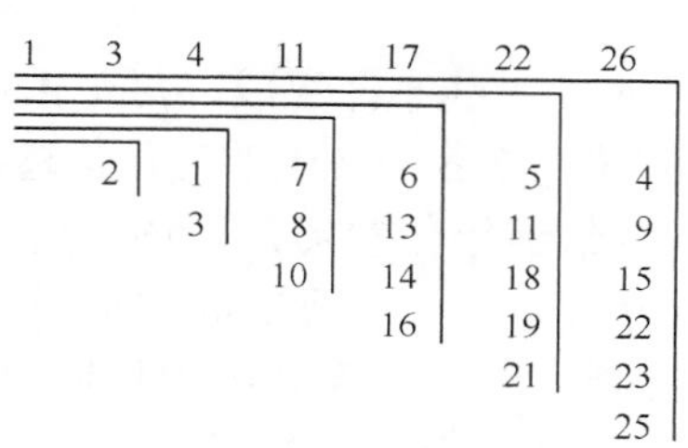

图 8-6　差值列阵法

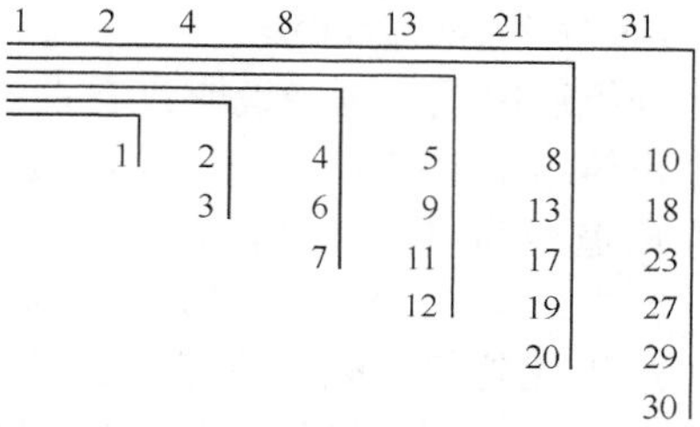

1　2　4　8　13　21　31
1　2　4　5　8　10
3　6　9　13　18
7　11　17　23
12　19　27
20　29
30

图 8-7　差值列阵法选择无三阶互调信道组示例

按上述方法，可得无三阶互调信道频率配置表。表 8-1 给出了频道利用率最高的无三阶互调信道组方案。

表 8-1　无三阶互调信道组

所需信道数	最小占用信道数	无三阶互调信道组的信道序号	频道利用率
3	4	1，2，4	75%
4	7	1，2，5，7 1，3，6，7	57%
5	12	1，2，5，10，12 1，3，8，11，12	42%
6	18	1，2，9，13，15，18 1，2，5，11，16，18 1，2，5，11，13，18 1，2，9，12，14，18	33%
7	26	1，2，8，12，21，24，26 1，3，4，11，17，22，26 1，2，5，11，19，24，26 1，3，8，14，22，23，26 1，2，12，17，20，24，26 1，4，5，13，19，24，26 1，5，10，16，23，24，26	27%

续表

所需信道数	最小占用信道数	无三阶互调信道组的信道序号	频道利用率
8	35	1，2，5，10，16，23，33，35； 1，3，13，20，26，31，34，35；…	23%
9	45	1，2，6，13，26，28，36，42，45；…	20%
10	56	1，2，7，11，24，27，35，42，54，56；…	20%

在选用无三阶互调信道组时，三阶互调产物依然存在，只是不落入本系统的工作频道之内，本系统内各工作信道没有三阶互调干扰，但可能对其他系统产生干扰。另外，表 8-1 中还可以看出信道数与信道利用率间的关系。选用无三阶互调信道组时，占用频道中只使用了一部分，因而频率利用率低，选用频道数量越大，信道利用率越低，在需要信道数较多时不现实。小区制中，每个小区使用的信道数较少时，可采用分区分组分配法来提高频率利用率。

② 分区分组信道分配法

分区分组法用以下例子说明。假设一个无线区群由 6 个无线小区组成，每个无线区均要求 4 个工作信道，总共需 24 个工作信道，则可用下述方法确定各无线区的工作信道序号。

若取信道号为 1，2，5，11，13，18 的无三阶互调信道组作参考，则该信道组的差值序列为 1，3，6，2，5。由构成无三阶互调信道组的规律可知，只要选取的信道序号之间的差值满足上述差值序列，则是无三阶互调信道组。同样，若在该信道组中仅取出 4 个信道来构成无三阶互调信道组，则有很多种方法，如取信道序号为 1，2，5，11 作为一组，其差值序列为 1，3，6。根据上面的方法，可用试探法选取可用的信道组。分组信道分配如图 8-8 所示。

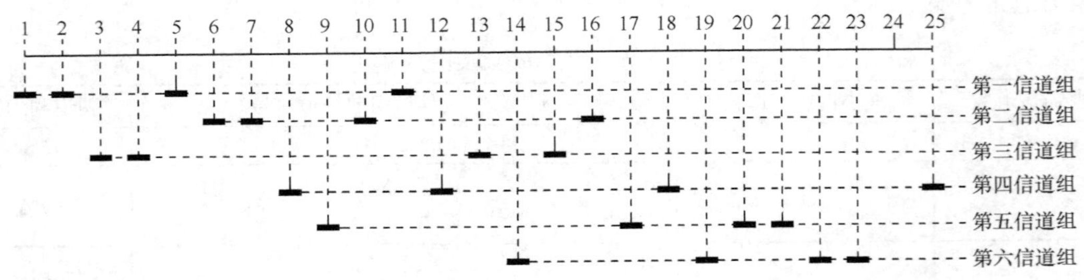

图 8-8　分组信道分配法示例

这种方法提高了频率利用率，频道利用率为 24/25，一般需依靠计算机完成，这种方法适用于小区中所需信道数较少时，需要信道数较多时变得很不现实。在大容量系统中宜采用等频距分配法。

③ 等频距信道分配法

等频距分配法是按等频距配置信道的，如某系统可用频道为 100 个，共分成 10 组，每组 10 个频道，第一组选择的序号为：1、11、21、31、41、51、61、71、81、91。第二组的序号为：2、12、22、32、42、52、62、72、82、92…以此类推，信道分配如图 8-9 所示。

显然，等频距分配的信道不满足无三阶互调干扰的条件，但由于同一小区选用的频道间距较大，隔离度也大，可采用选频电路（滤波器、单向器）以降低互调产物的幅度，这种信

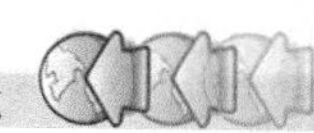

道分配方法适用于大容量移动通信系统。

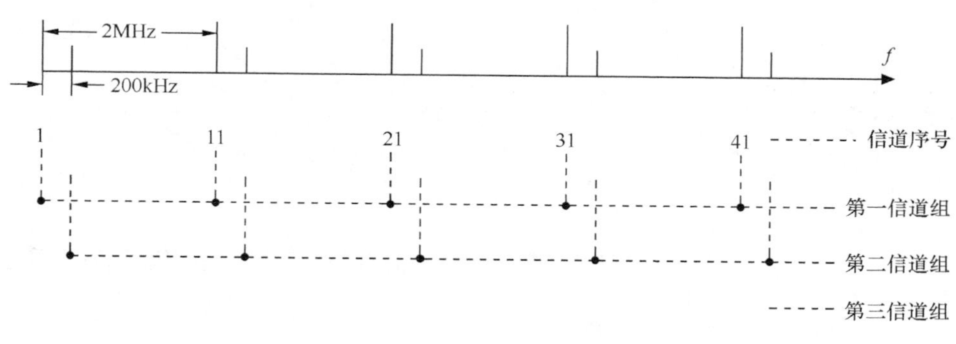

图 8-9　等频距信道分配示例

3．发射机互调干扰

为了提高效率，发射机的输出级通常是工作于 C 类的非线性状态。当一台发射机的输出级与另一台或多台发射机的输出信号耦合时，通过它本身的非线性作用将产生很多互调产物，互调产物又通过天线辐射出去，因而造成对接收机的干扰，这种由于发射机末级的非线性产生的互调，称为发射机互调。发射机互调包括二信号三阶互调（图 8-10）和三信号三阶互调（图 8-11）。

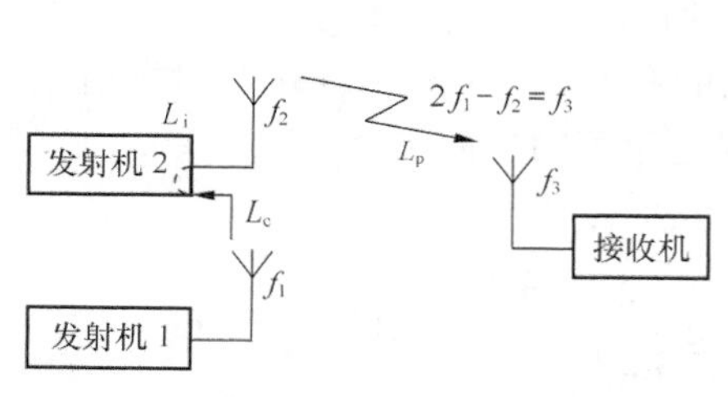

图 8-10　发射机二信号三阶互调示意图

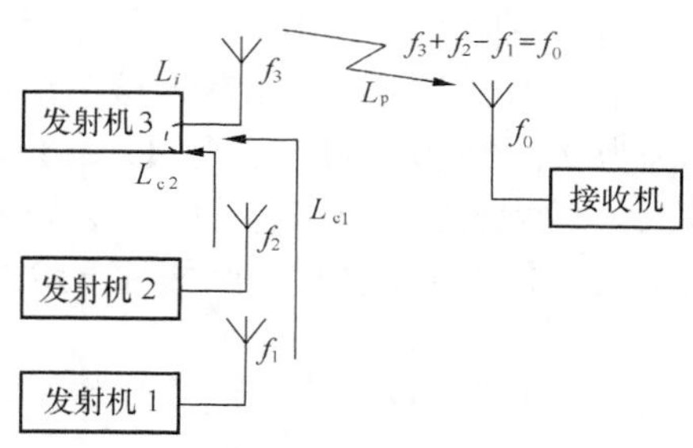

图 8-11　发射机三信号三阶互调示意图

（1）发射机互调干扰的产生原因

由图 8-10 可见，从发射机 1 天线发出的功率进入发射机 2，产生的互调产物再经过发射机 2 的天线辐射出去，对接收机造成干扰。图中 L_c 为耦合损耗；L_i 为互调转换损耗；L_p 为传输损耗。但计算互调产物的相对电平时，只需 L_c 和 L_i 的大小，因为有用信号也经过传输，具有 L_p 的传输损耗，所以计算互调相对有用信号的电平与 L_p 无关。

f_1、f_2 产生的互调产物包括"$2f_2-f_1$"，当其值等于 f_3（接收机接收频率）时，对接收机产生互调干扰。互调产物受到的全部损耗为 $L=L_c+L_i+L_p$。设发射机 1、2 的发射功率均为 P（dBW），则接收机收到的三阶互调电平为 $N_{in}=P(\text{dBW})-(L_c+L_i+L_p)$。

耦合损耗 L_c 由以下因素决定。发射机共用天线时，L_c 取决于共用器的隔离度；发射机分用天线时，L_c 取决于天馈线之间耦合损耗（也称天馈线之间的隔离度），及发射机与天线间是否插入隔离器、滤波器。天线间耦合损耗与电波传播损耗、天线增益、天线的方向性，及天线的架设是水平分离还是垂直分离有关。图 8-12 给出了耦合损耗数值。

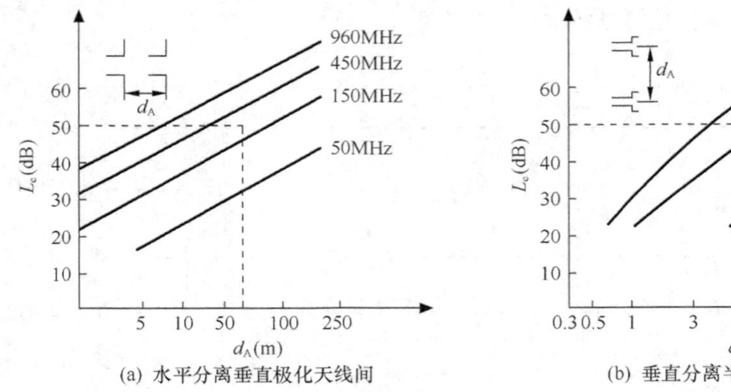

图 8-12　天线间耦合损耗

如果天线是水平分离的半波偶极天线，天线间距离 d_A=4m，工作频段 450MHz，查曲线得到 L_c=36dB；如果工作频段不变，天线是垂直分离的半波偶极天线，天线间距离 d_A=4m，查曲线得到 L_c=56dB。这说明垂直分离天线之间的隔离度比水平分离的隔离度要大得多。

对 C 类晶体管放大器来说，互调转换损耗 L_i 值为 5～20dB，典型值为 15dB。另外，L_i 的大小还与两个发射机之间的频距有关。

以上是两台发射机互调的情况，当多台发射机同时工作时，三阶互调产物的数量增多，既有二信号三阶互调产物，也有三信号三阶互调产物。假如要计算落入某信道内的三阶互调产物电平，则应分别计算出落入该信道的每个互调产物的功率，然后相加。

因为 $2A-B$ 型的幅度为（3/4）a_3A^2B，$A+B-C$ 型的幅度为（3/2）a_3ABC。设发射 2，3 至发射机 1 的耦合损耗为 L_{c1}，L_{c2}，并设各发射机功率是相等的。故可令 $A=B=C=1$，若耦合损耗 L_{c1}、L_{c2} 用电压比表示，则两种三阶互调电平比可表示为：

$$（2A-B）型电平-（A+B-C）型电平=20\lg\frac{3a_3/4L_{c1}}{3a_3/2L_{c1}L_{c2}}=20\lg L_{c2}-6\text{dB}$$

一般要求发射机间的耦合损耗在 30dB 以上，所以二信号三阶互调电平超过三信号三阶互调电平 24dB 以上，故三信号三阶互调电平可以忽略不计。

【例 8-2】 6 个相邻信道，每个信道发射功率为 50W，邻道隔离度为 30dB，且频距增加一信道，隔离度增大 6dB，即 2 与 4 或 1 与 3 间隔离度为 36dB，第三相邻信道间为 42dB，试计算落入第 4 信道的二信号三阶互调产物。

解　根据三阶互调公式可得，落入第 4 信道的二信号三阶互调产物有：$2f_5-f_6$；$2f_3-f_2$（用序号表示为：$2\times5-6=4$；$2\times3-2=4$）

发射机发射功率为 50W=17dBW

互调转换损耗取典型值 L_i=15dB=31.6 倍

耦合损耗为 L_c=30dB=1000 倍

则互调产物功率为 50/1000/31.6=1.58mW

（或一个互调产物的功率电平为 17dBW−30dB−15dB=−28dBW=1.58mW）

落入第 4 信道的二信号三阶互调电平共 2×1.58=3.16mW

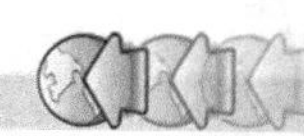

（2）基站发射机互调干扰

当基站各信道的发射机全部开启时，基站附近的移动台接收机既能收到有用信号，也能收到互调产物，即干扰信号。由于传播条件相同，故有用信号远远大于干扰信号，考虑到调频的捕获效应，干扰将被抑制。但是，当基站某信道的发射机关闭时，处在该信道上的移动台接收机将只收到互调干扰信号。由于移动台采用信道自动选择方式，移动台接收机可能因干扰而错停信道。当已知接收机开启电平与发射机互调产物电平时，就能求出互调干扰范围或干扰半径。

例如，已知两发射机工作于 160MHz 频段，分别采用偶极子天线且同杆架设（即两天线垂直分离），两天线相距 3m，发射机输出功率为 10W，并假设被干扰接收机的信令开启电平为−140dBW。

按已知条件，查图 8-12 得耦合损耗为 38dB，若不计馈线损耗，则 L_c=38dB。互调转换损耗 L_i=15dB。互调产物电平为 10dBW−28dB−15dB=−43dBW，造成干扰的最大传输损耗 L_p=−43dBW−（−140dBW)=97dB。

由基站天线高度和地形地物情况，求出 97dB 的传输损耗对应的传输距离，即干扰范围。

（3）移动台发射机互调干扰

当基站附近两个移动台相距很近且同时发射，移动台发射机的互调产物将会造成对基站接收机的干扰。当用户密度较小时，由于移动台在基站附近暂时集中又同时发射的概率很小，可以不予考虑；但当用户密度很大时，将成为系统中的一个严重干扰因素。

若已知被干扰接收机允许的最小输入电平和射频防卫比（射频防卫比是指达到主观上规定的接收质量时，所需的射频信号对干扰信号的比值）。通常，当射频信号叠加上一个同频干扰时，使接收机输出信噪比由 20dB 下降到[信号/（噪声+干扰）]等于 140dB 作为判断的准则，对于窄带调频来说，射频防卫比 S/I 一般取 8 ± 3dB。若已知移动台发射机输出的最大互调产物电平（移动台相距最近时），就能计算出移动台发射机互调的干扰范围。

（4）减小发射机互调干扰的措施

在实际电路中，多个发射机不可能每个配一付天线，因为基站天线场地空间是有一定限度的。为了克服多信道在一个基站上天线架设的困难，在实际电路中都采用天线共用器，也就是多台发射机共用一付天线；多台接收机也共用一付天线，通过分路器实现。

发射机天线合路时，有两种电路。一种是通过 3dB 耦合器实现合路；另一种是通过谐振腔、星型网络实现合路。

① 3dB 耦合器天线共用器

3dB 耦合器天线共用器电路结构如图 8-13 所示。图中 3dB 定向耦合器的 1、3 端隔离度为 25dB，2、4 端分别接到天线和一个匹配负载，每台发射机的一半功率给匹配负载吸收。因此，由 1 到 4 或者 3 到 4 都有 3dB 的损耗。单向环行器加在发射机与的 3dB 定向耦合器间，以增加发射机之间的耦合损耗，其正向损耗小于 0.8dB，反向损耗大于 20dB。

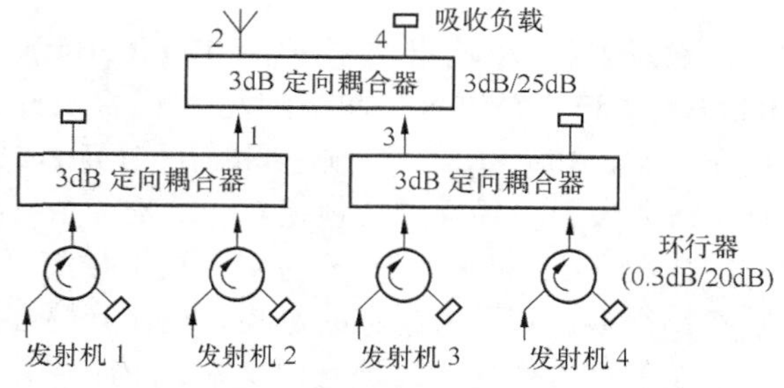

图 8-13　利用 3dB 定向耦合器构成天线共用器

L_c 耦合损耗的计算，可以由发射机 1 出发经过单向环行器正向损耗 0.8dB，经过 3dB 定向耦合器的隔离损耗 25dB，再经发射机 2 的单向环行器反向损耗 20dB，到达发射机 2 的输出端（末级）。总计耦合损耗为：L_c=25dB+20dB+0.8dB=45.8dB。

3dB 定向耦合器天线共用器的三阶互调抑制比的计算举例如下。

【例 8-3】 设有两台发射机，发射功率 P_o=20W(43dBm)，天线共用器采用 3dB 耦合电路，发射机 1 经过单向器、3dB 定向耦合器、单向器到达发射机 2，耦合损耗 L_c=45.8dB，互调转换损耗 L_i=15dB。求两发射机间的三阶互调抑制比。

解 发射机 2 输出端口互调产物功率为 $P_3=P_o-L_c-L_i$=43dBm−45.8dB−15dB=−17.8dBm

到天线端口互调功率为：$P_{3a}=P_3$−0.8dB−3dB=−21.6dBm

到天线端口有用信号功率为：$P_{1a}=P_1$−0.8dB−3dB=39.2dBm

三阶互调抑制比为：$P_{1a}-P_{3a}$=39.2dBm−(−21.6dBm)=60.8dB

② 空腔谐振器天线共用器

空腔谐振器传输损耗很小，可以做到 0.2dB。这种电路的主要优点是与共用的发射机数量关系不大，但它只适用于频距较大的系统，且其结构复杂、体积较大。空腔谐振器天线共用器电路如图 8-14 所示，谐振腔衰减特性如图 8-15 所示。

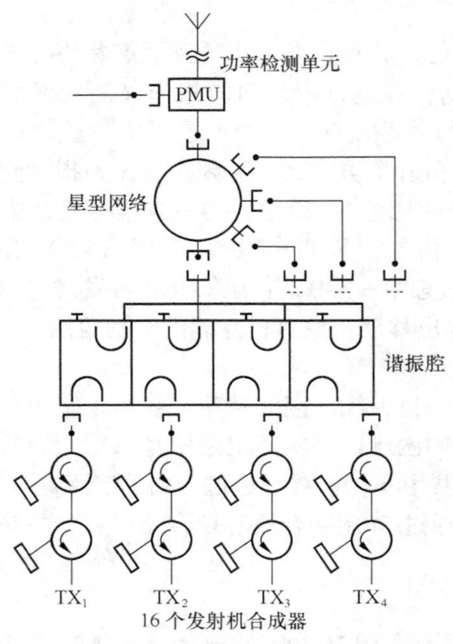

图 8-14 利用空腔谐振器构成天线共用器

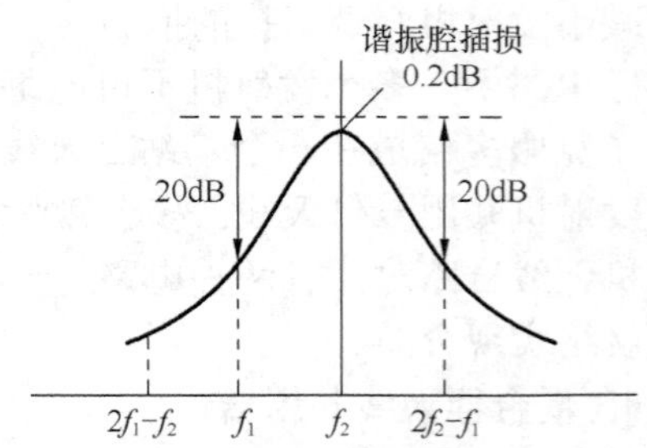

图 8-15 谐振腔衰减特性

设发射机 f_1 输出功率 P_o=40W(46dBm)，耦合损耗 L_c 经两个单向器正向损耗 0.8dB+0.8dB=1.6dB。经过星型网络到发射机 f_2 支路经过谐振腔，再经二个单向器反向损耗。经过谐振腔时，如果 f_1 与 f_2 频率间隔在 1MHz，则 f_1 信号被谐振腔衰减假设为 20dB。如图 8-16，进入发射机经互调转换损耗，产物二个三阶互调产物为：$2f_2-f_1$；$2f_1-f_2$。

由图 8-15 可见，$2f_2-f_1$ 分量经过谐振腔再衰减 20dB，而 $2f_1-f_2$ 则衰减更大，由于 $2f_1-f_2$ 功率小得多，则不考虑它的影响。在计算耦合损耗时，星型网络的损耗可以忽略。

发射机 f_2 产生的三阶互调功率 P_3 为：

$$P_3=P_0-L_c-L_i=46\text{dBm}-0.8\text{dB}-0.8\text{dB}-0.2\text{dB}-20\text{dB}-20\text{dB}-20\text{dB}-15\text{dB}=-30.8\text{dBm}$$

到达天线输出口的互调功率为：

$$P_{3a}=P_3-0.8\text{dB}-0.8\text{dB}-20\text{dB}=-52.4\text{dBm}$$

$$P_{1a}=P_o-0.8\text{dB}-0.8\text{dB}-0.2\text{dB}=44.2\text{dBm}$$

三阶互调抑制比：$P_{1a}-P_{3a}=96.6\text{dB}$

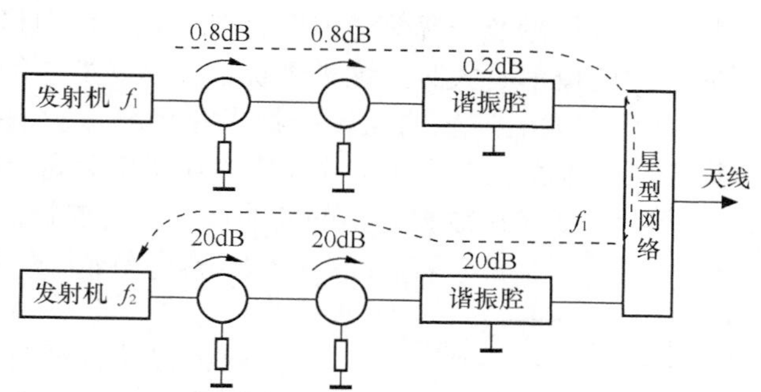

图 8-16　空腔谐振器三阶互调示例

3dB 耦合电路组成的天线共用器，当发射机数量较多时，有用功率的衰减很大，由图 8-20 可见，两路合成一次，功率损耗就增加 3dB，四路合成功率损耗理论值为 6dB，再考虑电缆接头损耗，损耗还要增加。所以这种方式的天线共用器不适合多路发射机，但它不需要频率调谐器件，具有较宽的带宽，这些优点是谐振腔电路所不具备的，适合在跳频系统中使用，做射频频率合成跳频的天线共用器。谐振腔天线共用器适用于路数较多的发射机基站，但要求每个谐振腔必须严格地调谐到每路的工作频率上，并且谐振腔的频率稳定度要求很高。根据线场理论，每个谐振腔连接到星状网络上电缆长度不能随意确定，必须是该路工作波长 λ_c 的 1/4 的奇数倍。所以在系统安装调测时应特别注意，每路电缆彼此之间不能任意互换，如果不小心用错电缆，将对发射机天线共用器指标有严重影响。

③ 减小发射机互调干扰的措施

尽量增大发射机间的耦合损耗，如：分用天线时，加大发射机天线间距离（一般较难实现）；采用单向隔离器件（3dB 定向耦合器、单向环行器、空腔谐振器），并增大频率间的隔离度。

为减小移动台发射机互调干扰，采用自动功率控制系统。当移动台接近基站时，移动台功率自动下降。

系统设计时，尽量选用无三阶互调信道组工作。

4．接收机互调干扰

由于接收机前端射频通带较宽，假如有两个或多个干扰信号进入高放或混频级，则通过它们的自身的非线性作用，各干扰信号就会彼此混频。若互调产物落入接收机带内，就会造成接收机的互调干扰。

（1）移动台接收机互调干扰

基站多部发射机同时工作，将使基站附近的移动台接收机产生互调干扰。考虑到调频的捕获效应，若有用信号和互调信号强度之比大于或等于射频防卫比 S/I(dB)，则不致造成干扰，即 $E_s-E_{\Sigma I}\geqslant S/I$。式中，$E_S$ 为接收机的有用信号电平（dB）；$E_{\Sigma I}$ 为总的互调产物电平（dB）。

总的互调干扰电平的大小取决于干扰信号的强度和数量，取决于接收机的互调抗拒比。如果互调产物不是一个，需将各互调产物按功率叠加。

（2）基站接收机互调干扰

基站附近的两个或多个移动台发射机同时发射，使基站接收机产生互调干扰，互调干扰的大小除了和基站接收机的互调指标及干扰信号强度有关之外，还和移动台在基站附近同时起呼的概率有关，当同时起呼的概率不大时，这类干扰往往不是严重的问题。但是，当基站接收机共用天线时，天线共用放大器产生的互调产物指标将严重影响接收机系统的互调指标，为减少这种影响，通常应使接收机天线共用放大器的互调指标高于接收机的互调指标。

基站接收机如图 8-17 所示，低噪声放大有 10lgN 的增益，要求补偿分路的损耗 10lgN，放大器的噪声系数 N_F 要求很小，线性度要求很高。

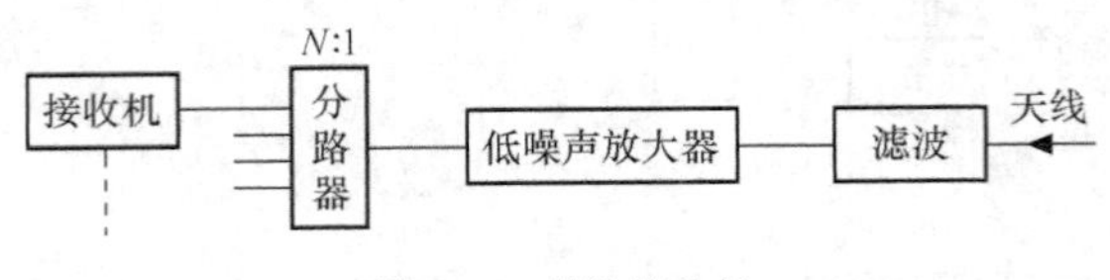

图 8-17　基站接收机

当两个移动台同时接近基站并发射，基站接收机接收到两个强信号。由于接收机的非线性，会产生互调干扰。若移动台发射功率为 10W（10dBW），移动台传播到基站的损耗为 80dB，则到接收机输入端的功率为−70dBW。如果环境噪声电平为−140dBW，则要求互调指标最少要大于 70dB，以保证互调产物电平在环境噪声电平以下。一般接收机互调指标在−70dB～−80dB 范围。

（3）减小接收机互调的措施

① 提高接收机的射频互调抗拒比，一般要求优于 70dB。

高放、混频级采用具有平方律特性的器件（如结型场效应管）；在接收机前端插入滤波器提高前端电路的选择性，不使强干扰信号进入高放。

混频级增益不易太大，并采用自动增益控制（AGC）以降低混频级的输入电平；高放、混频级选用适当的工作状态，使三阶非线性项最小；电路上采用交流负反馈，扩大放大器动态范围；接收机采用抗干扰强的方案。

② 移动台发射机采用自动功率控制，减少基站接收机的互调干扰；减小无线区半径，降低最大接收电平。

③ 尽量选用无三阶互调信道组。

5．放大器三阶互调的计算

由于晶体管的非线性，当有多个输入信号同时作用时，输出产生互调产物，其中三阶互调产物有：$(3/4)a_3A^2B[\cos(2\omega_A+\omega_B)t+\cos(2\omega_A-\omega_B)t]$；$(3/4)a_3AB^2[\cos(2\omega_B+\omega_A)t+\cos(2\omega_B-\omega_A)t]$。

基频响应的输入输出曲线斜率为 1，三阶互调响应的输入输出曲线斜率为 3，即三阶响应输入增加 1dB，输出增加 3dB；基频响应输入增加 1dB，输出增加 1dB。两个响应的交点定义为三阶交叉点，也称三阶截点 IP_3，IP_3 是一个遐想点，该点愈高对三阶互调的抑制愈好。例如输入 0dBm，三阶互调抑制比为−60dB；当输入为 10dBm 时，三阶互调抑制比变成 30dB，IP_3 点上三阶互调产物与基频产物相等，抑制比为 0dB，如图 8-18 所示，实际的线性放大器输入输出特性

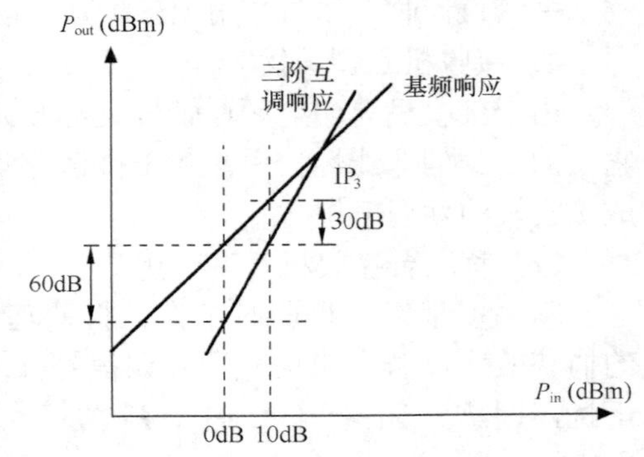

图 8-18　三阶互调响应

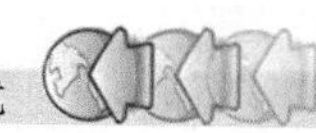

曲线如图 8-19 所示。

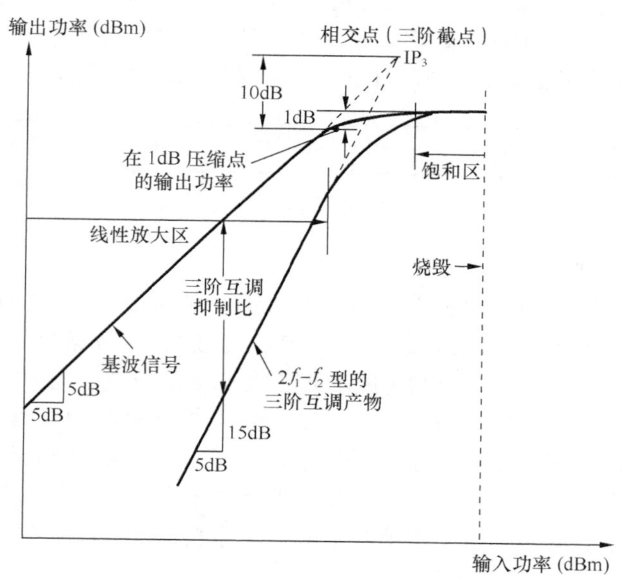

图 8-19　线性放大器的输入输出特性

当输入增加到一定电平时，输出不再线性增加，呈现基频响应弯曲，饱和点与线性基频响应相差 1dB 时的压缩，该电平对应的输出下降 1dB 的点定义为 1dB 压缩点。交叉点比 1dB 压缩点高 10～15dB，我们可利用 1dB 压缩点确定交调电平。

如图 8-20 所示：设输入电平−10dBm，对应三阶交叉点电平输入为 16dBm，BC=26dB，则 AB=78dB，而 BC=ED，△ADE 是斜率为 1 的三角形，即有 DC=(78−26)dB=52dB。该值即为在输入−10dBm 条件下的三阶互调抑制比。当输入信号减少 10dB，三阶互调产物下降 30dB，互调抑制比改善了 20dB，因信号下降了 10dB。因此，互调抑制比为：52dB+20dB=72dB，这说明“功率回退”可以抑制三阶互调。

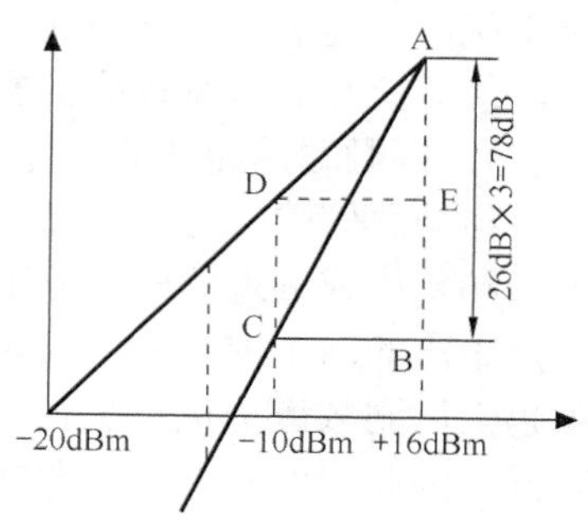

图 8-20　“功率回退”示意图

8.2.2　邻道干扰

邻道干扰是指相邻的或邻近的信道之间的干扰。在多信道共用的移动通信系统中，由于发射机的调制边带扩展和边带噪声辐射，离基站近的 K±1 信道的强信号干扰离基站远的 K 信道的弱信号。邻道干扰属于共信道干扰，即干扰分量落在被干扰接收机带内，接收机的选择性再好也不能滤除这类干扰。一般说来，移动台距基站越近，路径传播衰减越小，则邻道干扰越大。反之，基站发射机对移动台接收机的邻道干扰却不太严重。因为这里移动台接收的有用信号功率远远大于邻道干扰功率。至于在基站的收发信之间，因收发双工频距足够大，所以发射机的调制边带扩展和边带噪声辐射不致造成对接收机产生严重干扰。在移动台相互靠近时，同样由于收发双工频距很大，不会产生严重干扰。

1. 调制边带扩展

调制边带扩展干扰是指话音信号经调频后，它的某些边带频率落入相邻信道形成的干扰。

为了减少发射机调制边带扩展干扰，应严格限制调制信号的带宽。所以，在发射机的语音加工电路中，必须有瞬时频偏控制（IDC）电路和邻道干扰滤波器，如图 8-21 所示。

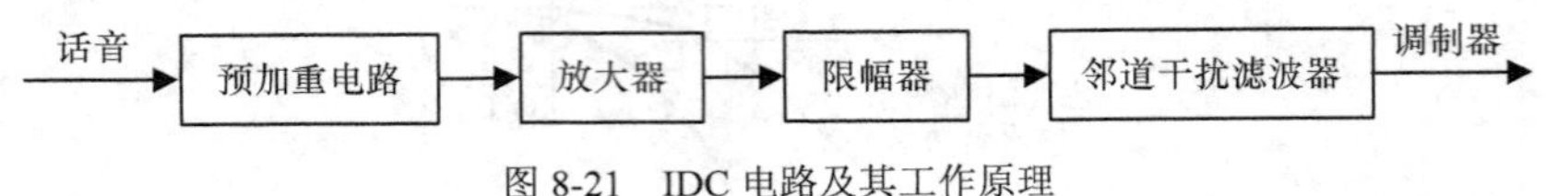

图 8-21　IDC 电路及其工作原理

2. 发射机边带噪声

在发射机工作频率的两侧存在着噪声，而且噪声频谱很宽，这种噪声称为发射机边带噪声，它可能在数 MHz 范围内对接收机产生干扰。发射机边带噪声的大小，主要取决于振荡器、倍频器的噪声，IDC 电路和调制电路的噪声及电源的脉动、脉冲信号等引起的噪声。

为了减小发射机噪声干扰，首先应设法减小发射机本身的边带噪声。如减小倍频次数；降低振荡器的噪声，电源去耦，尽量少采用低电平工作的电路及高灵敏度的调制电路等。其次，从系统设计上应采取减小发射机边带噪声干扰的措施。如在发射机输出端插入高 Q 带通滤波器或增大各工作信道的频距，移动台发射机采用自动功率控制等。

8.2.3　同频干扰

同频干扰一般是指相同频率电台之间的干扰，它表现为差拍干扰和由于调制而产生的调频干扰。在电台密集的地方，若频率管理或系统设计不当，如同频道电台之间的距离不够大，从而空间隔离不满足要求，就会造成同频道干扰。

1. 同频复用距离的计算

移动通信中，为了提高频率利用率，在相隔一定距离以外，可以使用同频道电台，这称为同频复用或频道的地区复用。在小区制结构中，相同的频率（频率组）可分配给彼此相隔一定距离的两个或多个无线区使用。显然，同频道的无线区相距越远，它们之间的空间隔离度越大，同频道干扰越小。但是，在一定区域内，频率复用次数也随之降低，即频率利用率降低，因此，两者要兼顾考虑。在进行无线区的频率分配时，应在满足一定通信质量要求的前提下，确定相同频率重复使用的最小距离，该距离称为同频复用最小安全距离，或简称同频复用距离。由此可见，从工程实际需要出发，研究同频道干扰必须和同频复用距离紧密联系起来，以便给小区制的频率分配提供依据。

（1）影响同频复用距离的因素

射频防卫比是指达到主观上限定的接收质量时，所需的射频信号对干扰信号的比值。根据调频的捕获效应，为避免同频道干扰，必须保证（接收机输入的信号/同频道干扰）≥射频防卫比。从这一关系出发，可以研究同频道复用距离。有用信号和干扰信号的强度不仅取决于通信距离，而且和设备参数、地形地物状况等因素有关。为简单起见，假定地形地物状况相同，各基站设备参数相同（如天线高度、发射功率相同、接收机灵敏度相同等等），各移动台的设备参数也相同，这样，同频复用距离只与以下因素有关。

① 调制方式

为保证规定的接收质量，使用调制方式不同，所需的射频防卫比也不同，对于窄带调频或调相（最大频偏 ± 5kHz）方式来说，三级话音质量射频保护比取 8dB+3dB 作为标准。即

接收机加入同频干扰信号后，接收机输出信噪比 S/N 从无同频干扰的 20dB 下降到 14dB 时，输入端所要求的信干比。对四级话音质量射频保护比取 12dB+3dB，即输出信噪比 S/N 下降 3dB。3dB 的数值是考虑到不同的设备和不同的测试条件所引入的误差。

对三级话音质量的信号（位置概率 50%，时间概率 50%），干扰（位置概率 50%，时间概率 10%），在这种条件下信干比≥12dB。

② 电波传播特性

假定是光滑地球平面则路径传播衰减 $L=d^4/h_T^2h_R^2$。式中 d 是收、发天线间的距离，以 km 计；h_T、h_R 分别是发射天线的接收天线的高度，以 m 计，则有以下传播衰减公式：L=120dB+40lgd−20lgh_Th_R。实际上，电波传播衰减还与使用频率、地形、地物因素有关。

③ 要求的可靠通信概率。

④ 无线区半径 r

⑤ 选用的工作方式

（2）同频道复用距离计算

在工程上，常利用统计得到的电波传播曲线，计算同频道复用距离。例如，已知基站有效天线高度为 50m，移动台天线高度为 2m，r=10km，S/I=22dB，计算同频道复用距离时，可根据图 8-22 所示的电波传播曲线求解。

在双工情况下，有用信号和干扰信号的传播曲线相同，如曲线（2）所示。由 r=10km，基站天线高 h_1=50m，移动台天线高 h_2=2m，S/I=22dB，按图中虚线可得 D_I=40km，故同频道复用距离 $D=r+D_I$=50km。

在同频单工情况下，有用信号的传播曲线如图中（2）所示，而干扰信号的传播曲线如（1）所示。由已知条件可得 D_I=140km，即同频道复用距离 D=140km。

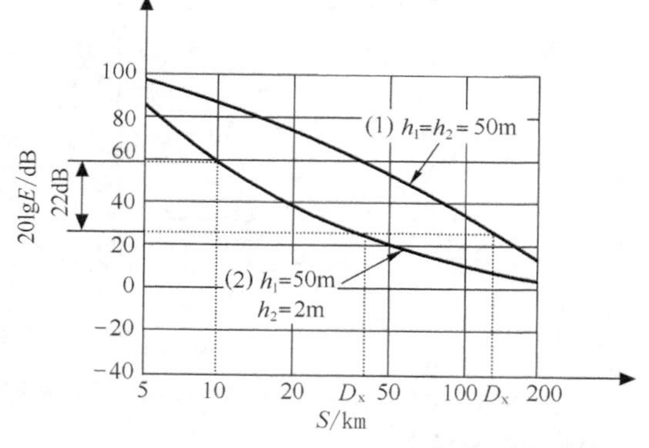

图 8-22　同频单工与双工方式时确定同频复用距离

通过以上例子可以看出，在同频单工情况下同频复用距离比双工情况下大的多。因为单工情况下，基站 A 接收到的干扰源是基站 B 的高天线（50m），而有用信号则是来自移动台的低天线（2m），传播条件相差很大。而双工情况下，移动台接收机的有用信号和干扰信号都来自于基站的高天线，从传播条件来看是一样的。发射天线高均为 50m，接收天线高 2m。

2．定向天线减小同频干扰

对于由若干个正六边形构成的蜂窝小区群，每群可以包含 N 个正六边形。设小区（正六边形）的半径为 r，两个同频小区中心之间的距离为 d，则 $\dfrac{d}{r}=\sqrt{3N}$ 。

假设所有小区的服务范围大致相同。小区的服务范围取决于每个小区的信号强度，只要小区服务范围是固定的，同频干扰就与每个小区基站的发送功率无关。实际上同频干扰就是同频复用保护距离系数 F 的函数，即 $F=d/r$。当 F 值增加时，同频干扰就减少。

在蜂窝小区结构中，如以一个六边形小区为核心，每边各邻接一个六边形，构成第一层，然后再邻接六边形构成第二层，依次类推。

对于一个完全展开的六边形蜂窝移动通信系统，在第一层有六个同频干扰小区，即

m=6。同频干扰既可能出现在中心小区的移动台，也可能出现在小区基站。

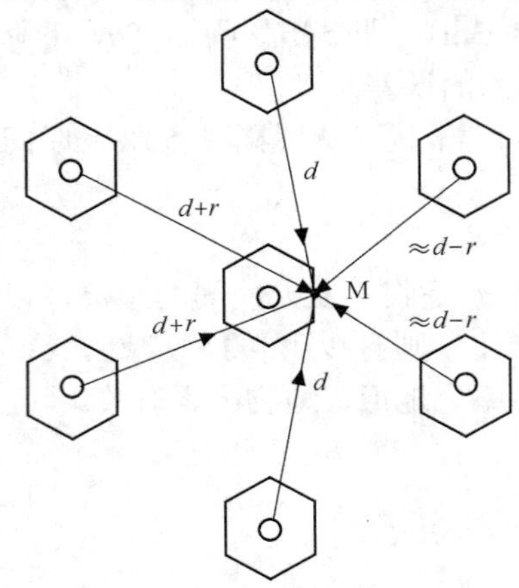

图 8-23　全向天线系统同频道干扰（最坏情况）

若采用七个小区为一群的复用图案。在最坏情况下，移动台位于小区边缘。移动台与 6 个同频道干扰基　站的距离分别是：两个 $d-r$、两个 d 及两个 $d+r$，如图 8-23 所示。

当 C/I 值满足不了同频干扰保护比要求时，解决这个问题的一个方法是在小区复用图案中增加小区数量 N。但是，在总频道数不变的情况下，当 N 增加后指定给小区的无线频道就会减少，频率复用方案应用的效率就会下降。另一个解决方法是在 N=7 时，采用定向天线系统，以降低同频道干扰。当基站采用 3 付 120° 扇形天线或 6 付 60° 的定向天线时，其天线的前后比在移动无线电环境下，至少有 10dB 或更高，而且主要干扰源的数量将从原全向天线时的 6 个减少到 2 个（采用 3 付 120° 天线）或一个（采用 6 付 60° 天线），如图 8-24 所示。

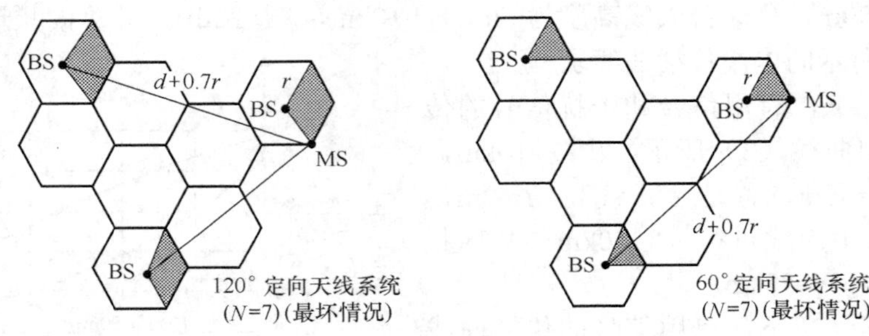

图 8-24　定向天线系统同频道干扰

由此可知，在同频复用距离不变的情况下，将全向天线改为定向天线，对同频干扰有很大的改善。

小　结

1．移动通信系统中存在着噪声和干扰的影响，主要噪声来源为人为噪声，尤其是汽车点火噪声，主要干扰为互调干扰、邻道干扰和同频干扰。

2．通信系统接收机的输入级采用低噪声放大器可大大降低噪声的影响，因此，移动通信系统在基站以增加塔放实现对上行信号的质量改善。

3．互调干扰是由器件的非线性引起的，影响最大的是三阶互调。多频道系统中，产生三阶互调必须满足关系式 $f_x=2f_i-f_j$ 或 $f_x=f_i+f_j-f_k$，而且干扰信号必须有一定的幅度才能影响接收机的正常接收。

4．发射机互调干扰与共用天线间耦合损耗、互调转换损耗、传输损耗有关，三信号三阶互调幅度远小于两信号三阶互调，因此，主要考虑两信号三阶互调对信号的影响。接收机互调干扰与干扰信号的强度和数量、接收机的互调抗拒比有关。减小互调干扰的措施主要有：提高发射机间的耦合损耗；提高接收机的射频互调抗拒比；移动台采用自动功率控制电

路；尽量选用无三阶互调信道组。

5．邻道干扰主要包括发射机调制边带扩展干扰和发射机边带噪声辐射。为减少发射机调制边带扩展干扰，可在发射机语音加工电路中增加瞬时频偏控制电路和邻道干扰滤波器；为减小发射机边带噪声辐射，应从减小发射机本身的边带噪声和系统设计两方面加以考虑。

6．采用小区制结构的移动通信系统必须兼顾同频干扰和同频复用距离。同频双工方式的同频干扰小于单工方式。在蜂窝小区结构中，采用 3 付 120°或 6 付 60°扇形定向天线系统代替全向天线可大大改善同频干扰的影响。

思考与练习

8-1　什么是人为噪声？有什么特点？基站如何改善上行信号质量？

8-2　对多级级联放大器，为改善其噪声性能，移动通信系统是如何处理的？

8-3　移动通信中的干扰，主要有哪几种？它们是怎样产生的？

8-4　什么是互调干扰？三阶互调有哪几种类型？试用差值列阵法检验信道组 1，4，5，13，19，24，26 是否存在三阶互调？选用无三阶互调信道组工作有何利弊？

8-5　设某移动通信系统邻道隔离度为 30dB，增加一隔离信道，隔离度增加 6dB。若发射机 1、2、3、4 工作在等间隔配置的频道上，输出功率各为 40W，且互调转换损耗为 15dB，若某时刻关掉发射机 4，试求进入天线第 4 频道的三阶互调干扰电平。

8-6　如何减少发射机和接收机互调干扰？

8-7　什么是邻道干扰？它是怎样产生的？如何减小邻道干扰？

8-8　什么是同频干扰？如何减小同频干扰？设某移动通信系统采用同频单工方式工作，且 h_b=50m，h_m=2m，r=40km，射频防卫比为 10dB，考虑衰落的影响，信号和干扰比增加 4dB，设工作频段为 150MHz，试计算同频复用距离。若为双工方式工作，则同频复用距离又是多少？

第四部分　实训

由于受到书稿篇幅的限制，本书将实训的主要内容放置在人民邮电出版社教学服务与资源网上（www.ptpedu.com.cn）上，有需要的教师和学生可从网站免费下载。

实训 1　移动核心机房的认识

实训目的：通过参观了解移动通信核心机房中的设备配置，理解移动通信全网概念。

实训要求：认识移动通信核心机房中各类设备。

设备要求：移动交换设备、传输设备、无线接入网的核心机房侧设备（BSC 或 RNC 设备）、电源设备等。

实训 2　移动基站机房的认识

实验目的：通过对基站机房的参观，认识各基站机房基本的配置设备。

实验要求：了解基站机房中的基本设备配置。

设备要求：基站设备（包括主设备、天馈、电源设备、传输设备、空调和监控设备）。

实训 3　基站主设备的认识

实训目的：通过对基站主设备的认知，了解基站系统的组成、基本结构。

实训要求：掌握基站配置、信号处理过程。

设备要求：基站主设备。

实训 4　GSM 手机的认识

实训目的：通过对手机的拆装、读图认板，了解 GSM 手机的结构、基本工作原理、系统对信号的基本处理。

实训要求：能够正确拆装机，并正确读图，加强对 GSM 基本工作原理的理解。

设备要求：GSM 手机一只、专用拆卸工具一套、直流稳压电流一只、万用表一只、示波器一台。

爱尔兰损失概率表

A \ B / n	1%	2%	3%	5%	7%	10%	20%
1	0.010	0.020	0.031	0.053	0.075	0.111	0.250
2	0.153	0.223	0.282	0.381	0.470	0.595	1.000
3	0.455	0.602	0.715	0.899	1.057	1.271	1.930
4	0.869	1.092	1.259	1.525	1.748	2.045	2.945
5	1.361	1.657	1.875	2.218	2.504	2.881	4.010
6	1.909	2.276	2.543	2.960	3.305	3.758	5.109
7	2.501	2.935	3.250	3.738	4.139	4.666	6.230
8	3.128	3.627	3.987	4.543	4.999	5.597	7.369
9	3.783	4.345	4.748	5.370	5.879	6.546	8.522
10	4.461	5.084	5.529	6.216	6.776	7.511	9.685
11	5.160	5.842	6.328	7.076	7.768	8.437	10.857
12	5.876	6.615	7.141	7.950	8.610	9.474	12.036
13	6.607	7.402	7.967	8.835	9.543	10.470	13.222
14	7.352	8.200	8.803	9.730	10.485	11.473	14.413
15	8.108	9.010	9.650	10.633	11.434	12.484	15.608
16	8.875	9.828	10.505	11.544	12.390	13.500	16.807
17	9.652	10.656	11.368	12.461	13.353	14.522	18.010
18	10.437	11.491	12.238	13.335	14.321	15.548	19.216
19	11.230	12.333	13.115	14.315	15.294	16.579	20.424
20	12.031	13.182	13.997	15.249	16.271	17.613	21.635
21	12.838	14.036	14.884	16.189	17.253	18.651	22.848
22	13.651	14.896	15.778	17.132	18.238	19.692	24.064
23	14.470	15.761	16.675	18.080	19.227	20.737	25.281
24	15.295	16.631	17.577	19.030	20.219	21.784	26.499
25	16.125	17.505	18.483	19.985	21.215	22.838	27.720
26	16.959	18.383	19.392	20.943	22.212	23.885	28.941
27	17.797	19.265	20.305	21.904	23.213	24.939	30.164
28	18.640	20.150	21.221	22.867	24.216	25.995	31.388
29	19.487	21.039	22.140	23.833	25.221	27.053	32.614
30	20.337	21.932	23.062	24.802	26.228	28.113	33.840

续表

A \ B n	1%	2%	3%	5%	7%	10%	20%
31	21.191	22.827	23.987	25.773	27.238	29.174	35.067
32	22.048	23.725	24.914	26.746	28.249	30.237	36.295
33	22.909	24.626	25.844	27.721	29.262	31.301	37.524
34	23.772	25.529	26.776	28.698	30.277	32.367	38.754
35	24.638	26.435	27.711	29.677	31.293	33.434	39.985
36	25.507	27.343	28.647	30.657	32.311	34.503	41.216
37	26.378	28.254	29.585	31.640	33.330	35.572	42.448
38	27.252	29.166	30.526	32.624	34.351	36.654	43.680
39	28.129	30.081	31.468	33.609	35.373	37.715	44.913
40	29.007	30.997	32.412	34.596	36.396	38.787	46.147
41	29.888	31.916	33.357	35.584	37.421	39.861	47.381
42	30.771	32.836	34.305	36.574	38.446	40.936	48.616
43	31.656	33.758	35.253	37.565	39.473	42.011	49.851
44	32.543	34.682	36.203	38.557	40.501	43.088	51.086
45	33.432	35.607	37.155	39.550	41.529	44.165	52.322
46	34.322	36.534	38.108	40.545	42.559	45.243	53.559
47	35.215	37.462	39.062	41.540	43.590	46.322	54.796
48	36.109	38.392	40.108	42.537	44.621	47.401	56.033
49	37.004	39.323	40.975	43.535	45.654	48.481	57.270
50	37.901	40.255	41.933	44.533	46.687	49.562	58.508

参考文献

1．陈德荣. 移动通信原理与应用（第一版）．北京：高等教育出版社，1998.

2．孙立新，邢宁霞. CDMA（码分多址）移动通信技术（第一版）．北京：人民邮电出版社，1996.

3．吕捷. GPRS 技术（第一版）．北京：北京邮电大学出版社，2001.

4．李立华，陶小峰，张平，杨晓辉等. TD-SCDMA 无线网络技术（第一版）．北京：人民邮电出版社，2007.

5．张建华，王莹. WCDMA 无线网络技术（第一版）．北京：北京邮电大学出版社，2007.

6．康桂霞，田辉，朱禹涛，杜娟等. cdma2000 1x 无线网络技术（第一版）．北京：人民邮电出版社，2007.

7．黄韬，赵鑫，李美玲，王冀彬等. 高速分组接入技术－HSDPA/HSUPA（第一版）．北京：机械工业出版社，2007.

8．赵训威，林辉，张明，姜怡华，张鹏，岳然，李国荣等. 3GPP 长期演进（LTE）系统架构与技术规范（第一版）．北京：人民邮电出版社，2010.

9．程鸿雁，朱晨鸣. LTE FDD 网络规划与设计（第一版）．北京：人民邮电出版社，2013.

10．赵绍刚，李岳梦. LTE-Advanced 宽带移动通信系统（第一版）．北京：人民邮电出版社，2012.